国际大洋钻探计划
钻探建议科学目标纵览

许振强　沙志彬　张伙带　等 编著

海洋出版社

2023年 · 北京

图书在版编目(CIP)数据

国际大洋钻探计划钻探建议科学目标纵览 / 许振强等编著. — 北京 : 海洋出版社, 2023.11
ISBN 978-7-5210-1149-4

Ⅰ. ①国… Ⅱ. ①许… Ⅲ. ①深海钻探－研究 Ⅳ. ①P756.5

中国国家版本馆CIP数据核字(2023)第147623号

审图号：GS京（2023）1367号

责任编辑：王　溪　屠　强　　助理编辑：李世燕
责任印制：安　淼

海洋出版社 出版发行
http://www.oceanpress.com.cn
北京市海淀区大慧寺路 8 号　邮编：100081
鸿博昊天科技有限公司印刷　新华书店经销
2023年11月第1版　2023年11月第1次印刷
开本：889mm × 1194mm　1 / 16　印张：21.5
字数：550千字　定价：298.00元
发行部：010-62100090　总编室：010-62100034

《国际大洋钻探计划钻探建议科学目标纵览》

作者名单

许振强　沙志彬　张伙带　姚永坚　朱荣伟　王平康
张　涛　王　哲　吴　婵　林　杰　李　涛　尉建功
刘松峰　祝　嵩　李　波　杨　永　杜文波　王　超
陈　思　刘实佳　姚会强　周　娇

前言

地球海洋面积约占地球表面积的71%，海洋平均水深为3730 m，最深处水深11 034 m，对海底以下结构构造、物质组成的探测有间接的地球物理探测方法，相当于给地球做CT，还有直接的地质取样方法，相当于检验地球样品标本。大洋钻探是探索地球内部结构和变化过程的最直接方法，是评估影响人类社会的自然灾害的关键手段，是发现地球内部资源的重要探针。由此诞生的国际大洋钻探计划是地学领域持续时间最长的国际合作计划，也是迄今为止最成功的国际合作计划之一，成为促进地球科学，特别是深海科学繁荣发展的最重要推动力。截至2023年5月，国际大洋钻探计划已经成功实施了311个大洋钻探航次，钻探了约1768个站位和4124个钻孔，足迹遍布全球各大洋。

本书简要回顾了国际大洋钻探计划的历史和运作模式，以及过去50多年的主要科学成就。在2020年国际大洋钻探计划发布的面向2050年大洋钻探科学框架背景下，重点跟踪调研了截至2022年5月国际大洋钻探计划尚未实施钻探的近百份大洋钻探建议书的科学目标，并按照中下地壳和莫霍面钻探、海底构造与地球动力学、气候与海洋变化、地下水、天然气水合物、深部生物圈和井下长期观测等不同主题进行了系统梳理，展望了不同主题的发展趋势，希望能为广大读者了解国际大洋钻探计划过去、现在和未来提供参考。

本书共分为8章，第1章由许振强、沙志彬、张伙带、张涛等负责编写；第2章由张伙带、吴婵等负责编写；第3章由朱荣伟、王哲、姚永坚等负责编写；第4章由林杰、李波等负责编写；第5章由沙志彬、祝嵩等负责编写；第6章由沙志彬、杨永等负责编写；第7章由李涛、林杰等负责编写；第8章由祝嵩、吴婵等负责编写。全书由许振强、张伙带负责统稿，书中所有插图由张伙带负责编制，地形底图数据来源于全球海陆地形数据库（GEBCO）网站下载的全球公开海底地形数据。

在编著过程中，本书得到自然资源部中国地质调查局项目（编号为DD20191009和DD20221719）、国家自然科学基金项目（U20A20100）以及南方海洋科学与工程广东省实验室项目（GML2019ZD0201）给予的大力支持，在此表示衷心感谢。

国际大洋钻探计划每年可能会新增钻探建议书，一份成熟的钻探建议书一般需要经过多轮评审，建议书可能会根据评审专家意见经过多次修改完善，随着时间推移在内容上会有所更新。本书主要跟踪研究了2021年5月至2022年5月在国际大洋钻探计划网站上可查询的钻探建议书，在本书出版时可能有少数建议书已经实施钻探航次，有少数建议书内容上有所更新，也可能有新增建议书。因此，本书内容若有遗漏或者不同之处，望各位读者海涵。国际大洋钻探计划时间跨度长，内容广泛多样，本书只是涉及若干侧面，可能存在理解不当之处，敬请各位读者批评指正。

作　者

2023年5月

目 录

第1章　概　况

1.1　国际大洋钻探计划简介

1.1.1　国际大洋钻探计划的历史

国际大洋钻探计划是20世纪60年代中期开始的一项全球性大洋钻探计划，是旨在全球海底进行钻探，通过获得海底岩芯样品和井下测量资料来研究海底地壳的组成、结构、成因、历史演化，以及古海洋、古环境变化等一系列科学问题的一项国际地球科学研究计划。它是地球科学领域规模最大、持续时间最长、影响最深、最为成功的国际合作研究计划，也是引领当代国际深海探索的科技平台。

大洋科学钻探的思想源于1957年美国加州大学斯克利普斯海洋研究所的Walter Munk教授和普林斯顿大学的Harry Hess教授提出的壳/幔边界取样计划（莫霍计划）。之后由于技术和经济的困境，莫霍计划不幸夭折。科学家和管理者深刻地认识到：深海钻探耗资巨大、技术难度高、需要多学科支撑，必须建立在集团合作甚至国际合作基础上。1964年，美国4所最著名的海洋研究机构，加州大学斯克利普斯海洋研究所、伍兹霍尔海洋研究所、迈阿密大学罗森斯蒂尔海洋大气科学研究院和哥伦比亚大学拉蒙特－多尔蒂地质观测站，联合组成了“地球深部取样联合海洋研究所”（简称“JOIDES”）。次年，拉蒙特－多尔蒂地质观测站代表JOIDES提出立项报告并获得美国国家科学基金会（简称“NSF”）的资助；1966年，正式发起了深海钻探计划（Deep Sea Drilling Project，DSDP）。

国际大洋钻探计划发展到今天一共经历了4个阶段，即深海钻探计划（DSDP，1968—1983年）、大洋钻探计划（Ocean Drilling Program，ODP，1985—2003年）、综合大洋钻探计划（Integrated Ocean Drilling Program，IODP，2003—2013年）、国际大洋发现计划（International Ocean Discovery Program，IODP，2013—2024年），如图1.1.1所示。

图1.1.1　国际大洋钻探计划发展历程

50 多年来，国际大洋钻探在全球各大洋钻井 4000 余口，累积了超过 40 万米的岩芯和大量的调查数据（表 1.1.1），所取得的科学成果验证了板块构造理论、创立了古海洋学、揭示了气候演变的规律、发现了海底“深部生物圈”和“可燃冰”，取得了一次又一次的科学突破，引领了整个地球科学领域的革命。

表1.1.1　截至2023年5月国际大洋钻探工作程度统计

名称	DSDP 阶段	ODP 阶段	IODP 阶段（2003—2013）	IODP 阶段（2013—2024）
航次（个）	96	111	54	50
站位（个）	624	669	250	225
钻孔（个）	1053	1797	649	625
最深钻孔（mbsf）	1741	2111	3059	3262
最浅水深（m）		37.5	23	20
最深水深（m）	7044	5980	6929	8023

注：统计数据来源于国际大洋钻探计划网站 https://www.iodp.org/expeditions/expedition-statistics。

执行大洋钻探航次的大洋钻探船主要有美国“格罗玛·挑战者号”（已退役）、美国“乔迪斯·决心号”、日本“地球号”、欧洲“特定任务平台”。其中，美国“格罗玛·挑战者号”建造于 1968 年，是深海钻探计划阶段唯一的专用钻探船，也是第一艘能在水深大于 6000 m 的海底钻探的船只，自 1968 年 8 月—1983 年 11 月，共完成 96 个航次，航程约 69 万余千米，在除北冰洋之外的各大洋 624 个站位上钻井 1053 口，获取岩芯 97 000 余米。美国“乔迪斯·决心号”钻探船（图 1.1.2a）于 1983 年启用，重 10 282 t，吃水深度 7 m，采用无隔水管作业模式，较之前的“格罗玛·挑战者号”钻探船，搭配了更先进的技术设备，钻探船功率更强，稳定性更好，钻探深度更深，还配备了 7 个实验室，可供沉积学、岩石学、古生物学、地球化学、地球物理和古地磁等方面的分析研究。“乔迪斯·决心号”钻探船迄今已执行 180 余个航次，实施钻孔 2700余口，获取岩芯超 35 万米。日本“地球号”钻探船（图 1.1.2b）于 2007 年正式服务于 IODP，重 56 752 t，吃水深度 9.2 m，采用无隔水管和常规隔水管作业模式，理论上能在 4000 m 水深

图1.1.2　美国“乔迪斯·决心号”大洋钻探船（a）和日本“地球号”大洋钻探船（b）

的海域向海底钻进 7000 m，是为特定目标而建造的一艘立管钻探船，目前主要服务于菲律宾海北部南海海槽地震带试验计划的钻探。截至 2023 年 5 月，“地球号”钻探船已执行 18 个航次的钻探。欧洲“特定任务平台”没有固定的钻探船，根据不同科学任务短期租用满足航次科学需求的钻探船或平台（图 1.1.3）。

日本“KAIMEI号”，386航次

荷兰“SYNERGY”钻探船，381航次

美国钻探平台“L/B Myrtle”，364航次

英国“James Cook号”，357航次

伟大航运公司“Manisha号”，347航次

伟大航运公司“Maya号”，325航次

美国钻探平台“L/B Kayd”，313航次

钻井平台“DP Hunter号”，310航次

挪威船“I/BVidar Viking”，302航次

图1.1.3 欧洲“特定任务平台”钻探船（部分航次）

改自网页https://www.ecord.org/expeditions/msp/concept/

1.1.2 国际大洋钻探计划的运作模式

（1）经费来源

“乔迪斯·决心号”大洋钻探船目前平均每年安排 4 个大洋钻探航次，每年经费需求约 6350 万美元。总经费中以美国国家科学基金会资助为主，平均每年资助约 4500 万美元（拓守廷，2018），会员国缴费和匹配性项目建议书（Complementary Project Proposal，CPP）模式为增补费用。美国国家科学基金会是美国 IODP 的最高领导机构，与国内相关机构签订合作协议委托开展美国大洋钻探的各项工作，是“乔迪斯·决心号”大洋钻探船的主要经费来源。

吨位更大的“地球号”大洋钻探船运行费用更高，每年经费需求约 7000 万美元。“地球号”

每年平均只有 4 个月的时间用于大洋钻探，其他时间则寻找机会从事商业钻探，获取收入来补充运行经费，会员国缴费仅占“地球号”运营费用的很少一部分。日本文部科学省是日本 IODP 最上层领导机构，负责与美国国家科学基金会以及其他 IODP 成员单位联系，对运行管理“地球号”大洋钻探船的日本海洋科学技术中心进行资助和管理，是“地球号”大洋钻探船的主要经费来源。

目前，国际大洋钻探计划处于国际大洋发现计划阶段，共有 23 个国家参与（表 1.1.2），会员国缴费机制如下：会员国向三大钻探平台之一缴纳会费（表 1.1.3）。IODP 的成员国均可申请参与“乔迪斯·决心号”航次，除日本通过与“地球号”航次名额互换的方式参与“乔迪斯·决心号”航次外，其他国家都直接提供资金支持。2013 年后，“地球号”的成员仅有欧洲大洋钻探联盟和澳大利亚 - 新西兰大洋钻探联盟两家，其中，欧洲大洋钻探联盟每年支付 100 万美元的会员费，澳大利亚 - 新西兰大洋钻探联盟每年缴纳 30 万美元的会员费，但由于“地球号”执行航次少，与预期差距很大，因此，欧洲大洋钻探联盟和澳大利亚 - 新西兰大洋钻探联盟已停止向“地球号”缴纳费用（拓守廷等，2021）。此外，三大钻探平台之间可相互派遣一定名额的科学家参加各自组织的钻探航次。

表1.1.2 IODP会员国列表

序号	国别	IODP 领导机构	IODP 办公室依托单位
1	美国	美国自然科学基金会	斯克利普斯海洋研究所
2	日本	日本文部科学省	日本地球科学钻探联盟
3	德国	欧洲大洋钻探联盟	英国普利茅斯大学（每两年换一次挂靠单位）
4	法国		
5	英国		
6	挪威		
7	瑞士		
8	瑞典		
9	意大利		
10	荷兰		
11	西班牙		
12	丹麦		
13	爱尔兰		
14	奥地利		
15	葡萄牙		
16	芬兰		
17	加拿大		
18	中国	科学技术部	同济大学
19	韩国	韩国地球科学与矿产资源研究院	韩国地球科学与矿产资源研究院
20	澳大利亚	澳大利亚 - 新西兰大洋钻探联盟	澳大利亚国立大学
21	新西兰		
22	印度	印度地球科学部	印度南极与海洋研究中心
23	巴西	巴西教育部直属高等人才教育基金委员会	巴西教育部直属高等人才教育基金委员会

表1.1.3 IODP会员国和会员机构缴费情况（改自拓守廷等，2021）

钻探平台	会员	缴费（百万美元）
"乔迪斯·决心号"	美国	—
	巴西	1
	中国	3
	欧洲大洋钻探联盟	7
	印度	1
	韩国	1
	澳大利亚－新西兰联盟	1.5
"地球号"	日本	—
	欧洲大洋钻探联盟	该联盟2013年以后缴纳年费100万美元，后来暂停缴费
	澳大利亚－新西兰大洋钻探联盟	该联盟2013年以后缴纳年费30万美元，后来暂停缴费
欧洲"特定任务平台"	德国、法国、英国、挪威、瑞士、瑞典、意大利、荷兰、西班牙、丹麦、爱尔兰、奥地利、葡萄牙、芬兰、加拿大	10.6

注："乔迪斯·决心号"由美国负责运营，"地球号"由日本负责运营。欧洲大洋钻探联盟是英国地质调查局、不莱梅大学和欧洲岩石物理联盟联合组成的科学执行机构，负责"特定任务平台"的运行。

除收取会费外，"乔迪斯·决心号"还通过"匹配性项目建议书"方式获得额外的资金以填补其运行经费的不足。这是由于大洋钻探建议书非常多，一般情况下，需要排队多年才能实施钻探。若会员国采用CPP模式，缴纳额外资金承担钻探航次主要费用，可以优先安排钻探航次，例如，在我国南海实施的IODP 349、IODP 367、IODP 368大洋钻探航次均采用CPP模式。在增补运行经费的同时，资助方同时也获得了更多航次权益，CPP模式成为一种双赢的模式。

（2）组织框架

IODP阶段国际大洋钻探计划的运作模式见图1.1.4，基本框架见图1.1.5和表1.1.4。

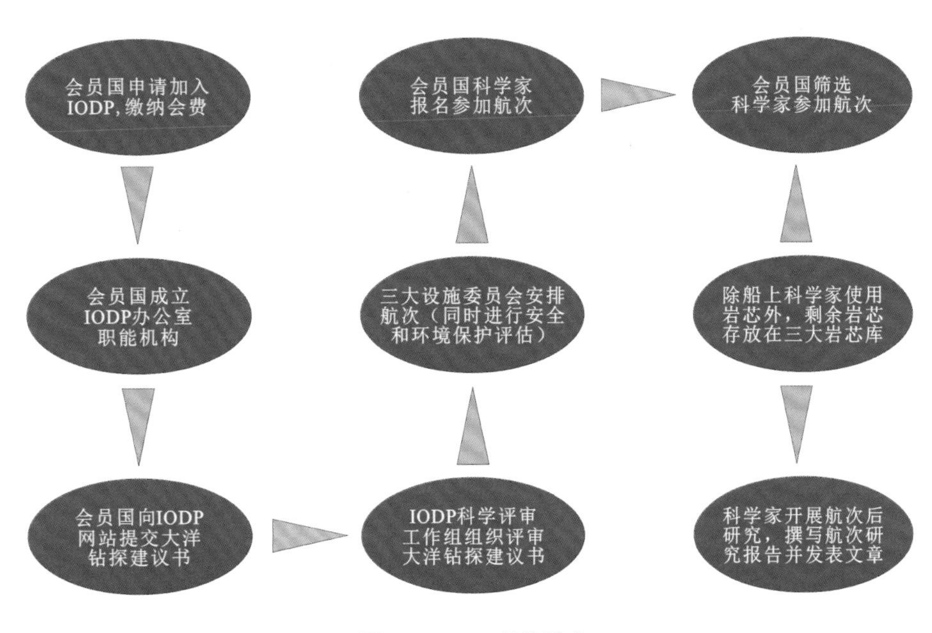

图1.1.4 IODP运作模式

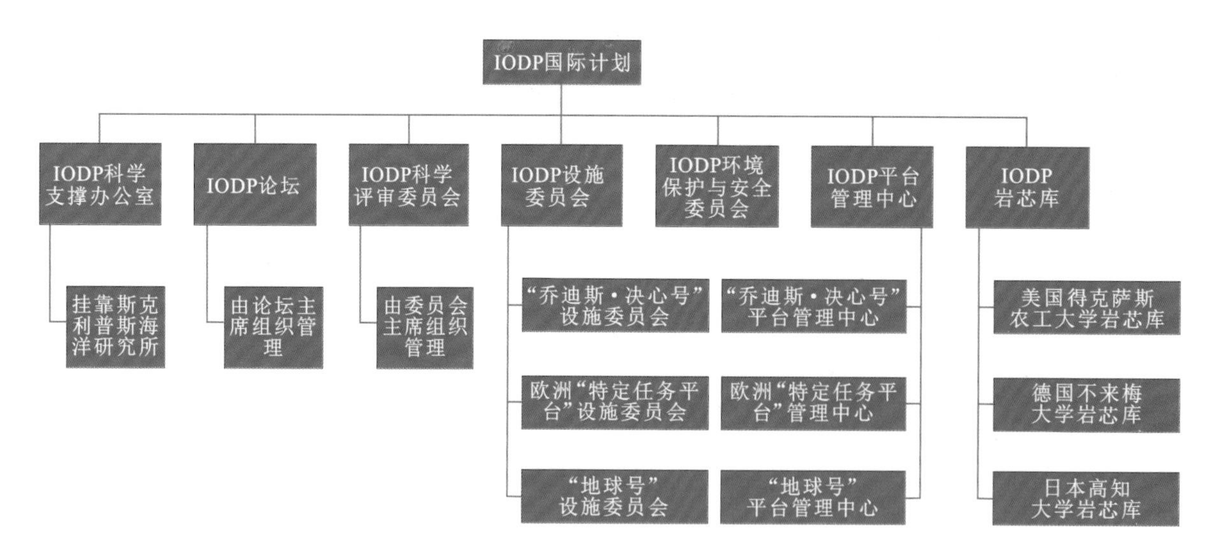

图1.1.5 IODP整体框架

表1.1.4 IODP机构框架列表

序号	机构	依托单位	职责
1	科学支撑办公室	斯克利普斯海洋研究所	（1）运行和维护 IODP 网站；（2）管理站位调查数据库；（3）提供其他服务，例如，接收大洋钻探建议书
2	论坛	由论坛主席组织管理（各会员国科学家均可参加）	是交流 IODP 科学思想和观点的重要会议，是 IODP 2013—2023 科学计划的来源，每年召开一次会议
3	科学评审委员会	由委员会主席组织管理（成员来自各个会员国家）	由会员国志愿者组成，对各国提交的大洋钻探建议书进行评审，每年 1 月和 6 月分别召开一次会议
4	设施委员会	“乔迪斯·决心号”设施委员会（无挂靠单位，由美国和其他国家的代表组成）	制定钻探航次计划，每年召开一次会议
		欧洲“特定任务平台”设施委员会（由欧洲和其他国家的代表组成）	制定钻探航次计划，每年召开一次会议
		“地球号”设施委员会（由日本和其他国家的代表组成）	制定钻探航次计划，每年召开一次会议
5	平台管理中心	“乔迪斯·决心号”运行中心（挂靠得克萨斯农工大学）	执行钻探航次
		欧洲“特定任务平台”运行中心（挂靠英国地质调查局、欧洲岩石物理联合会和德国不来梅大学海洋环境中心）	执行钻探航次
		“地球号”运行中心（挂靠日本海洋科学技术中心深部地球勘探中心）	执行钻探航次
6	环境保护与安全委员会	无挂靠单位（由会员国的志愿者组成）	从安全和环境保护的角度对大洋钻探申请书进行审查，每年召开一次会议

续表

序号	机构	依托单位	职责
7	岩芯库	得克萨斯农工大学	保存和分配岩芯
		不来梅大学	保存和分配岩芯
		高知大学	保存和分配岩芯
8	数据库	站位调查数据库	递交大洋钻探建议书后需上传相关的站位调查资料到该数据库
		测井数据库	包括所有航次
		岩芯数据库	包括“乔迪斯·决心号”岩芯数据库、“地球号”岩芯数据库、欧洲“特定任务平台”岩芯数据库
		岩芯样品申请数据库	申请 IODP 岩芯样品需到该数据库申请

1）IODP 科学支撑办公室

IODP 科学支撑办公室是 IODP 下设的负责维护 IODP 门户网站和提供 IODP 支撑服务的机构，挂靠在美国加州大学圣地亚哥分校的斯克利普斯海洋研究所。

2）IODP 论坛

IODP 论坛是国际大洋钻探计划的议事机构，主要任务是讨论 IODP 的科学运行、管理政策等，为各成员国提供建议。每年举办一次论坛会议，会员国科学家均可报名参加。

3）IODP 科学评审委员会

IODP 科学评审委员会成员来自多个会员国，由于大洋钻探建议书是在每年的 4 月和 10 月提交，因此，IODP 科学评审委员会每年 1 月和 6 月分别召开一次会议。

国际大洋钻探航次建议书需要经过 IODP 多个委员会评审，包括科学评审委员会、站位调查评估委员会（SCP）和环境保护与安全委员会（EPSP）等。此外，还要经过外部科学家的评议。国际大洋钻探航次建议书的竞争非常激烈，从建议书的提出到航次的实施平均需要 5 年。

4）IODP 设施委员会

IODP 设施委员会有 3 个，分别为“乔迪斯·决心号”设施委员会、欧洲“特定任务平台”设施委员会和“地球号”设施委员会。

5）IODP 平台管理中心

IODP 平台管理中心有 3 个，分别为“乔迪斯·决心号”、欧洲“特定任务平台”和“地球号”运行中心。“乔迪斯·决心号”运行中心挂靠在得克萨斯农工大学，欧洲“特定任务平台”运行中心挂靠在英国地质调查局、欧洲岩石物理联合会和德国不来梅大学海洋环境中心。“地球号”运行中心挂靠在日本海洋科学技术中心深部地球勘探中心，主要职责是执行大洋钻探航次。

“乔迪斯·决心号”是 IODP 钻探的主力，每年平均实施 4 个钻探航次。“地球号”每年则实施 1 ~ 2 个航次，钻探海域主要在日本附近。欧洲“特定任务平台”每年平均实施 1 个航次，钻探海域主要是“乔迪斯·决心号”和“地球号”难以到达的海域，例如，浅海或有冰覆盖的海域。

6）IODP 环境保护与安全委员会

IODP 环境保护与安全委员会无实体机构，成员由会员国的志愿者组成。主要职责是从安全和环境保护的角度对已经通过评审的即将要进行航次安排的大洋钻探申请书的站位进行审查。科学支撑办公室会提前两个月通知大洋钻探申请书的建议人进行环境保护与安全审查，大洋钻探申请书编写小组需要派一名代表参加会议，对委员会提出的问题进行答疑。如果委员会认为有必要修改站位位置，大洋钻探申请书编写小组需要修改钻探计划，并重新提交站位调查数据。委员会的年度会议召开时间通常在每年 9 月。

7）IODP 岩芯库

目前，IODP 岩芯库共有 3 个，分别位于美国得克萨斯农工大学、德国不来梅大学和日本高知大学。岩芯库负责保存和管理大洋钻探岩芯样品。

在不同海域获取的大洋钻探岩芯样品存放到不同的岩芯库（图 1.1.6，表 1.1.5），东太平洋、加勒比海、墨西哥湾和南大洋的大洋钻探样品存放到美国得克萨斯农工大学岩芯库（GCR），大西洋、北冰洋、地中海和黑海的大洋钻探样品存放到德国不来梅大学岩芯库（BCR），西太平洋、印度洋和白令海的大洋钻探样品存放到日本高知大学岩芯库（KCC）。

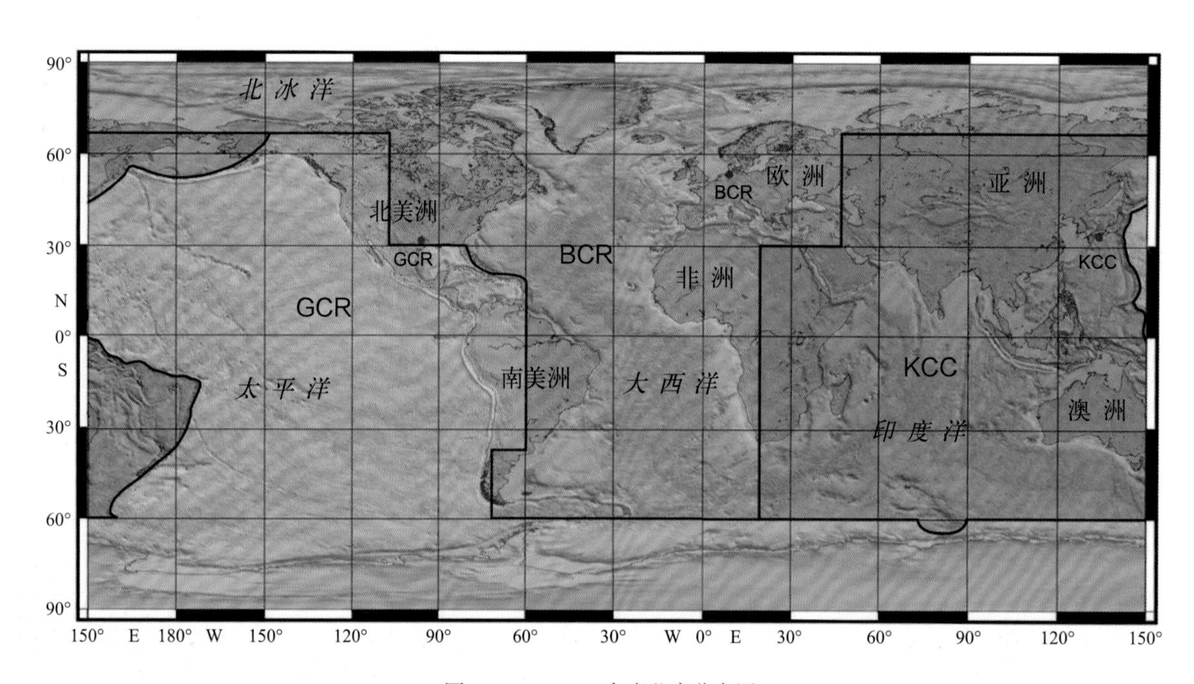

图1.1.6 IODP三大岩芯库分布图

改自网页http://www.iodp.org/resources/core-repositories

目前，IODP 规定船上科学家有优先获得样品的权利，并且要求获得样品后的两年内完成样品分析工作，并发表测试成果。一般航次结束一年后，样品将对全球所有科学家开放，接收样品取样申请。

岩芯样品申请者需在 IODP 网站填写申请表。若样品申请存在争议，可向样品库存咨询委员会申诉，由委员会裁决。样品库存咨询委员会委员由三大岩芯库提名，IODP 设施委员会筛选决定，任期 4 年。职责如下。

作为咨询委员会，当样品申请者、岩芯库管理员、航次样品分配委员会之间发生样品分配矛盾时，可诉至样品库存咨询委员会，委员会拥有最终决定权。

当样品申请者申请的样品属于永久保存样品时（每一个钻探岩芯都要求保存一部分作为永久样品），或者向样品库申请拿出岩芯来作为科普展览用途时，申请需要获得样品库存咨询委员会通过。

表1.1.5 三大岩芯库存放岩芯概况

岩芯库	现存岩芯长度（km）	岩芯所属大洋钻探阶段	岩芯所属海域
美国得克萨斯农工大学岩芯库	140	DSDP、ODP、IODP	东太平洋、加勒比海、墨西哥湾、南大洋
德国不来梅大学岩芯库	154	DSDP、ODP、IODP	大西洋、北冰洋、地中海、黑海
日本高知大学岩芯库	134	DSDP、ODP、IODP	西太平洋、印度洋、白令海

8）数据管理与信息服务

国际大洋钻探计划累积了海量的数据，并对这些数据进行了有效管理。当各会员国在IODP网站提交大洋钻探建议书后，就需将相应的站位调查数据上传至IODP网站共享（网站由美国斯克利普斯海洋研究所维护）。当航次实施后，将获得测井数据、岩芯样品和岩芯测试数据。各钻探平台管理中心都配套有相应的数据库，保存着各自获取的测井数据和岩芯测试数据。美国哥伦比亚大学将各钻探平台管理中心的测井数据集合到一起，形成了一个包含所有航次测井数据的数据库。

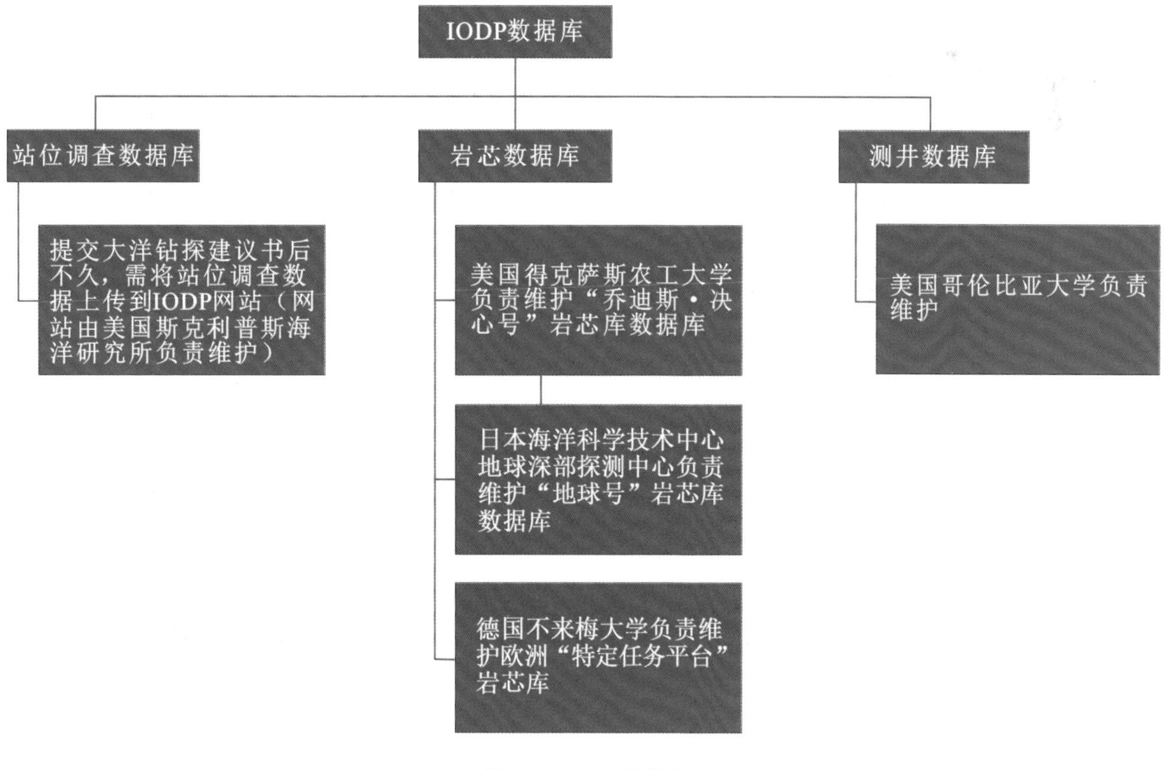

图1.1.7 IODP数据库

1.2 国际大洋钻探计划主要科学成就

1.2.1 深部构造与地球动力学

(1) 证实了海底扩张学说

20世纪60年代，美国地震地质学家Dietz（1961）在大量海洋地质调查新资料和新成果的启示下正式提出“海底扩张”概念，接着Hess（1962）加以深入阐述，认为洋底是一较硬脆的岩石层，其下为近似熔融状态的可塑性软流层，该层的熔融状地幔物质从洋中脊裂谷中涌出，冷凝成新的洋壳，并被当时的地磁场所磁化；洋中脊不断张裂，地幔物质不断涌出，新的条带不断产生，推动较老的洋壳不断向两侧扩张，当遇到海沟时便俯冲入地幔之中；洋壳一面增生，一面消亡，不断更新的速率每年达几厘米。根据上述的海底扩张理论，洋壳的年龄应随着远离洋中脊而逐渐增大，并且按照洋底更新速率，洋底历经2亿年便可更新一次，也就是说现在洋底没有比中生代更老的沉积和基岩。

为验证这一假说，科学家们部署实施了一系列大洋钻探航次。如在DSDP第3航次，沿着垂直大西洋中脊走向布设了一系列钻孔，这些钻孔位于磁异常条带上（图1.2.1），采用古生物定年的方法测定直接覆盖于玄武岩基底之上的最老沉积物年龄来估算下伏洋壳玄武岩的形成年龄。结果显示，钻孔中最老沉积物的年龄与磁异常年龄惊人一致；洋壳形成年龄的确随远离洋中脊有规律地变老（Maxwell et al., 1970），越接近洋中脊，洋壳年龄越新，这一结果直接确认了海底扩张的合理性。1969年，DSDP执行的第6个航次钻探结果进一步为海底扩张理论提供了有力证据（刘志飞等，2018），此次钻探证实洋壳年龄随远离东太平洋海隆逐渐变老，直至马里亚纳海沟以东钻遇晚侏罗世或早白垩世的沉积层（Heezen and Fischer, 1971）。

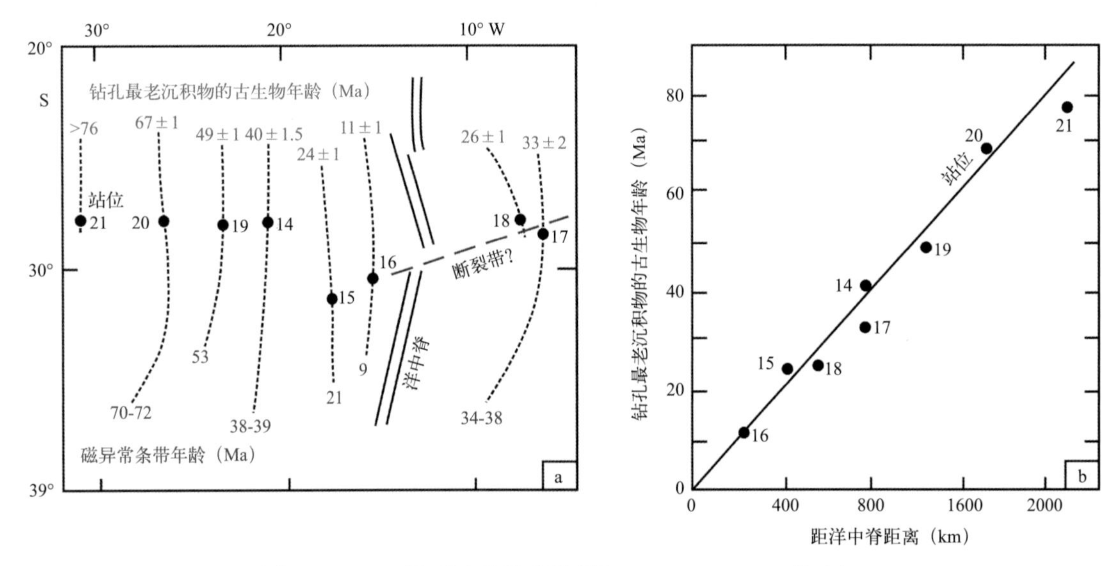

图1.2.1 DSDP第3航次钻探成果（据Maxwell et al., 1970修改）

a. 站位分布，以及各钻孔最老沉积物年龄和所在磁异常条带推测年龄；b. 各站位距洋中脊距离和钻孔最老沉积物年龄的关系

此外，深海钻探所得大量的岩芯测年统计结果表明，洋底岩石的年龄的确比大陆岩石的年龄新得多。目前，尚未在大洋洋底发现年龄超过侏罗纪的岩石，大洋洋底最老的岩石是1.65亿年，而大陆最老的岩石是3.75亿年；覆盖在大洋地壳上的沉积物，离大洋中脊越近，时代越新，沉积越薄，层序越简单，而离大洋中脊越远，时代越老，沉积越厚，层序越全（艾万铸，1981）。这表明，新

的洋壳的确在大洋中脊处产生，不断地推动两侧向外移动。这一系列的钻探结果证实了海底扩张与洋壳的生长，成为地球科学研究中最重要的成果之一。

（2）洋壳结构

1）洋壳结构的复杂性和多变性

国际大洋钻探计划在全球不同扩张速率的洋壳上实施了38口基岩进尺超过100 m的钻探（图1.2.2），揭示了洋壳结构的复杂性和多变性（Karson et al., 2015; Dick et al., 2019; Michibayashi et al., 2019），极大地改变了我们对大洋岩石圈结构组成和形成演化的认知，颠覆了以往对洋壳单一层状结构（即Penrose模型，图1.2.3）的认知（Ildefonse et al., 2007）。

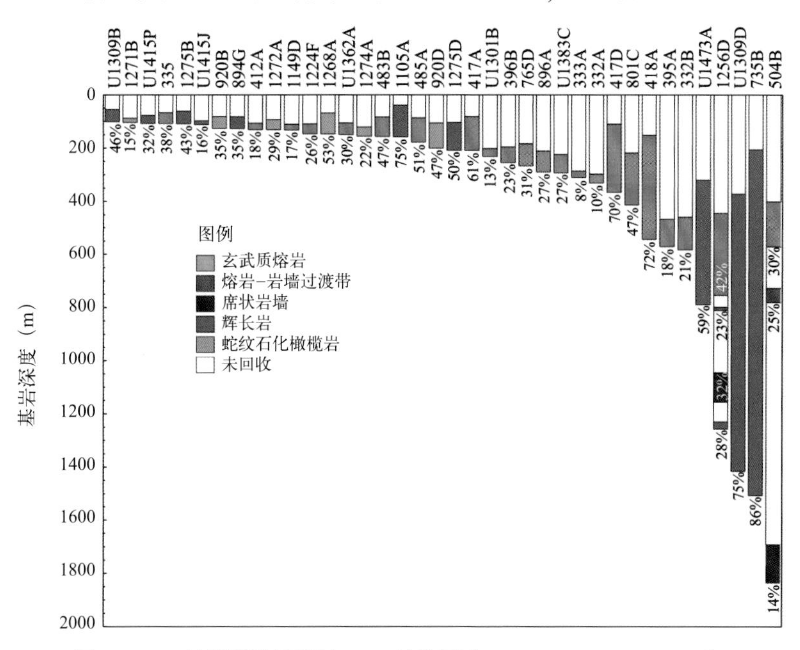

图1.2.2 38口基岩进尺超过100 m的钻探（Michibayashi et al., 2019）

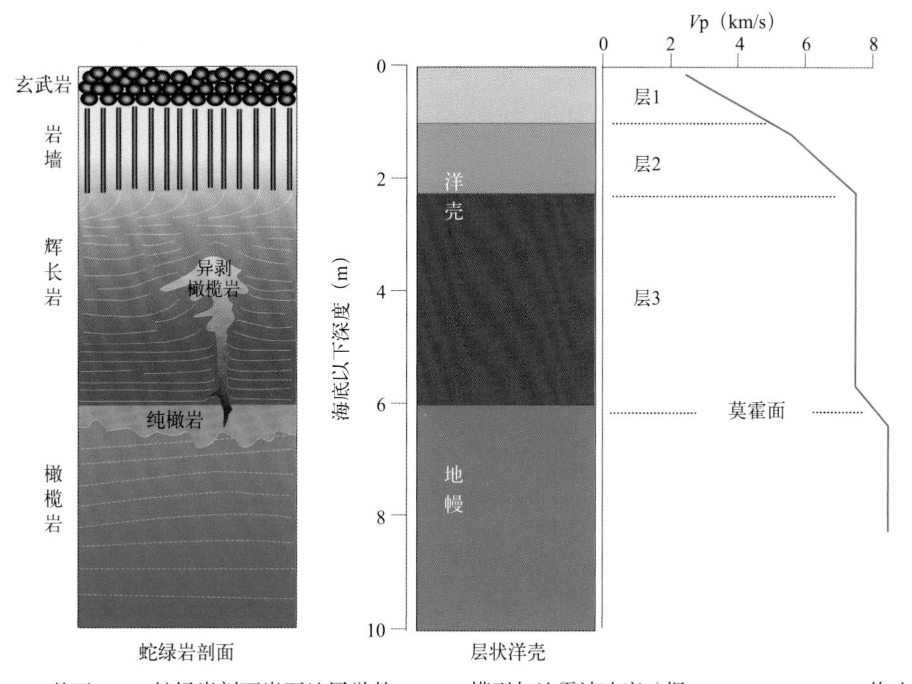

图1.2.3 基于Oman蛇绿岩剖面岩石地层学的Penrose模型与地震波速度（据Ildefonse et al., 2007修改）

众多研究表明，不同扩张速率下洋壳的结构在侧向上和垂向上变化很大（图 1.2.4）（Dick et al., 2006; Karson et al., 2015）。超慢速和慢速扩张速率下形成的洋壳结构，侧向差异性非常显著，层 2 火山岩呈明显不连续甚至呈点状或零星分布，在有的洋中脊段上，大面积缺失火山岩，而且，被喻为下洋壳的层 3 辉长岩（Christensen et al., 1975）也很少出现，而蛇纹石化地幔橄榄岩的出露面积在一些洋中脊段可达 1/4 ~ 1/2（Karson et al., 2015）。有深部物质剥露的区域，缺失中上地壳的辉绿岩、玄武岩等，洋壳结构不完整（Zhang et al., 2020），洋壳厚度变化也非常大，变化范围 0 ~ 9.5 km。此外，沿洋中脊轴部岩浆分布变化也很大，局部可见到小型辉长岩侵入蛇纹石化橄榄岩中（Cannat, 1993; Kelemen et al., 2007; Escartín et al., 2008, 2011; Dick, 2019）。例如，西南印度洋中脊的亚特兰蒂斯滩杂岩，在垂向上存在岩性分带，上部以氧化辉长岩为主，中部以橄榄辉长岩为主，而底部以橄长岩或纯橄岩为主，部分辉长岩发生强烈的塑性变形（Dick et al., 2006, 2016; Zhang et al., 2020）。

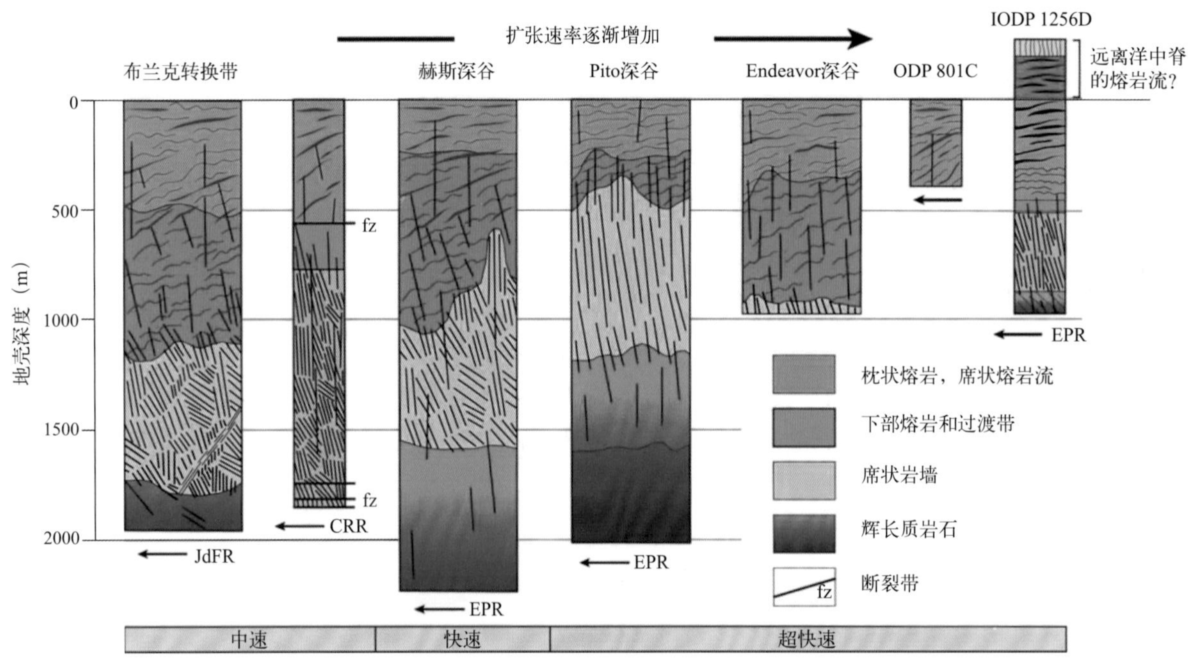

图1.2.4　不同扩张速率洋中脊形成的洋壳结构（据Karson et al., 2015修改）

DSDP：深海钻探计划；ODP：大洋钻探计划；IODP：综合大洋钻探计划；JdFR：胡安·德·富卡洋中脊；CRR：哥斯达黎加洋中脊；EPR：东太平洋隆；fz：断裂带

快速（扩张速率 80 ~ 120 mm/a）和超快速（扩张速率大于 120 mm/a）扩张洋中脊的海底几乎完全由岩浆喷出海底形成的火山岩（玄武岩，图 1.2.3 中层 2）覆盖。在构造切割或剥蚀的地方如赫斯深大裂谷以及一些转换断层处，可见到一些岩墙（辉绿岩）、深成岩（辉长岩）和地幔橄榄岩，展现出快速扩张洋中脊相对比较简单的层状洋壳特点，接近于理想的 Penrose 层状模型。例如，ODP Leg 206、IODP 309、IODP 312 和 IODP 335 航次在哥斯达黎加超快速扩张洋中脊（扩张速率大于 120 mm/a）实施的 U1256D 钻孔，自上而下钻遇到离轴熔岩流、席状岩墙、辉长岩以及下方的堆晶岩样品（图 1.2.4）（Teagle and Wilson, 2007; Teagle et al., 2012; Wilson et al., 2006）。

2）洋壳增生机制

绵延全球海底 7 万余千米的洋中脊是大洋岩石圈的主要生长区域。洋中脊上源于地球深部的岩浆活动是洋壳增生的主要物质来源。随着对洋壳结构复杂性和多变性的深入研究，科学家对洋壳增生机制的认识也有了非常大的改变。目前对洋壳增生过程的认识，主要有 3 种模型："冰川"模型、"流体"模型和"席状"模型（图 1.2.5）（Ildefonse et al., 2006, 2010; Teagle et al., 2012; 周怀阳, 2017）。在"冰川"模型中，下洋壳辉长岩起源于很小很薄的"韭葱"状岩浆房，塑性熔体向上运移到浅层发生结晶作用，结晶作用产生的潜热贡献给上覆的热液循环系统，浅层形成的硅酸盐晶粥一边向深处沉降、一边随海底扩张向外运动（图 1.2.5a）。西南印度洋洋中脊亚特兰蒂斯滩辉长岩体中锆石年龄的研究为这个模型提供了有力的支持。"流体"模型中，含岩基侵入体的塑性流体下沉并向外扩张，形成下洋壳（图 1.2.5b）。"席状"模型中，下洋壳是由不同深度上的小岩浆体结晶形成的，热液活动在下洋壳广泛分布，吸收结晶潜热，并阻止形成较大的熔融区域（图 1.2.5c）。地球物理探测到的轴部岩浆房的大范围变化，似乎为该模型提供了有力的证据。

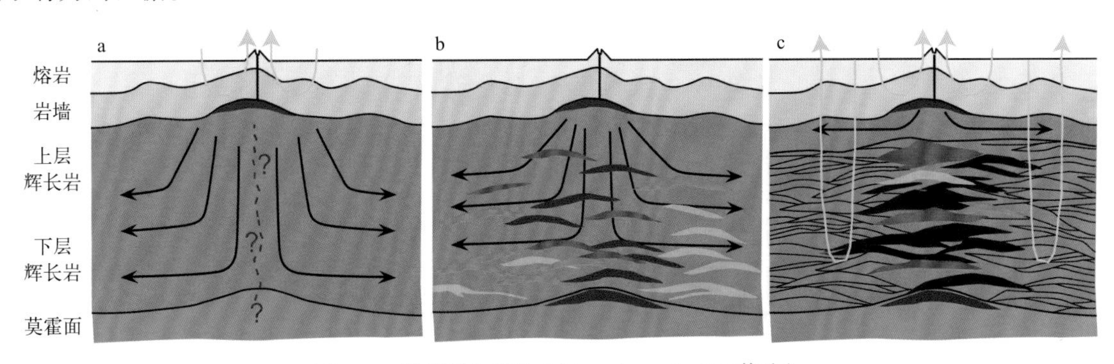

图1.2.5 洋壳增生模型（据Teagle et al., 2012修改）

3）大洋核杂岩发现

由下洋壳辉长岩和地幔岩组成的大洋核杂岩是探索洋壳结构过程中的一个重要发现，它将洋壳深部的岩石通过拆离断裂作用暴露在洋底，直观地展示了洋壳的深部物质组成和构造变形（Cannat, 1993; Karson, 1999; Dick et al., 2000; Smith et al., 2006, 2012; 李洪林等 , 2014; 于志腾等 , 2014; 范庆凯等 , 2018）。大洋核杂岩是在岩石圈伸展背景下，由拆离断层将地壳深部和 / 或上地幔物质拆离到洋底表面并在表面形成窗棂构造的一种特殊的穹隆状海底构造（Cannat, 1993; Karson, 1999; Dick et al., 2000; Smith et al., 2006, 2012; 李洪林等 , 2014; 于志腾等 , 2014; 范庆凯等 , 2018），具有不同于大陆核杂岩的独特的构造要素和岩石组合（李三忠等 , 2006; Maffione et al., 2013）。大洋核杂岩主要的构造要素包括大型拆离断层、垂直于洋中脊的大型线理或窗棂构造、穹隆状构造；大洋核杂岩的核部主要是源于地壳深部的辉长岩和地幔岩，如蛇纹石化橄榄岩、橄长岩、辉长岩、超基性岩墙和熔岩，以及少量的断层岩，如糜棱岩、绿泥石化角砾岩、断层角砾和断层泥（Karson, 1999; Dick et al., 2000; Smith et al., 2012; Karson et al., 2015; Dick et al., 2016, 2019）。大洋核杂岩的重力异常通常比周围海底高几十毫伽，表明大洋核杂岩存在薄地壳，这为我们窥探地壳深部物质组成和演化提供了理想的窗口，也为钻穿洋壳、获取原位地幔岩样品提供了捷径，为莫霍钻的实施提供了理想的优选区。例如，西南印度洋中脊的亚特兰蒂斯滩大洋核杂岩（图 1.2.6），是迄今为止唯一一个已经实施完慢速扩张洋中脊莫霍计划（SloMo）第一阶段钻探的区域（Dick et al., 2016）。钻探结果显示，该大洋核杂岩在垂向上，上部以氧化物辉长岩为主，中部以橄榄辉长岩为主，而底部以橄长岩或纯橄岩为主（Nguyen et al., 2018; Dick et al., 2016, 2019）。

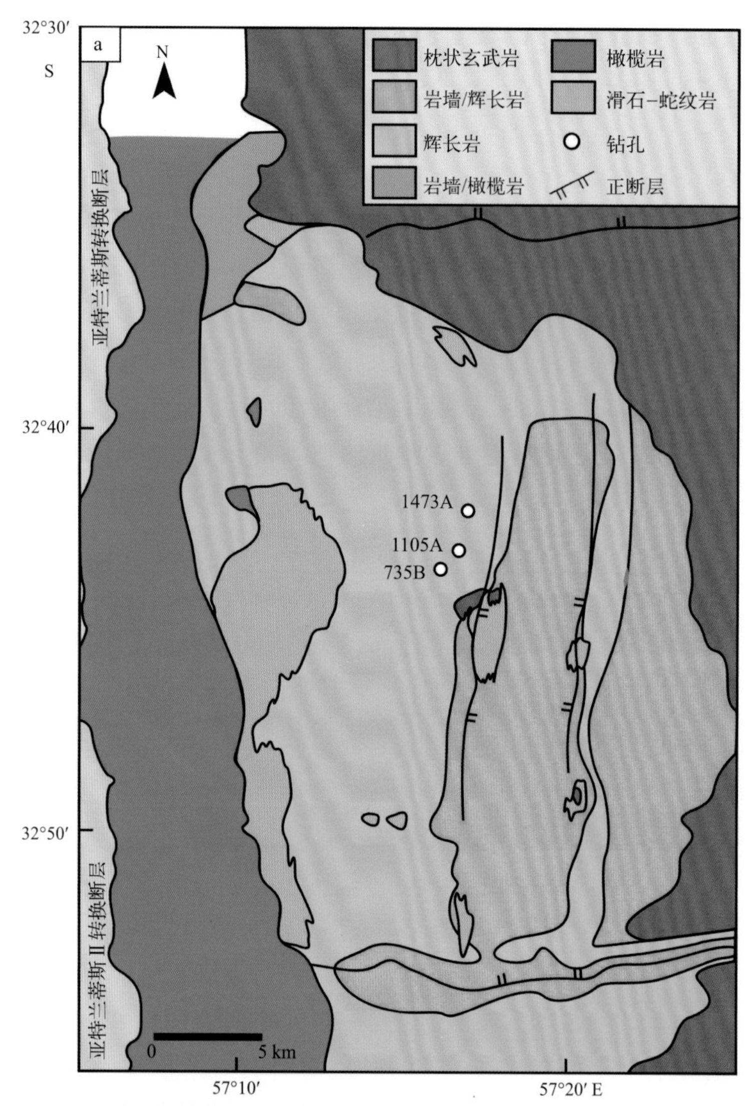

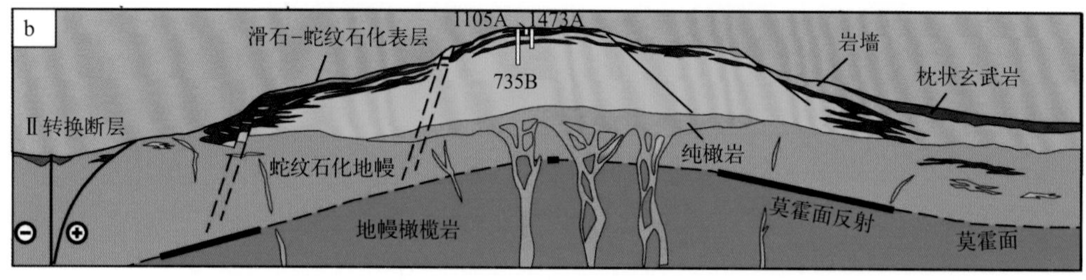

图1.2.6　西南印度洋中脊亚特兰蒂斯滩地质图（a）和剖面图（b）（据Dick et al., 2019修改）

（3）大陆边缘

在 DSDP 阶段通过大洋钻探获得了海底扩张的直接证据后，科学家们开始探索大陆究竟是如何裂开变成大洋的，这就需要在大陆边缘进行钻探。对大陆边缘的钻探主要以被动大陆边缘钻探为主，区域主要集中在大西洋。在国际大洋钻探的 50 余年里，共有 22 个航次用来探索大西洋的张裂，结果发现存在两种类型张裂（图 1.2.7）（Franke，2013）：一类是岩浆从地幔深处上涌导致陆地岩石圈破裂，属于富岩浆型；另一类是大陆岩石圈拉薄，海水从破裂的地壳渗入地幔顶层，使地幔的橄榄岩风化为蛇纹岩变得容易破裂，然后岩浆涌出形成洋壳，属于贫岩浆型。区分两个端元类型的标准是，在大陆岩石圈破裂前后是否存在大量的岩浆侵入，包括底侵高速层与侵入岩墙和喷发，以及地震上是否具有向海倾斜反射特征的苦橄玄武岩和少量中性流纹岩与少量陆缘沉积岩互层的沉积层序（Huismans and Beaumont, 2011; Franke, 2013; Clerc et al., 2018）。

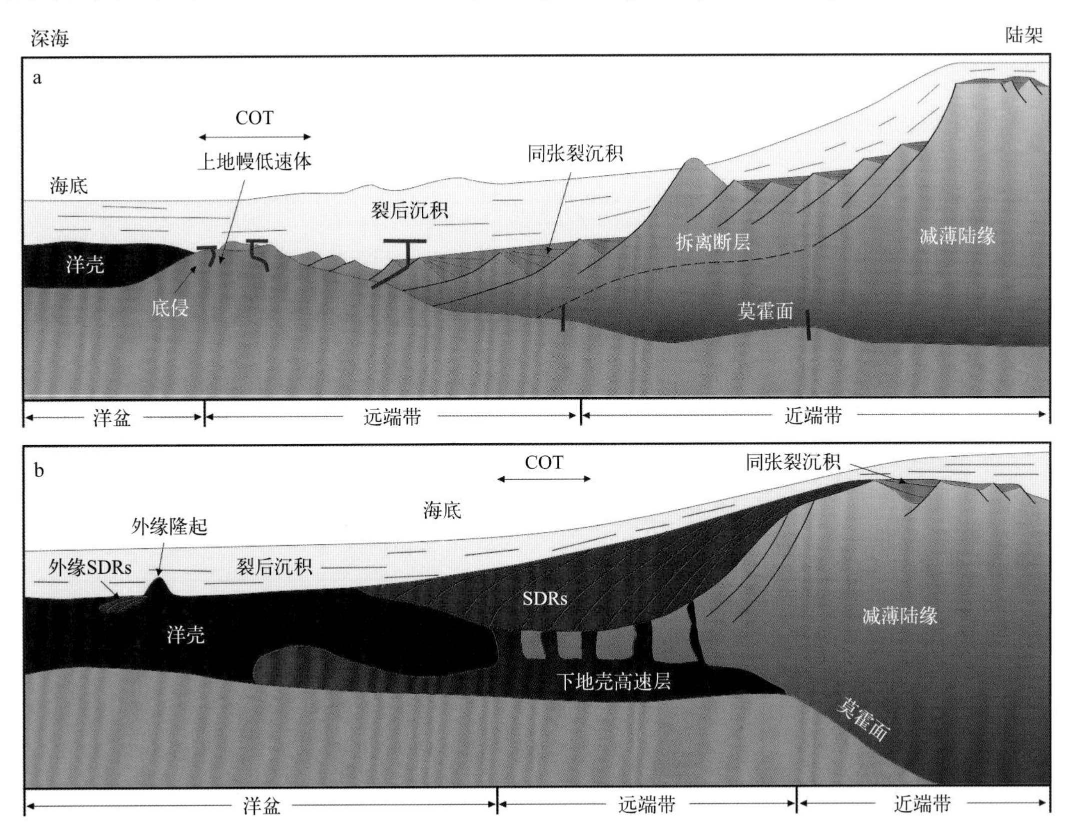

图1.2.7 贫岩浆型和富岩浆型被动大陆边缘结构特征示意剖面（据Franke, 2013；孙珍等，2021修改）

a. 贫岩浆型陆缘；b. 富岩浆型陆缘

北大西洋挪威－格陵兰共轭陆缘是富岩浆型大陆边缘研究的典范。富岩浆型被动边缘最为显著的特点就是“向海倾斜反射层系”（seaward dipping reflectors，SDRs）的发育（Franke，2013），并且，洋陆过渡带（COT）十分陡窄，通常只有 50 ~ 100 km 宽，与贫岩浆型的边缘截然不同。早年的地震资料表明：全球大约 40% 的大陆边缘的最外部都有这类向海倾斜反射层系，往往厚达数千米，推测可能是火山物质，格陵兰的大洋钻探证实了这种推测（Larsen et al., 1994）。钻探结果还揭示，富岩浆型陆缘破裂的动力来自地幔的岩浆活动，因此，是一种自下而上的机制（汪品先，2018），该陆缘上部火山岩系列是初始海底扩张期的产物，火成物质的加入导致原先变薄的陆壳有所加厚，加上热地幔物质上涌，使被动边缘处在海平面附近的浅水环境（孙珍等，2016，2021）。所以对这类富岩浆型大陆边缘来说，大陆破裂和初始的海底扩张可能发生在海平面的附近。

北大西洋伊比利亚－纽芬兰共轭陆缘则是贫岩浆型大陆边缘研究的典范。在该区实施的 ODP 第 149 航次揭示了从裂谷到破裂转折的过程，结合地球物理剖面和数值模拟，形成了不靠岩浆驱动的被动边缘张裂模式——伊比利亚模式（Huismans and Beaumont，2011）。该模式认为贫岩浆型大陆边缘破裂机制与富岩浆型大陆边缘相反，是岩石圈破裂才使得地幔中的岩浆上涌，岩石圈拉张则是随深度而异、自上而下逐步发生的（图 1.2.4）：先是地壳破裂，经过海水渗入的长期过程，导致地幔橄榄岩的蛇纹岩化，最后岩石圈破裂，岩浆从地幔上涌，洋壳开始形成（Huismans and

Beaumont，2011；Franke，2013）。伊比利亚－纽芬兰共轭陆缘的研究是大洋钻探ODP时期的重大科学突破，南大西洋巴西－安哥拉共轭陆缘形成演化的数值模拟结果进一步表明，贫岩浆型大陆边缘从裂谷破裂到海底扩张的过程存在两种模式：伊比利亚－纽芬兰共轭陆缘的破裂从上部即地壳开始，经过长期的地幔橄榄岩削蚀作用和蛇纹岩化，向下发展；而巴西－安哥拉共轭陆缘与之相反，破裂过程先从岩石圈地幔和下地壳开始（图1.2.8），然后向上发展，因而没有地幔蛇纹岩化的长期过程，破裂之后很快就形成洋壳（Huismans and Beaumont，2011，2014）。

a

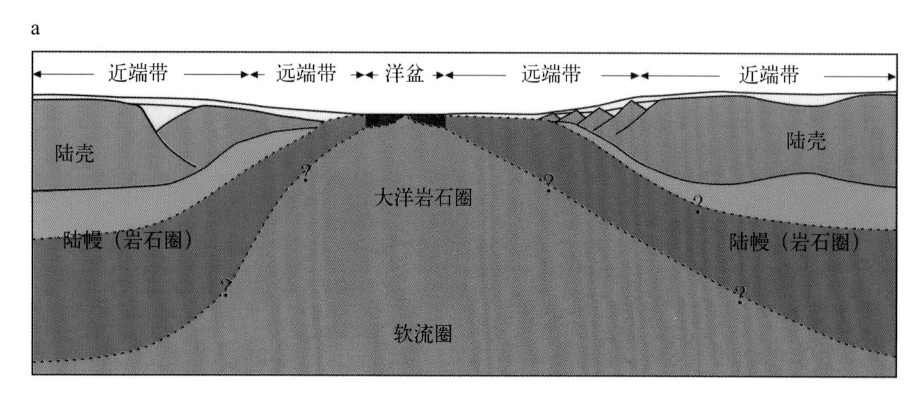

b

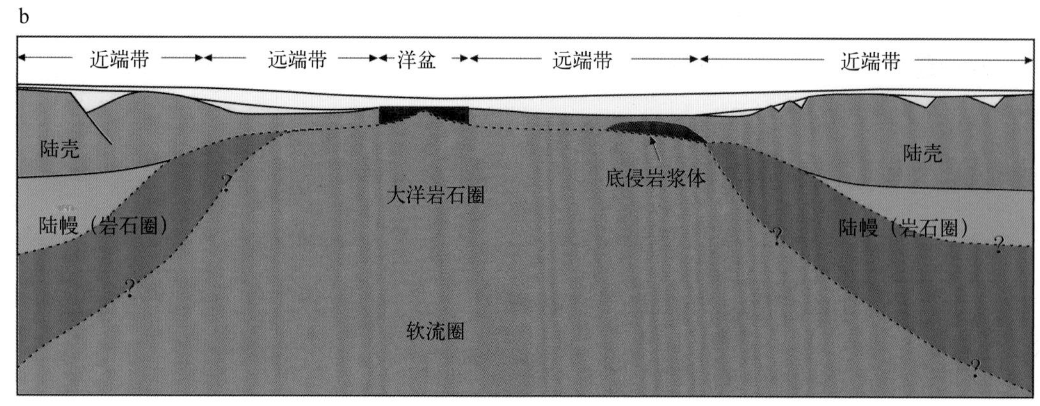

图1.2.8　贫岩浆型裂谷盆地破裂的两种类型（据Huismans and Beaumont，2011；孙珍等，2021修改）

a. 伊比利亚－纽芬兰共轭边缘类型，b. 巴西－安哥拉共轭边缘类型

此外，围绕“陆地是如何变成海洋”这一基础科学问题，IODP第367、368/368X航次在我国南海北部边缘洋—陆过渡带共钻探了17口钻井，但钻探并没有打到预期中的蛇纹岩化地幔岩，钻取到的是大洋中脊型的玄武岩岩芯。这表明南海的岩浆作用极其活跃，洋壳形成前后均有火山活动，大陆岩石圈的破裂相当迅速，岩石圈破裂和岩浆涌升在时间上并无先后顺序，呈现独特的“非火山型张裂过程”（Jian et al., 2018; Sun et al., 2018; Wang et al., 2019）。此次钻探也打破了对南海形成机制的传统认识（Taylor and Hayes，1983），并提出南海不是“小大西洋”（Wang et al., 2019; 林间等，2020），认为南海与大西洋是两种不同的岩石圈，是板块运动在不同阶段破裂的产物。大西洋的张裂是在超级大陆内部坚固的岩石圈，南海形成却是在太平洋板块俯冲带相对软弱的岩石圈，表面看来有所相似，其实是两种根本不同的海盆形成机制，前者是在岩石圈离散背景下的产物，属于“板内破裂”，后者是在岩石圈汇聚背景下发生的张裂，属于“板缘破裂”（表1.2.1，Wang et al., 2019）。

表1.2.1 板内张裂和板缘张裂的比较

类型	板内张裂	板缘张裂
产物	大洋盆	边缘海
实例	大西洋	南海
威尔逊旋回阶段	超级大陆瓦解时期	超级大陆瓦解之后
涉及地幔对流	全地幔	上地幔
海盆寿命	10^8 a	10^6 ~ 10^7 a
海盆面积	10^7 km^2	10^5 ~ 10^6 km^2

（4）俯冲带

俯冲带是地球最重要的板块边界之一，地球物质能量交换最强烈、火山—地震—海啸活动最活跃（林间等，2017）。自深海钻探计划（DSDP）以来，俯冲带的研究一直备受大洋钻探瞩目，已在全球的10余个俯冲带附近实施了50余个大洋钻探航次，在板块俯冲起始机制、俯冲带再循环和俯冲板块边界的地震断层性质等方面取得了重要认识。

有关俯冲起始机制方面，通过大洋钻探获得的岩石样品信息验证了已有俯冲初始模型，证实板块的俯冲存在主动俯冲和被动俯冲两种不同类型的起始机制。如IODP第352航次在伊豆—小笠原—马里亚纳弧前成功进行4个站位的钻孔取芯，发现远离海沟的浅水区为始新世玻安岩（通常认为玻安岩的产生与俯冲带的初始俯冲有关），靠近海沟的深水区为弧前玄武岩，说明伊豆—小笠原—马里亚纳初始俯冲后随即发生玄武岩喷发，由更为亏损的地幔岩石再熔融形成玻安岩（林间等，2018）。此外，这些火山序列与蛇绿岩相似，说明俯冲初始、弧前扩张和蛇绿岩成因有因果关系（Reagan et al., 2017），表明该区域的起始俯冲机制为主动俯冲（Whattam and Stern, 2011）。阿曼Semail SSZ型蛇绿岩及变质底板精确测年结果表明，变质底板角闪岩的石榴石—全岩Lu-Hf等时线年龄约为104 Ma，对应变质底板的埋藏过程，即初始俯冲。变质底板形成时间比上覆板片拉张（SSZ型蛇绿岩形成，约96 Ma）早约8 Ma，说明上覆板片拉张之前的8 Ma板块就已受力汇聚，这为被动俯冲起始提供了直接的地质学证据（林间等，2018）。

有关俯冲带物质再循环，大洋钻探是确定进入海沟的物质性质的唯一方法。大洋钻探的结果表明，俯冲大洋地壳和沉积物的化学成分与岩浆成分具有相关性，因此，俯冲化学物质可作为示踪剂，用来重建俯冲输入和岛弧输出之间的物质守恒（林间等，2017，2018）。如对ODP 1039钻井的锂同位素的分析表明，哥斯达黎加俯冲板块中有一半的锂折返到岛弧，1/4的锂通过滑脱断层回流到海洋，而另外1/4锂进入地幔。但在其他一些俯冲带，俯冲的地壳和沉积物与岛弧成分并无显著关联性，表明有些沉积物并没有俯冲到地幔熔融的深度。又如，科学家们在来自ODP第125航次和ODP第195航次的蛇纹岩泥火山样品中发现一些特殊矿物和原位新鲜孔隙流体，经证实是俯冲沉积物和地壳与上覆弧前地幔相互作用的产物（Fryer et al., 1999），这为研究俯冲带深处物质性质与地质过程提供了重要信息。

虽然对俯冲板块边界的地震断裂过程的认识大多是从地震学与大地测量学的研究中获得的，但是需要大洋钻探来对孕震深度的断层进行实地采样与分析，并监测应力与物理性质随时间的变化。通过大洋钻探，科学家们在俯冲孕震带安装了具有实时信号传输功能的海底深部观测站，用于实时监测原位温度、孔隙压力和应变（林间等，2017，2018）。这些实时观测数据可以让科学家们从一个全新的角度来揭示俯冲带地震过程，并对地震预警有很大的帮助。“地球号”的立管钻探能力使得获取孕震深度的样品成为可能，也是近年来日本对 IODP 的重要贡献（林间等，2018）。

1.2.2 气候环境变化

气候环境变化与人类社会生产生活息息相关，对气候演化趋势的研究至关重要。地质历史时期的地球与现今的间冰期地球截然不同，表现出“温室状态”和“冰室状态”交替出现的周期性（王成善和胡修棉，2005）。要预测气候的未来演化趋势，首先要了解地质历史时期的气候环境演化历史。海洋沉积是记录海洋气候变化的史书，解读不同时间分辨率和地质历史时期的连续海洋沉积记录中的海洋和气候变化信息，是重建海洋和气候变化历史的重要手段。而国际大洋钻探计划的实施，为获取连续高分辨率的深海沉积物和古环境古气候研究的高速发展奠定了坚实基础。古气候环境变化也一直是国际大洋钻探计划和科学家们所关注的重要主题（翦知湣和党皓文，2017），下面就大洋钻探过程中取得的古气候环境方面的进展进行简要介绍。

（1）南北极冰盖演化

除去地下水，地球表层 90% 的淡水以冰的形式存在，主要集中在南、北两极（汪品先等，2018）。冰盖演变作为地球表层水循环的重要组成部分，其增长或是消融均具有重大的气候环境效应，但地球两极并不是一直都存在冰盖，在相当长的时间内，地球两极都处于无冰或是少冰的状态。因此，现代两极冰盖的形成时间和机制引发了科学家们的高度关注，也是国际大洋钻探计划最先关注的科学问题。

全球深水底栖有孔虫的氧同位素组成与深水环境温度和全球冰量密切相关，常用来指示全球冰量变化。通过对大量钻探获取的岩芯进行底栖有孔虫样品氧同位素分析发现，新生代早期，地球温度高于现代，两极冰盖并不存在。经过古新世—始新世漫长的温室气候，地球逐渐降温，深海底栖有孔虫的氧同位素呈现逐渐变重的趋势（Zachos et al., 2001）。在始新世—渐新世界限（距今约 34 Ma），真正意义上的南极冰盖形成。渐新世和中新世之交（距今 23 Ma）的 Mi-1 事件南极冰盖可能发生了大规模扩张，但在很短的时间内恢复（Wilson et al., 2008）。在距今 13.8 Ma，东南极冰盖发生扩张，海平面大幅度下降（Holbonrun et al., 2005; Miller et al., 2005）。到了中上新世（距今约 2.7 Ma），北半球冰川化加剧，北极冰盖逐渐形成（图 1.2.9）。

早在深海科学钻探（DSDP）阶段，研究人员已就南极气候和南极冰盖发育历史问题组织了多个航次。通过分析 DSDP 28、DSDP 29、DSDP 35 和 DSDP 36 航次提供的大量关于南极绕极流形成过程的数据，Kennett（1977）提出：在早始新世，澳大利亚快速向北漂移，在晚始新世，南印度洋和南太平洋之间形成较浅的水道，在始新世末—渐新世初，南极绕极流形成，造成低纬度地区热量无法向南极地区输送，促进了南极冰盖形成（Kennett, 1977）。随后 ODP 189 航次通过塔斯马尼亚海道钻取新生代沉积物，约束了塔斯马尼亚海道打开的时间，发现距今约 33.5 Ma 澳大利亚脱离南极向北漂移，塔斯马尼亚海道彻底打开，从而较好地支持了这一假说（Exon et al., 2004）。

但是由于德雷克海峡的形成时间存在较大争议（距今 49 ~ 17 Ma）（Barker and Burrell, 1977; Scher and Martin, 2006），造成人们对南极绕极流的产生时间产生分歧，进而对这一假说的合理性产生怀疑。例如，Barker 和 Burrell（1977）通过磁条带异常，认为德雷克海峡开始形成于距今 29 Ma，而距今 23.5 Ma 南极绕极流形成（Barker and Burrell, 1977），远远晚于南极冰盖的形成时间。于是研究人员开始积极寻找其他可能造成南极冰盖形成的原因，例如，Pagani 等（2005）通过双不饱和烯酮碳同位素重建中始新世到渐新世大气 CO_2 浓度，发现在距今 34 ~ 31 Ma 大气 CO_2 浓度显著下降，推测大气 CO_2 浓度的变化可能也是南极冰盖扩张的原因（Pagani et al., 2005; Pearson and Palmer, 2000）。

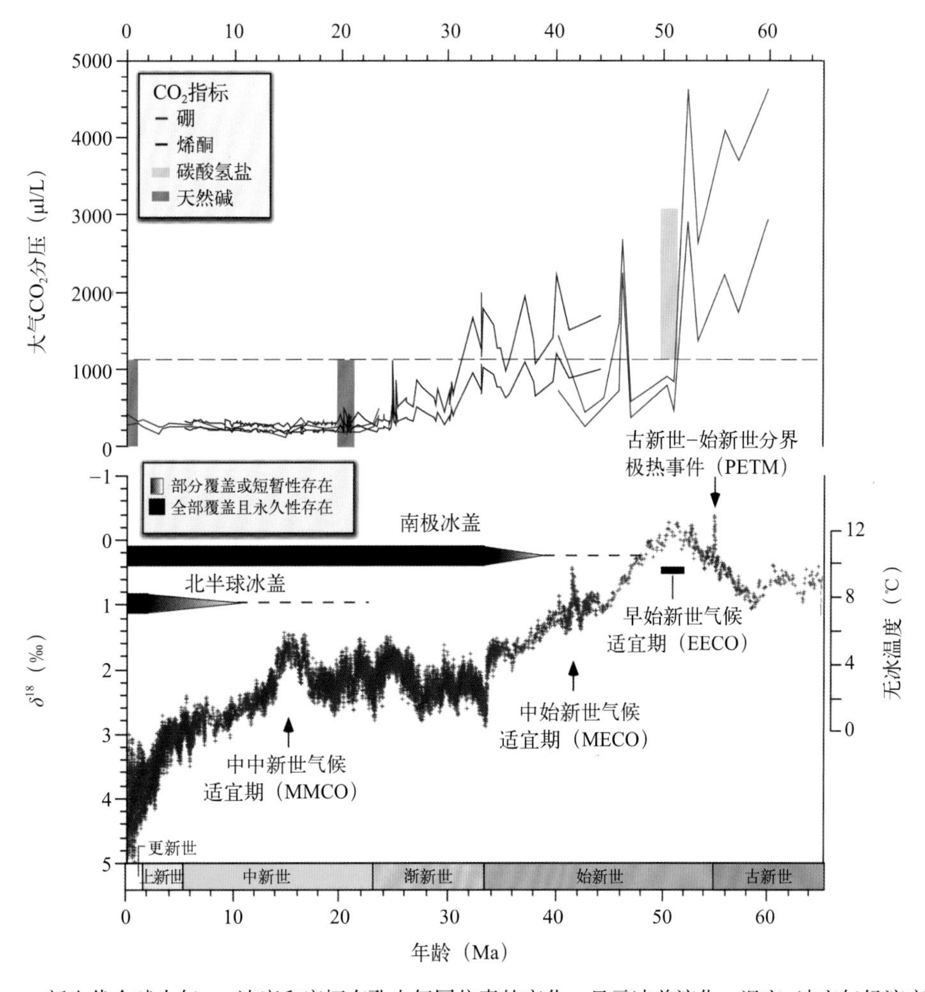

图1.2.9　新生代全球大气CO_2浓度和底栖有孔虫氧同位素的变化，显示冰盖演化、温室-冰室气候演变以及 PETM 等极端气候事件（改绘自Zachos et al., 2008）

北极冰盖的产生时间明显晚于南极。通过 ODP 145 航次对北太平洋冰筏碎屑的研究发现，在距今 2.65 Ma，海洋沉积中的火山玻璃和冰筏碎屑明显增加，认为大规模火山喷发可能是北半球冰川化的重要原因（Prueher and Rea, 2001）。此外，关于北极冰盖的形成原因还存在诸多假说，早期的假说认为，巴拿马海道的关闭造成太平洋和大西洋水体混合减弱，导致北大西洋边界流增强，将更多的低纬度水汽和能量输送到北半球高纬度地区，使高纬度地区水汽含量增加，为形成冰盖提供了必要条件（Haug and Tiedemann, 1998; Bartoli et al., 2005）。还有学者通过底栖有孔虫重建深水古温度认为，南极冰盖扩张改变了大洋环流模式，促进北大西洋深层水向太平洋输送，导致了北半球温度的降低（Woodard et al., 2014）。

（2）热带地区季风演化

季风演化是综合大洋钻探计划阶段 14 个重大科学挑战问题之一。IODP 阶段已完成的 346、

353、354、355、356、359、361、363 航次均以季风或低纬度水文循环为主题。大洋钻探获取的深海沉积样品为季风研究提供了连续的高分辨率沉积记录，通过一系列替代性指标，对季风区的风场强度或降水量特征等进行重建，从而对季风系统的起源、演化和驱动因素等基础问题开展研究。目前，国际大洋钻探关注的季风区主要包括东亚季风、印度季风和美洲季风等。

东亚季风系统将热量和水汽从热带地区输送到亚热带地区，影响了数十亿人口的生产生活（Farnsworth et al., 2019）。ODP 127、ODP 128、ODP 184，IODP 346 航次对东亚季风演化进行了深入研究，随后在南海海盆开展的一系列航次（IODP 349、IODP 367、IODP 368 和 IODP 368X），尽管不是以季风演化为主题，但同样为季风演化研究提供了大量的资料。ODP 184 航次在南海北部取得了连续完整的季风记录，通过其 1146 站位的化学风化指标重建了 25 Ma 以来的化学风化、物理侵蚀和季风强度，发现在距今 23 ~ 22 Ma，东亚季风降水增强，在距今 18 ~ 10 Ma，东亚夏季风降雨处于较强的状态，随后，东亚季风强度减弱（Clift et al., 2014）。IODP 349 航次磁化率数据表明，东亚夏季风和冬季风在距今 6.5 ~ 5 Ma 保持相对稳定，5 ~ 3.8 Ma 夏季风和冬季风呈现相反的演化趋势（Gai et al., 2020）。

印度季风是由于欧亚大陆和热带印度洋之间的热力学差异的驱动，以及青藏高原热效应的影响而产生，是全球最活跃的区域季风系统（Molnar et al., 2009）。现代印度季风系统的建立时间仍存在较大争议，例如，阿曼海岸的深层海水上涌是印度季风强度的重要指标，通过对指示海水上涌强度的浮游有孔虫 *G. bulloides* 的百分含量研究，Kroon 等（1991）发现，在距今约 8 Ma 前后 *G. bulloides* 的百分含量突然升高，可能指示了现代季风系统的建立（Kroon et al., 1991）。但是 IODP 359 航次在马尔代夫海域的钻探研究中发现，该地区风场强度在距今 12.9 Ma 突然增强，被认为代表了印度季风系统的建立（Betzler et al., 2016）。

ODP 165 航次的 1002 站位在委内瑞拉海岸外半封闭的卡里亚科海盆（Cariaco Basin）钻探在研究北美季风历史方面取得丰硕成果。卡里亚科盆地沉积了海源和陆源物质，对热带地区海洋环境变化十分敏感，又由于陆地河流输入常常造成海盆底部缺氧，保存了十分完整和连续的海洋纹层沉积。此外，海盆所处的纬度恰好位于热带辐合带（ITCZ）摆动范围的北部边缘，因此，对美洲季风的演化十分敏感（Haug et al., 2001）。通过 X 射线扫描分析，获取纹层的 Fe 和 Ti 等元素含量数据，精细重建了美洲季风演化历史，发现中美洲热带辐射带的迁移、美洲季风的演化与北半球高纬气候变化遥相关。北半球处于暖室期时，热带辐射带向北移动，中美洲季风降雨增加；冰室期则刚好相反（Haug et al., 2001），并发现了近代以来的中世纪、小冰期以及中美洲干旱事件可能导致了玛雅文明的消失（Haug et al., 2003）。

高分辨率的沉积物记录和良好的年龄框架也为轨道尺度的季风演化提供了重要资料。此外，更精细的轨道尺度研究，对季风的周期性特征以及驱动机制有了更加深入的了解。例如，通过在东海的钻探结果发现，东亚季风强度以 100 ka 偏心率和 41 ka 斜率周期为主，缺少岁差周期，表明东亚季风降水对温室气体和高纬度冰量更加敏感（Clemens et al., 2018）。而印度夏季风强度存在明显的岁差周期，但是在岁差相位关系上，印度夏季风滞后于北半球 6 月太阳辐射量 5.8 ka，滞后于大气温室气体含量和全球冰盖最小值变化，但领先于 12 月太阳辐射量的变化，表明印度夏季风不但受控于北半球夏季辐射量引起的亚洲—印度洋海陆温差，同时也受到冰期旋回和南半球冬季太阳辐射量引起的海洋潜热释放的影响（Clemens et al., 1996; Clemens and Prell, 2003）。

（3）白垩纪—早新生代温室气候

白垩纪—早新生代是距现今最近的温室气候期，国际大洋钻探所获取的白垩纪岩芯成为研究温室气候的重要样品。底栖有孔虫氧同位素常用来指示深海温度和冰量变化，通过总结分析全球底栖有孔虫氧同位素重建的古海水温度发现，许多海区的中晚白垩纪温室期的底层海水温度超过 20℃，远高于现代大洋底层海水温度（Friedrich et al., 2012）。通过赤道大西洋地区 DSDP 144 站位浮游有孔虫氧同位素重建的表层海水温度，发现白垩纪极热期赤道地区的海水表层温度可达 33 ~ 34℃（Norris et al., 2002），而位于约 30°N 的 ODP 1052 站位在该时期的海水表层温度也达到了 30 ~ 31℃（Norris and Wilson, 1998）。

关于白垩纪温室气候形成的原因有诸多假说。早期研究认为，高含量的大气 CO_2 浓度是中晚白垩世暖室的主要成因（Barron and Washington, 1985）。但是 CO_2 重建结果发现，120 Ma 以来大气 CO_2 浓度一直处于下降状态，表明在距今 100 ~ 90 Ma 的白垩纪，CO_2 浓度并不是最高的时期（Bice and Norris, 2002）。因此，可能存在其他的原因共同造成了温室气候的形成。Poulsen 等（2001）提出南美大陆和非洲大陆的分裂，造成赤道大西洋海道的打开，南北大西洋的深层水逐渐开始沟通，改变了全球大洋深层水的环流模式，可能是白垩纪极热气候形成的原因（Poulsen et al., 2001）。此外，研究发现加勒比海地区的珊瑚礁在中白垩纪大规模消失，储存在珊瑚礁中的大量碳被释放到大气中，可能是白垩纪极热气候形成的另一个原因（Johnson et al., 1996）。

（4）极端气候事件研究

1）白垩纪大洋缺氧事件

人们发现在中晚白垩世温室气候背景下，大洋曾发生多次缺氧事件（图 1.2.10）。早在 DSDP 第 33 航次，在赤道太平洋地区钻取的 DSDP 317 钻孔中，研究人员就发现了白垩纪阿普特期的富含有机质的黑绿色沉积物（Schlanger et al., 1976）。通过对比同时期的沉积物岩芯，Schlanger 和 Jenkyns（1976）发现这些黑色的沉积物在全球广泛存在，认为其与大洋底层水缺氧有关，被称为大洋缺氧事件（OAEs）。影响至全球范围的大洋缺氧事件主要有 3 期，分别为早阿普特期的 OAE 1a 事件、早阿尔布期的 OAE 1b 事件、塞诺曼期和土伦期之交的 OAE 2 事件。大洋缺氧事件形成原因不尽相同，OAE 1a 事件主要被认为由全球大火成岩省的大规模活动导致大陆边缘沉积物中天然气水合物分解所导致的（Jahren et al., 2001）：大量温室气体进入到大气圈，造成地表风化加强，大量营养物质输入引起海洋生物钙化速度降低，硅质生物大幅度生长，导致大洋酸化和底层水缺氧，从而在深海导致黑色有机质沉积物的沉积（黄永建等，2008）。而 OAE 1b 事件可能与南凯尔盖朗高原大量的火山活动相关（Matsumoto et al., 2020）。OAE 2 可能是由白垩纪极热期底层水温度上升导致富营养的中层水和底层水上涌，海洋大面积生产力上升而引起（Meyers et al., 2001）。

2）古新世 / 始新世极热事件

早新生代全球平均气温比现代更高，发生了一系列快速变暖的极端气候事件，其中影响范围最大的是古新世—始新世之交的极热事件（Paleocene-Eocene Thermal Maximum, PETM）。大洋钻探获取的大量的岩芯记录表明，早始新世早期是新生代以来最温暖的时期，比现代平均温度高 10 ~ 12℃，温度的纬度差异也远小于现代（Bijl et al., 2009）。这次事件在全球范围内都有发现，表现为全球大洋沉积中碳、氧同位素急剧负偏移，海底碳酸盐发生强烈溶解（Zachos et al., 2008;

图 1.2.10），海底底栖有孔虫群落发生集体性灭绝（Kennett and Scott, 1991），陆地动植物群落也发生了重大转变（Gingerich, 2006），被称为古新世 / 始新世极热事件（图 1.2.10）。

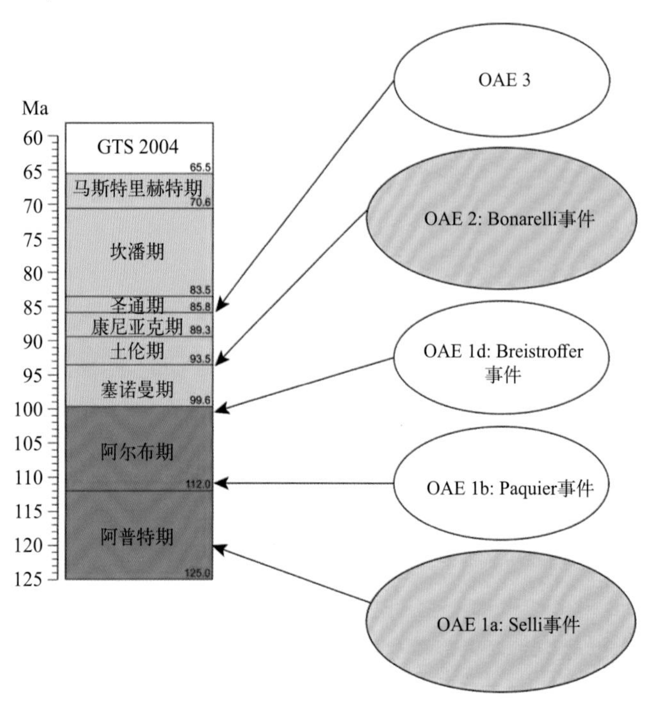

图1.2.10　中晚白垩纪主要大洋缺氧事件（据Jenkyns，2010）
浅黄底色标注的事件为全球大洋广泛发生的事件

1.2.3　天然气水合物

天然气水合物是在高压低温环境下，由水和天然气结晶而成，每立方米天然气水合物在标准状态下可释放 160 ～ 180 m^3 的天然气（Sloan et al., 1998）。天然气水合物主要分布于海洋陆坡区和陆地永久冻土带，是 21 世纪理想的替代能源（吴能友等，2003）。据估计，全球天然气水合物蕴藏的天然气总量约为 $2.1 \times 10^{16} m^3$（Kvenvolden et al., 1998），具有巨大的能源开发潜力。

自 20 世纪 70 年代以来，深海环境中的天然气水合物经历了由地震资料推进到深海钻探证实的阶段（Markl et al., 1970; Ewing and Hollister, 1972），国际大洋钻探对主动大陆边缘和被动大陆边缘的天然气水合物分布特征、形成机理和赋存特征研究均发挥了重要作用，取得了丰硕的成果。

（1）天然气水合物的分布

由于天然气水合物埋藏深度浅，早在 1970 年，DSDP 11 航次在布莱克海脊首次通过钻探获得含水合物的沉积物，且从地震剖面中识别出了似海底反射面（Bottom Simulating Reflector，BSR）。自此，BSR 成为天然气水合物识别的重要标志。天然气水合物储层具有低密度、低电导率、高声速、高氢含量等物理化学性质，通过测井可以识别天然气水合物储层并预测其分布（Zhong et al., 2021）。若钻探取得岩芯样品，还可在实验室开展一系列物理测量。

目前，通过大洋钻探手段，科学家已经在全球 53 个大陆边缘站位发现了天然气水合物（Zhong et al., 2021），主要集中分布在大西洋沿岸的被动大陆边缘和环太平洋的主动大陆边缘。大西洋的布莱克海脊和太平洋的卡斯卡迪亚边缘是天然气水合物研究的热点地区。布莱克海脊位于大西洋被动大陆边缘，早期的深海钻探 DSDP 76 和 ODP 164 航次在该海区进行了钻探和研究工作。卡斯卡迪亚主动大陆边缘位于东北太平洋胡安 · 德 · 富卡板块向北美板块俯冲的俯冲增生楔上（Rogers and Dragert, 2003; 图 1.2.11），国际大洋钻探 ODP 146 航次、ODP 204 航次和 IODP 311 航次对该区进行了较为深入的研究。此外，中美洲海槽（DSDP 第 67、84 航次）、日本海（ODP 131 航次，IODP 314/315 航次）、秘鲁 – 智利海槽（ODP 112、ODP 141 航次）、墨西哥湾（DSDP 96 航次）、新西兰东部主动大陆边缘（IODP 372A 航次），哥斯达黎加（IODP 344 航次）等海区也均有天然气水合物发现。

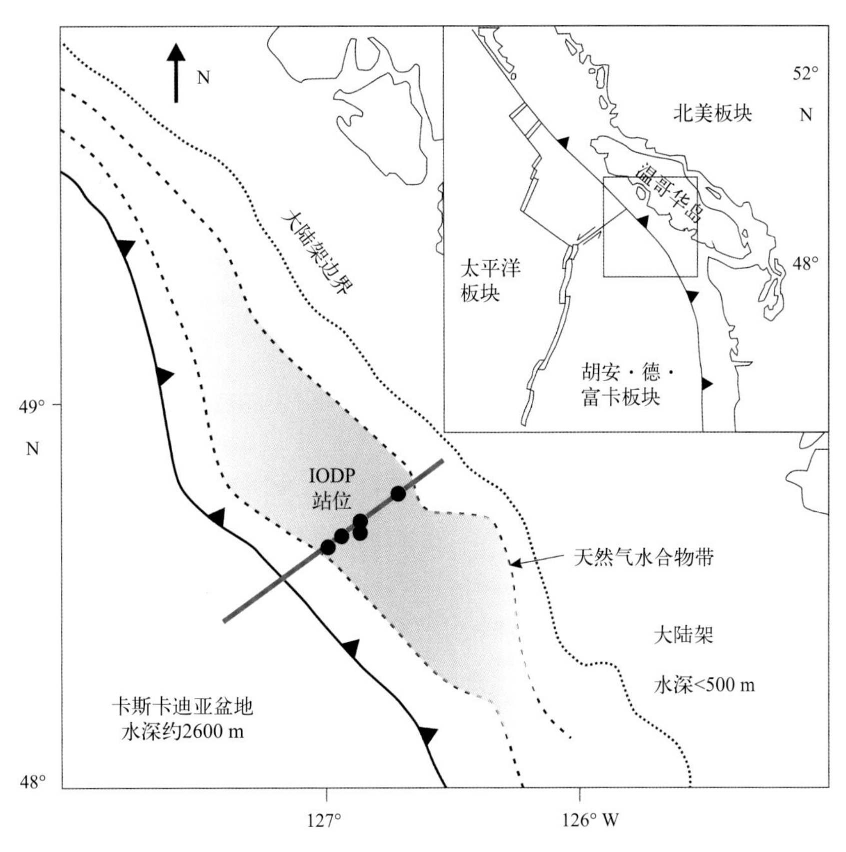

图1.2.11 卡斯卡迪亚大陆边缘大地构造特征和天然气水合物带分布（据Pohlman et al., 2009修改）

通过大洋钻探岩芯，基本揭示了天然气水合物的赋存形式，例如，DSDP 66 航次在墨西哥湾南部发现的水合物表现为冰的包裹体，或者是包含在冰冻的多孔火山灰和细沙与泥的互层中（Shipley and Didyk, 1982）。DSDP 67 航次 497 钻孔获取的水合物是一种不含沉积物的类似冰的颗粒物，长度约 2 cm，而从 498A 钻孔获取到了冰状物质胶结的粗粒砂，这些证据表明在较大孔隙度的沉积物中含有水合物（Harrison and Curiale, 1982）。在布莱克海脊发现的水合物，则呈现为薄的、垫状的白色晶体层（Kvenvolden and Barnard, 1983）。

大洋钻探在不同构造位置、不同海区发现天然气水合物，表明天然气水合物可发育于不同地质环境的沉积层中，且可以多种方式存在，包括①占据大的岩石粒间孔隙；②以球粒状散布于细粒岩石中；③以固体形式填充在裂缝中；④大块固态水合物伴随少量沉积物（吴能友等，2003）。

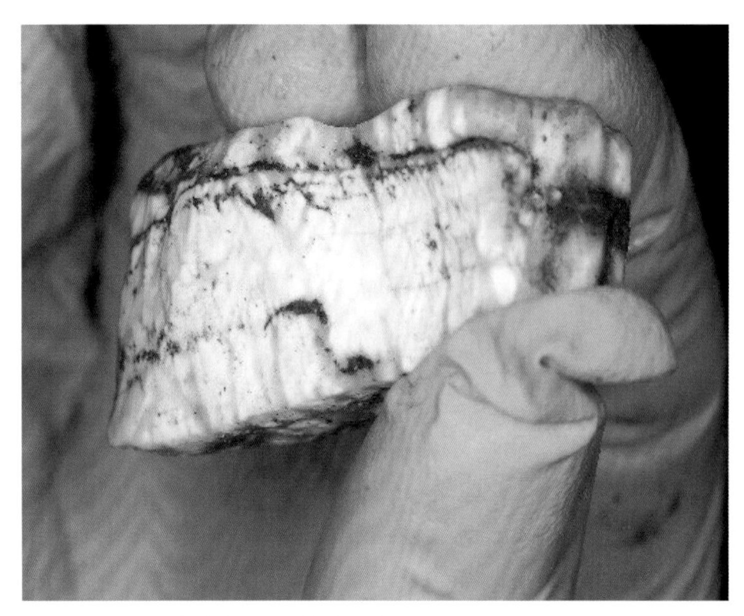

图1.2.12　ODP 204 航次在太平洋东部水合物海岭采集的地质样品（Lee，2002）

（2）天然气水合物气源成因

根据前人研究，天然气水合物的气源成因主要有 3 种：生物成因、热解成因和无机成因（龚建明等，2008）。在天然气水合物富集区，海底底层水、海底沉积物中孔隙水往往形成天然气地球化学异常，这些异常不仅可指示天然气水合物存在的可能位置，而且可利用其烃类湿度值以及碳同位素成分判断天然气水合物中天然气的成因。科学家通过对布莱克海脊、中美洲海沟、墨西哥湾、秘鲁大陆边缘、智利大陆边缘、日本南海海槽（Nankai Trough）、卡斯卡迪亚大陆边缘获取的大洋钻探岩芯样品进行分析，对天然气水合物的成因研究逐渐深入。

在布莱克海脊 DSDP 76 航次调查中，通过天然气水合物中碳氢化合物的分子组成和同位素组成，判断气体主要来自微生物（Kvenvolden and Barnard, 1983）。后来，布莱克海脊 ODP 164 航次通过甲烷的碳同位素组成分析，发现其 892A 钻孔中，68 mbsf 之上以微生物成因甲烷为主，68 mbsf 之下以热成因甲烷为主（Hovland et al., 1995）。在中美洲海沟的 DSDP 84 航次，根据 C1/C2（甲烷 / 乙烷）比例认为天然气水合物中的甲烷主要通过生物过程原位形成，而伴随的少量乙烷可能来自低温成岩过程（Kvenvolde and McDonald，1985）。DSDP 96 航次在墨西哥湾的被动大陆边缘发现天然气水合物以结核状和晶体形式存在于泥质地层中，根据分子和同位素组成研究认为该地区的气源主要为生物成因（Pflaum et al., 1986）。在秘鲁大陆边缘的 ODP 112 航次在斜坡沉积物中发现天然气水合物，首次打穿了 BSR，并成功获取了含天然气水合物的岩芯，发现随深度增加，甲烷浓度快速增加，孔隙水的硫酸盐浓度快速降低，指示甲烷主要由微生物作用产生（Kvenvolden and Kastner, 1990；Suess et al., 1988）。在智利大陆边缘的 ODP 141 航次揭示该海域的天然气水合物特征与以往的 DSDP 和 ODP 航次发现的天然气水合物特征不同，沉积物的总有机碳（TOC<0.5%）和残余甲烷的含量非常低，指示其非原位形成，但 C1/C2（甲烷 / 乙烷）值（> 200）和碳同位素值（<−60‰）均表明甲烷应来自原位微生物作用，因此，该区域水合物的气源问题仍未有效解决（Torres et al., 1995）。在日本南海海槽的 ODP 131 航次 808 站位，科学家们通过甲烷的碳同位素分析，认为 3 ～ 1030 mbsf 的甲烷主要由细菌产生，在 1030 mbsf 和基底之间

有少量的甲烷由热裂解形成（Berner and Faber, 1993）。在卡斯卡迪亚大陆边缘，ODP 204 航次根据碳同位素的组成，认为该地区的天然气水合物起源成因主要有微生物成因和热解成因两种（Torres et al., 2006）。

（3）天然气水合物的形成模式

前人研究发现，海底天然气水合物形成模式主要有两种，一种是静态模式（原地模式），另一种是动态模式（异地模式）。在静态模式中，大多数甲烷都在水合物稳定带中由原地的微生物作用生成，天然气水合物则主要是由于快速沉积作用形成的；动态（异地）模式则以活跃的流体迁移为特征，有时甚至伴随着气体的渗漏现象，该模式中甲烷气体除源于原地的生物气之外，还包括从深部向上迁移的生物气和热解气，他们通过断层、泥底辟等运移或渗漏，扩散迁移到天然气水合物稳定带，形成天然气水合物（方银霞等，2003）。

布莱克海脊天然气水合物形成模式为静态模式。ODP 164 航次对布莱克海脊水合物形成的控制因素进行了深入研究。研究发现，沉积物中有机质丰度越高，水合物含量越高，水合物在空间的分布范围越广。有机质含量较低时，孔隙流体中溶解甲烷的浓度不足以形成高饱和度、厚层的水合物，水合物层仅会在稳定域底界附近形成，厚度很薄。沉积速率对水合物的含量分布也会产生影响，在相对较高的沉积速率条件下，有利于水合物的形成和分布；而当沉积速率较低时，沉积物堆积较慢，压实过程中孔隙流体排出速度较慢，形成水合物层的厚度很薄。随着沉积速率的加快，沉积物压实过程加快，含甲烷的流体被快速排出，甲烷供给量大，水合物层显著增厚。此外，较低的地温梯度有利于水合物的形成及空间展布，地温梯度越低，水合物在垂向上形成的位置越深（胡高伟等，2020）。

卡斯卡迪亚、日本南海海槽等主动大陆边缘为气体垂向运移提供了驱动力和通道，引导深部的自有气体和原位的生物成因气沿断层等构造迁移，其天然气形成模式为动态模式。ODP 204 和 IODP 311 航次在卡斯卡迪亚大陆边缘开展了详细的天然气水合物形成机制研究，ODP 204 航次专注于相对细粒的斜坡沉积物，IODP 311 航次则关注更粗的海沟沉积。ODP 204 航次探索了卡斯卡迪亚主动大陆边缘甲烷和其他气体迁移到水合物稳定带的机制，发现其天然气水合物分布模式主要有两种，一种由细菌等分解原地沉积物有机质产生甲烷，分布面积广，但天然气水合物含量低；另一种则以从更深处输送的生物或热解甲烷为起源，分布更为集中，水合物含量高（Torres et al., 2006）。IODP 311 航次（Riedel et al., 2006）在横切整个卡斯卡迪亚大陆边缘、水深 900 ~ 2200 m 范围内，实施钻探 5 个站位（U1325、U1326、U1327、U1328、U1329），研究水合物在卡斯卡迪亚边界的不同演化阶段（胡高伟等，2020）。IODP 311 航次 5 个钻探站位采集的水合物样品代表了水合物形成的 3 个时期，即早期（U1326、U1325 站位，靠近俯冲带一侧，沉积物年龄不超过 1 Ma）、中期（U1327、U1328 站位，沉积物年龄不超过 2 Ma）和消亡期（U1329 站位，靠近陆地最浅水区，沉积物年龄介于 2 ~ 9 Ma）（Li et al., 2010）。不同站位的沉积物粒度特征表明，U1326—U1329 站位沉积环境从远洋单一物源的细粒沉积向近远洋、近陆的复杂物源细—中粒沉积环境转变，电阻率显示水合物饱和度存在明显差异（5% ~ 40%），横向上 U1327 站位饱和度最大，可见沉积物粒度对饱和度具有一定的控制作用，而碳同位素表明天然气水合物的气源为生物成因气，聚集在近海底 / 海底的稳定带内（胡高伟等，2020）。

日本南海海槽作为构造活动强烈的汇聚式大陆边缘，大型增生楔与断裂系统十分发育，天然气运移通道条件较好，使得天然气能够顺利进入浅部水合物稳定带。该海槽北部向陆斜坡水深

2000 m 以浅海域，发育一系列弧前盆地，盆地内第四系未固结沉积物广泛分布，沉积速率较高，为水合物的形成提供了良好的环境（赵克斌，2019）。IODP 315 航次在日本南海海槽第二渥美海丘的钻探岩芯研究证实，富砂储层孔隙发育良好，储气能力强，易于形成水合物富集区，天然气水合物优先赋存于多孔浊积砂层之内，以孔隙填充型产出，泥质沉积层中未发现肉眼可见的脉状与层状水合物（赵克斌，2019）。

（4）天然气水合物的环境气候效应

天然气水合物富含大量的甲烷，海底沉积物中水合物的大规模分解和甲烷释放可能诱发全球气候变暖，还可能导致大型海底滑坡。虽然大气中甲烷的体积浓度仅为 CO_2 的 1/200，但甲烷却是一种重要的温室气体，其全球变暖潜能值指数（Global Warming Potential index, GWP）是相同摩尔数 CO_2 的 3.7 倍，相同质量 CO_2 的 20 倍（Zhang et al., 2012）。因此，甲烷气体水合物的吸收或释放对全球气候有重大影响。地质历史时期的天然气水合物中甲烷气体的快速释放可能是导致短期全球气候变化的主要原因，ODP 164 航次在布莱克海台发现了这类灾害性气体释放的地质记录，释放的甲烷在沉积物中形成了自生碳酸盐岩（Naehr et al., 1999）。

天然气水合物被推测是海底滑坡重要因子，不同于煤、石油、天然气等能源矿产的成藏模式，海洋天然气水合物容易发生相变。压力的降低或温度的升高都会造成稳定区减薄，并导致水合物分解。天然气水合物和海底坡度的稳定性对海平面变化和底层水扰动的敏感性是海底地质灾害风险评估的一个关键问题。海底沉积物会在重力作用下向下移动，导致海底滑坡（Zhang et al., 2012）。IODP 372 航次在新西兰东部希古朗基（Hikurangi）边缘研究含天然气水合物层滑坡体的活动变形，发现蠕动的陆侧边缘与天然气水合物稳定带底界在海底出露位置一致，推测天然气水合物可能与蠕动相关联。

为进一步研究水合物与游离气对主岩岩性力学性质的影响，IODP 在卡斯卡迪亚 ODP 889 站位附近成功建设了两个简易的井下长期观测站，于 2010 年通过 IODP 328 航次安装基本压力监测（Advanced CORK，Davis et al., 2012），2013 年安装 SCIMPI 观测器的初始原型（Lado-Insua et al., 2013），且在 2015 年与加拿大海底观测网络（NEPTUNE）连接，实现了对天然气水合物稳定区流体随时间变化的长期观测。

1.2.4 深部生物圈

海底深部生物圈主要包括栖息在海底沉积物和洋壳中的生物群系（方家松和张莉，2011）。海洋覆盖着地球表面的 2/3，海底沉积物和洋壳是地球上最广泛的微生物栖息地之一，具有巨大的影响全球生物地球化学过程（包括碳、氮、硫、能量和营养循环等）的潜力。对深部生物圈的研究不仅有助于了解地球生命的极限（或边界）在哪，也有助于对地球生命起源的探索（陈云如等，2018）。可以说，深部生物圈的发现始于深海钻探计划（DSDP，1968—1983）。起初，人们以为深海是生命的“禁区”；然而，在 20 世纪 70 年代，参加 DSDP 的科学家们最早提出了海洋沉积物中存在细菌，随后大量的证据表明深部沉积物中存在微生物的活动。因此，认识海洋深部生物圈具有十分重要的意义，能大大提升我们对地球生命的认识能力。

探究深海沉积物生物圈已成为大洋钻探工作的重要内容之一，多个航次都有微生物学家参加。从 2010 年到目前为止，已经完成了 6 个聚焦于深部生物圈的航次（陈云如等，2018；王风平和陈云如，2017）：包括热液区海底生物圈（太平洋冲绳海槽中部，IODP 331 航次）、极贫营养沉积物微生物活动和生物生存的物理、化学条件（南太平洋环流区，IODP 329 航次）、洋壳分子微生物研究（大西洋洋中脊侧翼，IODP 336 航次）、地下深部煤层中微生物与褐煤之间的关系、影响和机理（日本下北半岛附近，IODP 337 航次）、蛇纹岩化洋壳（大西洋洋中脊西侧翼亚特兰蒂斯，IODP 357 航次）和深部生物圈的温度极限（日本南海海槽，IODP 370 航次）。下面简要介绍一下大洋钻探在深部生物圈方面取得的重大进展。

（1）深部生物圈的规模和微生物活性

早在 DSDP 阶段，科学家们就利用深海沉积物中甲烷浓度与碳同位素（δ^{13}C）的比值变化，推断出 800 m 深的深海沉积物中依然有细菌活动（Claypool and Kaplan，1974）。之后的 DSDP 和 ODP 多个航次也同样发现深海沉积物样品中的微生物依然存在活性，并参与产甲烷、硫酸盐还原、产乙酸等生物地球化学过程，这意味着深部生物圈的范围比之前想象的更大（Shipboard Scientific Party，1999）。

在 ODP 期间，Parkes 等（1994）就系统地开展了海洋沉积物中微生物计数工作。后来，他们利用多个 ODP 站位获得的微生物丰度，推测出全球海洋沉积物中的微生物总量占全球总生物量的 1/10（Parkes et al., 2000），甚至 1/3（Whitman et al., 1998）。不过，全球海洋沉积物中有机质分布并不均匀，这种有机质的分布不均匀极大地影响了对全球微生物总量的评估：有机质丰富的沉积物中微生物丰度较高，而有机质贫瘠的沉积物中微生物丰度则极低。大陆边缘有机质含量高，样品易获取，早期的细胞计数样品也多来自这些区域，但实际上，寡营养海区在全球广泛分布，因此，早期估算出的全球海洋沉积物中的微生物总量偏高。Kallmeyer 等在不同区域进行采样，估算出海洋沉积物中大约含有 2.9×10^{29} 个细胞，相当于 4.1×10^{5} g 的碳，占地球总活体生物量的 0.6%（Kallmeyer et al., 2012）。

洋壳中的岩石体积是海洋沉积物总体积的 5 倍（Orcutt et al., 2011），洋壳上层是地球上容量最大的连续含水层系统，组成了所谓的“地下海洋”（方家松和张莉，2011），海水进出洋壳的水量可以与全世界所有河流流入大洋的水量相匹敌（Wheat et al., 2003）。这预示着洋壳中可能含有规模很大的深部生物圈。前人也试着对暴露海底的玄武岩（Einen et al., 2008；Meyers et al., 2014; Santelli et al., 2008）进行微生物定量分析，发现微生物浓度在 10^{6} ~ 10^{9} 个细胞 /cm^{3}，比上覆的底层海水中的微生物浓度高 3 ~ 4 个数量级。不过，后来的 IODP 航次发现洋壳中的微生物浓度要低得多，比如 IODP 301 航次，对胡安·德·富卡洋中脊东侧站位长期观测发现洋壳流体中微生物浓度为 10^{4} 个细胞 /cm^{3}（Jungbluth et al., 2013），IODP 304、305 航次获得的洋壳深部辉长岩样品中的微生物含量普遍低于 10^{4} 个细胞 /cm^{3}，甚至低于 10^{3} 个细胞 /cm^{3} 的检出限（Mason et al., 2010），IODP 336 航次发现有氧洋壳环境下的玄武岩中微生物浓度约为 10^{4} 个细胞 /cm^{3}（Zhang et al., 2016a, 2016b）。不过由于采样技术和实验条件的限制，洋壳生物圈的规模目前还没有定论。

目前，同位素标记，尤其与生命活动相关联的 C、S 等同位素标记，已广泛用于检验微生物活性。比如，在 ODP 201 航次期间，将同位素标记用于沉积物中微生物参与的硫循环（Parkes et al., 2005），以及与硫酸盐还原耦合的甲烷厌氧氧化（Holler et al., 2011）。研究表明，在沉积物深部的微生物活性极低，反应速率比表层沉积物低几个数量级，推测代长长达上百年至数千年（Hoehler and Jørgensen，2013）。此外，原位荧光杂交技术（FISH）也被用于鉴定微生物活性。ODP 201 航次中，Schippers 等利用 CARD-FISH 技术发现在 400 m 深约 16 Ma 前的沉积物中依然有大量活跃的微生物细胞（Schippers et al., 2005）。2012 年，Lomstein 等率先利用 D:L 型氨基酸模型来定量微生物细胞、活的生物细胞周转时间、内生孢子和坏死细胞的生物量（Lomstein et al., 2012），并得到了一些意想不到的认识。

（2）微生物群落结构及环境影响因素

因为环境样品中仅不到 1% 的微生物是可培养的，因此，对微生物种类丰度的调查多数采用基于 16S rRNA 基因的非培养分子技术，比如，限制性片段长度多态性（RFLP）、变性梯度凝胶电泳（DGGE）等。Orcutt 等系统总结了深海微生物群落结构特点（Orcutt et al., 2011），其中大量研究成果来自大洋钻探。根据他们的总结（详细内容参见 Orcutt et al., 2011），在有氧表层沉积物中（有机质贫乏），细菌的主要代表类群包括 Alpha-、Delta-、Gamma- 变形菌、酸杆菌、放线菌和浮霉菌；古菌的主要类群是以 MG-I 为代表的奇古菌。相反，在有机质丰富（缺氧）的深海沉积物中，细菌以未培养的 OP9/JS1 细菌门为主，古菌以泉古菌门的深海石生物群和海洋底栖动物群 B（deep-sea archaeal group/marine benthic group B，DSAG/MBGB）以及深古菌（MCG）和 MG-I 为主。在冷泉生态系统中，δ- 变形菌纲的硫还原菌是细菌的主要类群，广古菌门的甲烷氧化菌、泉古菌门的深海石生物群和海洋底栖动物群 B（DSAG）和深海底栖动物群 C 是古菌的主要类群。在天然气渗漏处，细菌以 Delta- 变形菌（包含大多数已知的硫酸盐还原菌）为主，古菌以甲烷微菌纲（产甲烷菌和甲烷厌氧氧化古菌）为主。暴露海底玄武岩中的细菌以变形菌为主，尤其是 Alpha- 和 Gamma- 变形菌。放线菌也较常见，同样常见的有拟杆菌门、绿弯菌门、厚壁菌门和浮霉菌门等。Gamma- 变形菌纲中，许多种的分类位置未知，尽管一些种与已知的甲烷和硫氧化类群关系很近。Alpha- 变形菌纲中，许多种为化能有机营养类群。位于大西洋洋中脊西侧翼的“North Pond”被沉积物覆盖的洋壳中细菌群落结构以与铁氧化密切相关的 γ- 变形菌和鞘脂杆菌为主（Zhang et al., 2016a, 2016b）。此外，虽在一些裸露的洋壳样品中检测到古菌，但在数量和多样性上都不占优势（Santelli et al., 2008，2009）。

自 ODP 128 航次起，基于 16S rRNA 基因的高通量测序技术用于分析沉积物中微生物群落，使得人们对微生物群落结构和多样性认识更加全面，也更能灵敏地探测微生物群落结构随环境的改变发生极其微弱的变化。结果显示，微生物在沉积物中并非随机分布，而是随着环境中的电子供体与电子受体类型和浓度变化而产生一定的独特性（Durbin and Teske，2012）。异养微生物在氧化有机质的过程中会优先利用氧气，然后再利用硝酸盐、锰氧化物、铁氧化物和硫酸盐等氧化物（Canfield and Thamdrup，2009；图 1.2.13）。在有机质丰富的大陆坡沉积物中，氧气往往在表层几厘米就被耗尽（Revsbech et al., 1980）；而在超寡营养的南太平洋环流区海洋沉积物中，有氧呼吸的微生物群落可以达海床下 75 m（D’Hondt et al., 2015）。

部分研究关注于微生物群落结构与沉积物理化因子的关系。IODP 337 航次发现在海底 1.5 km 以下的沉积物中，微生物细胞丰度最高的为煤层区，其微生物群落与浅层的群落有显著差别，反而与有机质丰富的森林土壤中的群落更为相似，指示了陆源沉积物在沉积了上千万年后依然保留了原本的微生物群落且具有活性（Inagaki et al., 2015）。IODP 349 航次对南海长达 800 m 的沉积物柱开展了细菌群落结构与地质过程、环境参数等影响因子的关系分析，结果发现，相比于环境参数和沉积年代，不同层位之间的地理隔离对塑造细菌群落结构的作用更加重要（Zhang et al., 2017）。

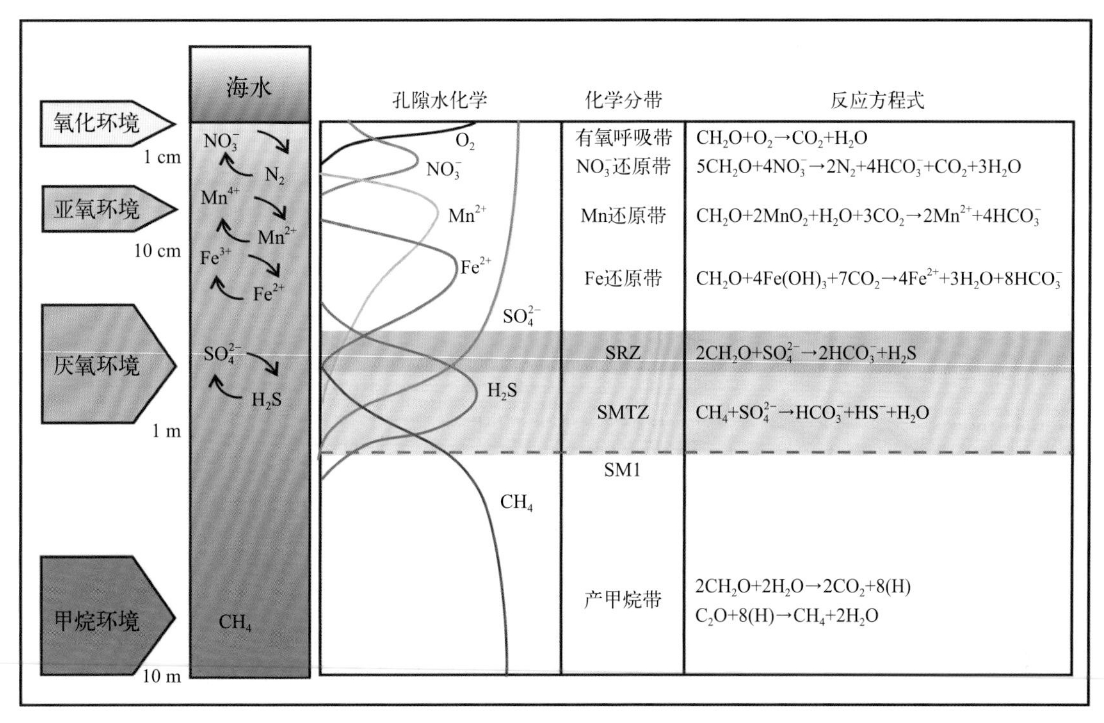

图1.2.13 沉积物—海水界面的地球化学分带（据陈云如等，2018）

（3）微生物代谢及地球化学循环

微生物代谢活动一直以来都是深部生物圈关注的重点，首要的问题是这种黑暗生物圈的能量来源。早在 1992 年，Thomas Gold 就提出了“氢气能为深部微生物生长提供能量来源”的假说（Gold，1992），该假说以氢气为能量来源，构建了以化能无机营养代谢为主的深部生态系统。之后的研究发现深部微生物普遍具有氢气代谢能力，及其他丰富的代谢方式和能力，例如，自养产甲烷、产乙酸、硫酸盐还原、硫氧化、铁还原、硝酸盐还原和甲烷厌氧氧化等（Colman et al., 2017）。海洋沉积物中许多微生物代谢过程都能产生氢气，而在洋壳中则由无氧海水和超基性火山岩蛇纹岩化产生氢气或洋壳中的放射性同位素 ^{40}K、^{232}Th 和 ^{238}U 使水分子分解产生氢气（方家松和张莉，2011）。

最近，越来越多的研究表明甲烷和硫化氢等还原性物质也是深部生物圈重要的能量来源（Inagaki et al., 2015；Teske et al., 2014）。在沉积物中的厌氧环境下，复杂有机质通过水解作用被分解，这些水解产物被微生物进一步发酵为活跃的化学小分子，其中，乙酸是其中一种关键的中间代谢产物。在硫酸盐浓度较高的沉积物中，硫酸盐还原菌能够氧化乙酸，产生二氧化碳。当沉积物深度加深，硫酸盐浓度下降进入产甲烷带后，乙酸并不是被直接氧化产生甲烷，而是被氧化为二氧化碳，依赖氢气的产甲烷菌利用氢气将二氧化碳还原为甲烷，完成有机质厌氧氧化的最后一步（Beulig et al., 2018）。

沉积物中微生物代谢多样性在全球地球化学循环中很可能起着重要的作用（Hinrichs and Inagaki，2012；Jørgensen，2012）。在所有微生物参与的地球化学循环中，被研究得最为深入的是与硫酸盐还原（SR）耦合的甲烷厌氧氧化（AOM），这一过程是在无氧的条件下将海底 75% 的甲烷转化为大量碳酸盐沉积（董海良，2018），对调控大气中甲烷浓度起重要作用。这一发现还回答了人们对海底大量甲烷去向不明的疑问，也解释了大量自生碳酸盐岩的成因（Boetius et al., 2000）。

$$CH_4 + SO_4^{2-} \rightarrow HCO_3^- + HS^- + H_2O$$

除此之外，一些短链烷烃也会被微生物利用，例如，乙烷、丙烷和丁烷等。这些短链烷烃一般是深层海洋沉积物中的有机质受到地热高温裂解后的产物，但是推测也有部分生物成因的乙烷和丙烷（Hinrichs et al., 2006）。对瓜伊马斯盆地热液沉积物样品古菌和细菌进行富集培养，它们用与甲烷厌氧氧化菌和硫酸盐还原菌部分相似的代谢途径进行丁烷厌氧氧化（Laso-Pérez et al., 2016），指示了沉积物中可能广泛存在古菌参与的短链烷烃厌氧氧化。

$$4C_4H_{10} + 13SO_4^{2-} + 26H^+ \rightarrow 16CO_2 + 13H_2S + 20H_2O$$

Bowles 等通过 579 个 DSDP/ODP/IODP 站位的硫酸盐剖面数据估算全球每年有 11.3 Tmol 的硫酸盐被还原，这一过程中被氧化的有机质占海底沉积物从上层水体获得有机质通量的 12% ~ 29%（Bowles et al., 2014）。全球估算模型的结果显示全球通过与硫酸盐还原耦合而被氧化的甲烷总量约为 45 ~ 61Tg，而这一过程 80% 都发生在水深浅于 200 m 的大陆架区域（Egger et al., 2018）。

在海洋沉积物之下的洋壳中，微生物在铁元素循环中扮演着重要的角色。对“North Pond”玄武岩洋壳样品进行微生物宏基因组分析，与其他海洋环境相比，其中的微生物以三价铁吸收、铁载体合成与吸收，以及铁转运相关的代谢途径基因丰度相对较高，暗示了与铁相关的代谢途径是这些洋壳微生物重要的产能和储能机制。微生物的铁氧化作用可能对全球洋壳的风化起到重大贡献（Zhang et al., 2016b）。Edwards 等也通过微生物多样性分析和培养实验在洋壳样品中发现高度多样性的铁氧化细菌（Edwards et al., 2003）。除了铁氧化细菌外，Templeton 等发现在 Loihi 海山的枕状玄武岩表面有和锰氧化物紧密结合的菌系，通过培养实验分离出了 26 株属于 α- 和 γ- 变形菌门的锰氧化细菌，这一类细菌也会对洋壳风化起重要作用（Templeton et al., 2005）。

沉积物中的微生物和玄武岩中的微生物可能存在相互作用（方家松和张莉，2011）。例如，D’Hondt 等还观察到了镜像的氧化还原反应分带，即产生较高自由能的氧化还原反应（如硫酸盐还原）分布于产生低能量的氧化还原反应（如甲烷生成）之下，这种反向的氧化还原反应分布模式表明，好氧的氧化还原反应物种（如 NO_3^- 和 O_2）是从底层玄武岩迁移到上层沉积柱中的（D’Hondt et al., 2004）。

（4）深部生物圈研究挑战与展望

尽管近年来深部生物圈的研究有所进展，但对深部生物量圈中微生物特性的了解还比较有限。一些基本问题还有待解决（方家松和张莉，2011）：①深部生物圈的种群及生理多样性和复杂性；②能量的来源及类型；③水岩作用及能量利用；④代谢活性及途径；⑤深部生物圈的功能及动力学；⑥宜居性的物理、化学及能量限制和暗能量环境的空间规模；⑦深部生物圈的范围；⑧海洋微生物与深部生物圈微生物的联系（或分离）。尽管如此，深部生物圈的研究伴随着技术的突破和进步而不断发展，包括生物污染检测和监测技术，井下原位探测技术，细胞计数技术，DNA 测序技术，分子组学技术等（陈云如等，2018）。深部生物圈的研究需要将微生物的微尺度研究与地质学宏观尺度的研究相结合，应结合微生物学、地球化学、地球物理学、水文学的检测开展多学科综合研究（陈云如等，2018），而机器学习、合成生物学、计算机模拟实验等新的“研究范式”也将给深部生物圈的研究带来重大革新和突破。

1.2.5 井下长期观测

井下长期观测系统（Circulation Obviation Retrofit Kit, CORK）是 20 世纪 80 年代末在研究洋壳水文系统的推动下诞生的是深少钻探在取样和观测技术上的革命性发展（方家松等 , 2017），是大洋岩石圈地壳的温压计，是监测深海海底生物活动性、海洋水文地质变化、洋壳物性变化、地震海啸等地质灾害的利器，也是实现透明海洋、建立四维地球动力学模式的重要手段，对海洋地质学乃至地球系统科学的发展非常重要。

井下长期观测系统自 20 世纪 90 年代初首次安装以来，已发展了 30 余年。它从初始 CORK，发展到改进型 CORK（ACORK）、再发展到 CORK Ⅱ、有缆型 CORK、侧向 CORK（L-CORK）、长期井孔监测系统（Long-Term Borehole Monitoring System，LTBMS）、单缆原位参数测量仪（Simple Cabled Instrument for In-Situ Parameters，SCIMPI，图 1.2.14）。井下长期观测系统已成功运用到洋壳水文地质学、固体地球物理、流体地球化学、深部生物圈微生物学和生物地球化学、海底地质灾害（如地震等）监测等方面，此外，还开展了单孔和跨孔实验（方家松等 , 2017）。

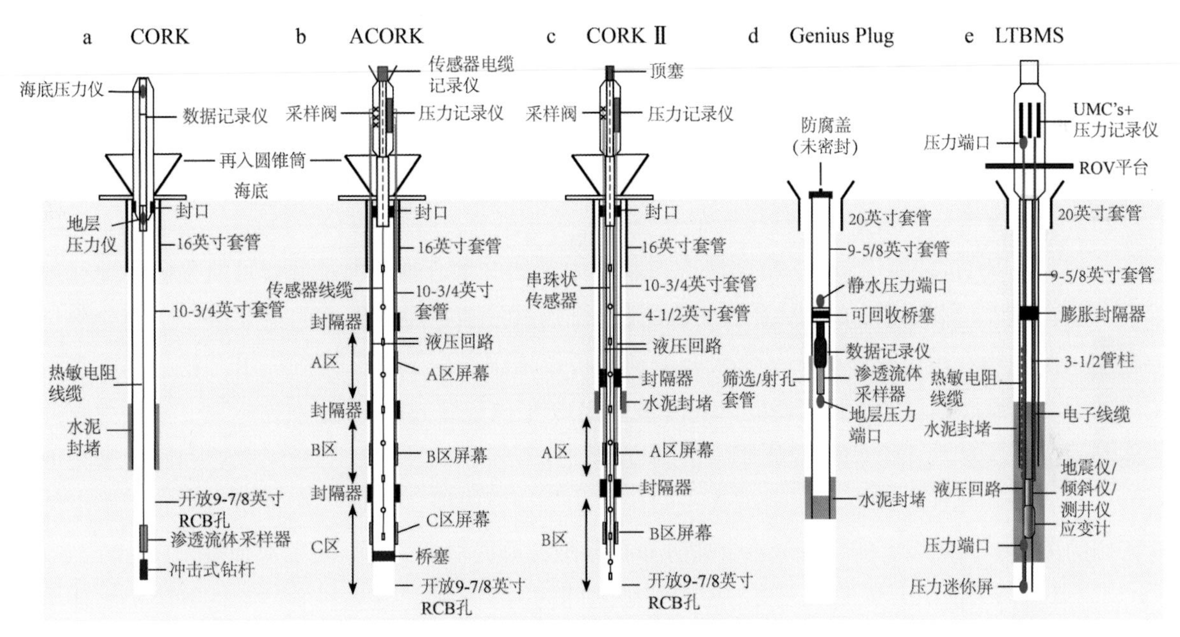

图1.2.14 井下长期观测系统装置

1英寸 = 2.54厘米

（1）洋壳水文地质

洋壳水文地质是井下长期观测系统最重要的应用方面之一（Davis et al., 1991）。从 1991 年到 2003 年，ODP 实施过程中已有 18 个钻孔中布放了 CORK，用于长期水文地质观测（Becker et al., 2005; Kastner et al., 2006）。其中有 14 套 CORKs 布放在被沉积物覆盖的年轻洋壳或俯冲带中，如胡安 · 德 · 富卡洋中脊中央裂谷的 857D 钻孔和 858G 钻孔，胡安 · 德 · 富卡洋中脊东翼的 1024C 钻孔、1025C 钻孔、1026B 钻孔、1027C 钻孔、1301A 钻孔和 1301B 钻孔，哥斯达黎加的 504B 钻孔、896A 钻孔和 1253A 钻孔，日本南海海槽的 1173B 钻孔，大西洋中脊西翼“North Pond”的 395A 钻孔等。海洋水文地质学主要研究控制流体流动和储藏的性能以及流体的流动路径、通量、驱动力和源汇，以及温度和压力等参数的变化。

ODP 139 航次在胡安·德·富卡洋中脊北段中央裂谷扩张中心 858G 钻孔和 857D 钻孔成功布放 CORK 并进行观测（Davis et al., 1992），通过观测洋壳地层温度、压力等参数的变化，科学家们根据简单的含水层抽水响应模型估算了基底渗透率（Fisher et al., 2003; Becker et al., 1994），揭示了不同深度地层渗透率的变化。此外，还通过测定洋中脊两座海底山脉热液环流的流动以及热流数据，获取了流体流动的驱动力为孔隙流体的热柱（流出）和冷柱（流出）的压力差（Fisher et al., 2003）。

此外，还开展了示踪实验，研究流体运移方向和流动速率（Elderfield et al., 1999; Whcat and McDuff, 1995）。通过对示踪剂空间分布的研究，获取了流体 – 热、流体 – 溶质等的传输方式和路径 (Fisher et al., 2003; Wheat and Fisher, 2007)。通过对密封钻孔中示踪剂的长期观测，还计算出了钻孔中流体与围岩火山岩地层的流体交换量 (Wheat et al., 2010)。

流体地球化学在检验地层水文地质非均质性方面起着非常重要的作用。例如，在胡安·德·富卡洋中脊东翼测量结果显示，钻井过程中流体地球化学要几年时间才能恢复，恢复的年限取决于海水的水文地质特征（Wheat et al., 2003）。在胡安·德·富卡洋中脊东翼，如果钻井扰动造成的热影响消散，那么地层流体流进 1027C 钻孔的速率大约 17.5 kg/d，此外，观测结果还显示，流体从岩基向下流到渗透性基底中（Kastner et al., 2006）。

（2）天然气水合物稳定性

天然气水合物既是一种清洁能源，也是一种灾害性气体。它的分解和释放可能诱发全球气候变暖，导致大规模海底滑坡（Paull et al., 1996; 吴能友等 , 2003）。因此，对天然气水合物稳定性的监测和研究至关重要。ODP 164 航次在布莱克海台就发现了天然气水合物释放的地质记录。Zachos 等（2005）以及 Dickens（2011）提出海底沉积物中天然气水合物的大量分解可能是触发地球过去重大“超高温”变暖事件的重要原因。天然气水合物被推测是海底滑坡的重要因子。实验测量结果证实，沉积物孔隙中固态的天然气水合物通常可以增强海底强度，天然气水合物分解成水和超压气体则会使海底不稳定，从而诱发海底滑坡。2017 年执行的 IODP 372 航次针对“新西兰东部希古朗基边缘含天然气水合物层滑坡体的活动变形”这一科学问题涉及了利用取芯和测井来验证天然气水合物分解可能会诱发海底滑坡这一假说。初步研究表明，天然气水合物与海底不稳定性具有密切的关系。大陆坡上的天然气水合物分布很显然与海底滑坡具有一定的对应性（Hovland et al., 2002）。但是仍未证明天然气水合物与海底滑坡之间的因果影响。这一科学问题的解决仍然任重道远，因为气体—水—沉积物—水合物之间的相互作用机理非常复杂（Suess, 2002）。

鉴于影响天然气水合物稳定性的主要因素是温度和压力。根据这一特性，可以借助井下长期观测系统的长期实时监测，通过监测温度和压力的变化，来判断和预测它们的变化可能会引起的天然气水合物分解和释放。IODP 328 航次在 U1364A 钻孔布放的 ACORK，成功获取了温度—时间和温度—深度序列，以及 BSR 深度处的原位温度和线性温度梯度，这种线性的温度梯度分布特征有助于孔隙流体以极慢的速度向上运移，并将深部的甲烷气体输送到天然气水合物稳定带（Becker et al., 2020）。此外，还成功监测了陆坡环境中天然气水合物稳定带之上和之下的孔隙压力（Riedel et al., 2022），这种压力差的变化也会驱使天然气水合物的运移。

（3）海底地质灾害监测

井下长期观测系统在监测地震方面取得了显著的成效。俯冲带构造活跃，是全球地震多发带之一。目前已在卡斯卡迪亚、马里亚纳、哥斯达黎加俯冲带、日本南海海槽、日本海沟等部署的长期观测系统成功观测到大地震震前、震中和震后造成的压力变化，研究者将其作为体应变的敏感指标，计算地壳应变量，有效地提高了人们对变形的阶段性、地震能量积累和释放，以及震间应变积累新的认识，对地震等自然灾害的评估具有重要的影响。

在胡安·德·富卡洋中脊 857 站位和 1026/1027 站位安装的 CORK 观测系统，成功观测到海底扩张以及地震产生的压力变化及其对应变的响应。ODP 139 航次和 ODP 169 航次在胡安·德·富卡洋中脊中央裂谷 857D 钻孔安装的 CORK 观测系统，观测到 1996 年 Nootka 断裂走滑活动时发生的一系列地震引起的应变。在该事件中，应变场的膨胀象限内，压力下降。857D 钻孔的 CORK 观测系统还观测到 2001 年中央裂谷海底扩张期地震产生的近场应变（图 1.2.15，Kastner et al., 2006）。在大地震发生时期，压力逐步下降，地震活动结束后又持续下降两周。这可能是持续应变的结果，也可能是从震中扩散到 CORK 观测点时压力下降所致。

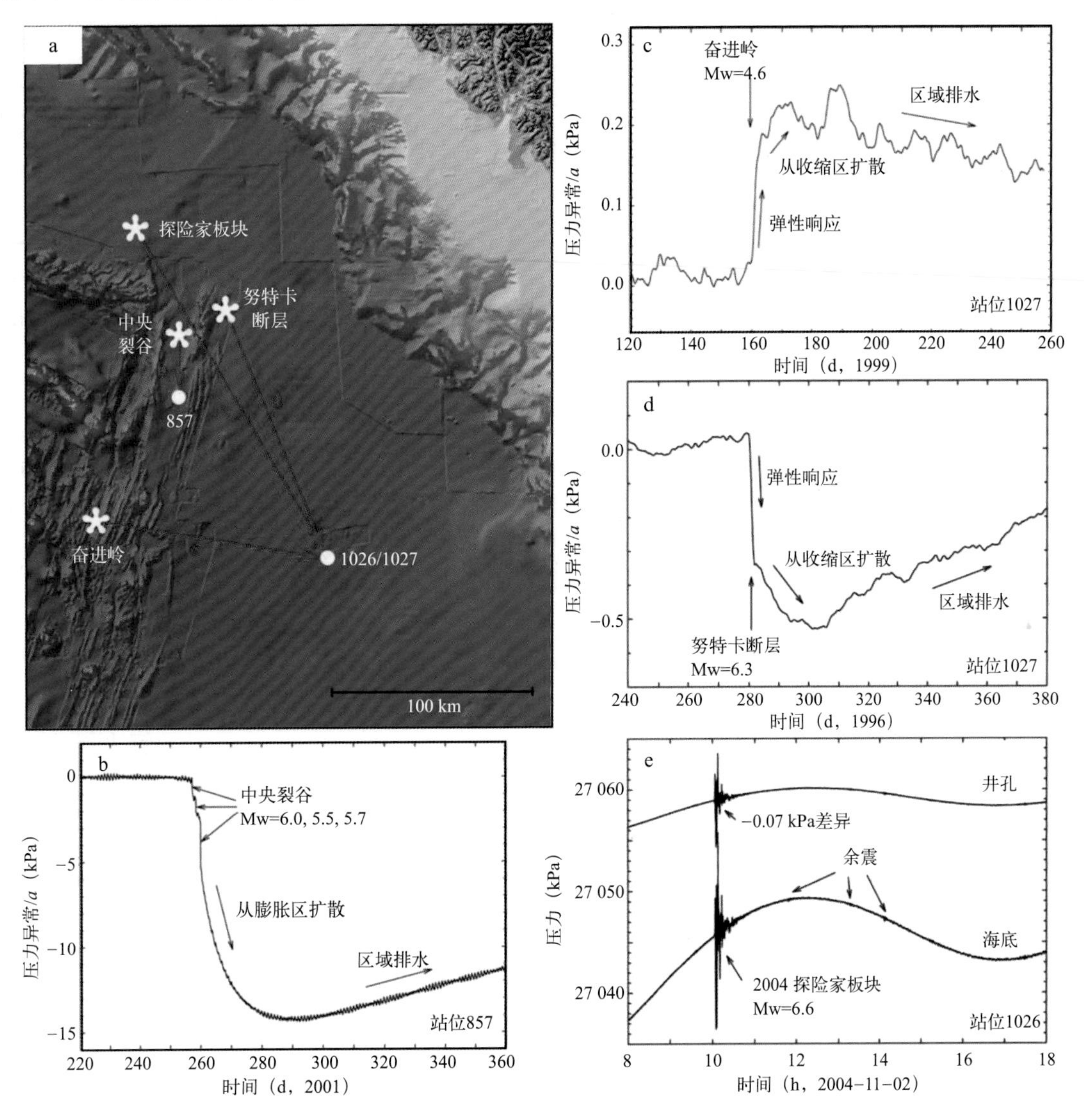

图1.2.15 a. 胡安·德·富卡洋中脊ODP阶段CORK观测系统分布；b～e. CORK观测到的海底扩张和地震产生的地层压力变化（改自Kastner et al., 2006）

ODP 168/IODP 301 航次在胡安·德·富卡洋中脊 1027C 孔安装的 CORK 观测系统，观测到了 Endeavour 段海底扩张（距离 1999 年 6 月 8 日 Nootka 转换断层的走滑型地震 110 km，距离 1996

年 10 月 6 日的地震 130 km）产生的地层压力对区域应变的响应，压力瞬时升高了约 0.2 kPa。瞬时压力变化指数与根据断裂滑移预测的应变一致，但是在洋中脊地震事件中，瞬时压力变化指数比预测的大。在胡安·德·富卡洋中脊，应变诱发的压力变化并不能保持下来，压力在不到 1 年时间就恢复到静水压力状态，比中央裂谷恢复得更快，而且压力对应变的响应特征与 1996 年 Nootka 断裂活动造成的压力响应特征相似（Kastner et al., 2006）。

（4）深部生物圈微生物学和生物地球化学

深部生物圈的发现是大洋钻探的一项重大发现。目前海洋和深部生物圈的认识大多来自海洋科考和深海钻探，但是随着研究程度的加深，科研学者越来越清晰地认识到，研究这些生物过程需要长期的、在不同时间和空间尺度上取得的观测数据，并要有进行原位实验和实时数据采集的能力。井下长期观测系统 CORK 观测装置为研究钻孔内洋壳循环流体的生物地球化学性质和微生物多样性提供了前所未有的机遇。

ODP 186 航次在 1026B 钻孔部署的 CORK 观测装置上安装了一个生物柱，用来采集样品进行水化学、生物量、核糖体 RNA 基因测序以及脂类分析，通过对比邻近的近底海水的化学元素特征，发现流体与洋壳岩石发生了广泛的反应；此外还获取了微生物细胞丰度和类型（Cowen et al., 2003）。这些研究表明，洋壳中的生命并不局限于新生洋壳中的高流速洋中脊热液体系，还延展到了低流速的较老洋中脊侧翼。

1.3 国际大洋钻探计划科学规划的制定

1.3.1 国际大洋钻探计划十年科学计划的制定

从 1968 年以来，国际大洋钻探计划除了 DSDP 阶段外，每个阶段都会提前由国际学术界共同制订科学计划，确定其主要科学目标，用作对各国提交的钻探建议书的遴选指南。

制定大洋钻探科学计划，是一个历时多年的过程，体现了多学科的交叉融合。计划先由少数骨干酝酿和发起，获得各国不同学科科学家们的响应，随后举行较大规模的全球性学术研讨会，在各国学者提出的众多白皮书的基础上，确定新阶段大洋钻探的主要研究领域，会后由专家组撰写计划，经过反复讨论、几易其稿，再送交外审后定稿（表 1.3.1）。

表1.3.1 国际大洋钻探计划十年科学计划制定历史

<table>
<tr><th>阶段</th><th>会议</th><th>地点</th><th>年份</th><th>备注</th></tr>
<tr><td rowspan="2">ODP
1985—2003 年</td><td>科学大洋钻探大会 I</td><td>美国奥斯汀</td><td>1981</td><td>《大洋钻探长期科学计划》于 1990 年出版</td></tr>
<tr><td>科学大洋钻探大会 II</td><td>法国斯特拉斯堡</td><td>1985</td><td>《通过大洋钻探理解我们动态的地球》于 1996 年出版</td></tr>
<tr><td rowspan="2">IODP
2003—2013 年</td><td>合作大洋立管钻探大会</td><td>日本东京</td><td>1997</td><td rowspan="2">《地球、海洋与生物》与 2001 年出版</td></tr>
<tr><td>大洋多平台探索大会</td><td>加拿大温哥华</td><td>1999</td></tr>
<tr><td>IODP
2013—2023 年</td><td>IODP 探索科学目标新挑战大会</td><td>德国不来梅</td><td>2009</td><td>《照亮地球：过去、现在与未来》2011 年出版</td></tr>
<tr><td>IODP
2023—2033 年</td><td colspan="4">酝酿中</td></tr>
</table>

以当前运行的 IODP（2013—2023 年）阶段为例说明 IODP 科学计划的制定过程。2009 年 9 月 22—25 日在德国不来梅大学举行的“IODP 科学目标新探索（IODP New Ventures in Exploring Scientific Targets，INVEST）大会”，有来自 21 个国家的 584 人参加，其中包括 64 名学生，分别在气候变化、岩石圈、生命、人地关系以及技术等方面开展讨论。会后成立了 13 人的编写组，于 2010 年年底完成初稿，经过外审、修改，最终在 2011 年出版了《照亮地球 : 过去、现在与未来》的科学计划。

在不来梅 INVEST 大会之前，发达国家已经分头进行了紧锣密鼓的准备工作: 2009 年 2—3 月，美国组织了 6 周的网上讨论，有 186 位科学家参与撰写建议、提出意见，最后形成了《为未来科学大洋钻探拟定航程》的报告。同年 4 月 24—25 日，欧盟在维也纳集会讨论，撰写出《2013 年后欧洲的科学钻探研究》报告。接着,英国又于同年 5 月 18—19 日在皇家学会召开英国的 IODP 大会，进行单独讨论。日本也在该年 1—2 月组织讨论，并于 7 月提出了相应的报告。与此同时，一些国际组织也组织了专题讨论会迎接 INVEST 大会，如国际大洋中脊计划（Inter-Ridge）于 2013 年 7 月在英国南安普顿组织讨论会，发表了题为《熔融岩、液体与生命》的报告。正是由于多方面的认真准备，INVEST 大会收到了各国科学家 110 份科学建议“白皮书”，为会议的成功召开和十年科学计划的成功撰写奠定了基础。

1.3.2 国际大洋钻探计划现阶段的十年科学计划

目前大洋钻探处于国际大洋发现计划（IODP 2013—2023 年），该阶段发布了白皮书《照亮地球: 过去、现在与未来》，十年计划主要包括 4 个科学主题。

（1）气候和海洋变化

该主题聚焦于社会最紧迫的问题——气候、海洋和冰盖如何响应温室气体的不断增加？目前即使在 10 年的尺度上，我们也很难预测气候的趋势。有人说，如果人类正在地球气候系统进行一个“实验”，那么人类已经进行了过去气候系统的实验。大多数人并不认同这一说法。这是因为，地质记录包括了无数个地球气候明显变化的时期，并且变化通常是快速的，是对内部和外部压力的响应；而只有科学钻探能够获取广泛分布和高分辨率的样品、数据，来了解地球过去气候变化的原因和影响。重建过去与现在显著不同的气候变化有助于促使建模团队改善气候数值模拟中的物理和化学数据。海洋钻探产生越来越详细的时间和空间上的古气候数据，揭示出我们星球在不同的时期内经历了不同的气候状态，是一个动态气候系统。

（2）生物圈前沿

该主题包括了对深海海底生命的探索。在深海底，微生物与光合作用隔绝，生活在受限制的环境中。海底生物圈的研究始于基因学、栖息地、生态位和代谢途径等早期探索性工作。后来，DNA 技术、复杂的脂质分析以及其他技术的快速发展大大促进了这些研究的发展。大洋钻探还探索生态系统对环境压力的响应。通过钻探能获取反映气候和海洋化学在短期内发生巨大变化的样品和数据。钻探将能揭示这些事件对个别微生物乃至整个生态系统的影响，包括原始人类进化。

（3）地球联系

该主题探讨地球表面、岩石圈和地球深部过程的联系。想要对海底岩石进行研究，提升钻探能力是关键，因为只有这样才能获取地球上地幔的原始样品。海水和海底岩石之间的反应，取决于地壳结构，而地壳结构取决于地球动力学过程，目前我们对地球动力学过程知之甚少。例如，大洋地壳会在与海水反应中吸收 CO_2，但速率及地点很难被观察到。动力学过程决定有多少 CO_2 和水被带入俯冲带，在那里它们通过火山和热液作用可返回地表。反过来，火山喷发可用于检验关于俯冲如何发生以及岛弧变为大陆地壳的模型。倘若想要揭示影响固体地球发展和演化的地质、地球化学、岩浆及水文作用，就必须依赖于大洋钻探。

（4）活动的地球

该主题揭示发生在人类历史时期的动力过程，包括导致地震、滑坡和海啸的动力过程。大洋钻探能揭示这些事件的频率、机制和影响程度，包括与断层断裂相关的地震循环中原位属性的变化。这些主题也探索海底沉积物流体、火山气体、天然气水合物的形成及稳定性，以及在深海储层封存大量 CO_2 的潜力。对地球活动的研究将用到单独的或联网的安装在钻孔中的海底观测网络的长期实时观测数据。这些系统提供了从火山洋壳中收集原始流体和微生物样品的唯一手段。它们也能获得几秒内到几十年内的压力积累量、应变程度、大尺度地壳运动、运动与流体运移之间关系等关键信息。观测网络将利用电缆连接到陆地，以便对活跃的地球活动进行实时监测和试验。

1.3.3 国际大洋钻探计划面向 2050 年大洋钻探科学框架

2020 年，IODP 工作组发布了面向 2050 年大洋科学钻探科学框架，即《大洋科学钻探探索地球——面向 2050 年的科学框架》，提出了七大战略目标、五大旗舰计划和四项能力建设，对未来三十年大洋科学钻探计划进行了总体规划。

（1）七大战略目标

1）地球上的生命宜居性

大洋钻探对于研究深部生物圈的作用是非常重要的，是研究环境条件下如何直接影响海底环境中微生物的分布、多样性和生存策略所必需的，因此大洋科学钻探将致力于阐明海底环境中维持微生物生命系统的能量来源特征、探索地质历史时期生物圈和岩石圈协同演化、定量阐明生命体对生物地球学循环和气候的影响，以及阐明作为现代渔业基础的脊椎动物多样性是如何应对气候变化和初级生产。

2）板块的海洋生命周期

揭示洋壳演化的整个生命周期，从最初的大陆裂谷在洋中脊处地壳形成开始，到漫长的运动历史过程中的生物地球化学变化和板内火山作用，直至在俯冲带消亡；探讨构造、岩浆和热液的复杂相互作用是如何驱动地壳增生模式变化的；探索洋壳演化、地幔和海洋之间的热液和微生物相互作用过程，以及它们对地球化学循环、资源和生命的影响。研究地幔柱、地球最深处最密集的地幔巨大低剪切波速度区、大火成岩省以及板内火山活动的起源和运动规律；通过获取岩石和流体样品以及长期观测（如温度和孔隙压力），检验关于俯冲如何开始的争议性学术假说，揭示俯冲演化规律。

3）地球气候工厂

利用海洋气候记录来揭示地球气候工厂在地质历史时期的极端气候条件下是如何运作的，从而提高我们预测未来气候变化的能力；通过轨道变化、海洋碳库、构造过程和板块构造作用等在内的百万年时间尺度的地质过程来阐明自然气候变化的量级和起源；建立地质历史时期降水和干旱模式，并研究其分布的长周期和短周期变化的起因；重建地球冰冻圈的地质历史，特别是为研究极地扩大的影响和程度提供制约，识别出影响过去全球海平面变化的事件和过程。

4）地球系统反馈机制

大洋科学钻探为评估板块构造和海洋结构变化对二氧化碳、温度和地球冰冻圈演化的影响提供了主要手段；整合近海和远洋的大洋科学钻探结果，以确定冰盖大小的变化是如何影响中低纬度地区的海洋和大气环流模式的；重建主要气候事件过程中生物和碱度的变化，评估可能导致其他反馈的气候或环境变化是如何引起浮游生物生态系统结构的变化；评估深部生物圈的生命是如何被海洋水文条件和构造过程所控制的，以及地下的生物活动如何反过来影响更广泛的地球系统功能。

5）地球历史时期的转折点

通过研究地质历史时期的临界点来阐明临界点是什么以及地球系统如何恢复，进而为评估现代和预测未来的气候和环境变化提供史前视角；实施有针对性的新钻探计划，以完善我们对地球系统临界点的阈值及其相互关联的认识；对系统未超过临界点的稳定地质历史时期的沉积记录钻探取样可提供地球系统对临界行为弹性响应的关键信息；利用浮游生物化石独特的年代和分类学来确定生物复苏期间新物种产生的原因、时间尺度、进化和灭绝方式。

6）全球能量和物质循环

研究地球系统中所有尺度的能量迁移，从微生物尺度的挥发性能量循环到海底产生的生物量，再到驱动全球尺度变化的地核内的热对流；通过在各类型海洋盆地钻取地磁场的高分辨率记录，研究地磁场变化的起源、性质和结果；综合研究岩芯、孔隙流体、测井、原位井中实验以及钻孔监测获取的流体压力、温度和溶质浓度等资料，评估海底流体循环的种种后果；研究深部潜在储层特征需要深部钻探取芯能力，因此大洋科学钻探还为探索海底二氧化碳封存提供了研究机会。

7）影响人类社会的自然灾害

揭示控制地质灾害发生的潜在因素、地质灾害产生的过程和条件；阐明过去地质灾害事件的历史，以探究未来灾害事件发生的可能性；通过在断层内部或非常靠近断层的位置及在滑坡破坏面和火山周围的海底直接原位海底观测，直接监测现场情况，以评估这些地质灾害随时间变化的过程。

（2）五大旗舰计划

1）未来气候真相

收集全球钻探岩芯的古气候记录，以确定气候系统的哪些部分最容易发生突然和不可逆转的变化，并通过模型确定是否充分认识到超过气候阈值的更广泛的后果；提供百年至千年气候变化的基准，以便与现代气候变化进行对比；描述塑造地球表面的地理和地形的关键固体地球过程，以及依据这些地球表面重塑过程建立气候模型，预测未来海平面上升规律；开展系统的钻探活动并通过模拟，为预测地球未来应对更高含量的温室气体的反应提供信息、测试并修正模型。

2）地球深部探测

研究在海底扩张和海洋岩石圈演化过程中的岩浆、构造和热液过程，这些过程导致了地球表面的独特特征；开发利用新兴海洋钻探和测井技术在未来 30 年来实现首次钻穿莫霍面至上地幔；对可能来自下地幔和核幔边界处的大火成岩省和热点等板内火山活动的产物进行钻探取芯，以加深对地球内部的认知；首次从地幔中获取原始岩石样品，为深入了解地球内部的性质及其地球动力学行为奠定基础。

3）地震和海啸灾害评估

大洋科学钻探是在主要海域断裂带直接钻探取样、测量和监测的唯一途径，可以揭示触发大地震和海啸的关键因素；通过针对世界上具有代表性的俯冲带进行持续的科学钻探来评估最大的近海断层所带来的灾害；利用新技术优势，在多个地区建立全面的海底钻孔观测网络，提供持续的海底观测。

4）海洋健康诊断

揭示人类世之前海洋健康状况，提供与现代海洋健康状况相比较的基准，并预测未来海洋的宜居性；利用过去温室阶段的深海记录，揭示海洋温度升高和酸化影响海洋生态系统的机理，及其时空分布和演变的适应性和恢复机制与时间；揭示各地质历史时期海洋含氧量和营养水平的生物、化学和地质控制因素，为诊断未来环境突变所导致的生态反应提供原型；大洋科学钻探所获取的高分辨率海洋沉积物为了解在温暖而无冰的地球上生物多样性模式以及海洋生态系统的健康、丰富、功能和恢复力提供独特视角。

5）生命及其起源探索

阐明沉积物中和岩石中生物群落的生活规律，以及它们之间的共性和差异程度；在各种不同的潜在的生命制约因素及其各种组合的海洋环境中进行钻探，探究生命无法生存的海底生命极限及其生命属性；通过研究极端海底环境下的生命，深入了解原始生命的潜在适应性、生命进化的约束条件以及地球上生命的起源；与航天机构合作，设计相关工具和标准来评估海底和其他星球上的生命特征。

（3）四项能力建设

1）扩大影响和宣传

地球演化历史和大洋科学钻探成就对帮助人们了解人类对地球的影响具有巨大的吸引力；大洋科学钻探有助于我们了解自然灾害性质、发生频率和可能造成的灾害程度，这对灾害发生前计算风险和找到解决办法至关重要；大洋科学钻探航次为年轻科学家创造了一个“即时国际网络”，帮助他们寻求导师、建立国际科研合作关系并广泛发表论文。

2）从陆地到海洋

加强陆地到海洋钻探的合作，从主动和被动大陆边缘到陆地沿横断面进行钻探揭示相互关联的地球系统；开展陆海钻探横断面研究，根据陆缘类型和构造背景确定陆源沉积物、有机质、陆相古气候示踪、营养物等从源到汇搬运的时间尺度和机制；制定海陆联合钻探未来战略，安装钻孔原位观测装置实时监测海岸带的地球动力学事件。

3）地球到星外

大洋科学钻探和航天机构合作，通过对比现代和古气候数据资料，为未来真实的气候变化和相关决策提供强有力的科学证据支撑；对地球上生命极限和新陈代谢途径的深入了解，将有助于在太阳系内寻找外星生命，帮助我们确定外星探索的目标星体；为了解其他行星体的形成、冷却和环境演变，大洋科学钻探和航天机构之间也需建立互利伙伴关系；通过研究外星体对地球的影响，大洋科学钻探能够更深入地了解陨石坑的形成过程。

4）技术研发和大数据分析

为了拓展大洋科学钻探的前沿领域，需要对以前无法进入的环境和取样领域进行技术革新，以提高取样质量和提高岩芯回收率，获得更高分辨率和新类型的数据；大洋科学钻探将继续加强科学家、工程师和行业专家之间的合作，学习最先进的行业实践经验，以扩大我们应对重要变革的科学雄心；继续发展与工业界互利互赢关系，通过结盟来拓展我们实现战略目标和旗舰计划的能力；大洋科学钻探通过公平的数据共享机制，以及在未来的钻探平台提供者之间制定共同标准，必将继续产生有益于全球科学界和更广泛的社会各界的科学数据和资料。

1.4 国际大洋钻探计划钻探建议

国际大洋钻探计划建议书需要经过 IODP 多个委员会评审，包括科学评审委员会、站位调查评估委员会、环境保护与安全委员会等，此外还要经过外部科学家的评议。大洋钻探建议书的竞争非常激烈，从建议书提出到航次的实施平均至少需要 5 年。例如，钻探建议书在 2008 年提交初始建议书，提出针对南海深海盆实施钻探，确定了 4 个首选站位，得到了比较积极的国际评价。因此，2009 年 10 月正式提交了完整建议书。为加快南海钻探建议书的评估和执行，我国采用补充项目建议书的模式，即按照 IODP 的框架，采用第三方资助 70% 航次费用的模式，加快建议书的评审流程，利用钻探船“乔迪斯・决心号”2013—2015 年间在西太平洋钻探的机会，实施南海建议书。2011 年进一步修改提交了南海钻探建议书；2012 年初专门针对建议书在上海组织召开以“破解南海张裂过程”为主题的南海大洋钻探国际研讨会，来自美国、英国、法国、德国、日本，以及菲律宾、越南、泰国、马来西亚、印度尼西亚、新加坡等南海周边国家的 34 位著名专家、学者出席，共同探讨南海科学问题并提升建议方案（李春峰和宋晓晓，2014）。在此基础上，修改并第四次提交了

图1.4.1 航次建议书的评审流程（以IODP 349航次为例，李春峰和宋晓晓，2014）

建议书，建议的科学目标与 2008 年提交的初始建议书基本一致，在站位调查、钻探安排等方面作了进一步完善。2012 年，国际评审组对建议书给予了积极评价，并按照流程将建议书发送给国际评审专家进行独立评审；同年，通过进一步与国内外科学家合作，对国际评审专家提出的各项意见进行了详细答复。至此，参与建议书编撰、提供站位调查资料等建议的人已达 40 位，其中近一半为国外学者，充分体现了国际科学家对南海科学研究的热情与合作的积极性。2012 年底，建议书在又一次的科学评估后，最终提交给运营方（FB）计划实施，2013 年初，确定为 IODP 349 航次，于 2014 年 1 月实施。

本书重点调研了 2021 年 5 月至 2022 年 5 月在国际大洋钻探计划网站上可查询到的 98 份大洋钻探建议书，系统调研其科学目标，并按照中下地壳和莫霍面钻探、海底构造与地球动力学、气候与海洋变化、地下水、天然气水合物、深部生物圈和井下长期观测等七大主题进行了分类汇总。其中，中下地壳和莫霍面钻探主题的钻探建议书 9 份，海底构造与地球动力学主题的钻探建议书 29 份，气候与海洋变化主题的钻探建议书 41 份，地下水主题的钻探建议书 4 份，天然气水合物主题的钻探建议书 5 份；深部生物圈为主题的钻探建议书 6 份；井下长期观测为主题的钻探建议书约 4 份，不同主题的钻探建议书数量情况见图 1.4.2，不同国家的钻探建议书数量情况见图 1.4.3；钻探建议钻孔在全球海域的地理分布见图 1.4.4；98 份钻探建议书分类汇总见表 1.4.1。

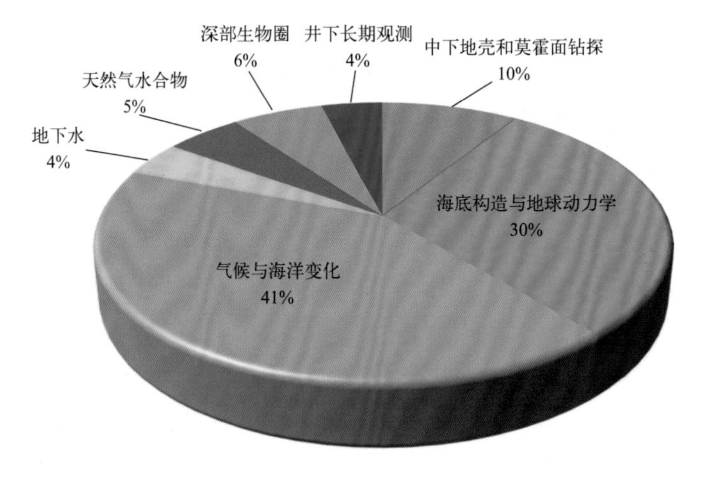

图1.4.2　国际大洋钻探计划不同主题的钻探建议书数量分布情况

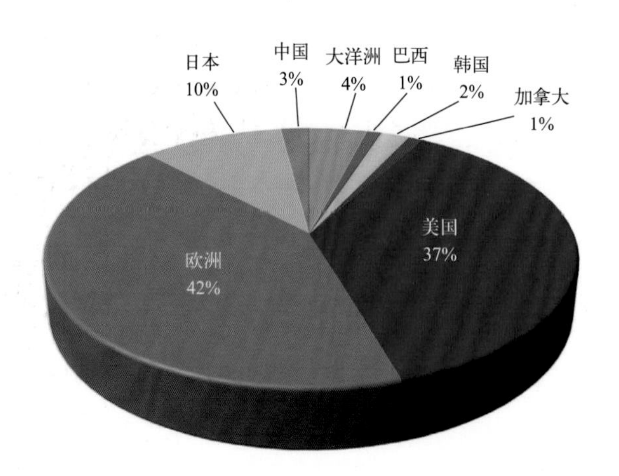

图1.4.3　国际大洋钻探计划不同国家和国际组织的钻探建议书数量分布情况

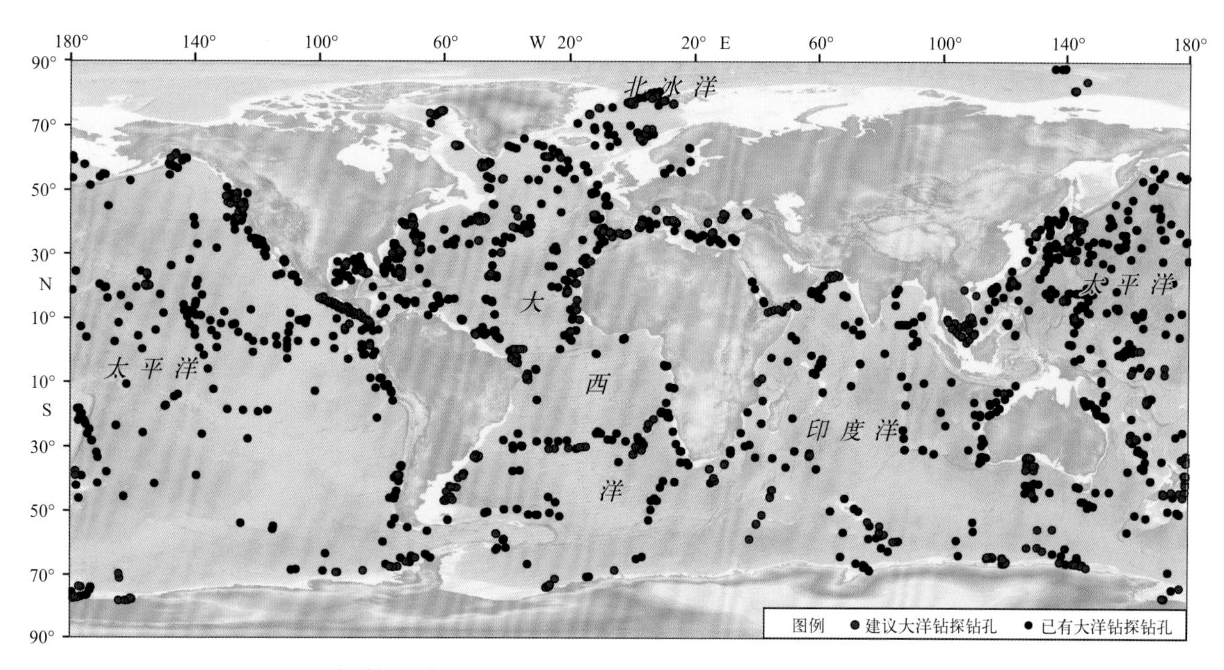

图1.4.4 国际大洋钻探计划网站的钻探建议钻孔分布（2021年5月至2022年5月可查询）

表1.4.1 国际大洋钻探计划钻探建议书一览表（2021年5月至2022年5月可查询）

序号	一级主题	二级主题	建议书编号	建议书题目	牵头人	牵头国家
1	中下地壳和莫霍面钻探	超慢速扩张洋中脊下地壳与莫霍面钻探	800	西南印度洋超慢速扩张洋中脊下地壳和莫霍面的属性	Henry Dick（美国伍兹霍尔海洋研究所）	美国
2		慢速扩张洋中脊莫霍面钻探	971	大西洋慢速扩张洋中脊下地壳和上地幔钻探	Alessio Sanfilippo（意大利帕维亚大学地球与环境科学系）	意大利
3		快速扩张洋中脊下地壳和莫霍面钻探	522	东太平洋超快速扩张洋壳下地壳辉长岩钻探	Damon A.H. Teagle（南安普敦大学国家海洋中心海洋与地球科学学院）	英国
4			805	快速扩张洋壳莫霍面钻探	Susumu Umino（日本金泽大学）	日本
5			876	弯曲断层的蛇纹石化：从洋中脊到海沟大洋地壳和地幔的演化	J. Morgan（伦敦大学皇家霍洛威学院地球科学系）	英国
6			951	夏威夷北侧成熟洋壳区钻探	Susumu Umino（日本金泽大学）	日本
7		弧前下地壳和莫霍面钻探	898	从大洋岩石圈地幔到初始岛弧地幔的转换：西北太平洋博宁海沟的弧前莫霍面钻探	Katsuyoshi Michibayashi（日本静冈大学）	日本
8		弧后下地壳和莫霍面钻探	941	哥斯拉 Megamullion 弧后盆地下地壳和上地幔的性质	Yasuhiko Ohara（日本水文和海洋学部）	日本
9		岛弧中地壳钻探	698	伊豆—博宁—马里亚纳岛弧中地壳超深钻：洋内弧大陆地壳的形成	Yoshiyuki Tatsumi（日本海洋地球科学技术厅地球演化研究所）	日本

续表

序号	一级主题	二级主题	建议书编号	建议书题目	牵头人	牵头国家
10	海底构造与地球动力学	俯冲带构造与孕震机制	537	哥斯达黎加地震起源计划 A：研究汇聚边缘地震成因	Baumgartner, Peter（瑞士洛桑大学地球科学研究所）	瑞士
11			537B	哥斯达黎加地震起源计划 B：研究剥蚀型汇聚板块边界从稳定滑移到不稳定滑移的过渡	C. R. Ranero（德国海洋科学研究所）	德国
12			908	哥斯达黎加大型逆冲断裂带孔隙压力演化机制	Nathan Bangs（德州大学奥斯汀分校地球物理研究所）	美国
13			633	中美洲大陆斜坡的泥底辟和海山俯冲作用：剥蚀型汇聚边缘的深部流体过程	C. Hensen & W. Brueckmann（德国基尔莱布尼茨海洋科学研究所）	德国
14			980	东赤道太平洋的沉积凹陷是否是热液成因?	Keir Becker（美国迈阿密大学）	美国
15			781	新西兰希古朗基北部俯冲边缘钻探项目 A——揭开蠕滑的秘密	Laura Wallace（新西兰地质与物理研究所自然灾害组）	新西兰
16			781B	新西兰希古朗基北部俯冲边缘钻探项目 B——揭开蠕滑的秘密	L. Wallace（美国得克萨斯大学地球物理研究所）	美国
17			959	新西兰希古朗基俯冲边缘大洋钻探：研究大型逆冲断层的闭锁与蠕滑所受的物理控制	Ake Fagereng（英国卡迪夫大学）	英国
18			835	跨越日本海沟追踪海啸滑坡：用“地球号”钻探船实施深水钻探研究巨型逆冲带海啸滑坡	S. Kodaira（日本海洋科学技术中心）	日本
19			866	追踪日本海沟沉积物中记录的历史地震：深海海底古地震学的检验与发展	Michael Strasser（奥地利因斯布鲁克大学）	奥地利
20			939	“斑点”岩浆作用对全球地球化学循环和俯冲带地震活动性的影响	Asuka Yamaguchi（东京大学大气与海洋研究所）	日本
21			984	智利中南部世界上最大地震发生条件	Nathan Bangs（得克萨斯大学奥斯汀分校地球物理研究所）	美国
22			992	阿拉斯加南部边缘大洋钻探：大型逆冲型地震灾害和末次盛冰期后气候变化	Peter Haeussler（美国地质调查局）	美国
23		碰撞边界构造与气候变化	595	印度扇和默里海岭大洋钻探：利用碎屑记录重建青藏高原、喜马拉雅西部和喀喇昆仑的剥蚀历史	Peter Clift（英国阿伯丁大学地球科学学院）	英国
24			618	东亚青藏高原隆升时间及河流演化模式：来自红河和湄公河沉积物记录的证据	Peter D. Clift（英国阿伯丁大学地质与石油地质学院）	英国

续表

序号	一级主题	二级主题	建议书编号	建议书题目	牵头人	牵头国家
25	海底构造与地球动力学	被动陆缘构造与岩浆作用	871	白垩纪冈瓦纳东部边缘深部地层记录：罗德豪隆起高纬度大陆带上的构造、古气候和深部生物圈	Ron Hackney（澳大利亚澳洲地球科学中心）	澳大利亚
26			927	地中海第勒尼安岩浆作用与地幔折返	Nevio Zitellini（意大利博洛尼亚国家研究委员会海洋科学研究所）	意大利
27			943	西班牙加利西亚西部科学钻探：大陆裂解	Tim Reston（英国伯明翰大学）	英国
28			944	东北大西洋大陆裂解期间过量岩浆作用的性质、成因和气候意义	Ritske Huismans（挪威卑尔根大学）	挪威
29			969	西太平洋花东海盆中生代残余海及其与邻区新生代边缘海的相互作用	钟广法（中国同济大学）	中国
30		撞击构造	1004	天坑调查：一个新的白垩纪—古近纪撞击构造?	Uisdean Nicholson（英国赫瑞瓦特大学）	英国
31		洋中脊、地幔柱与热点	853	大西洋中脊南部西翼的多学科IODP调查：南大西洋剖面	Rosalind Coggon（英国南安普敦大学）	英国
32			890	东南大西洋沃尔维斯洋中脊钻探：检验洋中脊—热点相互作用	William Sager（美国休斯敦大学）	美国
33			892	北大西洋地幔动力学、古海洋学和气候演化	Ross Parnell-Turner（美国伍兹霍尔海洋研究所）	美国
34			900	大西洋中脊Rainbow大洋核杂岩热液系统端元的地幔、水体和生命	Muriel Andreani（法国里昂第一大学）	法国
35			967	太平洋翁通—爪哇高原钻探：检验爪哇岛大火成岩省成因假说	Takashi Sano（日本国家自然科学博物馆）	日本
36		岛弧构造与地球动力学	932	岛弧裂谷环境火山作用和构造：以希腊克里斯蒂安娜—圣托里尼—科伦博海相火山区为例	Timothy Druitt（法国克莱蒙奥弗涅大学）	法国
37			993	从岛弧裂解到大洋扩张：检验弧后盆地的形成模式	Fabio Caratori Tontini（新西兰地质与核科学研究所）	新西兰
38			1003	中美洲火山弧火山爆发周期、强度和火山灰的影响	Ann Dunlea（美国伍兹霍尔海洋研究所）	美国

续表

序号	一级主题	二级主题	建议书编号	建议书题目	牵头人	牵头国家
39	气候与海洋变化	南大洋气候与海洋变化	813	基于乔治五世陆架到Adélie陆架沉积物研究暖室期到冰室期的南极古气候和冰期历史	T. Williams（美国哥伦比亚大学拉蒙特－多尔蒂地球观测站）	美国
40			848	南极洲威德尔海新近纪晚期冰盖和海平面演化史	M. Weber（德国科隆大学地质矿物学研究所）	德国
41			931	晚白垩世以来东南极冰盖演化与极光盆地古气候：萨布里纳海岸陆架钻探	Amelia Shevenell（美国南佛罗里达大学）	美国
42			1002	新近纪气候变化背景下托特冰川的脆弱性：对东南极洲冰盖的气候敏感性指示	Bradley Opdyke（澳大利亚国立大学）	澳大利亚
43			983	印度洋南部凯尔盖朗海底高原气候年代学——新生代气候和古海洋超高分辨率记录	Thomas Westerhold（德国不来梅大学海洋环境科学中心）	德国
44			998	从气候和构造的角度研究南极冰圈的起源	Robert McKay（新西兰惠灵顿维多利亚大学南极研究中心）	新西兰
45			953	澳大利亚—南极裂谷—漂移过渡与南极绕极流的演化	Peter Bijl（荷兰乌特勒支大学）	荷兰
46			732	南极洲半岛和南极洲西部的沉积漂积体	J.E.T. Channell（佛罗里达大学地质科学系）	美国
47			918	南大洋的印度洋地区西南段上新世—更新世古海洋学	Minoru Ikehara（日本高知大学高级海洋研究中心）	日本
48			911	阿根廷大陆边缘横断面：解译南大洋环流、气候和构造之间的相互作用	James Wright（美国罗格斯大学）	美国
49		北冰洋气候与海洋变化	708	罗蒙诺索夫海岭钻探：北冰洋从温室地球到冰室地球的新生代连续记录	R. Stein（德国阿尔弗雷德·韦格纳极地和海洋研究所）	德国
50			909	巴芬湾东北部横断面钻探揭示北格陵兰冰盖新生代的演化	Paul Knutz（丹麦与格陵兰地质调查局）	丹麦
51			954	东弗拉姆海峡钻探项目A：古海洋档案	Renata Giulia Lucchi（意大利国家海洋与实验地球物理研究所）	意大利
52			985	东弗拉姆海峡钻探项目B：古海洋档案	Renata Giulia Lucchi（意大利国家海洋学和应用地球物理研究所）	意大利
53			979	北冰洋—大西洋通道的开启：构造、海洋和气候动力学	Wolfram Geissler（德国阿尔弗雷德·韦格纳极地和海洋研究所）	德国
54			962	南格陵兰冰盖的历史及其与大洋环流、气候和海平面的相互作用	Joseph Stoner（美国俄勒冈州立大学）	美国

续表

序号	一级主题	二级主题	建议书编号	建议书题目	牵头人	牵头国家
55	气候与海洋变化	大西洋气候与海洋变化	834	从厄加勒斯海台到特兰斯凯盆地的断面钻探，打开白垩纪温室世界的钥匙	G. Uenzelmann-Neben（德国阿尔弗雷德·韦格纳极地和海洋研究所）	德国
56			917	墨西哥湾东南部中生代到更新世的板块构造、海洋环流和气候演化	Christopher Lowery（美国得克萨斯大学地球物理研究所）	美国
57			965	回到侏罗纪和早白垩世，50年后重新审视 DSDP 1 航次和 11 航次	R. Mark Leckie（美国马萨诸塞大学阿默斯特分校）	美国
58			1000	阿根廷大陆边缘白垩纪构造与气候	Denise K. Kulhanek（美国德州农工大学）	美国
59			859	亚马孙大陆边缘深钻，新生代新热带区生物多样性、气候和海洋演化	Paul Baker（美国杜克大学）	美国
60			945	巴西赤道边缘的古海洋学	Luigi Jovane（巴西圣保罗大学海洋研究所）	巴西
61			851	新生代暖室期到冰室期的演化：北大西洋西部纬向古水深剖面	Mitchell Lyle（美国俄勒冈州立大学）	美国
62			874	纽芬兰渐新世—中新世等深流漂积体：了解古近纪暖室期到现代冰室期的转变	Oliver Friedrich（德国海德堡大学）	德国
63			771	伊比利亚边缘断面钻探，连接全球海洋、冰心和陆地变化的记录	D.Hodell（英国剑桥大学地球科学系）	英国
64			973	非洲西北部新近纪气候	Torsten Bickert（德国不来梅大学）	德国
65			864	赤道大西洋通道的起源，演化和古环境	Tom Dunkley Jones（英国伯明翰大学）	英国
66			895	中新世地中海—大西洋通道交换调查	Rachel Flecker（英国布里斯托大学地理科学学院）	英国
67			1006	“黑门”计划：探究地中海—黑海通道的动态演化及其古环境效应	Wout Krijgsman（荷兰乌特勒支大学）	荷兰
68			857	揭开大盐体的面纱：多阶段钻探计划的框架建议	A. Camerlenghi（意大利国家海洋学研究所）	意大利
69			857B	墨西拿盐度危机的深海记录	J. Lofi（法国蒙彼利埃大学）	法国
70		印度洋气候与海洋变化	778	坦桑尼亚近海古气候：温室和冰室条件下的热带气候模式	Bridget Wade（英国利兹大学）	英国
71			549	阿拉伯海北部季风变化和最低含氧量	Andreas Lückge（德国联邦交通局），Willem Jan Zachariasse（荷兰乌特勒支大学地球科学研究所）	德国
72			724	亚丁湾钻探：约束非洲动物群演化的古环境背景	Peter B. deMenocal（哥伦比亚大学拉蒙特－多尔蒂地球研究所）	美国

续表

序号	一级主题	二级主题	建议书编号	建议书题目	牵头人	牵头国家
73	气候与海洋变化	太平洋气候与海洋变化	924	南太平洋地质来源 CO_2 的聚集和释放导致了冰期 / 间冰期 CO_2 分压的变化以及新西兰查塔姆海岭海底麻坑的形成	Lowell Stott（美国南加利福尼亚大学）	美国
74			963	科迪勒拉冰盖、密苏拉洪水和近岸环境	Maureen Walczak（美国俄勒冈州立大学）	美国
75			777	北太平洋副热带环流中西边界流第四纪演化及其与赤道太平洋温度的联系	K. Lee（韩国海事大学海洋环境与生物科学系）	韩国
76			716	珊瑚礁海域钻探：夏威夷附近淹没的珊瑚礁，是揭示过去 500 ka 以来海平面，气候变化和生物礁响应的独特记录	J. M. Webster（詹姆斯库克大学）	澳大利亚
77			730	在瓦努阿图的萨宾海岸和布干维尔古耶特岛淹没礁体获取晚第四纪气候和海平面的珊瑚记录	F. Taylor（美国得克萨斯大学奥斯汀分校地球科学学院）	美国
78			1005	低纬度陆架上新世—更新世的碳封存、气候和大陆风化：来自巽他陆架的证据	Peter Clift（美国路易斯安娜州立大学）	美国
79			1007	上新世—更新世热带巽他陆架（东南亚）演化：重建海平面变化，河流系统形成和碳循环	刘志飞（中国同济大学）	中国
80	地下水	近海地下水	995	新西兰坎特伯雷湾近海地下淡水系统水文地质学、生物地球化学和微生物学研究	Aaron Micallef（德国亥姆霍兹海洋研究中心）	德国
81		大陆架地下水	637	新英格兰地区大西洋大陆架更新世水文地质、地质微生物、营养通量和淡水资源	M. Person（美国印第安纳大学）	美国
82			926	回流卤水：大陆架水文地质与海底微生物的联系	Ulrich Georg Wortmann（加拿大多伦多大学）	加拿大
83		大陆坡地下水	972	美国新英格兰地区马萨诸塞州大陆坡地下水流量、排出以及斜坡稳定性调查	Brandon Dugan（美国科罗拉多矿业学院）	美国
84	天然气水合物	天然气水合物与微生物	935	北极弗拉姆海峡天然气水合物和流体系统在更新世演化	Stefan Bünz（挪威北极大学）	挪威
85			791	大陆边缘的甲烷循环：微生物、地球化学和模拟综合研究	Alberto Malinverno（美国哥伦比亚大学拉蒙特 – 多尔蒂地球观测站）	美国
86		天然气水合物与气候	961	冰川旋回中沉积物作用与天然气水合物形成的关系	Ann Cook（美国俄亥俄州立大学）	美国
87			910	含甲烷大陆边缘沉积物中的碳循环：里奥格兰德海丘（巴西）	Alberto Malinverno（美国哥伦比亚大学拉蒙特 – 多尔蒂地球观测站）	美国
88		天然气水合物与滑坡	885	郁陵海盆天然气水合物与海底滑坡：气候驱动的地质灾害?	Jangjun Bahk（韩国忠南国立大学）	韩国

续表

序号	一级主题	二级主题	建议书编号	建议书题目	牵头人	牵头国家
89	深部生物圈	沉积物生物圈	830	斯科特高原中生界沉积物中的海底生命特征	S. D'Hondt（美国罗德岛大学）	美国
90			929	Blake Nose 钻探：重要岩性不整合界面和古海洋事件对海底生命的影响	S. D'Hondt（美国罗德岛大学）	美国
91		基岩生物圈	921	ODP 896A 钻孔修复和采样，用于相关的地壳流体和生物圈研究	Beth Orcutt（美国毕格罗海洋科学实验室）	美国
92			937	探寻生命群落：重返中大西洋中脊亚特兰蒂斯杂岩的 U1309D 钻孔	Andrew McCaig（英国利兹大学）	英国
93			955	胡安·德·富卡洋中脊 Axial 海山海底微生物、水文、地球化学、现代地球物理作用和洋壳热液活动的综合观测	Julie Huber（美国伍兹霍尔海洋研究所）	美国
94			997	马里亚纳南部深钻：世界最深海沟俯冲挠曲诱发的构造、地球化学和生物活动	王风平（中国上海交通大学海洋学院）	中国
95	井下长期观测	滑坡井下长期观测	770	关东南部地区缓慢滑坡事件的长期监测，揭示缓慢滑坡过程并建立地震发生模型	T. Sato（日本千叶大学科学研究生院地球科学系）	日本
96			796	海陆联合钻探、井下长期监测和灾害分析	A. Kopf（德国不来梅大学海洋环境科学研究中心）	德国
97		俯冲带井下长期观测	947	卡斯卡迪亚俯冲带观测计划 A：大型逆冲断裂板块边界机制和模型检验	Harold Tobin（美国华盛顿大学）	美国
98			947B	卡斯卡迪亚俯冲带观测计划 B：用于研究卡斯卡迪亚俯冲带—俄勒冈剖面板块边界动力学机制的电缆钻孔观测站	William Wilcock（美国华盛顿大学）	美国

注：牵头人相关信息以钻探建议书为准。

第 2 章　中下地壳和莫霍面钻探主题的钻探建议

"向地球深部进军"是解决地质重大战略科技问题的突破口。为探索地球内部的结构和物质组成，20 世纪 50 年代末 60 年代初，科学家就提出了"莫霍钻"的宏伟计划，但是尽管全球科学家为实现莫霍面钻探做出了许多努力，但仍面临许多困难。如经济方面，面临钻探预算成本过高的难题，尤其是面对全球经济下行，单个国家难以承担这一高投入的科学计划；又如技术方面，由于钻井越深，岩石越硬，温度越高，压力越大，凭借人类现有的钻探和取芯技术，还无法钻穿莫霍面，导致迄今为止"莫霍钻"梦想仍未实现。

尽管如此，"钻穿地壳，进入上地幔"仍然是地球科学家执着追求的重要目标。进入 21 世纪后，科学家关于深部地壳和"莫霍钻"的梦想重新被点燃。本章梳理了共 9 份以中下地壳和莫霍面钻探为主题的大洋钻探建议书，约占全部建议书（98 份）的 10%。其中，超慢速扩张洋中脊下地壳与莫霍面钻探主题的钻探建议 1 份、慢速扩张洋中脊下地壳与莫霍面钻探主题的钻探建议 1 份、快速扩张洋中脊下地壳与莫霍面钻探主题的钻探建议 4 份、弧前下地壳与莫霍面钻探主题的钻探建议 1 份、弧后下地壳与莫霍面钻探主题的钻探建议 1 份、岛弧中地壳为主题的钻探建议 1 份。

目前提交有关莫霍面钻探的航次建议书科学目标主要包括如下几个方面：① 揭示莫霍面的岩石学意义及该界面的地质属性；② 了解洋壳，尤其是下洋壳的增生演化过程，及岩浆、构造、热液、地球化学和生物化学过程等对洋壳增生的影响；③ 对比分析不同扩张速率条件下，大洋岩石圈成分、结构组成等方面的差异；④ 了解海洋磁异常的成因，并量化下地壳岩石对海洋地壳磁异常的贡献；⑤ 揭示上部地幔的物理和化学性质，确定多少地幔物质进入下地壳，及随深度和温度变化，下地壳和地幔岩石学中的热液蚀变过程；⑥ 下洋壳和上地幔对全球化学循环的贡献，包括碳循环和水循环；⑦ 揭示大洋岩石圈的生命极限和控制因素。

2.1　超慢速扩张洋中脊下地壳与莫霍面钻探

2.1.1　西南印度洋超慢速扩张洋中脊下地壳和莫霍面的属性

（1）摘要

该建议书计划在 735B 钻孔（约 1.5 km 深）东北方向约 2.2 km 的亚特兰蒂斯滩辉长岩地块钻进莫霍面以下 500 m，获取地幔岩。本建议书主要有两个科学目标：一是钻取下地壳辉长岩和壳幔边界样品，以了解洋中脊玄武岩（地球上最普遍的岩浆类型）的形成过程；二是解决慢速扩张洋中脊莫霍面处地幔岩是否发生蛇纹石化的争议。根据地质填图、地球化学和地震反射资料，亚特兰蒂斯滩岩石学莫霍面位于地震莫霍面之上约 2.5 km。这是检验地幔岩是否发生蛇纹石化的一个理想区域。

亚特兰蒂斯滩地块中心约 700 km^2 的辉长岩最有可能是地幔熔体集中上涌的区域。此次钻探结果将有助于检验洋中脊 MORB 型玄武岩的成因假说：其中实验岩石学支持的观点是 MORB 型玄武岩岩浆在 10 ~ 30 km 与橄榄岩和双辉石地幔堆晶岩保持相平衡，然后分离运移到地壳，几乎没有与地幔岩发生相互作用。另一种假说认为，MORB 型玄武岩岩浆并非源于地幔，而是源于下地壳底部，通过地壳—地幔中的流体—岩石相互作用形成，在成分上发生了重大变化，然后分离、上侵、喷出到海底。第二种成因假说有两方面重要意义：①如果 MORB 型岩浆不是通过母岩浆简单分异而形成，那么将推翻 30 年来用简单分异岩浆的化学成分做的实验岩石学结论以及据此建立的地幔 – 熔体相平衡模型；②如果地壳底部发生熔岩相互作用，那么它不仅使地幔混合岩化，还会使地壳成分发生重大变化。研究结果将岩浆形成、地幔 – 熔体和地壳之间相互联系的认识产生重大影响。

此外，建议钻探每隔 1 km 观测一次地壳侧向非均质性，测试深成岩磁性反转的性质，并记录不对称海底扩张板块边界应力应变的演化史。

（2）关键词

莫霍面，地壳，地幔，洋中脊

（3）总体科学目标

有两个重要目标：

1）检验亚特兰蒂斯滩下的莫霍面是否发生蛇纹石化；

2）揭示慢速 – 超慢速扩张脊下地壳火成岩和壳幔边界的熔体通量。

据此揭示：

1）下地壳的火成岩地层结构；

2）多少地幔物质进入下地壳；

3）熔融体是如何穿过地壳并进入下地壳的；

4）下地壳和浅层地幔如何改变洋中脊玄武岩（地球上最普遍的岩浆类型）的成分；

5）下地壳增生的初始模型；

6）岩浆形成过程中下地壳的侧向非均质性；

7）不对称洋底扩张过程中下地壳和岩石圈地幔的应变分布；

8）下地壳磁异常变化的本质；

9）下地壳和浅层地幔在全球碳循环中的作用；

10）下地壳和含水地幔中的生物圈。

此外，通过本次科学钻探还能取得在太平洋钻取下地壳和地幔岩样品的钻探经验，以及建立孔 – 孔以及船 – 孔连续监测实验室来监测下地壳和地幔岩的地震特征。

（4）站位科学目标

该建议书建议站位见表 2.1.1 和图 2.1.1。

表2.1.1　钻探建议站位科学目标

站位名称	位置	水深 (m)	钻探目标			站位科学目标
			沉积物进尺 (m)	基岩进尺 (m)	总进尺 (m)	
AtBk-1a（首选）	32.7125°S, 57.2852°E	700	0	6000	6000	一是检验亚特兰蒂斯滩莫霍面蛇纹石化的假说，二是获取下地壳和壳幔边界岩石

续表

站位名称	位置	水深(m)	钻探目标			站位科学目标
			沉积物进尺(m)	基岩进尺(m)	总进尺(m)	
AtBk-2（备选）	32.6833°S, 57.3392°E	1700	3	1000	1003	钻取超慢速扩张洋壳的岩墙－辉长岩转换带样品，以揭示岩石蚀变，变形和侵入历史
AtBk-3（备选）	32.6716°S, 57.2917°E	700	0	1000	1000	若未能在AtBk-2站位成功钻取所需样品，那么将在该站位实施钻探。该站位于亚特兰蒂斯滩的最北端，其目的是钻取浅部火成岩。该站位的高温拆离变形历史明显比AtBk-1a站位或1105A站位或735B站位晚约0.5 Ma

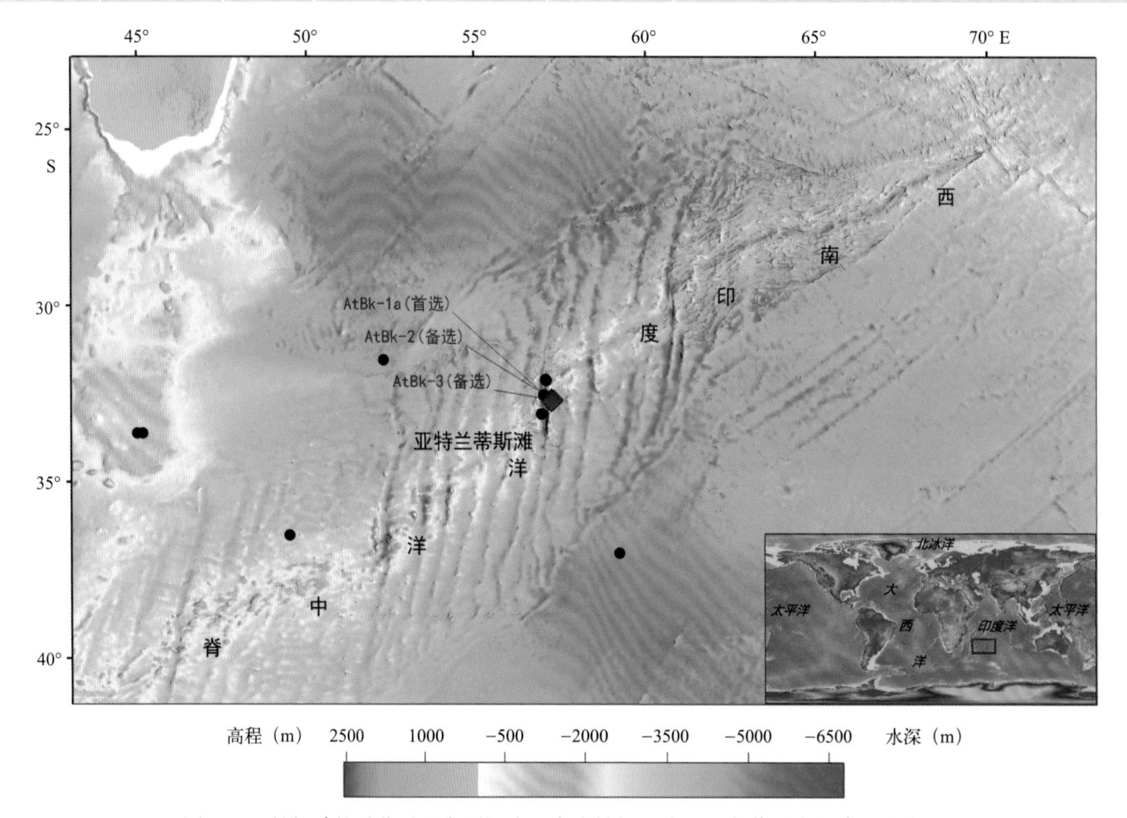

图2.1.1　钻探建议站位（黑色圆圈为已完成钻探站位，红色菱形为新建议站位）

（5）资料来源

资料来源于IODP 800号建议书，建议人名单如下：

Henry Dick, James Natland, Shoji Arai, Paul Robinson, Christopher MacLeoc, Maurice Tivey, Ildefonse Benoit, Georges Ceuleneer, Damon Teagle, Kazuhito Ozawa, Marguerite Godard, Jay Miller, Ricardo Tribuzio, Hidenori Kumagai, Mark Kurz, Juergen Koepke, Sumio Miyashita, Jinichiro Maeda, Rolf Pedersen, Juan Pablo Canales, Greg Hirth, Johan Lisenberg, Aaron Yoshinobu, Huaiyang Zhou, Wofgang Bach, Jonathan Snow, Katrina Edwards, Virginia Edgecomb, Yaoling NIu, Alessio Sanfilippo, Lydéric France, Frieder Klein, Masako tominaga, Tim Schroeder, Natsue Abe, Betchaida Payot, Marie Python, Yumiko Harigane, Veronique LeRoux.

2.2 慢速扩张洋中脊莫霍面钻探

2.2.1 大西洋慢速扩张洋中脊下地壳和上地幔钻探

(1)摘要

本建议书计划在大西洋洋中脊(MAR)北 23°N 处长期活动的凯恩巨型裂谷处拆离断层的下盘布设两个 500 m 深的钻孔,以便获得大洋核杂岩(OCC)样品。根据区域地震结构和地质概况,KNA-01A 钻孔位于出露在海底的地幔橄榄岩上;KNC-01A 钻孔位于滑石 – 蛇纹石片岩上,许多学者认为这套片岩下方是一个面积约 264 km^2 的辉长岩体。主要有 4 个科学目标:①检验凯恩大洋核杂岩下方构造的地震解释与地质解释是否一致;②揭示地壳空间结构随岩浆熔体通量减少的变化特征,对比 500 m 厚的下地壳中的辉长岩和推测的地幔岩的岩石学和结构特征;③研究随深度和温度变化,下地壳和地幔岩的热液蚀变过程;④探讨凯恩大洋核杂岩中下地壳和上地幔异养生物和化能无机自养生物的生活方式。钻探技术方面要求在硬岩导向底座基础上使用钻机将两个站位钻至 500 m,然后选择具有较好条件的钻孔,继续深钻。

(2)关键词

大洋核杂岩,蛇纹石化,生物化学,地震

(3)总体科学目标

1)检验凯恩大洋核杂岩下方构造的地震解释结果与地质解释结果是否一致,即通过钻探检验分别利用多道地震数据和全波形层析成像得到的地震速度是否吻合;

2)揭示地壳空间结构随岩浆熔体通量减少的变化特征,对比 500 m 厚的下地壳中的辉长岩和推测的地幔岩的岩石学和结构特征;

3)检验下地壳和地幔岩的热液蚀变过程是否是深度和温度的函数,即影响基性和超基性岩的主要含水蚀变过程是否是深度的函数;

4)探讨凯恩大洋核杂岩中下地壳和上地幔异养生物和化能无机自养生物的生活方式,即假定扩张速率和构造环境不变,岩性如何影响地下微生物和生物地球化学循环。

(4)站位科学目标

该建议书建议站位见表 2.2.1 和图 2.2.1。

表2.2.1 钻探建议科学目标

站位名称	位置	水深(m)	钻探目标			站位科学目标
			沉积物进尺(m)	基岩进尺(m)	总进尺(m)	
KNA-01A(首选)	23.4905°N, 45.3811°W	2315	0	500	500	至少取芯 500 m,若时间允许,钻进海底出露的地幔岩 1000 m。该站位将获取第一条深海地幔长剖面,以确定:(1)浅层地幔的地震特征;(2)孤立地壳的基底性质;(3)蚀变过程和碳(生物)地球化学作用;(4)海洋地幔中的生物化学和深层生物圈

续表

站位名称	位置	水深 (m)	钻探目标			站位科学目标
			沉积物进尺 (m)	基岩进尺 (m)	总进尺 (m)	
KNA-02A（备选）	23.5119°N, 45.3767°W	2473	0	500	500	至少取芯 500 m，若时间允许，在海底出露的地幔岩中钻至 1000 m，获取第一条深海地幔长剖面，以确定：(1) 浅层地幔的地震特征；(2) 孤立地壳的基底性质；(3) 蚀变过程和碳（生物）地球化学作用；(4) 海洋地幔中的生物化学和深层生物圈
KNA-03A（备选）	23.4877°N, 45.3677°W	2413	0	500	500	至少取芯 500 m，若时间允许，在海底出露的地幔岩中钻至 1000 m，获取第一条深海地幔长剖面，以确定：(1) 浅层地幔的地震特征；(2) 孤立地壳的基底性质；(3) 蚀变过程和碳（生物）地球化学作用；(4) 海洋地幔中的生物化学和深层生物圈
KNC-01A（首选）	23.4928°N, 45.2865°W	2080	0	500	500	在大西洋中脊段钻探并钻取一段较长的下洋壳剖面。该站位所在的拆离断层上方是由滑石和蛇纹石片岩组成。根据地震解释结果，这套片岩厚度略大于 1 m，并位于下地壳辉长岩之上。该钻孔具有如下目标：(1) 检验凯恩巨型裂谷的地震解释结果是否正确；(2) 获取中等熔体供应条件下形成的辉长岩剖面；(3) 评估下地壳中的热液活动；(4) 与其他慢速扩张脊对比下地壳的生物作用过程
KNC-02A（备选）	23.4718°N, 45.2912°W	2080	0	500	500	在大西洋中脊段钻探并取芯一段较长的下洋壳剖面。该站位所在的拆离断层上方是由滑石和蛇纹石片岩组成。根据地震解释结果，这套片岩厚度略大于 1 m，并位于下地壳辉长岩之下。该钻孔具有如下目标：(1) 检验凯恩巨型裂谷的地震解释结果是否正确；(2) 获取中等熔体供应条件下形成的辉长岩剖面；(3) 评估下地壳中的热液活动；(4) 与其他慢速扩张脊对比下地壳的生物作用过程
KNC-03A（备选）	23.4949°N, 45.2964°W	2194	0	500	500	在大西洋中脊段钻探并取芯一段较长的下洋壳剖面。该站位所在的拆离断层上方是由滑石和蛇纹石片岩组成。根据地震解释结果，这套片岩厚度略大于 1 m，并位于下地壳辉长岩之下。该钻孔具有如下目标：(1) 检验凯恩巨型裂谷的地震解释结果是否正确；(2) 获取中等熔体供应条件下形成的辉长岩剖面；(3) 评估下地壳中的热液活动；(4) 与其他慢速扩张脊对比下地壳的生物作用过程

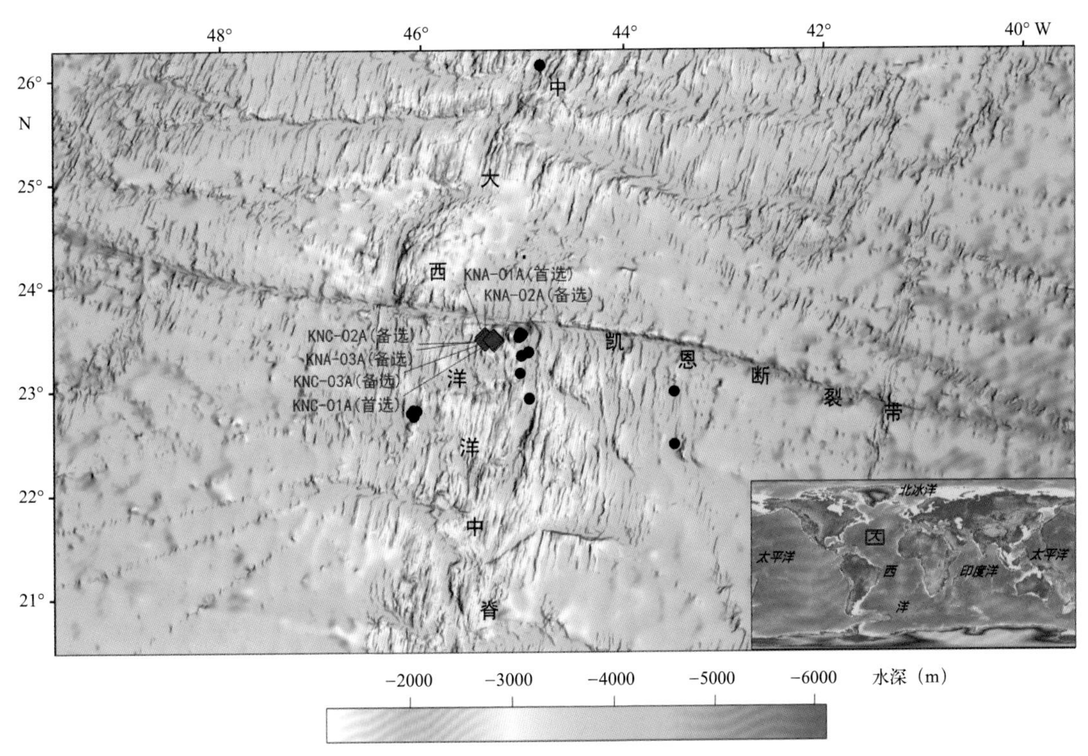

图2.2.1 钻探建议站位（黑色圆圈为已完成钻探站位，红色菱形为新建议站位）

（5）资料来源

资料来源于 IODP 971 号建议书，建议人名单如下：

Alessio Sanfilippo, Henry Dick, Frieder Klein, Virginia Edgcomb, Juan Pablo Canales, Min Xu, Maurice Tivey, Brian Tucholke, Jason Sylvan, Katsuyoshi Michibayashi, Yasuhiko Ohara, Susan Lang, Jill McDermott, Chuan-Zhou Liu, Huaiyang Zhou, Benoit Ildefonse, Juergen Koepke, Florence Schubotz, Gaetan Burgaud.

2.3 快速扩张洋中脊下地壳和莫霍面钻探

2.3.1 东太平洋超快速扩张洋壳下地壳辉长岩钻探

（1）摘要

“超快速使命”实现了大洋钻探未实现的主要科学目标——通过在东太平洋海隆超快速扩张洋壳实施 1256D 钻孔钻探，钻取了熔岩 – 岩墙 – 辉长岩的完整剖面。这一使命的实施基于以下假设：假设轴脊低速带是岩浆房，扩张速率与轴脊低速带深度成反比，那么，扩张速率越快，轴脊低速带指示的岩浆房深度则越浅。通过 3 个航次实施，即 ODP 206 航次和 IODP 309 航次、IODP 312 航次，1256D 钻孔总进尺为 1500 余米，其中基岩进尺为 1250 余米，并在进尺 1407 m 处钻遇辉长岩，继续往下 100 m 钻遇一个杂岩带，在这个杂岩带中，分馏辉长岩侵入到了接触变质岩墙中。“超快速使命”取得的主要成就包括：钻进了与地震剖面熔融透镜体一致的辉长岩；确定了扩张速率与轴脊熔融透镜体深度成反比关系；揭示了超快速扩张上洋壳的结构和组成。

正是“超快速使命”取得的巨大成就，才使大洋科学钻探团队对洋壳增生的理解取得了根本性的进展。鉴于1256D钻孔已经钻遇辉长岩，对该孔实施进一步深钻能解答以下重大科学问题：

取芯和测井结果表明，在地震层2钻遇到了辉长岩。利用地震折射速度计算的1256站位层2—层3过渡带位于海底以下1450 ~ 1750 m。因此，1256站位层2—层3过渡带应该位于已经实施钻探的1256站位最大进尺之下，但是地震速度发生转变的地质意义仍不清楚。

相对于原始地幔岩浆，1256D钻孔的平均辉长岩成分发生了演化分异。下伏岩脉的冷凝边阻止了结晶残余熔体的分离，从而使残余熔体下沉形成辉长岩冰川模型所展示的下洋壳，残余熔体的分馏组分则在别处分离结晶。但是，这不能排除辉长岩冰川增生模式，因为在岩墙－辉长岩过渡带出现分馏辉长岩并不意外，而且堆积岩可能就在该钻孔孔底下方。

超快速扩张洋壳的热模型显示，随着岩浆分布（单一岩床vs分散式岩床）以及热液冷却的变化，时间－温度曲线发生了明显变化。辉长岩的热液蚀变剖面，以及深部磁场发生倒转的可能性，为揭示下洋壳的冷却速率提供独特的约束条件。

（2）关键词

洋壳，辉长岩，层2—层3，热液，磁学

（3）总体科学目标

1）尽可能地将钻孔1256D深钻到技术上能达到的极限深度（>500 m），钻进辉长岩，采集完整的上洋壳岩石剖面；

2）检验洋中脊洋壳增生模型，尤其是下洋壳的形成模式，即检验是通过高位岩浆房的重结晶和沉降形成下洋壳（辉长岩冰川模型）还是通过岩床侵入形成下地壳；

3）建立岩浆、热液和构造过程及其之间的相互作用，揭示深成洋壳是通过热传导冷却还是通过热液循环冷却；

4）确定1256站位层3的地质性质以及层2—层3的边界；

5）确定下地壳对磁性的贡献。

（4）站位科学目标

该建议书建议站位见表2.3.1和图2.3.1。

表2.3.1　钻探建议科学目标

站位名称	位置	水深(m)	钻探目标			站位科学目标
			沉积物进尺(m)	基岩进尺(m)	总进尺(m)	
GUATB-03C	6.7367°N, 91.9350°W	3635	0（已取芯250 m并套管）	>2000（已取芯1257 m）	>2000	重新钻进ODP 1256D孔，并且按照旋转式取芯管（Rotated Core Barrel，RCB）标准对辉长岩取芯
GUATB-03F	6.6420°N, 91.9717°W	3590	冲洗不取芯	>150	>400	通过部分破碎的方式进行钻探。对低地震速度带取样以确定岩石类型
GUATB-03G	6.6730°N, 91.8153°W	3645	冲洗不取芯	>150	>400	通过部分破碎的方式进行钻探。验证地震数据解释的大规模熔岩流是否正确
GUATB-03H	6.7037°N, 91.9047°W	3620	冲洗不取芯	>150	>400	通过部分破碎的方式进行钻探。验证地震数据解释的大规模熔岩流是否正确

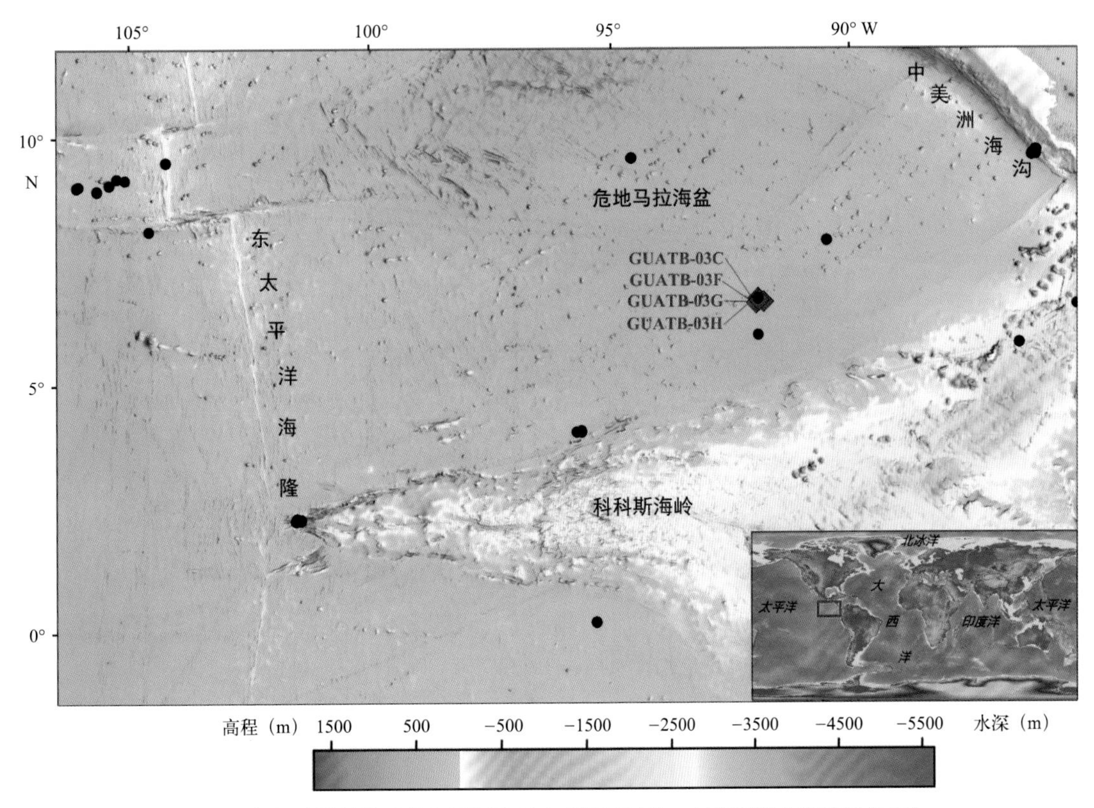

图2.3.1　钻探建议站位（黑色圆圈为已完成钻探站位，红色菱形为新建议站位）

（5）资料来源

资料来源于 IODP 522 号建议书，建议人名单如下：

Damon A.H. Teagle, Jeffrey C. Alt, Douglas S. Wilson, Neil R. Banerjee, Rosalind M. Coggon, Susumu Umino, Sumio Miyashita, John MacLennan, Juergen Koepke, Robert Detrick, Kari Cooper.

2.3.2　快速扩张洋壳莫霍面钻探

（1）摘要

深入地幔的莫霍钻计划（M2M）将首次采集快速扩张洋中脊的上地幔橄榄岩，这些地幔橄榄岩曾残留在对流地幔中，于距今 20 ~ 100 Ma 在快速扩张洋中脊发生了部分熔融。该建议旨在快速扩张洋中脊钻穿洋壳，钻进岩石圈地幔约 500 m，首次钻取原位新鲜的上地幔岩石，获取前所未有的上地幔岩石地球化学和同位素组成（包括 K、U、C、S、H_2O、稀有气体）、物理化学环境（如 FO_2、FS）、地震速度、磁性特征、物理性质、构造变形和流变学特征，以及物理化学特征的差异性等信息。这些信息对理解地球的形成演化、洋中脊地幔对流、熔融、聚集和运移造成的圈层分异、内部热平衡以及岩浆混合作用非常重要。

在向下钻进地幔的过程中，超深钻（莫霍钻）将钻取快速扩张洋中脊的洋壳样品，首次观测莫霍面的地质特征。之所以要钻取快速扩张洋中脊洋壳样品，是因为洋中脊有稳定的地形和地震结构，并且绝大多数地壳在过去 200 Ma 里通过俯冲作用返回到地幔。对完整的海洋地壳进行取样，将有助于检验大洋中脊岩浆增生模型，定量化热液冷却系统的几何形态及其活力，以及热液系统与海洋地球化学元素之间的交换作用，确定海底生物圈的生命极限及其机能，以及在陆地上建立远程地球物理观测系统。

该建议计划钻深超过 6000 m。自 2006 年以来已经有 6 个团队提出过有关莫霍钻的科学建议，并总结了最先进的科学技术，工程技术发展现状以及机遇。M2M 计划包含了 2013—2023 IODP 科学计划中的挑战 6、8、9 和 10 目标。虽然已经优选了一个钻探站位，但仍有 3 个潜在的目标区可以开展科学钻探。

钻入地幔是地球科学界有史以来最雄心勃勃的计划，必须动用所有学科的专业知识。对原始上地幔的观测将改变人类对地球演化的认知，挑战地球演化理论的基本范式。

（2）关键词

地幔，莫霍面，大洋岩石圈，洋壳，洋中脊过程，热液冷凝，碳循环，超深钻

（3）总体科学目标

M2M 计划呼应了地球科学家 20 世纪 50 年代末以来的长远目标，即了解大洋岩石圈。通过莫霍钻，将解决地球对流地幔的组成和结构，莫霍面的地质性质，洋壳的形成和演化，以及生命的深度极限等一级问题。M2M 计划有以下几个主要目标：

1）揭示原位上地幔的成分、结构和物理性质，以及地幔熔融和熔融迁移过程的物理化学特征；

2）揭示上地幔物理化学特征非均质性的范围；

3）揭示快速扩张洋中脊莫霍面的地质意义；

4）揭示洋壳组成，建立洋底熔岩与幔源熔体之间的关系；

5）揭示快速扩张洋中脊岩浆增生模式；

6）揭示洋壳和海水之间热液交换的程度和强度，估算通过俯冲作用返回地幔的化学通量；

7）揭示下洋壳和上地幔对全球化学循环的贡献，包括碳循环和水循环；

8）揭示大洋岩石圈生命的生存极限及其控制因素；

9）根据岩芯样品和井孔实验（包括长期地球物理和微生物监测）校准区域地震测量；

10）揭示海洋磁异常的起源，并量化下地壳岩石对洋壳磁异常的贡献。

（4）站位科学目标

该建议书建议站位见表 2.3.2 和图 2.3.2。

表2.3.2 钻探建议科学目标

站位名称	位置	水深 (m)	钻探目标			站位科学目标
			沉积物进尺 (m)	基岩进尺 (m)	总进尺 (m)	
科科斯（Cocos）板块	6.7°—8.7°N, 89.5°—91.9°W	3400 ~ 3650	250 ~ 300	＞6000	＞6000	钻穿莫霍面、进入上地幔
南 / 下加利福尼亚州外海	20°—33°N, 120°—127°W	4000 ~ 4500	80 ~ 130	＞6000	＞6000	
东北夏威夷岛弧	22.9°—23.9°N, 154.5°—155.8°W	4050 ~ 4500	~ 200	＞6000	＞6000	

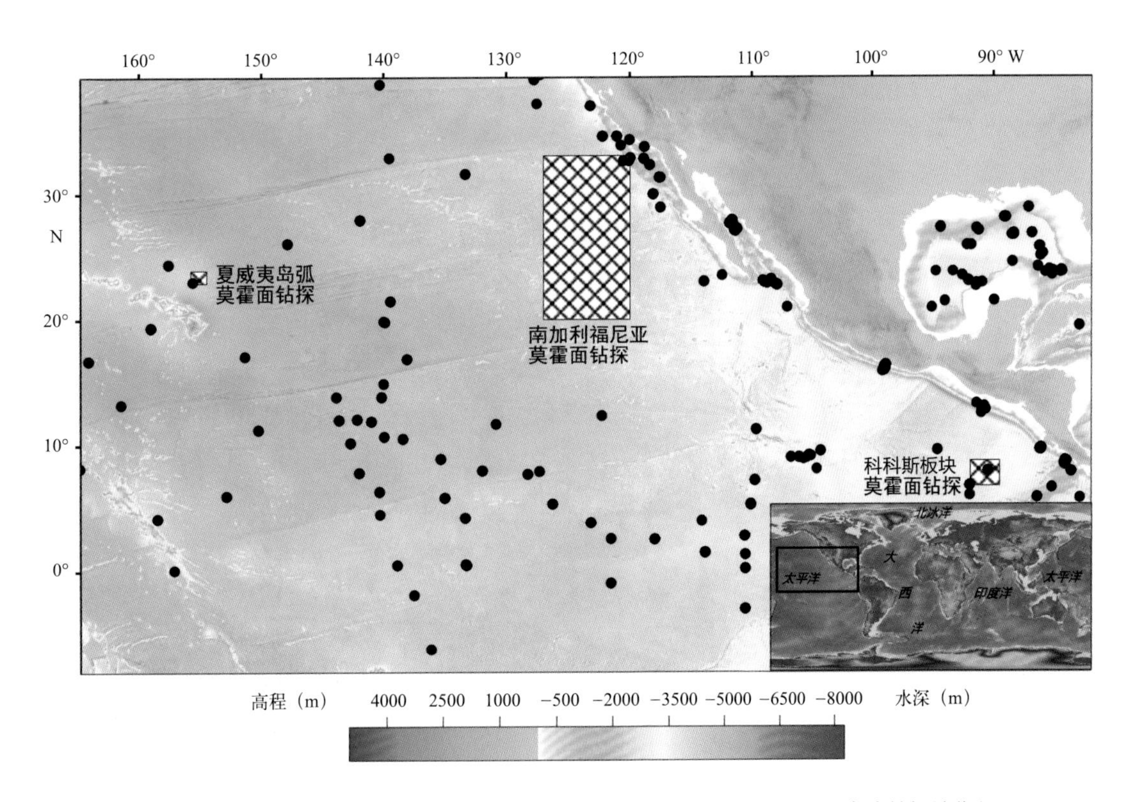

图2.3.2　钻探建议研究区示意（黑色网格方块为钻探建议区，黑色圆圈为已完成钻探站位）

（5）资料来源

资料来源于 IODP 805 号建议书，建议人名单如下：

Susumu Umino, Benoît Ildefonse, Peter B. Kelemen, Shuichi Kodaira, Katsuyoshi Michibayashi, Tomoaki Moroshita, Damon A.H. Teagle 等。

2.3.3　夏威夷北侧成熟洋壳区钻探

（1）摘要

建议用大洋钻探船在夏威夷 North Arch 进行钻探，从海底钻至堆晶辉长岩，获取半扩张速率 3.5 cm/a 的成熟上洋壳（约 80 Ma）岩石剖面。该区域是深入地幔的莫霍钻计划（M2M）的优选站位之一。该建议的首要目标是实施一个先导钻孔，为未来莫霍钻的设计提供信息，并且获得“地球号”钻探船钻取深部硬岩的经验。

新生洋壳诞生于洋中脊，历经百万年，逐渐老化，然后俯冲，发生弧火山作用，把某些物质带入地幔，这构成了地球上主要的物质和能量循环。地球上洋壳的平均年龄约为 63 Ma，正在俯冲的洋壳的平均年龄约为 79 Ma。虽然在老洋壳（> 110 Ma）和新洋壳（< 20 Ma）都已实施过钻探，但是目前还没有一口深井（> 100 m）钻进成熟、年龄中等且相对完整的洋壳中，这些洋壳记录了海水—玄武岩相互作用的全部历史。

通过这次钻探来研究洋壳的物理、化学、生物圈结构和演化，从而验证 3 个主要假说：

1）中速扩张的 North Arch 洋壳具有完整的 740 ~ 820 m 厚的喷出岩序列，其中枕状玄武岩和熔岩流的比例近 1∶1，这些喷出岩覆盖在 1770 ~ 880 m 厚的席状岩墙群上；

2）海水和洋壳之间的热液交换是间歇性的，热液—岩石相互作用程度不仅反映了洋壳的年龄，还反映了促进流体流动和水—岩反应程度的外部因素；

3）在低于生命生存温度极限的洋壳中，水—岩相互作用维持微生物生存的深度与海水衍生流体渗透的深度相同。本次深钻将为北侧弯弧区的火山作用和夏威夷火山巨型滑坡的危险性评估提供更多支持。

钻探将分 3 个阶段实施：第一阶段钻取沉积层至沉积物—玄武岩界面的岩石样品（孔 A），然后钻取基底至海底之下 1130 m 深的岩石样品，下套管（孔 B）；第二阶段（孔 B）继续取芯，并将套管下到海底以下 1730 m；第三阶段继续取芯到海底以下 2500 mm，钻穿层 2—层 3 过渡带进入堆晶辉长岩的上部，期间不用下套管。

（2）关键词

地壳结构，热液蚀变，地球宜居性

（3）总体科学目标

夏威夷近海钻探的主要目标包括：

1）揭示喷出岩、席状岩墙群和堆晶辉长岩上部的构造和岩石学特征，及其与地震反射层的对应关系，尤其是层 2 与层 3 过渡带的属性；

2）研究构造变形的演化历史及其与扩张作用和热液作用的关系；

3）评估夏威夷轴脊岩浆房与上覆席状岩墙之间的导热边界层性质，并对堆晶岩上部进行首次直接观测；

4）评估成熟太平洋岩石圈挠曲和夏威夷 North Arch 的火山作用造成构造变动和地球化学蚀变的程度和模式；

5）揭示巨大型滑坡的长期沉积记录；

6）对比分析成熟（约 80 Ma）完整洋壳、年轻洋壳（例如，504B 孔、1256D 孔）、古老洋壳（如 801C 孔）和慢速扩张洋壳（如南大西洋剖面 390 孔、393 孔等）的热液蚀变。

7）揭示连续蚀变矿物的性质、相对年龄、绝对年龄和形成温度，量化能造成流体可迁移元素和挥发分的热液蚀变的程度；

8）揭示低温热液蚀变的深度极限，并量化相关的化学交换；

9）调查深部地壳中充满矿脉的次级矿物中微生物群的组成和范围，研究它们与上覆沉积物和表层世界中微生物系统的发育关系；

10）揭示原位代谢基因表达、实验条件下微生物能力、蚀变历史与从沉积物 / 地壳界面到堆晶辉长岩之间物理 / 化学梯度之间的关系。

（4）站位科学目标

该建议书建议站位见表 2.3.3 和图 2.3.3。

表2.3.3　钻探建议科学目标

站位名称	位置	水深(m)	钻探目标			站位科学目标
			沉积物进尺(m)	基岩进尺(m)	总进尺(m)	
NA-03A（首选）	23.6738°N, 155.6742°W	4271	110	2390	2500	完成从沉积物至喷出岩和岩墙群再至堆晶辉长岩的钻探；下伏为莫霍面反射层
NA-04A（备选）	23.5085°N, 155.6213°W	4268	320	2180	2500	完成从沉积物至喷出岩和席状岩墙再至辉长岩的钻探
NA-05A（备选）	23.6286°N, 155.8389°W	4316	195	2305	2500	完成从沉积物至喷出岩和席状岩墙再至辉长岩的钻探

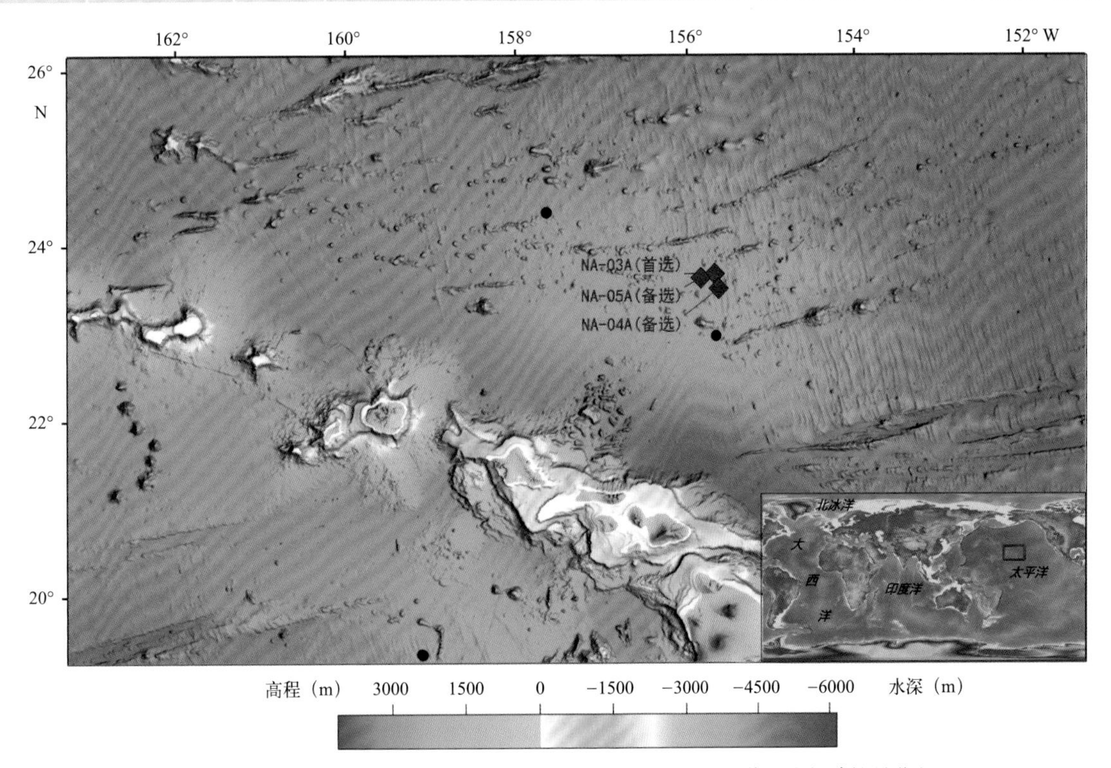

图2.3.3　钻探建议站位（黑色圆圈为已完成钻探站位，红色菱形为新建议站位）

（5）资料来源

资料来源于 IODP 951 号建议书，建议人名单如下：

Susumu Umino, Gregory Moore, Damon Teagle, Steven D'Hondt, Rosalind Coggon, Laura Crispini, Takeshi Hanyu, Nobukazu Seama, Brian Boston, Frieder Klein, Masako Tominaga, Mikiya Yamashita, Michael Garcia, Michelle Harris, Benoit Ildefonse, Ikuo Katayama, Yuki Kusano, Yohey Suzuki, Elizabeth Trembath-Reichert, Yasuhiro Yamada.

2.3.4 弯曲断层的蛇纹石化：从洋中脊到海沟大洋地壳和地幔的演化

（1）摘要

在过去的10年中，人们已经认识到，洋壳俯冲之前在海沟附近的板块弯曲可能与冷岩石圈地幔和上覆洋壳显著的化学水化反应有关。弯曲断层为海水流入洋壳和上地幔提供了高渗透通道，发挥了关键作用。弯曲断层的蛇纹石化已在中美洲、阿拉斯加、日本和南美俯冲带通过地震反射和折射方法成像。蛇纹石化过程对地球外圈和地幔之间的水－碳交换的影响非常深远。弯曲断层蛇纹石化成像效果最好的是尼加拉瓜近海，该区域的地震探测结果表明，莫霍面之下约10 ~ 15 km厚的地层约有10% ~ 20%发生了蛇纹石化。慢速扩张洋中脊出露的蛇纹石化橄榄岩和蛇绿岩通常含有1%以上的碳酸岩。如果这些地幔岩的蛇纹石化和碳酸盐化在断层发生弯曲过程中形成，然后俯冲，那么它们将把水和二氧化碳循环到地幔中，这与海底扩张或地壳蚀变、风化和造山作用所消耗的水和二氧化碳相当。这就需要科学家彻底重新思考全球碳水循环的基本认识，也将要求科学家获取弯曲断层作用之后的洋壳和地幔岩样品，以了解俯冲过程中再循环洋壳和地幔的物质组成。此外，地幔蛇纹石化作用与氢气和甲烷的生成反应有关，这些反应有利于微生物的化学合成活性。如果弯曲断层蛇纹石化确实与氢气和甲烷的生成有关，那么该地区可能是深部生物圈中一个未被认知的区域，实际上可能是地球早期深部生命繁盛的第一个和最安全的地方。俯冲的弯曲断层带可能是早期生命的摇篮，因为这可能是第一个在液态水覆盖下发生水－超镁铁质岩石反应的地方，这种反应能够通过导致原始海洋不完全汽化的撞击事件持续存在。

原则上，理想的弯曲断层蛇纹石化钻探位置以及钻穿洋壳和地幔的莫霍面钻探位置还应选择在板块未发生弯曲和弯曲断层未开始蛇纹石化的区域进行，从而获取海洋岩石圈弯曲之前的壳幔岩石样品。通过这种方式，科学家就能利用样品阐明洋中脊、海底扩张和俯冲板片弯曲相关过程如何塑造地壳和地幔的长期演化。

（2）关键词

弯曲断层蛇纹石化，地幔演化，莫霍钻

（3）总体科学目标

该建议书的目标是在中美洲海沟（MAT）科科斯（Cocos）板块弯曲和俯冲时发生弯曲断层蛇纹石化区域钻穿洋壳。该建议提出了一种双模式钻探方案。首先，通过大洋钻探船钻探弯曲断层系统的上部，以便更好地了解化学成分、浅层流体和流体流动，有助于下一步评估弯曲断层的钻探情况。其次，采用莫霍面钻探方案，钻至约5.5 km深的壳－幔边界以下1 km处，采集完整的地壳和地幔剖面岩石样品。

中美洲海沟（MAT）位置比较特殊，已知的弯曲断裂蛇纹石化位于海底以下约3000 ~ 3800 m处。它的独特之处还在于：①可以研究现代快速扩张洋中脊的洋壳和地幔；②可以通过莫霍面钻探对其进行离轴取样，获得完整的壳幔岩石剖面，约束在塑造洋壳和地幔中洋中脊和离轴过程的范围；③可以通过在弯曲断层的某个位置对其进行重新采样，约束弯曲断层作用过程的影响，获得该海沟再循环到地幔中的真实地壳和地幔物质。

（4）站位科学目标

该建议书建议站位见表 2.3.4 和图 2.3.4。

表2.3.4　钻探建议科学目标

站位名称	位置	水深(m)	钻探目标			站位科学目标
			沉积物进尺(m)	基岩进尺(m)	总进尺(m)	
COCOS-01A	10.7030°N, 87.5710°W	3200	450	6550	7000	钻穿莫霍面下地幔中的活动弯曲断层，在洋壳和地幔进行现场取芯和侧壁取芯。 这将是在约 4 km 区域范围内计划的 3 ~ 4 个钻孔中的一个，钻探条件完全相同。 较浅的钻孔可用于获得钻穿活动弯曲断层的经验，也可用于研究流体流动、弯曲断层及其伴生流体的特征、其沉积部分和中地壳区域的蚀变。 此处仅介绍了一个钻孔，因为其钻探条件将适用于其他钻孔，但其深度分别为约 500 m、2400 m 和 7000 m

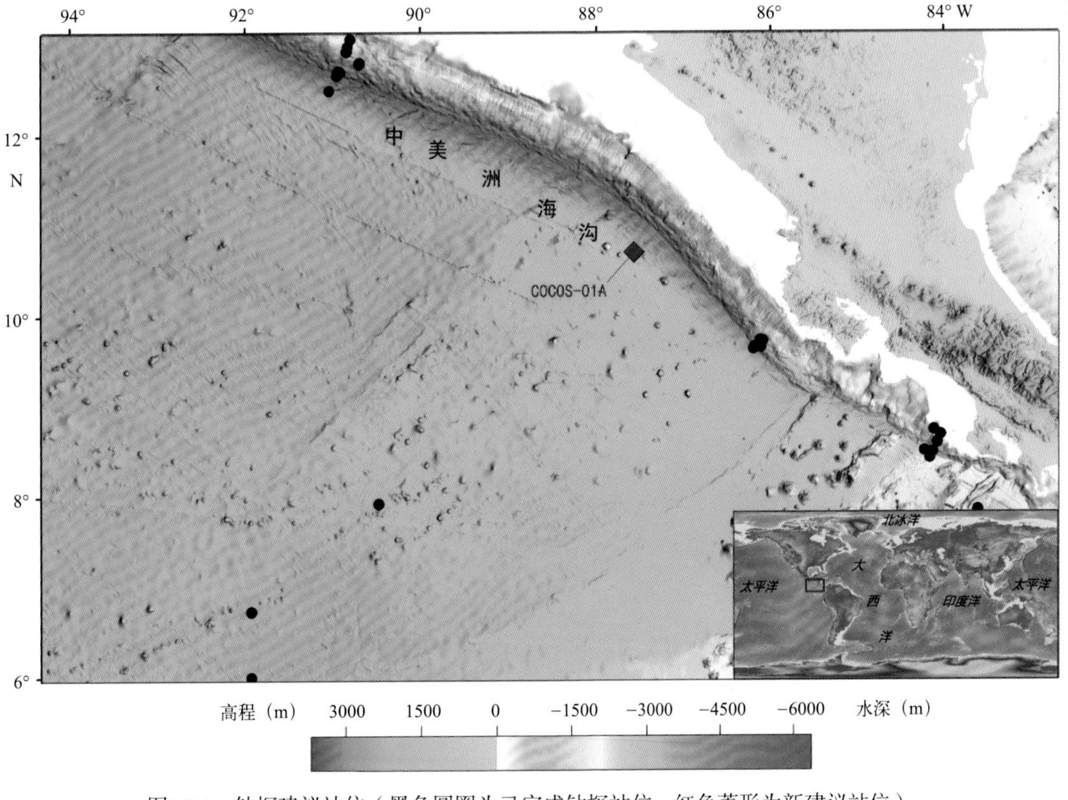

图2.3.4　钻探建议站位（黑色圆圈为已完成钻探站位，红色菱形为新建议站位）

（5）资料来源

资料来源于 IODP 876 号建议书，建议人名单如下：

J. Morgan, T. Henstock, D. Teagle, P. Vannucchi, G. Fujie, S. Kodaira, I. Grevemeyer, L. Ruepke, H. Villinger, C. Ranero, B. Ildefonse, K. Johnson, P. Kelemen, M. Schrenk.

2.4 弧前下地壳和莫霍面钻探

2.4.1 从大洋岩石圈地幔到初始岛弧地幔的转换：西北太平洋博宁海沟的弧前莫霍面钻探

（1）摘要

该建议的目标是钻穿西北太平洋博宁弧前区的洋壳和莫霍面，进入上地幔。通过本次钻探了解超深俯冲带地壳起源和演化、莫霍面性质，以及岩石圈地幔增生岩浆岩的地球化学特征和地球动力学演化过程。

虽然出露在地表的橄榄岩并不罕见，但是源于对流地幔的原位新鲜橄榄岩还是很难获取的。该建议旨在钻进相对年轻的大洋岩石圈地幔，目标站位是博宁海沟陆坡上的弧前地幔 / 地壳剖面，目的是获取新鲜的下地壳火成岩和上地幔橄榄岩样品，包括壳幔过渡带的岩石样品，这些岩石是在距今约 52 ~ 48 Ma 博宁海沟初始俯冲造成的构造和岩浆作用下增生的。

基于样品可开展如下研究：

1）岩石学：橄榄岩和辉长岩记录了初始俯冲过程中熔体—地幔相互作用的信息以及先存大洋岩石圈的信息；

2）构造物理学：橄榄岩记录了初始俯冲的构造演化、大洋岩石圈的形成及其伴随的变形；

3）流体和水文学：弧前地幔到壳幔边界的蛇纹岩记录了初始俯冲过程中俯冲流体的水文学和地球化学信息；

4）生物圈：俯冲流体在地幔、地壳及其边界（莫霍面）中的循环形成了独特的深部生物圈。

该建议钻探目标与洋中脊的 M2M 项目不同，后者聚焦于海底扩张过程中洋壳的形成。该建议钻探目标聚焦于：①俯冲起始；②超深俯冲带地幔、地壳和地表环境之间的物理、化学和生物之间的相互作用。这些过程与板块构造的驱动机制以及地球深地幔和地表之间的相互作用有关。

（2）关键词

地幔，下地壳，莫霍面，弧前

（3）科学目标

1）岩石学：橄榄岩和辉长岩记录了初始俯冲过程中熔体—地幔相互作用的信息以及先存大洋岩石圈的信息。

2）构造物理学：橄榄岩记录了初始俯冲的构造演化，大洋岩石圈的形成及其变形。

3）流体和水文学：弧前地幔到壳幔边界的蛇纹岩记录了初始俯冲过程中俯冲流体的水文学和地球化学信息。

4）生物圈：俯冲流体在地幔、地壳及其边界（莫霍面）中的循环形成独特的深部生物圈。

（4）站位科学目标

该建议书建议站位见表 2.4.1 和图 2.4.1。

表2.4.1　钻探建议科学目标

站位名称	位置	水深 (m)	钻探目标			站位科学目标
			沉积物进尺 (m)	基岩进尺 (m)	总进尺 (m)	
FM-01A（首选）	28.4720°N, 142.8949°E	7000	50	450	500	钻取超镁铁质岩石，如橄榄岩，辉长岩，蛇纹岩
FM-02A（首选）	28.4649°N, 142.8510°E	6500	50	450	500	钻取下地壳岩石，如辉长岩和橄长岩
FM-03A（首选）	28.4765°N, 142.9221°E	7500	50	50	100	钻取蛇纹石化泥质沉积物，和/或超镁铁质岩石，如橄榄岩，蛇纹岩和辉长岩
FM-04A（首选）	28.4831°N, 142.9605°E	8000	50	50	100	钻取蛇纹石化泥质沉积物，和/或超镁铁质岩石，如橄榄岩，蛇纹岩和辉长岩

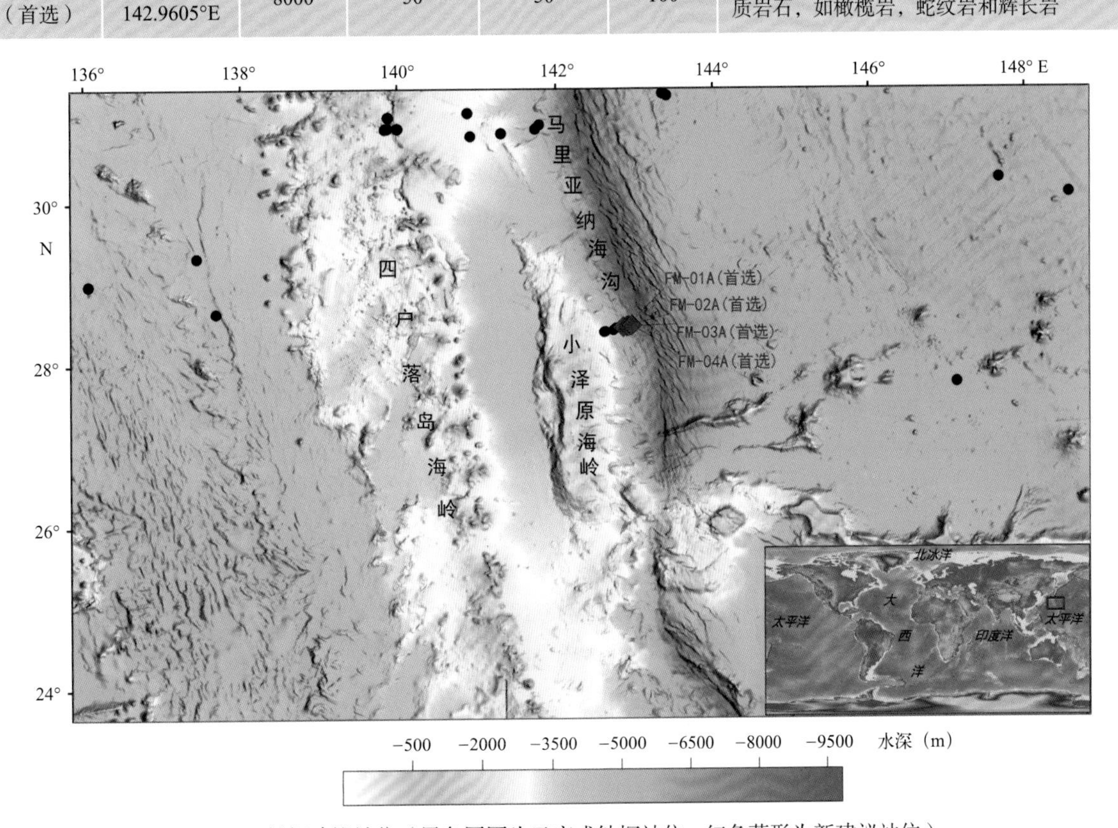

图2.4.1　钻探建议站位（黑色圆圈为已完成钻探站位，红色菱形为新建议站位）

（5）资料来源

资料来源于 IODP 898 号建议书，建议人名单如下：

Katsuyoshi Michibayashi, Mark Reagan, Susumu Umino, Atsushi Okamoto, Ken Takai, Tomoaki Morishita, Osamu Ishizuka, Yumiko Harigane, Jun-Ichi Kimura, Takeshi Hanyu, Yasuhiko Ohara, Natsue Abe, Yoshihiko Tamura, Shigeaki Ono, Saneatsu Saito, Toshiya Fujiwara, Mikiya Yamashita, Gou Fujie, Koichiro Obana, Shuichi Kodaira.

2.5 弧后下地壳和莫霍面钻探

2.5.1 哥斯拉 Megamullion 弧后盆地下地壳和上地幔的性质

(1) 摘要

目前，对洋壳的认知主要来自 3 个地区“ODP/IODP 洋壳相关站位”的钻探，包括：亚特兰蒂斯滩（735B 孔和 U1473A 孔），亚特兰蒂斯杂岩（U1309D 孔）和赫斯深渊（894 站位和 895 站位，U1415 孔）。然而，相当一部分洋底形成于弧后盆地，在弧后盆地中，水在玄武岩的形成中起到了非常重要的作用，这与洋中脊的岩浆过程形成鲜明对比。此外，目前对洋壳整体结构的认识大都来自蛇绿岩，而蛇绿岩主要形成于超俯冲环境。更好地认识弧后盆地地壳结构非常必要，这将建立蛇绿岩模拟研究结果与洋壳整体地质概况之间的联系。然而，目前还没有弧后盆地下洋壳和上地幔的长剖面，来了解这一关键构造背景下大洋岩石圈结构和组成的差异。

菲律宾海帕里西维拉海盆的哥斯拉巨型窗棂构造（Godzilla Megamullion）是目前已知的最大的大洋核杂岩。它的独特之处在于，大面积的下地壳和上地幔物质在 4 Ma 的拆离断层作用下剥露到海底。哥斯拉巨型窗棂构造记录着沿拆离断层消亡的弧后扩张脊下方地幔熔融的长期演化。此外，沿哥斯拉巨型窗棂构造的延伸方向，纵波（P 波）速度结构表现出强烈的不均一性，从远端（拆离端）到中部为正常洋壳结构，近端（终端）为高速体。

该建议提出了哥斯拉巨型窗棂构造两段式无隔水管钻探方案。沿巨型裂谷展布方向布设 3 口 400 ~ 800 m 深的钻孔，将有助于获得关键数据，以便更好地了解和约束弧后盆地洋壳和上地幔组成以及大洋核杂岩的结构。哥斯拉巨型窗棂构造所处的弧后盆地已死亡，这为进一步探索热液活动停止后洋壳中的生命提供了一个独特的机会。本次钻探计划还有助于检验生命是否能够适应以及如何适应生存环境的剧烈变化。

(2) 关键词

弧后，岩石圈，哥斯拉巨型窗棂构造，蛇绿岩

(3) 总体科学目标

设定了 3 个目标来检验所提出的 4 个假设：

1）验证假设 1 和假设 2，以了解弧后盆地岩石圈的结构和组成，从而将哥斯拉巨型窗棂构造站位设为继亚特兰蒂斯滩，亚特兰蒂斯杂岩和赫斯深渊之后的第四个大洋下地壳和上地幔 IODP 参考站位；

2）旨在验证假设 3，以了解大洋核杂岩的结构；

3）旨在验证假设 4，在已死亡的弧后盆地环境中寻找深部生物圈。

该建议书提出的可验证的假设为：

假设 1：弧后盆地的构造—岩浆活动受水的影响，不同于洋中脊的构造—岩浆活动；

假设 2：弧后盆地的地壳结构和组成主要与蛇绿岩相似；

假设 3：哥斯拉巨型窗棂构造的整体结构与大西洋洋中脊大洋核杂岩相似，拆离断层终端附近是一个较厚的辉长岩核；

假设 4：哥斯拉拆离断层在活动期间促进了流体向深部流动，导致了热液喷口及其伴生的微生物群的形成。随着热液流体停止流动，这些微生物群已经适应了生存环境的急剧变化。

（4）站位科学目标

该建议书建议站位见表 2.5.1 和图 2.5.1。

表2.5.1 钻探建议科学目标

站位名称	位置	水深 (m)	钻探目标			站位科学目标
			沉积物进尺 (m)	基岩进尺 (m)	总进尺 (m)	
GM-01A（首选）	15.6004°N, 139.0342°E	4554	20	380	400	利用 P 波速度成像模型对哥斯拉巨型窗棂构造远端的正常洋壳结构进行描述
GM-05A（首选）	15.9084°N, 139.2021°E	4406	20	380	400	利用 P 波速度成像模型对哥斯拉巨型窗棂构造远端的正常洋壳结构进行描述
GM-02A（首选）	16.3002°N, 139.4175°E	3817	0	800	800	利用 P 波速度成像模型对哥斯拉巨型窗棂构造近端的浅层高速体进行描述
GM-06A（备选）	16.1258°N, 139.3123°E	4256	20	800	820	利用 P 波速度成像模型对哥斯拉巨型窗棂构造近端的浅层高速体进行描述
GM-03A（备选）	15.6519°N, 139.3009°E	4756	20	380	400	利用 P 波速度成像模型对哥斯拉巨型窗棂构造远端的正常洋壳结构进行描述
GM-04A（备选）	15.8208°N, 138.9235°E	4537	20	800	820	利用 P 波速度成像模型对哥斯拉巨型窗棂构造近端的浅层高速体进行描述

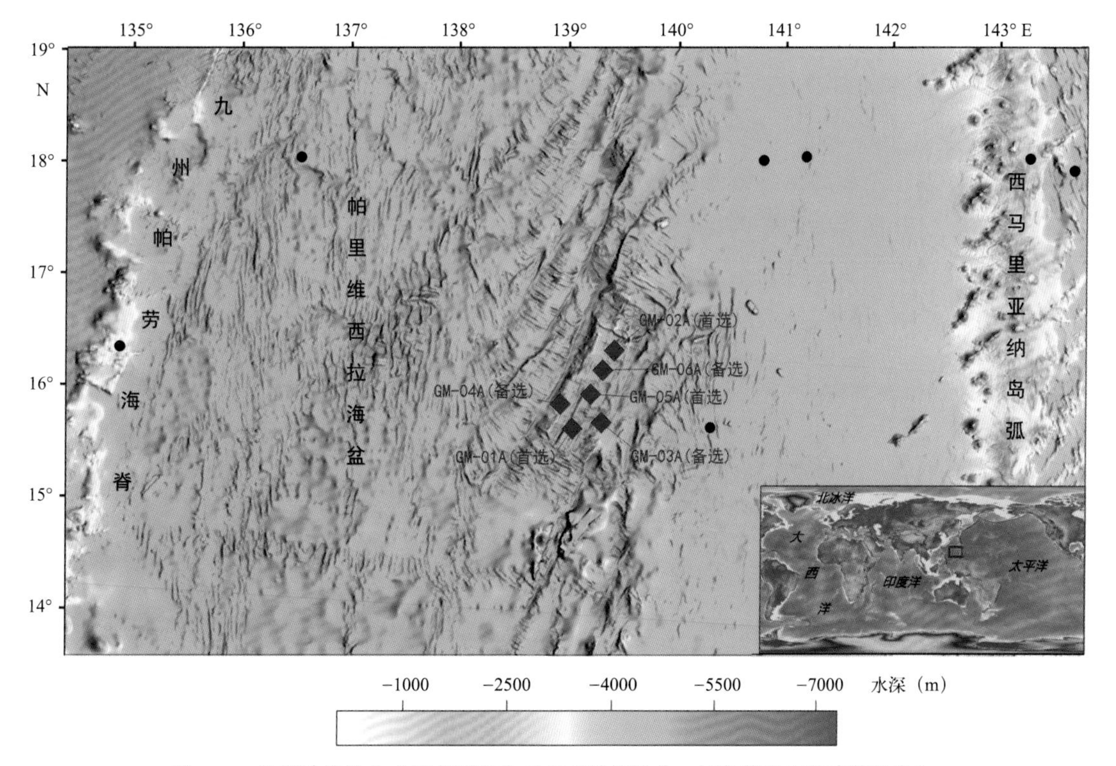

图2.5.1 钻探建议站位（黑色圆圈为已完成钻探站位，红色菱形为新建议站位）

（5）资料来源

资料来源于 IODP 941 号建议书，建议人名单如下：

Yasuhiko Ohara, Katsuyoshi Michibayashi, Henry J.B. Dick, Jonathan E. Snow, Yumiko Harigane, Alessio Sanfilippo, Shigeaki Ono, Kyoko Okino, Norikatsu Akizawa, Valentin Basch, Masakazu Fujii, Osamu Ishizuka, Matthew P. Loocke, Tomoaki Morishita, Yuki Morono, Wendy Nelson, Hiroshi Sato, Kenichiro Tani, Hiroyuki, Yamashita.

2.6 岛弧中地壳钻探

2.6.1 伊豆—博宁—马里亚纳岛弧中地壳超深钻：洋内弧大陆地壳的形成

（1）摘要

该建议旨在对伊豆—博宁—马里亚纳（IBM）岛弧实施 IODP 超深钻，全面理解岛弧演化和大陆地壳的形成。建议实施一口超深钻，钻穿完整的洋内弧上地壳地层，钻进可能是陆壳核的原位中地壳。大陆地壳一般是中性（SiO_2 含量为约 60 wt.%），但是，如果地幔楔熔融的主要产物以及洋内弧熔岩的主要成分都是玄武岩（SiO_2 含量为 50 wt.%），那么洋内弧如何产生大陆地壳。IBM 上板块不存在先存大陆地壳，然而，最近该岛弧的地震资料显示，它有一个厚的中地壳层，P 波速度为 6.0 ~ 6.8 km/s，推测其物质组成属于中性。通过钻探获取原位岛弧样品的主要目的是：①确定上、中地壳的结构和岩性；②检验岛弧地壳地震结构模型；③确定中地壳到上地壳的岩石学和年代学关系；④通过将该站位与其他区域钻探或已出露的岛弧进行综合对比，建立岛弧地壳的演化序列和机制；⑤检验具有争议的假说，如大陆地壳是如何在洋内弧构造环境下形成和演化的。

上述目标解决了具有全球意义的科学问题，IBM 岛弧系统是进行这项研究的最佳理想场所。已经俯冲下去的板片上部是正常洋壳，并且目前对该岛弧系统的构造和时间演化已有大量研究。另外，最近通过对洋壳和岛弧的野外露头或钻探样品以及地球物理调查研究，倾向于认为 IBM 岛弧系统是地球上研究最成熟的洋内弧。建议重返 ODP 792 站位进行钻探，在 IBM-4 站位钻穿始新世—渐新世的上地壳，钻到中地壳。该地区中地壳的埋深较浅，并且热流值也很低，能够确保钻孔钻到中地壳。IBM-4 钻探钻取的样品能够补充完善前期提出的单孔钻探获取的样品，如始新世（IBM-2）和新近纪（IBM-3）岛弧地壳和岛弧尚未形成时的洋壳样品（IBM-1）。

（2）关键词

洋内弧，上地壳，中地壳，大陆地壳，岩浆作用

（3）总体科学目标

主要科学目标为：

1）确定始新世—渐新世 IBM 岛弧之下的原位上地壳和中地壳的岩性、物质组成和结构；

2）建立 IBM 中地壳年龄和热力学 / 岩石学演化史，并分析其与上地壳在形成时代和岩石组成上的关系；

3）将该成熟岛弧地壳剖面岩性、结构和物质组成与该系统中相同序列古老的（始新世，IBM-2）或年轻的（IBM-3）地壳，或中地壳及完整大陆地壳进行对比分析；

4）检验岛弧中地壳的形成模式，如幔源玄武岩或安山岩岩浆的结晶分异作用和基性岛弧地壳的部分熔融作用。

(4) 站位科学目标

该建议书建议站位见表 2.6.1 和图 2.6.1。

表2.6.1 钻探建议科学目标

站位名称	位置	水深(m)	钻探目标			站位科学目标
			沉积物进尺(m)	基岩进尺(m)	总进尺(m)	
IBM-4	32.4000°N, 140.3833°E	1798	800	4700	5500	钻入中地壳 2000 m。ODP 126 航次的 792 站位已经在 IBM-4 站位采集了 886 m 样品

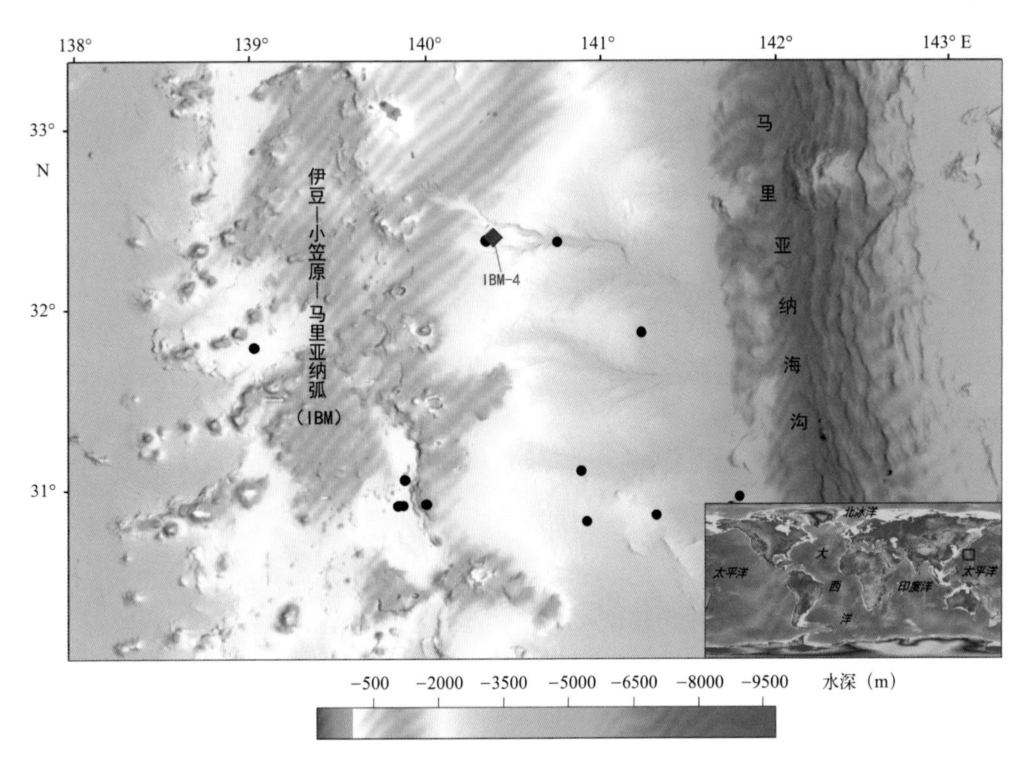

图2.6.1 钻探建议站位(黑色圆圈为已完成钻探站位,红色菱形为新建议站位)

(5) 资料来源

资料来源于 IODP 698 号建议书,建议人名单如下:

Yoshiyuki Tatsumi, Katherine Kelley, Richard Arculus, Makoto Arima, Susan Debari, James B. Gill, Osamu Ishizuka, Yoshiyuki Kaneda, Jun-ichi Kimura, Shuichi Kodaira, Yasuhiko Ohara, Julian Pearce, Robert J. Stern, Susanne M. Straub, Narumi Takahashi, Yoshihiko Tamura, Kenichiro Tani.

第 3 章　海底构造与地球动力学主题的钻探建议

地球各圈层间的相互作用是地球系统科学的核心和研究对象，而构造运动是各圈层相互作用中的一个重要因素，对地球各圈层相互作用的研究往往是以构造运动作为切入点的。深部构造及其资源环境效应是大洋钻探的重大科学主题，目标在于阐明地表圈层与地球深部圈层的关联机制，把地球系统科学从地表圈层拓展到地球深部，引领跨尺度、跨圈层的多学科交叉研究，建立跨圈层地球系统科学的理论框架。

本章梳理了共 29 份以海底构造与地球动力学为主题的大洋钻探建议书，约占全部建议书（98 份）的 30%。其中俯冲带构造与孕震机制为主题的钻探建议 13 份，碰撞边界构造与地球动力学为主题的钻探建议 2 份，被动陆缘构造与地球动力学为主题的钻探建议 6 份，洋中脊、地幔与热点为主题的钻探建议 5 份，岛弧构造与地球动力学为主题的钻探建议 3 份。梳理结果表明，有关俯冲带的大洋钻探建议书数量最多，其原因可能是俯冲带是地质灾害（地震、海啸等）高发和频发带。地质灾害严重威胁国家和人民的生命财产安全，一直以来都是人们关心的热点话题，地质灾害的预测预警是地球科学领域的重大难题之一。利用大洋钻探可进一步揭示俯冲带滑移机制、蠕滑、闭锁、断裂带孔隙压力演变及地质灾害成因。此外，还有学者提出岩浆作用可能对地震活动产生一定的影响。对大型地震断裂带滑移过程及其机制的研究，有助于揭示地震、海啸的成因和过程，提高地质灾害的预测、预警和预防能力，从而减少生命和财产损失。

3.1　俯冲带构造与孕震机制

3.1.1　哥斯达黎加地震起源计划 A：研究汇聚边缘地震成因

（1）摘要

该建议旨在通过钻探孕震带的上倾极限来揭示大地震发震机制以及破裂过程。哥斯达黎加俯冲倾角小，俯冲板块温度相对较高，因此可于较浅部钻探获取孕震环境信息。据推测，俯冲带下方的物质、温度、岩化作用、流体流动和化学变化是导致稳定滑移向不稳定滑移转变的因素，最终导致大地震的发生。沿着哥斯达黎加的剥蚀型汇聚边缘，孕震板块界面周围是剥蚀岩屑，不是海沟沉积物。

本计划涉及科学钻探范围内唯一已知的汇聚边缘剥蚀端元。本次研究将断层岩样品和动力学观测结果与实验室实验结果相结合，以检验下述科学目标中的 5 个主要假说。建议钻探分解为两个项目，这两个项目可系统性引导孕震带的深部立管钻探。非立管钻探项目 A 能够钻取通过俯冲通道被带到孕震带的剥蚀碎屑物以及海沟沉积物。此外，还能在钻孔中放置仪器记录微地震、监测流体压力。项目 B 主要根据项目 A 的钻探结果设计实施 3.5 km 和 6.0 km 深的钻孔。项目 B 立管钻探主要钻取俯冲通道中俯冲板块边界以及稳定滑移带和非稳定滑移带的样品。从这些样品中能够获取引起非稳定滑移的物理和矿物相转变的相关数据。立管钻探站位位于近一年的最佳作业区域，水深 500 m 和 1000 m。奥萨半岛提供了一个可以从陆地钻到约 7 km 可钻遇到孕震带、研究孕震带的机会。研究区沉积物供应慢、汇聚速率高、地震多发，有俯冲侵蚀作用，俯冲板块沿走向又有变化，因此，本计划为研究地震起源和破裂传播提供了一个绝佳的机会，完善了断裂带深钻研究（其他断裂带深钻例子如 SAFOD 和 NantroSeize），如进一步研究大多数断层共有的和侵蚀边缘特有的一级孕震过程。

（2）关键词

孕震带，俯冲工厂，俯冲侵蚀

（3）总体科学目标

本建议的科学目标主要检验 5 个主要假说：

1）稳定滑移到不稳定滑移的转变是通过从富含流体的宽阔断层破坏带到薄层较干燥的滑动带的转变来完成的；

2）流体压力梯度和流体对流使侵蚀板块边界在时空上发生局部闭锁；

3）稳定滑移到不稳定滑移的断裂机制受俯冲带中侵蚀物质的岩性、物理性质和结构的影响；

4）流体化学、P-T 条件和滞留时间通过蚀变作用、成岩作用和低级变质作用影响侵蚀基底物质的状态，从而影响从稳定滑移到不稳定滑移的转变；

5）俯冲板块地形起伏和俯冲通道厚度的变化，影响触发地震活动和控制破裂过程的物质性质和流体分布。

部署的观测站将提供监测任何近场源地震前兆信号的能力，这些信号指示地震周期中的破裂带形成阶段。根据地震属性，确定板块交界面的物理属性，通过钻孔资料进行校准，能揭示是否可以从远程地球物理信息中确定近海断裂带闭锁区以及潜在的地震灾害区。

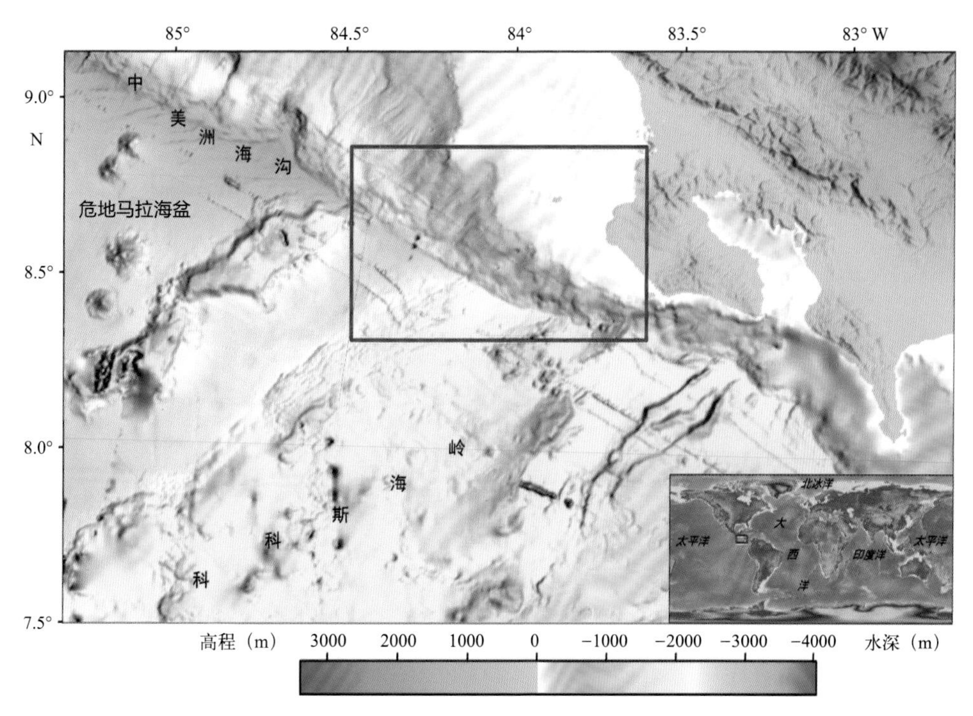

图3.1.1　建议钻探区域位置（红色方框区）

（4）资料来源

资料来源于 IODP 537 号建议书，建议人名单如下：

Baumgartner Peter, Bilek Susan, Brueckmann Warner, Castillo Pat, Clift Peter, Deyhle Annette, Dixon Tim, Fehn Udo, Fisher Donald, Fulthorpe Craig, Harris Robert, Kastner Miriam, Kinoshita Masa, Lewis Jonathan, Matsumoto Takeshi, McIntosh Kirk, Morgan Jason, Morris Julie, Patino Lina, Schwartz Susan, Snyder Glen, Ranero Cesar, Scholl David, Vannucchi Paola, von Huene Roland.

3.1.2 哥斯达黎加地震起源计划B：研究剥蚀型汇聚板块边界从稳定滑移到不稳定滑移的过渡

（1）摘要

该建议旨在通过两个项目研究剥蚀型汇聚边缘地震发生过程。每个项目都涉及采集样品、井下长期观测和实验研究。项目 A 主要聚焦于正在俯冲的大洋板块，板缘前端的滑脱构造（通常发生无震滑移），以及上覆板块的浅层构造。项目 B 主要通过两个站位的钻探和监测，研究稳定滑移到不稳定滑移的板块边界属性，其中一个站位位于孕震带的上倾极限，靠近地震带末端，另一个站位位于孕震带内部。

世界上至少有 50% 的俯冲带是剥蚀型边缘。剥蚀型汇聚边缘有一条俯冲通道，含有从上覆板块刮削下来的物质，混杂着俯冲板块的沉积物。目前，俯冲通道中这些物质的特征和物理性质尚未清楚。此外，剥蚀型板块边界流体的体积、分布和化学性质也鲜为人知。

在项目 B 中，拟对俯冲带地震过程进行详细调查，对温度范围为 100 ~ 200℃的板块边界进行取样和监测。前人研究表明，这一温度范围内的物性变化非常活跃，控制着地震的发生。本次钻探将首次对俯冲通道中的侵蚀物质和流体进行取样，并对构造侵蚀过程中板块边界断裂机制展开研究。项目 B 能够为区分控制地震发生过程、地震发生的物理条件而设计的详细实验研究提供岩芯资料。

项目 B 钻探、监测和实验研究的 4 个主要目标是：

1）通过集中研究跨越侵蚀板块边界的流体压力梯度和流体对流，量化有效应力和板块边界迁移规律；

2）揭示剥蚀型汇聚边缘的构造和断层机制，以及控制地震活动上限的因素；

3）通过研究流体化学和停滞时间、基底蚀变、成岩作用和低级变质作用来约束水—岩相互作用对地震的影响；

4）建立横跨地震带的三维物性模型。

奥萨半岛近海俯冲带具有能够实现上述目标的构造背景。低角度俯冲和高温环境会导致地震在较浅的地方发生，而其他地区震源较深，超出钻探范围。

（2）关键词

孕震带，流体流动，俯冲侵蚀

（3）总体科学目标

计划 B 通过对板块边界进行取样和监测，研究向孕震带过渡的物理条件和物质性质，其科学目标是检验剥蚀型板块边界构造以及地震成因的 5 个主要假设：

1）俯冲带前缘增生楔向陆方向，稳定滑移到不稳定滑移的转换，与富流体、分散滑移的宽断裂带向更局部流体分散的狭窄剪切带的转换近一致；

2）流体压力梯度和流体对流影响剥蚀板块边界时空上的迁移和耦合；

3）俯冲界面从稳定滑移到不稳定滑移的转变以及断裂机制受俯冲带岩性、物理性质和侵蚀物质结构的影响；

4）流体化学、P-T 条件和滞留时间通过基底蚀变、成岩作用和低级变质影响剥蚀物质的状态；

5）俯冲板块地形起伏、俯冲通道的厚度、物质性质和流体分布的横向变化影响地震成因和破裂过程。

这些假设将通过以下方法得到验证：①观察板块边界和围岩的岩性、物理性质和结构；②监测温度、应力、孔隙流体压力、化学和地震活动性；③岩芯样品的实验研究；④扩展钻探和监测结果，开展精细地球物理调查。

（4）站位科学目标

该建议书建议站位见表 3.1.1 和图 3.1.2。

表3.1.1　钻探建议科学目标

站位名称	位置	水深(m)	钻探目标			站位科学目标
			沉积物进尺(m)	基岩进尺(m)	总进尺(m)	
CRIS-03A	8.5873°N, 84.0800°W	530	700	2850	3550	在无震滑移到地震滑移的过渡带以及孕震带的上倾极限 100 ~ 150℃区域，进行板块边界和俯冲通道的钻探和监测
CRIS-06A	8.7528°N, 84.1600°W	500	1920	4080	6000	在孕震带 150 ~ 200℃的范围内，开展板块边界和俯冲通道的钻探和监测

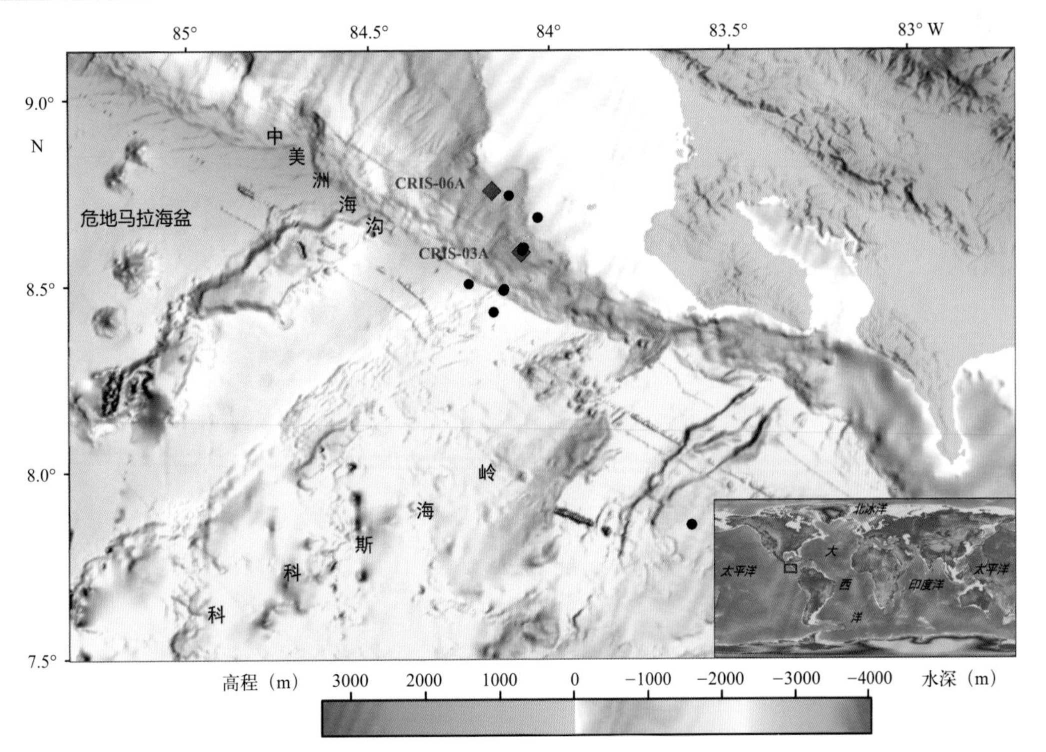

图3.1.2　钻探建议站位（黑色圆圈为已完成钻探站位，红色菱形为新建议站位）

(5) 资料来源

资料来源于 IODP 537B 号建议书，建议人名单如下：

C. R. Ranero, C. Marone, S. Bilek., U. Barckhausen, P. Charvis, J-Y Collot, H. DeShon, G. Di Toro, T. Dixon, L. Dorman, S. Galeotti, I. Grevemeyer, R. Harris, S. Husen, M. Kastner, M. Kinoshita, S. Kuramoto, T. Matsumoto, K. McIntosh, J. Morgan, J. Morris, C. Mueller, S. Neben, C. Reichert, D. Scholl, S. Saito, S. Schwartz, V. Spiess, E. Suess, P. Vannucchi, H. Villinger, S. Vinciguerra, R. von Huene, W. Wallmann.

3.1.3 哥斯达黎加大型逆冲断裂带孔隙压力演化机制

(1) 摘要

该建议旨在确定奥萨半岛西北缘哥斯达黎加汇聚板块交界面上流体的主要来源，检验与上板块断裂相关的水系是否是俯冲带流体含量的主要控制因素。流体和流体压力在断层滑动行为上起着非常重要的控制作用，因此，了解流体来源以及它们如何从板块交界面排出显得尤为重要。最近在哥斯达黎加边缘获得的三维地震反射数据，显示板块界面呈现出高振幅和极性反转现象，这表明海底以下 5 km 流体的含量很高，但是往更深处，流体含量突然降低。这种现象与流体形成模式或流体来源模式不一致，这是由于蒙脱石 - 伊利石转换深度比推测的超压区深得多，超压能够增强断裂相关水系的发育，水系增强很可能是造成孔隙流体压力突然转变的一个因素，其他汇聚型边缘也可能是这样的。三维地震体揭示了一系列向海倾斜的逆冲断裂，这些断裂似乎也具有扩张的超压断裂的地震反射特征，这些断裂在富流体—贫流体转换带附近连接了板块界面与海底，可能是板块界面流体排出的主要途径。相比于向陆倾斜的低角度断裂，向海倾斜的高角度逆冲断裂为板块界面流体排出提供了更加直接有效的通道。通过单孔浅钻（约 500 m）钻穿上斜坡沉积层，采集两条相背断裂带的样品：

1）在海底以下约 240 m 钻遇向陆倾斜的逆断层，该断裂延伸到陆架边缘的沉积楔中；

2）在海底以下约 480 m 钻遇向海倾斜的逆断层，该断裂延伸到板块边界脱水区的断裂系统中。该建议通过分析穿过两条断裂的孔隙水的地球化学剖面评估两个界面上流体的来源，检验以下假说：向海倾斜的断裂是大型逆冲断裂最活跃的流体排出途径。该建议通过从板片界面采集流体样品，确定流体来源及其对大型逆冲断裂滑移行为以及孕震带发展的影响，实现 ODP 334/344 航次钻探的主要目标。

(2) 关键词

奥萨半岛，大逆冲断裂带流体压力，水文地质

(3) 总体科学目标

本次钻探主要目标是：

1）确定与两条倾向相反的深大断裂相关的孔隙流体组成：一条断裂深达边缘增生楔内，另一条断裂深达大型逆冲断裂带。

2）检验这两条断裂带相关的流体流动的活动性

以上这些资料能够回答以下问题：

1）流体是否沿陆架坡折带上陡峭的向海倾斜的逆冲断层运移，是否是板片界面主要的流体排

出通道？

2）浅层板片界面丰富的流体是来自俯冲沉积物、蛋白石和黏土矿物成岩作用，还是俯冲地壳内部的释放？

通过钻探，有助于揭示流体主要运移路径和流体来源，进一步检验和完善浅俯冲的水文地质模型，以更全面地理解沿大型逆冲断层的流体聚集和浅层地震成因。

（4）站位科学目标

该建议书建议站位见表3.1.2和图3.1.3。

表3.1.2 钻探建议科学目标

站位名称	位置	水深(m)	钻探目标			站位科学目标
			沉积物进尺(m)	基岩进尺(m)	总进尺(m)	
CRX-01	8.7785°N, 84.1019°W	447	553	0	553	（1）根据热结构和流体的化学性质，揭示海底以下240 m和480 m断层相关流体的活动性和孔隙流体成分；（2）揭示区域热结构模型、地层及上覆沉积物的沉积和变形史

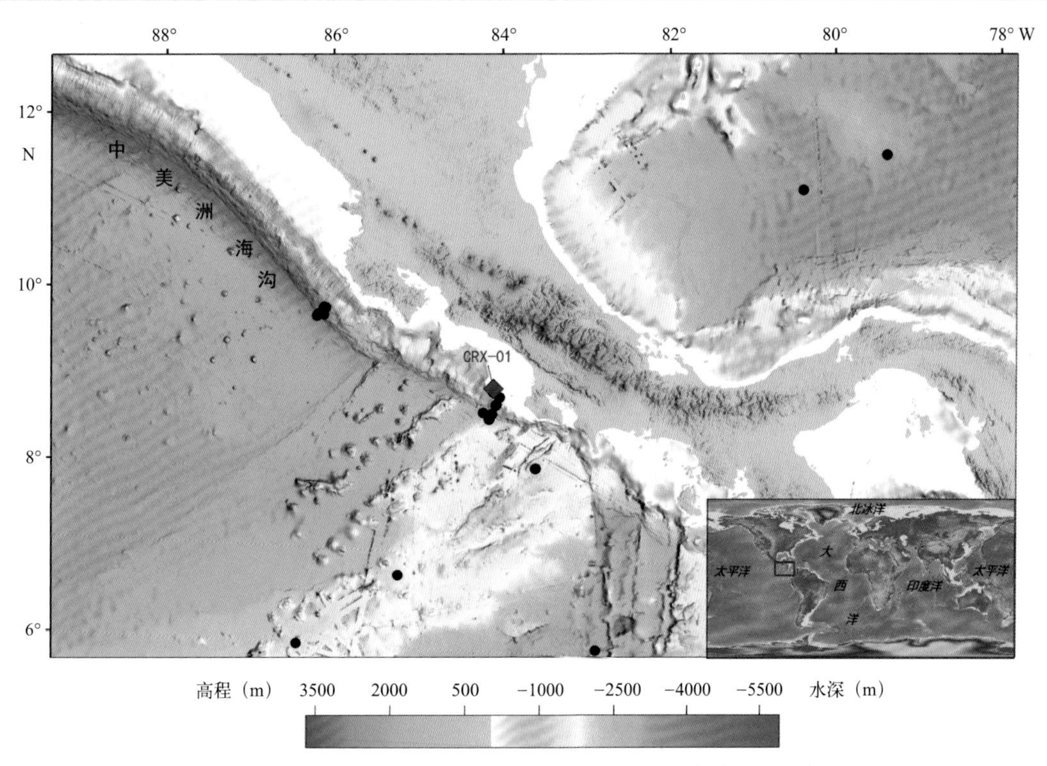

图3.1.3 钻探建议站位（黑色圆圈为已完成钻探站位，红色菱形为新建议站位）

（5）资料来源

资料来源于IODP 908号建议书，建议人名单如下：

Nathan Bangs, Robert Harris, Ujie Kohtaro, Steffen Kutterolf, Kirk McIntosh, Jason Morgan, César Ranero, Saneutsu Saito, Arito Sakaguchi, Evan Solomon, Michael Stipp, Paola Vannucchi, Yamamoto Yuzuru, Marta torres.

3.1.4 中美洲大陆斜坡的泥底辟和海山俯冲作用：剥蚀型汇聚边缘的深部流体过程

（1）摘要

哥斯达黎加和尼加拉瓜附近的活动大陆边缘具有独特的地质特征，为深入研究深部流体过程提供了一个理想的场所。建议在活跃的流体脱水区进行钻探，揭示流体流动过程，约束剥蚀型活动大陆边缘的脱水量。主要脱水区包括丘状体、海底凸起区（与泥底辟 / 泥火山作用和自生碳酸盐沉积有关）以及与海山俯冲有关的大规模滑坡。最近综合研究表明，流体对流（触发泥浆液化和向上迁移的发展）由深部构造过程控制，主要与俯冲带 10 ~ 12 km 的沉积物中的矿物脱水向上运移有关。根据脱水区的总量以及平均脱水速率初步估算，90% 以上矿物脱水在弧前位置发生循环。然而，从喷出的泥火山流体中获得的数据显示，地球化学成分存在明显的空间差异，表明流动速度和流动路径变化。此外，无法从任何海山地点获取准确的数据。因此，迫切需要钻探资料来了解剥蚀型活动大陆边缘俯冲背景下变形作用与流体运移之间的内在联系。

本次钻探建议不仅可以增进对流体流动过程和动力机制的了解，还能约束（估算）侵蚀俯冲系统的挥发分和物质总量。主要验证以下假设：①泥底辟或泥火山作用是脱水的主要途径，为研究深部流体流动过程提供了一个窗口；②海山俯冲为深部流体对流和疏导创造了主要路径；③深部流体的释放控制着泥浆的流动，从而控制丘状体的形成和内部的堆积。哥斯达黎加近海的太平洋边缘是全世界研究程度最高的大陆边缘之一，这里观测到的流体过程是剥蚀型大陆边缘流体活动的典型代表。因此，本次钻探为计算出流体和挥发性元素在弧前再循环过程中的实际总量提供了非常大的可能性，这将有助于更好地理解俯冲带流体过程在全球生物地球化学循环中所起的作用。

（2）关键词

泥底辟，海山，流体流动，中美洲

（3）总体科学目标

在哥斯达黎加和尼加拉瓜边缘许多地方发现的丘状结构与脱水作用有关，它们从本质上控制和平衡了这个汇聚型边缘系统流体的总体收支。弧前脱水的主要途径是通过板块边界（深度 10 ~ 12 km）矿物结合水的释放。其特征是：流体沿着普遍发育的断层面向上运移，在斜坡中部的丘状体或海山陡坎处喷出。建议实施 2 口深钻（800 m），在两个丘状体（Culebra 丘状体和 11 号丘状体）各钻一个，以追踪流体的主要流动途径，同时监测流体流动和其地球化学随时间的变化。

中美洲大陆边缘的海山俯冲作用通过形成深大断裂和裂隙，以及在斜坡上形成大规模滑塌构造为沉积物脱水和液化作用提供了一种独特的路径和机制。建议在 Jaco 陡坎顶部及其滑坡底部附近阶地上实施 2 口深钻（1000 m），这将有助于确定海山俯冲后流体运移的路径和脱水模式。

丘状体内部堆积对流体管道的发展以及不同来源流体的潜在混合具有重大的影响，对探索丘状体形成和演化机制非常重要。为了深入研究这些问题，建议在丘状体的位置钻取更多的岩芯（深达 500 m）。

(4) 站位科学目标

该建议书建议站位见表 3.1.3 和图 3.1.4。

表3.1.3　钻探建议科学目标

站位名称	位置	水深 (m)	钻探目标			站位科学目标
			沉积物进尺 (m)	基岩进尺 (m)	总进尺 (m)	
CRMD-04A	10.4250°N, 86.3611°W	1500	800	0	800	揭示沉积物物源深度、沉积物结构和地球化学特征
CRMD-04B	10.4056°N, 86.3917°W	1500	500	0	500	
CRMD-04C	10.3139°N, 86.3528°W	1500	500	0	500	
CRMD-04E	10.3000°N, 86.3167°W	1500	500	0	500	
CRMD-05A	8.9778°N, 84.3417°W	2250	800	0	800	揭示沉积物物源深度、沉积物结构和地球化学特征
CRMD-05B	8.9778°N, 84.4000°W	2250	500	0	500	
CRMD-05D	9.0167°N, 84.3833°W	2250	500	0	500	
CRSM-02C	9.3111°N, 84.8333°W	1200	1000	0	1000	识别流体地球化学特征和运移路径
CRSM-02D	9.1500°N, 84.8722°W	800	1000	0	1000	

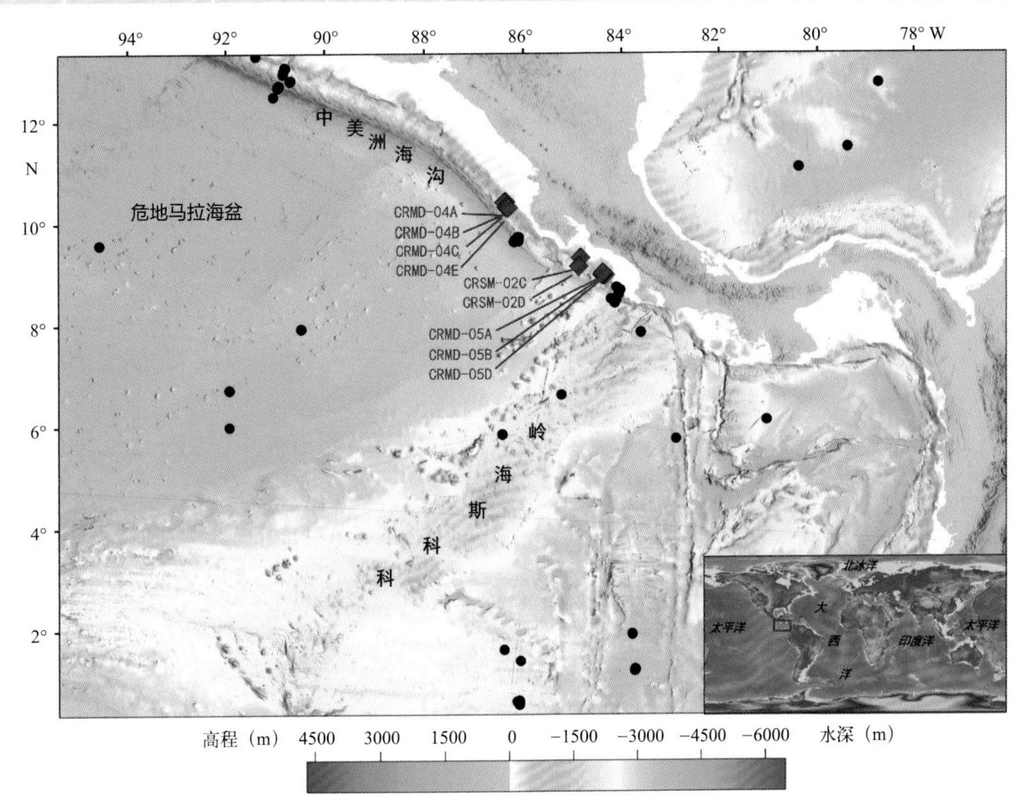

图3.1.4　钻探建议站位（黑色圆圈为已完成钻探站位，红色菱形为新建议站位）

（5）资料来源

资料来源于 IODP 633 号建议书，建议人名单如下：

C. Hensen & W. Brueckmann, both at: Leibniz Institute for Marine Sciences, IFM-GEOMAR, Kiel, Germany, N. Fekete, IFM-GEOMAR, Kiel, Germany, T. Ferdelman, Max-Planck Institute for Marine Microbiology, Bremen, Germany, A. Fisher, University of California, Santa Cruz, USA, J.C. Fry, School of Biosciences, Cardiff University, Wales, UK, I. Grevemeyer, IFM-GEOMAR, Kiel, Germany, M. Haeckel, IFM-GEOMAR, Kiel, Germany, Bo B. Jørgensen, Max-Planck Institute for Marine Microbiology, Bremen, Germany, S. Morita, Geological Survey of Japan, AIST, Tsukuba, Japan, T. Mörz, Research Center Ocean Margins, Bremen University, Germany, C. Müller, Bundesanstalt für Geowissenschaften und Rohstoffe, Hannover, Germany, J. Parkes, Earth, Ocean and Planetary Sciences, Cardiff University, Wales, UK, C.R. Ranero, Instituto de Ciencias del Mar, Barcelona, Spain, T. Reston, IFM-GEOMAR, Kiel, Germany, V. Spiess, Department of Geosciences, Bremen University, Germany, K. Takai, JAMSTEC, Japan Marine Science and Technology Center, Yokosuka, Japan, A. Talukder, IFM-GEOMAR, Kiel, K. Wallmann, IFM-GEOMAR, Kiel, Germany, A.J. Weightman, School of Biosciences, Cardiff University, Wales, UK.

3.1.5 东赤道太平洋的沉积凹陷是否是热液成因

（1）摘要

近环形凹陷或直径小于 3 km 的凹陷通常形成于太平洋中—东部厚层钙质沉积物中，有假说认为它们是海山、沉积物覆盖的基底隆起区“热液虹吸”作用的结果。在这些区域，随着海山逐渐被钙质沉积物所覆盖，大型海山就成为热液环流进入渗透性基底的入口，小型海山则成为出口。随着方解石溶解度逐渐降低，补充和循环的流体在基底上沉淀出了方解石，当它们被加热，方解石又进入欠饱和状态，那么，当流体排出的时候，就会溶解掉一些钙质沉积物，这就会在基底隆起的沉积物盖层中形成凹陷或凹点。这种热液虹吸过程在科科斯板块尤为常见，该板块已经冷却到远不能传导最低热流预测值的程度。

2010 年，“Sonne”科考航次对科科斯板块 1256 站位附近的一些海山和凹陷点进行了详细的调查，该地区的地壳年龄为 15 ~ 18 Ma。调查结果证实了低热流与海山有关，凹陷内的热流高，而且大部分凹陷与下覆基底隆起有关。但是，孔隙水分析没有热液对流的迹象，这表明大部分凹陷点被现代深海沉积物覆盖。关于它们的成因，有学者提出了一个模型，认为这些站位年龄向西北方向穿过赤道高生产力地区，年轻时期热液排放更活跃，溶解了一些较老的沉积物，形成了尚未完全被深海沉积物填充的初始凹陷。

要验证这个模型，需要大洋钻探船在一个下覆基底隆起的典型热液凹点（具有高热流）处工作 7.1 天，钻取沉积物和基岩岩芯，并与约 2 km 远的参考站位（具有更厚的沉积物和低热流）进行对比分析。设计两个站位是为了揭示现今和过去热液过程的重要性，以及热液活动对沉积、微生物和地球化学的潜在影响。

（2）关键词

热液，沉积凹陷，科科斯板块

（3）总体科学目标

本建议通过在两个代表性站位钻探取芯和开展井下温度测量，以及流体取样来检验赤道太平洋富含碳酸盐的沉积物中热液凹陷或凹陷点形成模型：

1）在一个大型高热流沉积覆盖约 146 m 的凹陷点开展详查工作，包括超前式活塞取芯器 / 伸缩式取芯器（APC/XCB）取芯（钻取到基底）、详细的温度测量以及精细的全岩取样，进行微生物学和孔隙流体化学分析，以及基底最上部约 60 m 的 RCB 取芯及其温度和钻孔流体采样。

2）凹陷点站位约 2 km 外的参考站位，具有低热流和约 270 m 厚的完整沉积层，在该站位进行 APC/XCB 取芯（钻取到基底）、详细的温度测量以及精细的全岩取样，进行微生物学和孔隙流体化学分析。

设计的两个站位都是为了揭示现今和过去热液过程的重要性，以及热液活动对沉积、微生物、和地球化学的潜在影响。这些成果有助于解释科科斯板块异常冷的状态，对中美洲海沟俯冲和中美洲弧火山作用的潜在影响具有重要的指示意义。

为实现上述目标，需要根据微生物采样流程，在 APC 和 RCB 钻进过程中使用全氟化碳示踪剂来监控潜在的污染。并在微生物实验室或恒温实验室配备 KOACH 空气净化系统来处理全部岩芯。

（4）站位科学目标

该建议书建议站位见表 3.1.4 和图 3.1.5。

表3.1.4 钻探建议站位科学目标

站位名称	位置	水深(m)	钻探目标			站位科学目标
			沉积物进尺(m)	基岩进尺(m)	总进尺(m)	
GB-01A	7.9648°N, 90.5621°W	3517	146	60	206	APC/XCB 钻取沉积物到基岩，RCB 钻入基岩约 60 m。进行全岩芯微生物和孔隙水化学取样。开展 APCT-3 和 SET2/SETP 沉积物温度测量。在靠近基岩附近进行 WSTP 温度测量 / 流体采样。如果时间允许且条件能够保证，在 RCB 取芯结束后，在基岩段使用 WSTP 进行温度测量和钻孔流体采样
GB-02A	7.9487°N, 90.5461°W	3445	270	0	270	APC/XCB 钻取沉积物到基岩的全部样品，进行进行全岩芯微生物学和孔隙水化学取样。开展 APCT-3 和 SET2/SETP 沉积物温度测量

（5）资料来源

资料来源于 IODP 980 号建议书，建议人名单如下：

Keir Becker, Heinrich Villinger, Norbert Kaul, Geoff Wheat, Beth Orcutt, Wolfgang Bach, Earl Davis, Ivano Aiello, Steffen Jorgensen, Jim McManus, Andrew Fisher, Masataka Kinoshita, Heiko Paelike.

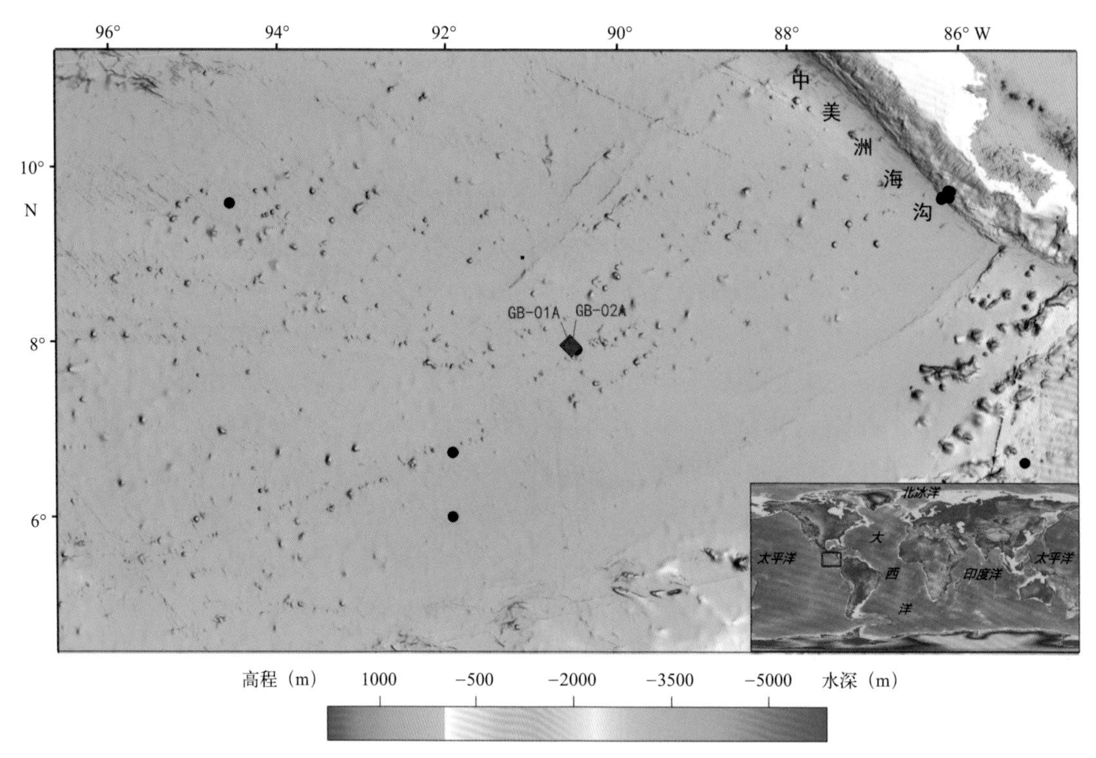

图3.1.5 钻探建议站位（黑色圆圈为已完成钻探站位，红色菱形为新建议站位）

3.1.6 新西兰希古朗基北部俯冲边缘钻探项目 A——揭开蠕滑的秘密

（1）摘要

在过去的几十年里，全球俯冲带边缘幕式蠕滑事件的发现导致了断层力学、俯冲带界面变形机制和流变学等新理论的爆发。希古朗基北部边缘是地球上唯一一个在科学钻探能力范围内，能充分证明俯冲界面上存在幕式蠕滑事件的地方。在希古朗基北部幕式蠕滑地区进行钻探、井下测量、采样和监测，能够揭示幕式蠕滑发生的条件和属性，从而揭示蠕滑的秘密。此外，希古朗基北部幕式蠕滑每两年发生一次，为监测幕式蠕滑源区内部和周围的变形速率、原位条件和岩石物理性质在整个蠕滑周期中的变化提供了极好的环境。

建议在希古朗基北部幕式蠕滑区实施三期钻探以揭示蠕滑的秘密：①第一期实施 7 口浅钻（海底以下约 400 ~ 1200 m），获取俯冲板片及上覆沉积物岩芯样品和物理测井参数，安装监测装备观察整个幕式蠕滑周期内近地表的变形、地震活动和物理性质的变化，准确记录幕式蠕滑的分布特征；②第二期实施 1 口深钻（海底以下约 6 km），钻穿幕式蠕滑区俯冲界面，直接获取样品，采集测井资料，测量温度、压力、流体压力和化学性质；③第三期安装一个井内长期观测的系统装置，观测该区整个幕式蠕滑循环周期内的变形速率和物理、化学性质的变化。

获取幕式蠕滑区内的样品和板片内部的剖面（断层带深部岩石特征），揭示活动大陆边缘幕式蠕滑区板片界面的摩擦力、岩性和结构特征。在两年的幕式蠕滑周期内，监测幕式蠕滑区周围和上方水文、应变率和地震活动的变化，阐明物理条件短期变化在无震滑移和地震滑移中的作用。对比分析希古朗基北部和日本南海海槽（NanTroSEIZE 项目）地区深部俯冲界面岩芯和测井数据的差异，揭示俯冲带在大地震中破裂（如日本南海海槽）以及无震蠕动（如希古朗基北部）的原因。

（2）关键词

蠕滑事件，俯冲边缘，希古朗基，断层力学，流体

（3）总体科学目标

钻探、取芯、地球物理测井和井下长期观测能解决有关蠕滑的产生与俯冲界面逆冲断层力学机制之间的关系这一关键科学问题。本次研究解决的主要科学问题是：①在高流体压力条件下幕式蠕滑是否会发生；②断层强度和岩石摩擦特性在蠕滑中起到什么作用；③与蠕滑有关的岩石成分和断层带结构；④水文条件的快速变化是否诱发蠕滑或者无影响；⑤幕式蠕滑引起的滑移界面及其上部的流体化学、温度、压力、流体通量如何变化；⑥温度如何制约震源区的下倾极限和蠕滑深度；⑦以无震蠕滑和中等俯冲地震为特征的俯冲界面（如希古朗基北部），与以黏滑和大型逆冲地震为特征的俯冲界面（如日本南海海槽）相比，它们的结构特征和摩擦特性是否有本质上的不同?

要实现上述目标，需要在现有的CORK和LTBMS上，开发一个或多个长期井下监测系统。此外，还需要使用非标准井下测量方法［如MDT（模块化动态测试仪）或类似方法］获取长期的原位孔隙压力、应力和渗透率数据。

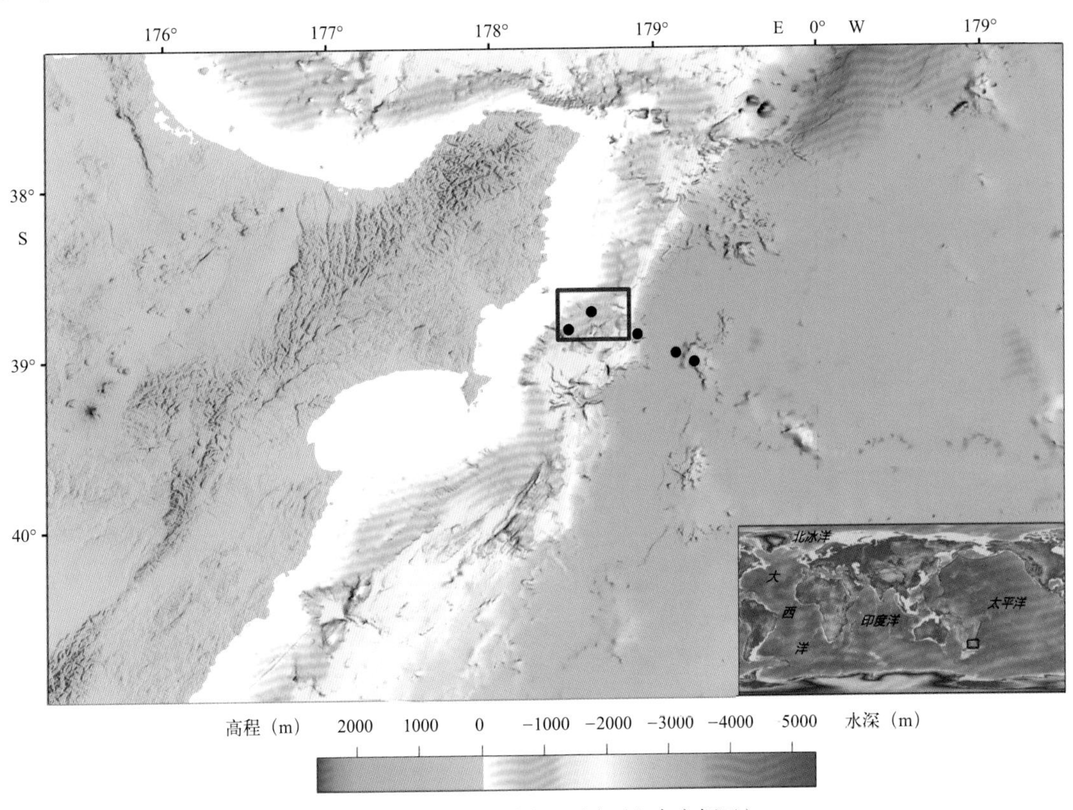

图3.1.6　建议钻探区域位置示意（红色方框区）

（4）资料来源

资料来源于IODP 781号建议书，建议人名单如下：

Laura Wallace, Stuart Henrys, Philip Barnes, Demian Saffer, Harold Tobin, Nathan Bangs, Rebecca Bell, 希古朗基边缘工作组。

3.1.7 新西兰希古朗基北部俯冲边缘钻探项目 B——揭开蠕滑的秘密

（1）摘要

在过去的几十年里，全球俯冲带边缘幕式蠕滑事件的发现导致了断层力学、俯冲带界面变形机制和流变学等新理论的爆发。希古朗基北部边缘是地球上唯一一个在科学钻探能力范围内，能充分证明俯冲界面上存在幕式蠕滑事件的地方。在希古朗基北部幕式蠕滑地区进行钻探、井下测量、采样和监测，能够揭示幕式蠕滑发生的条件和属性，从而揭示蠕滑的秘密。

本建议旨在通过希古朗基北部浅层幕式蠕滑区的科学钻探来研究俯冲带蠕滑的形成机制。立管钻探的主要目的是进行样品采集、测井以及在幕式蠕滑区的板块交界面及其上盘开展井下长期观测。建议实施一口 5 ~ 6 km 深的钻井，钻穿板块界面，获取岩石样品、地球物理测井数据以及幕式蠕滑区井下监测数据。该钻探旨在实现两个主要科学目标：①获取蠕滑区逆冲断层的物质组成、力学性质和结构特征；②获取幕式蠕滑区上部和内部水文、热状态、应力和孔隙压力数据。总之，以上数据能检验蠕滑行为的基本力学假设，及其与俯冲地震之间的关系。如果没有幕式蠕滑区的岩石样品和井下原位物理性质的测量，地球科学家只能推测幕式蠕滑的成因。

另外，通过对比希古朗基北部和日本南海海槽（NanTroSEIZE 项目）地区深部俯冲界面岩芯和测井数据的差异，揭示为何一些俯冲带在大地震中会发生破裂（如日本南海海槽），而在其他地区则以无震蠕动为主（如希古朗基北部）。

（2）关键词

幕式蠕滑事件，俯冲，希古朗基，地震，流体

（3）总体科学目标

钻探、取芯、地球物理测井和井下长期观测将解决有关蠕滑的产生与俯冲界面逆冲机制之间的关系这一关键问题。本建议主要解决的科学问题包括：

1）温度和压力对地震带的下倾极限和蠕滑事件的深度有什么制约？

2）板片界面高流体压力是否会影响幕式蠕滑事件的发生？矿物脱水转变在幕式蠕滑区流体供应中起什么作用？

3）什么岩性会导致蠕滑发生，它们是否促进了稳定性？如果是这样，快速滑移以及无震蠕滑是否发生在相似的界面上？幕式蠕滑是否如实验室摩擦测试结果所表明的那样，代表过早停止的正常地震？

4）以无震蠕滑和中等俯冲地震为特征的俯冲以及界面（如希古朗基北部），与以黏滑和大型逆冲地震为特征的俯冲界面（如日本南海海槽）相比，它们的结构特征和摩擦特性是否有本质上的不同？

为实现以上目标，钻探技术要求如下：随钻测井工具应采用尽可能完整和实用的随钻测井套件，在最小方位角电阻率成像中，采用声速、密度、中子孔隙度、伽马和环形压力测井。原位孔隙压力和应力测量应采用基于封隔器的或类似的电缆或随钻测井工具，可用于进行抽水和降压测试以及小型压裂实验（例如，斯伦贝谢模块化动态测试仪或 MDT 工具），测量蠕滑环境和板片上的应力和水文地质状态。

（4）站位科学目标

该建议书建议站位见表 3.1.5 和图 3.1.7。

表3.1.5　钻探建议站位科学目标

站位名称	位置	水深 (m)	钻探目标			站位科学目标
			沉积物进尺 (m)	基岩进尺 (m)	总进尺 (m)	
HSM-01B	38.7273°S, 178.6142°E	994	6000	0	6000	（1）在幕式蠕滑区之上的板片内以及上部取芯和测井，获得岩石物理性质和物质成分;（2）钻探间隙，安装临时的井下幕式蠕滑监测装置;（3）安装井下长期观测装置

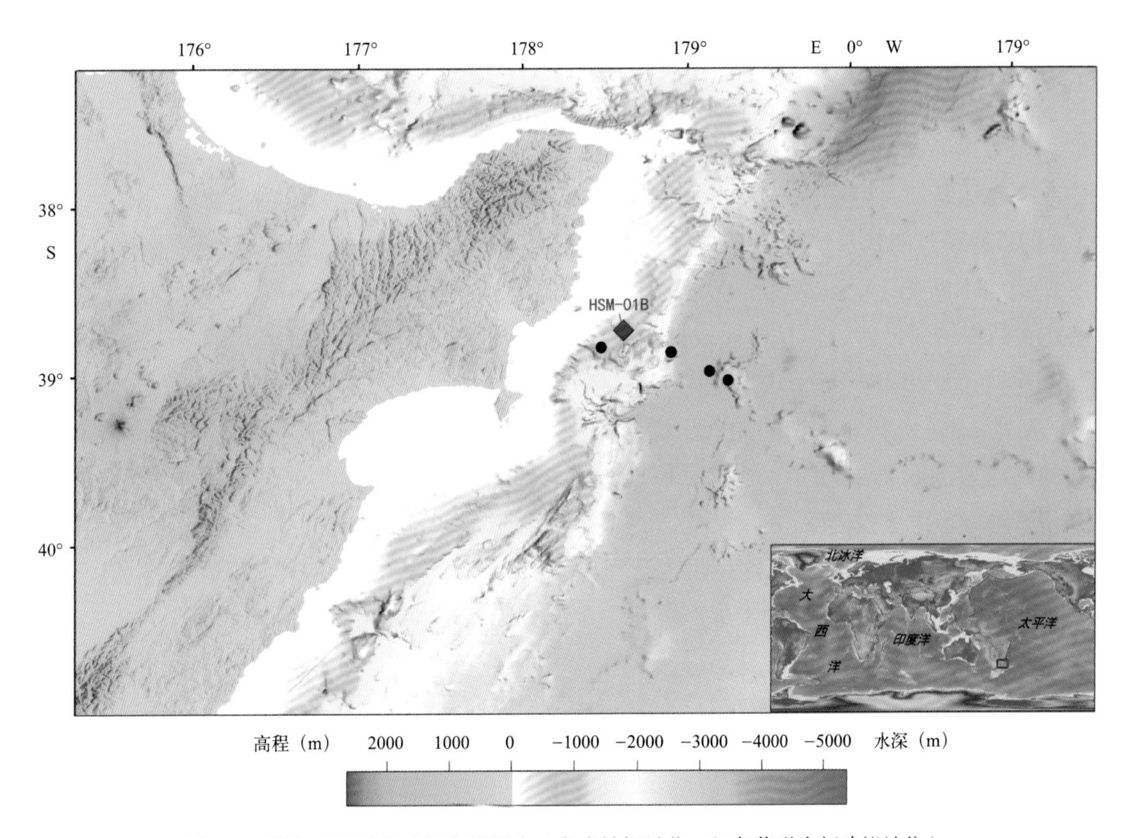

图3.1.7　钻探建议站位（黑色圆圈为已完成钻探站位，红色菱形为新建议站位）

（5）资料来源

资料来源于 IODP 781B 号建议书，建议人名单如下：

L. Wallace, Y. Ito, S. Henrys, P. Barnes, D. Saffer, S. Kodaira, H. Tobin, M. Underwood, N. Bangs, A. Fagereng, H. Savage, S. Ellis, 希古朗基边缘工作组。

3.1.8 新西兰希古朗基俯冲边缘大洋钻探：研究大型逆冲断层的闭锁与蠕滑所受的物理控制

（1）摘要

新西兰希古朗基俯冲边缘存在一条陡峭的深大转换带，虽然这条转换带上板块年龄和汇聚速率相似，但是分布有震间闭锁段、强震危险区以及浅层的无震滑移区。IODP 372 航次和 IODP 375 航次对希古朗基北部的俯冲沉积物和浅部的叠瓦状逆冲断层进行了钻探、测井和取样，采集到了蠕滑地震带的岩芯。在已有数据基础上进行的采样和测井，有助于直接对比分析同一俯冲边缘大型逆冲断裂带的蠕滑和闭锁段的岩芯。对采集的样品进行变形实验研究，能够进一步揭示摩擦和物理性质以及原位条件控制地震类型的重要性。这些研究成果有助于阐明俯冲带逆冲断裂的滑动类型，可应用到全球范围的俯冲边缘。

建议对希古朗基俯冲边缘的俯冲沉积物和板缘拆离断层进行钻探，获取蠕滑和震间闭锁段的岩芯。

1）相比于希古朗基北部蠕滑的大型逆冲断裂带，南部闭锁的大型逆冲断裂带地层更为稳定。对俯冲的希古朗基海底高原上的进积层序进行钻探，能够钻遇到这些稳定地层及其围岩。在这些区域，地震与活跃的大型逆冲断裂闭锁段紧密联系，可通过钻探获取到这些信息。

2）北部的希古朗基板块界面调节了震间闭锁段小区域内的幕式蠕滑，这个位置在非均质的进积层序地层内不断变化。虽然这些现象已被二维（2D）和三维（3D）地震资料以及海山单翼挤压区的 IODP 钻探结果证实，但是该建议提出通过以下钻探进一步刻画其不均一性：①钻取远离海山的远洋沉积物；②钻取海山顶部的远洋沉积物和玄武质岩石。

3）从 2D 地震资料和近期的 3D 地震资料中识别出了希古朗基北部蠕滑段的板缘拆离断层分支出来的前缘逆冲断裂，IODP 372 航次和 IODP 375 航次的钻孔和岩芯观察发现，这条逆冲断裂又与远洋沉积物的俯冲输入连接在了一起。这条断裂在远洋沉积物中的延伸部分，很可能代表了深处以蠕滑为主的大型逆冲断裂，这是因为这里经常发生蠕滑。因此，对此进行研究，能够与 IODP 372 航次和 IODP 375 航次发现的半远洋沉积物中的叠瓦状逆冲断层进行对比。

（2）关键词

俯冲，断层，地震，流体，海山

（3）总体科学目标

钻探、取样、测井和返航后的实验能够区分各种俯冲边界逆冲断裂的形成机制模型。本建议拟解决的关键科学问题包括：

1）从蠕滑到闭锁段的震间滑移行为的转变是否与物质属性有关，如果有，哪些性质导致了这些行为？

2）蠕滑和闭锁的俯冲带逆冲断裂的岩石成分和断层带结构是什么？

3）蠕滑俯冲边缘的前缘拆离断裂有什么特征，与叠瓦状逆冲断层相比有何不同？

4）怎样区分前锋逆冲和叠瓦状逆冲断层的变形？

5）蠕滑段和闭锁段之间的流体储藏和热力学特性是否存在可检测的差异？

（4）站位科学目标

该建议书建议站位见表 3.1.6 和图 3.1.8。

表3.1.6 钻探建议站位科学目标

站位名称	位置	水深(m)	钻探目标			站位科学目标
			沉积物进尺(m)	基岩进尺(m)	总进尺(m)	
HSI-01A（首选）	41.0256°S, 178.9284°E	3130	1200	0	1200	对希古朗基大型逆冲断层南部闭锁段的俯冲沉积物进行采样和测井。用这些样品表征与深部界面有关反射层（R7），揭示反射层上下的物质组成、压实作用和流体通量。新站位调查之后，该站位可能会被一些较浅的站位所取代
HSI-02A（首选）	37.9565°S, 178.5000°W	3540	750	0	750	对希古朗基高原上部的俯冲沉积物以及远离海山的北部希古朗基边缘的非均质沉积进行取样和测井
HSI-03A（首选）	39.2859°S, 178.5000°W	2322	120	130	250	对海山顶部及上覆沉积层进行采样和测井
HSI-04A（首选）	38.8316°S, 178.9352°E	3020	1200	0	1200	钻穿蠕滑大型逆冲断裂的前缘逆冲，对断裂带的地层进行采样和测井，建立断层带结构。NZ3D 地震资料处理结果出来后重新解释断裂带结构
HSI-05A（备选）	41.9679°S, 178.9199°E	2532	1200	0	1200	HSI-01A 的备选站位，对板块边缘俯冲沉积物到希古朗基板块南部交界面闭锁段进行采样和测井
HSI-06A（备选）	38.8764°S, 178.9323°E	2930	1200	0	1200	HSI-04A 的备选站位，对蠕滑的北部希古朗基板块边缘的前缘逆冲断层进行取样和测井

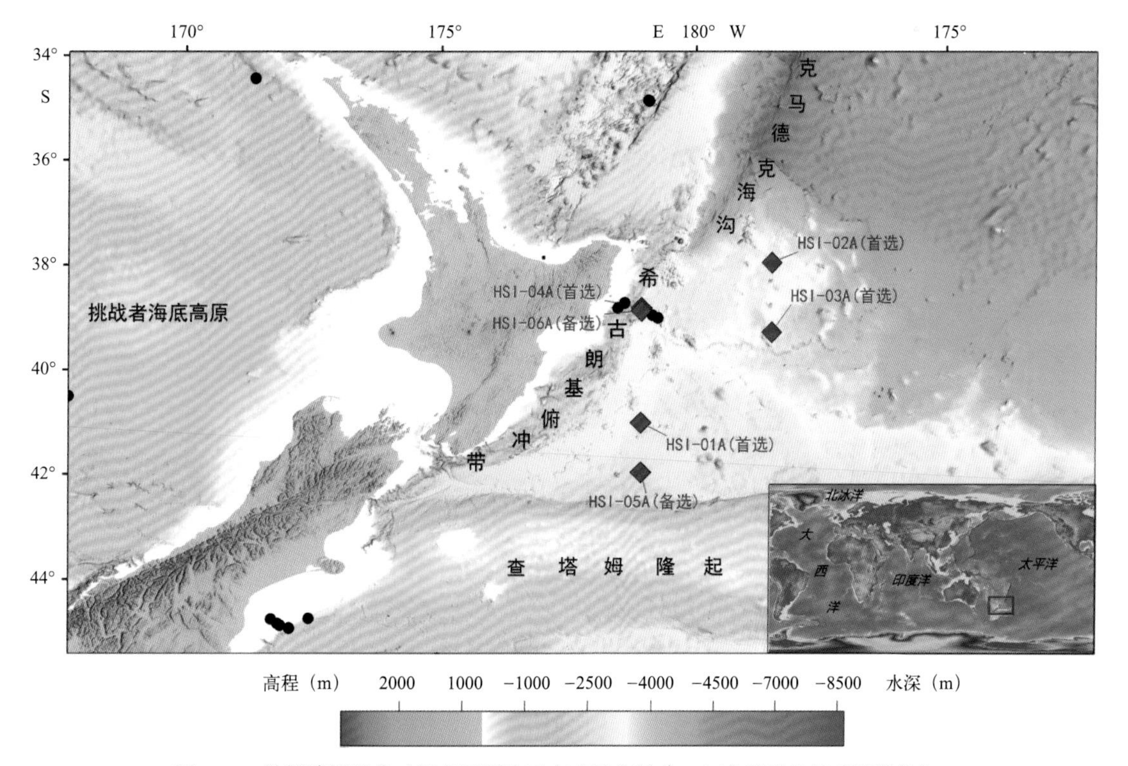

图3.1.8 钻探建议站位（黑色圆圈为已完成钻探站位，红色菱形为新建议站位）

（5）资料来源

资料来源于 IODP 959 号建议书，建议人名单如下：

Ake Fagereng, Dan Bassett, Rebecca Bell, Heather Savage, Laura Wallace, Ryuta Arai, Nathan Bangs, Daniel Barker, Philip Barnes, Gareth Crutchley, Robert Harris, Stuart Henrys, Matt Ikari, Hiroko Kitajima, Shuichi Kodaira, Greg Moore, Demian Saffer, Evan Solomon, Kohtaro Ujiie, Michael Underwood.

3.1.9 跨越日本海沟追踪海啸滑坡：用“地球号”钻探船实施深水钻探研究巨型逆冲带海啸滑坡

（1）摘要

探究 2011 年日本东北大地震引起的巨大滑移及毁灭性海啸，是 IODP 面临的一项有重大社会影响的挑战。本建议致力于研究断层带的物理、水文和化学特性的时空分布特征，以及控制大型逆冲带上发生滑移大（小）的关键因素。这些成果能够解释 2011 年沿着日本海沟发生的地震和海啸事件，以及全球范围内其他大型俯冲地震的成因。

本建议的钻探方案包括针对断层带以及断裂相关构造的各种调查。地质研究将聚焦断裂带的结构和物理特性，尤其是输入的深海沉积物（例如，丰富的蒙脱石）的摩擦特性。断层带内部及其周围的水文和化学性质对地震的影响在很大程度上尚不清楚，这些因素可能会导致地震的发生。建议对孔隙水进行分析，局部渗透率结构进行调查，评估断裂过程中流体的作用。通过井下长期观测仪对孔壁崩落和温度 / 压力的监测研究地震发生后应力的变化状态。本建议为研究大地震后断裂稳定性提供了一个绝佳的机会。

除了对 2011 年地震进行调查外，还建议对以往的地震进行古地震学研究。根据该地区的浅层岩芯，前人已经识别出了过去 1200 a 中与 3 次历史地震有关的沉积物活化作用。建议开发新技术并收集更多数据，以识别历史地震的沉积记录。这些研究可使数万年至数十万年的历史地震得以重建，是获取丰富数据开展系统性统计和评估大地震复发间隔的唯一方法。

建议在 2011 年地震带浅层板块边界断裂带上，实施两条横跨日本海沟的测线，每条测线上实施 3 个钻孔。一条测线布设在大滑移区（约 50 m），另一条测线布设在小滑移区（5 ~ 10 m）。每条测线都有一个主要针对板块边界断裂带的“内海沟斜坡”站位，一个海沟向海的“输入”站位以及一个“古地震”站位，以获取历史地震的长期沉积记录。

每个站位都有独立的科学目标，在钻探顺序或时间上几乎不受限制。这有利于开钻之后的调整，可以通过多个短期航次完成钻探。

（2）关键词

海啸，地震，俯冲，古地震学，断层

（3）总体科学目标

1）确定近海沟大型逆冲带沉积物和流体的物理和化学特性及空间变化，这些因素可能会引发大型滑坡，并诱发海啸。该建议将详细研究断裂带的地质结构和岩石特性，尤其是摩擦和强度特征。通过对岩石的渗透性和化学性质研究推测局部水文结构及其对地震破裂的影响。综合这些观测结果，通过对比分析 2011 年地震期间高低滑移区的相似测量结果，有望推断控制大地震位移量的关键因素。

此外，该建议还拟对断裂带开展实时观测，研究大地震后的断裂稳定性，以及震后几年大型断裂滑移区的水文和应力状况如何变化。

2）开发并使用新的方法来识别沉积物中记录的大型海啸地震。有可能通过浊积岩和其他沉积特征重建海啸地震的历史。建议研发新的技术用于采集更加详细的沉积物岩芯样品，因为要建立类似于2011年日本东北大地震的地震复发模式，需要获取历史地震的长期记录。

(4) 站位科学目标

该建议书建议站位见表3.1.7和图3.1.9。

表3.1.7　钻探建议站位科学目标

站位名称	位置	水深(m)	钻探目标			站位科学目标
			沉积物进尺(m)	基岩进尺(m)	总进尺(m)	
JTCT-02A	37.9267°N, 144.0688°E	6945	450	0	450	在2011年日本东北地震向海方向板块大滑移区的测线上采集样品，进行测井，以此为基准与沉积楔、板缘拆离断裂和底冲断裂剖面上的相应参数做对比。通过连续岩芯样品的地球化学和地球物理属性研究输入剖面上流体的作用。通过钻孔岩芯和沉积物特征测量装置来获得沉积剖面上的应力状态
JTNT-02A	38.5272°N, 144.1992°E	7115	520	0	520	在2011年日本东北地震向海方向板块小滑移区的测线上采集样品，进行测井，以此为基准与沉积楔、板缘拆离断裂和底冲断裂剖面上的相应参数做对比。通过连续岩芯样品的地球化学和地球物理属性研究输入剖面上流体的作用。通过钻孔岩芯和沉积物特征测量装置来获得沉积剖面上的应力状态
JTNT-03A	38.576°N, 144.1227°E	7550	180	0	180	用866建议书（日本海沟古地震学）中提到的“地球号”HPSC取芯，恢复连续的上更新世—全新世地层层序，这些层序中有极端事件的沉积记录，因此能够找到大地震的证据。揭示极端事件的历史将有助于研究日本海沟俯冲带大地震长期复发模式
JTCT-03A	38.0225°N, 144.0368°E	7180	130	0	130	用866建议书（日本海沟古地震学）中提到的“地球号”HPSC取芯，恢复连续的上更新世—全新世地层层序，这些层序中有极端事件的沉积记录，因此能够找到大地震的证据。揭示极端事件的历史将有助于研究日本海沟俯冲带大地震长期复发模式
JTCT-01A	37.9389°N, 143.9135°E	6930	950	0	950	对增生楔、断裂带和俯冲板块到大洋基底连续取样，获得具有代表性的断裂带和围岩样品以及测井数据，为后续构造分析和实验测试做准备。在之前的JFAST临时温度观测站附近安装一个长期断层观测站，以监测孔隙压力和温度。根据连续岩芯的地球化学和物理特征研究流体在滑移中的作用。通过钻孔和沉积物特征检测装置及长期的观测装置来测量增生楔内部的应力状态
JTNT-01A	38.552°N, 144.0355°E	7400	980	0	980	在2011年日本东北大地震的小滑移区，对增生楔、断裂带和俯冲板块直至洋壳基底进行连续取样，获得具有代表性的断裂带和围岩样品以及测井数据，为后续构造分析和实验测试做准备。根据连续岩芯的地球化学和地球物理特性来研究流体在滑移中的作用。通过钻孔和沉积物属性测量以及长期监测装置测量增生楔应力状态

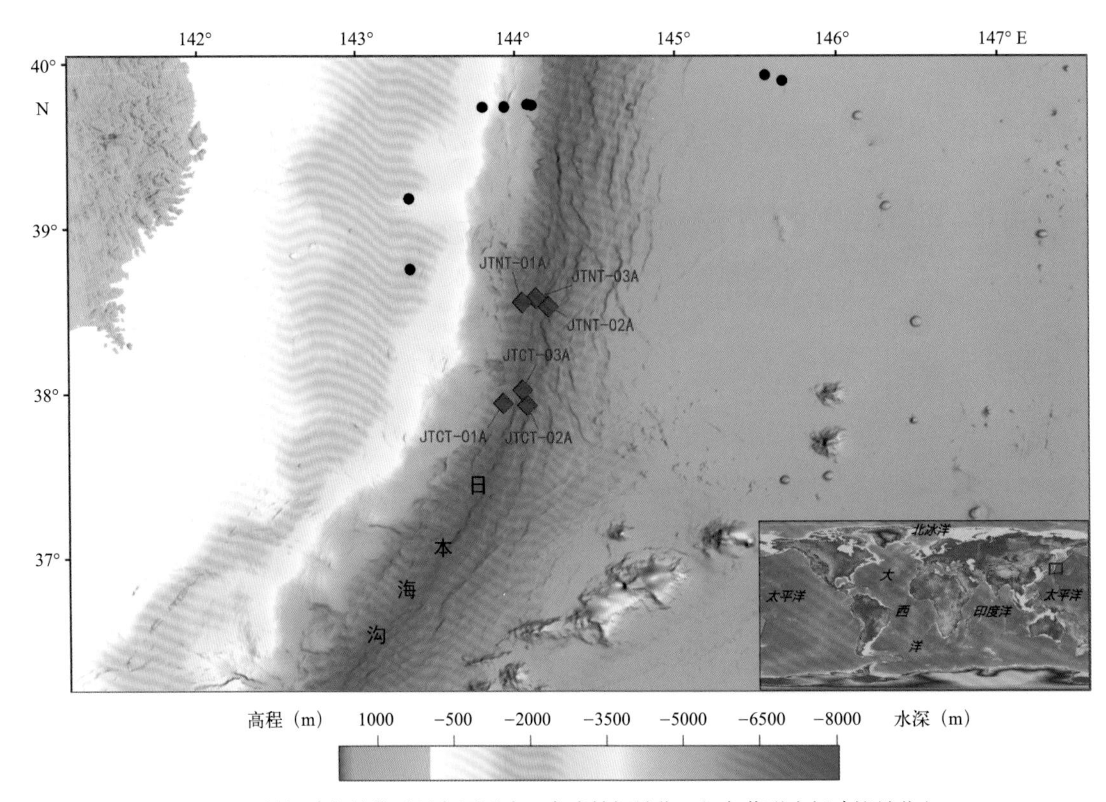

图3.1.9 钻探建议站位（黑色圆圈为已完成钻探站位，红色菱形为新建议站位）

（5）资料来源

资料来源于 IODP 835 号建议书，建议人名单如下：

S. Kodaira, J. Sample, M. Strasser, K. Ujiie, J. Kirkpatrick, P. Fulton, J. Mori, *. JTRACK 工作小组（30 人）等。

3.1.10 追踪日本海沟沉积物中记录的历史地震：深海海底古地震学的检验与发展

（1）摘要

短暂的历史记录以及仪器记录的短时性约束了科学家对大地震形成机制及查明其复发规律的认识，这不足以充分研究地球的复杂性、多规模地震行为及其带来的灾难性后果。因此，揭示地质记录中保存的史前地震事件对重建长期的地震历史非常重要，这有助于减少地震危险性评估的不确定性。“海底古地震学”是研究海底古地震非常有前景的方法，该方法通过研究深海沉积物中的地震记录来揭示古地震。但是，目前由于缺乏全面的数据库以及长期的地震记录，科学家无法保证古地震记录的质量和完整性。

该建议旨在检验和发展日本海沟海底古地震学，通过特定任务平台浅表 - 浅层（40 m）活塞取芯的多套取芯方法，恢复 7 ~ 8 km 深海沟充填盆地连续的上新世至全新世地层，拟用 18 个首选（和 / 或 13 个备选）站位的岩芯研究地震事件沉积，对这些岩芯进行详细的地层特征分析以及时空分布研究，从而揭示古地震事件。

2011 年，日本 9.0 级大地震造成的沉积物液化以及地震沉积保存在海沟盆地中。这些盆地是由太平洋板块俯冲弯曲造成的，是研究地震沉积的理想区域。因为在海沟中，来源于陆架区的沉积物无需经过长距离搬运，就可快速堆积在海沟盆地中，并且几乎没有底栖生物的扰动（因此具有很高的保存潜力）。以前通过传统方法采集的 1500 a 的岩芯揭示了沉积与历史地震之间有很好的关联性，海底剖面成像与盆地充填的泥质浊流沉积相一致。因此，根据这些资料，能够找到清晰的目标区，通过 IODP 取芯开展长时间尺度的古地震学研究。

（2）关键词

古地震学，地震，沉积学，事件地层学

（3）总体科学目标

利用日本海沟沉积物记录的历史地震，重建日本东北部大地震的历史，本建议拟解决的古地震学的主要研究目标是：

1）揭示沉积物的沉积学、物理学、化学和生物地球化学特征，以便对历史上 9.0 级地震、小地震和其他成因地震进行准确的识别和测年；

2）揭示地震沉积的时空分布，以研究沉积物来源、运移路径、沉积过程以及保存条件的时空变化；

3）建立大地震长期观测记录。

目标 1 和目标 2 主要是检验和发展海底古地震学，建立长期的地震沉积记录，为解决日本海沟目标 3 做准备，并进一步与全球实例进行对比。为了实现这些目标，建议使用 IODP 特定任务平台浅层（40 m）活塞取芯，恢复 7 ~ 8 km 深的日本海沟海沟充填盆地里上更新世到全新世的连续地层。用 18 个首选（和 / 或 13 个备选）站位的岩芯研究地震事件沉积，对这些岩芯进行详细的地层特征分析以及时空分布研究，揭示古地震事件。

（4）站位科学目标

该建议书建议站位见表 3.1.8 和图 3.1.10。

表3.1.8 钻探建议站位科学目标

站位名称	位置	水深 (m)	钻探目标			站位科学目标
			沉积物进尺 (m)	基岩进尺 (m)	总进尺 (m)	
JTPS-01A（首选站位）	36.07202°N, 142.73503°E	8030	40	0	40	（1）揭示日本海沟最南端沉积中心含有地震沉积的厚层的（相对于站位 JTPS-02A）、连续的全新世沉积物（可能达到上更新统）； （2）分析地层沉积模式和地震事件沉积特征，并结合 JTPS-02A 沉积特征，识别地震沉积事件； （3）与其他站位钻探结果进行对比，揭示地震沉积的时空分布特征，以及穿过那珂凑峡谷的沉积输送范围，建立长期大地震沉积记录
JTPS-02A（首选站位）	36.10118°N, 142.75813°E	8000	40	0	40	（1）揭示日本海沟最南端沉积中心附近含有地震沉积的薄层的（相对于站位 JTPS-01A）、连续的上更新世—全新世沉积物； （2）分析地层沉积模式和地震事件沉积特征，并结合 JTPS-01A 沉积特征，识别地震沉积事件； （3）与其他站位钻探结果进行对比，揭示地震沉积的时空分布特征，以及向北穿过那珂凑峡谷的沉积输送范围，建立长期大地震沉积记录

续表

站位名称	位置	水深(m)	钻探目标			站位科学目标
			沉积物进尺(m)	基岩进尺(m)	总进尺(m)	
JTPS-03A(备选站位)	36.22997°N, 142.88166°E	7990	35	0	35	(1)揭示日本海沟最南端沉积中心局部隆起区(JTPS-02A 的备选站位,水深小于 8000 m)一个含有地震沉积的薄层的(相对于站位 JTPS-04A)、连续的上更新世—全新世层序地层; (2)分析地层沉积模式和地震沉积特征,并结合 JTPS-04A 沉积特征,识别地震沉积事件; (3)与其他站位钻探结果进行对比,揭示地震沉积的时空分布特征,以及向北穿过那珂凑峡谷的沉积输送范围,建立长期大地震沉积记录
JTPS-04A(备选站位)	36.24424°N, 142.89031°E	7990	40	0	40	(1)在日本海沟最南端盆地局部隆起区(JTPS-01A 的备选站位,水深小于 8000 m)沉积中心钻探,揭示一个含有地震沉积的厚层的(相对于站位 JTPS-03A)、连续的全新世沉积层序(可能达到上更新统); (2)分析地层沉积模式和地震事件沉积特征,并结合 JTPS-03A 沉积特征,识别地震沉积事件; (3)与其他站位钻探结果进行对比,揭示地震沉积的时空分布特征,以及向北穿过那珂凑峡谷的沉积输送范围,建立长期大地震沉积记录
JTPS-05B(首选站位)	36.89173°N, 143.40772°E	7700	40	0	40	(1)在日本海沟最南端中部一个小型的孤立的海沟盆地(上部挤压,下部伸展,相对于站位 JTPS-06B)中钻探,揭示含有地震沉积的连续的上更新世—全新世层序地层; (2)分析地层沉积模式和地震事件沉积特征,并结合 JTPS-06B 沉积特征,识别地震沉积事件; (3)与其他站位钻探结果进行对比,揭示地震沉积的时空分布特征,以及向北穿过那珂凑峡谷的沉积输送范围,建立长期大地震沉积记录
JTPS-06B(首选站位)	36.91171°N, 143.42432°E	7710	40	0	40	(1)在日本海沟最南端中部一个小型的孤立的海沟盆地中钻探,揭示一个含有地震沉积的连续的上更新世—全新世层序地层(上部挤压,下部伸展,相对于站位 JTPS-05B); (2)分析地层沉积模式和地震事件沉积特征,并结合 JTPS-05B 沉积特征,识别地震沉积事件; (3)与其他站位钻探结果进行对比,揭示地震沉积的时空分布特征,以及向北穿过那珂凑峡谷的沉积输送范围,建立长期大地震沉积记录
JTPS-07A(首选站位)	37.41496°N, 143.73196°E	7820	40	0	40	(1)在日本海沟南部的中北部一个孤立的海沟盆地(这是一个相对于 JTPS-08A 站位的一个扩展剖面)中钻探,获取含有地震沉积的连续的上更新世—全新世沉积物; (2)分析地层沉积模式和地震事件沉积特征(最好与 JTPS-08A 沉积特征结合,与 JTPS-09A、JTPS-10 沉积特征相对比),识别地震沉积事件; (3)与其他站位钻探结果进行对比,揭示地震沉积的时空分布特征,建立长期大地震沉积记录

续表

站位名称	位置	水深(m)	钻探目标			站位科学目标
			沉积物进尺(m)	基岩进尺(m)	总进尺(m)	
JTPS-08A（备选站位）	37.42749°N, 143.73726°E	7820	30	0	30	（1）在日本海沟南部中北部一个孤立的海沟盆地中钻探，获取含有地震沉积的连续的上更新世—全新世沉积物；（2）分析地层沉积模式和地震事件沉积特征（最好与JTPS-07A沉积特征结合），识别地震沉积事件；（3）与其他站位钻探结果进行对比，揭示地震沉积的时空分布特征，建立长期大地震沉积记录
JTPS-09A（首选站位）	37.6811°N, 143.8661°E	7550	40	0	40	（1）在日本海沟南部最北端（相对于JTPS-10A站位）一个孤立的海沟盆地中钻探，获取含有地震沉积的连续的上更新世—全新世沉积物；（2）分析地层沉积模式和地震事件沉积特征，并与JTPS-10A沉积特征结合，识别地震沉积事件；（3）与其他站位钻探结果进行对比，揭示地震沉积的时空分布特征，建立长期大地震沉积记录
JTPS-10A（首选站位）	37.70031°N, 143.87689°E	7540	40	0	40	（1）在日本海沟南部最北端（相对于JTPS-09A站位）一个孤立的海沟盆地中钻探，获取含有地震沉积的连续的上更新世—全新世沉积物；（2）分析地层沉积模式和地震事件沉积特征，并与JTPS-09A沉积特征结合，识别地震沉积事件；（3）与其他站位钻探结果进行对比，揭示地震沉积的时空分布特征，建立长期大地震沉积记录
JTPC-01A（首选站位）	38.00853°N, 144.00566°E	7570	30	0	30	（1）在受2011年同震破裂传播至海沟的构造复杂区域中，在孤立的海沟盆地中钻探获取一个薄层的（相对于站点JTPC-02A）、连续的全新世沉积物（可能到达上更新统）；（2）揭示并分析较老的海沟沉积记录的变形事件；（3）分析地层沉积模式和地震事件沉积特征，并与JTPC-02A站位结合，评估局部差异性，识别地震沉积事件；（4）与其他站位钻探结果进行对比，揭示地震沉积的时空分布特征，建立长期大地震沉积记录
JTPC-02A（首选站位）	38.02804°N, 144.00227°E	7570	35	0	35	（1）在受2011年同震破裂传播至海沟影响的构造复杂区域中，在孤立的海沟盆地中钻探获取一个加厚的（相对于站点JTPC-01A）、连续的全新世（可能到达上更新世）沉积物；（2）揭示并分析较老的海沟记录的变形事件；（3）分析地层沉积模式和地震事件沉积特征，并与JTPC-01A站位结合，评估局部差异性，识别地震沉积事件；（4）与其他站位钻探结果进行对比，揭示地震沉积的时空分布特征，建立长期大地震沉积记录

续表

站位名称	位置	水深(m)	钻探目标			站位科学目标
			沉积物进尺(m)	基岩进尺(m)	总进尺(m)	
JTPC-03A（首选站位）	38.29761°N, 144.0592°E	7460	40	0	40	（1）在日本海沟中部相对高的海沟底部盆地中孤立的位置钻探，获取连续的晚更新世到全新世地层层序； （2）揭示并分析较老的海沟记录的变形事件； （3）分析地层沉积模式和地震事件沉积特征，并与JTPC-01A和JTPC-02A站位（南部）以及JT-PC-02A5B站位（北部）结合，识别地震沉积事件； （4）与其他站位钻探结果进行对比，揭示地震沉积的时空分布特征，建立长期大地震沉积记录
JTPC-04A（备选站位）	38.57586°N, 144.12499°E	7560	40	0	40	（1）在日本海沟中部的构造复杂区一个孤立的地堑填充盆地钻探，揭示含有地震沉积的连续的晚更新世到全新世沉积物。相邻的海沟盆地由扰动地层组成。该剖面相对于JTPC-05A站位是一个薄层的剖面； （2）分析地层沉积模式和地震事件沉积特征并与JTPS-05A沉积特征结合，识别地震沉积事件； （3）与其他站位钻探结果进行对比，揭示地震沉积的时空分布特征，建立长期大地震沉积记录
JTPC-05A（首选站位）	38.75801°N, 144.12942°E	7620	40	0	40	（1）在日本海沟中部海沟盆地（相对JTPC-04A，JTPC-07A站位）钻探，揭示含有地震沉积的连续的晚更新世到全新世沉积层序； （2）分析地层沉积模式和地震事件沉积特征（最好与JTPS-04A和JTPS-07A，北部JTPC-8A和JT-PC-09A，南部的JPTC-03A的结果相比较），识别地震沉积事件； （3）与其他站位钻探结果进行对比，揭示地震沉积的时空分布特征，建立长期大地震沉积记录
JTPC-06B（备选站位）	38.8692°N, 144.15224°E	7630	35	0	35	（1）在日本海沟中部北侧到中部孤立的俯冲海沟盆地钻探，揭示含有地震沉积的连续的晚更新世到全新世沉积层序。这是JTPC-05B和JTPC-09A的备选站位，与挤压背景下的JTPC-07A耦合，属于备选站位； （2）分析地层沉积模式和地震事件沉积特征，与JTPS-07A站位结合，识别地震沉积事件； （3）与其他站位钻探结果进行对比，揭示地震沉积的时空分布特征，建立长期大地震沉积记录
JTPC-07A（备选站位）	38.91249°N, 144.21916°E	7400	40	0	40	（1）在日本海沟中部北侧到中部孤立的地堑盆地钻探，揭示含有地震沉积连续的晚更新世到全新世沉积层序。这是JTPC-04A和JTPC-08A的备选站位，与相对伸展背景下的JTPC-06B和JTPC-10A站位相比，属于备选站位； （2）分析地层沉积模式和地震事件沉积特征，与JTPC-06B和JTPC-10A站位结合，识别地震沉积事件； （3）与其他站位钻探结果进行对比，揭示地震沉积的时空分布特征，建立长期大地震沉积记录

续表

站位名称	位置	水深 (m)	钻探目标			站位科学目标
			沉积物进尺 (m)	基岩进尺 (m)	总进尺 (m)	
JTPC-08A（首选站位）	39.03126°N, 144.24752°E	7340	40	0	40	（1）在日本海沟中部北侧构造复杂的孤立地堑盆地的挤压区（相对于JTPC-09A站位）钻探，一个含有地震沉积连续的晚更新世到全新世沉积层序，该站位同相邻的海沟盆地水深相近，但仅包含扰动的层序；（2）分析地层沉积模式和地震事件沉积特征，与JTPC-09A站位结合，识别地震沉积事件；（3）与其他站位钻探结果进行对比，揭示地震沉积的时空分布特征，建立长期大地震沉积记录
JTPC-09A（首选站位）	39.08195°N, 144.21682°E	7440	35	0	35	（1）在日本海沟中部构造复杂的北侧孤立的狭窄海沟盆地的伸展区（相对于JTPC-08A站位）钻探，揭示含有地震沉积的连续的晚更新世到全新世沉积层序；（2）分析地层沉积模式和地震事件沉积特征，与JTPC-08A站位结合，识别地震沉积事件；（3）与其他站位钻探结果进行对比，揭示地震沉积的时空分布特征，建立长期大地震沉积记录
JTPC-10A（备选站位）	38.90768°N, 144.15905°E	7640	40	0	40	（1）在日本海沟中部北侧—中部孤立的海沟盆地钻探，揭示含有地震沉积的连续的晚更新世到全新世沉积层序。这是JTPC-05A和JTPC-09A的备选站位，与相对挤压背景下的JTPC-07A耦合，属于备选站位；（2）分析地层沉积模式和地震事件沉积特征，与JTPC-07A站位结合，识别地震沉积事件；（3）与其他站位钻探结果进行对比，揭示地震沉积的时空分布特征，建立长期大地震沉积记录
JTPN-01A（备选站位）	39.24858°N, 144.20297°E	7460	30	0	30	（1）在39.4°N从大于1 km高的陡坎南部的海沟底盆地中钻探（JTPN-02A的备选站位），获取连续的上更新世（可能到中更新世）到全新世沉积物；（2）揭示并分析块体搬运沉积与大型滑坡之间的关系；（3）分析地层沉积模式和地震事件沉积特征，并与JTPC-08A和JTPC-09A站位进行比较，评估局部沉积多样性，识别地震沉积事件；（4）与其他站位钻探结果进行对比，揭示地震沉积的时空分布特征，建立长期大地震沉积记录
JTPN-02A（首选站位）	39.44436°N, 144.2163°E	7520	30	0	30	（1）在39.4°N从大于1 km高陡坎以北的海沟底盆地中钻探，获取连续的上更新世（可能到中更新世）到全新世沉积物；（2）揭示并分析块体搬运沉积与大型滑坡之间的关系；（3）分析地层沉积模式和地震沉积特征（最好与备选站位JTPN-03A结合）并与JTPN-04A、JTPN-05A/JTPC-08A、JTPC-09A进行比较，识别地震沉积事件；（4）与其他站位钻探结果进行对比，揭示地震沉积的时空分布特征，建立长期大地震沉积记录

续表

站位名称	位置	水深(m)	钻探目标			站位科学目标
			沉积物进尺(m)	基岩进尺(m)	总进尺(m)	
JTPN-03A（备选站位）	39.51979°N, 144.32902°E	7250	40	0	40	（1）在孤立的地堑盆地靠近高差大于 1 km 的大型陡坎和小火山口附近挤压区（相对于站位 JTPN-02A）钻探，揭示含有地震沉积的连续的上更新世（可能到中更新世）到全新世沉积层序； （2）分析地层沉积模式和地震事件沉积特征，与 JTPC-02A 站位，进行比较，识别地震沉积事件； （3）与其他站位钻探结果进行对比，揭示地震沉积的时空分布特征，建立长期大地震沉积记录
JTPN-04A（备选站位）	39.76647°N, 144.2691°E	7470	40	0	40	（1）在日本海沟北部中部孤立的海沟盆地凝缩段（相对于站位 JTPN-05A）钻探，揭示含有地震沉积的连续的上更新世（可能到中更新世）到全新世沉积层序。这是 JTPN-07A 的备选站位； （2）分析地层沉积模式和地震事件沉积特征，与 JTPC-05A 站位，进行比较，识别地震沉积事件； （3）与其他站位钻探结果进行对比分析，揭示地震沉积的时空分布特征，圈定穿过小河原峡谷向南输送的沉积物的范围，建立长期大地震的沉积记录
JTPN-05A（首选站位）	39.78013°N, 144.27636°E	7480	40	0	40	（1）在日本海沟最北部中央海沟盆地加厚段（相对于站位 JTPN-04A）钻探，揭示含有地震沉积的连续的上更新世（可能到中更新世）到全新世的沉积层序； （2）分析地层沉积模式和地震事件沉积特征（最好与 JTPN-04 结合），并与 JTPC-02A、JTPC-07A 站位进行比较，识别地震沉积事件； （3）与其他站位钻探结果进行对比分析，揭示地震沉积的时空分布特征，圈定穿过小河原峡谷向南输送的沉积物的范围，建立长期大地震的沉积记录
JTPN-06A（备选站位）	40.0594°N, 144.31855°E	7570	40	0	40	（1）在日本海沟最北部中央海沟盆地凝缩段（相对于站位 JTPN-07A）钻探，揭示含有地震沉积的连续的上更新世（可能到中更新世）到全新世的沉积层序。这是 JTPN-05A 的备用站位； （2）分析地层沉积模式和地震沉积特征，与 JTPC-07A 站位进行比较，识别地震沉积事件； （3）与其他站位钻探结果进行对比分析，揭示地震沉积的时空分布特征，圈定穿过小河原峡谷向南输送沉积物的范围，建立长期大地震的沉积记录

续表

站位名称	位置	水深 (m)	钻探目标			站位科学目标
			沉积物进尺 (m)	基岩进尺 (m)	总进尺 (m)	
JTPN-07A（首选站位）	40.09392°N, 144.32612°E	7560	40	0	40	（1）揭示含有地震沉积的连续的上更新世（可能到中更新世）到全新世的沉积层序；（2）分析地层沉积模式和地震事件沉积特征（最好与 JTPN-06A 结合），并与 JTPC-05A 站位进行比较，识别地震沉积事件；（3）与其他站位钻探结果进行对比分析，揭示地震沉积的时空分布特征，圈定穿过小河原峡谷向南输送沉积物的范围，建立长期大地震的沉积记录
JTPN-08A（备选站位）	40.3244°N, 144.4011°E	7600	40	0	40	（1）揭示含有地震沉积的连续的上更新世（可能到中更新世）到全新世的沉积层序。这是 JTPN-09A 的备选站位；（2）分析地层沉积模式和地震事件沉积特征，并与 JTPC-11A 站位结合，识别地震沉积事件；（3）与其他站位钻探结果进行对比，揭示地震沉积的时空分布特征，建立长期大地震沉积记录
JTPN-09A（首选站位）	40.39568°N, 144.42047°E	7620	40	0	40	（1）在日本海沟最北端最深沉积中心加厚段（相对于站位 JTPN-10A）钻探，揭示含有地震沉积的连续的上更新世（可能到中更新世）到全新世的沉积层序；（2）分析地层沉积模式和地震事件沉积特征，并与 JTPC-10A 站位结合，识别地震沉积事件；（3）与其他站位钻探结果进行对比，揭示地震沉积的时空分布特征，建立长期大地震沉积记录
JTPN-10A（首选站位）	40.43742°N, 144.43687°E	7600	30	0	30	（1）在日本海沟最北端海沟底部高点的凝缩段（相对于站位 JTPN-09A）钻探，揭示含有地震沉积的连续的上更新世（可能到中更新世）到全新世的沉积层序；（2）分析地层沉积模式和地震事件沉积特征，并与 JTPC-10A 站位结合，识别地震沉积事件；（3）与其他站位钻探结果进行对比，揭示地震沉积的时空分布特征，建立长期大地震沉积记录
JTPN-11A（备选站位）	40.25341°N, 144.39081°E	7550	30	0	30	（1）在日本海沟最北部孤立的海沟盆地凝缩段（相对于站位 JTPN-08A）钻探，揭示含有地震沉积的连续的上更新世（可能到中更新世）到全新世的沉积层序。这是 JTPC-10A 的备选站位；（2）分析地层沉积模式和地震事件沉积特征，与 JTPC-08A 站位结合，识别地震沉积事件；（3）与其他站位钻探结果进行对比，揭示地震沉积的时空分布特征，建立长期大地震沉积记录

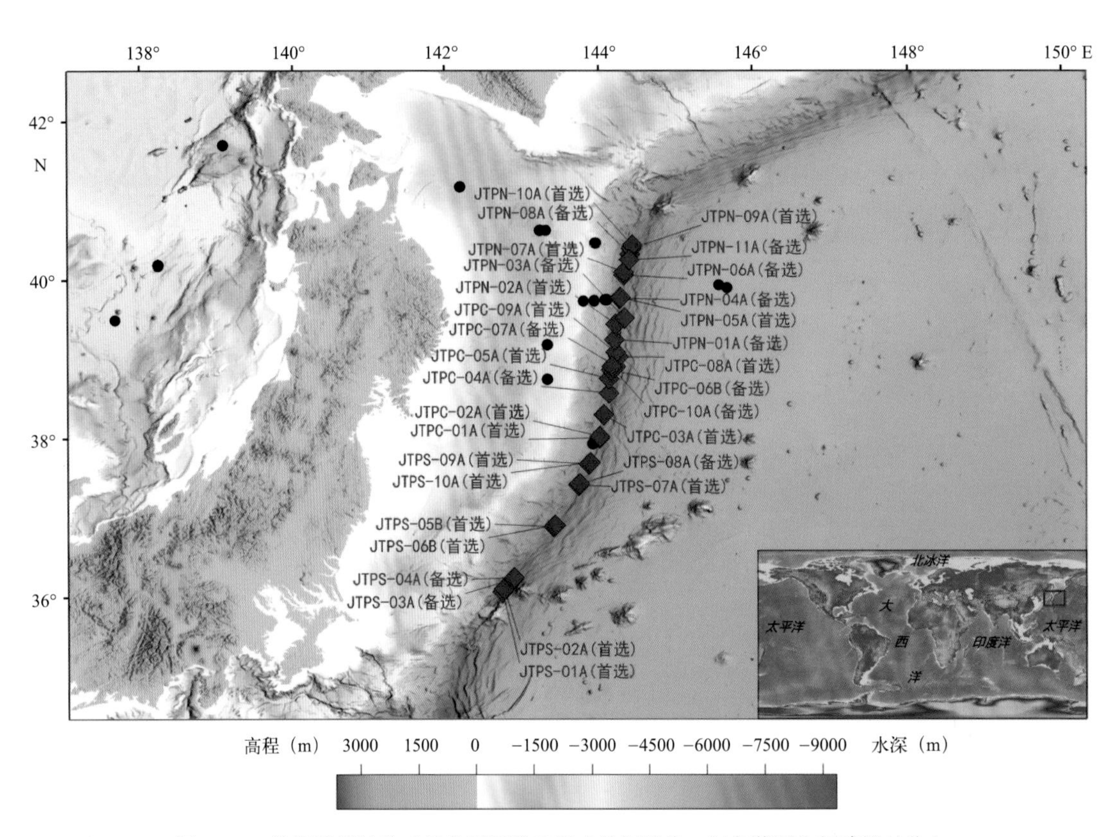

图3.1.10 钻探建议站位（黑色圆圈为已完成钻探站位，红色菱形为新建议站位）

（5）资料来源

资料来源于 IODP 866 号建议书，建议人名单如下：

Michael Strasser, Ken Ikehara, Toshiya Kanamatsu, Shuichi Kodaira, Cecilia McHugh, Yasuyuki Nakamura, Antonio Cattaneo, Timothy Eglinton, Chris Goldfinger, Takuya Itaki, Arata Kioka, Achim Kopf, Jasper Moernaut, Jim Mori, Yoshitaka Nagahashi, Volkhard Spieß, Witold Szczuciński, Mike Underwood, Kazuko Usami, Stefan Wiemer.

3.1.11 “斑点”岩浆作用对全球地球化学循环和俯冲带地震活动性的影响

（1）摘要

西北太平洋俯冲带外部隆起区的太平洋板块（120 ~ 130 Ma）上覆盖了非常薄的远洋沉积物，建议研究该处的基底性质。假设上覆薄层沉积物是由“斑点”岩浆作用（Petit-spot Magmatism）形成的玄武岩岩基侵入体或者席状熔岩流侵入远洋沉积物或喷发而形成的，那么外部隆起区的“斑点”岩浆作用应该比之前认知的更为广泛。广泛分布的“斑点”岩浆作用可能会对俯冲系统产生非常强的影响，包括板块边缘大型逆冲型地震断裂带的地震破裂成核作用以及滑动传播，还可能会改变弧岩浆作用的地球化学循环以及洋壳俯冲造成的物质分异引起的全球挥发性物质的循环。检验这一假说能阐明俯冲输入物质对俯冲作用的影响，也有助于揭示“斑点”岩浆作用在全球物质循环中所起的作用。这两个问题均是 IODP 科学目标非常重要的组成部分。

（2）关键词

斑点，俯冲带，地球化学循环

（3）总体科学目标

该建议的主要研究目标是阐述广泛分布的“斑点”岩浆作用对大型逆冲型地震的发生以及全球地球化学循环产生的显著影响。只有通过大洋钻探才能评估覆盖在异常薄沉积层之下的声学基底性质。为此，建议对上覆异常薄的沉积盖层以及孔隙流体中的稀有气体进行取样。

1）薄层沉积盖层之下声学基底的性质

如果声学基底由喷出岩组成，那就采集熔岩或火山角砾岩。如果声学基底由侵入岩组成，则采集受侵入岩烘烤的沉积岩。

2）“斑点”火山对远洋沉积物组成的影响

该建议将运用磁性地层学、火山灰年代学和生物地层学对所采集的沉积岩样品进行定年。如果上覆薄层沉积盖层中缺失中新世富蒙脱石的远洋黏土，则会抑制浅层的同震滑移传播，但是会促进震源深度处的破裂成核作用，从而对大型逆冲型地震的分段性产生显著影响。

3）“斑点”火山作用相关的通量地球化学

玄武岩样品的地化分析结果可以揭示“斑点”岩浆作用的地球化学特征，能够更好地评估它对俯冲带岩浆作用的影响。玄武岩及其周围沉积物中的挥发分含量以及稀有气体的同位素地球化学特征可以揭示外部隆起区释放的挥发分性质。

为实现钻探目标，建议从每个站位的邻区再钻取一个约 10 cm 长的圆形截面用于 He 分析。为了防止氦气的弥散泄露，He 分析的部分在运送至实验室期间要保持冰冻状态。在实验室内，分析部分岩芯中的孔隙流体在室温下会在真空金属容器中释放，需要对金属容器进行冷藏再次冻结流体，并使用稀有气体质谱仪测量游离气体中的 He 同位素。

（4）站位科学目标

该建议书建议站位见表 3.1.9 和图 3.1.11。

表3.1.9 钻探建议站位科学目标

站位名称	位置	水深(m)	钻探目标			站位科学目标
			沉积物进尺(m)	基岩进尺(m)	总进尺(m)	
TPC-01A	37.9218°N, 144.9548°E	5485	60	100	160	采集沉积物/基岩边界处样品，岩基往下再钻约 100 m，钻穿“斑点”火山熔岩或岩基
TPC-02A	37.9612°N, 144.7218°E	5555	50	100	150	采集沉积物/基岩边界处样品，岩基往下再钻约 100 m，钻穿“斑点”火山熔岩或岩基
TPA-01A	39.4345°N, 144.3667°E	6820	40	100	140	采集沉积物/基岩边界处样品，岩基往下再钻约 100 m，钻穿“斑点”火山熔岩或岩基
TPA-02A	39.4037°N, 144.2952°E	6908	60	100	160	采集沉积物/基岩边界处样品，岩基往下再钻约 100 m，钻穿“斑点”火山熔岩或岩基
TPA-03A	38.8530°N, 144.2272°E	7273	80	100	180	采集沉积物/基岩边界处样品，岩基往下再钻约 100 m，钻穿“斑点”火山熔岩或岩基

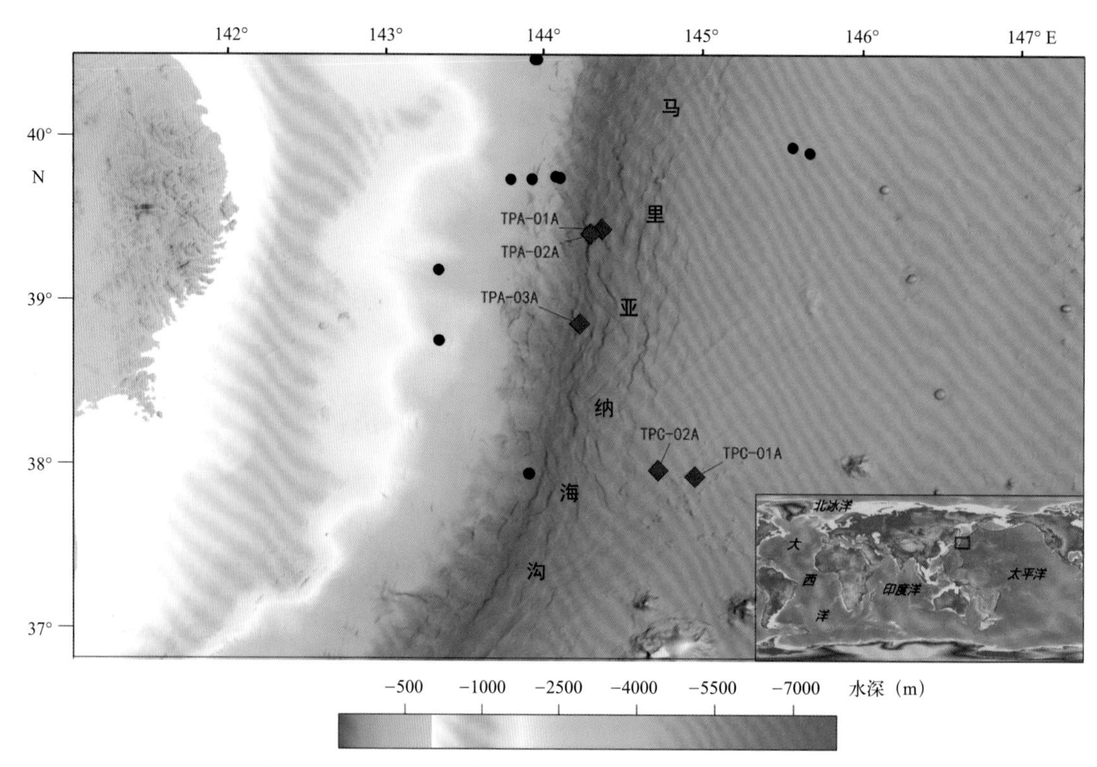

图3.1.11　钻探建议站位（黑色圆圈为已完成钻探站位，红色菱形为新建议站位）

（5）资料来源

资料来源于 IODP 939 号建议书，建议人名单如下：

Asuka Yamaguchi, Gou Fujie, Naoto Hirano, Takanori Kagoshima, Norikatsu Akizawa, Jun-Ichi Kimura, Cecilia McHugh, Jason Morgan, Tomoaki Morishita, Yasuyuki Nakamura, Shigeaki Ono, Sébastien Pilet,Susanne Straub, Tomohiro Toki, Yama Tomonaga, Greg Valentine, Makoto Yamano.

3.1.12　智利中南部世界上最大地震发生条件

（1）摘要

1960 年 5 月 22 日，在智利发生了灾难性的 9.5 级瓦尔迪维亚地震，在太平洋引起了广泛的海啸。瓦尔迪维亚地震之后开展的大型逆冲型破裂带的调查研究表明，厚层海沟充填物与大地震之间存在密切的联系，1960 年，智利破裂带就是在这样的条件下形成的。智利中南部的俯冲因为地震频发而备受大家关注，该处地震每隔 100 ~ 150 年会发生一次。地震反射资料显示，此处的地壳增生模式与其他曾发生过 9.0 级大地震的增生边缘不一样，如阿拉斯加、北苏门答腊这些地方的海沟沉积物大部分都绕过变形前缘沉积。地震反射剖面显示，早上新世以来，只有约 30% 的俯冲沉积物增生到 30 ~ 40 km 宽的俯冲边缘，这意味着 70% 的沉积物俯冲到更深处了。这可能是由于走向上存在运输体系异常好的且具有稳固的海沟沉积物，这些沉积物由于沿走向运移而变得均匀，但是这只是推测。由于海沟向海一侧的纳斯卡板块上的远洋或半远洋沉积物太薄，无法覆盖地形起伏很大的大洋基底。如果智利中南部海沟深处没有能够形成拆离断裂的连续的薄弱层，那么拆离断裂不得不在海沟地层顶部附近形成。本次钻探将能够获取确切的证据，并与地震反射剖面相结合，有望解释该处为何会异常频繁地发生大地震。该建议提出 5 个钻探站位：在海沟中实施两个不同的站位钻取海沟增生楔处以及远洋 / 半远洋沉积物进行岩石学和物理学研究；在一个增生楔顶端浅表采集浅层拆离断裂带样品以及流体运移样品；另一个站位钻取斜坡褶皱和增生楔的样品进行年代学和隆升 / 沉降史研究；在较老（可能是侏罗纪）的上板块上实施一个钻孔，钻取边缘构造岩石样品以及现代增生楔沉积物。科学钻探能够为确定流体来源和流体流动模式、增生楔构造的形成以及沿海沟俯冲下去的沉积物的沉积过程研究提供所需的资料。本次研究的成果将与最近其他大型逆冲断裂带背景下（如北苏门答腊，日本海沟）IODP 的成果进行对比分析，以便进一步确定大型逆冲型破裂带产生的原因，从而为更好地理解俯冲带地震和海啸的形成机制服务。

（2）关键词

智利俯冲带，地震，巨型逆冲断层

（3）总体科学目标

本建议旨在揭示导致智利中南部发生世界上最大的地震和海啸的条件，与其他俯冲带相比，为什么在这样的背景下容易产生如此大、如此频繁的地震和海啸？主要钻探目标包括：

1）揭示海沟沉积物的组成和物理性质；

2）钻穿浅层海沟地层以及前缘增生楔，在变形前缘两侧采集等量的沉积物样品，研究拆离断裂起始有关的岩石学、物理性质、孔隙流体化学和显微构造。这些站位的钻探结果有助于研究与增生楔、拆离断裂和底冲沉积物相关的流体来源和流体流动模式；

3）揭示现代（晚中新世 / 早上新世以来）增生楔内部沉积物的时代、隆升历史和流体流动模式，揭示增生类型、隆升历史和增生楔脱水作用，推断俯冲边缘长期行为，与坡折带下部的现代增生楔和俯冲类型进行对比分析；

4）揭示作为俯冲边缘构造岩和现代增生楔支撑的较老上板块的时代、成分和构造隆升史，以揭示组成上板块主体并存储弹性应变能的岩石的物理性质和条件。

（4）站位科学目标

该建议书建议站位见表 3.1.10 和图 3.1.12。

表3.1.10 钻探建议站位科学目标

站位名称	位置	水深 (m)	钻探目标			站位科学目标
			沉积物进尺 (m)	基岩进尺 (m)	总进尺 (m)	
CMT-01A（首选）	39.2152°S, 75.2636°W	4341	650	20	670	这是两个海沟钻探站位中的第一个站位，主要是揭示俯冲板块上海沟沉积物的岩性、年龄、沉积速率、孔隙流体化学和物理性质。该站位距离 CMT-02A 站位约 20 km，对海沟沉积物的下半部分进行取样。CMT-01A 将钻进洋壳基底约 20 m

续表

站位名称	位置	水深 (m)	钻探目标			站位科学目标
			沉积物进尺 (m)	基岩进尺 (m)	总进尺 (m)	
CMT-02B（首选）	39.21667°S, 74.95469°W	4403	600	0	600	这是两个海沟钻探站位中的第二个站位，主要是揭示俯冲板块上海沟沉积物的岩性、年龄、沉积速率、孔隙流体化学和物理性质。该站位距离 CMT-01A 站位约 20 km，对前缘变形带海沟沉积物的上半部分进行取样，采集滑移以前已经成为拆离断裂滑移面上的地层，将它们与 CMT-03B 站位的拆离断裂带样品进行对比
CMT-03B（首选）	39.21871°S, 74.88004°W	4094	850	0	850	该站位的主要目标是钻穿前缘增生楔，到达初始拆离断裂以及底冲沉积物内数米。该站位与其东部 6 km 的 CMT-02B 站位进行对比分析。该站位位于前缘变形带向陆大约 3 km 的位置。该站位的目的是厘定前缘增生楔、拆离断裂和底冲沉积物的岩性、孔隙流体化学和物理性质，进一步揭示流体运移和脱水作用，从而估测引起浅层拆离的因素
CMT-04B（备选）	39.22568°S, 74.57748°W	2228	1100	0	1100	该站位是首选站位 CMT-05A 的备选站位。目标是对整个斜坡盖层沉积剖面进行取样，并钻入下伏现代增生楔最老部分的增生楔，揭示斜坡盖层和增生沉积物的岩性、物源、年龄、沉积速率、显微结构、温度、孔隙流体化学和物理性质。该站点将估测沉积物堆积速率、质量平衡、变形样式和水文地质
CMT-05A（首选）	39.22619°S, 74.55095°W	2031	1350	0	1350	该站位将对整个斜坡盖层沉积剖面进行取样，并钻入下伏现代增生楔最老部分的增生楔，揭示斜坡盖层和增生沉积物的岩性、物源、年龄、沉积速率、显微结构、温度、孔隙流体化学和物理性质。该站点将估测沉积物堆积速率、质量平衡、变形样式和水文地质
CMT-06B（备选）	39.09252°S, 74.601522°W	2386	1250	0	1250	该站位是 CMT-05A 的备选站位。目标是对整个斜坡盖层沉积剖面进行取样，并钻入下伏现代增生楔最老部分的增生楔，揭示斜坡盖层和增生沉积物的岩性、物源、年龄、沉积速率、显微结构、温度、孔隙流体化学和物理性质。该站点将估测沉积物堆积速率、质量平衡、变形样式和水文地质
CMT-07A（首选）	39.23236°S, 74.24102°W	1755	560	0	560	该站位将钻穿整个斜坡盖层沉积物，钻穿构成现代增生楔支撑物的古老（可能是侏罗纪）增生楔。目的是揭示形成上部板块主体并在地震周期中储存弹性应变能的古增生楔体的年龄、成分、物理性质和水文地质
CMT-08A（备选）	39.23465°S, 74.13334°W	1224	650	0	650	CMT-07A 站位的备选该站位将钻穿整个斜坡盖层沉积物，钻穿构成现代增生楔支撑物的古老（可能是侏罗纪）增生楔。目的是揭示形成上部板块主体并在地震周期中储存弹性应变能的老增生楔体的年龄、成分、物理性质和水文地质

续表

站位名称	位置	水深(m)	钻探目标			站位科学目标
			沉积物进尺(m)	基岩进尺(m)	总进尺(m)	
CMT-09A（备选）	39.09832°S, 74.31441°W	2259	1250	0	1250	CMT-07A的第二个备选站位。该站位将钻穿整个斜坡盖层沉积物，钻穿构成现代增生楔支撑物的古老（可能是侏罗纪）增生楔。目的是揭示形成上部板块主体并在地震周期中储存弹性应变能的古老增生楔体的年龄、成分、物理性质和水文地质
CMT-10A（备选）	39.22701°S, 74.52355°W	1868	1200	0	1200	CMT-05A的备选站位。目标是对整个斜坡积物盖层进行取样，并钻入下伏现代增生楔最老部分的增生楔，揭示斜坡盖层和增生沉积物的岩性、物源、年龄、沉积速率、显微结构、温度、孔隙流体化学和物理性质。研究沉积物堆积速率、质量平衡、变形样式和水文地质

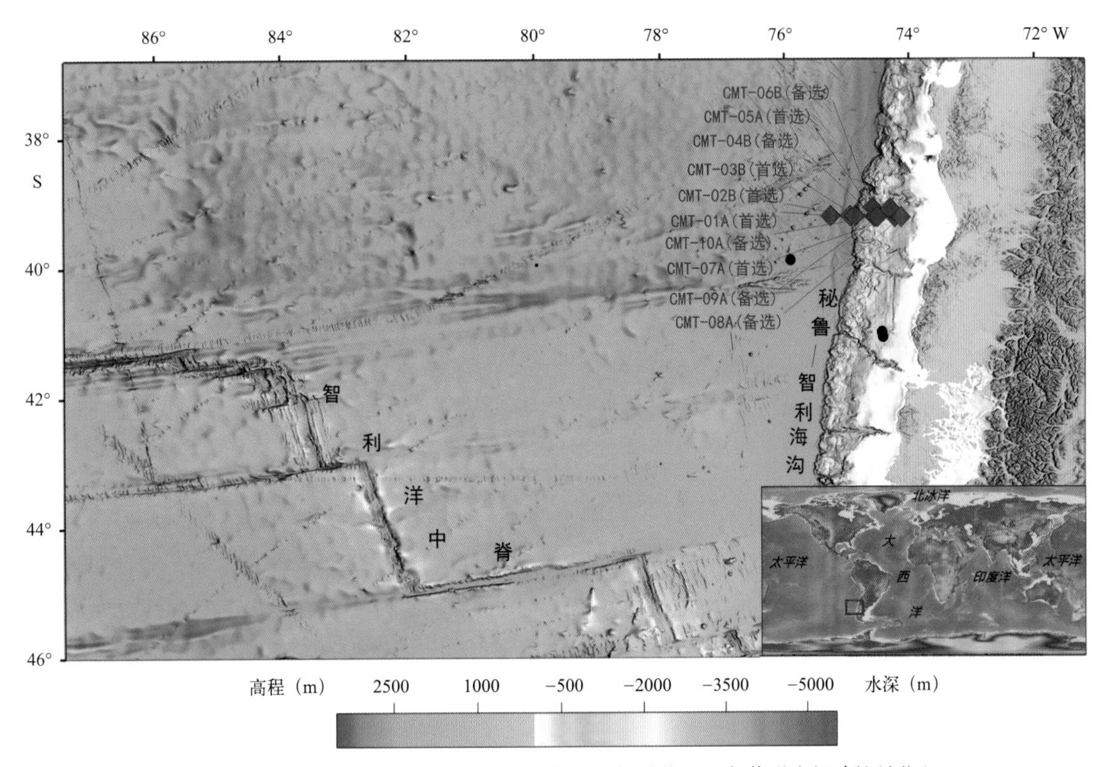

图3.1.12 钻探建议站位（黑色圆圈为已完成钻探站位，红色菱形为新建议站位）

（5）资料来源

资料来源于IODP 984号建议书，建议人名单如下：

Nathan Bangs, Anne Tréhu, Eduardo Contreras-Reyes, Evan Solomon, Shuoshuo Han, Julia Morgan, Andrei Maksymowicz, Brandon Dugan, Kathleen Marsaglia, Jacob Geersen, Tania Villaseñor , Steffen Kutterolf.

3.1.13 阿拉斯加南部边缘大洋钻探：大型逆冲型地震灾害和末次盛冰期后气候变化

（1）摘要

建议在美国阿拉斯加州威廉王子湾地区进行钻探，以检验俯冲带以及气候变化的多种假设和其他基本科学问题。目标是建立一个从末次盛冰期（LGM）到现在的古地震和古气候记录，检验海洋古地震技术，并与陆地地震记录进行对比研究，确定从远至近的冰消作用时间，以及末次盛冰期后的冰川消失是灾难性的还是渐进式的。利用这些数据，还能解决海洋古地震记录的完整性，以及大型逆冲型地震的变化性问题，分析可以造成海啸的叠瓦状逆冲断层和海底滑坡的力学条件，揭示海底滑坡与末次盛冰期后气候变化、冰川退缩和海平面上升之间的关系。另可能会钻获海洋同位素第三阶段（Marine Isotopic Stage 3，MIS3）和更古老的间冰期沉积物，建立该时期缺失的气候记录。3 个钻探目标区是：

1）瓦尔迪兹港口——目标是建立大型海底滑坡历史，并了解其形成机制，将其与陆地古地震历史进行比较，检验新冰期（过去 3 ~ 4 ka）期间的滑坡频率或规模是否更高。建立冰消作用后的气候记录。

2）中央威廉王子湾盆地——目标是获取完整的末次盛冰期后气候和沉积记录，厘定冰消作用时间，并将其与其他地区进行比较，检验冰川消退是灾难性的还是渐进的。初步研究表明，该区域能够建立一个 1 万年的大型逆冲型地震记录。最后，末次盛冰期以前的沉积物应当可以提供 MIS3 气候的高纬度记录，并可揭示大型叠瓦状逆断层的滑动速率和停止时间。

3）军垦海槽——目标是通过钻穿大型叠瓦状逆冲断裂带来约束断裂带的变形速率和发展过程，计算断裂带的力学性质。该钻探能钻穿 3 个冰川旋回，以建立高纬度冰期和间冰期气候记录。

（2）关键词

阿拉斯加，大型逆冲断裂，古地震学，气候，滑坡

（3）总体科学目标

本建议的目的是利用科学钻探建立末次盛冰期到现在的古地震和古气候记录，通过与陆地地震记录的比较来评估海洋古地震技术，建立从远到近的冰消时间，验证末次盛冰期后的冰消是灾难性的还是渐进性的。利用这些数据，还能研究大型逆冲型地震的变化性、造成海啸的叠瓦状逆冲断层和海底滑坡的力学条件，以及末次盛冰期后气候变化、冰川行为和海平面上升之间的关系。该建议非常有可能取到 MIS3 至 MIS6 时期的沉积物样品，建立该时期缺失的气候记录。建议在下面 3 个站位实施多口钻探。

1）瓦尔迪兹港口——目标是建立海底滑坡的历史并了解其频率和形成机制。拟建立冰消作用后的近代气候记录、海底滑坡，并揭示气候状态与滑坡频率和规模之间的关系。

2）中央威廉王子湾盆地——目标是获取完整的末次盛冰期后气候和地震记录，并进一步约束末次盛冰期前气候和大型叠瓦状逆冲断层滑动率。

3）军垦海槽——目标是通过钻穿大型叠瓦逆冲断裂带，计算其活动速率、发展过程和力学性质。该站位将钻穿多个冰期旋回，建立冰期—间冰期旋回的高纬度气候记录。

（4）站位科学目标

该建议书建议站位见表 3.1.11 和图 3.1.13。

表3.1.11　钻探建议站位科学目标

站位名称	位置	水深 (m)	钻探目标			站位科学目标
			沉积物进尺 (m)	基岩进尺 (m)	总进尺 (m)	
PWSPV-01A	61.1124°N, 146.4608°W	238	265	0	265	瓦尔迪兹港口沉积物记录了 LGM 后气候变化和海底滑坡。了解海底滑坡的历史和机理，将这一记录与陆地古地震史进行比较，验证记录的完整性和滑坡的频率。建立一个独特的冰消作用后的气候记录，将其与远站位的记录进行比较，了解北太平洋周围冰消作用的时间和速率
PWSCB-01A	60.5267°N, 146.8098°W	425	300	0	300	中央威廉王子湾盆地沉积物记录了一个完整的 LGM 后气候变化。该站位用来厘定北太平洋的冰消速率和时间，并对可能为 MIS3 及更古老的间冰期沉积物进行取样。初步研究表明，该处还存在一个高分辨率的古地震记录，它有可能提供一个 1 万年的大型逆冲型地震记录，丰富海洋古地震学研究
PWSJT-01A	59.5388°N, 148.1895°W	206	250	0	250	通过钻穿大型叠瓦逆冲断裂带，计算其活动速率、发展过程和力学性质。该站位将钻穿 3 个冰川旋回，以建立高纬度冰期和间冰期气候记录。此外，该站位 LGM 冰消作用的时间对了解 LGM 冰盖崩塌是灾难性的还是渐进性的至关重要

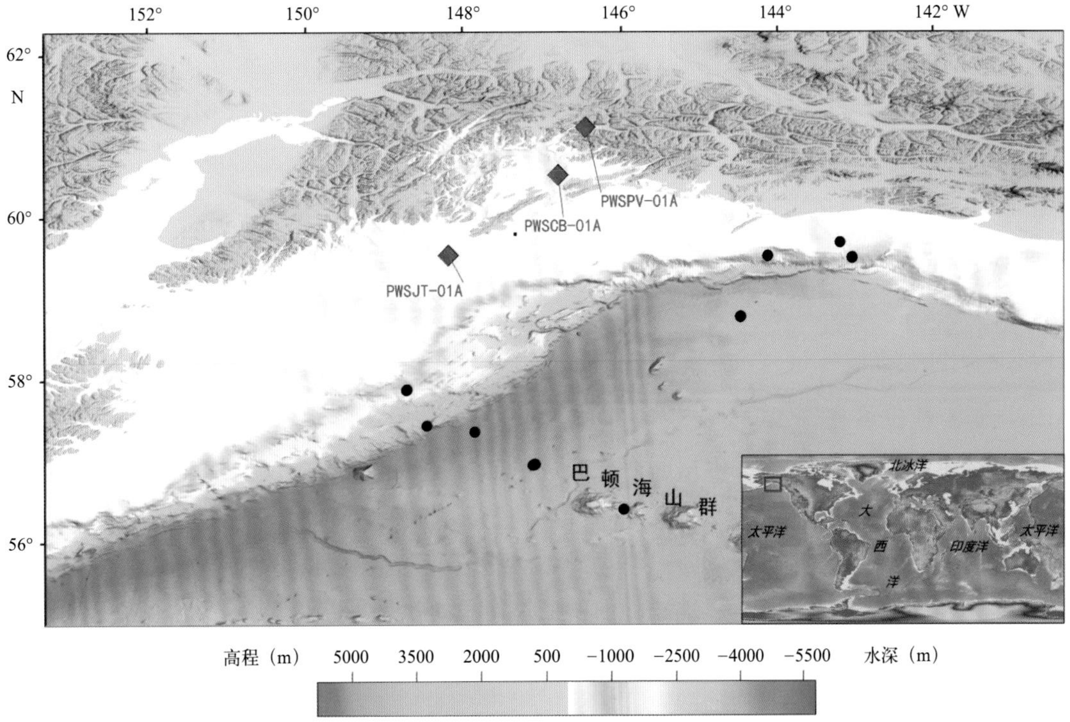

图3.1.13　钻探建议站位（黑色圆圈为已完成钻探站位，红色菱形为新建议站位）

（5）资料来源

资料来源于 IODP 992 号建议书，建议人名单如下：

Peter Haeussler, Sean Gulick, Harold Tobin, Alan Mix, Guillaume St-Onge, John Jaeger, Ellen Cowan, Maureen Walczak, Danny Brothers, Lee Liberty, Rob Witter, Homa Lee, Jacques Locat, Erin McClymont, Emily Roland, Lindsay Worthington.

3.2 碰撞边界构造与地球动力学

3.2.1 印度扇和默里海岭大洋钻探：利用碎屑记录重建青藏高原、喜马拉雅西部和喀喇昆仑的剥蚀历史

（1）摘要

建议利用印度—亚洲碰撞以来在印度扇的剥蚀记录，检验它与区域构造和全球气候变化的关系。印度扇的碎屑记录能够量化一定区域的剥蚀量，在这个区域内，新近纪古海洋演化记录保存完好，尤其与 8.5 Ma 季风增强有关，沉积物源也是放射热年代学研究的重点。要了解大陆构造演化、海洋环流、大陆气候和剥蚀之间的联系，就要重建每一项的历史，并将其相互联系起来。在区域地震地层框架的背景下，在印度扇的钻探能够提供新生代的剥蚀量。物源分析能够揭示沉积物源和抬升速率的变化，而黏土矿物学和地球化学可以用来评估大陆风化作用。该建议计划沿印度扇的西缘实施钻探，此处印度扇抬升到了默里海岭之上。该建议提出了单个非立管钻探站位，该站位的钻探能够采集简短但基本完整的新近纪剥蚀历史样品，以及前陆地区缺失的古近纪样品。取芯将跨越 23 Ma、15 Ma、8.5 Ma 和约 3 Ma 的季风增强期，用以揭示季风增强引发的剥蚀速率和风化类型的变化。MU-3A 钻探将揭示始新世地层，钻穿沉积扇底部，采集扇体沉积物和基底样品。中中新世的信息对检验季风增强是否始于更早期非常重要。下中新统—渐新统钻探有助于揭示喜马拉雅剥露开始的时间。印度缝合带北部的物质进入阿拉伯海，可用于约束一直争议的印度—亚洲碰撞时代。钻探将在比以前更可能接近的位置确定扇体沉积开始的时间。因为印度—亚洲汇聚速率是已知的，测定碰撞年龄，就能揭示增加到亚洲的地壳是否大大超过现今的造山带地壳。如果增加的地壳超过目前造山带的地壳，那么会引起地壳的侧向挤出或俯冲，这就意味着造山带应变调节的方式不仅仅是水平挤压。

（2）关键词

构造，剥蚀，气候

（3）总体科学目标

本建议的钻探目标是厘定印度扇的初始形成时间，揭示自初始形成到现在的印度扇上部的碎屑记录。用单颗粒物源和热年代学技术揭示沉积物物源，有助于计算喜马拉雅和青藏高原造山期间印度河流域盆地的演化模式和剥露速率。黏土矿物研究能约束同期风化作用随时间的演变。钻探结果还能揭示阿拉伯海三维地震地层的年龄。这有助于准确厘定印度河流域的沉积速率，进一步明确剥蚀、构造和气候之间的关系。剥蚀记录可以直接与现今阿曼边缘的古海洋记录进行对比，并利用超微化石生物地层学与前陆的大陆风化记录进行对比。在印度扇进行钻探，将为关键区域古新世—早始新世期间（海洋学发生重大变化的时期）的海洋环流模式提供古海洋学约束。

(4) 站位科学目标

该建议书建议站位见表 3.2.1 和图 3.2.1。

表3.2.1　钻探建议站位科学目标

站位名称	位置	水深 (m)	钻探目标			站位科学目标
			沉积物进尺 (m)	基岩进尺 (m)	总进尺 (m)	
MU-3A	22.5817°N, 64.5933°E	2310	1860	10	1870	钻取古近纪－新近纪印度扇沉积及其下伏基岩样品

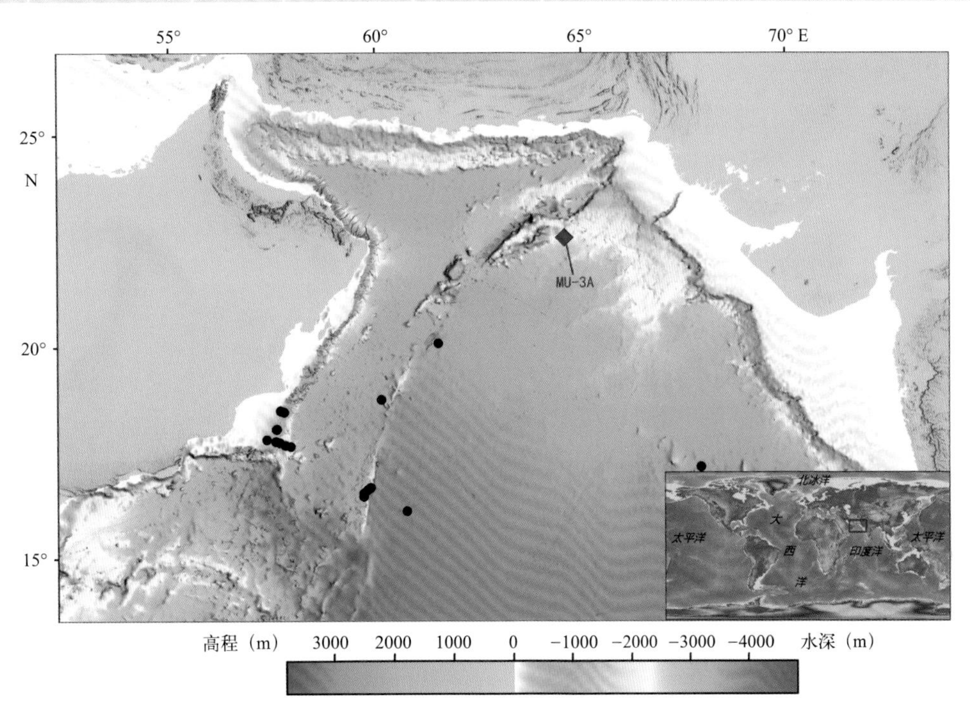

图3.2.1　钻探建议站位（黑色圆圈为已完成钻探站位，红色菱形为新建议站位）

(5) 资料来源

资料来源于 IODP 595 号建议书，建议人名单如下：

Peter Clift, Hidekazu Tokuyama, Christoph Gaedicke, Peter Molnar, Dirk Kroon, Youngsook Huh, Rosemary Edwards, Yani Najman, Ali Tabrez, Tim Henstock, Gerome Calves, David Limmer, Youngsok Huh, Asif Inam, Muhammad Tahir, Asif Khan, Iqbal Hajana, Peter Hildebrand, Kip V. Hodges, John Grotzinger, Eduardo Garzanti, Peter Miles, Maureen Raymo, Mike Searle, Ashraf Uddin.

3.2.2　东亚青藏高原隆升时间及河流演化模式：来自红河和湄公河沉积物记录的证据

(1) 摘要

青藏高原的隆升影响了亚洲季风气候的强度，然而，由于陆地上缺乏保存隆升历史的记录，青藏高原隆升与亚洲季风气候的关联性一直不清楚。在青藏高原东部，东亚的大型河流深切成谷，河流下切与高原隆升有关。河流下切作用与亚洲边缘海的碎屑沉积物供应增加有关。此外，高原隆升和向东挤出导致一条河流袭夺另一条河流的源头，尤其在东喜马拉雅构造结附近的河流密集区。水系几何形态的变化在河口沉积物类型以及大陆边缘沉积物厚度和分布中有所记录。青藏高原的隆升也与季风气候的增强有关，季风气候一定程度上影响了东南亚的剥蚀速率和风化作用。因此，对近海沉积过程的解析和沉积物的测年是厘定青藏高原东部隆升时间、空间多变性以及与亚洲季风之间关系的最佳途径。建议在湄公河和红河陆架和近海陆坡上实施深钻，获取新生代以来的侵蚀通量。在已有地震地层框架内钻探，能够揭示沉积物总量，通过磁性地层和生物地层方法可厘定沉积物的形成时代，建立高分辨率的沉积总量，该沉积物总量应与陆上剥蚀总量相当。用岩芯样品可厘定河流袭夺时间，通过大量沉积物和单颗粒同位素物源分析方法，可鉴别不同物源区物源的缺失或者增加。用黏土矿物学和全岩地球化学可估算随季风气候增强而变化的不同河流流域的风化作用。该建议钻探一旦实施，能够直接解决气候—构造相互作用的问题，这也是 IODP 研究的重点。准确厘定青藏高原隆升的时间对研究大陆构造体系有重要意义，因为它记录了印度—亚洲板块碰撞引起的构造变形和应力调整过程。

（2）关键词

构造，气候，物源，剥蚀，地层

（3）总体科学目标

拟在南海中建南盆地、莺歌海盆地和西沙海槽进行钻探，获取新生代以来来自青藏高原的沉积物通量，以及沉积物源和剥蚀速率的变化。东亚河流体系的剥蚀总量主要受季风气候强度、印支地块主要剪切带的剥露和青藏高原地形高程的控制。由于冲积平原的缓冲作用，海平面变化对侵蚀总量仅产生中度的影响。有研究表明印度洋海底扇中的剥蚀记录受控于喜马拉雅山脉以及青藏高原的剥蚀作用，因此有必要对东亚边缘海进行研究。另外，亚洲季风气候的强度与青藏高原的范围和海拔有关，因此，通过海上钻探，对比分析沉积物源和剥蚀通量与印度古海洋演化记录，揭示大陆性气候的发展变化和陆地构造活动的同位素定年，可用于检验这种构造—气候耦合的假设是否正确。此外，这些数据能够约束大陆性气候，提供高原隆升空间分布的重要信息。恢复'高原隆升历史，能够更好地揭示印度—亚洲板块碰撞过程中的应力应变机制，这是大陆构造学领域的一个重要问题。

（4）站位科学目标

该建议书建议站位见表 3.2.2 和图 3.2.2。

表3.2.2 钻探建议站位科学目标

站位名称	位置	水深 (m)	钻探目标			站位科学目标
			沉积物进尺 (m)	基岩进尺 (m)	总进尺 (m)	
VN-1	18.9700°N, 106.7833°E	102	4900	10	4910	获取红河水系携带并沉积的沉积物样品，为区域地震地层提供详细的年代约束
XI-1	17.1833°N, 110.7500°E	1564	3714	10	3724	类似于钻孔 VN-1，但是为更深更远更凝缩的沉积地层剖面提供了更多的年龄约束
VN-2	9.3666°N, 108.9500°E	162	4982	10	4992	获取湄公河水系携带并沉积的沉积物样品，厘定快速沉积时间以及物源区的改变，揭示河流袭夺或者遗弃
VN-3	8.6333°N, 109.7166°E	1506	2800	10	2810	获取红河水系携带并沉积的沉积物样品，以厘定快速沉积开始的时间及物源区的改变，揭示水系源头袭夺或者遗弃

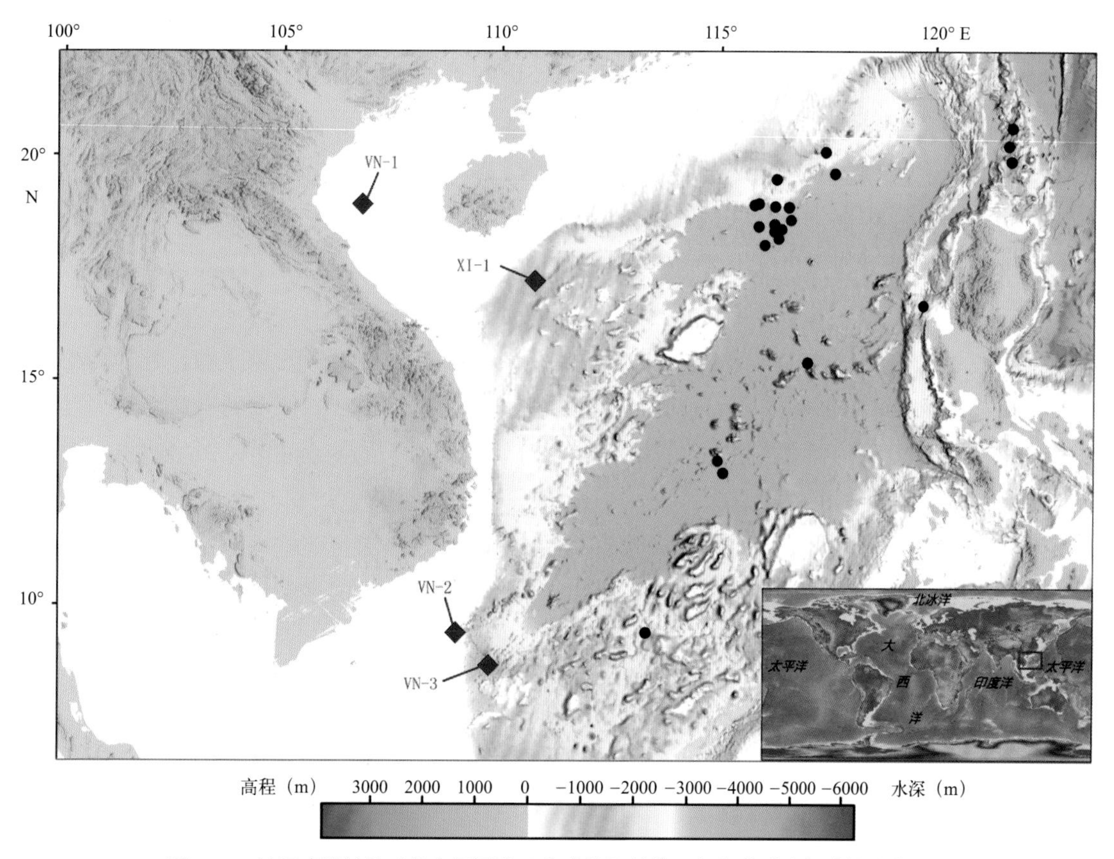

图3.2.2　钻探建议站位（黑色圆圈为已完成钻探站位，红色菱形为新建议站位）

（5）资料来源

资料来源于 IODP 618 号建议书，建议人名单如下：

Peter D. Clift, Nguyen Trong Tin, Lars Henrik Nielsen, Yoshiki Saito, Vu Van Kinh, Nguyen Anh Duc, Gwang Hoon Lee, Le Dinh Thang, Steve Dorobek, Andrew Carter, Lars Ole Boldreel, Nguyen Van Dac, François Métivier, Yan Pin, Nguyen Huy Quy, Urs Schärer, Chi Cung Thuong, Ioannis Abatzis, Mike Bickle, Nicolas Chamot-Rooke, Shouye Yang.

3.3　被动陆缘构造与地球动力学

3.3.1　白垩纪冈瓦纳东部边缘深部地层记录：罗德豪隆起高纬度大陆带上的构造、古气候和深部生物圈

（1）摘要

板块构造运动及其造成的地壳结构变化深刻地影响着全球气候、海洋环流以及生命的起源、分布和可持续性。板块构造学说提出 50 余年以来，一个关键问题在于如何区分汇聚和伸展构造环境中被动大陆边缘与主动大陆边缘。但是，科学家还无法完全解决冈瓦纳东部边缘的构造环境和演化问题，因为冈瓦纳大陆现在大部分散布在大型减薄隐伏的大陆边缘“条带”中（如罗德豪

隆起）。大陆边缘“条带”很难用板块构造理论来解释，但是它们具有后太古代大陆裂解、改造和重组的关键特征。人们对这些条带的构造和古地理演化之所以了解甚少，是因为以前从未有人钻探过大型的、未汇聚增生且保存完整的大陆带（如罗德豪隆起）的深部地层。

白垩纪见证了生物、地球化学循环、气候和构造演化的重大变化，罗德豪隆起就是其中的一部分。一般认为，这些变化是洋壳增生造成的，再加上甲烷周期性或突然释放，导致大气中二氧化碳浓度升高和全球海平面上升。然而，模拟结果表明，温暖的海洋中形成了很多热应激生物，这意味着应该重新评估白垩纪的气候。

深海海底生物圈的钻探结果表明，深部沉积物中存在微生物生命的多样性。然而，尽管钻穿了海底以下 2.5 km（约 20 Ma），但尚未达到生物和非生物的过渡区。温度的升高制约了生命的存在与发展，但深部温暖的沉积物中存在有机物的分解，这能够提供足以支持微生物群落修复细胞损伤的能量来源，从而使生命得以维持。

建议在长 1600 km，宽 600 km 的罗德豪隆起实施深钻，钻穿盆地进入基底。通过钻取海底以下 3500 m 处获取的岩芯研究罗德豪隆起地壳的生长过程，这将为白垩纪以来南部高纬度地区海洋生物的地球化学循环以及扩大海底生命生存极限方面取得重大突破提供可能。

（2）关键词

白垩纪，裂谷，古气候，微生物学，冈瓦纳

（3）总体科学目标

目标可分为如下 3 个。

1）地球：定义大陆边缘地壳“条带”在板块构造循环和大陆演化中的作用和重要性；

2）海洋 / 气候：获取新的高纬度数据，以便更好地约束白垩纪古气候时间和性质及其引起的海洋生物地球化学的变化；

3）生命：检验 100 Ma 时间内海底微生物生命的基本进化论。

这些目标将通过解决以下问题来实现。

1）大陆边缘“条带”是否是决定板块构造驱动机制的关键因素？

2）罗德豪隆起大陆“条带”是上板片伸展和裂谷作用、板块回撤的结果，还是地幔上涌和海底扩张的结果？

3）冈瓦纳大陆东部边缘以整个古生代的长期俯冲为特征，但这种俯冲是否一直持续到白垩纪？

4）罗德豪隆起盆地是否也含有早白垩世凉爽气候向晚白垩世温暖气候过渡期古地理和古环境记录？

5）大洋缺氧事件是否扩展到西南太平洋的南部高纬度地区？

6）生命生存的极限条件是什么？

7）海底以下的能源短缺是否抑制了生物基因进化速度，是否因此保留了深部地下微生物群落与其沉积环境之间的相关性？

(4) 站位科学目标

该建议书建议站位见表 3.3.1 和图 3.3.1。

表3.3.1 钻探建议站位科学目标

站位名称	位置	水深(m)	钻探目标			站位科学目标
			沉积物进尺(m)	基岩进尺(m)	总进尺(m)	
DLHR-1B（备选）	26.3943°S, 160.9897°E	1643	1344	300	1644	揭示完整的早白垩世沉积记录，目的是：约束冈瓦纳东部边缘白垩纪俯冲和岩浆作用的位置和时间，以及俯冲到裂谷过渡阶段的时间和成因；获得白垩纪南半球高纬度的气候记录；识别白垩纪大气和碳循环扰动对白垩纪陆地环境的影响；查明大陆裂解和大规模大陆岩浆作用对冈瓦纳东部陆地和海洋环境的影响（包括晚白垩世大洋缺氧和西南太平洋的海洋环流）；揭示深层微生物生命的生存极限；厘定下伏前裂谷基底的性质和年龄
DLHR-2A（备选）	26.7595°S, 161.1974°E	1670	2757	300	3057	揭示完整的早白垩世沉积记录，目的是：约束冈瓦纳东部边缘白垩纪俯冲和岩浆作用的位置和时间，以及俯冲到裂谷过渡阶段的时间和成因；获得白垩纪南半球高纬度的气候记录；识别白垩纪大气和碳循环扰动对白垩纪陆地环境的影响；查明大陆裂解和大规模大陆岩浆作用对冈瓦纳东部陆地和海洋环境的影响（包括晚白垩世大洋缺氧和西南太平洋的海洋环流）；揭示深层微生物生命的生存极限；厘定下伏前裂谷基底的性质和年龄
DLHR-3A（首选）	27.3848°S, 161.6631°E	1530	1915	300	2215	揭示完整的早白垩世沉积记录，目的是：约束冈瓦纳东部边缘白垩纪俯冲和岩浆作用的位置和时间，以及俯冲到裂谷过渡阶段的时间和成因；获得白垩纪南半球高纬度的气候记录；识别白垩纪大气和碳循环扰动对白垩纪陆地环境的影响；查明大陆裂解和大规模大陆岩浆作用对冈瓦纳东部陆地和海洋环境的影响（包括晚白垩世大洋缺氧和西南太平洋的海洋环流）；揭示深层微生物生命的生存极限；厘定下伏前裂谷基底的性质和年龄
BLHRV-1B（首选）	27.564559°S, 163.1397°E	1215	293	300	593	揭示裂谷前“火山”基底的时代和成因，为白垩纪俯冲作用和冈瓦纳东部边缘岩浆作用的时间和位置，以及俯冲到裂谷转换的时代和动力机制提供更多的约束。对 DLHR-1B、DLHR-2A 或 DLHR-3A 深钻的结果做补充
BLHRV-2A（备选）	27.8959°S, 160.8706°E	2018	200	300	500	揭示裂谷前“火山”基底的时代和成因，为白垩纪俯冲作用和冈瓦纳东部边缘岩浆作用的时间和位置，以及俯冲到裂谷转换的时代和动力成因提供更多的约束。对 DLHR-1B，DLHR-2A 或 DLHR-3A 深钻的结果做补充
BLHRB-1B（首选）	27.5529°S, 162.9186°E	1208	258	300	558	揭示裂谷前“稳定”基底的时代和成因，为白垩纪俯冲作用和冈瓦纳东部边缘岩浆作用的时间和位置，以及俯冲到裂谷转换的时代和动力成因提供更多的约束。对 DLHR-1B、DLHR-2A 或 DLHR-3A 深钻的结果做补充
BLHRB-2B（备选）	27.2520°S, 162.8209°E	1193	263	300	563	揭示裂谷前“稳定”基底的时代和成因，为白垩纪俯冲作用和冈瓦纳东部边缘岩浆作用的时间和位置，以及俯冲到裂谷转换的时代和动力成因提供更多的约束。对 DLHR-1B、DLHR-2A 或 DLHR-3A 深钻的结果做补充

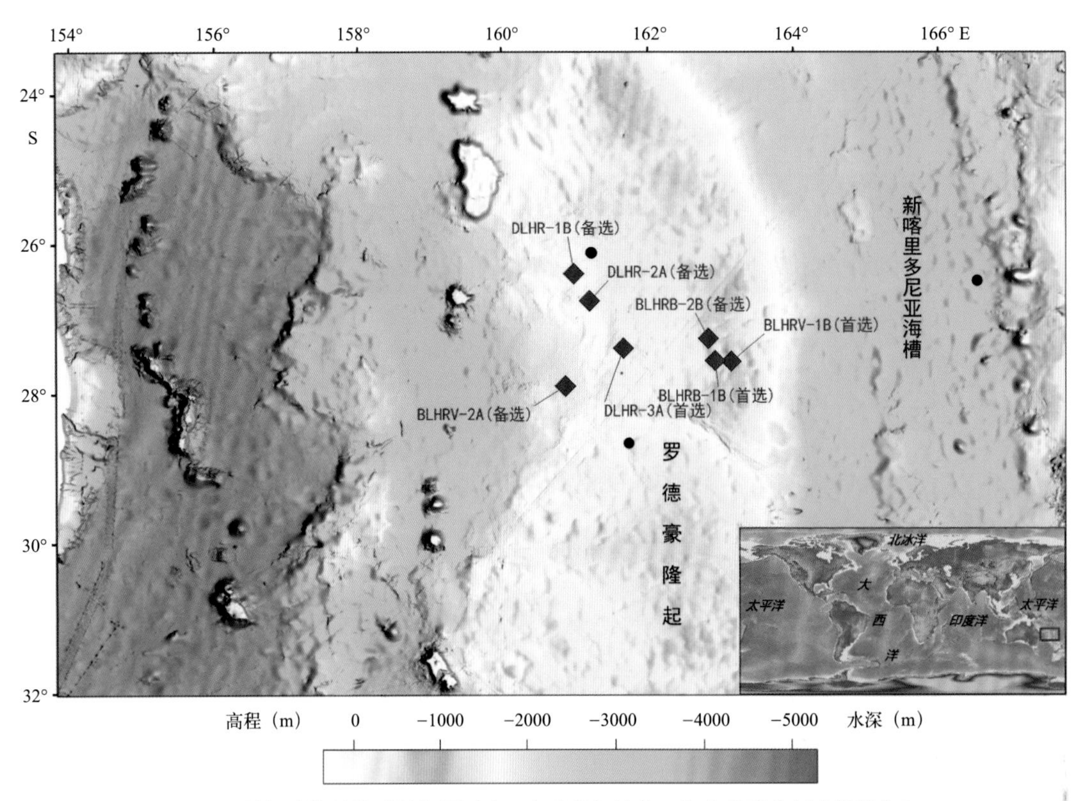

图3.3.1 钻探建议站位（黑色圆圈为已完成钻探站位，红色菱形为新建议站位）

（5）资料来源

资料来源于 IODP 871 号建议书，建议人名单如下：

Ron Hackney, Yasuhiro Yamada, Kliti Grice, Junichiro Kuroda, Jessica Whiteside, Marco Coolen, Fumio Inagaki, Richard Arculus, Dietmar Mueller, Saneatsu Saito, Scott Bryan, Julien Collot, Jun-Ichi Kimura, Nick Mortimer, Yoshihiko Tamura, Takehiko Hashimoto, Clinton Foster, Sean Johnson, William Orsi, Talitha Santini.

3.3.2 地中海第勒尼安岩浆作用与地幔折返

（1）摘要

该建议旨在研究洋陆过渡带的三维时空演化，从大陆裂解到强烈的岩浆作用和随后与岩浆作用密切相关的地幔折返。科学目标包括洋盆打开的运动过程、地壳和地幔变形机制以及熔融产物与折返地幔的关系。

目前已经拖网到了第勒尼安盆地的基底，通过 3 次钻探航次，即 DSDP 第 13 航次、DSPD 第 42 航次和 ODP 第 107 航次，盆地地层已经较为清楚。此外，盆地的全覆盖高分辨率多波束测深有助于对以往的二维多道地震反射剖面进行三维解释。

该建议重点关注地中海西部最年轻的盆地，它在托尔托纳晚期以来的大陆伸展背景下形成，与亚平宁俯冲系统 SEE-SE 向迁移后撤有关。最近广角地震、重力和多道地震反射资料的综合地球物理调查结果表明洋陆过渡带可能存在早期形成的岩浆岩，以及随后被折返的地幔。该盆地很年轻，

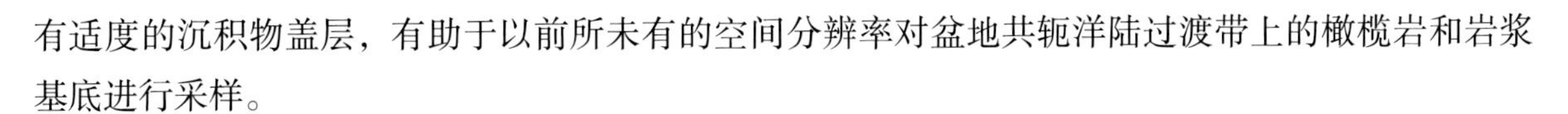

有适度的沉积物盖层，有助于以前所未有的空间分辨率对盆地共轭洋陆过渡带上的橄榄岩和岩浆基底进行采样。

（2）关键词

地幔折返、大陆岩石圈裂谷作用

（3）总体科学目标

1）揭示盆地伸展变形在空间和时间上的运动学和几何学特征；

2）揭示岩浆作用的时间和起源；

3）揭示地幔折返的流变学特征、变形模式和时间；

4）揭示地幔源区的成分演化和非均质性；

5）检验当前大陆岩石圈裂谷作用和洋陆过渡带（COT）的形成模型。

（4）站位科学目标

该建议书建议站位见表 3.3.2 和图 3.3.2。

表3.3.2　钻探建议站位科学目标

站位名称	位置	水深 (m)	钻探目标			站位科学目标
			沉积物进尺 (m)	基岩进尺 (m)	总进尺 (m)	
TYR-01A（首选）	40.0025°N, 10.9984°E	2675	286	70	356	Cornaglia 阶地基底
TYR-02A（首选）	40.0004°N, 13.4033°E	2813	652	70	722	Campania 阶地基底
TYR-03A（首选）	40.1839°N, 12.6413°E	3533	356	140	496	蛇纹石化地幔橄榄岩
TYR-04A（首选）	40.1840°N, 12.7280°E	3546	773	70	843	蛇纹石化地幔橄榄岩
TYR-05A（首选）	40.2661°N, 12.6943°E	3530	142	140	282	蛇纹石化地幔橄榄岩
TYR-06A（首选）	40.4159°N, 12.7247°E	3592	902	70	972	蛇纹石化地幔橄榄岩
TYR-07A（备选）	40.0010°N, 10.9862°E	2700	286	70	356	同 TYR-01A，Cornaglia 阶地基底
TYR-08A（备选）	40.0004°N, 13.3960°E	2837	548	70	618	同 TYR-02A，Campania 阶地基底
TYR-09A（备选）	40.1839°N, 12.6324°E	3533	450	140	590	同 TYR-03A，蛇纹石化地幔橄榄岩
TYR-10A（备选）	40.1840°N, 12.7083°E	3544	591	70	661	同 TYR-04A，蛇纹石化地幔橄榄岩
TYR-11A（备选）	40.2661°N, 12.7053°E	3538	327	140	467	同 TYR-05A，蛇纹石化地幔橄榄岩
TYR-12A（备选）	40.4159°N, 12.7076°E	3590	1057	70	1127	同 TYR-06A，蛇纹石化地幔橄榄岩

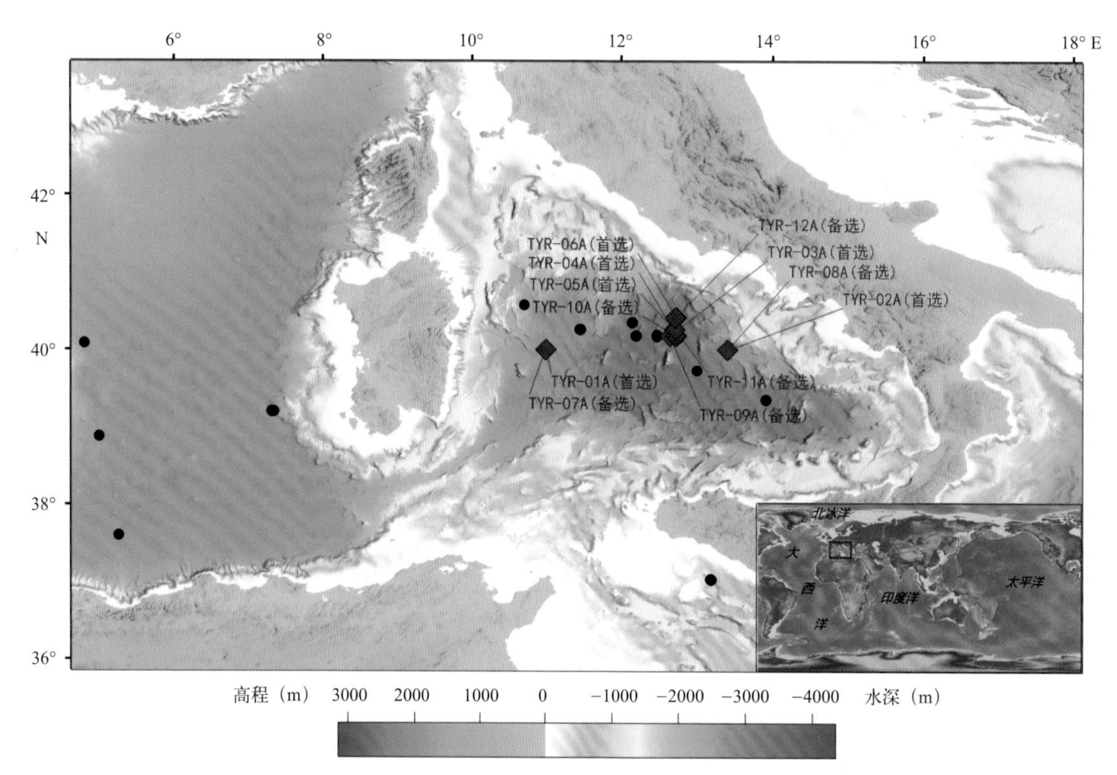

图3.3.2　钻探建议站位（黑色圆圈为已完成钻探站位，红色菱形为新建议站位）

（5）资料来源

资料来源于 IODP 927 号建议书，建议人名单如下：

Nevio Zitellini, César R. Ranero, Carlos J. Garrido, Daniele Brunelli, Valenti Sallares, Ingo Grevemeyer, Manel Prada, Isabella Raffi, Marco Ligi, Umberta Tinivella, Mathilde Cannat, Marta Perez-Gussinyé, Udo Barckhausen, Tomoaki Morishita, Christopher MacLeod, Tim Minshull, Muriel Andreani, Alberto Malinverno, Stefano Lugli, Maria Filomena Loreto.

3.3.3　西班牙加利西亚西部科学钻探：大陆裂解

（1）摘要

在过去的 50 年里，随着大洋科学钻探的探索，科学家对板块构造理论的认识逐步完善。但是，板块构造理论仍然存在一些关键性挑战，比如“新板块边界的形成过程，包括大陆裂解形成新的离散型板块边界的过程中，可以没有岩浆活动参与其中”。该建议的目标是揭示从大陆裂谷到大陆裂解的时空演化，检验全球普适性的大陆裂解模式，研究控制机制，约束关键演化过程的速率。尽管先前在裂陷边缘的钻探主要布设在基底隆起，但是通过对横跨西班牙西部加利西亚边缘的新三维地震反射资料进行分析，可以在连续半地堑中找到完整的同裂谷期层序地层。同裂谷期层序能够提供伸展速率和时序的关键性约束条件。通过这些研究，对边缘裂谷演化的研究可以得到阶段性提升。

以往的二维和三维地震调查、数值模拟以及对造山带内古大陆边缘的观测，均提高了对大陆地壳裂解和破裂过程的认识。大陆裂解和破裂中的许多重要概念都是来自伊比利亚边缘的研究：如裂谷伸展、多期断裂、序列断裂和裂谷迁移。这些假说都是可行的，但是在裂谷演化中岩石圈断裂的时间、伸展的位置和岩石圈分离速率等方面存在重要差异。因此，只有当第四个维度（时间）能够严格限定时，才能更好地理解大陆裂解过程。地震资料揭示的是几何学而非绝对时间和速率，模拟的大陆边缘裂解是不连续的，数值模拟中，输入的时间相关参数（如板块离散速度）往往受到很低的约束。只能通过钻取同裂谷期层序地层来确定裂陷导致大陆裂解的时空演化。

以往的 ODP 钻探以及最近的 IODP 三维沉积体已经证实，加里西亚边缘是贫岩浆、贫沉积物的环境。这样的环境为通过新大洋钻探研究古裂谷边缘的运动学演化提供了独特的机会。揭示这种大陆边缘的演化，能够提供关键性的校准数据，这些数据可适用于世界各地的大陆裂谷边缘。

（2）关键词

裂解，拆离，不对称性，裂谷作用，古气候

（3）总体科学目标

为了检验大陆裂谷到大陆裂解的最新模式，特别是根据模型的具体预测，检验不同深度的减薄、多期断裂作用和迁移、序列断裂作用的相对重要性，拟采取以下几种方法。

1）对穿过大陆边缘的剖面系统采样，包括最老的同裂陷 / 裂前层序地层和基底顶部地层；

2）对 S 形滑脱面（亮点反射）之上沿块体边界断裂滑动过程中沉积在连续半地堑中的层序地层进行系统采样和定年。这套地层记录了单个断裂断至远端时的时间，因此能够揭示整个大陆边缘的时空分布和伸展速率。

3）对地壳裂解前局部断裂的同沉积地层进行系统采样，用于约束断裂之后大陆边缘的抬升和旋转。

4）对裂后层序地层进行采样，揭示大陆边缘的沉降，获取晚白垩世到新生代的离散古环境数据（如局部 CCD）。

这些钻探目标还能为科学家研究大陆裂谷到大陆裂解过程中的应力和应变速率的时空变化，以及热力学，流变学和岩浆演化数值模拟提供关键参数。为此，已经专门采集了三维地震调查资料，以便选取最佳站位来实现这些钻探目标。该建议基于 ODP Leg 103 尚未完成的目标，以期提供第一个从大陆裂谷到大陆裂解的完整记录，并且该记录能够用于全球任何大陆边缘。

（4）站位科学目标

该建议书建议站位见表 3.3.3 和图 3.3.3。

表3.3.3　钻探建议站位科学目标

站位名称	位置	水深(m)	钻探目标			站位科学目标
			沉积物进尺 (m)	基岩进尺(m)	总进尺(m)	
GAL-01A（备选）	42.1005°N, 12.4606°W	5115	1345	20	1365	对 4B 层基底、4A 层全部和基底顶部进行取样，揭示剖面中部最新断层起始时间。钻井策略：APC / XCB 若不可行，必要时切换到 RCB。总体目标：在 5115 m 水深钻进 1365 m 沉积物，换到主站位 GAL-08A。在第二个最佳位置钻到最浅的基底，采集 4B 和 4C 部分底部沉积物。实现钻探目标 1、2 和 4

续表

站位名称	位置	水深(m)	钻探目标			站位科学目标
			沉积物进尺(m)	基岩进尺(m)	总进尺(m)	
GAL-02A（首选）	42.1010°N, 12.4233°W	5025	985	0	985	对裂后层序、断后层序、同裂谷期层序4C和同断裂期层序4B顶端进行采样，揭示剖面中部的断裂终止的时间。钻井策略：APC / XCB若不可行，则切换到RCB。在5025 m水深钻进985 m，换到主站位GAL-03A，在相似的水深进行深钻（总进尺1084 m）。在最佳位置可钻到4C和4B层序。实现钻探目标2、3和4
GAL-03A（备选）	42.1075°N, 12.4222°W	5016	1084	0	1084	对裂后层序、断后层序、同裂谷期层序4C和同断裂期层序4B顶端进行采样，揭示剖面中部的断裂终止的时间。钻井策略：APC / XCB若不可行，则切换到RCB。在5016 m水深钻进1084 m，换到主站位GAL-02A。在GAL-03A站位，在相似的水深进行深钻。在第二个最佳位置可钻到4C和4B层序。实现钻探目标2、3和4
GAL-04A（备选）	42.1749°N, 12.5524°W	5005	545	71	616	对裂后层序、同断裂期层序5B的底部、后断裂期层序5A全部、块体5中的基底进行取样，以揭示剖面西部断裂的起始时间。钻井策略：APC / XCB若不可行，必要时切换到RCB。在5005 m水深钻进616 m，换到站位GAL-09A。第二个最佳取样位置钻取最浅的基底以及5B、5A层序。实现钻探目标1、2和4
GAL-05A（首选）	42.1058°N, 12.5482°W	5180	470	0	470	对裂后层序、同断裂期层序、同裂谷期层序5C、同断裂期层序5B顶部进行取样，以揭示剖面西部断裂的终止时间。钻井策略：APC / XCB若不可行，必要时只切换到RCB。在5180 m水深钻进470 m，换到站位GAL-06A，进行深钻（总进尺830 m）。最佳位置能钻到最浅的层序5C、5B。实现钻探目标2、3和4
GAL-06A（备选）	42.1361°N, 12.5054°W	5020	830	0	830	对裂后层序、断裂后层序、同裂谷期层序5C、同断裂期层序5B顶部进行取样，以揭示剖面西部断裂的终止时间。钻井策略：APC / XCB若不可行，必要时只切换到RCB。在5020 m水深钻进830 m，换到站位GAL-05A。第二个最佳位置能钻到最浅的层序5C、5B。实现钻探目标2、3和4
GAL-07A（备选）	42.1848°N, 12.3256°W	4745	1020	55	1075	对层序3C、3B和3A，以及块体3的基底顶部进行取样，以揭示剖面中部最新断裂的起始时间。钻井策略：APC / XCB若不可行，必要时切换到RCB。在4745 m水深钻进1075 m。实现钻探目标1、2、3和4

续表

站位名称	位置	水深(m)	钻探目标			站位科学目标
			沉积物进尺(m)	基岩进尺(m)	总进尺(m)	
GAL-08A（首选）	42.0964°N, 12.4628°W	5110	1210	87	1297	对4B层底部、4A层全部和块体4的基底顶部进行取样，以揭示剖面中部最新断层的起始时间。钻井策略：APC / XCB若不可行，必要时切换到RCB。在5110 m水深钻进1297 m，换到主站位GAL-01A（5115 m水深钻进1365 m，目标层位相同但是更深）。在最佳位置钻取4B底部和块体4最浅的基岩。实现钻探目标1、2和4
GAL-09A（首选）	42.1675°N, 12.5522°W	4963	493	39	532	对裂后层序、同断裂期层序5B底部、断后层序5A全部、块体5基底进行取样，以揭示剖面西部断裂的起始时间。钻井策略：APC / XCB若不可行，必要时切换到RCB。在4963 m水深钻进532 m，换到站位GAL-04A和GAL-10A，这2个站位都要在相似的水深进行深钻（分别钻进616 m和625 m）。最佳位置能钻取最浅的基岩以及层序5B和5A。实现钻探目标1、2和4
GAL-10A（备选）	42.1591°N, 12.5538°W	4910	600	25	625	对裂后层序、同断裂期层序5B底部、断后层序5A全部、块体5基底进行取样，以揭示剖面西部断裂的起始时间。钻井策略：APC / XCB若不可行，必要时切换到RCB。在4910 m水深钻进625 m，换到站位GAL-09A。第二个最佳位置能钻取最浅的基岩以及层序5B和5A。实现钻探目标1、2和4

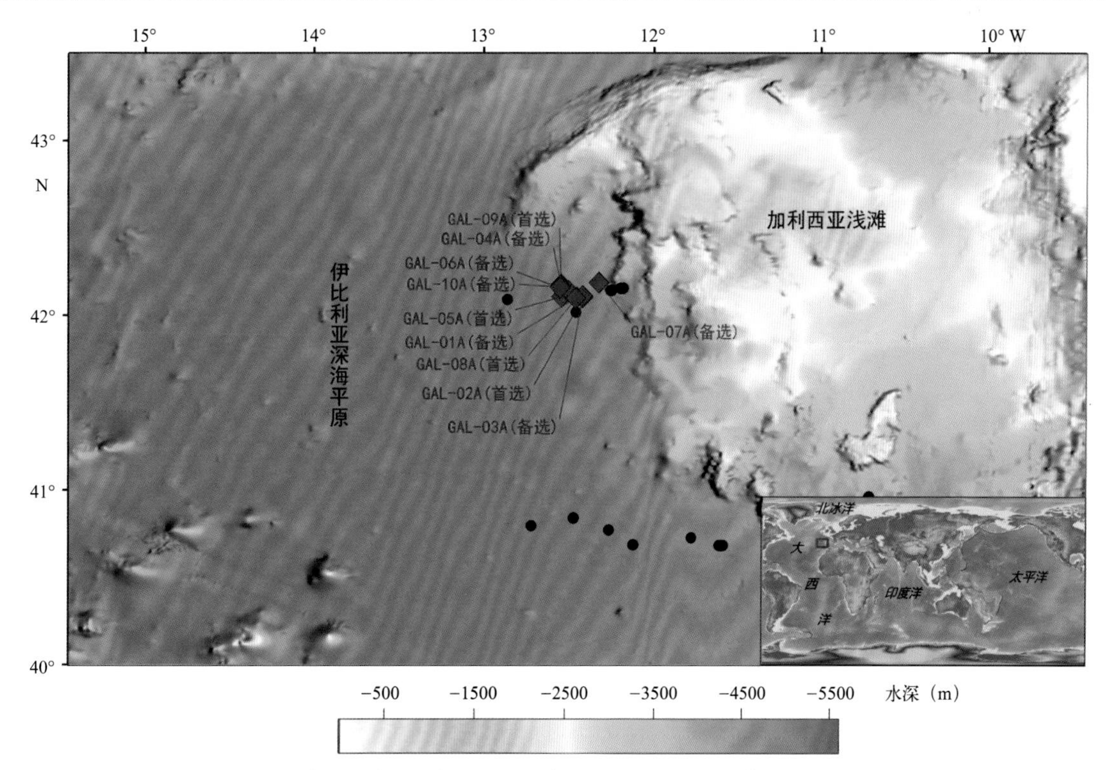

图3.3.3　钻探建议站位（黑色圆圈为已完成钻探站位，红色菱形为新建议站位）

（5）资料来源

资料来源于 IODP 943 号建议书，建议人名单如下：

Tim Reston, Gael Lymer, Ann Blythe, Tom Dunkley Jones, Gianreto Manatschal, Kathleen Marsaglia, Julia Morgan, Marta Perez-Gussinye, Gwenn Peron-Pinvidic, Cesar Ranero, Sascha Brune, Alejandra Cameselle, Kirsty Edgar, Rob Gawthorpe, Sarah Greene, Tim Minshull, Francisca Oboh-Ikuenobe, Donna Shillington, Ícaro Dias da Silva, Mohamed Zobaa.

3.3.4 东北大西洋大陆裂解期间过量岩浆作用的性质、成因和气候意义

（1）摘要

东北大西洋共轭被动陆缘具有广泛的与裂解作用相关的岩浆岩，包括喷出玄武岩熔岩流和火山沉积物、边缘沉积盆地内浅层侵入杂岩和地壳底部的岩浆底侵。在正常地幔温度下，岩石圈地幔减压熔融并不能生成如此大量的岩浆岩。对于这种巨量岩浆作用的形成原因，存在以下几个具有争议的地球动力学端元假说：①与地幔柱过程相关的地幔潜在温度升高；②岩石圈底部小尺度对流引起的裂谷作用期间通过熔体熔融窗口的物质通量增强；③地幔源区的非均质性可能导致大陆裂解期间异常高的熔体产量。虽然前人已对挪威 Jan Mayen-Greenland 共轭大陆边缘的地壳结构有了非常好的研究基础，但导致岩浆产量过多的成因机制仍然未得到解决。大量岩浆的活动时代也与古近纪早期的全球温室（热）气候相吻合，岩浆作用的各种机制（如岩浆中挥发分释放；富含有机质沉积物产生气体，并通过热液喷口等释放到大气中），被认为是短期［古新世—始新世极热事件（Paleocene Eocene Thermal Maximum，PETM）］和长期（始新世早期气候最佳）全球变暖的驱动因素。然而，仅凭岩浆作用的时间不足以验证所提出的成因机制或评估火山和气体通量。为了解决这些争议，需对熔融条件、岩浆作用时间、岩浆在时间和空间上的通量、喷发环境、沉积岩数据和气候事件的相对时间进行进一步的约束。IODP 钻探是提供这些约束条件的唯一途径。本次建议的钻探能够为火山裂谷边缘的形成及其对全球气候的影响提供一个定量可测试的框架。油气行业在过去 10 年中获取的新三维地震资料揭示了边缘火山岩和玄武岩层的性质和分布，从而确定了最佳钻探站位。为了实现目标，建议在挪威中部边缘及横跨边缘的一系列钻孔中钻获火山和沉积层序。岩芯样品的获取对实现主要目标至关重要，即验证大陆裂解期间过量岩浆作用成因的端元模型，以及检验构造和岩浆事件对古近纪全球气候的影响。

（2）关键词

裂解，岩浆作用，古近纪，PETM

（3）总体科学目标

在 Vøring 和 Møre 火山边缘进行钻井的主要目的为

1）揭示地幔熔融条件（如地幔源区、温度、压力、熔融程度）；

2）揭示沿轴火山通量的时空变化，以检验针对火山裂谷边缘成因提出的不同地球动力学模型假说；

3）揭示熔岩流内部和外部沉积环境（大气和海洋）的变化，以检验同裂谷晚期、裂解期和裂谷后早期海洋扩张过程中岩浆成因和动力热支撑之间的相关性；

4）评估火山和岩浆活动类型的时间演化与古气候指标的关系，检验大规模火山活动与气候变

化事件之间的关系；

5）揭示北大西洋打开初期两个关键过程对环境影响的相对重要性，两个关键过程分别为：火山脱气作用和热液喷口的杂岩经接触变质作用产生爆发性热释放。

该建议还涉及两个重要的其他目标，这两个目标主要通过取得的沉积物实现。

1）早始新世温室效应和淡水入侵大西洋；

2）玄武岩省碳的捕获和储存。

(4) 站位科学目标

该建议书建议站位见表 3.3.4 和图 3.3.4。

表3.3.4　钻探建议站位科学目标

站位名称	位置	水深(m)	钻探目标			站位科学目标
			沉积物进尺(m)	基岩进尺(m)	总进尺(m)	
VMVM-20A（首选）	64.9630°N, 2.7518°E	2077	200	0	200	该站位的主要目标是在科尔加高地获得年龄未知的玄武岩上覆沉积物样品，以揭示火山喷发前环境
VMVM-21A（备选）	64.9578°N, 2.7488°E	2078	200	0	200	该站位的主要目标是在科尔加高地获得年龄未知的玄武岩上覆沉积物样品，以揭示火山喷发前环境
VMVM-22A（备选）	64.9449°N, 2.7889°E	2017	200	0	200	该站位的主要目标是在科尔加高地获得年龄未知的玄武岩上覆沉积物样品，以揭示火山喷发前环境
VMVM-23A（首选）	64.9651°N, 2.7312°E	2137	25	175	200	该站位的目标是对获取的沉积物和基底玄武岩进行地球化学、火山学和地质年代学研究
VMVM-24A（备选）	64.9599°N, 2.7282°E	2145	30	170	200	该站位的目标是对获取的沉积物和基底玄武岩进行地球化学、火山学和地质年代学研究
VMVM-25A（备选）	64.9515°N, 2.7235°E	2160	25	175	200	该站位的目标是对获取的沉积物和基底玄武岩进行地球化学、火山学和地质年代学研究
VMVM-31A（首选）	65.3645°N, 3.0563°E	1707	200	0	200	该站位的主要目标是钻取古新世—始新世沉积物，以进行岩石学、地球化学和地质年代学分析
VMVM-32A（备选）	65.3717°N, 3.0605°E	1695	200	0	200	该站位的主要目标是钻取古新世—始新世沉积物，以进行岩石学、地球化学和地质年代学分析
VMVM-33A（备选）	65.4065°N, 3.0947°E	1673	200	0	200	该站位的主要目标是钻取古新世—始新世沉积物，以进行岩石学、地球化学和地质年代学分析
VMVM-40A（首选）	65.3584°N, 3.0528°E	1696	200	0	200	该站位的主要目的是钻取热液喷口中心部分的杂岩，包括眼状构造的基底，以揭示热液喷口杂岩的岩性、年代等特征
VMVM-41A（备选）	65.3762°N, 3.0632°E	1686	200	0	200	该站位的主要目的是钻取热液喷口中心部分的杂岩，包括眼状构造的基底，以揭示热液喷口杂岩的岩性、年代等特征
VMVM-42A（备选）	65.4086°N, 3.0735°E	1695	200	0	200	该站位的主要目的是钻取热液喷口中心部分的杂岩，包括眼状构造的基底，以揭示热液喷口杂岩的岩性、年代等特征

续表

站位名称	位置	水深 (m)	钻探目标			站位科学目标
			沉积物进尺 (m)	基岩进尺 (m)	总进尺 (m)	
VMVM-50A（首选）	65.8311°N, 2.0111°E	2195	800	0	800	该站位的目标是通过 800 m 钻探获得跨越古新世—始新世边界的沉积物，用于古气候研究
VMVM-51A（备选）	65.8735°N, 1.9606°E	2147	800	0	800	该站位的目标是通过 800 m 钻探获得跨越古新世—始新世边界的沉积物，用于古气候研究
VMVM-55A（备选）	65.8310°N, 2.0096°E	2197	200	0	200	该站位的目标是通过 200 m 钻探获得跨越古新世—始新世边界的沉积物，用于古气候研究
VMVM-56A（备选）	65.8303°N, 1.9928°E	2220	200	0	200	该站位的目标是通过 200 m 钻探获得跨越古新世—始新世边界的沉积物，用于古气候研究
VMVM-57A（备选）	65.8296°N, 1.9782°E	2245	200	0	200	该站位的目标是通过 200 m 钻探获得跨越古新世—始新世边界的沉积物，用于古气候研究
VMVM-58A（备选）	65.8290°N, 1.9637°E	2271	200	0	200	该站位的目标是通过 200 m 钻探获得跨越古新世—始新世边界的沉积物，用于古气候研究
VMVM-61A（首选）	67.3069°N, 3.7396°E	1200	125	115	240	该站位的主要目标是获取 Landward Flow 单元（序列 1）陆上断裂带玄武岩熔岩流样品，进行火山岩相学、地球化学和年代学研究
VMVM-62A（备选）	67.2893°N, 3.6779°E	1198	115	115	230	该站位的主要目标是获取 Landward Flow 单元（序列 1）陆上断裂带玄武岩样品，进行火山岩相学、地球化学和年代学研究
VMVM-07A（首选）	67.3310°N, 3.6215°E	1206	220	100	320	该站位的主要目标是获取 SDR（序列 2）最上部凹陷表面（可能是水下），或者序列 1 和序列 2 边界的玄武岩，进行火山岩相学、地球化学和年代学研究
VMVM-71A（备选）	67.3386°N, 3.6967°E	1200	195	105	300	该站位的主要目标是获取 SDR（序列 2）最上部凹陷表面（可能是水下），或者序列 1 和序列 2 边界的玄武岩，进行火山岩相学、地球化学和年代学研究
VMVM-80A（首选）	68.6004°N, 4.6428°E	2864	210	100	310	该站位的主要目标是获取 Outer 高地的火山碎屑沉积物和玄武岩样品，进行火山岩相学和年代学研究
VMVM-81A（备选）	68.6266°N, 4.5848°E	2913	55	145	200	该站位的主要目标是获取 Outer 高地的火山碎屑沉积物和玄武岩样品，进行火山岩相学和年代学研究
VMVM-09A（首选）	68.7605°N, 5.7971°E	3156	450	100	550	该站位的主要目标是获取 Outer 高地的火山碎屑沉积物和玄武岩样品，进行火山岩相学和年代学研究
VMVM-10A（备选）	68.8306°N, 4.1306°E	3237	650	100	750	该站位为 VMVM-9A 的备选。主要目标是获得与初始年龄相关的老的玄武岩样品

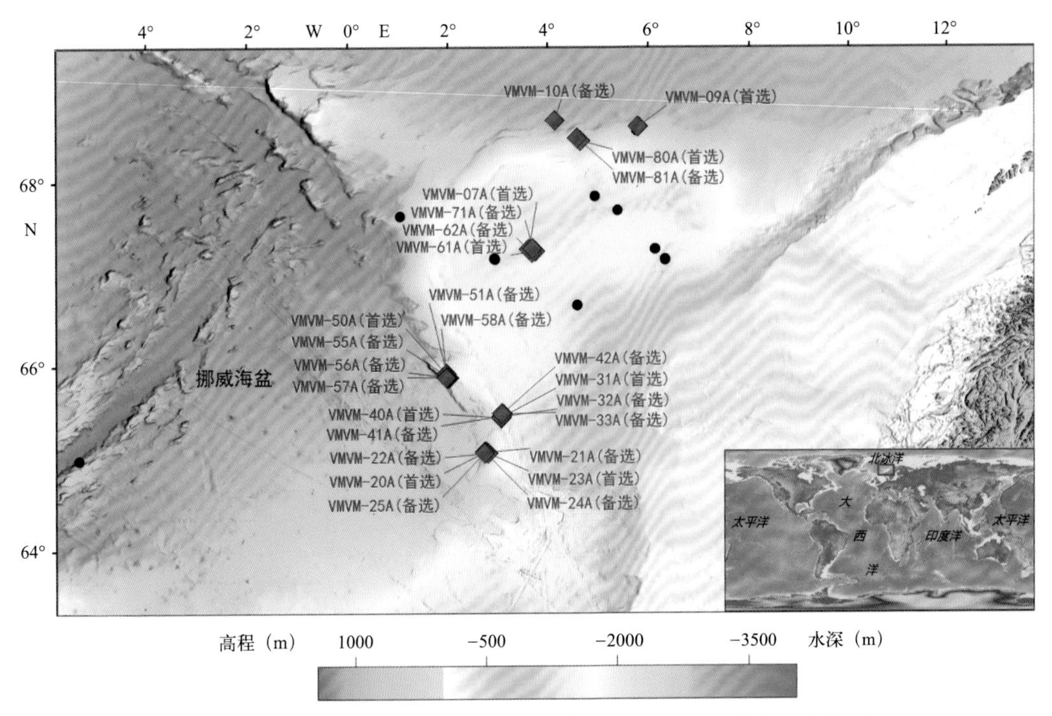

图3.3.4 钻探建议站位（黑色圆圈为已完成钻探站位，红色菱形为新建议站位）

（5）资料来源

资料来源于 IODP 944 号建议书，建议人名单如下：

Ritske Huismans, Christian Berndt, Sverre Planke, Morgan Jones, Christian Tegner, Jan Inge Faleide, Laurent Gernigon, Joost Frieling, Trond Torsvik, Damon Teagle, David Jolley, Asbjørn Breivik, Henrik Svensen, Dougal Jerram, Reidun Myklebust, Mansour Abdelmalak, Lars Eivind Augland, Susanne Buiter, John Millett, Stefan Buenz.

3.3.5 西太平洋花东海盆中生代残余海及其与邻区新生代边缘海的相互作用

（1）摘要

东亚地质和板块重建模拟表明，在西太平洋新生代边缘海形成之前，存在一个巨大的中生代大洋，但在随后的演化过程中，中生代大洋被普遍认为已完全俯冲于欧亚板块之下。然而，最新的地质年代学和海陆地质调查中的一系列证据表明，这个中生代海洋的残余部分仍然保存在新生代南海和西菲律宾盆地之间的花东海盆中。对花东海盆基底和上覆沉积层进行采样，为研究中生代大洋及其构造、沉积和古海洋演化，特别是其与西太平洋相邻新生代边缘海的构造相互作用提供了一个独特的机会。

建议在花东海盆钻探：①通过对基底样品进行测年、地质和地球化学测量，揭示花东海盆是否为残留中生代大洋；②通过研究花东盆地的沉积和古海洋演化，并与主要板块构造事件进行关联，重建花东盆地与邻区新生代边缘海（南海和西菲律宾海盆地）之间的构造作用。为了实现这些目标，建议在 5 个站位（3 个首选站位和 2 个备选站位）进行钻探，从深海平原、盆内脊和花东盆地东部边界的深断裂加瓜（Gagua）海脊的洋壳基底和上覆沉积物中获取所需样品。

（2）关键词

中生代大洋，新生代边缘海

（3）总体科学目标

旨在确定花东盆地晚中生代洋壳的存在，并研究其与邻近新生代边缘海（包括南海和菲律宾海盆地西部）的板块构造相互作用。

具体目标如下：

1）对花东海盆深海平原和上冲的盆内脊基底岩石进行取样，厘定其时代，揭示其中生代残留洋的地质特征。

2）对加瓜海脊的基底岩石进行取样，揭示该洋中脊作为花东海盆和菲律宾西部盆地板块边界的起源和作用。

3）对深海平原的新生代沉积物进行采样，研究与西太平洋从晚中生代开放海洋向新生代边缘海转变过程中有关的盆地的沉积和古海洋演化。

4）对加瓜海脊及附近埋藏的盆内脊的浅水碳酸盐岩建造进行采样，揭示碳酸盐岩建造的形成及后期灾难性下沉与花东中生代古洋板块与西菲律宾海盆的构造相互作用的关系。

5）对加瓜海脊碳酸盐堆积物上的半远洋沉积物进行采样，以获取因响应于西太平洋的地形和板块构造调整而形成的黑潮流的起源和古海洋演化的可能证据。

（4）站位科学目标

该建议书建议站位见表 3.3.5 和图 3.3.5。

表3.3.5　钻探建议站位科学目标

站位名称	位置	水深(m)	钻探目标			站位科学目标
			沉积物进尺(m)	基岩进尺(m)	总进尺(m)	
HT-01A（首选）	22.0014°N, 122.2125°E	4818	1250	200	1450	对深海平原基底岩石进行取样，厘定中生代残留洋壳的时代和地质特征；对沉积物进行取样，以了揭示与西太平洋从中生代开阔海洋过渡到新生代边缘海环境有关的沉积和古海洋演化
HT-02A（首选）	22.0033°N, 122.4928°E	4865	447	200	647	对碳酸盐岩礁和上覆的半远洋至远洋沉积物进行取样，以揭示上冲盆脊中碳酸盐岩隆的形成和随后的灾难性下沉；对基底岩石进行取样，以厘定中生代海洋地壳遗迹的年龄和地质特征
HT-03A（首选）	21.4533°N, 122.9478°E	3752	576	200	776	对碳酸盐礁石和上覆的半远洋沉积物进行取样，以揭示加瓜海脊碳酸盐岩岩隆的形成和随后的灾难性下沉，并揭示因响应西太平洋地形和板块构造调整而形成的黑潮流的起源和古海洋演化的潜在因素；对基底岩石进行取样，以揭示加瓜海脊作为花东海盆和西菲律宾海盆之间板块边界的起源和作用
HT-04A（备选）	21.4572°N, 122.5333°E	4790	1376	200	1576	HT-01A 的备选站位。对深海平原基底岩石进行取样，厘定中生代残留洋壳的时代和地质特征；对沉积物进行取样，以揭示与西太平洋从中生代开阔海洋过渡到新生代边缘海环境有关的沉积和古海洋演化
HT-05A（备选）	21.1825°N, 122.8842°E	2352	318	200	518	HT-03A 的备选站位。对半远洋沉积物进行取样，揭示因响应西太平洋地形和板块构造调整而形成的黑潮流的起源和古海洋演化的潜在因素。对基底岩石进行取样，以揭示加瓜海岭作为花东海盆和西菲律宾海盆之间板块边界的起源和作用

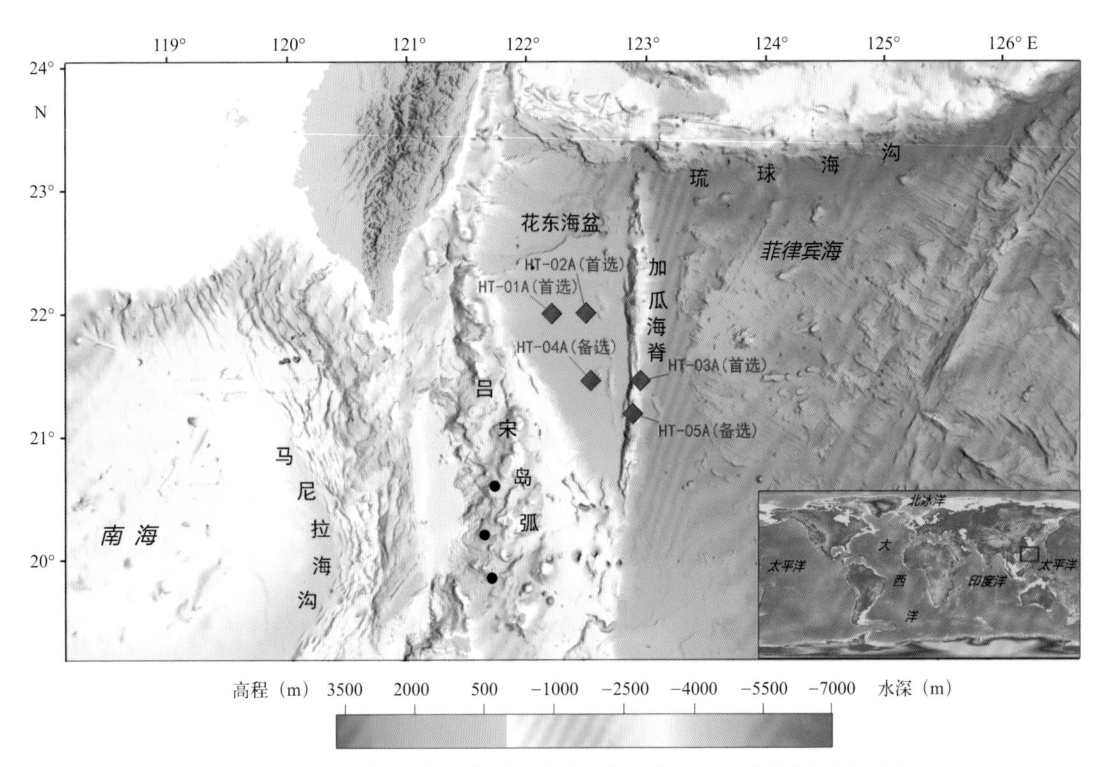

图3.3.5 钻探建议站位（黑色圆圈为已完成钻探站位，红色菱形为新建议站位）

（5）资料来源

资料来源于 IODP 969 号建议书，建议人名单如下：

钟广法，黄奇瑜，汪品先，Serge Lallemand，Jean-Claude Sibuet，Jonny Wu，杨胜雄，Char-Shine Liu，Graciano P. Yumul Jr，李前裕，赵西西，周怀阳，张国良，Karlo L. Queaño，Carla B. Dimalanta，李学杰，余梦明，赵明辉，Ho-Han Hsu，高红芳。

3.3.6 天坑调查：一个新的白垩纪—古近纪撞击构造

（1）摘要

大型小行星和彗星的超速撞击是一种重要的地质危害，可能造成地球的气候和生物系统重大扰动。横跨西非几内亚近海 8.5 km 宽的纳迪尔构造地震剖面显示出许多与复杂撞击坑一致的特征。该构造较浅，发育在海底以下约 300 ~ 400 m 处，只有无隔水管钻井才能进入。建议在大西洋中部进行 IODP 航次，利用 9 天船时来检验该构造是由晚白垩世至古近纪早期的陨石撞击造成的假设。钻探能够检验基于地震数据提出的陨石坑形成的概念模型和数值模型，还能够确定撞击岩性的年龄，从而确定陨石坑的年龄，检验这次撞击是与墨西哥的希克苏鲁伯撞击事件（即纳迪尔构造可能是潜在的二次撞击地点）或撞击群的一部分同时发生的假设。如果陨石坑早于或对应于 K/Pg 边界，那么选定的地点将提供包括 K/Pg 撞击喷出物和 K/Pg 大灭绝后的古近纪生命恢复的高分辨率记录。它还将提供早新生代海洋和气候条件的重要低纬度记录，可能包括古新世—始新世最大热事件（PETM）和始新世高温事件。

（2）关键词

撞击坑，K/Pg 边界

（3）总体科学目标

首要目标是检验海底构造是由晚白垩纪世 / 古新世早期陨石撞击造成的假说，特别是通过鉴别冲击矿物相。这个陨石坑的海底位置也保留了在陆地被迅速侵蚀的关键结构特征，可以通过钻探进行取样。

次要目标包括：

1）在中央峰和陨石坑边缘采集样品，以检验陨石坑形成模型，包括中央峰剥露、冲击熔融和初始陨石坑填充；

2）在陨石坑底部和边缘以下采样，以揭示目标岩性，并评估冲击变质、热蚀变和温室气体（GHG）排放的程度；

3）厘定这次撞击事件的确切年龄，并揭示该陨石坑是否与 K/Pg 边界希克苏鲁伯撞击构造同步及同类的可能；

4）在潜在陨石坑边缘附近采样，以分析喷出物覆盖层的成分，并获得目标地层的未受冲击的样品；

5）采集高分辨率后撞击序列，以记录当地的生态恢复情况，以便与其他海底撞击坑进行对比；

6）恢复完整的古近纪地层序列，获取后期环境扰动（PETM，始新世超热）的珍贵记录；

7）覆盖陨石坑的白垩纪和新生代地震地层界面的年龄，以揭示更广泛的高原的地层演化。

（4）站位科学目标

该建议书建议站位见表 3.3.6 和图 3.3.6。

表3.3.6　钻探建议站位科学目标

站位	位置	水深 (m)	钻探目标 (m)			站位科学目标
			沉积物进尺 (m)	基岩进尺 (m)	总进尺 (m)	
GC-01A（首选）	9.3938°N, 17.0813°W	903	850	0	850	该站位位于火山口内，目标是钻取火山口填充沉积物以准地震相（目标 1），获得适合测年的材料（目标 3），并钻穿火山口底部以下的中央峰至海底以下 850 m 的深度，以对目标层位进行取样（目标 2），并揭示地层的年龄和白垩纪地层的岩性（目标 7）。该站位还将从记录生命恢复（目标 5）和古气候 / 海洋档案的古近纪地层中钻取岩芯
GC-02A（备选）	9.3892°N, 17.0662°W	903	600	0	600	该站位位于火山口内，目标是钻取火山口填充沉积物以准地震相（目标 1），获得适合测年的样品（目标 3），同时钻取底部的变形沉积物（目标 2）。该站位还将从记录生命恢复（目标 5）和古气候 / 海洋档案（目标 6）的古近纪地层中钻取岩芯

续表

站位	位置	水深(m)	钻探目标 (m)			站位科学目标
			沉积物进尺(m)	基岩进尺(m)	总进尺(m)	
GC-03A(备选)	9.4062°N, 17.1227°W	907	600	0	600	该站位旨在钻穿陨石坑边缘盖层沉积物(目标 4),获取陨石坑边缘的冲击变质和变形程度的记录(目标 2),并钻取代表目标层位的上白垩统的岩芯(目标 7)。该站位还将从记录生命恢复(目标 5)和古气候 / 海洋档案(目标 6)的古近纪地层中钻取岩芯
GC-04A(首选)	9.3784°N, 17.0297°W	904	600	0	600	该站位旨在钻穿陨石坑边缘盖层沉积物(目标 4),记录陨石坑边缘的冲击变质和变形程度(目标 2),并钻取代表目标层位的上白垩统的岩芯(目标 7)。该站位还将从记录生命恢复(目标 5)和古气候 / 海洋档案(目标 6)的古近纪地层中钻取岩芯

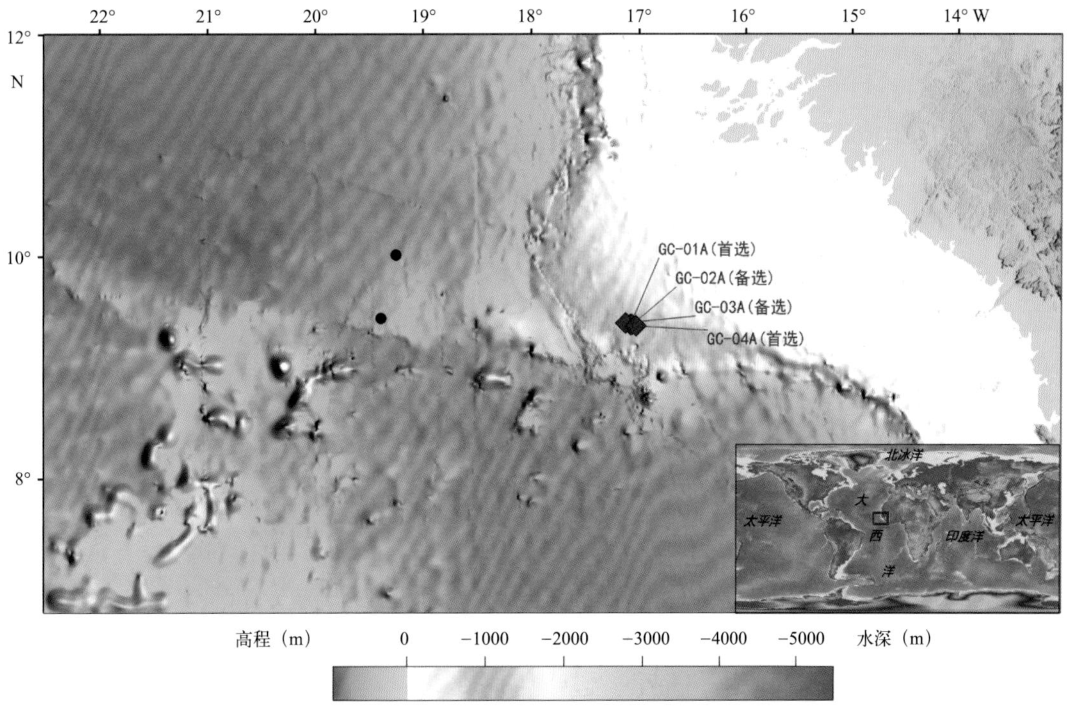

图3.3.6 钻探建议站位图(黑色圆圈为已完成钻探站位,红色菱形为新建议站位)

(5)资料来源

资料来源于 IODP 1004 号建议书,建议人名单如下:

Uisdean Nicholson, Sean Gulick, Veronica Bray, Tom Dunkley-Jones, Christian Maerz, Thomas Wagner, Pim Kaskes, Elisabetta Erba, Cherif Diallo, Thomas Davison, Chris Lowery, Cornelia Rasmussen, Daniel Condon.

3.4 洋中脊、地幔柱与热点

3.4.1 大西洋中脊南部西翼的多学科 IODP 调查：南大西洋剖面

（1）摘要

DSDP 阶段的第 3 航次在大西洋中脊南部西翼的一个剖面一系列站位上钻取了沉积物，研究结果表明远离洋中脊，基底沉积物的年龄逐渐增大，证实了海底扩张说。DSDP 第 3 航次发现了保存中等至极好的 $CaCO_3$ 微体化石，这为古海洋学重建提供了高质量的指标。自 DSDP Leg 3 航次以来，钻探技术和分析能力取得了巨大进步，重返 DSDP 第 3 航次可以解决很多主要科学问题。因此，建议在约 31°S 横穿 Leg 3 区域开展多学科 IODP 调查，采集不同年龄洋壳（7 Ma、15 Ma、31 Ma、48 Ma 和 63 Ma）上 150 ~ 250 m 厚的沉积物，建立完整的沉积剖面。该剖面的综合调查能够同时解决多项 IODP 科学问题，使科学钻探的产出最大化。

沿垂直慢速 / 中速扩张的大西洋洋中脊方向开展多学科综合调查，将填补在原位洋壳取样中存在的地壳年龄、扩张速率和沉积物厚度的空白。对这一剖面开展综合研究，能够揭示老洋壳与南大西洋演化之间的低温热液相互作用的历史，量化过去热液对全球地球化学循环的贡献。该剖面横跨迄今为止尚未发现的南大西洋环流沉积物和玄武岩中的深部生物圈，因此，该条剖面上的样品对完善全球生物量和研究低能环流带，以及老洋壳中微生物生态系统对各种条件的响应至关重要。此外，该剖面还位于世界海洋环流实验（WOCE）A10 线附近，能够获得穿越新生代大气 CO_2 升高和气候快速变化关键区间的南大西洋西部碳酸盐岩化学和深层水团性质（如温度和成分）的相关记录。重建大西洋盆地西边界深海洋流和深层水的形成历史，可以为验证热盐环流模式在气候变化中的作用，以及构造和气候对海洋酸化的影响提供重要数据。

综上所述，拟提出两个计划：计划 A 在一个航次完成；计划 B 在每个站位安装重返锥，建立重返钻孔，用于今后的基底热液和微生物实验。

（2）关键词

大西洋中脊，热流，生物圈，气候，热盐

（3）总体科学目标

1）地球各圈层之间的联系。量化洋中脊侧翼热液交换的时间、持续时间和热液交换程度，评估全球洋中脊扩张速率和海底年龄—面积分布在过去的变化对全球地球化学循环热液贡献的影响；研究热液系统中海洋化学成分的变化特征；利用热液矿物建立中等分辨率的海洋化学变化；

2）生物圈前沿：研究沉积物和基底中的微生物群落随基底年龄的变化，估算南大西洋低能环流海底生物圈中的细胞丰度和群落活性；研究老洋壳如何影响地壳生物圈结构；评估海底微生物在沉积物和基底蚀变中的作用，进而研究全球生物地球化学循环；

3）气候和海洋变化：研究大西洋环流模式和地球气候系统对气候快速变化的响应，包括对新生代大气 CO_2 升高的响应。重建该剖面的古海洋学和古气候，使科学家能够：监测全球输送中心过去的海洋环流；阐明德雷克海峡的打开及其对南大西洋深层环流的影响；重建南大西洋亚热带环流的历史；评估亚热带生物群对环境变化的响应。

为实现目标，需要微生物采样，建议使用全氟碳示踪剂来监测潜在的污染。为避免基底微生物样品受到污染，需要建立一个与 IODP 360 航次中有类似用途的洁净房间。

（4）站位科学目标

该建议书建议站位见表 3.4.1 和图 3.4.1。

表3.4.1　钻探建议站位科学目标

站位名称	位置	水深 (m)	钻探目标			站位科学目标
			沉积物进尺 (m)	基岩进尺 (m)	总进尺 (m)	
SATL-13A（首选）	30.2606°S, 15.0349°W	3047	70	150	220	7 Ma 洋壳及上覆沉积物的多学科研究
SATL-24A（首选）	30.4002°S, 16.9305°W	3676	125	150	275	15 Ma 洋壳及上覆沉积物的多学科研究
SATL-33A（首选）	30.7017°S, 20.4341°W	4194	125	150	275	31 Ma 洋壳及上覆沉积物的多学科研究
SATL-43A（首选）	30.8962°S, 24.8416°W	4323	165	150	315	48 Ma 洋壳及上覆沉积物的多学科研究
SATL-53A（首选）	30.9424°S, 26.7219°W	4996	150	150	300	63 Ma 洋壳及上覆沉积物的多学科研究
SATL-54A（备选）	30.9420°S, 26.6971°W	4991	700	150	850	63 Ma 洋壳及上覆沉积物的多学科研究

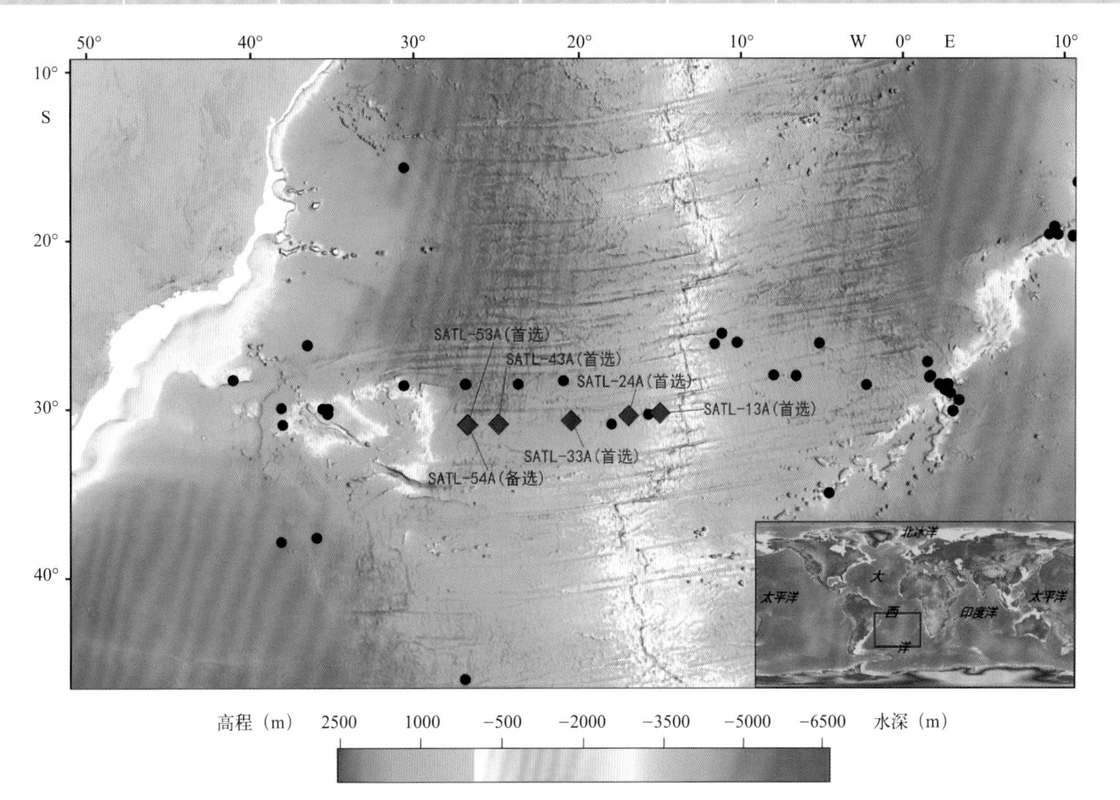

图3.4.1　钻探建议站位（黑色圆圈为已完成钻探站位，红色菱形为新建议站位）

（5）资料来源

资料来源于 IODP 853 号建议书，建议人名单如下：

Rosalind Coggon, Robert Reece, Gail Christeson, Damon Teagle, Mark Leckie, Nicholas Hayman, James Zachos, Brandon Briggs, Matthew Huber, Julia Reece, Svenja Rausch, John Kirkpatrick, Michelle Harris, Debbie Thomas, Miriam Katz, Christopher Lowery, William Gilhooly, Clifford Heil, Brandi, Kicl Reese, Jason Sylvan.

3.4.2 东南大西洋沃尔维斯洋中脊钻探：检验洋中脊—热点相互作用

（1）摘要

沃尔维斯洋中脊是一条长期存在的热点遗迹，形成于约 132 Ma 前南大西洋裂解过程中大陆溢流玄武岩的喷发。洋中脊长约 3300 km，一直延伸到活跃的特里斯坦火山和高夫火山，并与里奥格兰德洋底高原（Rio Grande Rise，RGR）相邻。该洋中脊持续时间长，具有火山特征，是最具影响力的大西洋热点，前人认为它的深部存在地幔柱源。该地幔柱源区可以延伸到假定的地幔柱诞生地——非洲大型低速剪切波省（LLSVP）。该热点存在持续很长时间（约 70 Ma）的同位素分带，这一特征被认为起源于大型低速剪切波省边缘，可能是第一个已知的三区带地幔柱。火山喷发形成狭窄的洋中脊（约 60 Ma 的同位素比值范围）之后，它在 60 ~ 70 Ma 前分裂成了 3 个海山链，这 3 个海山链具有明显不同的同位素比值，但是一直具有分带性。在早期演化过程中，该热点与大西洋中脊相互作用，在大西洋中脊附近形成了沃尔维斯洋中脊和里奥格兰德洋底高原，与此同时产生了分带性，之后它们逐渐移动到非洲板块下方。瓦尔迪维亚浅滩、沃尔维斯洋中脊高原以及里奥格兰德洋底高原是最大的热点产物，可能与里奥格兰德洋底高原一起形成于一个微板块周围。这些复杂性是对简单地幔柱模型的挑战，让科学家不得不思考这些热点踪迹的地球动力学意义是什么。建议沿较老的沃尔维斯洋中脊（约 60 Ma、约 85 Ma、约 110 Ma）进行 6 个站位的钻探取芯，以便获取连续的玄武岩熔岩流序列，从而揭示地幔柱的带状分布，以及热点漂移和沃尔维斯洋中脊的形成假设。钻取的样品能够揭示地幔柱的地球化学和同位素特征，提供地幔柱源区组成变化的重要线索。同位素测年能揭示各个站位火山作用时代及其沿洋中脊的演化特征，检验沃尔维斯洋中脊是否形成于年龄渐新的热点轨迹上，以及瓦尔迪维亚浅滩是由于地幔柱作用还是由于微板块周围的火山作用而形成。对岩芯样品进行研究能够检验瓦尔迪维亚浅滩和里奥格兰德洋底高原是大陆碎片的假说。沃尔维斯洋中脊的古地磁数据可用于约束热点的古纬度变化，验证热点漂移或真极移（或两者兼有）能否更好地解释古纬度的变化。

（2）关键词

地幔柱，热点，玄武质岩石，分带，古纬度

（3）科学目标

该建议是为了探究沃尔维斯洋中脊的起源和地球动力学意义。主要解决的问题是该海山链分支和同位素分带现象是否与大型剪切波省边缘的岩浆来源有关，以及对地幔柱诞生区的指示意义如何。该海山链是否具有严格的年龄变化趋势？亦或是有地幔柱、微板块或大陆碎片的参与？预期的大幅度古纬度变化能揭示热点固定和地球动力学的什么信息？建议用大洋钻探船在 6 个站位对玄武质熔岩进行钻探，目的是在 4 个站位获取 50 ~ 100 m 的熔岩流样品（VB-1B, VB-4B, GT-1B, CT-3A），在两个深钻站位获得约 250 m 的熔岩流样品（FR-1B, TT-1A）。用玄武岩样品揭示沃尔维斯洋中脊的地球化学和同位素演化特征，尤其是 60 ~ 70 Ma 之后出现的同位素分带特征。在横跨洋中脊的剖面上布设 3 个站位 TT-1A、CT-3A 和 GT-1B，对这几个站位的样品开展同位素分带性研究，检验它们是否具有大型低速剪切波省边缘地幔柱诞生区的分异特征。对所有站位的样品开展高精度地球化学研究，尤其是 VB-1B 站位和 VB-4B 站位的样品，揭示洋中脊—热点之间的相互作用、微板块模型、每个站位岩浆作用的持续时间，进而研究海山链年龄演化特征。火成岩样品的古地磁测量可以约束沃尔维斯洋中脊海山古纬度变化，检验热点移动模型和真极移模型。

（4）站位科学目标

该建议书建议站位见表 3.4.2 和图 3.4.2。

表3.4.2 钻探建议站位科学目标

站位名称	位置	水深(m)	钻探目标			站位科学目标
			沉积物进尺(m)	基岩进尺(m)	总进尺(m)	
CT-1A（备选）	32.6341°S, 0.1466°E	1953	486	100	586	钻探海山玄武岩，用于年龄、地球化学、同位素化学、古纬度测定，揭示心海山的地球化学特征和年龄
CT-2A（备选）	32.6079°S, 0.0056°E	1588	659	100	759	钻取玄武质基底岩石，用于地球化学、同位素特征、年龄和古纬度测试，揭示心海山的地球化学特征和年龄
CT-3A（首选）	32.6480°S, 0.0570°E	1796	399	100	499	钻取玄武质基底岩石，用于地球化学、同位素特征、年龄和古纬度测试，揭示心海山的地球化学特征和年龄
FR-1B（首选）	21.7563°S, 6.5906°E	3258	171	250	421	钻取玄武质岩石，用于地球化学、同位素、年龄和古地磁测试，揭示弗里奥洋中脊的年龄和古纬度
FR-2B（备选）	21.5946°S, 6.7620°E	3008	443	220	663	钻取玄武岩，用于地球化学、同位素、年龄和古地磁测试，揭示弗里奥洋中脊的年龄和古纬度
GT-1B（首选）	31.2703°S, 2.7966°E	1526	175	100	275	钻取玄武质岩石，用于地球化学、同位素、年龄和古纬度测试，揭示高夫海山的地球化学和同位素特征
GT-2A（备选）	31.1398°S, 2.5501°E	1981	201	100	301	钻取玄武质岩石，用于地球化学、同位素、年龄和古纬度测试，揭示高夫海山的地球化学和同位素特征
GT-3A（备选）	31.2442°S, 2.7474°E	1486	327	100	427	钻取玄武质岩石，用于地球化学、同位素、年龄和古地磁测试，揭示高夫海山的地球化学和同位素特征
VB-1B（首选）	23.3358°S, 4.9078°E	2831	122	100	222	钻取玄武质岩石用于地球化学、同位素、地质年代学和古地磁研究，揭示瓦尔迪维亚浅滩地壳性质
VB-2B（备选）	23.1969°S, 5.0573°E	2818	126	100	226	钻取玄武质岩石用于地球化学、同位素、年龄和古地磁研究，揭示瓦尔迪维亚浅滩性质
VB-3B（备选）	24.5249°S, 4.6676°E	4050	193	100	293	钻取玄武质岩石用于地球化学、同位素、年龄和古地磁测试，揭示瓦尔迪维亚浅滩年龄、性质和演化历史

续表

站位名称	位置	水深(m)	钻探目标			站位科学目标
			沉积物进尺(m)	基岩进尺(m)	总进尺(m)	
VB-4B(首选)	24.5071°S, 4.6609°E	3959	299	100	399	钻取玄武质岩石用于地球化学、同位素、年龄和古地磁测试，揭示瓦尔迪维亚浅滩的年龄、性质和演化历史
VB-5A(备选)	23.2893°S, 4.9579°E	2809	165	100	265	钻取玄武质岩石用于地球化学、同位素、年龄和古地磁研究，揭示瓦尔迪维亚浅滩的起源和演化历史
VB-6A(备选)	23.0905°S, 5.1703°E	2610	452	100	552	钻取玄武质岩石用于地球化学、同位素、年龄和古地磁测试，揭示瓦尔迪维亚浅滩的年龄、性质和演化历史
TT-1A(首选)	30.3626°S, 1.0894°E	1864	172	250	422	钻取玄武质岩石用于地球化学、同位素、年龄和古地磁测试，揭示特里斯坦海山的特征
TT-2A(备选)	30.2327°S, 0.8392°E	2356	389	250	639	钻取玄武质岩石用于地球化学、同位素、年龄和古地磁测试，揭示特里斯坦海山的地球化学和同位素特征

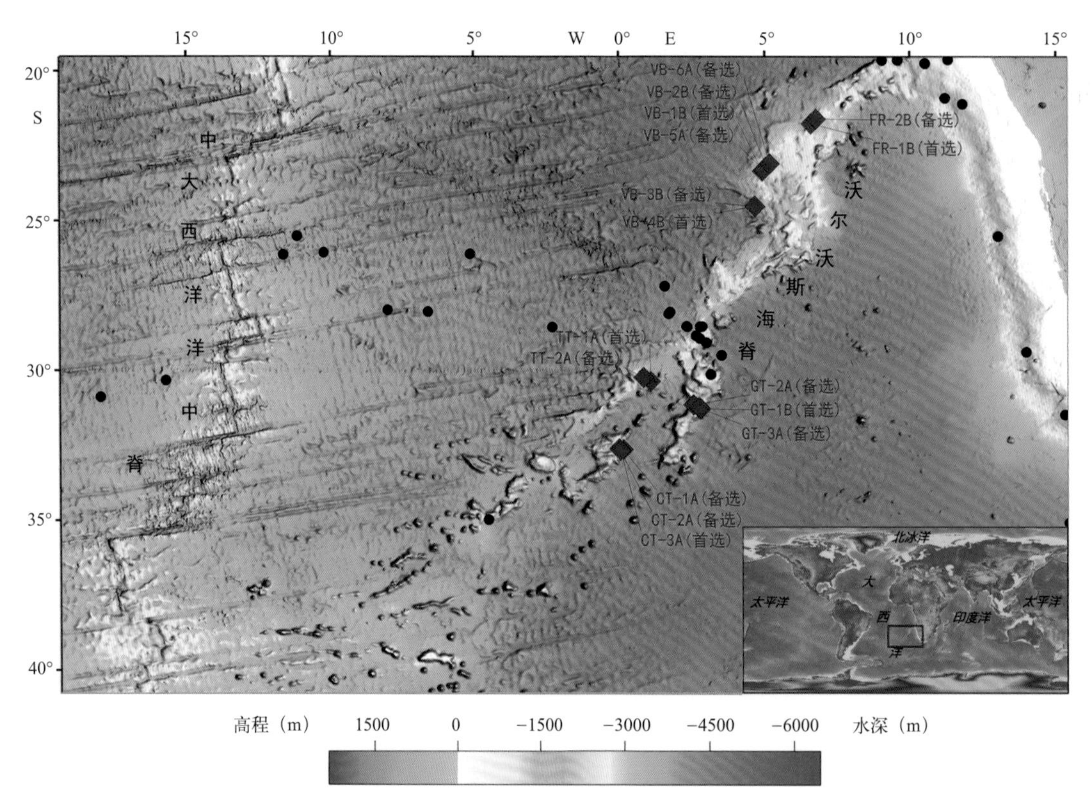

图3.4.2　钻探建议站位（黑色圆圈为已完成钻探站位，红色菱形为新建议站位）

（5）资料来源

资料来源于IODP 890号建议书，建议人名单如下：

William Sager, Cornelia Class, Noemi Fekete, Gary Acton, Steven Goldstein, Kaj Hoernle, Wilfried Jokat, John O’Connor, Volkhard Spiess, Dominique Weis, Mike Widdowson.

3.4.3 北大西洋地幔动力学、古海洋学和气候演化

（1）摘要

大西洋中脊与冰岛热点的交汇为科学家提供了一个研究地球上地幔组成和动力学的天然实验室。地幔柱—洋中脊之间的相互作用驱动了熔融机制的变化，从而在地壳上形成了一系列不同类型的构造，包括冰岛南部一系列的“V”形脊和海槽。冰岛下方地幔上涌使海底地形升高，使科学家能够开展区域水深测量，同时它会造成海底通道的高度发生变化，而海底通道的高度决定了深层水在地质时间尺度上的流动强度。本次钻探计划包括 3 个钻探目标：①检验不同的“V”形脊形成假说；②揭示大洋环流的变化，并探讨它与地幔柱活动的关系；③重建随着地壳年龄增大、沉积物厚度和地壳结构的变化，以及热液流体化学成分的演化。

由于洋壳上覆盖有厚层沉积物，因此难以获取到玄武岩样品。这项钻探建议旨在钻穿洋壳，获取玄武岩样品。玄武岩的主微量和同位素地球化学能够揭示地幔熔融过程中的变化特征。通过这些研究，有望检验如下假说：冰岛地幔柱发生过两次上涌（距今 5 ~ 10 Ma 和约 30 Ma），导致地壳结构发生了重要变化。这一钻探还能检验其他假说，如渐进式裂谷作用和地幔持续上涌假说。快速堆积的等深流沉积记录了千年尺度的古气候变化。等深流沉积物的堆积速率是等深流强度的指示标志，等深流强度在动力上受格陵兰—苏格兰洋中脊等海洋通道的调节。等深流沉积物也记录了上新世暖室期、北半球冰川爆发和晚更新世气候突变等事件。该建议将综合利用多种方法来探讨地球深部过程、海洋环流和气候之间的关系。这些目标只能通过获取沉积岩岩芯和玄武岩岩芯来实现。计划在雷克雅尼斯海岭东部布设 5 个站位，向火成岩基底钻进 200 m。4 个站位与“V”形洋中脊 / 海槽相交，其中 1 个与 Bjorn 漂积体重合。第五个站位位于距今 32.4 Ma 没有“V”形洋中脊的洋壳上，与 Gardar 漂积体的渐新世—中新世沉积物相交。钻探获取的沉积物和玄武岩有助于在地幔动力学以及地球深部和浅表的耦合性质方面取得重大进展。

（2）关键词

地幔不均一性，气候，热液蚀变

（3）总体科学目标

1）地壳增生与地幔柱行为。通过对钻遇到的玄武岩进行地球化学研究，揭示两个时间段冰岛南部地壳的形成过程。在 5 ~ 10 Ma 时间尺度上，检验“V”形脊形成的 3 个假说：热脉动假说、渐进式裂谷作用假说、地幔持续上涌假说。这些假说模拟了“V”形洋中脊和沟槽之间不同的深度、温度和熔融程度，以期揭示这些条件下玄武岩成分。在 30 ~ 40 Ma 时间尺度上，旨在通过对比平坦海底玄武岩和破裂海底玄武岩对地壳结构的控制作用。

2）大洋环流与沉积。期望能够量化渐新世以来北大西洋环流的变化。利用这些观测数据能够检验这样一个假说：北大西洋深层水的流动受冰岛地幔柱瞬时活动的调节。本次钻探建议能把高分辨率的气候记录扩展到上新世晚期，估算在温度比现今高很多的新近纪气候千年尺度和百万年尺度的变化。

3）洋壳的热液蚀变史。对雷克雅尼斯洋中脊上侧翼热液蚀变的性质、程度、时代和持续时间进行研究。通过科学钻探，约束热液流体—岩石相互作用的时间和范围，揭示热液流体对快速沉积的慢速扩张洋中脊侧翼的贡献以及对全球地球化学的贡献。

（4）站位科学目标

该建议书建议站位见表 3.4.3 和图 3.4.3。

表3.4.3 钻探建议站位科学目标

站位名称	位置	水深 (m)	钻探目标			站位科学目标
			沉积物进尺 (m)	基岩进尺 (m)	总进尺 (m)	
REYK-13A（首选）	60.2281°N, 28.5004°W	1520	210	200	410	首选站位，目标是在“V”形海槽钻取约 200 m 玄武岩样品
REYK-11A（首选）	60.2000°N, 28.0000°W	1415	340	200	540	首选站位，目标是在“V”形洋中脊钻取约 200 m 玄武岩样品
REYK-6A（首选）	60.1251°N, 26.7016°W	1871	705	200	905	首选站位，目标是在 Bjorn 裂谷钻取连续的沉积地层，然后在“V”形海槽钻取约 200 m 玄武岩样品
REYK-4A（首选）	60.0992°N, 26.4436°W	2110	185	200	385	首选站位，目标是在“V”形洋中脊钻取约 200 m 玄武岩样品
REYK-2A（首选）	59.8506°N, 23.2664°W	2206	970	200	1170	首选站位，目标是在 Gardar 裂谷钻取连续的沉积地层，然后深入地壳钻取约 200 m 玄武岩样品
REYK-7A（备选）	60.1507°N, 27.1698°W	1735	330	200	530	备选站位，目标是在“V”形洋中脊钻取约 200 m 玄武岩样品
REYK-9A（备选）	60.1702°N, 27.5310°W	1701	310	200	510	备选站位，目标是在“V”形海槽钻取约 200 m 玄武岩样品
REYK-1A（备选）	59.8496°N, 23.2473°W	2209	955	200	1155	备选站位，目标是在 Gardar 裂谷钻取连续的沉积地层，然后深入地壳钻取约 200 m 玄武岩样品
REYK-3A（备选）	60.0989°N, 26.4404°W	2110	205	200	405	备选站位，目标是在“V”形洋中脊钻取约 200 m 玄武岩样品
REYK-5A（备选）	60.1264°N, 26.7516°W	1894	675	200	875	备选站位，目标是在 Bjorn 裂谷钻取连续的沉积地层，然后在“V”形海槽 2b 钻取约 200 m 玄武岩样品
REYK-8A（备选）	60.1491°N, 27.1370°W	1695	320	200	520	备选站位，目标是在“V”形洋中脊钻取约 200 m 玄武岩样品
REYK-10A（备选）	60.1667°N, 27.4726°W	1689	155	200	355	备选站位，目标是在“V”形海槽钻取约 200 m 玄武岩样品

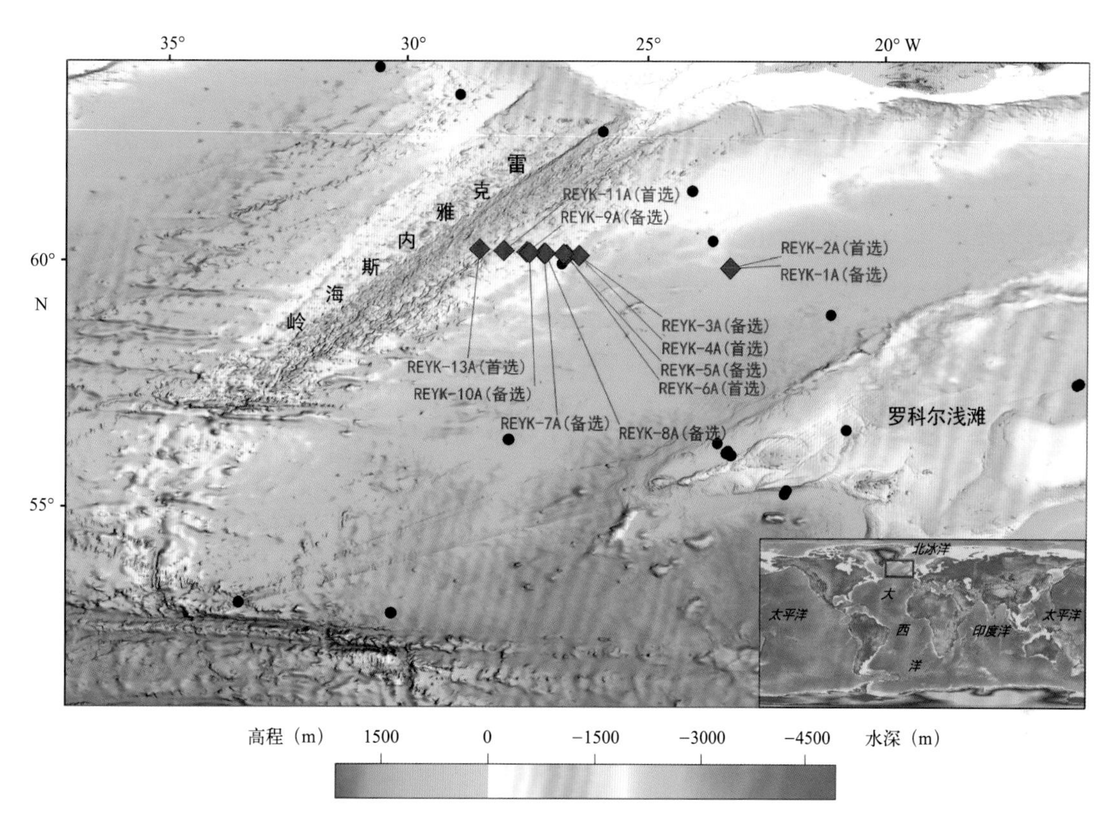

图3.4.3　钻探建议站位（黑色圆圈为已完成钻探站位，红色菱形为新建议站位）

（5）资料来源

资料来源于 IODP 892 号建议书，建议人名单如下：

Ross Parnell-Turner, Tim Henstock, Stephen Jones, John Maclennan, I. Nick McCave, Bramley Murton, John Rudge, Oliver Shorttle, Nicky White, Steve Barker, Bryndis Brandsdottir, Anne Briais, James Channell, Roz Coggon, Deborah Eason, Javier Escartin, David Graham, Richard Hey, David Hodell, Emilie Hooft, Matt Huber, Carrie Lear, Jian Lin, Dan Lizarralde, Dan Lunt, Fernando Martinez, Maureen Raymo, Michele Rebesco, Neil Ribe, Ros Rickaby, Roger Searle, Yang Shen, Bernhard Steinberger, Andreas Stracke, Gabriele Uenzelmann-Neben.

3.4.4　大西洋中脊 Rainbow 大洋核杂岩热液系统端元的地幔、水体和生命

（1）摘要

年轻大洋岩石圈中与热液循环相关的流体—岩石相互作用会影响海水化学性质和海底生物圈。当地幔岩石参与其中时，其影响结果包括由于蛇纹石化而导致的岩石圈弱化，及生成 H_2 和非生物成因有机化合物以促进深部生物圈的发展。这些过程对碳和其他元素的氧化还原循环，以及海底 CO_2 的储存和稳定性都起到重要的作用。超镁铁质为主的热液系统对于解析地幔、流体和（次）表层微生物生态系统之间的相互作用十分关键。

建议在大西洋中脊 Rainbow 大洋核杂岩（36°14′N）研究这些相互作用，该区大洋核杂

岩存在 Rainbow 热液活跃区（RHF），也是超镁铁质基底中高温热液作用最壮观的地区之一。Rainbow 热液活跃区与其他超镁铁质基底具有相同的特征：大于 300℃的热泉，形成 Cu-Zn-（Co-Au）大规模硫化物矿。在这些区域，自热液发现以来，已对该区的地质背景、构造和水热活动开展了 20 多年的研究，是 Rainbow 地区研究程度最高的地区。最新的研究又揭示了两个与碱性低温热液排放有关的热液沉寂区（Clamstone and Ghost City），与"迷失之城"热液活跃区（大西洋中脊的亚特兰蒂斯杂岩）相似。短暂的热液活动可能与 Rainbow 热液活跃区一致，没有任何明显的时空演化特征。

最新的地球物理数据和模型研究表明下伏地壳结构有不同程度的蚀变，可能与不同类型的热液活动相关。这些资料反映出了复杂的三维结构，在大洋核杂岩核部存在一个高速锥形体，在海底活跃区和沉寂区附近逐渐减薄。该高速锥形岩体核部上覆低速层，随着远离热液区，逐渐向外倾斜加厚。

Rainbow 大洋核杂岩以在地质背景下发育一系列热液系统为特征，为研究高温活跃和低温沉寂热液系统的热液上升区流体、地幔岩石和生态系统之间的相互作用及其对比分析提供了良好的机会。建议在两种热液系统中钻取海底到几百米深的样品，以及不同程度蚀变的围岩。这些样品有助于形成洋中脊环境下不同变化过程相互作用的新观点。

（2）关键词

热液作用，地幔，生物圈，矿产沉积

（3）总体科学目标

计划在 Rainbow 大洋核杂岩的 3 个站位实施海底以下 200 ～ 500 m 的钻探：

1）在高温、酸性、活跃的 Rainbow 热液活跃区附近；

2）在低温、碱性、不活跃的 Clamstone 区域；

3）钻入高地震波速的岩体（比较弱的蚀变破碎带）。

将在这 3 个站位采集变化非常大的蚀变岩石圈地幔中热液活动区不同类型的流体—岩石—生态系统相互作用（蚀变、矿化、生物圈、流体）的样品。用地质、石油物理岩芯资料和测井资料揭示深部构造、流体循环、热液类型和热液位置之间的关联。

主要科学问题如下。

1）热液流体流动路径是否受制于构造的不均一性？或者说构造是晚期构造控制流体循环的结果？

2）不同的热液区之间是否有联系？它们是否具有不同的流体—岩石—微生物相互作用过程的独立系统？

通过钻探拟实现以下科学目标。

1）在超镁铁质岩石为主的热液活跃区，对比分析流体—岩石相互作用的性质 / 条件以及相关的生物—地球化学过程，探究它们随深度的演化特征；

2）建立不同地震相基底单元性质及其与岩浆活动、蚀变、变形和流体流动的关系；

3）通过岩石采样和生物多样性测量来揭示热液活动的演化特征；

4）使用原位传感器测定和监测溶解的 H_2 和 pH 值，以揭示现今流体和深部生物圈特征。

(4) 站位科学目标

该建议书建议站位见表 3.4.4 和图 3.4.4。

表3.4.4 钻探建议站位科学目标

站位名称	位置	水深(m)	钻探目标			站位科学目标
			沉积物进尺(m)	基岩进尺(m)	总进尺(m)	
RAINM-1A(首选)	36.2295°N, 33.9043°W	2230	0	500	500	高温热液作用首选站位。靠近 Rainbow 热液活跃区的上部流体区域。目标是揭示流体—岩石相互作用和海底生态系统，探究低速层上部性质
RAINM-2A(首选)	36.2340°N, 33.8840°W	2150	0	300	300	探究地幔岩石蚀变特征（蛇纹石化作用/蚀变作用）。约束造成大洋核杂岩中心岩石圈上部高速层蚀变作用/破裂作用产生的条件。研究普遍蛇纹石化作用/蚀变作用形成的地质微生物和生态系统
RAINM-3A(首选)	36.2305°N, 33.8797°W	1950	0	200	200	研究低温、碱性、沉寂的热液作用（Clamstone）。揭示流体—岩石相互作用和海底生态系统。探究近海底低温流体流动，蚀变和可能的高温流体之间的相互作用。揭示高速层到低速层之间的转换带特征
RAINM-4A(备选)	36.2298°N, 33.9045°W	2220	0	500	500	高温热液作用备选站位。靠近 Rainbow 热液活跃区的上部流体区域。目标是揭示流体—岩石相互作用和海底生态系统，探究低速层上部性质
RAINM-5A(备选)	36.2295°N, 33.9042°W	2230	0	500	500	高温热液活动备选站位。靠近 Rainbow 热液活跃区的上部流体区域。目标是揭示流体—岩石相互作用和海底生态系统，探究低速层上部性质
RAINM-6A(备选)	36.2342°N, 33.8872°W	2150	0	300	300	探究地幔岩石蚀变特征（蛇纹石化作用/蚀变作用）。约束造成大洋核杂岩中心岩石圈上部高速层蚀变作用/破裂作用产生的条件。研究普遍蛇纹石化作用/蚀变作用形成的地质微生物和生态系统
RAINM-7A(备选)	36.2307°N, 33.8797°W	1930	0	200	200	研究低温、碱性、沉寂的热液作用（Clamstone）。揭示流体—岩石相互作用和海底生态系统。探究近海底低温流体流动，蚀变和可能的高温流体之间的相互作用。揭示高速层到低速层之间的转换带特征

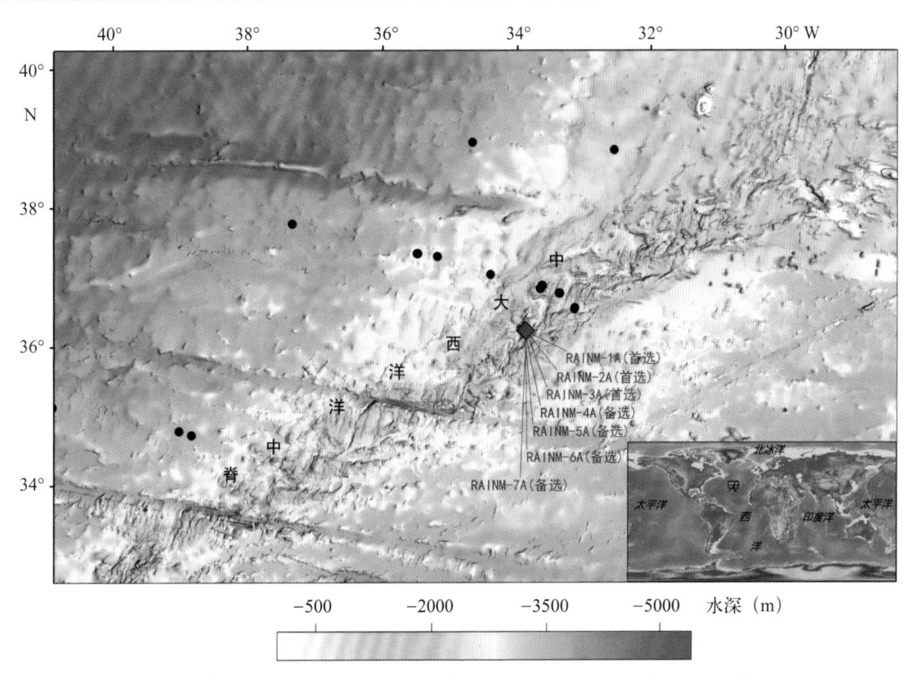

图3.4.4 钻探建议站位（黑色圆圈为已完成钻探站位，红色菱形为新建议站位）

（5）资料来源

资料来源于 IODP 900 号建议书，建议人名单如下：

Muriel Andreani, Juan Pablo Canales, Wolfgang Bach, Javier Escartin, Ana Filipa Marques, Matt Schrenk, William Seyfried, Robert Dunn.

3.4.5 太平洋翁通 – 爪哇高原钻探：检验爪哇岛大火成岩省成因假说

（1）摘要

大火成岩省，如赤道太平洋西部翁通 – 爪哇高原，通常蕴含着地幔成分以及地幔过程的信息，它们的形成可能对全球环境变化具有非常大的影响。翁通 – 爪哇高原是最大的洋底高原，也是地球上最大的火成岩省，但是它的规模、体积和形成速率等仍不清楚。翁通 – 爪哇高原形成过程中曾经发生的最大的火山可能比目前预估的还要大。火山岩岩石学研究表明，源于翁通 – 爪哇高原的熔岩流可能已经溢流到邻近的瑙鲁、东马里亚纳，甚至可能已经到达皮加费塔盆地。此外，翁通 – 爪哇、希古朗基和马尼希基岛高原的熔岩在年龄和地球化学特征上具有很大的相似性，这表明它们可能是同一个大火成岩省（翁通 – 爪哇大火成岩省，简称 OJN）喷发形成的。如果真是这样，那么当时大于 1 % 的地球表面都被大规模的火山熔岩覆盖。这意味着地球上地幔的大部分（白垩纪中期软流圈的 16% ~ 48%），可能还有下地幔、一些地核物质，都是由 OJN 的岩浆结晶形成的。关于翁通 – 爪哇高原的形成机制，虽然已提出了众多模型，比如，地幔柱头上涌模型、火星撞击模型以及地幔熔融模型，但是由于缺乏对翁通 – 爪哇高原火成岩的规模、形成时代和组成的详细了解，致使没有一种模型能够满足所有的观测数据，因而对翁通 – 爪哇高原的起源没有形成统一的认识，翁通 – 爪哇高原的地球动力学效应、演化以及热液蚀变问题也没有得到解决。

翁通 – 爪哇高原分为西部高原和东部隆起。虽然已有 7 个站位已经钻遇到了翁通 – 爪哇高原的玄武岩基底，但是这些站位都位于西部高原上。如果提出的 OJN 重建是正确的，那么近中心部位是东部隆起，受洋底高原裂解作用的影响，它的地壳和岩石圈是最薄的。因此，东部隆起是检验 OJN 理论的最佳区域。为了检验翁通 – 爪哇高原的真实规模（如瑙鲁，东马里亚纳，皮加费塔盆地以及马尼希基岛，希古朗基高原的熔岩流是否都是 OJN 的组成部分），建议在东部隆起及其周边的盆地实施 5 个站位的钻探，钻取盆地中的沉积岩以及不同成分的火成岩基底样品。

（2）关键词

大火成岩省，岩浆，玄武岩，地壳，地幔柱

（3）总体科学目标

本项目旨在研究翁通 – 爪哇高原的起源和规模。

首要科学目标如下：

1）翁通 – 爪哇、马尼希基岛和希古朗基高原是否起源于同一个超级洋底高原翁通 – 爪哇 Nui（OJN）？

2）主火山喷发中心在哪里？活跃度如何？翁通 – 爪哇高原的熔岩流如何填充周边的盆地？

次要科学目标如下：

1）提供关键信息检验已有模型，提出新的大火成岩省形成模式；

2）检验翁通 – 爪哇高原的演化和地球动力学机制；

3）揭示翁通－爪哇高原火成岩的形成时代、持续时间以及火成岩基底的热液蚀变程度。

建议采用无立管钻探技术在翁通－爪哇高原及周边盆地的5个站位钻取沉积岩和玄武岩样品。对玄武岩开展地质年代学、地球化学、古火山喷发深度和古纬度分析，以解决主要目标1和次要目标1。对钻取到的高原周边盆地中的样品开展相关研究可揭示它们的起源（首要目标2）。对玄武岩样品进行分析可研究热液蚀变程度（次要目标3）。此外，对翁通－爪哇高原火成岩基底上的沉积剖面进行研究可重建翁通－爪哇高原形成之后的沉降史（次要目标2）。最后，测量温度和热导率可检验翁通－爪哇高原下面的地幔根部是热性质变化界面还是化学性质变化界面（次要目标2）。

（4）站位科学目标

该建议书建议站位见表3.4.5和图3.4.5。

表3.4.5　钻探建议站位科学目标

站位名称	位置	水深(m)	钻探目标			站位科学目标
			沉积物进尺(m)	基岩进尺(m)	总进尺(m)	
OJP-01A（首选）	5.2934°S, 172.1152°E	4316	200	150	350	钻取玄武岩样品，进行地球化学、同位素化学和年龄测定，揭示东萨连特火成岩的地球化学和同位素地球化学特征
OJP-02B（首选）	7.4979°S, 172.1160°E	5413	300	100	400	钻取玄武岩样品，进行地球化学、同位素化学和年龄测定，揭示Ellice盆地中火成岩的地球化学和同位素地球化学特征
OJP-03B（备选）	6.2220°S, 167.5235°E	3494	140	150	290	钻取玄武岩样品，进行地球化学、同位素化学和年龄测定，揭示东萨连特火成岩的地球化学和同位素地球化学特征
OJP-04B（首选）	7.5131°S, 166.7239°E	3650	350	100	450	钻取玄武岩样品，进行地球化学、同位素化学和年龄测定，揭示Stewart盆地中火成岩的地球化学和同位素地球化学特征
OJP-07B（备选）	7.3133°S, 161.2194°E	1730	580	120	700	钻取玄武岩样品，进行地球化学、同位素化学和年龄测定，揭示东萨连特火成岩的地球化学和同位素地球化学特征
OJP-08A（备选）	7.4697°S, 172.1158°E	5414	300	100	400	钻取玄武岩样品，进行地球化学、同位素化学和年龄测定，揭示Ellice盆地中火成岩的地球化学和同位素地球化学特征
OJP-09A（备选）	7.1567°S, 166.9454°E	3898	340	100	440	钻取玄武岩样品，进行地球化学、同位素化学和年龄测定，揭示Stewart盆地中火成岩的地球化学和同位素地球化学特征
OJP-10A（首选）	0.0778°S, 163.2456°E	4459	300	100	400	钻取玄武岩样品，进行地球化学、同位素化学和年龄测定，揭示瑙鲁盆地中火成岩的地球化学和同位素地球化学特征
OJP-11A（备选）	0.0971°N, 164.2338°E	4418	400	100	500	钻取玄武岩样品，进行地球化学、同位素化学和年龄测定，揭示瑙鲁盆地中火成岩的地球化学和同位素地球化学特征
OJP-12A（首选）	7.0788°S, 161.3984°E	1629	390	120	510	钻取玄武岩样品，进行地球化学、同位素化学和年龄测定，揭示东萨连特火成岩的地球化学和同位素地球化学特征

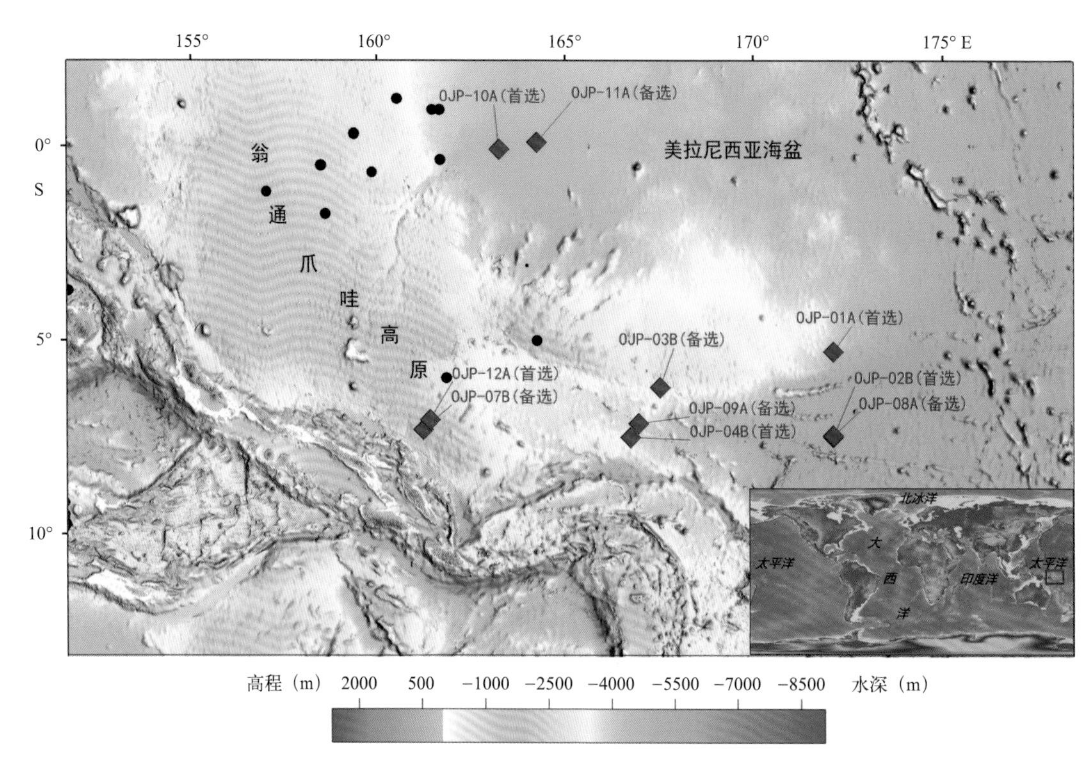

图3.4.5 钻探建议站位（黑色圆圈为已完成钻探站位，红色菱形为新建议站位）

（5）资料来源

资料来源于IODP 967号建议书，建议人名单如下：

Takashi Sano, Maria Luisa Tejada, Clive Neal, Millard Coffin, Masao Nakanishi, Peter Michael, Jörg Geldmacher, Takeshi Hanyu, Seiichi Miura, Christian Timm, Anthony Koppers, Daisuke Suetsugu, Takashi Tonegawa, Akira Ishikawa, Kenji Shimizu, Paterno Castillo, Elisabetta Erba, Catherine Rychert, Adélie Delacour.

3.5 岛弧构造与地球动力学

3.5.1 岛弧裂谷环境火山作用和构造：以希腊克里斯蒂安娜—圣托里尼—科伦博海相火山区为例

（1）摘要

俯冲相关的火山作用影响着大陆边缘的生命和环境。为了更好地理解岛弧火山作用及其灾害，需要研究火山作用的驱动过程，以及火山如何与周围的海洋环境相互作用。地壳构造、火山活动和岩浆成因之间有什么联系和反馈？海底火山喷发作用和破火山口喷发的动力和影响是什么？火山口是如何在爆发期间坍塌，然后重新进入新的岩浆循环？海洋生态系统对火山喷发有什么反应？

希腊火山弧上的克里斯蒂安娜—圣托里尼—科伦博（CSK）火山群是解决这些问题的绝佳场所。它由3个大型火山（克里斯蒂安娜、圣托里尼、科伦博），以及一系列小型海底火山锥组成，这些火山锥分布在减薄陆壳上100 km长的穿过岛弧的裂谷带中。克里斯蒂安娜—圣托里尼—科伦博火山群以圣托里尼火山口及其在青铜时代晚期的喷发而闻名，它是火山学和考古学的标志性事件。科伦博火山于1650年喷发，释放了大量气体，引起海啸，造成大量死亡。2011—2012年，圣托里尼岛的火山活动使人们意识到，这个旅游区有火山喷发的潜在危险性。

克里斯蒂安娜—圣托里尼—科伦博火山群周围的海相裂谷盆地以及圣托里尼火山口充填了厚达数百米的火山沉积，为克里斯蒂安娜—圣托里尼—科伦博火山群、构造演化、岩浆成因和古环境研究提供了丰富的资料，这些资料只有通过深钻和地震解释才能获得。建议在裂谷盆地实施 4 口钻探，并在圣托里尼火山口内另外实施两站位的钻探。

建议在克里斯蒂安娜—圣托里尼—科伦博火山群实施钻探，因为这里有扎实的调查研究基础，包括陆上火山学、海底测绘、浅层取芯、拖网取样、地震剖面和地震层析成像研究。深钻对于识别、描述和解释地震图像上的沉积组合、对比分析裂谷中充填的原生火山碎屑层与其源区的化学特征、对地下深处的微生物生命进行采样等非常关键，有助于建立精确的年代地层框架，揭示裂谷构造和沉积历史。

（2）关键词

火山作用，构造，岛弧，裂谷，火山口

（3）总体科学目标

在希腊岛弧上裂谷带的克里斯蒂安娜—圣托里尼—科伦博火山群实施 6 个站位的深海钻探，主要目标有 5 个：

1）岛弧裂谷环境中的岛弧火山作用：根据大于 3.8 Ma 的海洋火山—沉积记录重建克里斯蒂安娜—圣托里尼—科伦博火山群上新世以来的火山历史；

2）火山—构造之间的联系：把裂谷作为研究 CSK 火山作用 和重大地壳构造事件之间相互关系的天然实验室，重建裂谷盆地的沉降史和构造史；

3）伸展地壳区域中的弧岩浆作用：记录克里斯蒂安娜—圣托里尼—科伦博火山群空间和时间上的岩浆成岩作用，揭示地壳减薄对岩浆储存、分异和地壳混染的影响；

4）揭示标志性的火山口喷发事件：阐述青铜时代晚期圣托里尼火山喷发的过程、产物和潜在影响；

5）海底硅酸盐喷发造成的火山灾害：研究卡梅尼和科伦博海底火山的历史、动力学和灾害性；

6）爱琴海南部如何从大陆环境向海洋环境转变；

7）生物系统对火山爆发和海水酸化的反应。

（4）站位科学目标

该建议书建议站位见表 3.5.1 和图 3.5.1。

表3.5.1 钻探建议站位科学目标

站位名称	位置	水深(m)	钻探目标			站位科学目标
			沉积物进尺(m)	基岩进尺(m)	总进尺(m)	
CSK-01A（首选）	36.7293°N, 25.6482°E	505	756	9	765	CSK-01A 旨在钻到阿尔卑斯基底，钻取 Anhydros 盆地的上新世—第四纪火山—沉积物。该站位位于圣托里尼火山和科伦博火山的下游，盆地轴线附近。目的是利用岩芯（和地震剖面）重建盆地的火山、沉积和构造历史，并获取该地区裂谷以来近乎连续的火山作用序列。该钻孔将钻穿 Anhydros 裂谷盆地的所有 6 个地震层（B1 ~ B6）

续表

站位名称	位置	水深(m)	钻探目标			站位科学目标
			沉积物进尺(m)	基岩进尺(m)	总进尺(m)	
CSK-02A（备选）	36.7438°N, 25.7146°E	511	437	10	447	CSK-02A 旨在钻到阿尔卑斯基底，钻取 Anhydros 盆地的上新世—第四纪火山—沉积物。该站位位于圣托里尼火山和科伦博火山。目的是利用岩芯（和地震剖面）重建盆地的火山、沉积和构造历史，并揭示该地区裂谷以来近乎连续的火山作用。该钻孔将钻穿 Anhydros 裂谷盆地的所有 6 个地震层（B1 ~ B6）
CSK-03A（首选）	36.5549°N, 25.4398°E	397	566	0	566	CSK-03A 位于科伦博火山西北海底侧翼的 Anhydros 盆地。目的是从科伦博钻穿从地震资料上识别的 4 个火山喷发单元（K2、K3、K5 和 K1 薄层的侧向延伸），以及来自圣托里尼的众多喷发单元。这将有助于研究科伦博火山喷出物，建立圣托里尼和科伦博相一致的框架
CSK-04A（备选）	36.5728°N, 25.4092°E	403	545	0	545	CSK-04A 位于科伦博海山火山西北海底侧翼的 Anhydros 盆地。其目的是从科伦博钻穿地震资料识别的火山喷发单元，以及来自圣托里尼的众多喷发单元。这将有助于研究科伦博火山喷出物，建立圣托里尼和科伦博相一致的框架。然而，该站位只穿过 1 个科伦博喷发单元（K5），因此已被 CSK-04B 站位取代，后者更适合该建议目标
CSK-04B（备选）	36.5068°N, 25.5053°E	300	730	0	730	CSK-04B 位于科伦博海山火山东南海底侧翼的 Anhydros 盆地。其目的是从科伦博钻穿地震资料识别的火山喷发单元（K1，K3，K5），以及来自圣托里尼的众多喷发单元。这将有助于研究科伦博火山喷出物，建立圣托里尼和科伦博相一致的框架。该站位取代了 CSK-04A（备选站位），成为 CSK-03A 站点的首选备选站点，因为 CSK-04A 只钻穿了 1 个科伦博喷发单元，而 CSK-04 则能钻取 3 个喷发单元
CSK-05A（首选）	36.4355°N, 25.3805°E	385	360	0	360	CSK-05A 位于圣托里尼火山口北部盆地中。目的是钻穿火山口内地震单元 S1、S2 和 S3，以便对其进行研究并证实（证伪）已发表的假说，钻穿到单元 S3（可能是 LBA 喷发的火山口内凝灰岩）之下。该站位位于 PROTEUS 地震层析成像实验探测到的低速地震异常体北部，中心是 2011—2012 活动期间火山口底部隆起区
CSK-06A（备选）	36.4424°N, 25.3751°E	383	381	0	381	CSK-06A 位于圣托里尼火山口北部盆地中。其目的是钻穿火山内部地震单元 S1、S2 和 S3，对其进行研究并证实（证伪）已发表的假说，钻穿单元 S3 下方（可能是 LBA 喷发的火山口内凝灰岩）

续表

站位名称	位置	水深(m)	钻探目标			站位科学目标
			沉积物进尺 (m)	基岩进尺 (m)	总进尺 (m)	
CSK-07A（首选）	36.3890°N, 25.4171°E	292	400	0	400	CSK-07A 位于圣托里尼火山口南部盆地中。目的是钻穿火山口内地震单元 S1、S2 和 S3，对其进行研究，钻至单元 S3（可能是 LBA 火山口内喷发的凝灰岩）下方。该站位是北部火山口盆地 CSK-05A/06A 站位的补充站位，它们将共同提供火山口填充和崩塌历史的完整记录
CSK-08A（备选）	36.3816°N, 25.4061°E	293	400	0	400	CSK-08A 位于圣托里尼火山口南部盆地中。目的是钻穿火山口内地震单元 S1、S2 和 S3，以便对其进行研究，钻至单元 S3（可能是 LBA 火山口内喷发的凝灰岩）下方。该站位是北部火山口盆地 CSK-05A/06A 站位的补充站位，它们将共同提供火山口填充和崩塌历史的完整记录
CSK-09A（首选）	36.5656°N, 25.7613°E	694	585	10	595	CSK-09A 位于 Anafi 盆地。其目的是钻穿该盆地的整个火山—沉积地层，钻至阿尔卑斯基底。该盆地可能记录了圣托里尼火山裂谷以来完整的火山历史（以及任何更古老的中心），但没有记录科伦博火山历史。该站位将重建该盆地的沉降史和沉积历史，并与 Anhydros 盆地进行对比。它将钻穿盆地中发育的所有 6 个地震单元（B1 ~ B6）
CSK-10A（备选）	36.5494°N, 25.7714°E	672	368	9	377	CSK-10A 位于 Anafi 盆地。其目的是钻穿该盆地的整个火山—沉积地层，钻至阿尔卑斯基底。该盆地可能记录了圣托里尼火山自裂谷以来完整的火山历史（以及任何更古老的中心），但没有记录科伦博火山历史。该站位将重建该盆地的沉降史和沉积历史，并与 Anhydros 盆地进行对比。它将钻穿盆地中发育的所有 6 个地震单元的上 5 个（B2 ~ B6）
CSK-11A（首选）	36.3897°N, 25.2142°E	408	823	0	823	CSK-11A 位于 Christiana 盆地。该盆地比 Anhydros 和 Anafi 盆地更深，位于圣托里尼西南。它的火山沉积可能记录了 CSK 火山区早期的火山历史（包括 Christiana 和早期圣托里尼的喷出物），以及年轻的圣托里尼，可能还有 Milos 火山的历史。该站位将钻穿地震资料揭示的 3 个显著的火山单元（PF Ⅰ至 PF Ⅲ）。在 Christiana 盆地采集新的地震资料后，该站位可能会略有移动
CSK-12A（备选）	36.3842°N, 25.2352°E	367	836	0	836	CSK-12A 位于 Christiana 盆地。该盆地比 Anhydros 和 Anafi 盆地深，位于圣托里尼西南。它的火山沉积可能记录了 CSK 火山区早期的火山历史（包括 Christiana 和早期圣托里尼的喷出物），以及年轻的圣托里尼，可能还有 Milos 火山的历史。该站位将钻穿地震资料揭示的 3 个显著的火山单元（PF Ⅰ至 PF Ⅲ）。在 Christiana 盆地计划采集新的地震资料后，该站位可能会略有移动

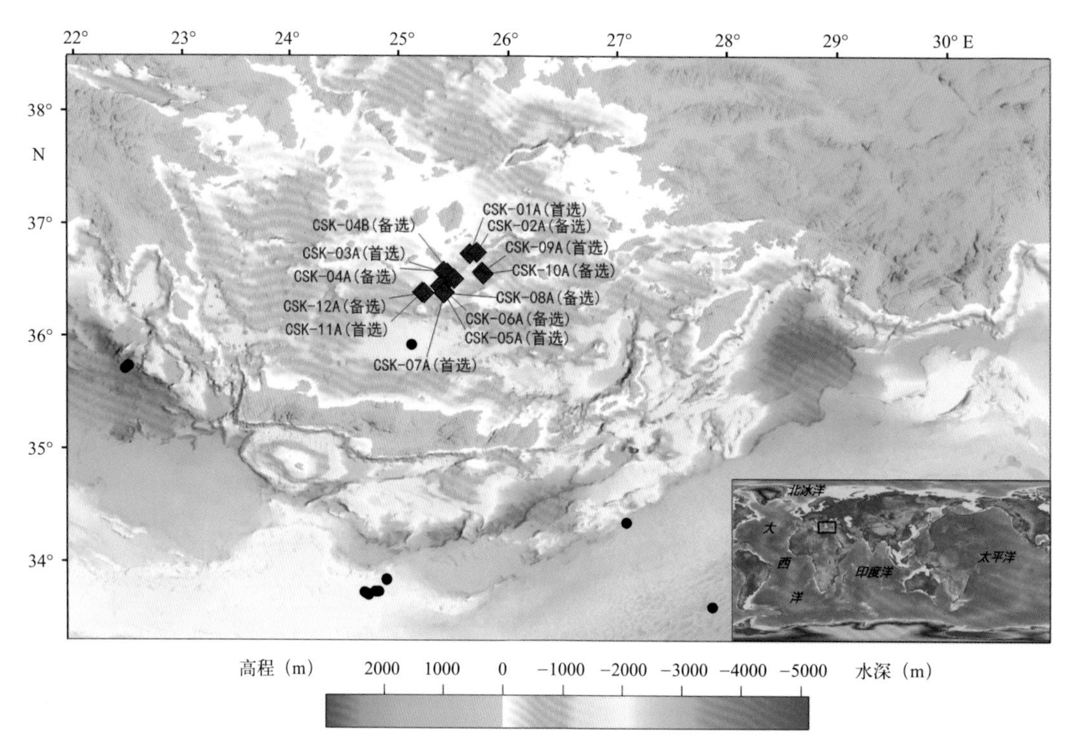

图3.5.1 钻探建议站位（黑色圆圈为已完成钻探站位，红色菱形为新建议站位）

（5）资料来源

资料来源于IODP 932号建议书，建议人名单如下：

Timothy Druitt, Christian Hübscher, Paraskevi Nomikou, Steffen Kutterolf, Dimitrios Papanikolaou, Jan Behrmann, Philipp Brandl, Ralf Gertisser, Jörg Geldmacher, Emilie Hooft, Stephanos Kilias, Martijn Klaver, Costas Papazachos, Raphael Paris, Paraskevi Polymenakou, David Pyle, Christopher Satow, Masako Tominaga, Maria Triantaphyllou, Aradhna Tripati.

3.5.2 从岛弧裂解到大洋扩张：检验弧后盆地的形成模式

（1）摘要

弧后盆地通常位于汇聚边缘，是俯冲工厂的重要组成部分，是地壳增生和海底扩张的重要区域，具有与洋中脊相似的火山和热液过程。尽管弧后盆地在地球构造史上占有重要地位，但人们对其形成机制和早期演化知之甚少。虽然普遍认可裂谷—漂移转换模型，即火山弧裂解发展到板内分离，导致大洋张开并逐渐扩展，但是全球观测显示，弧后地壳性质发生了重大变化，这使公认的裂谷—漂移转换模型变得非常复杂。弧后地壳性质的变化主要表现为裂谷盆地和扩张中心发生了突然的时空跳跃。解析造成弧后盆地扩张中心幕式变化和不稳定性的控制因素，以及俯冲过程和弧火山的联系等国际科学界关注的科学问题。只有科学钻探能够提供关键信息来解决这些复杂问题，厘定弧和弧后火山作用的终止时间，揭示应力场的时空变化，解决一系列有关弧后盆地成因和演化假说的争议。

Havre 海槽是全球范围内实现这一目标的理想区域，因为它是地球上少数几个保存有完好弧后盆地形成早期阶段地质记录的区域，并且该区域记录了与岛弧和弧后盆地相关的岩浆作用和热液过程。Havre 海槽与 Taupo 火山带的大陆裂谷有着独特的联系，Taupo 火山带是地球上最活跃和最庞大的流纹岩火山活动所在地。

此外，Havre 海槽下正发生罕见的大火成岩省（LIP）希古朗基高原的俯冲。在现有技术条件下，建议通过 5 个首选站位的钻探，实现具有全球意义的重大科学目标。

（2）关键词

岛弧，弧后，俯冲作用，裂谷作用，扩张作用

（3）总体科学目标

通过在 Havre 海槽上钻取岩芯，揭示从火山弧裂解到弧后扩张早期演化时间和模式的基本过程。

1）揭示弧初始裂解的位置和机制；

2）揭示减压和熔体通量熔体之间的时空关系；

3）揭示大火成岩省俯冲和大陆碰撞过程；

4）揭示大型热液系统的成因。

该建议需要在 Havre 海槽的 4 个首选站位钻穿沉积物获取火成岩基底岩石样品，并在 Colville 脊以西的一个站位钻取沉积物。然后对 Havre 海槽火成岩和上覆沉积物进行地质年代学、地球化学、同位素地球化学和古地磁分析，实现相关目标；并对 Colville 脊以西的沉积物样品进行火山灰地层学、磁性地层学和生物地层学分析，以揭示裂谷作用前弧火山作用的终止时间。除了钻取岩芯，还要开展井下测井，尤其是要获取热流和构造数据，用它们圈定当前持续伸展区和岩浆活动区，与已停止伸展区域的站位进行对比分析。

（4）钻探技术要求

没有特殊的钻探技术要求。

（5）站位科学目标

该建议书建议站位见表 3.5.2 和图 3.5.2。

表3.5.2　钻探建议站位科学目标

站位名称	位置	水深 (m)	钻探目标			站位科学目标
			沉积物进尺 (m)	基岩进尺 (m)	总进尺 (m)	
WCR-01A（首选）	33.8615°S, 177.6906°E	3230	600	0	600	获取沉积物岩芯，进行火山灰地层学、磁性地层学和生物地层学分析，厘定 Colville-Kermadec 弧初始裂解引起的弧岩浆作用的终止的时间
CR-01A（首选）	33.9970°S, 178.2537°E	915	50	300	350	获取 Colville 脊火成岩岩芯，进行地球化学、同位素地球化学、古地磁和地质年代学分析，研究与裂谷作用相关的断层和构造，厘定 Colville-Kermadec 弧改为开始裂解的时间，建立与 Kermadec 脊上 KR-01A 站位相应的地层层序。CR-01A 钻取的岩芯能够提供矿化和热液蚀变样品，有利于揭示出大型热液系统是否在 Colville Kermadec 弧初始裂谷作用早期已经形成。CR-02A 为备选站位

续表

站位名称	位置	水深(m)	钻探目标			站位科学目标
			沉积物进尺(m)	基岩进尺(m)	总进尺(m)	
CR-02A（备选）	33.8746°S, 178.1587°E	1493	50	300	350	获取 Colville 脊火成岩岩芯，进行地球化学、同位素地球化学、古地磁和地质年代学分析，研究与裂谷作用相关的断层和构造，厘定 Colville-Kermadec 弧初始裂解时间
WHT-01A（首选）	32.8593°S, 179.1666°E	3383	400	150	550	该站位位于沉积盆地之上，旨在研究 Colville-Kermadec 弧初始裂解的最小年龄，研究远离活动弧前的较老的 Havre 海槽西部的下伏火山岩基底的结构和年代。对沉积物岩芯进行火山灰地层学、磁性地层学和生物地层学分析，对下伏火山岩样品进行地球化学、同位素地球化学、古地磁和地质年代学分析。WHT-02A 为备选站位
WHT-02A（备选）	33.5320°S, 178.7329°E	3687	300	150	450	该站位位于沉积盆地之上，旨在研究 Colville-Kermadec 弧初始裂解的最小年龄，研究远离活动弧前的较老的 Havre 海槽西部的下伏火山岩基底的结构和年代。对沉积物岩芯进行火山灰地层学、磁性地层学和生物地层学分析，对下伏火山岩样品进行地球化学、同位素地球化学、古地磁和地质年代学分析
EHT-01A（首选）	33.1864°S, 179.8712°E	3360	150	150	300	该站位位于沉积盆地之上，旨在研究靠近活动弧前的较年轻的 Havre 海槽东部下伏火山岩基底的结构和年代。对沉积物岩芯进行火山灰地层学、磁性地层学和生物地层学分析，对下伏火山岩样品进行地球化学、同位素地球化学、古地磁和地质年代学分析。EHT-02A 为备选站位
EHT-02A（备选）	34.1906°S, 179.3859°E	3607	150	150	300	该站位位于沉积盆地之上，旨在研究靠近活动弧前的较年轻的 Havre 海槽东部下伏火山岩基底的结构和年代。对沉积物岩芯进行火山灰地层学、磁性地层学和生物地层学分析，对下伏火山岩样品进行地球化学、同位素地球化学、古地磁和地质年代学分析
KR-01A（首选）	34.9120°S, 179.3024°E	541	50	300	350	该站位位于 Kermadec 脊，对火山岩样品进行地球化学、同位素地球化学、古地磁和地质年代学分析，研究与裂谷作用相关的断层和构造，厘定 Colville-Kermadec 弧初始裂解的时间，建立与 Colville 脊站位相对应的地层序列

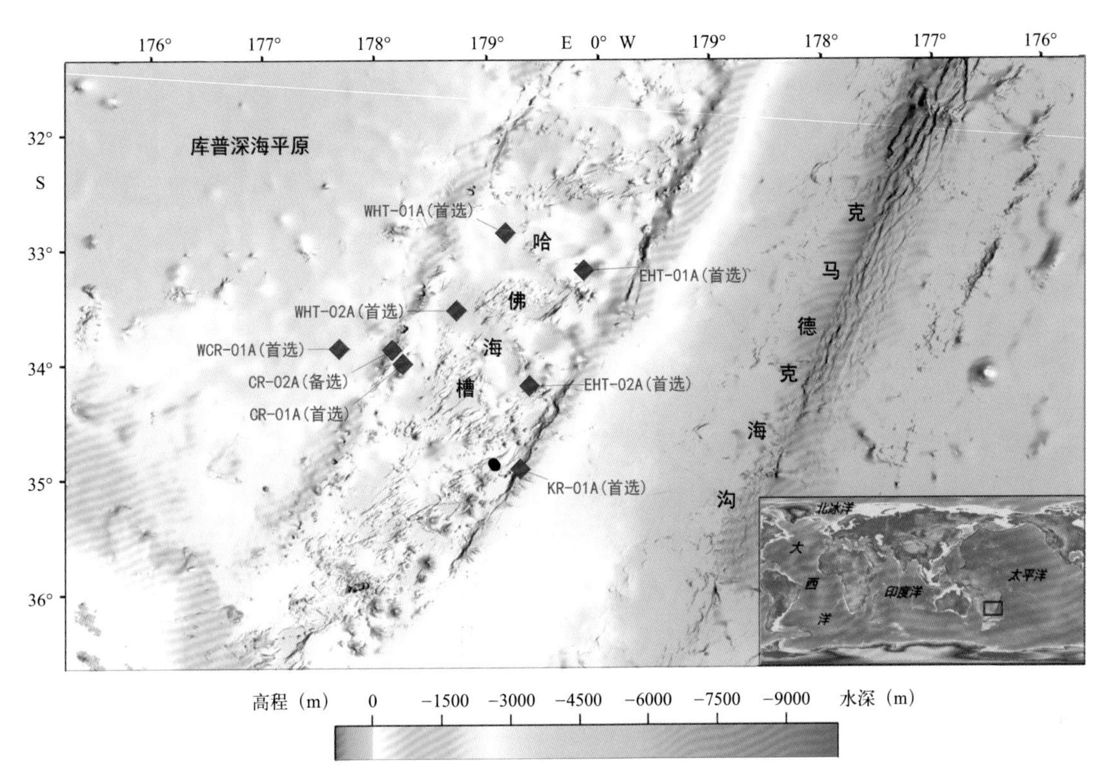

图3.5.2 钻探建议站位（黑色圆圈为已完成钻探站位，红色菱形为新建议站位）

（6）资料来源

资料来源于 IODP 993 号建议书，建议人名单如下：

Fabio Caratori Tontini, Melissa Anderson, Richard Arculus, Rebecca Carey, Cornel de Ronde, Deborah Eason, Christian Timm, Sally Watson, Richard Wysoczanski, Dan Bassett, Luca Cocchi, Nicholas Dyriw, Martin Jutzeler, Monica Handler, Cécile Massiot, Julia Ribeiro, Pilar Villamor.

3.5.3 中美洲火山弧火山爆发周期、强度和火山灰的影响

（1）摘要

预测火山灾害对于保护地球至关重要，但有关火山爆发的周期规律和驱动机制研究不足，从而制约了科学家进一步开发使用火山爆发预测模型。已有证据表明海洋沉积物中火山物质成分的变化在碳循环中起着重要作用，可能会影响气候，但这些相互作用的程度尚不清楚。为了进一步研究，需要了解火山灰与地球深部过程、生物圈和气候之间的相互作用关系和机制。

该建议拟验证 4 个假设：①墨西哥南部和中美洲北部火山弧的火山活动周期与冰期 – 间冰期旋回和 / 或构造事件相关；②火山物质成分随时间的变化反映了火山弧的演化，也反映了向火山弧俯冲的沉积物成分的变化；③火山物质中活性硅酸盐成分在碳和硅循环中起着重要作用，而碳和硅循环决定了二氧化碳是从沉积物中释放出来还是被埋藏在沉积物中；④微生物的丰度、组成和活动是否受火山物质及其蚀变和 / 或成岩作用的程度控制。为验证这些假设，建议：①对墨西哥南部和中美洲北部近海海洋沉积物建立 750 ka 至 7.5 Ma 的火山灰（层状和分散）出现频率、规模和成分的记录；②揭示海底火山物质沉积对碳循环路径和海底生物圈的影响。若要完成这些目标，需要在墨西哥

南部和中美洲北部海底埋藏有大量火山灰的火山弧边缘布设 20 个站位。利用现代钻探技术、研究沉积物和孔隙水的新分析方法以及最先进的生物圈采样和分析技术，将能提供比早期 DSDP/ODP/IODP 航次钻探更有利于研究的海洋沉积物样品。通过此项研究将揭示火山灰在深海碳保存和生物圈中的作用，并解释影响火山灾害的外部因素之间的关系和强度，从而有助于改进对未来爆发火山灾害的预测。

（2）关键词

火山灰，古火山作用，地球化学，生物圈

（3）总体科学目标

验证以下 4 个假设：

1）墨西哥南部和中美洲北部火山弧的火山活动周期与冰期—间冰期旋回和 / 或构造事件相关；

2）火山物质成分随时间的变化反映了火山弧的演化，也反映了向火山弧俯冲的沉积物成分的变化；

3）火山物质中活性硅酸盐成分在碳和硅循环中起着重要作用，而碳和硅循环决定了二氧化碳是从沉积物中释放出来还是被埋藏在沉积物中；

4）微生物的丰度、组成和活动是否受火山物质及其蚀变和 / 或成岩作用的程度控制。

（4）站位科学目标

该建议书建议站位见表 3.5.3 和图 3.5.3。

表3.5.3 钻探建议站位科学目标

站位名称	位置	水深（m）	钻探目标（m）			站位科学目标
			沉积物进尺（m）	基岩进尺（m）	总进尺（m）	
CA-01A（首选）	10.4360°N, 87.4909°W	2845	75	0	75	CA-01A 站位记录了尼加拉瓜中部晚上新世（若沉积速率为 35 m/Ma，进尺 75 m 处的地质年代距今约 2.14 Ma）至现今的火山活动历史。该站位的远端沉积记录将有助于估算喷发物质的体积。火山灰组分为镁铁质和长英质，沉积于深海平原上含氧 / 低氧环境中，形成了一个能够影响地球化学和生物圈的独特环境。总的来说，CA-01A、CA-03A、CA-05A、CA-17A、CA-19A、CA-21A、CA-49A、CA-51A、CA-53A 站位钻取的火山灰组分和地球化学环境的不同组合将揭示与火山灰蚀变相关的微生物与地球化学驱动力和响应关系
CA-02A（备选）	10.4300°N, 87.4764°W	2884	75	0	75	CA-02A 站位记录了尼加拉瓜中部晚上新世（若沉积速率为 35 m/Ma，进尺 75 m 处的地质年代距今约 2.14 Ma）至现今的火山活动历史。该站位的远端沉积记录将有助于估算喷发物质的体积。火山灰组分为镁铁质和长英质，沉积于深海平原上含氧 / 低氧环境中，形成了一个能够影响地球化学和生物圈的独特环境。总的来说，CA-01A、CA-03A、CA-05A、CA-17A、CA-19A、CA-21A、CA-49A、CA-51A、CA-53A 站位钻取的火山灰组分和地球化学环境的不同组合将揭示与火山灰蚀变相关的微生物与地球化学驱动力和响应关系

续表

站位名称	位置	水深（m）	钻探目标（m）			站位科学目标
			沉积物进尺(m)	基岩进尺(m)	总进尺（m）	
CA-03A（首选）	11.3345°N, 87.3061°W	1208	75	0	75	CA-03A站位记录了尼加拉瓜中部晚上新世（若沉积速率为100 m/Ma，进尺75 m处的地质年代距今约0.75 Ma）至现今的火山活动历史。该站位的近端沉积记录将有助于估算喷发物质的体积。火山灰组分为镁铁质和长英质，沉积于陆坡（海沟向陆一侧）含甲烷环境中，形成了一个能够影响地球化学和生物圈的独特环境。总的来说，CA-01A、CA-03A、CA-05A、CA-17A、CA-19A、CA-21A、CA-49A、CA-51A、CA-53A站位钻取的火山灰组分和地球化学环境的不同组合将揭示与各种火山灰蚀变途径相关的微生物与地球化学驱动力和响应关系
CA-04A（备选）	11.3332°N, 87.3064°W	1220	75	0	75	CA-04A站位记录了尼加拉瓜中部晚上新世（若沉积速率为100 m/Ma，进尺75 m处的地质年代距今约0.75 Ma）至现今的火山活动历史。该站位的中远端沉积记录将有助于估算喷发物质的体积。火山灰组分为镁铁质和长英质，沉积于陆坡（海沟向陆一侧）含甲烷环境中，形成了一个能够影响地球化学和生物圈的独特环境。总的来说，CA-01A、CA-03A、CA-05A、CA-17A、CA-19A、CA-21A、CA-49A、CA-51A、CA-53A站位钻取的火山灰组分和地球化学环境的不同组合将揭示与各种火山灰蚀变途径相关的微生物与地球化学驱动力和响应关系
CA-05A（首选）	11.1007°N, 87.8345°W	3354	75	0	75	CA-05A站位记录了尼加拉瓜中部晚上新世（若沉积速率为35 m/Ma，进尺75 m处的地质年代距今约2.14 Ma）至现今的火山活动历史。该站位的近端沉积记录将有助于估算喷发物质的体积。火山灰组分为镁铁质和长英质，沉积于俯冲板块（海沟向海一侧）低氧/硫化物环境中，形成了一个能够影响地球化学和生物圈的独特环境。总的来说，CA-01A、CA-03A、CA-05A、CA-17A、CA-19A、CA-21A、CA-49A、CA-51A、CA-53A站位钻取的火山灰组分和地球化学环境的不同组合将揭示与各种火山灰蚀变途径相关的微生物与地球化学驱动力和响应关系
CA-06A（备选）	11.1007°N, 87.8383°W	3327	75	0	75	CA-06A站位记录了尼加拉瓜中部晚上新世（若沉积速率为35 m/Ma，进尺75 m处的地质年代距今约2.14 Ma）至现今的火山活动历史。该站位的近端沉积记录将有助于估算喷发物质的体积。火山灰组分为镁铁质和长英质，沉积于俯冲板块（海沟向海一侧）低氧/硫化物环境中，形成了一个能够影响地球化学和生物圈的独特环境。总的来说，CA-01A、CA-03A、CA-05A、CA-17A、CA-19A、CA-21A、CA-49A、CA-51A、CA-53A站位钻取的火山灰组分和地球化学环境的不同组合将揭示与各种火山灰蚀变途径相关的微生物与地球化学驱动力和响应关系

续表

站位名称	位置	水深（m）	钻探目标（m）			站位科学目标
			沉积物进尺（m）	基岩进尺（m）	总进尺（m）	
CA-07A（首选）	10.7212°N, 88.9028°W	3292	75	0	75	CA-07A 站位记录了尼加拉瓜中部晚上新世（若沉积速率为 40 m/Ma，进尺 75 m 处的地质年代距今约 1.875 Ma）至现今的火山活动历史。该站位的远端沉积记录将有助于估算喷发物质的体积。火山灰组分中镁铁质较长英质多，沉积于深海平原上含氧 / 低氧环境中，形成了一个能够影响地球化学和生物圈的独特环境。该站位是连接多个区域地层记录的关键站位
CA-08A（备选）	10.7213°N, 88.9031°W	3292	75	0	75	CA-08A 站位记录了尼加拉瓜中部晚上新世（若沉积速率为 40 m/Ma，进尺 75 m 处的地质年代距今约 1.875 Ma）至现今的火山活动历史。该站位的远端沉积记录将有助于估算喷发物质的体积。火山灰组分中镁铁质较长英质多，沉积于深海平原上含氧 / 低氧环境中，形成了一个能够影响地球化学和生物圈的独特环境。该站位是连接多个区域地层记录的关键站位
CA-09A（首选）	11.6226°N, 89.1228°W	3633	75	0	75	CA-09A 站位记录了尼加拉瓜北部（科西圭纳火山）和萨尔瓦多南部（圣米格尔）早更新世（若沉积速率为 60 m/Ma，进尺 75 m 处的地质年代距今约 1.25 Ma）至现今的火山活动历史。该站位的中远端沉积记录将有助于估算喷发物质的体积。火山灰组分中镁铁质较长英质多，沉积于深海平原上低氧 / 硫化物环境中，形成了一个能够影响地球化学和生物圈的独特环境。该站位是连接多个区域地层记录的关键站位
CA-10A（备选）	11.6223°N, 89.1227°W	3633	75	0	75	CA-10A 站位记录了尼加拉瓜北部（科西圭纳火山）和萨尔瓦多南部（圣米格尔）早更新世（若沉积速率为 60 m/Ma，进尺 75 m 处的地质年代距今约 1.25 Ma）至现今的火山活动历史。该站位的中远端沉积记录将有助于估算喷发物质的体积。火山灰组分中镁铁质较长英质多，沉积于深海平原上低氧 / 硫化物环境中，形成了一个能够影响地球化学和生物圈的独特环境。该站位是连接多个区域地层记录的关键站位
CA-11A（备选）	11.9125°N, 89.7769°W	3950	75	0	75	CA-11A 站位记录了萨尔瓦多南部（圣米格尔、柏林和帕卡亚火山）晚中新世（若沉积速率为 12 m/Ma，进尺 75 m 处的地质年代距今约 6.25 Ma）至现今的火山活动历史。该站位的中远端沉积记录将有助于估算喷发物质的体积。火山灰组分中镁铁质较长英质多，沉积于深海平原上低氧 / 硫化物环境中，形成了一个能够影响地球化学和生物圈的独特环境。该站位是连接多个区域地层记录的关键站位
CA-12A（备选）	11.9126°N, 89.7763°W	3947	75	0	75	CA-12A 站位记录了萨尔瓦多南部（圣米格尔、柏林和帕卡亚火山）晚中新世（若沉积速率为 12 m/Ma，进尺 75 m 处的地质年代距今约 6.25 Ma）至现今的火山活动历史。该站位的中远端沉积记录将有助于估算喷发物质的体积。火山灰组分中镁铁质较长英质多，沉积于深海平原上低氧 / 硫化物环境中，形成了一个能够影响地球化学和生物圈的独特环境。该站位是连接多个区域地层记录的关键站位

续表

站位名称	位置	水深（m）	钻探目标（m）			站位科学目标
			沉积物进尺（m）	基岩进尺（m）	总进尺（m）	
CA-13A（首选）	11.3836°N, 90.5815°W	3691	75	0	75	CA-13A 站位记录了萨尔瓦多和远方的尼加拉瓜晚中新世（若沉积速率为 10 m/Ma，进尺 75 m 处的地质年代距今约 7.5 Ma）至现今的火山活动历史。该站位的中远端沉积记录将有助于估算喷发物质的体积。灰分成分基性较长英质为多，沉积于深海平原上低氧 / 硫化物环境中，形成了一个能够影响地球化学和生物圈的独特环境。该站位是连接多个区域地层记录的关键站位
CA-14A（备选）	11.3762°N, 90.5750°W	3695	75	0	75	CA-14A 站位记录了萨尔瓦多和远方的尼加拉瓜晚中新世（若沉积速率为 10 m/Ma，进尺 75 m 处的地质年代距今约 7.5 Ma）至现今的火山活动历史。该站位的中远端沉积记录将有助于估算喷发物质的体积。火山灰组分为镁铁质和长英质，沉积于深海平原上低氧 / 硫化物环境中，形成了一个能够影响地球化学和生物圈的独特环境。该站位是连接多个区域地层记录的关键站位
CA-15A（备选）	11.7453°N, 90.5184°W	3593	75	0	75	CA-15A 站位记录了萨尔瓦多中部（伊洛帕戈火山口）中中新世（若沉积速率为 8 m/Ma，进尺 75 m 处的地质年代距今约 9.375 Ma）至现今的火山活动历史。该站位的中远端沉积记录将有助于估算喷发物质的体积。火山灰组分中长英质较镁铁质多，沉积于深海平原上低氧 / 硫化物环境中，形成了一个能够影响地球化学和生物圈的独特环境。该站位是连接多个区域地层记录的关键站位，还可以用来对比不同年代沉积物中的微生物群落特征
CA-16A（备选）	11.7486°N, 90.5156°W	3651	75	0	75	CA-16A 站位记录了萨尔瓦多中部（伊洛帕戈火山口）中中新世（若沉积速率为 8 m/Ma，进尺 75 m 处的地质年代距今约 9.375 Ma）至现今的火山活动历史。该站位的中远端沉积记录将有助于估算喷发物质的体积。火山灰组分中长英质较镁铁质多，沉积于深海平原上低氧 / 硫化物环境中，形成了一个能够影响地球化学和生物圈的独特环境。该站位是连接多个区域地层记录的关键站位
CA-17A（首选）	12.9366°N, 90.8378°W	2745	75	0	75	CA-17A 站位记录了危地马拉南部和萨尔瓦多北部（科阿特佩克 / 阿亚尔扎火山口）中更新世（若沉积速率为 100 m/Ma，进尺 75 m 处的地质年代距今约 0.75 Ma）至现今的火山活动历史。该站位的近端沉积记录将有助于估算喷发物质的体积。火山灰组分中长英质较镁铁质多，沉积于陆坡（海沟向陆一侧）含甲烷（天然气水合物）环境中，形成了一个能够影响地球化学和生物圈的独特环境。总的来说，CA-01A、CA-03A、CA-05A、CA-17A、CA-19A、CA-21A、CA-49A、CA-51A、CA-53A 站位钻取的火山灰组分和地球化学环境的不同组合将揭示与各种火山灰蚀变途径相关的微生物与地球化学驱动力和响应关系

续表

站位名称	位置	水深（m）	钻探目标（m）			站位科学目标
			沉积物进尺（m）	基岩进尺（m）	总进尺（m）	
CA-18A（备选）	12.9357°N, 90.8451°W	2809	75	0	75	CA-18A 站位记录了危地马拉南部和萨尔瓦多北部（科阿特佩克 / 阿亚尔扎火山口）中更新世（若沉积速率为 100 m/Ma，进尺 75 m 处的地质年代距今约 0.75 Ma）至现今的火山活动历史。该站位的近端沉积记录将有助于估算喷发物质的体积。火山灰组分中长英质较镁铁质多，沉积于陆坡含甲烷（天然气水合物）环境中，形成了一个能够影响地球化学和生物圈的独特环境。总的来说，CA-01A、CA-03A、CA-05A、CA-17A、CA-19A、CA-21A、CA-49A、CA-51A、CA-53A 站位钻取的火山灰组分和地球化学环境的不同组合将揭示与各种火山灰蚀变途径相关的微生物与地球化学驱动力和响应关系
CA-19A（首选）	12.4920°N, 91.0349°W	4176	75	0	75	CA-19A 站位记录了萨尔瓦多和危地马拉（科阿特佩克 / 伊洛帕戈 / 阿亚尔扎火山口）上新世（若沉积速率为 23 m/Ma，进尺 75 m 处的地质年代距今约 3.26 Ma）至现今的火山活动历史。该站位的中远端沉积记录将有助于估算喷发物质的体积。火山灰组分中长英质较镁铁质多，沉积于俯冲板块（海沟向海一侧）含硫化物环境中，形成了一个能够影响地球化学和生物圈的独特环境。总的来说，CA-01A、CA-03A、CA-05A、CA-17A、CA-19A、CA-21A、CA-49A、CA-51A、CA-53A 站位钻取的火山灰组分和地球化学环境的不同组合将揭示与各种火山灰蚀变途径相关的微生物与地球化学驱动力和响应关系
CA-20A（备选）	12.4922°N, 91.0364°W	4200	75	0	75	CA-20A 站位记录了萨尔瓦多和危地马拉（科阿特佩克 / 伊洛帕戈 / 阿亚尔扎火山口）上新世（若沉积速率为 23 m/Ma，进尺 75 m 处的地质年代距今约 3.26 Ma）至现今的火山活动历史。该站位的中远端沉积记录将有助于估算喷发物质的体积。火山灰组分中长英质较镁铁质多，沉积于俯冲板块（海沟向海一侧）含硫化物环境中，形成了一个能够影响地球化学和生物圈的独特环境。总的来说，CA-01A、CA-03A、CA-05A、CA-17A、CA-19A、CA-21A、CA-49A、CA-51A、CA-53A 站位钻取的火山灰组分和地球化学环境的不同组合将揭示与各种火山灰蚀变途径相关的微生物与地球化学驱动力和响应关系
CA-21A（首选）	12.2510°N, 91.5107°W	3693	75	0	75	CA-21A 站位记录了危地马拉南部和萨尔瓦多北部（科阿特佩克 / 伊洛帕戈 / 阿亚尔扎火山口）早更新世（若沉积速率为 60 m/Ma，进尺 75 m 处的地质年代距今约 1.25 Ma）至现今的火山活动历史。该站位的远端沉积记录将有助于估算喷发物质的体积。火山灰组分中长英质较镁铁质多，沉积于深海平原含氧和硫化物环境中，形成了一个能够影响地球化学和生物圈的独特环境。总的来说，CA-01A、CA-03A、CA-05A、CA-17A、CA-19A、CA-21A、CA-49A、CA-51A、CA-53A 站位钻取的火山灰组分和地球化学环境的不同组合将揭示与各种火山灰蚀变途径相关的微生物与地球化学驱动力和响应关系

续表

站位名称	位置	水深（m）	钻探目标（m）			站位科学目标
			沉积物进尺（m）	基岩进尺（m）	总进尺（m）	
CA-22A（备选）	12.2507°N, 91.5103°W	3693	75	0	75	CA-22A 站位记录了危地马拉南部和萨尔瓦多北部（科阿特佩克 / 伊洛帕戈 / 阿亚尔扎火山口）早更新世（若沉积速率为 60 m/Ma，进尺 75 m 处的地质年代距今约 1.25 Ma）至现今的火山活动历史。该站位的远端沉积记录将有助于估算喷发物质的体积。火山灰组分中长英质较镁铁质多，沉积于深海平原含氧和硫化物环境中，形成了一个能够影响地球化学和生物圈的独特环境。总的来说，CA-01A、CA-03A、CA-05A、CA-17A、CA-19A、CA-21A、CA-49A、CA-51A、CA-53A 站位钻取的火山灰组分和地球化学环境的不同组合将揭示与各种火山灰蚀变途径相关的微生物与地球化学驱动力和响应关系
CA-23A（备选）	12.5650°N, 92.0340°W	3843	75	0	75	CA-23A 站位记录了危地马拉中部（阿亚尔扎、阿马蒂兰和阿提特兰火山口）中中新世（若沉积速率为 8 m/Ma，进尺 75 m 处的地质年代距今约 9.375 Ma）至现今的火山活动历史。该站位的远端沉积记录将有助于估算喷发物质的体积。火山灰组分主要是长英质，沉积于深海平原上低氧 / 硫化物环境中，形成了一个能够影响地球化学和生物圈的独特环境。该站位是连接多个区域地层记录的关键站位，还可以用来对比不同年代沉积物中的微生物群落特征
CA-24A（备选）	12.5660°N, 92.0331°W	3844	75	0	75	CA-24A 站位记录了危地马拉中部（阿亚尔扎、阿马蒂兰和阿提特兰火山口）中中新世至现今的火山活动历史。该站位的远端沉积记录将有助于估算喷发物质的体积。火山灰组分主要是长英质，沉积于深海平原上低氧 / 硫化物环境中，形成了一个能够影响地球化学和生物圈的独特环境。该站位是连接多个区域地层记录的关键站位
CA-25A（首选）	12.3280°N, 92.7074°W	3933	75	0	75	CA-25A 站位记录了危地马拉中部和萨尔瓦多北部晚中新世至现今的火山活动历史。该站位的远端沉积记录将有助于估算喷发物质的体积。火山灰组分主要是长英质，沉积于深海平原上低氧 / 硫化物环境中，形成了一个能够影响地球化学和生物圈的独特环境。该站位是连接多个区域地层记录的关键站位
CA-26A（备选）	12.3203°N, 92.6974°W	3932	75	0	75	CA-26A 站位记录了危地马拉中部和萨尔瓦多北部晚中新世至现今的火山活动历史。该站位的远端沉积记录将有助于估算喷发物质的体积。火山灰组分主要是长英质，沉积于深海平原上低氧 / 硫化物环境中，形成了一个能够影响地球化学和生物圈的独特环境。该站位是连接多个区域地层记录的关键站位

续表

站位名称	位置	水深（m）	钻探目标（m）			站位科学目标
			沉积物进尺（m）	基岩进尺（m）	总进尺（m）	
CA-27A（备选）	12.8990°N, 92.6549°W	3946	75	0	75	CA-27A 站位记录了危地马拉中部和北部（阿马蒂兰和阿提特兰火山）上新世至现今的火山活动历史。该站位的远端沉积记录将有助于估算喷发物质的体积。火山灰组分主要是长英质，沉积于深海平原上低氧 / 硫化物环境中，形成了一个能够影响地球化学和生物圈的独特环境。该站位是连接多个区域地层记录的关键站位
CA-28A（备选）	12.8937°N, 92.6636°W	3954	75	0	75	CA-28A 站位记录了危地马拉中部和北部（阿马蒂兰和阿提特兰火山）上新世至现今的火山活动历史。该站位的远端沉积记录将有助于估算喷发物质的体积。火山灰组分主要是长英质，沉积于深海平原上低氧 / 硫化物环境中，形成了一个能够影响地球化学和生物圈的独特环境。该站位是连接多个区域地层记录的关键站位
CA-29A（首选）	13.3058°N, 93.3695°W	4005	75	0	75	CA-29A 站位记录了墨西哥南部（恰帕内坎火山，埃尔奇琼火山）和危地马拉北部（阿提特兰火山）上新世至现今的火山活动历史。该站位的远端沉积记录将有助于估算喷发物质的体积。火山灰组分中长英质较铁镁质多，沉积于深海平原上低氧 / 硫化物环境中，形成了一个能够影响地球化学和生物圈的独特环境。该站位是连接多个区域地层记录的关键站位
CA-30A（备选）	13.3021°N, 93.4010°W	4001	75	0	75	CA-30A 站位记录了墨西哥南部（恰帕内坎火山，埃尔奇琼火山）和危地马拉北部（阿提特兰火山）上新世至现今的火山活动历史。该站位的远端沉积记录将有助于估算喷发物质的体积。火山灰组分中长英质较铁镁质多，沉积于深海平原上低氧 / 硫化物环境中，形成了一个能够影响地球化学和生物圈的独特环境。该站位是连接多个区域地层记录的关键站位
CA-31A（首选）	13.0064°N, 94.1796°W	4072	75	0	75	CA-31A 站位记录了墨西哥南部（恰帕内坎火山，埃尔奇琼火山）和危地马拉北部（阿提特兰火山）晚中新世至现今的火山活动历史。该站位的远端沉积记录将有助于估算喷发物质的体积。火山灰组分中长英质较铁镁质多，沉积于深海平原上低氧 / 硫化物环境中，形成了一个能够影响地球化学和生物圈的独特环境。该站位是连接多个区域地层记录的关键站位
CA-32A（备选）	13.0002°N, 94.1849°W	4077	75	0	75	CA-32A 站位记录了墨西哥南部（恰帕内坎火山，埃尔奇琼火山）和危地马拉北部（阿提特兰火山）晚中新世至现今的火山活动历史。该站位的远端沉积记录将有助于估算喷发物质的体积。火山灰组分中长英质较铁镁质多，沉积于深海平原上低氧 / 硫化物环境中，形成了一个能够影响地球化学和生物圈的独特环境。该站位是连接多个区域地层记录的关键站位

续表

站位名称	位置	水深（m）	钻探目标（m）			站位科学目标
			沉积物进尺（m）	基岩进尺（m）	总进尺（m）	
CA-33A（备选）	13.7058°N, 94.1048°W	4185	75	0	75	CA-33A 站位记录了墨西哥南部（恰帕内坎火山，埃尔奇琼火山）上新世至现今的火山活动历史。该站位的远端沉积记录将有助于估算喷发物质的体积。火山灰组分可能由长英质和铁镁质组成，沉积于深海平原上低氧/硫化物环境中，形成了一个能够影响地球化学和生物圈的独特环境。该站位是连接多个区域地层记录的关键站位
CA-34A（备选）	13.7004°N, 94.1077°W	4180	75	0	75	CA-34A 站位记录了墨西哥南部（恰帕内坎火山，埃尔奇琼火山）上新世至现今的火山活动历史。该站位的远端沉积记录将有助于估算喷发物质的体积。火山灰组分可能由长英质和铁镁质组成，沉积于深海平原上低氧/硫化物环境中，形成了一个能够影响地球化学和生物圈的独特环境。该站位是连接多个区域地层记录的关键站位
CA-35A（备选）	14.0833°N, 94.7295°W	3999	75	0	75	CA-35A 站位记录了墨西哥南部（恰帕内坎火山，埃尔奇琼火山）上新世至现今的火山活动历史。该站位的远端沉积记录将有助于估算喷发物质的体积。火山灰组分可能由长英质和铁镁质组成，沉积于深海平原上低氧/硫化物环境中，形成了一个能够影响地球化学和生物圈的独特环境。该站位是连接多个区域地层记录的关键站位
CA-36A（备选）	14.0809°N, 94.7348°W	4044	75	0	75	CA-36A 站位记录了墨西哥南部（恰帕内坎火山，埃尔奇琼火山）上新世至现今的火山活动历史。该站位的远端沉积记录将有助于估算喷发物质的体积。火山灰组分可能由长英质和铁镁质组成，沉积于深海平原上低氧/硫化物环境中，形成了一个能够影响地球化学和生物圈的独特环境。该站位是连接多个区域地层记录的关键站位
CA-37A（首选）	13.7776°N, 95.5946°W	3949	75	0	75	CA-37A 站位记录了墨西哥南部（恰帕内坎火山，埃尔奇琼火山）晚中新世至现今的火山活动历史。该站位的远端沉积记录将有助于估算喷发物质的体积。火山灰组分可能由长英质和铁镁质组成，沉积于深海平原上低氧/硫化物环境中，形成了一个能够影响地球化学和生物圈的独特环境。该站位是连接多个区域地层记录的关键站位
CA-38A（备选）	13.7664°N, 95.5884°W	3957	75	0	75	CA-38A 站位记录了墨西哥南部（恰帕内坎火山，埃尔奇琼火山）晚中新世至现今的火山活动历史。该站位的远端沉积记录将有助于估算喷发物质的体积。火山灰组分可能由长英质和铁镁质组成，沉积于深海平原上低氧/硫化物环境中，形成了一个能够影响地球化学和生物圈的独特环境。该站位是连接多个区域地层记录的关键站位

续表

站位名称	位置	水深（m）	钻探目标（m）			站位科学目标
			沉积物进尺（m）	基岩进尺（m）	总进尺（m）	
CA-39A（备选）	14.4536°N, 95.3600°W	4075	75	0	75	CA-39A 站位记录了墨西哥南部（在火山弧之间，火山活动较少）上新世至现今的火山活动历史。该站位的远端沉积记录将有助于估算喷发物质的体积。部分无火山灰的沉积物沉积于深海平原上低氧 / 硫化物环境中，形成了一个能够影响地球化学和生物圈的独特环境。CA-39A 和 CA-41A 站位的火山沉积相对较少，将作为参考或对照研究当火山灰最少时微生物群落和地球化学的差异
CA-40A（备选）	14.4563°N, 95.3689°W	4068	75	0	75	CA-40A 站位记录了墨西哥南部（在火山弧之间，火山活动较少）上新世至现今的火山活动历史。该站位的远端沉积记录将有助于估算喷发物质的体积。部分无火山灰的沉积物沉积于深海平原上低氧 / 硫化物环境中，形成了一个能够影响地球化学和生物圈的独特环境。CA-39A 和 CA-41A 站位的火山沉积相对较少，将作为参考或对照研究当火山灰最少时微生物群落和地球化学的差异
CA-41A（首选）	14.8428°N, 96.3616°W	3373	75	0	75	CA-41A 站位记录了墨西哥南部（在火山弧之间，火山活动较少），或许已跨墨西哥火山带晚上新世至现今的火山活动历史。该站位的远端沉积记录将有助于估算喷发物质的体积。部分无火山灰的沉积物沉积于深海平原上低氧 / 硫化物环境中，形成了一个能够影响地球化学和生物圈的独特环境。CA-39A 和 CA-41A 站位的火山沉积相对较少，将作为参考或对照研究当火山灰最少时微生物群落和地球化学的差异
CA-42A（备选）	14.8194°N, 96.3629°W	3381	75	0	75	CA-42A 站位记录了墨西哥南部（在火山弧之间，火山活动较少），或许已跨墨西哥火山带晚上新世至现今的火山活动历史。该站位的远端沉积记录将有助于估算喷发物质的体积。部分无火山灰的沉积物沉积于深海平原上低氧 / 硫化物环境中，形成了一个能够影响地球化学和生物圈的独特环境。CA-39A 和 CA-41A 站位的火山沉积相对较少，将作为参考或对照研究当火山灰最少时微生物群落和地球化学的差异
CA-43A（首选）	14.3569°N, 97.1054°W	3584	75	0	75	CA-43A 站位记录了墨西哥南部（横贯墨西哥火山带南部）上新世至现今的火山活动历史。该站位的远端沉积记录将有助于估算喷发物质的体积。火山灰组分中长英质较铁镁质多，沉积于深海平原上低氧 / 硫化物环境中，形成了一个能够影响地球化学和生物圈的独特环境。该站位是连接多个区域地层记录的关键站位
CA-44A（备选）	14.3583°N, 97.1245°W	3615	75	0	75	CA-44A 站位记录了墨西哥南部（横贯墨西哥火山带南部）上新世至现今的火山活动历史。该站位的远端沉积记录将有助于估算喷发物质的体积。火山灰组分中长英质较铁镁质多，沉积于深海平原上低氧 / 硫化物环境中，形成了一个能够影响地球化学和生物圈的独特环境。该站位是连接多个区域地层记录的关键站位

续表

站位名称	位置	水深（m）	钻探目标（m）			站位科学目标
			沉积物进尺（m）	基岩进尺（m）	总进尺（m）	
CA-45A（备选）	14.9925°N, 97.4532°W	3492	75	0	75	CA-45A 站位记录了墨西哥南部（横贯墨西哥火山带南部）晚上新世至现今的火山活动历史。该站位的远端沉积记录将有助于估算喷发物质的体积。火山灰组分中长英质较铁镁质多，沉积于深海平原上低氧/硫化物环境中，形成了一个能够影响地球化学和生物圈的独特环境。该站位是连接多个区域地层记录的关键站位
CA-46A（备选）	14.9830°N, 97.4429°W	3481	75	0	75	CA-46A 站位记录了墨西哥南部（横贯墨西哥火山带南部）晚上新世至现今的火山活动历史。该站位的远端沉积记录将有助于估算喷发物质的体积。火山灰组分中长英质较铁镁质多，沉积于深海平原上低氧/硫化物环境中，形成了一个能够影响地球化学和生物圈的独特环境。该站位是连接多个区域地层记录的关键站位
CA-47A（首选）	15.2169°N, 98.4423°W	3700	75	0	75	CA-47A 站位记录了墨西哥南部（横贯墨西哥火山带中部）晚上新世至现今的火山活动历史。该站位的远端沉积记录将有助于估算喷发物质的体积。火山灰组分中长英质较铁镁质多，沉积于深海平原上低氧/硫化物环境中，形成了一个能够影响地球化学和生物圈的独特环境。该站位是连接多个区域地层记录的关键站位
CA-48A（备选）	15.2127°N, 98.4508°W	3567	75	0	75	CA-48A 站位记录了墨西哥南部（横贯墨西哥火山带中部）晚上新世至现今的火山活动历史。该站位的远端沉积记录将有助于估算喷发物质的体积。火山灰组分主要为长英质，沉积于深海平原上低氧/硫化物环境中，形成了一个能够影响地球化学和生物圈的独特环境。该站位是连接多个区域地层记录的关键站位
CA-49A（首选）	15.4507°N, 99.3326°W	3539	75	0	75	CA-49A 站位记录了墨西哥中部/南部（横贯墨西哥火山带）上新世至现今的火山活动历史。该站位的远端沉积记录将有助于估算喷发物质的体积。火山灰组分主要为长英质，沉积于深海平原含氧和硫化物环境中，形成了一个能够影响地球化学和生物圈的独特环境。总的来说，CA-01A、CA-03A、CA-05A、CA-17A、CA-19A、CA-21A、CA-49A、CA-51A、CA-53A 站位钻取的火山灰组分和地球化学环境的不同组合将揭示与火山灰蚀变相关的微生物与地球化学驱动力和响应关系
CA-50A（备选）	15.4472°N, 99.3210°W	4512	75	0	75	CA-50A 站位记录了墨西哥中部/南部（横贯墨西哥火山带）晚上新世至现今的火山活动历史。该站位的远端沉积记录将有助于估算喷发物质的体积。火山灰组分主要为长英质，沉积于深海平原上低氧/硫化物环境中，形成了一个能够影响地球化学和生物圈的独特环境。该站位是连接多个区域地层记录的关键站位

续表

站位名称	位置	水深（m）	钻探目标（m）			站位科学目标
			沉积物进尺（m）	基岩进尺（m）	总进尺（m）	
CA-51A（首选）	15.8504°N, 99.1735°W	4714	75	0	75	CA-51A 站位记录了墨西哥中部 / 南部（横贯墨西哥火山带）上新世（若沉积速率为 126 m/Ma，进尺 75 m 处的地质年代距今约 0.6 Ma）至现今的火山活动历史。该站位的中远端沉积记录将有助于估算喷发物质的体积。火山灰组分主要为长英质，沉积于俯冲板块（海沟向海一侧）低氧 / 硫化物环境中，形成了一个能够影响地球化学和生物圈的独特环境。总的来说，CA-01A、CA-03A、CA-05A、CA-17A、CA-19A、CA-21A、CA-49A、CA-51A、CA-53A 站位钻取的火山灰组分和地球化学环境的不同组合将揭示与火山灰蚀变相关的微生物与地球化学驱动力和响应关系
CA-52A（备选）	15.8467°N, 99.1706°W	4699	75	0	75	CA-52A 站位记录了墨西哥中部 / 南部（横贯墨西哥火山带）上新世（约 4 Ma，非线性沉降速度）至现今的火山活动历史。该站位的中远端沉积记录将有助于估算喷发物质的体积。火山灰组分主要为长英质，沉积于俯冲板块（海沟向海一侧）低氧 / 硫化物环境中，形成了一个能够影响地球化学和生物圈的独特环境。总的来说，CA-01A、CA-03A、CA-05A、CA-17A、CA-19A、CA-21A、CA-49A、CA-51A、CA-53A 站位钻取的火山灰组分和地球化学环境的不同组合将揭示与火山灰蚀变相关的微生物与地球化学驱动力和响应关系
CA-53A（首选）	16.1560°N, 99.0546°W	1720	75	0	75	CA-53A 站位记录了墨西哥中部 / 南部（横贯墨西哥火山带）约 1 Ma（若沉积速率为 100 m/Ma，进尺 75 m 处的地质年代距今约 0.75 Ma）至现今的火山活动历史。该站位的中远端沉积记录将有助于估算喷发物质的体积。火山灰的组分主要为长英质，沉积于陆坡（海沟向陆一侧）甲烷（天然气水合物）物环境中，形成了一个能够影响地球化学和生物圈的独特环境。总的来说，CA-01A、CA-03A、CA-05A、CA-17A、CA-19A、CA-21A、CA-49A、CA-51A、CA-53A 站位钻取的火山灰组分和地球化学环境的不同组合将揭示与火山灰蚀变相关的微生物与地球化学驱动力和响应关系
CA-54A（备选）	16.1555°N, 99.0511°W	1708	75	0	75	CA-54A 站位记录了墨西哥中部 / 南部（横贯墨西哥火山带）约 1 Ma 至现今的火山活动历史。该站位的中远端沉积记录将有助于估算喷发物质的体积。火山灰的组分主要为长英质，沉积于陆坡（海沟向陆一侧）甲烷（天然气水合物）物环境中，形成了一个能够影响地球化学和生物圈的独特环境。总的来说，CA-01A、CA-03A、CA-05A、CA-17A、CA-19A、CA-21A、CA-49A、CA-51A、CA-53A 站位钻取的火山灰组分和地球化学环境的不同组合将揭示与火山灰蚀变相关的微生物与地球化学驱动力和响应关系

续表

站位名称	位置	水深（m）	钻探目标（m）			站位科学目标
			沉积物进尺（m）	基岩进尺（m）	总进尺（m）	
CA-55A（首选）	15.9297°N, 100.2825°W	3735	75	0	75	CA-55A 站位记录了墨西哥中部 / 南部（横贯墨西哥火山带）上新世至现今的火山活动历史。该站位的远端沉积记录将有助于估算喷发物质的体积。火山灰组分主要为长英质，沉积于深海平原上低氧 / 硫化物环境中，形成了一个能够影响地球化学和生物圈的独特环境。该站位是连接多个区域地层记录的关键站位
CA-56A（备选）	15.9296°N, 100.2782°W	3753	75	0	75	CA-56A 站位记录了墨西哥中部 / 南部（横贯墨西哥火山带）上新世至现今的火山活动历史。该站位的远端沉积记录将有助于估算喷发物质的体积。火山灰组分主要为长英质，沉积于深海平原上低氧 / 硫化物环境中，形成了一个能够影响地球化学和生物圈的独特环境。总的来说，CA-01A、CA-03A、CA-05A、CA-17A、CA-19A、CA-21A、CA-49A、CA-51A、CA-53A 站位钻取的火山灰组分和地球化学环境的不同组合将揭示与火山灰蚀变相关的微生物与地球化学驱动力和响应关系

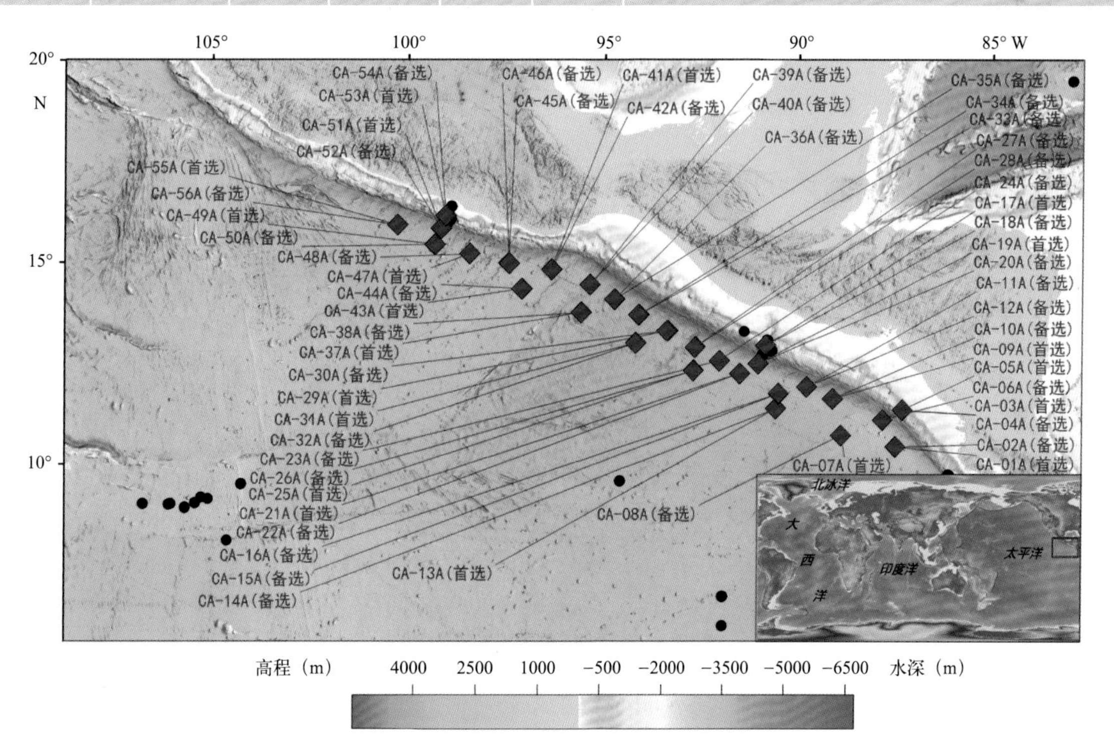

图3.5.3 钻探建议站位（黑色圆圈为已完成钻探站位，红色菱形为新建议站位）

（5）资料来源

资料来源于 IODP 1003 号建议书，建议人名单如下：

Ann Dunlea, Steffen Kutterolf, Marta Torres, Yuki Morono, Elodie Lebas, Evan Solomon.

第4章　气候与海洋变化主题的钻探建议

本章梳理了共41份气候和海洋变化有关的大洋钻探建议书科学目标，占全部建议书（98份）的41%。其中，以南大洋气候与海洋变化为主题的钻探建议10份，以北冰洋气候与海洋变化为主题的钻探建议6份，以大西洋气候与海洋变化为主题的钻探建议15份，以印度洋气候与海洋变化为主题的钻探建议3份，以太平洋气候与海洋变化为主题的钻探建议7份。

从研究目标来看，气候与海洋变化主题的钻探科学目标存在以下特点。

（1）两极冰盖的成因以及极地冰盖、环南极洋流在地球气候系统中的作用成为目前大洋钻探研究的热点。过去，人们对南极地区自白垩纪暖室期以来环南极洋流和南极冰盖演变的研究还十分欠缺，不仅时间不连续，地理覆盖面也不足。而对南极的研究有助于科学家认识当前全球变暖的背景下南半球高纬度地区气候变化的特征和趋势。因此，南极冰盖形成的时间、条件、规模和完全冰封时间，南极底层流和环南极洋流的形成及其对南极冰盖的作用，以及南大洋水团的历史及其与气候系统的相互作用等研究获得越来越广泛的关注。

（2）迄今为止，北极地区的地质记录仅局限于第四纪，缺乏第四纪以前的记录，且沉积不连续，使人们对北大西洋底层水和北极冰盖的演化以及它们在地球系统中的作用还缺乏深入了解。北大西洋底层水是北半球冰期启动的主要驱动机制之一，对揭示过去北极气候演化过程意义重大。北极地区从温室期气候到冰室期气候的转变，格陵兰冰盖的演化及其在大洋环流和气候中的作用，北大西洋底层水的形成，以及北极地区第四纪连续地层等将成为今后大洋钻探的重点。

（3）新生代气候演变一直是IODP科学计划的重点，其中冰期—间冰期旋回、大洋环流和碳循环是其中的3个重点研究方向，提交的建议书也主要涉及这3个方向。研究内容包括海洋记录与陆地气候和生态系统的相互关系、海洋环流（黑潮和北大西洋环流）演化历史及其在海洋热传输中的作用、冰期和间冰期碳的聚集和释放过程，以及大洋边缘（东北太平洋边缘和大西洋赤道边缘）古环境历史及区域过程与全球系统的相互作用等。

（4）海峡通道在大洋之间物质和热量交换中起着关键作用，海峡通道的开启和闭合会影响海洋环流模式，海洋环流又会影响气候，由此引起显著的环境效应。过去的研究主要集中在晚新生代环太平洋的五大海峡通道：白令海峡、印尼海峡、巴拿马海峡、德雷克海峡和塔斯马尼亚海峡。如今，研究重点已转向对环大西洋通道的研究，比如，研究赤道大西洋海峡通道、地中海－大西洋海峡通道和北极－大西洋海峡通道的开启在大西洋深层水的形成以及北极冰盖发育中的作用。

（5）中晚白垩纪时期是典型的极端暖室期，还是全球超级地幔柱强烈活跃期，全球大火成岩省（LIPs）大量喷发，大气CO_2含量是现今的4～10倍，全球平均气温甚至比现今高10℃以上。气候模拟表明大气CO_2含量每增加1倍，在地球系统的调节机制作用下，就会使全球平均气温升高3℃。联合国政府间气候变化专门委员会（IPCC）警告如果全球平均气温上升超过2℃，将会带来严重的气候灾难。此外，大气CO_2含量的增加会使海洋溶解的CO_2含量相应上升，造成海洋酸化等灾害。因此，研究地质历史时期大气CO_2含量以及极端气候事件，对未来气候的预测具有十分重要的借鉴意义。与该主题相关的建议书包括对白垩纪大洋缺氧事件和早新生代气候快速变暖事等的研究。

（6）对全球季风、珊瑚礁和地中海巨盐层的研究仍然是热点，部分建议书涉及阿拉伯海季风、印度季风演化历史和季风强度的变化，太平洋珊瑚礁区揭示的海平面变化，对地中海干旱化和蒸发岩形成假说的验证等。

4.1 南大洋气候与海洋变化

4.1.1 基于乔治五世陆架到 Adélie 陆架沉积物研究暖室期到冰室期的南极古气候和冰期历史

（1）摘要

在沿南极乔治五世海岸和 Adélie 陆地（两地合称 GVAL）大陆架分布的浅地层中，记录了从始新世暖室期的茂密森林到新近纪冰盖的南极气候变化和冰期历史。在此期间，南极大陆和南大洋在控制海平面、深层水形成、海洋环流以及二氧化碳与大气交换中起到核心作用。然而，目前来自南极大陆附近的关于南极气候和冰盖形成条件的直接记录较少。在 GVAL 大陆架上，通过短长度的重力活塞取芯和挖泥船可以获取海床上的白垩纪和始新世的沉积物。2010 年，IODP 318 航次发现了渐新世初期和上新世早期冰期和冰期前的岩屑，提供了冰层在这些时期延伸至大陆架的直接记录，并证实了被浅埋的目标层位沉积物是可获取的。然而，由于“乔迪斯·决心号”钻探船在冰层上的钻探十分具有挑战性，导致岩芯回收率较低，在到达目标层位之前，就不得不放弃站位。因此，建议使用 MeBo 海底钻机，以提高岩芯回收率，从而可以更容易地钻入大陆架。建议钻探两个浅层（约 80 m）钻孔来研究南极大陆冰室期和暖室期气候，以及两者之间的转变。

为研究渐新世至上新世的冰盖动力学，我们建议研究区域侵蚀和下超面以上及以下的地层，以厘定冰盖推进和退缩的主要时期。大陆架上的冰层延伸范围的直接记录可以反映南大洋温度、冰筏碎片（IDR）和蛋白石带的纬度变化，因此，可以将冰层的行为与古气候条件联系起来。GVAL 大陆边缘的冰层和气候历史可用于揭示暖室期的情景，有利于理解未来类似温暖气候下的冰盖不稳定性。

白垩纪和始新世暖室期研究的目标：基于温度和植被记录为极地—赤道温度梯度及其演化提供高纬度约束；这些站位靠近滨海低地，可用于评估始新世极热事件中的冻土融化作用；钻探记录的始新世晚期降温及其导致的冰川前兆。

（2）关键词

南极大陆，新生代，冰盖，古气候

（3）总体科学目标

1）古气候和冰盖动力学目标：

①导致冰架上主要冰层向前推进的时间及环境条件，及其与 IRD、海平面和氧同位素记录之间的关系。研究时期包括：始新世 / 渐新世冰川推进期（距今约 34 Ma）、渐新世、中新世中期气候转型期（距今约 14 Ma）、上新世初期暖室期和气候波动期（距今约 5 Ma）。

②始新世 / 渐新世界线附近，在主要冰川活动开始之前的始新世晚期气候变冷：古环境条件如何，是否存在旋回，是否存在冰期前兆？

③南极大陆在始新世早期气候适宜期的气候，包括周期性、极端温度、温度和植被。这将作为远端站位补充南极近端站位（318 航次 U1356 站位）的记录。

④早白垩世暖室期的气候条件（非海相沉积物）：它们是稳定的还是周期性的？与始新世暖室期气候条件相比如何？

2）钻探将解决地震地层、冰川均衡和构造问题：

①揭示陆架进阶楔形几何结构和不整合面的变化时期。

②揭示 GVAL 边缘和澳大利亚之间裂谷的时间和特征。

③评估冰川均衡调整（GIA）模型的预测是否记录在冰层近端沉积物中（例如，扩大的冰盖附近的相对海平面上升）。

为实现以上目标，在稳定平台上钻取冰川沉积物比在移动的船只上钻探效果要好（例如，在麦克默多冰架上钻探获得了约 98% 的回收率，而在南极冰架上钻探仅获得了约 38% 的半岩化岩屑）。因此，建议使用海底钻机（MARUM 的 MeBo）进行钻探，并提高岩芯回收率。

（4）站位科学目标

该建议书建议站位见表 4.1.1 和图 4.1.1。

表4.1.1　钻探建议站位科学目标

站位名称	位置	水深(m)	钻探目标			站位科学目标
			沉积物进尺(m)	基岩进尺(m)	总进尺(m)	
GVAL-01A（首选）	66.7453°S, 145.5904°E	506	80	0	80	该站位为沿 WEGA- 02-01 最年轻的地层，揭示始新世晚期降温事件，其是否为间冰期前兆
GVAL-02A（首选）	66.7885°S, 145.5055°E	563	80	0	80	揭示始新世晚期降温事件，其是否间冰期前兆；揭示当大气中的二 氧化碳浓度超过 1000 mg/L 时，南极大陆是否还能维持冰盖；揭示强振幅反射面的性质
GVAL-03A（首选）	66.8716°S, 145.3206°E	713	80	0	80	揭示中 / 晚始新世的气候条件、下伏强振幅反射面所代表的古环境变化的本质
GVAL-04A（首选）	66.8836°S, 145.2960°E	765	80	0	80	揭示始新世中期的气候条件、上覆强振幅反射面为代表的古环境变化的本质
GVAL-05A（首选）	66.9063°S, 145.2600°E	844	80	0	80	揭示始新世中期气候环境条件、古环境变化的本质
GVAL-06A（首选）	66.9116°S, 145.2515°E	881	80	0	80	揭示始新世中期气候环境条件、古环境变化的本质
GVAL-07A（首选）	66.9384°S, 145.2001°E	956	80	0	80	揭示早 / 中始新世气候环境条件、不整合 A 之前的极热的事件
GVAL-08A（首选）	66.9519°S, 145.1687°E	1069	80	0	80	揭示早 / 中始新世气候环境条件、不整合 A 之前的极热的事件
GVAL-09A（备选）	66.9838°S, 145.1087°E	1193	80	0	80	揭示南极早白垩纪的温度和植被特征；揭示与始新世的温暖气候相比，白垩纪的暖室期环境是什么样的
GVAL-10A（备选）	66.9964°S, 145.0885°E	1200	80	0	80	揭示南极早白垩纪的温度和植被特征；揭示与始新世的暖室期相比，白垩纪的暖室期环境是什么样的
GVAL-11A（备选）	66.1040°S, 143.2765°E	540	80	0	80	目标层位为上新世早期冰川推进期和暖室期；揭示 WL-U8 不整合年龄

续表

站位名称	位置	水深(m)	钻探目标			站位科学目标
			沉积物进尺(m)	基岩进尺(m)	总进尺(m)	
GVAL-12A（备选）	66.1313°S, 143.1928°E	570	80	0	80	揭示沉积楔几何形状变化，以及导致 WL-U8 不整合形成的中新世环境条件
GVAL-13A（备选）	66.1912°S, 143.0452°E	600	80	0	80	揭示中新世中期气候最适期后沿地震剖面下超界面的冰层扩张事件（距今约 14 Ma）
GVAL-14A（备选）	66.2110°S, 142.9971°E	607	80	0	80	揭示中新世中期（气候最适期）和导致中新世中期冰层扩张的环境条件
GVAL-15A（备选）	66.3369°S, 142.7714°E	465	80	0	80	揭示渐新世的环境条件、南极冰盖对上次地球大气中的二氧化碳浓度介于 600 ~ 1000 ppm 之间的响应
GVAL-16A（备选）	66.3836°S, 142.7224°E	540	80	0	80	揭示渐新世最早期的环境条件和冰川如何推进到整个大陆的冰盖
GVAL-17A（备选）	66.3943°S, 142.7077°E	532	80	0	80	揭示始新世 / 渐新世过渡阶段特征、WL-U3 不整合区域的环境变化（与 GVAL-16A 站位相结合）
GVAL-18A（备选）	66.4087°S, 142.6830°E	518	80	0	80	揭示导致整个大陆冰盖形成的晚始新世环境条件。揭示 WL-U3 不整合下伏的沉积物年龄
GVAL-19A（备选）	66.4656°S, 142.5771°E	428	80	0	80	揭示始新世晚期降温事件，其是否为间冰期前兆
GVAL-20A（备选）	66.5169°S, 142.4801°E	353	80	0	80	揭示始新世中期气候和环境条件和始新世降温事件
GVAL-21A（备选）	66.5302°S, 142.4564°E	428	80	0	80	揭示始新世中期气候和环境条件和始新世降温事件
GVAL-22A（首选）	65.5956°S, 138.5674°E	698	80	0	80	该站位目标层位为上新世早期冰川推进和暖室期。揭示地震剖面下超界面年龄
GVAL-23A（首选）	65.6118°S, 138.5548°E	705	80	0	80	该站位目标层位为上新世早期冰川推进和暖室期。揭示地震剖面下超界面年龄
GVAL-24A（首选）	65.6579°S, 138.5145°E	750	80	0	80	该站位目标层位为上新世早期冰川推进和暖室期。揭示 WL-U8 不整合的年龄
GVAL-25A（首选）	65.6841°S, 138.4953°E	758	80	0	80	揭示沉积楔几何形状变化，以及导致 WL-U8 不整合形成的中新世环境条件
GVAL-26A（首选）	65.8368°S, 138.3813°E	863	80	0	80	揭示中新世中期气候最适期后沿地震剖面下超界面的冰层扩张事件（距今约 14 Ma）以及地震剖面下超界面年龄
GVAL-27A（首选）	65.8684°S, 138.3563°E	870	80	0	80	揭示导致中新世中期冰层扩张的环境条件
GVAL-28A（首选）	65.9451°S, 138.2918°E	900	80	0	80	揭示渐新世最早期的环境条件和冰川如何推进到整个大陆的冰盖
GVAL-29A（首选）	65.9603°S, 138.2802°E	908	80	0	80	揭示导致整个大陆冰盖建立的晚始新世环境条件。揭示 WL-U3 下伏不整合的沉积物年龄
GVAL-30A（备选）	67.7330°S, 146.8500°E	1407	80	0	80	揭示南极早白垩世（阿普特期）的温度和植被特征。揭示与始新世的温暖环境相比，白垩纪的暖室期的环境是什么样的?
GVAL-31A（备选）	66.5889°S, 143.3592°E	855	80	0	80	揭示早 / 中始新世气候环境是否过热?
GVAL-32A（备选）	66.5903°S, 143.3656°E	848	80	0	80	揭示早 / 中始新世气候环境是否过热?

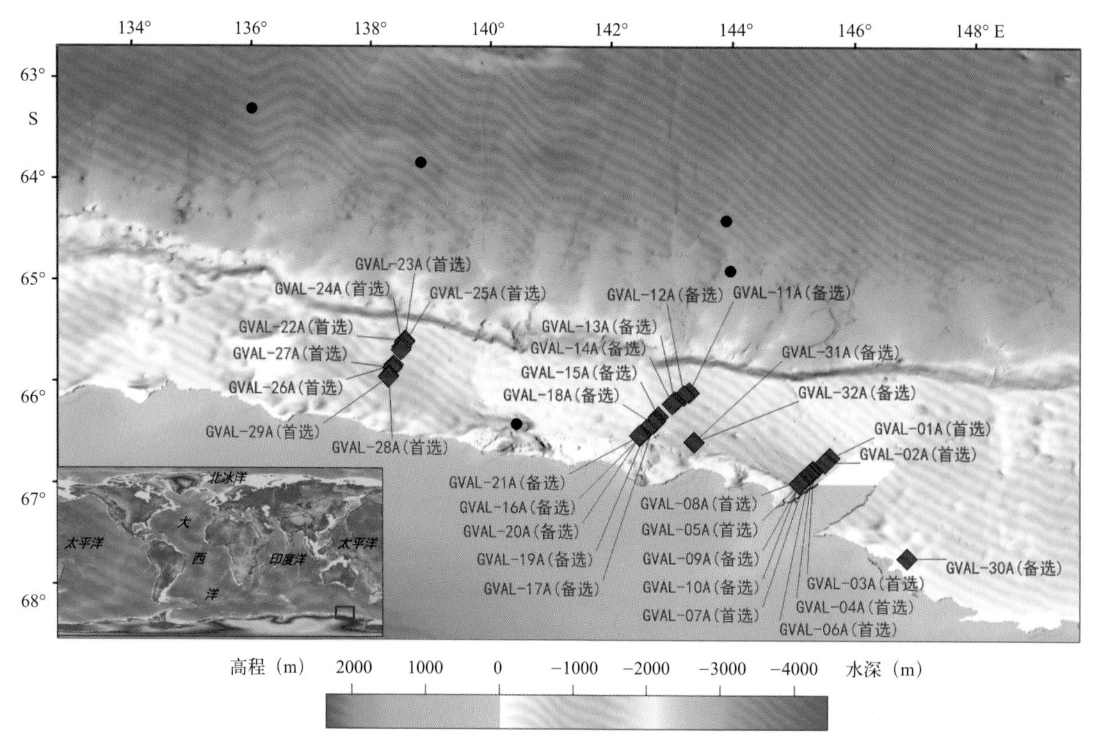

图4.1.1　钻探建议站位（黑色圆圈为已完成钻探站位，红色菱形为新建议站位）

（5）资料来源

资料来源于 IODP 813 号建议书，建议人名单如下：

T. Williams, C. Escutia, L. De Santis, P. O'Brien, S. Pekar, H. Brinkhuis, E. Domack.

4.1.2　南极洲威德尔海新近纪晚期冰盖和海平面演化史

（1）摘要

在威德尔海新近纪晚期站位的钻探将有助于关于东南极冰盖和西南极冰盖稳定性的关键问题。威德尔海作为大西洋在南部的延伸，是研究地球过去气候变化的关键区域，是南极底层流形成的主要源区，并影响着大西洋经向翻转环流。此外，对南极冰盖和南大洋间的水体交换而言，威德尔环流是重要的气旋循环系统。Filchner-Rønne 冰架是世界上两个最大的冰架之一，其融化物流入威德尔盆地。东南极冰盖威德尔海域的冰盖极易受到远距离海平面变化的影响。实际上，来自东南极冰盖的所有冰山在通过斯科舍海离开南极之前都在威德尔海汇合，使得该区域是研究南极冰盖变化问题的绝佳场所。尽管在过去的 20 年中，科学家围绕最重要的科学问题已将威德尔海视为研究过去和现在的气候变化的关键地区，但还没有针对上新世 - 更新世高分辨率地层记录的深部科学钻探。

该建议科学目标是首次实现威德尔海新近纪晚期的完整重建，研究有关的冰盖变化变化、南北半球冰盖相位与气候事件，以及海洋环流和底层流。具体来说，该建议希望解决以下问题：上新世期间，Crary 海底扇北部等深岩脊的形成与北半球冰期加剧引发的海平面下降是否相关联？中更新世气候转型期间，水系是否发生了变化？能否解决冰期到间冰期以及末次冰期期间冰盖变化问题？能否探测到冰山巷的远距离海平面影响和海平面上升速率？能否在十年到百年的时间尺度上，将冰盖变化与外部（太阳）或内部（海洋—大气）变化联系起来？建议在 Riiser-Larson 冰架东北方 3 个等深岩漂积体钻取岩芯。其中一个站位应能从 Polarstern 高原获得完整的新生代记录。备用站位包括山脊和斯科舍海上新世 – 更新世站位。

（2）关键词

冰盖动力学，海平面演化史

（3）总体科学目标

科学目标集中于威德尔海上新世—更新世南极冰盖变化、海平面变化和大洋环流。具体目标为：

1）检验关于冰期到间冰期变化和冰消期的南北半球冰盖同步性假说，研究对远距离海平面变化的响应。

2）东南极冰盖变化在冰期至间冰期的记录如何？

3）物源研究反映出关于冰川物质来源特征的哪些变化？能否推断出南极冰盖的不稳定阶段？

4）伴随中新世气候转型，威德尔海区域记录的轨道旋回变化是怎样的？

5）10 年尺度的东南极冰盖变化是太阳活动、大气—海洋相互作用还是两者的结合？

6）在北半球冰期之前的中上新世暖室期，可以获得哪些关于海冰覆盖率、生物生产力和海温的信息？

7）上新世北半球冰川作用加强导致的海平面下降是克拉里扇以北等深岩脊的形成原因吗？

8）能否探测到比当今更温暖的间冰期 Filcher-Rønne 冰架的崩塌？

9）能否在冰山巷获得先前冰消的南极冰盖质量损失的信号？如何有效约束过去 80 万年斯科舍海中大气尘埃的输送？

10）在 Polarstern 高原进行短时间的试钻，能否获得完整的新生代记录？

（4）站位科学目标

该建议书建议站位见表 4.1.2 和图 4.1.2。

表4.1.2　钻探建议站位科学目标

站位名称	位置	水深(m)	钻探目标			站位科学目标
			沉积物进尺(m)	基岩进尺(m)	总进尺(m)	
WS-01（首选）	74.1500°S, 27.1833°W	2411	400	2000	2400	该站位计划钻入克拉里扇北东侧大陆坡南部的等深岩丘。该处可能提供最接近大陆架位置的最完整的上新世—更新世高分辨率沉积记录，并对南极东部冰盖威德尔海部分的冰盖和海平面变化具有指示性作用
WS-02（首选）	74.0500°S, 27.4167°W	2487	500	2000	2500	该站位计划钻入克拉里扇北东侧大陆坡中部的等深岩丘。该处可能提供距大陆架边缘中间距离位置的上新世—更新世高分辨率沉积记录，并对南极东部冰盖威德尔海部分的冰盖和海平面变化具有指示性作用

续表

站位名称	位置	水深(m)	钻探目标			站位科学目标
			沉积物进尺(m)	基岩进尺(m)	总进尺(m)	
WS-12（备选）	74.1833°S, 27.5700°W	2450	500	2000	2500	该站位为克拉里扇北东侧大陆坡WS-02（中部等深岩丘）的备用站位。该处可能提供距大陆架边缘中间距离位置的上新世—更新世高分辨率沉积记录，并对南极东部冰盖威德尔海部分的冰盖和海平面变化具有指示性作用
WS-03（首选）	73.6667°S, 26.9000°W	3139	1500	2000	3500	该站位计划钻入克拉里扇北东侧大陆坡北部的等深岩丘。该处可能提供距大陆架边缘较远距离位置的中新世—上新世高分辨率沉积记录，并对CO_2含量较高时期南极东部冰盖威德尔海部分的冰盖和海平面变化具有指示性作用
WS-11（备选）	73.9222°S, 26.5372°W	2894	400	2000	2400	该备选站位计划钻入克拉里扇北东侧大陆坡南部的等深岩丘。该处可能提供3个山脊交汇处最接近大陆架位置的最完整的上新世—更新世高分辨率沉积记录，并对南极东部冰盖威德尔海部分的冰盖和海平面变化具有指示性作用
WS-04（首选）	71.4333°S, 24.7167°W	3456	200	2000	2200	计划钻入Polarstern高原中部。该处可能提供威德尔海远端未受干扰的低沉积区新生代古海洋和冰川历史的完整信息
WS-14（备选）	68.7333°S, 5.7333°W	2426	200	2000	2200	该变化站位计划钻入Bungenstock高原，揭示威德尔海自始新世温室古气候至现今为冰室期的长期演化历史
WS-13（备选）	73.2833°S, 26.2000°W	3139	1500	2000	3500	该站位为WS-03的备选站位。划钻入克拉里扇北东侧大陆坡北部的等深岩丘。该处可能提供距大陆架边缘较远距离位置的中新世—上新世高分辨率沉积记录，并对CO_2含量较高时期南极东部冰盖威德尔海部分的冰盖和海平面变化具有指示性作用
SCO-01（备选）	57.4333°S, 43.4500°W	3103	1000	2000	3000	如果威德尔海的所有站位都无法实施，则选择该备选站位。该站位位于南美洲过境路线上，能够提供南大洋海洋和大气环流的高精度记录（Weber et al., 2019）。该站位位于几乎所有南极冰山都会经过的冰山巷中心，可提供最后一次冰消期东南极冰盖消失的高分辨率记录。因此，该站位对揭示东南极冰盖变化及其与海平面变化的关系至关重要

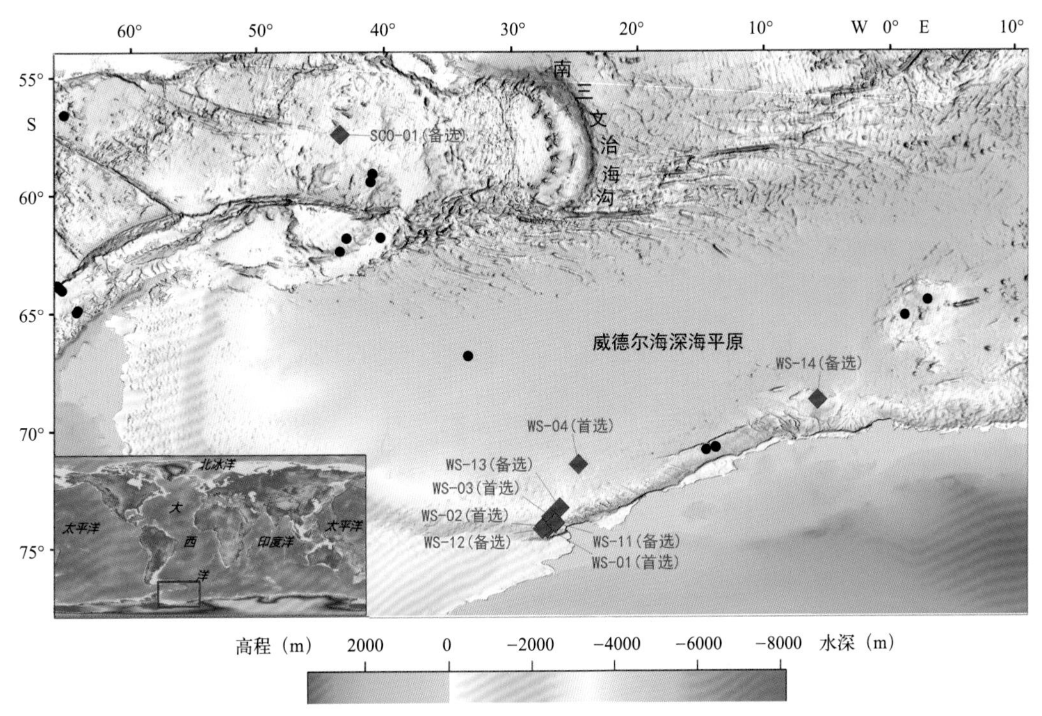

图4.1.2　钻探建议站位（黑色圆圈为已完成钻探站位，红色菱形为新建议站位）

（5）资料来源

资料来源于 IODP 848 号建议书，建议人名单如下：

M. Weber, G. Kuhn, P. Clark, J. Smith, T. Williams, J. Channell, W. Jokat, X. Huang，S. Belt.

4.1.3 晚白垩世以来东南极冰盖演化与极光盆地古气候：萨布里纳海岸陆架钻探

（1）摘要

该建议提出了一个为期 60 天的特定任务平台钻探计划，拟在东南极极光盆地近海的萨布里纳海岸陆架盆地钻探晚白垩世至晚第四纪地层。极光盆地从甘布尔采夫山脉延伸到海岸，是东南极最大的海洋集水区之一，包含 3 ~ 5 m 的海平面当量的冰。已有模型结果表明，南极洲的冰盖可能在大陆尺度冰盖形成之前已经到达萨布里纳海岸，在甘布尔采夫山脉聚集形成，它对气候扰动的相对敏感性一直持续到新生代。钻探建议将对以下方面提供关键约束证据：①在中生代晚期和新生代早期存在温暖的南部高纬度气候；②从古近纪到最后一次冰消期，奥罗拉盆地（Aurora Basin）中的东南极冰盖的演化。根据高分辨率地震数据成像和 NBP14-02 考察航次收集的活塞岩芯初步推断，通过浅层（150 ~ 300 m）钻探，可获得大量的有关开阔海洋、冰川海和冰下沉积物的数据。这一过去南极气候和冰盖历史记录将为改善冰盖和气候模型边界条件和输出提供数据。为了更好地理解南极冰盖对人类活动引起的气候持续变暖的响应，需要这种数据模型集成。

（2）关键词

南极洲，古气候，冰层，温室

（3）总体科学目标

本建议的科学目标包括：

1）阐明高纬度的奥罗拉冰下盆地在白垩纪至古近纪的气候变化特征和盆地演化特征；

2）调查南极洲陆地和近岸海洋环境对古近纪高温的贡献和 / 或反应；

3）研究东南极古近纪暖室期向新近纪冰室期转变的特征；

4）了解新生代奥罗拉冰下盆地—冰下水文系统的起源和演化，及其在区域冰川动力学中的作用；

5）研究东南极冰盖对奥罗拉冰下盆地集水区上新世变暖的响应。

（4）站位科学目标

该建议书建议站位见表 4.1.3 和图 4.1.3。

表4.1.3　钻探建议站位科学目标

站位名称	位置	水深(m)	钻探目标			站位科学目标
			沉积物进尺(m)	基岩进尺(m)	总进尺(m)	
SC-01A（首选）	66.4379°S, 119.6541°E	675	200	0	200	钻探上新世—更新世地层、角度不整合面，钻取古新世和更古老的陆架沉积物
SC-02A（备选）	66.4079°S, 119.7736°E	679	200	0	200	钻探上新世—更新世地层、角度不整合面，钻取古新世和更古老的陆架沉积物
SC-03A（首选）	66.3176°S, 120.1371°E	529	200	0	200	钻探角度不整合面，钻取始新世陆架沉积物，地面冰的首次出现
SC-04A（首选）	66.1986°S, 120.3020°E	480	200	0	200	钻探上新世—更新世地层、角度不整合面，钻取渐新世冰期—间冰期沉积物
SC-05A（备选）	66.1501°S, 120.3625°E	498	200	0	200	钻探上新世—更新世地层、角度不整合面，钻取渐新世冰期—间冰期沉积物
SC-06A（备选）	66.0632°S, 120.5496°E	527	200	0	200	钻探角度不整合面，钻取渐新世—中新世冰期 - 间冰期沉积物
SC-07A（首选）	65.9991°S, 120.6980°E	503	200	0	200	钻探角度不整合面，钻取渐新世—中新世冰期 - 间冰期沉积物
SC-08A（备选）	65.9672°S, 120.7720°E	450	200	0	200	钻探角度不整合面，钻取渐新世—中新世冰期 - 间冰期沉积物
SC-09A（首选）	65.8976°S, 120.9632°E	336	200	0	200	钻探上新世—更新世地层、角度不整合面，钻取中新世进积序列地层
SC-10A（备选）	66.4457°S, 120.3395°E	555	200	0	200	钻探角度不整合面，钻取始新世陆架沉积物，地面冰的首次出现
SC-11A（备选）	66.3721°S, 120.4453°E	488	200	0	200	钻探角度不整合面，钻取始新世陆架沉积物，地面冰的首次出现
SC-12A（首选）	66.3022°S, 120.6151°E	470	200	0	200	钻探角度不整合面，始新世陆架沉积物，楔形沉积体
SC-13A（首选）	66.2312°S, 120.7775°E	368	200	0	200	钻探上新世—更新世地层、角度不整合面，钻取古新世—始新世陆架沉积，研究地面冰和冰川潮的首次出现

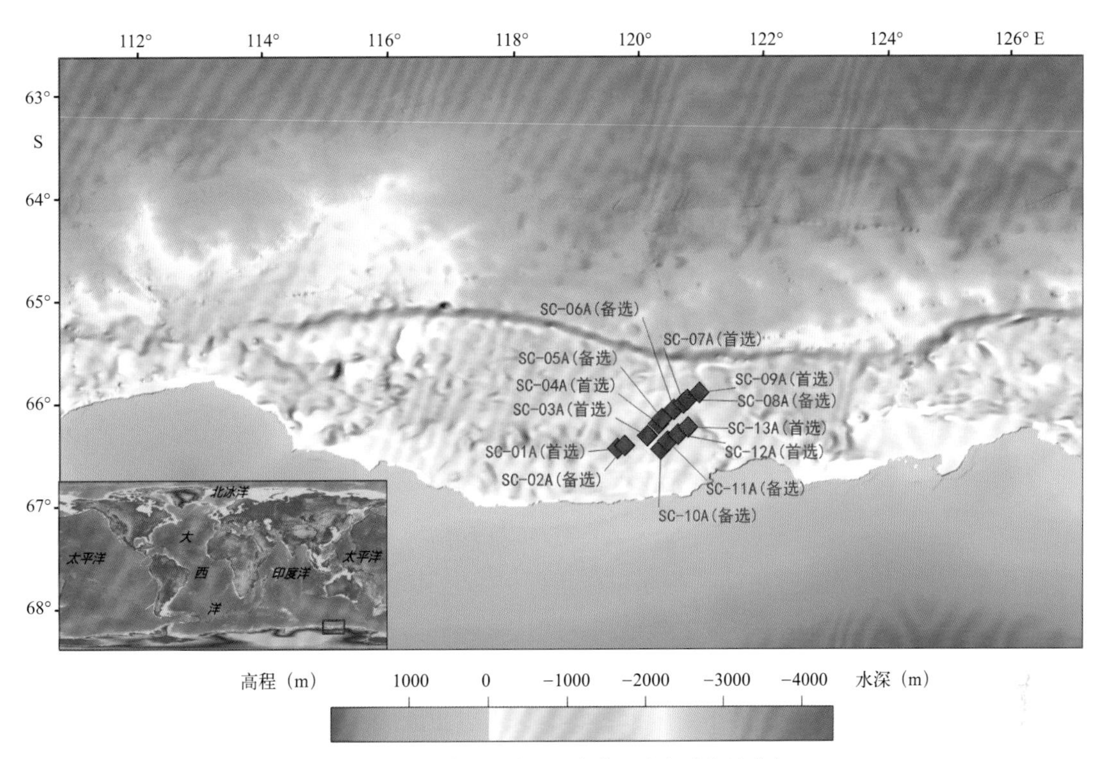

图4.1.3 钻探建议站位（红色菱形为新建议站位）

（5）资料来源

资料来源于IODP 931号建议书，建议人名单如下：

Amelia Shevenell, Sean Gulick, Tim Naish, Trevor Williams, Tina Van de Fleirdt, Sophie Warny, Leanne Armand, Steve Bohaty, Gabriele Uenzelmann-Neben, Richard Levy, Alan Aitken, Rob McKay, Joe Stoner, Molly Patterson, Heiko Palike, Francesca Sangiorgi, Jennifer Biddle.

4.1.4 新近纪气候变化背景下托特冰川的脆弱性：对东南极洲冰盖的气候敏感性指示

（1）摘要

奥罗拉冰下盆地是东南极冰盖的一部分，托特冰川被认为是东南极洲最大的水系之一，通过托特冰川塞布丽娜海岸的水体汇聚于奥罗拉冰下盆地。与西南极洲的冰川类似，托特冰川主体位于海平面以下，因此容易受到海冰不稳定性的影响。托特冰川是目前东南极洲融化速率最快的冰川之一，由于受到相对温暖的改性绕极深层水向冰川边缘入侵的影响，极易发生快速崩塌，进而可能造成海平面上升约3.8 m。本建议书建议的塞布丽娜陆坡隆起钻探站位与东南极冰盖边缘站位的地震对比表明：托特冰川的演化历史可能与东南极洲的其他冰川不同。

该建议旨在重建自中中新世以来托特冰川对气候变化的响应，尤其是比现代更加温暖的时期，比如更新世超级间冰期、中上新世和中中新世气候适宜期的冰川响应特征。另外，希望能通过此次钻探阐明中更新世及后来的气候转变对托特冰川动力机制的影响。该建议充分利用了塞布丽娜海岸的独特性，包括：①成层性良好的冰川海洋沉积物，具有比之前的南极洲边缘钻探站位更高的上新世—更新世沉积速率；②高分辨率的地震数据可以提供极为详细的站位地震解释结果；③中新世倾斜的露头地层，便于在较浅的深度上获取样品；④在夏季海冰前缘有多个可选的钻探站位；⑤生物指标易于获取，包括硅藻、放射虫、有孔虫（某些层位）和有机生物标志物，可用于地层和古海洋学重建，可以与托特冰川演化历史与全球性事件相关联。与全球同位素数据和冰心记录的对比将有助于揭示新近纪托特冰川对区域和全球气候变化的敏感性。

该建议提出钻探覆盖 5 个首选站位（11 个备选站位），时间跨度从中中新世到全新世。塞布丽娜海岸两侧的钻探目标是研究托特冰川的可能不同的消融模式，可用于检验提出的假设。站位分布范围大，为在不同的海冰条件下钻探提供了备选方案。

（2）关键词

南极洲，古气候，冰盖历史

（3）总体科学目标

本建议的首要目标是通过重建托特冰川在新近纪（尤其是上新世到更新世）气候变化背景下的演化历史，提高对东南极冰盖气候变化敏感性的认识，具体目标包括：

1）通过获取不同时间分辨率的连续沉积记录，重建中中新世到全新世托特冰川消融历史，尤其是在中中新世气候适宜期、上新世暖室期和更新世超级间冰期的演化历史；

2）评估托特冰川对新近纪以来主要气候转变的响应，包括中中新世气候转变、北半球冰川化和中更新世，以及主要的冰川作用时期气候转变［如 MIS G10、M2、中中新世气候适宜期（Mid-Miocene Climate Optimum，MMCO）］，揭示影响托特冰川消融的机制（如全球温度、海平面上升，以及托特冰川附近的水循环）；

3）将托特冰川的演化历史与东西南极洲冰川和全球古海洋学重建结果进行对比；

4）揭示托特冰川对北半球千年尺度气候扰动（如海因里希事件）的响应；

5）评估托特冰川在与现代东南极冰盖消融相关的不同气候背景下的脆弱性；

6）揭示在气候循环的某些阶段，该地区是否发生了大量融水事件。

（4）站位科学目标

该建议书建议站位见表 4.1.4 和图 4.1.4。

表4.1.4 钻探建议站位科学目标

站位名称	位置	水深（m）	钻探目标			站位科学目标
			沉积物进尺（m）	基岩进尺（m）	总进尺（m）	
TSS-09A（首选站位）	64.5540°S, 116.6386°E	2097	850	0	850	（1）钻探—更新世剖面研究千年尺度对气候驱动的响应； （2）揭示主要的区域性沉积和环境变化界面 WL-8 和 WL-7 发生的时间
TSS-04A（首选站位）	64.4058°S, 116.0789°E	2223	550	0	550	（1）钻探上新世—更新世剖面； （2）揭示主要的区域性沉积和环境变化界面 WL-9、WL-8 和 WL-7 发生的时间
TSS-10A（首选站位）	64.2556°S, 115.9733°E	2252	350	0	350	（1）在托特冰川最西部隆起处钻探上新世—更新世剖面； （2）揭示主要的区域性沉积和环境变化界面 WL-9、WL-8 和 WL-7 发生的时间

续表

站位名称	位置	水深(m)	钻探目标			站位科学目标
			沉积物进尺（m）	基岩进尺（m）	总进尺（m）	
TSS-01A（首选站位）	64.7095°S, 114.5512°E	1659	300	0	300	（1）在最有可能保存钙质化石地区的水深最浅位置钻探上新世—更新世剖面； （2）获取最靠近陆地和更靠西的站位的沉积物，研究古海洋特征
TSS-14A（首选站位）	64.6549°S, 119.7886°E	3004	450	0	450	（1）在研究区的东部边缘钻探上新世—更新世剖面，该地区可能沉积了来自奥罗拉盆地莫斯科大学冰架的碎屑，可用于与来自托特冰川的沉积物进行对比； （2）揭示 WL-8 和 WL-7 界面的年代，以检验这些界面是否与更远的西部具有相同的年龄
TSS-11A（备选站位）	64.2510°S, 115.6518°E	2159	350	0	350	（1）在托特冰川最西部隆起处钻探上新世—更新世剖面； （2）揭示主要的区域性沉积和环境变化界面 WL-9、WL-8 和 WL-7 发生的时间
TSS-12A（备选站位）	64.2635°S, 116.3533°E	2373	350	0	350	（1）在托特冰川最西部隆起处钻探上新世—更新世剖面； （2）揭示主要的区域性沉积和环境变化界面 WL-9、WL-8 和 WL-7 发生的时间
TSS-02A（备选站位）	64.6257°S, 114.9159°E	1877	200	0	200	（1）在可能保存钙质化石地区的最浅站位钻探上新世—更新世剖面； （2）获取最靠近陆地和更靠西的沉积物，研究是否可以观察到古海洋学特征的影响
TSS-03A（备选站位）	64.6112°S, 115.2110°E	2074	250	0	250	（1）在最可能保存钙质化石的地区埋藏最浅的站位钻探上新世—更新世剖面； （2）获取最靠近陆地和靠更西的沉积物，研究古海洋特
TSS-05A（备选站位）	64.3851°S, 115.5360°E	2142	350	0	350	（1）在托特冰川最西部隆起处钻探上新世—更新世剖面； （2）揭示主要的区域性沉积和环境变化界面 WL-9、WL-8 和 WL-7 发生的时间
TSS-13A（备选站位）	64.6215°S, 119.6420°E	3107	300	0	300	（1）在研究区的东部边缘钻探上新世—更新世剖面，该地区可能沉积了来自奥罗拉盆地莫斯科大学冰架的碎屑，可用于与来自托特冰川的沉积物进行对比； （2）揭示 WL-8 和 WL-7 界面的年代，以检验这些界面是否与更远的西部具有相同的年龄
TSS-15A（备选站位）	64.6252°S, 119.6359°E	3111	400	0	400	（1）在研究区的东部边缘钻探上新世—更新世剖面，该地区可能沉积了来自奥罗拉盆地莫斯科大学冰架的碎屑，可用于与来自托特冰川的沉积物进行对比； （2）揭示 WL-8 和 WL-7 界面的年代，以检验这些界面是否与更远的西部具有相同的年龄

续表

站位名称	位置	水深(m)	钻探目标			站位科学目标
			沉积物进尺（m）	基岩进尺（m）	总进尺（m）	
TSS-16A（备选站位）	65.0134°S, 119.9846°E	2804	850	0	850	（1）在研究区的东部边缘钻探上新世—更新世剖面，该地区可能沉积了来自奥罗拉盆地莫斯科大学冰架的碎屑，可用于与来自托特冰川的沉积物进行对比；（2）揭示 WL-8 和 WL-7 界面的年代，以检验这些界面是否与更远的西部具有相同的年龄
TSS-06A（备选站位）	64.3741°S, 114.8943°E	1864	480	0	480	在研究区的最西部边缘采集早上新世—晚中新世沉积物，可用于上新世—更新世和更老时期的气候条件之间的对比
TSS-07A（备选站位）	64.3798°S, 114.8132°E	1977	400	0	400	在研究区最西部采集晚中新世沉积物，用于上新世—更新世和更老时期的气候条件之间的对比
TSS-08A（备选站位）	64.3831°S, 114.7670°E	2022	400	0	400	在研究区最西部采集中中新世沉积物，用于上新世—更新世和更老时期的气候条件之间的对比

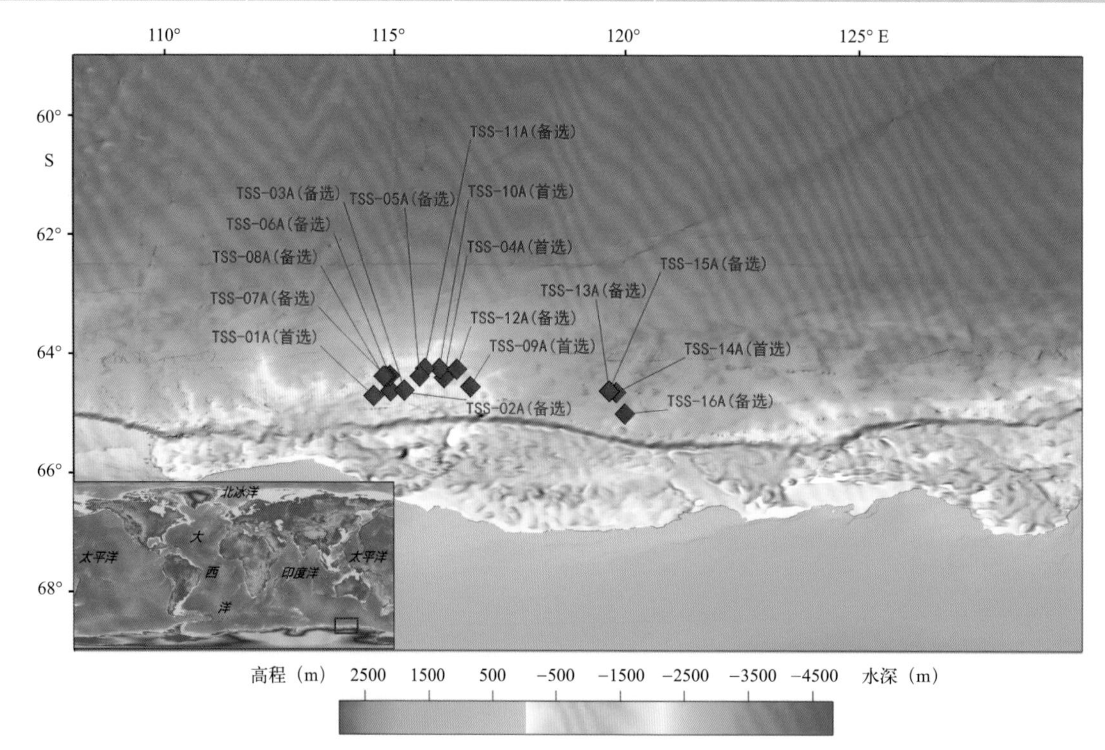

图4.1.4 钻探建议站位（红色菱形为新建议站位）

（5）资料来源

资料来源于 IODP 1002 号建议书，建议人名单如下：

Bradley Opdyke, Yair Rosenthal, Philip O'Brien, Amy Leventer, German Leitchenkov, Federica Donda, Yusuke Yokoyama, Taryn Noble, Linda Armbrecht, Andrew Roberts, Sophie Warny, Eelco Rohling.

4.1.5 印度洋南部凯尔盖朗海底高原气候年代学——新生代气候和古海洋超高分辨率记录

（1）摘要

建议在印度洋南部凯尔盖朗海底高原（Raggatt 和 Labuan 盆地）钻取新生代沉积物。凯尔盖朗海底高原是世界上最大的大火成岩省之一，其复杂的地形影响了南极底流和南极绕极流的水团路径。在新生代，受凯尔盖朗海底高原构造演化影响，塔斯曼通道和德雷克海峡开启，全球气候变化控制的水团的路径和强度发生了重要变化。之前的大洋钻探航次已经揭示了凯尔盖朗海底高原地区的沉积物有可能为区域和全球气候变化提供重要的年代学记录。该地区可：①监测亚南极和高纬度气候变化；②获取比现今更温暖时期有关南极气候的的远距离记录。但是，目前已有的 IODP 航次中，在凯尔盖朗海底高原并没有通过活塞取芯工具（APC）取得过完整且多孔的沉积序列，而完整的沉积序列是现今以古海洋学为研究重点的 IODP 航次考察的要求。基于新的地震反射数据，建议恢复新生代连续沉积序列，为高纬度地区生物如何响应于比今天更温暖时期的气候条件提供新的见解。

来自凯尔盖朗海底高原的沉积记录将为气候变化、生物迁徙和深海化学研究提供新的线索，并对以下方面进行评估：①在始新世早期瞬时升温事件中，高纬度生物群对温度的变化响应的程度；②始新世—渐新世，南部高纬度地区降温和南极半岛冰川作用的起始时间；③与中中新世气候适宜期的开始、持续和结束有关的生物区系和锋面系统的变化。

（2）关键词

新生代，印度洋南部，古海洋学

（3）总体科学目标

1）在古近纪和中新世短暂的升温过程中，南半球中高纬度温度变化的幅度如何？高纬度生物群对过去的全球升温是否有明显的响应？生态群落是如何受到影响的？

2）南极东部的冰川作用是否在始新世—渐新世过渡期之前就已经存在？ 是否有岩性、矿物学或地球化学方面的证据？

3）在始新世到中新世时期靠近南极的印度洋内，南部高纬度降温、南极冰川作用导致的深海环流，以及锋带运动变化的确切时间是什么？这与大洋通道开启和南极环极流演化是否有关？

（4）站位科学目标

该建议书建议站位见表 4.1.5 和图 4.1.5。

表4.1.5　钻探建议站位科学目标

站位名称	位置	水深(m)	钻探目标			站位科学目标
			沉积物进尺(m)	基岩进尺(m)	总进尺(m)	
KRAG-01A（首选）	57.9310°S, 80.3506°E	1680	320	0	320	恢复早渐新世至中新世含硅藻的钙质超微化石软泥记录
KRAG-02A（首选）	57.7870°S, 80.7309°E	1750	300	0	300	恢复晚始新世至早渐新世的钙质超微软泥记录，包括多个 APC 的始新世 / 渐新世过渡期（EOT）完整记录

续表

站位名称	位置	水深(m)	钻探目标			站位科学目标
			沉积物进尺(m)	基岩进尺(m)	总进尺(m)	
KRAG-03A（首选）	57.5922°S, 81.2400°E	2050	300	0	300	恢复中始新世至始新世晚期钙质超微软泥的完整记录
KRAG-04A（首选）	57.4965°S, 81.3907°E	2290	300	0	300	恢复古新世和早始新世钙质超微化石软泥记录和白垩纪 / 古近纪（K/Pg）界线
KRAG-05A（首选）	56.7782°S, 79.8527°E	1980	300	0	300	恢复早至中始新世钙质超微化石软泥记录
KLAB-01A（首选）	54.8637°S, 80.0139°E	3650	650	0	650	获取沉积物，测定 S0272 航次识别的渐新世至沉积物漂移地震地层的时代
KALT-01A（备选）	53.5518°S, 75.9749°E	1141	300	0	300	恢复晚渐新世含有孔虫的钙质超微化石软泥至晚更新世含有孔虫硅藻软泥记录
KALT-02A（备选）	59.6999°S, 84.2735°E	1567	300	0	300	恢复白垩纪马斯特里赫特期至中始新世含有孔虫的超微化石软泥记录

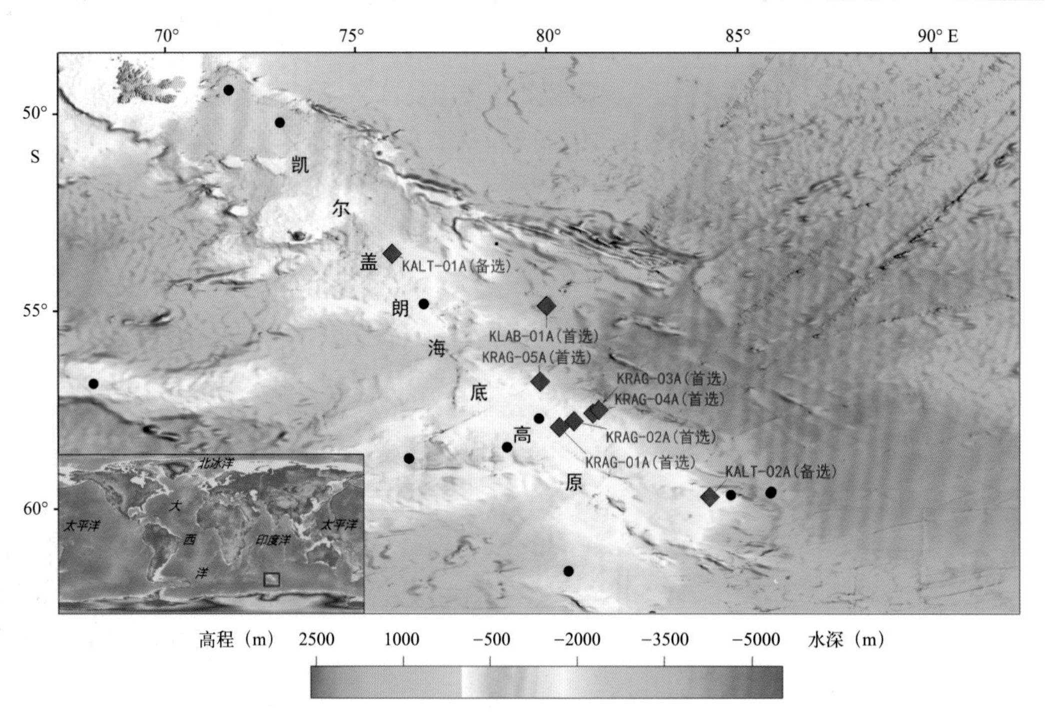

图4.1.5　钻探建议站位（黑色圆圈为已完成钻探站位，红色菱形为新建议站位）

（5）资料来源

资料来源于 IODP 983 号建议书，建议人名单如下：

Thomas Westerhold, Claudia Agnini, Gabriele Uenzelmann-Neben, April N. Abbott, Laia Alegret, Steven M. Bohaty, Mike Coffin, Margot J. Cramwinckel, Edoardo Dallanave, Anna Joy Drury, Kirsty Edgar, Edmund C. Hathorne, Matthew Huber, Pincelli Hull, Donald E. Penman, Rebecca S. Robinson, Howie Scher, Matthias Schneider, Joanne Whittaker, James C. Zachos.

4.1.6　从气候和构造的角度研究南极冰圈的起源

（1）摘要

南极冰盖通过对海洋和大气循环、生物地球化学循环及海平面的影响，影响了全球气候系统和碳循环。随着地球从古新世和始新世的变暖、高二氧化碳含量的暖室环境过渡到渐新世和中新世早期二氧化碳含量适度的环境，南极洲开始出现了大型冰盖。然而，关于南极洲最早出现冰盖的时间和规模的相关约束，主要来自远洋地球化学记录的间接推断，而不是基于从南极大陆架获取的直接的冰筏沉积物的证据。此外，南极高纬度地区白垩纪—始新世气候的直接记录非常少，而新的记录将为暖室气候期间极地的影响范围提供重要的约束。

有几种机制可以解释南极冰川的形成，包括大气中二氧化碳的减少和南大洋的构造打开。一般认为，始新世 / 渐新世界线附近的初始冰盖的扩张仅限于南极东部的陆地冰盖，因为在渐新世气候温暖、CO_2 含量适中的情况下，冰层不容易扩张到被海洋淹没的南极西部。然而，白垩纪—新生代的裂谷作用和新近纪的侵蚀作用，导致了南极洲西部大范围下沉。虽然渐新世时期气候比现在温暖，但由于南极西部海拔较高，仍可以容纳更多的陆地冰层。因此，罗斯海冰盖的演化被认为与南极洲西部的构造及下沉历史密切相关，并不是独立的气候作用。因此，要了解这些相互矛盾的作用的影响，就需要获得裂谷时间和气候 / 冰川史的直接记录。进一步了解南极西部构造历史及罗斯海的裂谷作用，是研究新生代全球板块运动旋回模型的关键。

罗斯海的地理位置极佳，可以为人们对南极的气候和冰盖演化研究提供新的研究思路。罗斯海位于南极西部裂谷系统内，已经形成了大型的沉积盆地，保存了南极高纬度地区晚白垩纪以来的气候记录，可以用来揭示裂谷作用的时间。该建议书的目标是在罗斯海 4 个大陆架站位进行钻探，旨在恢复南极东西两端构造、气候和冰川影响的完整历史。

（2）关键词

南极，冰圈，新生代，古气候，大地构造

（3）总体科学目标

1）获得南极东部和西部最早的冰盖扩张到罗斯海的直接证据。

2）重建南极高纬度地区晚白垩世至始新世的“前冰室”气候。

3）厘定罗斯海裂谷晚期形成时间，以揭示罗斯海地壳伸展机制，验证全球板块构造模式假说，揭示构造对冰盖演化的控制作用。

我们将通过以下方式达到这些目标：

1）总共钻探 4 个站位，提供来自南极东部和西部的早期冰盖历史记录。

2）钻孔钻入同裂谷期地层（白垩纪—晚始新世）和后裂谷期地层（始新世—中新世早期），获取气候记录。目标是在始新世 / 渐新世界线附近形成的不整合面的上方和下方沉积层，揭示首次大规模南极冰盖形成的时期。

3）揭示大陆架盆地中的同生裂谷层年代，为揭示罗斯海裂谷活动的时间提供约束。

（4）站位科学目标

该建议书建议站位见表 4.1.6 和图 4.1.6。

表4.1.6 钻探建议站位科学目标

站位名称	位置	水深(m)	钻探目标			站位科学目标
			沉积物进尺(m)	基岩进尺(m)	总进尺(m)	
CHCS-01A（首选）	77.2315°S, 172.2051°E	693	1200	0	1200	（1）通过对罗斯海陆架 RSU6 不整合面（被认为是距今 34 ~ 26.5 Ma）上方的地层取样，获得有关南极东部冰盖最早历史的直接地质证据。将获得渐新世（距今约 34 Ma）至中新世中期（距今约 16 Ma）EAIS 演化记录（高优先级）；（2）利用 RSU6 不整合面下方的样品，重建南极东部晚白垩世至始新世的“前冰室”气候（中优先级）；（3）揭示罗斯海西部裂谷晚期的时间。可通过测定 RSU6 不整合面年代和同裂谷期地层的取芯来实现（低优先级）
CHCS-02A（备选）	77.3178°S, 171.9579°E	740	1200	0	1200	（1）通过对 RSU6 不整合面（被认为是距今 34 ~ 26.5 Ma）上方的地层取样，获得有关南极东部冰盖最早历史的直接地质证据。将获得渐新世（距今约 34 Ma）至中新世中期（距今约 16 Ma）东南极冰盖演化记录（高优先级）；（2）利用 RSU6 不整合面下方的样品，重建南极东部晚白垩世至始新世的“前冰室”气候（中优先级）；（3）揭示罗斯海西部裂谷晚期的时间。可通过测定 RSU6 不整合面年代和同裂谷期地层的取芯来实现（低优先级）
CHCS-03A（备选）	77.0727°S, 171.5929°E	712	1300	0	1300	（1）通过对 RSU6 不整合面（被认为是距今 34 ~ 26.5 Ma）上方的地层取样，获得有关南极东部冰盖最早历史的直接地质证据。将获得渐新世（距今约 34 Ma）至中新世中期（距今约 16 Ma）东南极冰盖演化记录（高优先级）；（2）利用 RSU6 不整合面下方的样品，重建南极东部晚白垩世至始新世的“前冰室”气候（中优先级）；（3）揭示罗斯海西部裂谷晚期的时间。可通过测定 RSU6 不整合面年代和同裂谷期地层的取芯来实现（低优先级）
CENCS-01A（首选）	77.4516°S, 177.8407°W	616	1185	15	1200	（1）通过对 RSU6 不整合面（被认为是距今 34 ~ 26.5 Ma）上方的地层取样，获得南极西部和东部冰盖合并最早历史的直接地质证据。将获得渐新世（距今约 34Ma）至中新世中期（距今约 16 Ma）东南极冰盖演化记录（高优先级）；（2）利用 RSU6 不整合面下方的样品，重建晚白垩世至始新世南极西部的“前冰室”气候（高优先级）；（3）揭示罗斯海西部裂谷晚期的时间。可通过测定 RSU6 不整合面年代和同裂谷期地层的取芯来实现（低优先级）
CENCS-02A（备选）	77.6402°S, 179.2478°W	648	850	50	900	（1）通过对 RSU6 不整合面（被认为是距今 34 ~ 26.5 Ma）上方的地层取样，获得南极西部和东部冰盖合并最早历史的直接地质证据。将获得渐新世（距今约 34Ma）至中新世中期（距今约 16 Ma）东南极冰盖演化记录（该站位为低优先级，因为与 CENCS-01A 相比，该剖面被压缩了）；（2）利用 RSU6 不整合面下方的样品，重建晚白垩世至始新世南极西部的“前冰室”气候（高优先级）；（3）揭示罗斯海西部裂谷晚期的时间。可通过测定 RSU6 不整合面年代和同裂谷期地层的取芯来实现（中优先级）

续表

站位名称	位置	水深 (m)	钻探目标			站位科学目标
			沉积物进尺 (m)	基岩进尺 (m)	总进尺 (m)	
CENCS-03A（备选）	77.2200°S, 178.6336°W	645	1050	0	1050	（1）通过对 RSU6 不整合面（被认为是距今 34 ~ 26.5 Ma）上方的地层取样，获得南极西部和东部冰盖合并最早历史的直接地质证据。将获得渐新世（距今约 34 Ma）至中新世中期（距今约 16 Ma）东南极冰盖演化记录（高优先级）；（2）利用 RSU6 不整合面下方的样品，重建晚白垩世至始新世南极西部的“前冰室”气候（高优先级）；（3）揭示罗斯海西部裂谷晚期的时间。可通过测定 RSU6 不整合面年代和同裂谷期地层的取芯来实现（低优先级）
CENCS-04A（首选）	73.9915°S, 177.2864°W	700	1070	0	1070	（1）利用 RSU6 不整合面（距今 34 ~ 26.5 Ma）下方的样品，重建晚白垩世至始新世南极西部的“前冰室”气候（高优先级）；（2）揭示罗斯海西部裂谷晚期的时间。可通过测定 RSU6 不整合面年代和同裂谷期地层的取芯来实现（中优先级）
CENCS-05A（备选）	73.9971°S, 177.1582°E	385	1000	0	1000	（1）利用 RSU6 不整合面（距今 34 ~ 26.5 Ma）下方的样品，重建晚白垩世至始新世南极西部的“前冰室”气候（高优先级）；（2）揭示罗斯海西部裂谷晚期的时间。可通过测定 RSU6 不整合面年代和同裂谷期地层的取芯来实现（中优先级）
ERSCS-01A（备选）	77.6101°S, 160.8450°W	620	1050	10	1060	（1）通过对 RSU6 不整合面（被认为是距今 34 ~ 26.5 Ma）上方的地层取样，获得南极西部冰盖最早历史的直接地质证据。在玛丽伯德地区获得渐新世（距今约 34 Ma）至早中新世（距今约 20 Ma）西南极冰盖演化记录（高优先级）；（2）通过对 RSU6 和 RSU7 不整合面（晚白垩世至始新世）下方的地层取样，重建晚白垩世到始新世的东罗斯海 / 玛丽伯德地区的“前冰库”气候（高优先级）；（3）揭示东罗斯海裂谷晚期的时间。可通过测定 RSU7 不整合面下方的同裂谷期地层的时代来实现（最低优先级）
ERSCS-02A（首选）	77.9402°S, 160.4316°W	660	775	25	800	（1）通过对 RSU6 不整合面（被认为是距今 34 ~ 26.5 Ma）上方的地层取样，获得南极西部冰盖最早历史的直接地质证据。在玛丽伯德地区获得渐新世（距今约 34 Ma）至早中新世（距今约 20 Ma）西南极冰盖演化记录（高优先级）；（2）通过对 RSU6 和 RSU7 不整合面（晚白垩世到始新世）下方地层取样，重建晚白垩世到始新世的东罗斯海 / 玛丽伯德地区的“前冰库”气候（高优先级）；（3）揭示东罗斯海裂谷晚期的时间。可通过测定 RSU7 不整合面下方的同裂谷期地层的时代来实现（最低优先级）
ERSCS-03A（备选）	78.3925°S, 164.7040°W	541	1200	0	1200	（1）通过对 RSU6 不整合面（被认为是距今 34 ~ 26.5 Ma）上方的地层取样，获得南极西部冰盖最早历史的直接地质证据。在玛丽伯德地区获得渐新世（距今约 34 Ma）至早中新世（距今约 20 Ma）WAIS 演化记录（高优先级）；（2）通过对 RSU6 和 RSU7 不整合面（晚白垩世到始新世）下方的地层取样，重建晚白垩世到始新世的东罗斯海 / 玛丽伯德地区的“前冰库”气候（高优先级）；（3）揭示东罗斯海裂谷晚期的时间。可通过测定 RSU7 不整合面下方的同裂谷期地层的时代来实现（最低优先级）

续表

站位名称	位置	水深(m)	钻探目标			站位科学目标
			沉积物进尺(m)	基岩进尺(m)	总进尺(m)	
ERSCS-04A（备选）	78.3509°S, 162.5913°W	706	1134	20	1154	（1）通过对 RSU6 不整合面（被认为是距今 34 ~ 26.5 Ma）上方的地层取样，获得南极西部冰盖最早历史的直接地质证据。在玛丽伯德地区获得渐新世（距今约 34 Ma）至早中新世（距今约 20 Ma）西南极冰盖演化记录（高优先级）；（2）通过对 RSU6 和 RSU7 不整合面（晚白垩世到始新世）下方的地层取样，重建晚白垩世到始新世的东罗斯海 / 玛丽伯德地区的“前冰库”气候（高优先级）；（3）揭示东罗斯海裂谷晚期的时间。可通过测定 RSU7 不整合面下方的同裂谷期地层的时代来实现（最低优先级）
ERSCS-05A（备选）	78.2274°S, 161.5268°W	615	1200	0	1200	（1）通过对 RSU6 不整合面（被认为是距今 34 ~ 26.5 Ma）上方的地层取样，获得南极西部冰盖最早历史的直接地质证据。在玛丽伯德地区获得渐新世（距今约 34 Ma）至早中新世（距今约 20 Ma）西南极冰盖演化记录（高优先级）；（2）通过对 RSU6 和 RSU7 不整合面（晚白垩世到始新世）下方的地层取样，重建晚白垩世到始新世的东罗斯海 / 玛丽伯德地区的“前冰库”气候（高优先级）；（3）揭示东罗斯海裂谷晚期的时间。可通过测定 RSU7 不整合面下方的同裂谷期地层的时代来实现（最低优先级）
ERSCS-06A（备选）	77.6681°S, 160.7406°W	620	1300	0	1300	（1）通过对 RSU6 不整合面（被认为是距今 34 ~ 26.5 Ma）上方的地层取样，获得南极西部冰盖最早历史的直接地质证据。在玛丽伯德地区获得渐新世（距今约 34 Ma）至早中新世（距今约 20 Ma）西南极冰盖演化记录（高优先级）；（2）通过对 RSU6 和 RSU7 不整合面（晚白垩世到始新世）下方的地层取样，重建晚白垩世到始新世的东罗斯海 / 玛丽伯德地区的“前冰库”气候（高优先级）；（3）揭示东罗斯海裂谷晚期的时间。可通过测定 RSU7 不整合面下方的同裂谷期地层的时代来实现（中优先级）
RSAP-01A（备选）	71.3435°S, 164.4160°W	4133	1090	10	1100	可获得渐新世至早中新世大陆冰盖变化等相关海洋变化的连续记录。站位补充了来自 IODP 374 航次的 RSCR-19A，可获得更老的地层记录。它的优先级低于大陆架站位和 RSCR-19A，因为 RCB 相比大陆架站位（较少岩化）和 RSCR-19A（APC / XCB 钻孔）样品回收率较低。站位备选是以防出现海况较差的情况（CHCS 区域和 CENCS 区域的其他陆架站位在夏季总是开阔水域）
RSAP-02A（备选）	69.9954°S, 164.6760°W	4075	1200	0	1200	可获得渐新世至早中新世大陆冰盖变化等相关海洋变化的连续记录。站位补充了来自 IODP 374 航次的 RSCR-19A，可获得更老的地层记录，将 IODP 374 航次和这一新的建议目标联系起来。它的优先级低于大陆架站位，站位备选是以防出现海况较差的情况（CHCS 区域和 CENCS 区域的其他陆架站位在夏季总是开阔水域）

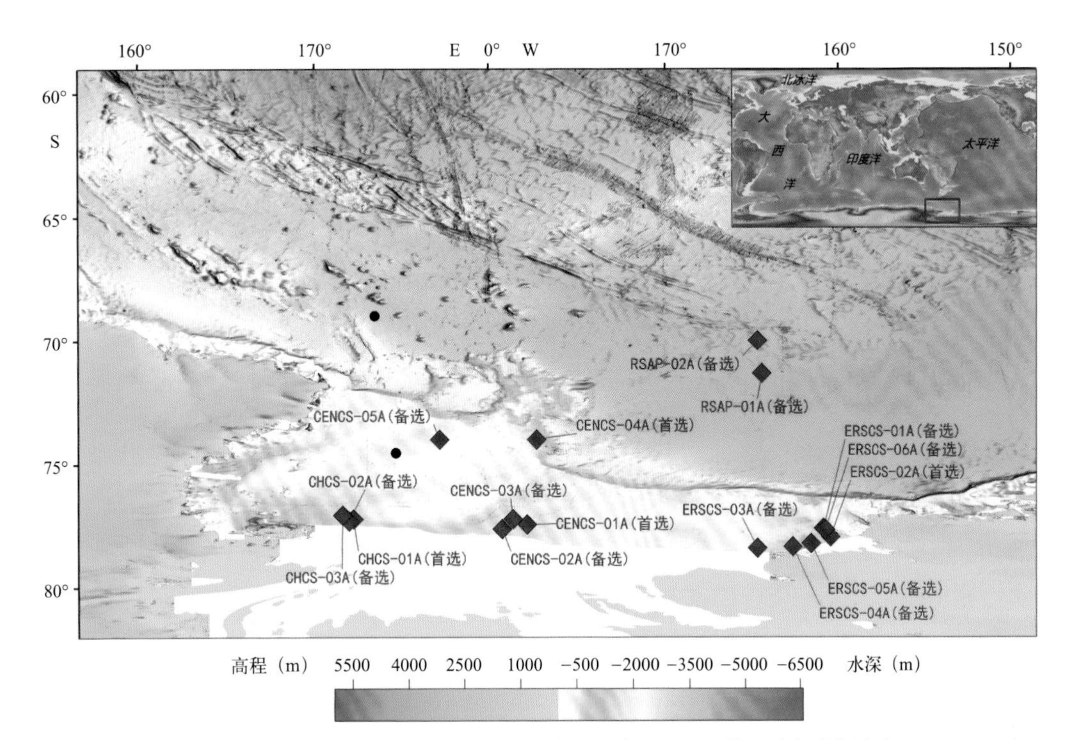

图4.1.6 钻探建议站位（黑色圆圈为已完成钻探站位，红色菱形为新建议站位）

（5）资料来源

资料来源于 IODP 998 号建议书，建议人名单如下：

Robert McKay, Laura De Santis, Christopher Sorlien, Richard Levy, Denise Kulhanek, Amelia Shevenell, Doug Wilson, Bruce Luyendyk, Sookwan Kim, Huw Horgan, Tina van de Flierdt, Rupert Sutherland, David Harwood, Tim Naish, Robert De Conto, Jongkuk Hong, Yusuke Suganuma, Gerhard Kuhn, Karsten Gohl.

4.1.7 澳大利亚—南极裂谷 - 漂移过渡与南极绕极流的演化

（1）摘要

南极绕极流（或南极环极流）是地球上最强的洋流，它连接了 3 个主要的洋盆促使这些洋盆深层海水流动，并使南极形成热隔离，免受温暖水流的影响。南极绕极流的强度变化和流动路径，对全球深层水的形成和南极冰盖的稳定性有着深远的影响。尽管之前已有诸多工作基础，但关于南极绕极流的起始时间、演化阶段和如何达到现今状态等基本问题仍需进一步研究。澳大利亚—南极构造分离在该发展过程中发挥了关键作用，但这一张裂构造的真实性质尚未厘清。目前已有的沉积样品对裂谷 - 漂移过渡期以及裂谷后期沉降历史的时间和机制的约束较差。在随后的海底扩张过程中，南极绕极流发展过程的记录较差。尽管南极绕极流对洋流和南极冰圈的重要性已被公认，南极绕极流可能发生在约 50 Ma 之前的一个主要构造重组时期，但贯穿流是否持续了整个新生代，有多大的规模还不得而知。

本建议的目标是在澳大利亚和南极之间开展新的海洋钻探工作。其独特之处是结合了固体地球和古气候的科学目标，可提供重要的全新的岩石和沉积物记录，用于反映澳大利亚和南极大陆裂解和漂移的性质，以及其对海洋性质方面的影响。该区现有的沉积物岩芯已经能够支撑南极古气候变化导致的南极冰盖研究，以及其在新生代的演化和塔斯马尼亚通道沉降历史的研究。建议的钻探站位可提供洋壳性质和形成演化的岩石记录以及没有地理边界阻碍的南极绕极流核心路径的沉积记录。因此，该建议将开创性地将构造地质 / 地球物理目标与古气候 / 古海洋学目标联系起来。在澳大利亚大陆隆 / 深海平原过渡区的站位能获取橄榄岩脊 / 基岩，可以揭示裂谷后期沉降的上覆沉积情况。位于南极大陆隆处的站位将揭示与澳大利亚边缘共轭的沉降历史。位于澳大利亚—南极深海平原上的两个站位将揭示新生代南极绕极流的演化。以上所有 4 个站位将共同提供重建纬向海平面温度梯度（现今强南极绕极流的基本特征）变化所需的沉积物样品，对今后的南极绕极流研究起到关键作用。

（2）关键词

裂谷，橄榄岩，洋壳，古海洋学

（3）总体科学目标

1）研究澳大利亚—南极岩石圈减薄和海底扩张过渡时期的基岩性质（包括磁性性质）。可揭示洋—陆边界、澳大利亚—南极扩张史上备受争议的最古老磁异常的性质及构造意义。

2）在南极共轭边缘和扩张条件的背景下，研究南澳大利亚边缘的沉降历史。这将有助于揭示两个大陆边缘沉降对称性。

3）揭示南极绕极流发展的关键阶段，包括达到现今强度的发展过程，并将这些阶段纳入绝对时间框架。通过塔斯马尼亚通道的研究可揭示南极绕极流的演化性质。

4）记录新生代南大洋纬向海平面温度梯度的演变和海洋情况，为最先进的海洋模型模拟提供关键制约条件。

（4）站位科学目标

该建议书建议站位见表 4.1.7 和图 4.1.7。

表4.1.7 钻探建议站位科学目标

站位名称	位置	水深 (m)	钻探目标			站位科学目标
			沉积物进尺 (m)	基岩进尺 (m)	总进尺 (m)	
ATANT-01A（首选）	61.3556°S, 130.9659°E	4570	1000	0	1000	揭示近海早渐新世厚层沉积物组的沉积特征；获取渐新世—新近纪南极近海沉积物完整记录；揭示南极极锋的纬向迁移历史、南极威尔克斯陆缘冰川和陆地演化历史
ATANT-02A（首选）	55.7540°S, 131.0320°E	4384	350	0	350	获取威尔克斯陆缘近海深海平原的新近纪沉积物完整记录。揭示南极绕极流新近纪演化次极锋和极锋的纬向迁移历史
ATANT-03A（备选）	62.4350°S, 132.6504°E	4380	1000	0	1000	ATANT-01A 的备选站位。揭示近海早渐新世厚层沉积物组的沉积特征，获取渐新世—新近世近海南极沉积物的完整记录，揭示南极极锋的纬向迁移历史、南极威尔克斯陆缘冰川和陆地演化历史
ATANT-04A（备选）	61.4654°S, 127.6008°E	4372	1000	0	1000	ATANT-01A 的备选站位。揭示近海早渐新世厚层沉积物组的沉积特征；获取渐新世—新近纪南极近海沉积物完整记录；揭示南极极锋的纬向迁移历史、南极威尔克斯陆缘冰川和陆地演化历史
ATANT-05A（备选）	55.6813°S, 135.9454°E	3501	350	0	350	ATANT-02A 的备选站位。获取威尔克斯陆缘近海深海平原的新近纪沉积物完整记录。揭示南极绕极流新近纪演化次极锋和极锋的纬向迁移历史

续表

站位名称	位置	水深(m)	钻探目标			站位科学目标
			沉积物进尺(m)	基岩进尺(m)	总进尺(m)	
ATAUS-01A（首选）	35.8440°S, 130.1296°E	4990	1000	150	1150	揭示澳大利亚南缘白垩纪—新生代的沉积历史和气候演化。揭示白垩纪—新生代列文洋流（Leeuwin Current）的发展和演化。获取洋—陆过渡带基底岩石，对比基底磁异常信号，揭示岩石磁特性
ATAUS-02A（首选）	37.2635°S, 129.8425°E	5540	800	0	800	揭示澳大利亚陆缘的近海沉积特征、亚热带锋的沉积特征与侧向迁移历史
ATAUS-03A（备选）	35.8317°S, 127.4687°E	5425	500	150	650	获取洋—陆过渡带基底岩石，对比基底磁异常信号，揭示岩石磁特性
ATAUS-04A（备选）	35.9591°S, 128.2132°E	5610	800	150	950	ATAUS-01A的备选站位。揭示澳大利亚南缘白垩纪—新生代的沉积历史和气候演化。揭示白垩纪—新生代列文洋流（Leeuwin Current）的发展和演化。获取洋—陆过渡带基底岩石，对比基底磁异常信号，揭示岩石磁特性
ATAUS-05A（备选）	35.8139°S, 129.5771°E	5370	650	150	800	ATAUS-01A的备选站位。揭示澳大利亚南缘白垩纪—新生代的沉积历史和气候演化。揭示白垩纪—新生代列文洋流（Leeuwin Current）的发展和演化。获取洋—陆过渡带基底岩石，对比基底磁异常信号，揭示岩石磁特性
ATAUS-06A（备选）	37.2036°S, 127.1737°E	5550	800	0	800	ATAUS-02A的备选站位。揭示澳大利亚陆缘的近海沉积特征、亚热带锋的沉积特征与侧向迁移历史
ATAUS-07A（备选）	44.6338°S, 129.1881°E	5464	350	0	350	ATAUS-02A的备选站位。南极绕极流的核心地区深海平原的沉积特征、新近纪亚热带锋的沉积特征与侧向迁移历史

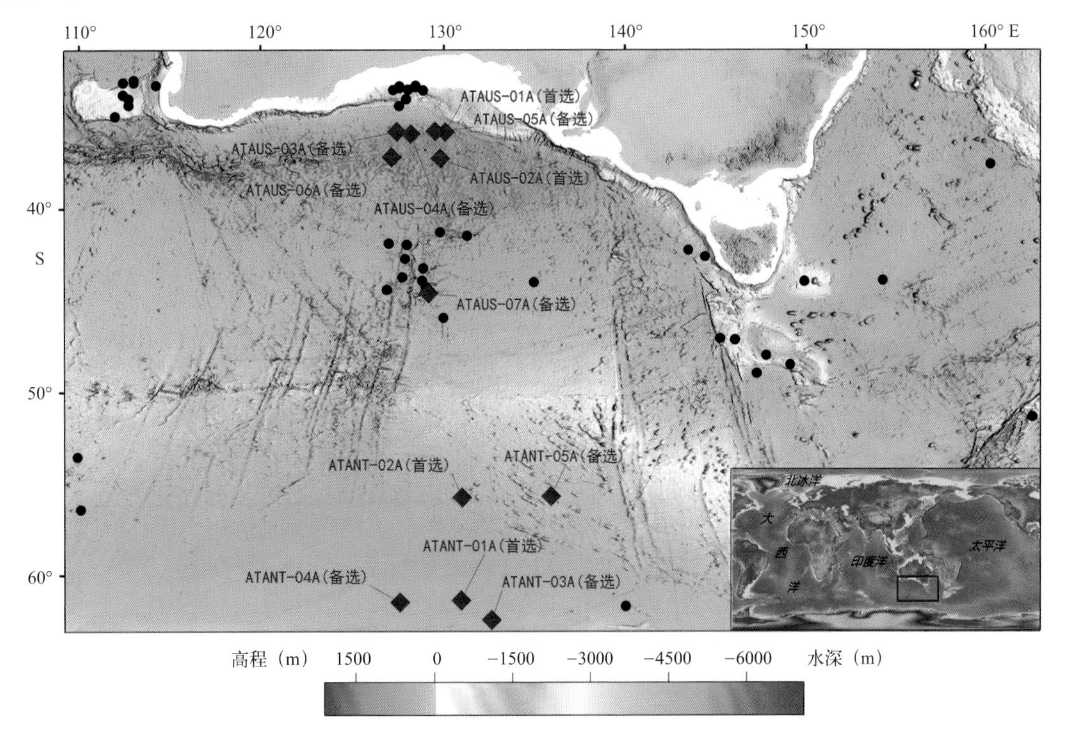

图4.1.7　钻探建议站位（黑色圆圈为已完成钻探站位，红色菱形为新建议站位）

（5）资料来源

资料来源于 IODP 953 号建议书，建议人名单如下：

Peter Bijl, Isabel Sauermilch, Anders McCarthy, Carlota Escutia, Joanne Whittaker, Howie Scher, Nicky Wright, Alan Aitken, Morgane Gillard, Michael Nirrengarten, Katharina Hochmuth, Jacqueline Halpin, Steven Phipps, Francesca Sangiorgi.

4.1.8 南极洲半岛和南极洲西部的沉积漂积体

（1）摘要

人们对南极半岛和西南极地区对全球变暖的响应表现出极大的兴趣，因为最近的观察表明这个地区可能正在发生快速变化，包括气候变暖、冰架瓦解和冰川退缩。通过研究，可以从更久远的地质角度来考虑这些变化，研究冰川和海洋沉积物岩芯，用以评估西南极冰盖和南极半岛冰盖历史和稳定性。

建议在位于南极半岛和西南极大陆隆上的等深岩漂积体上钻探。建议的位置包括高沉积速率的连续断面，利用古地磁相对强度和在浅水区氧同位素可以厘定地层年代。6 个站位钻探上新世—第四纪地层层序，两个站位钻探前上新世薄的年轻的沉积层。

该地区之前的取芯，包括 ODP 178 航次（1998 年）期间取回的岩芯，表明沉积漂积体携带着丰富的南极边缘高分辨率古海洋学记录，可重建南极半岛冰盖和西南极冰盖的历史，但过去 ODP 航次受到两个潜在的因素影响：①不完整的地层剖面；②缺乏精确的时间控制。

缺乏精确的时间控制主要是因为没有可用于同位素分析的有孔虫碳酸钙，这影响了南半球高纬度地区沉积岩芯的古海洋学解释。解决这个问题的方法是利用古地磁相对强度记录和利用水深少于 2800 m 处保存完好的碳酸盐岩进行稳定同位素分析。在南极地区，只有极少数研究载体可以与南极洲向西漂移沉积物的研究潜力相提并论。这些沉积物岩芯以及从中获取的数据与极地冰心的整合将有助于揭示西南极冰盖和相邻的南大洋在全球大气环境和海洋过程中的作用。

（2）关键词

南极半岛，西南极，中新世—晚第四纪，古海洋学，冰盖历史

（3）总体科学目标

1）南极半岛什么时候完全冰封？南极半岛冰盖和西南极冰盖有多稳定？比现在暖和的上更新世间冰期，该地区是否仍处于完全冰封？

2）在更新世冰消期，南极半岛冰盖和西南极冰盖的响应是什么？与北半球冰川消退相关的海平面上升的测地线退缩的历史是怎样的？最次一次冰川消退期间的快速冰融事件（MWP-1A 或 1B）起源于西南极？

3）海洋温度变化与冰架稳定性之间的关系是什么？是否存在证据表明等富含冰筏碎屑（IRD）的深流沉积物中蕴藏着千年尺度上的冰架和 / 或冰流不稳定的信息？

4）南极半岛和西南极冰盖对 2.7 Ma 前的北半球冰期加剧和中更新世过渡期后大的冰量变化的响应是什么如海平面变化？南极半岛和南极洲对 41 ka 和 100 ka 周期的冰期—间冰期旋回有什么不同的响应？

5）是否可通过漂移沉积物中保存的沉积物粒度分析来重建南极环极流强度变化的历史？

6）上新世—更新世期间地表水分层发生了怎样的变化，这对深水区和大气中二氧化碳分压的变化起什么作用？

7）中新世晚期，南极洲西部是否形成了永久冰盖？

8）西南极洲古近纪古海洋环境如何？

（4）站位科学目标

该建议书建议站位见表 4.1.8 和图 4.1.8。

表4.1.8　钻探建议站位科学目标

站位名称	位置	水深 (m)	钻探目标			站位科学目标
			沉积物进尺 (m)	基岩进尺 (m)	总进尺 (m)	
PEN-1	64.9020°S, 69.0498°W	2370	350	0	350	晚中新世—第四纪古海洋学
PEN-2	66.1915°S, 72.0533°W	2780	350	0	350	
PEN-3	67.6617°S, 74.6667°W	2460	350	0	350	
PEN-4	67.8885°S, 76.1200°W	2750	350	0	350	
PEN-5B	67.6678°S, 77.1745°W	3300	500	0	500	
BELS-1	68.9428°S, 85.7893°W	3117	400	0	400	
BELS-2	69.4930°S, 94.1580°W	3594	400	0	400	
BELS-3	69.5287°S, 94.5920°W	4054	600	0	600	早新生代古海洋学

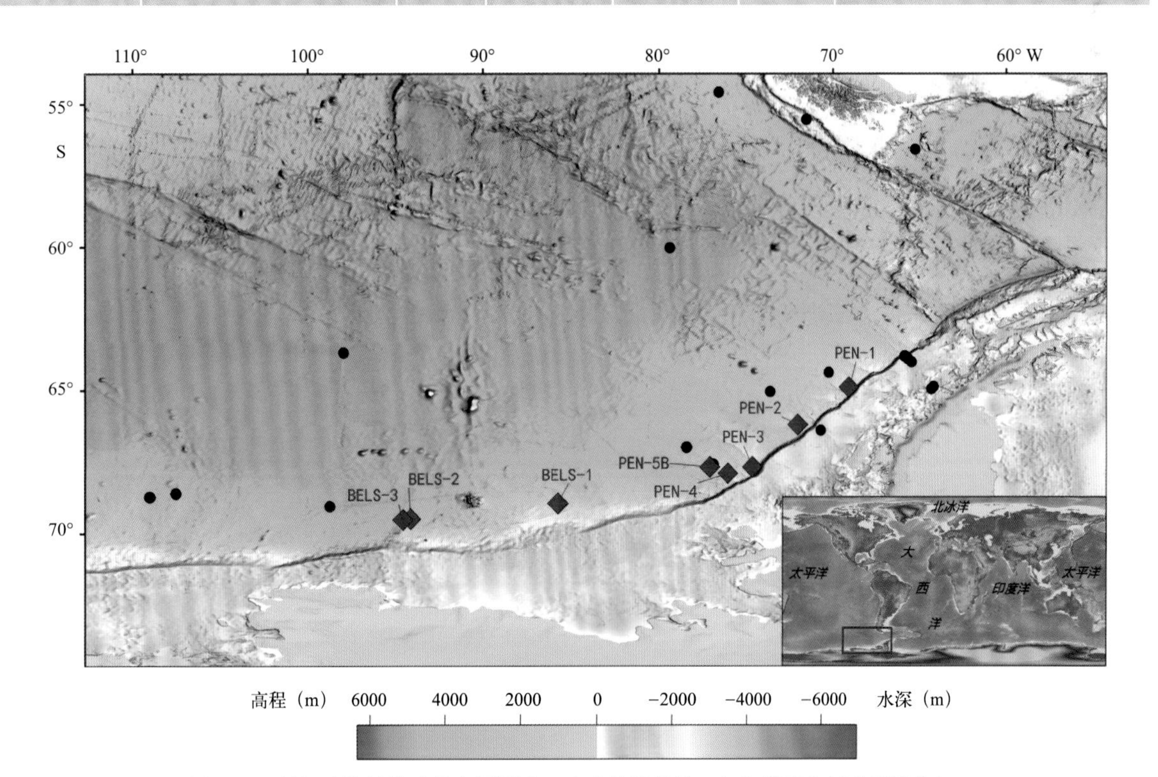

图4.1.8　钻探建议站位（黑色圆圈为已完成钻探站位，红色菱形为新建议站位）

（5）资料来源

资料来源于 IODP 732 号建议书，建议人名单如下：

J.E.T. Channell, R. D. Larter, C D. Hillenbrand, M. Vautravers, D.A. Hodell, F.J. Hernandez Molina, K. Gohl and M. Rebesco.

4.1.9 南大洋的印度洋地区西南段上新世—更新世古海洋学

（1）摘要

南大洋是影响整个新生代气候变化的重要区域，原因是该海域重新分配全球海洋热量、淡水、碳和营养物质，在气候系统中起着关键的作用。南极大陆的冰盖增长和其周围海洋海冰的变化是地球气候系统的重要变量。南极绕极流的深层水上升流，尤其是经向翻转流是个关键的过程，因为该过程创建了深度封存的碳和营养物质向地表的返回路径，在海洋和大气之间的碳分配过程中十分重要。此外，物理过程和生物地球化学过程通过源自南大洋的中层水来调节养分输出，促使世界上 75% 的海洋温跃层发生流动，在低纬度生产力和生态系统方面发挥着至关重要的作用。

南大洋的西印度洋部分位于南大洋转向经圈环流和经向翻转流表层回流的汇合处，是记录南极、全球海洋 / 大气环流以及气候之间联系 / 远程对比的关键区域。本次钻探提供了一个独特的机会，通过获取超高分辨率的沉积物记录阐明过去 6 Ma 晚新近纪和第四纪千年尺度到轨道尺度的大气、海洋和冰冻圈之间的相互作用情况。

具体来说，该建议旨在进一步约束：①过去南极绕极流上升流和纬度的变化；②环南极深层水流动 / 翻转环流的动力控制；③它们与全球海洋环流的联系；④过去海冰覆盖和沙尘输入的变化；⑤它们对海洋生物碳和营养物地球化学循环的影响。预期的结果将阐明南大洋碳循环的演化，揭示潜在的主要物理和生物地球化学控制因素，记录过去与全球经向翻转流变化相关的南北极远程关联，并为其未来响应人类导致气候升温的演变提供约束条件。

（2）关键词

南极环极流，海冰，升温时期，大西洋经向翻转流，CO_2

（3）总体科学目标

主要目标是钻探位于南大洋西南印度洋部分的 5 个高沉积速率站位，以记录南大洋的气候变化，以及中新世中期到全新世不同时间尺度大气、海洋和冰圈之间的相互作用。这些站位将填补南大洋记录的空白，包括中新世中期冰期（距今约 14 Ma）、中新世晚期碳转移（距今 8 ~ 6 Ma）、上新世气候适宜期（距今 5.3 ~ 3.3 Ma）、上新世晚期全球冰期（距今 3.3 ~ 2.6 Ma）、中更新世过渡期（MPT：距今 1250 ~ 700 ka）和中布容（mid-Brunhes）过渡期（距今约 0.43 Ma）发生的重要的大规模气候变化。可在千年尺度上研究冰期 / 间冰期的海洋变化过程。

在这个框架下，该建议将有助于进一步了解以下具体过程：

1）与全球环流 [如阿古利亚斯渗漏（Agulhas Leakage）]、大西洋经向翻转流和气候变化有关的南极绕极流变化和相关经向锋面迁移历史；

2）气候变化期间大洋之间表层水和深层水输送的变化；

3）印度洋部分的海冰范围的变化，及其对大气—海洋的气体交换和二氧化碳在大气和海洋内部分配的影响；

4）生物输出生产力的变化及其与沙尘输入、上升流强度、养分存量和海冰范围的相关性。

（4）站位科学目标

该建议书建议站位见表 4.1.9 和图 4.1.9。

表4.1.9 钻探建议站位科学目标

站位名称	位置	水深(m)	钻探目标			站位科学目标
			沉积物进尺(m)	基岩进尺(m)	总进尺(m)	
DCR-03A（首选）	43.6600°S，44.7317°E	2632	600	0	600	（1）重建南极绕极流以及相关锋[亚热带锋（Sub Tropical Front，STF）、亚南极锋（Sub Antarctic Front，SAF）和极锋（Polar Front，PF）]在冰期—间冰期的变化;（2）通过主要气候事件（上新世晚期全球降温事件、中更新世转型期事件 MPT 和“中布容”事件 MBE），重建上新世暖室期以来南极绕极流及其相关锋面（STF、SAF 和 PF）的长期变化;（3）印度洋和大西洋之间的热盐运输;（4）揭示冬季海冰扩张的北部极限
DCR-04A（备选）	43.5467°S，45.0666°E	2823	600	0	600	（1）重建南极绕极流以及相关锋面（STF、SAF 和 PF）的冰期—间冰期变化;（2）通过主要气候事件（上新世晚期全球降温、MPT 和 MBE），重建上新世暖室期以来 ACC 及其相关锋面（STF、SAF 和 PF）的长期变化;（3）印度洋和大西洋之间的热盐运输;（4）揭示冬季海冰扩张的北部极限
DCR-02A（首选）	45.6898°S，44.3773°E	1844	800	0	800	（1）重建南极绕极流以及相关锋面（STF、SAF 和 PF）的冰期—间冰期变化;（2）通过主要气候事件（上新世晚期全球降温、MPT 和 MBE），重建上新世暖室期以来 ACC 及其相关锋面（STF、SAF 和 PF）的长期变化;（3）印度洋和大西洋之间的热盐运输;（4）揭示冬季海冰扩张的北部极限
DCR-01A（备选）	46.0223°S，44.3280°E	2445	700	0	700	（1）重建南极绕极流以及相关锋面（STF、SAF 和 PF）的冰期—间冰期变化;（2）通过主要气候事件（上新世晚期全球降温、MPT 和 MBE），重建上新世暖室期以来南极绕极流及其相关锋面（STF、SAF 和 PF）的长期变化;（3）印度洋和大西洋之间的热盐运输;（4）揭示冬季海冰扩张的北部极限
COR-03A（首选）	51.5000°S，41.6000°E	3113	800	0	800	（1）上新世以来，主要气候事件（上新世晚期全球降温、MPT 和 MBE）、冰期—间冰期旋回和千年尺度气候变化，南极绕极流及其相关锋面（SAF、PF 和 SB）的经向迁移。（2）海冰扩张/后退的历史
COR-01A（首选）	54.3001°S，39.7206°E	2840	1000	0	1000	（1）上新世以来，主要气候事件（上新世晚期全球降温、MPT 和 MBE）、冰期—间冰期旋回和千年尺度气候变化，南极绕极流及其相关锋面（SAF、PF 和 SB）的经向迁移。（2）海冰扩张/后退的历史;（3）揭示康拉德海隆不整合的时间

续表

站位名称	位置	水深(m)	钻探目标			站位科学目标
			沉积物进尺(m)	基岩进尺(m)	总进尺(m)	
COR-02A(备选)	54.1398°S, 39.9458°E	2675	800	0	800	(1)上新世以来，主要气候事件(上新世晚期全球降温、MPT和MBE)、冰期—间冰期旋回和千年尺度气候变化，南极绕极流及其相关锋面[SAF、PF和南极绕极流南界(Southern Boundary，SB)]的经向迁移。(2)海冰扩张/后退的历史;(3)揭示康拉德海隆不整合的时间
EAP-01A(首选)	58.9830°S, 37.6330°E	5289	400	0	400	(1)分析SB和PF的经向振荡对上新世升温到上新世晚期全球降温，以及其他气候事件(MPT、MBE和G-I旋回)的响应;(2)研究南极绕极流和威德尔旋回之间的相互作用;(3)揭示晚中新世以来南极底流生成的动力学机制及其对海冰扩张/退缩的响应

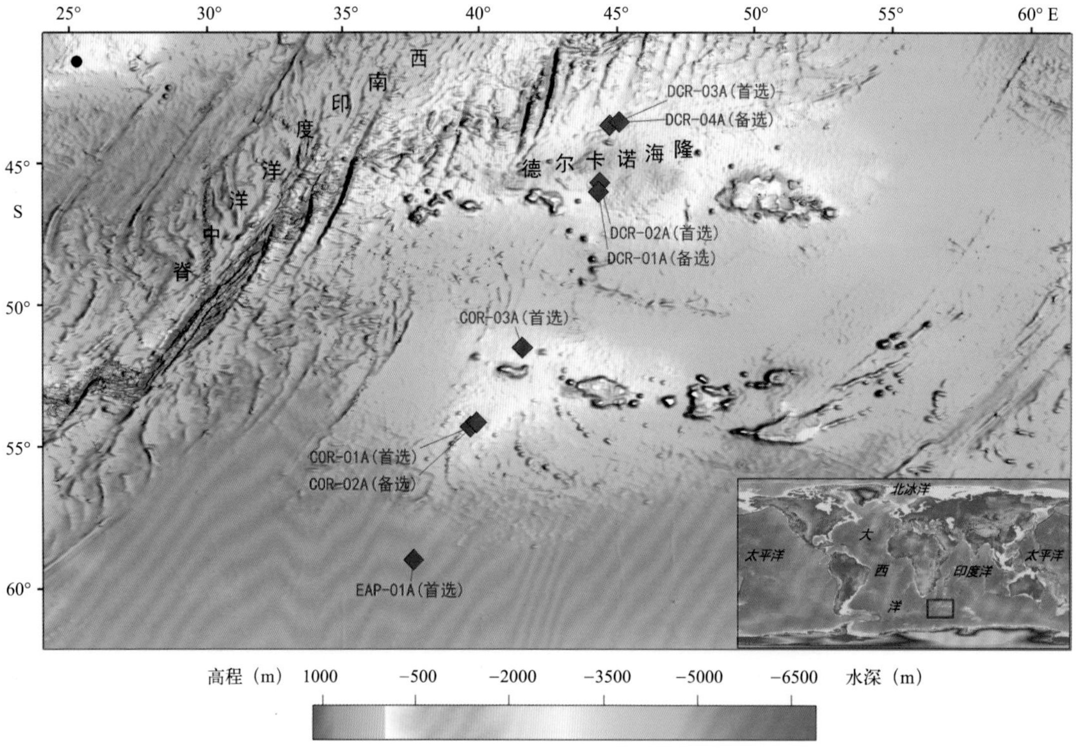

图4.1.9 钻探建议站位(黑色圆圈为已完成钻探站位，红色菱形为新建议站位)

(5) 资料来源

资料来源于IODP 918号建议书，建议人名单如下：

Minoru Ikehara, Xavier Crosta, Samuel Jaccard, Tim Naish, Yoshifumi Nogi, Yusuke Suganuma, Gerhard Kuhn, Giuseppe Cortese, Boo-Keun Khim, Robert Dunbar, Richard Levy, Robert McKay, Thamban Meloth, Robert DeConto, Yasuyuki Nakamura, Takuya Itaki, Elisabeth Michel, Alain Mazaud, Raja Ganeshram, Alfredo Martinez-Garcia.

4.1.10　阿根廷大陆边缘横断面：解译南大洋环流、气候和构造之间的相互作用

（1）摘要

南大洋水团是海洋循环和气候系统的主要组成部分，影响全球热量输送、初级生产力、营养和地球化学循环以及大气 CO_2。地震资料表明，阿根廷陆缘发育厚层新生代沉积序列。该陆缘是研究南大洋水团和监测海洋环流的理想位置。虽然它保存了重要的沉积记录，但迄今为止这一地区几乎没有开展过海洋科学钻探。建议沿着阿根廷陆缘一系列站位进行钻探，重建南大洋水团的历史及其对全球海洋的影响。这些站位覆盖较广的钻进深度（750 ~ 5000 m）和时间（0 ~ 70 Ma）范围，能够更好地了解南大洋深层水到中层水结构随时间的演变。

该建议首要科学目标是重建深水水团的历史及其相互作用。将讨论以下几个问题：首先，新生代发生了根本性的变化，因为“类白垩纪”的早古近纪环流被渐新世至现今的更强的洋流替代。这种变化是在始新世 / 渐新世界线附近开始的。虽然钻探站位的目标在于了解大时间尺度变化，但获取的沉积物可能记录了对重大气候事件的响应，如 K/Pg 界线和古新世—始新世极热事件等。该建议的第二个重点是重建安第斯山脉南部的隆起历史。地球化学分类和物质堆积速率将提供关键信息。此外，将岩芯中包含的岩性数据（年龄和岩相）与地震资料结合，可以重建陆缘完整的构造演化历史。

建议钻探采用两种策略。首先，这些站位靠近沉积中心的边缘，地震反射很清晰，可以到达钻探目标层位。其次，可以采用“历史之窗”的方法，在年轻沉积物较薄或缺失的地区钻取较深 / 较老的沉积物。预计在同一个岩芯中可以找到指示洋流的物理记录和气候变化的地球化学指标，通过两者的结合研究，可以揭示直接的因果关系。

（2）关键词

深水环流，安第斯山脉隆起，沉积作用

（3）总体科学目标

1）温室世界的深水循环历史；

2）揭示与南极洲冰盖（Antarctic Ice Sheet，AIS）扩张和深水变冷有关的南极绕极流开始的时间；

3）获取南极绕极流形成到早中新世期间可用于指示洋流强度的地球化学指标数据（如 $\delta^{18}O$ 和 Mg/Ca）；

4）揭示从中新世暖室期到南极永久性冰盖形成的过渡期间，南大洋深水水团的行为；

5）揭示源自北大西洋的深水何时进入阿根廷盆地；

6）揭示南大洋深水对更新世冰期 / 间冰期大旋回的响应；

7）揭示深水水团对全球气候变化事件的响应，如 K/Pg 界线事件、古新世—始新世极热事件、始新世高温事件和晚上新世大规模冰期旋；

8）揭示源于安第斯山脉隆起的沉积物沉积历史；

9）揭示源于安第斯山脉隆起的沉积物年龄和地球化学特征；

10）揭示新生代被动边缘对气候和构造的响应。

(4) 站位科学目标

该建议书建议站位见表 4.1.10 和图 4.1.10。

表4.1.10 钻探建议站位科学目标

站位名称	位置	水深 (m)	钻探目标			站位科学目标
			沉积物进尺 (m)	基岩进尺 (m)	总进尺 (m)	
AMN-01A (首选)	40.0255°S, 55.4524°W	1296	550	0	550	获取新生代渐新世至今表层水至深层水的性质和环流的记录、南大洋对中中新世气候适宜期和大型永久性冰盖的响应记录；揭示中美地峡闭合的时间、安第斯山脉隆起的变化、碳和其他营养物质通量的变化
AMC-10A (首选)	42.6153°S, 58.1456°W	1485	600	0	600	获取晚白垩世至古新世表层水至深层水的性质和环流的记录；揭示对全球事件（K/Pg、PETM、高温事件）的气候响应；厘定南极绕极流开始的时间；揭示碳和其他营养物质通量的变化
AMC-11A (首选)	42.9844°S, 56.2543°W	4599	500	0	500	获取中新世至今表层水至深层水的性质 和环流的记录、南大洋对中中新世气候适宜期和大型永久性冰盖的响应记录；揭示中美地峡闭合的时间、安第斯山脉隆起的变化、碳和其他营养物质通量的变化
AMC-12A (备选)	43.0393°S, 55.9568°W	4884	650	0	650	获取中新世至今表层水至深层水的性质和环流的记录、南大洋对中中新世气候适宜期和大型永久性冰盖的响应记录；揭示碳和其他营养物质通量的变化
AMC-13A (备选)	44.2999°S, 59.2059°W	1557	600	0	600	获取晚白垩世至古新世表层水至深层水的性质和环流的记录；揭示对全球事件（K/Pg、PETM、高温事件）的气候响应；厘定南极绕极流开始的时间；揭示碳和其他营养物质通量的变化
AMS-21A (首选)	47.1655°S, 59.9000°W	776	450	0	450	获取新生代表层水至深层水的性质和环流的记录；揭示碳和其他营养物质通量的变化
AMS-22A (首选)	47.1659°S, 59.2986°W	1308	425	0	425	获取新生代表层水至深层水的性质和环流的记录；揭示碳和其他营养物质通量的变化
AMS-23A (备选)	46.7565°S, 59.4994°W	1101	600	0	600	获取新生代表层水至深层水的性质和环流的记录；揭示碳和其他营养物质通量的变化
AMS-24A (首选)	46.4100°S, 58.7721°W	2261	950	0	950	获取中新世至今表层水至深层水的性质 和环流的记录、南大洋对中中新世气候适宜期和大型永久性冰盖的响应记录；厘定南极绕极流开始和中美地峡闭合的时间；揭示安第斯山脉隆起的变化、碳和其他营养物质通量的变化
AMS-25A (首选)	45.9271°S, 57.8112°W	3363	650	0	650	获取中新世至今表层水至深层水的性质 和环流的记录、南大洋对中中新世气候适宜期和大型永久性冰盖的响应记录；揭示中美地峡闭合的时间、碳和其他营养物质通量的变化
AMS-26A (首选)	46.8672°S, 57.2495°W	4098	375	0	375	获取晚中新世至今表层水至深层水的性质 和环流的记录、南大洋对中中新世气候适宜期和大型永久性冰盖的响应记录；揭示碳和其他营养物质通量的变化

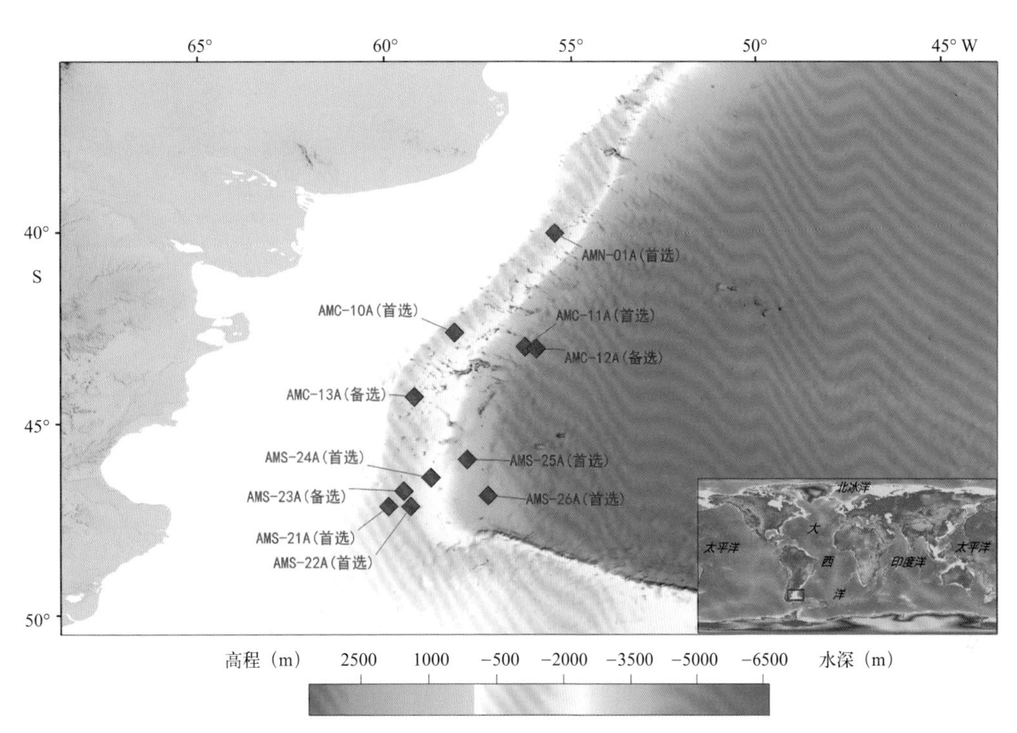

图4.1.10　钻探建议站位（红色菱形为新建议站位）

（5）资料来源

资料来源于 IODP 911 号建议书，建议人名单如下：

James Wright, Niall Slowey, Jens Gruetzner, Denise Kulhanek, Gabriele Uenzelmann-Neben, Natalia Garcia Chapori, Javier Hernandez-Molina, Natascha Riedinger, Roberto Violante, Nicolas Waldmann.

4.2　北冰洋气候与海洋变化

4.2.1　罗蒙诺索夫海岭钻探：北冰洋从温室地球到冰室地球的新生代连续记录

（1）摘要

在 2004 年之前，北冰洋的地质取样主要限于近表层第四纪沉积物。因此，前第四纪地质历史仍然鲜为人知。随着 2004 年北极大洋钻探航次（IODP 302 航次）——北极钻探计划（ACEX）的成功实施，开启了北极研究的新纪元。该航次是 IODP 第一个特定任务平台（MSP）航次，采用了新颖的多船联合方法，证明了在永久性海冰覆盖区进行钻探的可行性。在 ACEX 期间，在罗蒙诺索夫海岭上钻获第四纪、新近纪、古近纪和白垩纪坎潘期沉积物 428 m，为北极新生代古海洋学和气候历史提供了新的独特的研究载体。虽然 ACEX 钻取的岩芯记录非常好，但仍存在 3 个局限性问题。首先，根据初始年龄模型，ACEX 钻取的岩芯序列存在一个较大的间断，地质年代从晚始新世到中中新世，即距今 44.4 ~ 18.2 Ma。这个时期十分关键，因为它跨越了从早新生代温室气候向晚新生代冰室气候转变这一全球气候发生的显著变化的时期。其次，ACEX 期间岩芯的整体取芯率不佳，影响了对新生代连续的、详细的气候历史的重建。最后，在 2004 年 ACEX 期间，无法高分辨率重建新近纪至更新世时期北极气候快速变化。因此，有必要在罗蒙诺索夫海岭进行 IODP 第二次 MSP 钻探，以填补科学家对北冰洋新生代以来古环境历史认识中存在的这些主要缺失，进一步揭示北冰洋与全球气候历史的关系。

该建议总体目标是在罗蒙诺索夫海岭的南部获取完整的地层沉积记录，以满足科学家的古海洋学研究目标，即北冰洋中部新生代长期的、连续的气候历史。此外，比 ACEX 高 2 ~ 4 倍的沉积速率将更有助于对更新世和新近纪北极气候变化进行更高分辨率的研究。如建议中所示，可通过详细的选址、合适的钻探技术以及将多指标方法应用于古海洋学、古气候和年龄模型的重建来实现此目标。建议在首选钻探站位实施 3 个 APC / XCB / RCB 孔，以获取多个沉积物序列剖面，确保得到一个完整的剖面。

（2）关键词

北冰洋，古海洋学，新生代

（3）总体科学目标

本建议将钻探北冰洋中部一个完整的新生代沉积序列，以回答以下关键问题：

1）从早新生代温室气候到晚新生代冰室气候，北冰洋气候是否跟随全球气候演变？

2）北冰洋是否保存了早始新世暖室期（在 ACEX 中记录较差）及渐新世和中中新世变暖记录？

3）北半球和南半球是否同时发育了强烈的冰川（例如，Oi-1 和 Mi-1 冰期）？

4）从沉积物回波测深和多道地震反射剖面推断的（上新世）更新世北极冰期的是什么？

5）海冰发育的频率、规模和程度的变异性如何？

6）何时以及如何从温暖的受淡水影响、富含生物硅的始新世海洋转变为寒冷的、化石贫乏且含氧的新近纪海洋？

7）北冰洋与大西洋、太平洋之间的水团交换对于气候长期演变和气候快速变化的重要性如何？

8）西伯利亚河流排水的历史以及它对海冰形成、水团循环和气候变化的重要性？

9）在上新世暖室期和随后的变冷期间，北冰洋如何演变？ ACEX2 记录与西伯利亚 Elgygytgyn 湖的陆相记录有何关联？

10）ACEX 记录中主要沉积间断的原因是什么？这个间断是否真实存在？

建议站位位于季节性海冰覆盖的北冰洋中部（罗蒙诺索夫海岭南部），需要特定的船只在浮冰（海冰边缘区）中进行钻探。需要妥善的海冰管理策略以及破冰船（例如，“北极星”号科考船）的支持。

（4）站位科学目标

该建议书建议站位见表 4.2.1 和图 4.2.1。

表4.2.1 钻探建议站位科学目标

站位名称	位置	水深 (m)	钻探目标			站位科学目标
			沉积物进尺 (m)	基岩进尺 (m)	总进尺 (m)	
LORI-5B（备选）	83.80°N, 146.48°E	1334	1250	0	1250	钻探罗蒙诺索夫海岭中部完整地层，研究北冰洋中部新生代连续气候历史
LORI-16A（备选）	80.78°N, 142.78°E	1752	1850	0	1850	钻探罗蒙诺索夫海岭南部完整地层，研究北冰洋中部新生代连续气候历史
LR-02A（备选）	80.97°N, 142.47°E	1450	1300	0	1300	钻探罗蒙诺索夫海岭南部完整地层，研究北冰洋中部新生代连续气候历史
LR-01A（首选）	80.95°N, 142.97°E	1405	1225	0	1225	钻探罗蒙诺索夫海岭南部完整地层，研究北冰洋中部新生代连续气候历史

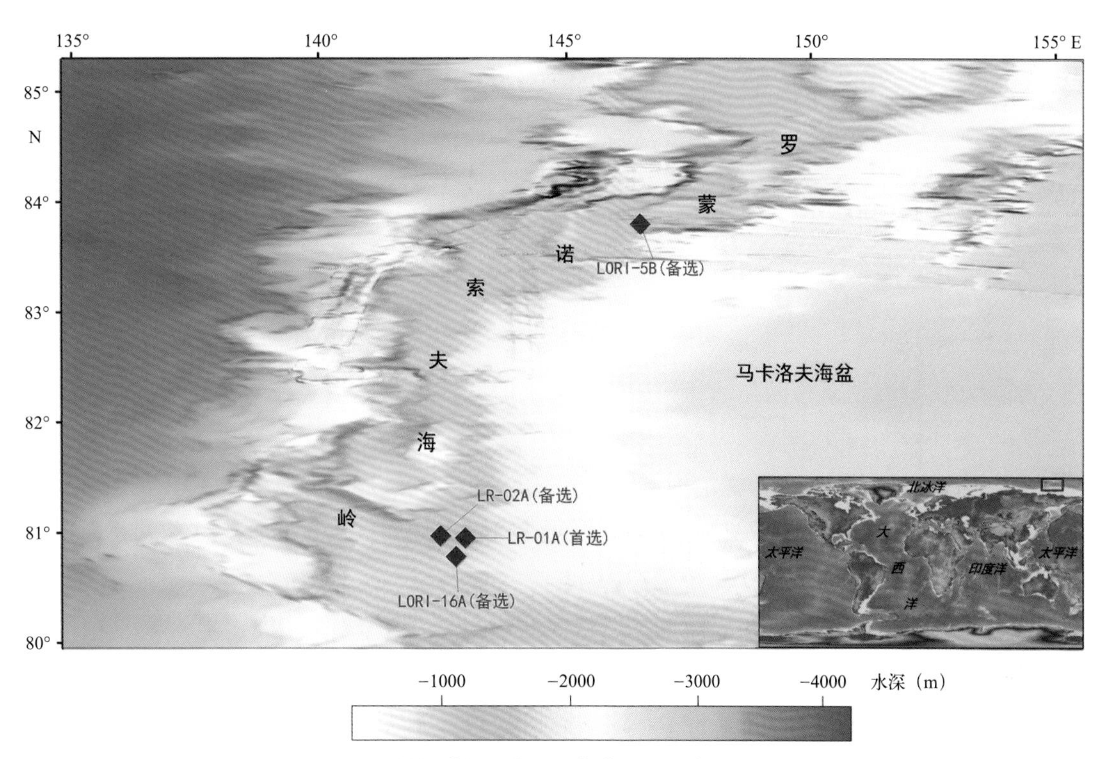

图4.2.1 钻探建议站位（红色菱形为新建议站位）

(5) 资料来源

资料来源于 IODP 708 号建议书，建议人名单如下：

R. Stein, W. Jokat, H. Brinkhuis, L. Clarke, B. Coakley, M. Jakobsson, J. Matthiessen, M. O'Regan, C. Stickley, K. St. John, E. Weigelt.

4.2.2 巴芬湾东北部横断面钻探揭示北格陵兰冰盖新生代的演化

(1) 摘要

了解格陵兰冰盖的长期历史是了解北半球冰川作用、阐明自晚上新世以来冰川周期性扩张机制以及预测格陵兰冰盖如何响应现代气候变暖的关键。为填补目前格陵兰冰盖的演化及其在地球气候系统中的作用等方面的空白，该建议拟沿着横跨格陵兰西北缘的一个横断面进行钻探。该横断面从陆架延伸至巴芬湾，此处较厚的新生代沉积可反映北格陵兰冰盖的演化。该建议的目标是获取晚新生代（渐新世 / 早中新世至全新世）地层序列。此次建议的钻探站位覆盖了质量良好的二维和三维地震数据，主要钻取与等深流漂积体和槽—口—扇系统间冰期沉积物（包括近源陆架沉积）相关的高堆积速率沉积物。该建议旨在检验北格陵兰冰盖是否在更新世经历了近乎完整的冰消期，并评估跨越中更新世过渡期轨道周期性变化的最新模型。此外，还将研究从渐新世到早中新世大气 CO_2 总体下降、西北格陵兰变冷和冰川环境之间的联系，并根据地震记录推断陆缘构造转换的时间。最后，获取的记录可以检验如下假说：北格陵兰冰盖的冰川扩张与北半球冰川作用的加剧（距今 3.3 ~ 2.8 Ma）有关，北大西洋西部和巴芬湾的海洋热传导是上新世高纬度北极地区气候温暖的潜在原因。从这些古气候记录中获得的详细信息对于气候预测模型将具有重要价值，该模型有助于解决格陵兰冰盖在不久的将来如何应对全球变暖的问题。

（2）关键词

北极，气候，间冰期，大洋环流

（3）总体科学目标

1）检验以下假说：北格陵兰冰盖在轨道偏心率频率范围内（100 ～ 400 ka）每隔一段时间发生明显的冰消；

2）检验以下假说：CO_2 分压（pCO_2）从早—中渐新世到早中新世的总体下降与西北格陵兰的变冷和冰川环境有关；

3）根据地震资料记录推断与陆缘构造转换有关的北格陵兰冰盖侵蚀的时间、沉积过程及变化信息；

4）检验以下假说：北格陵兰冰盖的主要冰川扩张与北半球冰川作用增强（距今 3.3 ～ 2.8 Ma）有关；

5）通过分析沉积物的成熟度和风化历史，评估跨越中更新世过渡期（MPT）的轨道周期变化的最新模型；

6）检验以下假说：早—中上新世温暖的极北地区与北大西洋西部和巴芬湾的热对流有关。

（4）站位科学目标

该建议书建议站位见表 4.2.2 和图 4.2.2。

表4.2.2　钻探建议站位科学目标

站位名称	位置	水深(m)	钻探目标			站位科学目标
			沉积物进尺(m)	基岩进尺(m)	总进尺(m)	
MB-01C（首选）	73.0001°N, 63.0065°W	1809	473	0	473	获取早更新世 / 中—晚更新世等深流漂积体的高分辨率古海洋学记录，对应于槽—口—扇系统中最新的部分（科学目标 1 和 5）。站位目标是钻探地震剖面上的第 9、10 和 11 沉积单元，以及和 MB-02C 站位重叠的地层单元
MB-20A（备选）	72.9118°N, 63.0642°W	1928	464	0	464	获取中—晚更新世等深流漂积体的高分辨率古海洋学记录，对应于槽—口—扇系统中最新的部分（科学目标 1 和 5）。站位目标是钻探地震剖面上的第 9、10 和 11 沉积单元，以及和 MB-02C 站位重叠的地层单元
MB-02C（首选）	73.1150°N, 63.7904°W	1957	537	0	537	获取早更新世 / 中—晚更新世等深流漂积体的高分辨率古海洋记录，对应于槽—口—扇系统中最新的部分（科学目标 1 和 5）。站位目标是钻探地震剖面上的第 8 沉积单元，以及和 MB-01C 站位重叠的地层单元
MB-22A（备选）	73.1388°N, 63.6402°W	1850	611	0	611	获取早更新世 / 中—晚更新世等深流漂积体的高分辨率古海洋记录，对应于槽—口—扇系统中最新的部分（科学目标 1 和 5）。站位目标是钻探地震剖面上的第 8 沉积单元，以及和 MB-01C 站位重叠的地层单元
MB-21A（备选）	73.6439°N, 64.8251°W	1954	751	0	751	获取早 / 中—晚更新世等深流漂积体的高分辨率古海洋记录，对应于槽—口—扇历史中最新的部分（科学目标 1 和 5）。站位目标是钻探地震剖面上的第 8 沉积单元，以及和 MB-01C 站位重叠的地层单元。此外，站位有可能获得地震剖面上的第 5~7 沉积单元样品

续表

站位名称	位置	水深(m)	钻探目标			站位科学目标
			沉积物进尺(m)	基岩进尺(m)	总进尺(m)	
MB-08A（首选）	73.4870°N, 62.2682°W	497	370	0	370	钻探早—中更新世冰消期和间冰期形成的槽—口—扇系统顶部地层（科学目标 1 和 5），具体为一组上超于冰川不整合面之上的平坦、半连续的反射层，包括沉积单元 6、7、8 和 9（目标深度是沉积单元 6 底部的正极性反射界面）
MB-03B（备选）	73.5032°N, 62.4861°W	498	375	0	375	钻探早—中更新世冰消期和间冰期形成的槽—口—扇系统顶部地层（科学目标 1 和 5），具体为一组上超于冰川不整合面之上的平坦、半连续的反射层，包括沉积单元 6、7、8 和 9（目标深度是沉积单元 6 底部的正极性反射界面）
MB-04B（首选）	73.8711°N, 62.0342°W	630	340	0	340	钻探早更新世冰消期和间冰期形成的槽—口—扇系统顶部地层（科学目标 1 和 5），具体为一组上超于冰川不整合面之上的平坦、半连续的反射层（目标深度是沉积单元 3 上斜坡前缘段的正极性反射界面）
MB-09A（备选）	73.9650°N, 61.4959°W	580	270	0	270	钻探早更新世冰消期和间冰期形成的槽—口—扇系统顶部地层（科学目标 1 和 5），目标层位是地震剖面上的沉积单元 1（最古老的沉积单元）。由于地震剖面成像质量降低，MB-09A 站位作为 MB-04B 的备选站位
MB-05B（首选）	74.2116°N, 61.3397°W	704	529	0	529	（1）获钻取可能对应于西北格陵兰最早的大陆架冰川的薄楔状进积沉积物；（2）获取年龄可能为上新世的等深流沉积物，以阐明格陵兰冰盖向主要盆地扩张之前的古海洋条件（科学目标 3、4 和 6）。该站位的目标层位是与 MB-06C 站位重叠的等深流漂积体中的年轻地层
MB-13A（备选）	74.2118°N, 61.3958°W	707	540	0	540	（1）钻取可能对应于西北格陵兰最早的大陆架冰川的薄楔状进积沉积物；（2）获取年龄可能为上新世的等深流沉积物，以阐明格陵兰冰盖向主要盆地扩张之前的古海洋条件（科学目标 3、4 和 6）。该站位的目标层位是与 MB-06C 站位重叠的等深流漂积体中的年轻地层
MB-14A（备选）	74.2109°N, 61.2704°W	663	510	0	510	（1）钻取可能对应于西北格陵兰最早的大陆架冰川的薄楔状进积沉积物；（2）获取年龄可能为上新世的等深流沉积物，以阐明格陵兰冰盖向主要盆地扩张之前的古海洋条件（科学目标 3、4 和 6）。该站位的目标层位是与 MB-06C 站位重叠的等深流漂积体中的年轻地层
MB-06C（首选）	74.1254°N, 60.9510°W	609	620	0	620	钻探年龄可能为上新世的等深流漂积体，以阐明格陵兰冰盖向主要盆地扩张之前的古海洋条件（科学目标 3、4 和 6）该站位目标层位与 MB-05B 站位（以及备选站位 MB- 13A 和 MB-14A）拟钻取的最底部地层重叠，主要钻探厚层的漂移沉积体，因其可能包含高分辨率的早上新世记录

续表

站位名称	位置	水深(m)	钻探目标			站位科学目标
			沉积物进尺(m)	基岩进尺(m)	总进尺(m)	
MB-15A（备选）	74.1217°N, 60.9909°W	605	625	0	625	钻探年龄可能为上新世的等深流漂积体，以阐明格陵兰冰盖向主要盆地扩张之前的古海洋条件（科学目标3、4和6）。该站位目标层位与MB-05B站位（以及备选站位MB- 13A和MB-14A）拟钻取的最底部地层重叠，主要钻探厚层的漂移沉积体，因其可能包含高分辨率的早上新世记录
MB-07A（首选）	74.5136°N, 60.6792°W	737	1173	0	1173	钻探上中新世至渐新世地层。钻探目标是阐明东北巴芬湾/格陵兰过去的海洋和陆地气候以及西北格陵兰短暂冰期的开始（科学目标2和3）
MB-11A（备选）	74.4283°N, 60.4086°W	747	1170	0	1170	钻探上中新世至渐新世地层。目标是阐明东北巴芬湾/格陵兰过去的海洋和陆地气候以及西北格陵兰短暂冰期的开始（科学目标2和3）
MB-12A（备选）	74.4597°N, 60.5049°W	739	1145	0	1145	钻探上中新世至渐新世地层。目标是阐明东北巴芬湾/格陵兰过去的海洋和陆地气候以及西北格陵兰短暂冰期的开始(科学目标2和3)。是MB-07A站位的备选站位
MB-10A（备选）	74.4584°N, 61.1792°W	698	1206	0	1206	钻探上中新世至渐新世地层。目标是阐明东北巴芬湾/格陵兰过去的海洋和陆地气候以及西北格陵兰短暂冰期的开始(科学目标2和3)。是MB-07A的备选站位

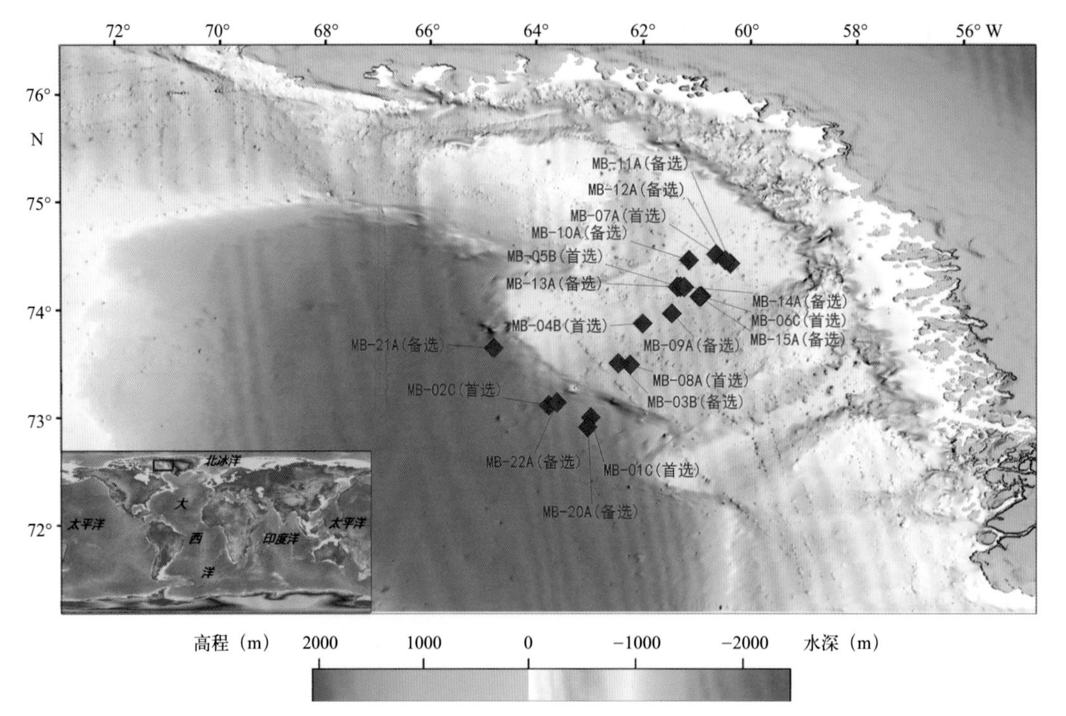

图4.2.2　钻探建议站位（红色菱形为新建议站位）

（5）资料来源

资料来源于 IODP 909 号建议书，建议人名单如下：

Paul Knutz, Calvin Campbell, Paul Bierman, Anne de Vernal, Mads Huuse, Anne Jennings, David Cox, Rob DeConto, Karsten Gohl, Kelly Hogan, John Hopper, Benjamin Keisling, Andrew Newton, Lara Perez, Janne Rebschläger, Kasia Sliwinska, Elizabeth Thomas, Eske Willerslev, Chuang Xuan, Joseph Stoner.

4.2.3 东弗拉姆海峡钻探项目 A：古海洋档案

（1）摘要

该建议旨在钻探巴伦支海西部大陆架边缘冰川作用开始后的高分辨率（亚百年）早更新世地层，获取冰川作用开始（距今约 1.3 Ma），布容（Brunhes）中期（距今 0.5 ~ 0.4 Ma）41 ka 和 100 ka 冰期周期的古海洋沉积记录。钻探位置是斯瓦尔巴群岛西部边缘的沉积体（Bellsund 或 Isfjorden 石膏漂移沉积物），该沉积体在流经弗拉姆海峡东部的挪威海深水洋流（北大西洋洋流的深水分支）作用下形成。主要目标是利用高级活塞取芯器（APC）和全套电缆测井在约 1650 m 水深下对约 340 m 厚、基本固结的沉积层进行钻探取芯。在地层的最下部可能需要用到扩展岩芯筒（XCB）。预计取样时间为 6 天。

通过钻探，有助于建立高分辨率的第四纪地层参考剖面，为更好地揭示巴伦支海冰盖演变的边界条件和驱动机制提供支撑，并可作为一个重要的支点将北极中部的地层与标准的同位素 / 磁性地层记录关联起来。

斯瓦尔巴群岛可视为“气候变化的哨点”。古巴伦支海冰盖被认为是与西南极冰盖最相似的，其稳定性的丧失是影响未来全球海平面预测主要的不确定性因素。由于对冰川消融的触发机制、地球系统中多时间尺度上冰盖动力学的整体复杂性以及冰盖对主要气候变化的响应知之甚少，因此，已有模型难以模拟巴伦支海复合体（斯瓦尔巴—巴伦支海冰盖）的冰消作用。该建议能提供独特的海洋古气候记录，作为对冰川记录和陆地古气候记录的补充。

（2）关键词

北极，弗拉姆海峡，古气候，古海洋

（3）总体科学目标

获取弗拉姆海峡东侧大陆架边缘冰川作用开始以来的连续、高分辨率古气候记录，具体目标为：

1）建立沿弗拉姆海峡东侧和巴伦支海西缘地震和钻探站位对比的高分辨率年代地层层序；

2）揭示弗拉姆海峡以东地区陆架边缘冰川作用形成以来的古海洋特征和古气候变化；

3）模型实验中北冰洋开阔海冰层位与西斯匹兹堡海流的正压（和温度）特性的识别；

4）识别与环境突变（如快速冰融事件）相关的显著沉积事件，以及它们环境突变作为气候变化驱动因素对局部 / 区域 / 全球海洋环流的影响；

5）利用多种指标，研究 41 ka 和 100 ka 冰期旋回有关的沉积作用，重点关注冰期—间冰期气候转变期的沉积作用；

6）获取弗拉姆海峡东侧大陆架边缘冰川作用开始 以来的连续高分辨率古气候记录。

（4）站位科学目标

该建议书建议站位见表 4.2.3 和图 4.2.3。

表4.2.3 钻探建议站位科学目标

站位名称	位置	水深(m)	钻探目标			站位科学目标
			沉积物进尺(m)	基岩进尺(m)	总进尺(m)	
BELD-01A（首选）	76.7339°N, 12.7387°E	1647	340	0	340	获取弗拉姆海峡东侧大陆架边缘冰川作用开始 以来的连续高分辨率古气候记录
ISFD-01A（备选）	77.7585°N, 10.0856°E	1322	200	0	200	获取弗拉姆海峡东侧大陆架边缘冰川作用开始 以来的连续高分辨率古气候记录
ISFD-02A（备选）	77.6901°N, 9.8217°E	1585	360	0	360	获取弗拉姆海峡东侧大陆架边缘冰川作用开始 以来的连续高分辨率古气候记录

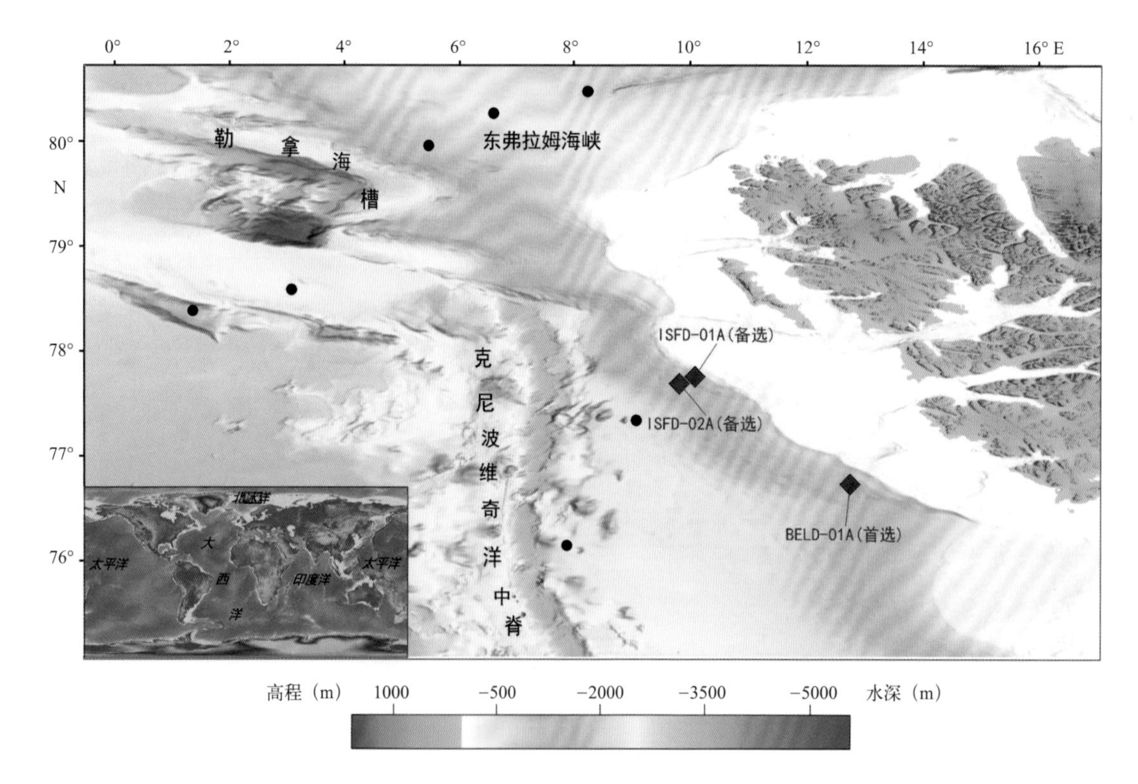

图4.2.3 钻探建议站位（黑色圆圈为已完成钻探站位，红色菱形为新建议站位）

（5）资料来源

资料来源于 IODP 954 号建议书，建议人名单如下：

Renata Giulia Lucchi, Michele Rebesco, Riccardo Geletti, Caterina Morigi, Jan Sverre Laberg,

Juliane Müller, Katrine Husum, Jacques Giraudeau, Jennifer Pike, Anne De Vernal, Thomas Cronin, Claude Hillaire-Marcel , Leonardo Sagnotti, Jochen Knies, Stefan Büenz, Wolfram Geissler, Rüdiger Stein, Florence Colleoni.

4.2.4 东弗拉姆海峡钻探项目 B：古海洋档案

(1) 摘要

北大西洋—北冰洋在北半球气候演化和大西洋经向翻转环流历史中具有非常重要的作用。现代北大西洋洋流的形成是北半球冰期形成的主要驱动因素之一。它除了控制深层水和热盐的分布和变化之外，还控制着环北极、环北大西洋冰盖与海冰的分布范围和变化。海洋系统和冰冻圈在过去的暖室期是如何工作的？这一问题仍然未知且有争议。通过对弗拉姆海峡东部高分辨率的、连续的和未受干扰的沉积层序开展科学钻探，有望解决这一问题。事实上，斯瓦尔巴群岛及其周缘被视为“气候变化的哨兵”。古斯瓦尔巴—巴伦支海冰盖动态历史的重建非常重要，因为它被认为是最能与西南极冰盖相比拟的，后者稳定性的丧失是影响未来全球海平面预测主要的不确定性因素。

由于北极圈洋中脊的沉积速率较低，且海洋生产力低，钙质微体化石保存条件差，氧同位素地层学和磁性地层学定年也不清，因此缺乏完整的、可靠的海洋沉积地层年代框架，这严重影响了对过去北极气候演化的深入认识。大陆架和上陆坡很少能够突破末次冰期形成高分辨率海洋沉积，且大陆架和大陆坡由于由于海冰问题和沉积问题时常存在地层间断。

为了提高对影响北大西洋北部和北极地区演变的边界条件和驱动机制的认识，揭示北大西洋北部和北极地区过去和现今与全球气候变化的关联，建议获取弗拉姆海峡东侧完整的沉积记录，建立可靠的年代地层框架。

(2) 关键词

弗拉姆海峡，北大西洋水，古海洋学，斯瓦尔巴 - 巴伦支海冰盖

(3) 总体科学目标

总体目标是揭示西斯匹次卑尔根洋流（北大西洋洋流）的变化，及其对气候变化的影响，特别是在关键的气候转变时期（晚中新世—上新世过渡期、晚上新世—更新世过渡期、中中新世过渡期、中布容过渡期和亚轨道类海因里希事件的气候变化），及其对北极冰川作用、冰架发育和稳定性以及海冰分布的影响。

该建议还将开展构造相关研究工作，揭示位于莫洛伊洋中脊和斯瓦尔巴大陆架之间区域在中新世—上新世过渡期的古地理位置，并揭示区域空间应力状态变化，探索区域是如何从构造主导向陆架冰川主导转化的。此外，该建议还将研究西斯匹次卑尔根洋流、冰覆盖及其与气候的关系如何随着时间的推移影响微生物种群，及其在何种程度上仍在影响当今地球化学通量。

（4）站位科学目标

该建议书建议站位见表 4.2.4 和图 4.2.4。

表4.2.4 钻探建议站位科学目标

站位名称	位置	水深 (m)	钻探目标			站位科学目标
			沉积物进尺 (m)	基岩进尺 (m)	总进尺 (m)	
BED-01A（首选）	76.5216°N, 12.7387°E	1647	397	0	397	该站位位于斯瓦尔巴群岛西缘（弗拉姆海峡东侧）的贝尔松等深流漂积体（Bellsund Drift），且处于西斯匹次卑尔根深层洋流的核心路径上（1700 mbsl）。该站位沉积可提供自陆架边缘冰川作用开始（R4A 地震界面，1.3 Ma）以来，连续的、极高分辨率（百年以下）的古气候档案。该站位聚焦目标 7：对比陆地表面（冰心）和海洋（沉积物岩芯）记录，以揭示与古气候变化有关的大气和海洋环境之间的关系
BED-02A（备选）	76.5290°N, 12.5522°E	1805	365	0	365	该站位为 BED-01A 站位的备选。该站位位于斯瓦尔巴群岛西缘（弗拉姆海峡东侧）的贝尔松等深流漂积体（Bellsund Drift），且处于西斯匹次卑尔根深层洋流的核心路径上。虽然相对 BED-01A 而言，该站位研究分辨率较低，且发育有块体搬运沉积物，但依然可提供自陆架边缘冰川作用开始（R4A 地震界面，1.3 Ma）以来，连续的、高分辨率（百年）的古气候档案，实现目标 7
BED-03A（备选）	76.5551°N, 12.9301°E	1502	372	0	372	该站位为 BED-01 A 站位的备选。该站位位于斯瓦尔巴群岛西缘（弗拉姆海峡东侧）的贝尔松等深流漂积体（Bellsund Drift），且处于西斯匹次卑尔根深层洋流核心路径的上坡边界。该站位可提供自陆架边缘冰川作用开始（R4A，1.3Ma）以来详细的古气候档案。并且由于该站位更靠近陆架边缘，可以更好地揭示快速冰融事件和斯瓦尔巴 - 巴伦支海冰盖变化（目标 4 和 5）
ISD-01B（首选）	77.5904°N, 10.0855°E	1325	258	0	258	该站位位于斯瓦尔巴群岛西缘（弗拉姆海峡东侧）的伊斯峡湾等深流漂积体（Isfjorden Drift），且处于西斯匹次卑尔根深层洋流核心路径的上坡边界。该站位可提供自陆架边缘冰川作用开始（R4A，1.3Ma）以来详细的（亚千年）古气候档案。由于相对于贝尔松等深流漂积体的站位更靠近陆架边缘，因此该站位可以提供关于西斯匹次卑尔根深层洋流变化信息，以及该地区陆架边缘冰川作用开始后斯瓦尔巴 - 巴伦支海冰盖变化的详细信息
ISD-02A（备选）	77.5264°N, 9.8217°E	1665	381	0	381	该站位是 ISD-01B 站位的备选，两站位位于斯瓦尔巴群岛西缘（弗拉姆海峡东侧）的伊斯峡湾等深流漂积体（Isfjorden Drift），且处于西斯匹次卑尔根深层洋流核心路径的上坡边界。该站位可提供自陆架边缘冰川作用开始（R4A，1.3 Ma）以来详细的（亚千年）古气候档案。由于相对于贝尔松等深流漂积体的站位更靠近陆架边缘，因此该站位可以提供关于西斯匹次卑尔根深层洋流变化信息，以及该地区陆架边缘冰川作用开始后斯瓦尔巴 - 巴伦支海冰盖变化的详细信息

续表

站位名称	位置	水深(m)	钻探目标			站位科学目标
			沉积物进尺(m)	基岩进尺(m)	总进尺(m)	
ISD-03A（备选）	77.4973°N, 9.7029°E	1734	387	0	387	该站位位于斯瓦尔巴群岛西缘（弗拉姆海峡东侧）的伊斯峡湾等深流漂积体（Isfjorden Drift），且处于西斯匹次卑尔根深层洋流核心路径的下坡边界。该站位可提供自陆架边缘冰川作用开始（R4A，1.3Ma）以来详细的古气候档案。类似BED-01A站位和BED-02A站位，该站位离陆架边缘较远。鉴于其位位置，从该站位获取的古海洋信息可视为贝尔松等深流漂积体站位的补充，从而区分局部和区域气候变化
ISD-04A（备选）	77.5316°N, 9.6031°E	1713	402	0	402	该站位位于斯瓦尔巴群岛西缘（弗拉姆海峡东侧）的伊斯峡湾等深流漂积体（Isfjorden Drift），且处于西斯匹次卑尔根深层洋流核心路径的下坡边界。该站位可提供自陆架边缘冰川作用开始（R4A，1.3Ma）以来详细的古气候档案。类似BED-01A站位和BED-02A站位，该站位离陆架边缘较远。鉴于其位位置，从该站位获取的古海洋信息可视为贝尔松等深流漂积体站位的补充，从而区分局部和区域气候变化
VRE-01B（备选）	79.0321°N, 7.0577°E	1293	618	0	618	该站位钻取平坦的、分层的、未被扰动的沉积层，进入上新世晚期沉积层，钻穿了位于海底以下385 m处的上新世—更新世界面。研究目标涉及上新世—第四纪年代地层学、主要气候转变期特征（上新世—更新世转变，MPT，MBT）、北半球冰川作用的开始，以及轨道、亚轨道、千年尺度气候变化的识别
VRE-03A（首选）	78.9484°N, 7.4731°E	1201	738	0	738	该站位钻取平坦的、分层的、未被扰动的沉积层，进入上新世晚期沉积层，钻穿了位于海底以下370 m处的上新世—更新世界面。研究目标涉及上新世—第四纪年代地层学、主要气候转变期特征（上新世—更新世转变，MPT，MBT）、北半球冰川作用的开始，以及轨道、亚轨道、千年尺度气候变化的识别
VRE-04A（备选）	78.9928°N, 7.2760°E	1252	730	0	730	该站位钻取平坦的、分层的、未被扰动的沉积层，进入上新世晚期沉积层，钻穿了位于海底以下378 m处的上新世—更新世界面。研究目标涉及上新世—第四纪年代地层学、主要气候转变期特征（上新世—更新世转变，MPT，MBT）、北半球冰川作用的开始，以及轨道、亚轨道、千年尺度气候变化的识别
VRW-02B（备选）	79.1587°N, 4.6216°E	1607	677	0	677	该站位位于Vestnesa海脊的西端。研究目标是将地层和古气候记录从更新世延伸到上新世，甚至中新世，研究上新世地球轨道变化期间的地球气候系统，以及北极重大气候变化，揭示是如何从短暂冰盖的暖室期气候到格陵兰岛开始出现大范围冰川作用，最后到形成北极冰盖的冷室期气候的

续表

站位名称	位置	水深(m)	钻探目标			站位科学目标
			沉积物进尺(m)	基岩进尺(m)	总进尺(m)	
VRW-03A（首选）	79.1598°N, 4.4887°E	1681	696	0	696	该站位位于 Vestnesa 洋中脊的西端。研究目标是将地层和古气候记录从更新世延伸到上新世，甚至中新世，研究上新世地球轨道变化期间的地球气候系统，以及北极重大气候变化，揭示是如何从短暂冰盖的暖室期气候到格陵兰岛开始出现大范围冰川作用，最后到形成北极冰盖的冷室期气候的
VRW-04A（备选）	79.1559°N, 4.4975°E	1690	740	0	740	该站位位于 Vestnesa 洋中脊的西端。研究目标是将地层和古气候记录从更新世延伸到上新世，甚至中新世，研究上新世地球轨道变化期间的地球气候系统，以及北极重大气候变化，揭示是如何从短暂冰盖的暖室期气候到格陵兰岛开始出现大范围冰川作用，最后到形成北极冰盖的冷室期气候的
VRW-05A（备选）	79.1433°N, 4.7300°E	1621	669	0	669	该站位位于 Vestnesa 洋中脊的西端。研究目标是将地层和古气候记录从更新世延伸到上新世，甚至中新世，研究上新世地球轨道变化期间的地球气候系统，以及北极重大气候变化，揭示是如何从短暂冰盖的暖室期气候到格陵兰岛开始出现大范围冰川作用，最后到形成北极冰盖的冷室期气候的
SVR-01B（首选）	78.2670°N, 5.8903°E	1565	618	0	618	该站位位于克尼波维奇洋中脊脊北部西翼的等深流漂积体，钻取层状的、未被扰动的沉积物，直至钻穿上新世—更新世界面。据推测，该等深流漂积体曾经是斯瓦尔巴边缘西侧等深流漂积体的一部分，但后来被洋中脊的海底扩张分开了。目标是揭示构造作用和弗拉姆海峡打开对古气候演变、冰盖变化和地层沉积的潜在控制作用
SVR-02A（备选）	78.2683°N, 5.8766°E	1554	559	0	559	该站位位于克尼波维奇洋中脊脊北部西翼的等深流漂积体，钻取层状的、未被扰动的沉积物，直至钻穿上新世—更新世界面。据推测，该等深流漂积体曾经是斯瓦尔巴边缘西侧等深流漂积体的一部分，但后来被洋中脊的海底扩张分开了。目标是揭示构造作用和弗拉姆海峡打开对古气候演变、冰盖变化和地层沉积的潜在控制作用
SVR-03A（备选）	78.2718°N, 5.8897°E	1581	616	0	616	该站位位于克尼波维奇洋中脊脊北部西翼的等深流漂积体，钻取层状的、未被扰动的沉积物，直至钻穿上新世—更新世界面。据推测，该等深流漂积体曾经是斯瓦尔巴边缘西侧等深流漂积体的一部分，但后来被洋中脊的海底扩张分开了。目标是揭示构造作用和弗拉姆海峡打开对古气候演变、冰盖变化和地层沉积的潜在控制作用

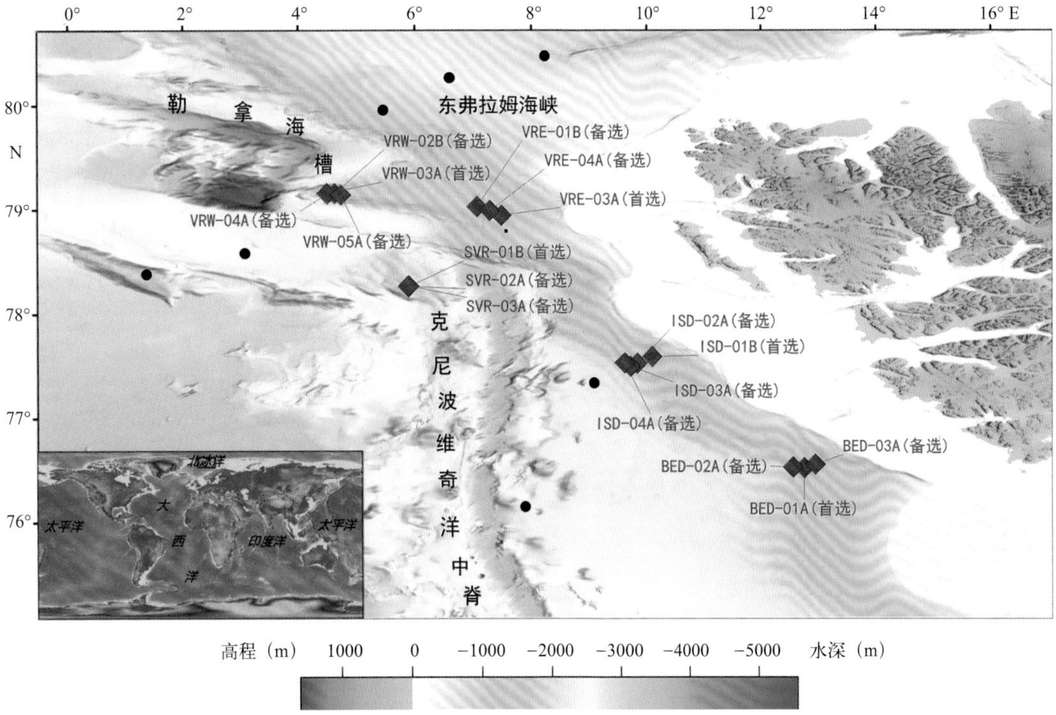

图4.2.4　钻探建议站位（黑色圆圈为已完成钻探站位，红色菱形为新建议站位）

（5）资料来源

资料来源于IODP 985号建议书，建议人名单如下：

Renata Giulia Lucchi, Stefan Buenz, Michele Rebesco, Florence Colleoni, Riccardo Geletti, Thomas M. Cronin, Katrine Husum, Andreia Plaza-Faverola, Sunil Vadakkepuliyambatta, Jan Sverre Laberg, Anne de Vernal, Chiara Caricchi, Juliane Müller, Jennifer Pike, Haflidi Haflidason, Steffen Leth Jørgensen, Patrick Grunert, Caterina Morigi, Jochen Knies, Rüdiger Stein, Claude Hillaire-Marcel, Jens Gruetzner.

4.2.5　北冰洋—大西洋通道的开启：构造、海洋和气候动力学

（1）摘要

如今的极地冰圈可以反映新生代温室向冰室气候转变、全球逐渐变冷过程中的气候状态。南半球的德雷克海峡和北半球的北冰洋—大西洋通道等极地海洋通道，通过影响海洋环流、热量输送和冰盖发育，在改变全球气候方面发挥了关键作用。北冰洋在大部分地质历史时期中，都是与全球海洋温盐环流系统隔绝的，但当格陵兰岛和斯瓦尔巴群岛开始分离，北冰洋—大西洋通道随着弗拉姆海峡的形成而开启时，这种情况逐渐发生了变化。尽管这个通道对于地球过去和现代的气候至关重要，但人们对其在新生代的演化却知之甚少。事实上，北冰洋—大西洋通道的开启和持续拓宽加深，对北冰洋和北大西洋之间的环流和水团的交换产生了强烈的影响。

首先，通过地球物理和地层记录以及模拟研究，可以推断出弗拉姆海峡开启的时间，这些研究构成了该建议将检验的假设的基础。气候和构造模拟研究表明，弗拉姆海峡需要一定的宽度和

深度来满足大西洋和北冰洋的水团通过该通道进行双向交换的需要。为验证模型的可靠性，需要在 73° ~ 78°N 设置 3 个首选站位，获取海洋钻探沉积物记录，来对北冰洋—北大西洋深层水通道的开启、扩宽和加深提供时间约束。

这些站位将会提供前所未有的始新世 / 渐新世—中新世的沉积记录，揭示①北冰洋和北大西洋之间的浅水交换历史，以及对全球冰圈演化的影响；②北冰洋—大西洋通道向深水通道的演化及其对全球气候变化的影响。新的钻探资料可填补北冰洋—大西洋通道地区约 20 Ma 时间间断，解决古气候记录中的大的不确定性和问题。

(2) 关键词

北极，通道，新生代，气候，构造

(3) 总体科学目标

该建议有两个主要目标：

1）揭示北冰洋唯一深水通道的地质演化历史，及其对新生代气候演化的影响；

2）揭示北冰洋—大西洋通道在北半球冰圈—海洋演化中的作用。

验证以下假说：

1）北冰洋—大西洋通道最初打开和后期加深的时间与新生代全球冰圈的演化密切相关。

2）北半球冰圈—海洋演化与区域构造（北冰洋—大西洋通道拓宽加深原因）、全球气候和大气二氧化碳浓度相关。

基于 3 个首选站位钻探（FR-19A，FR-11A，FR-21A）将获取渐新世—中新世（距今 34 ~ 5 Ma）的新的完整地层记录，提供新的信息以改进气候模型，更好地模拟高纬度地的海洋通道变化，更好地揭示北冰洋—大西洋通道在新生代气候演化中的作用。这将有助于检验北冰洋—大西洋通道变化、北大西洋北部和北冰洋之间的双向（表面和深层）洋流的相互作用，及其对东格陵兰冰盖和北极海冰初始扩张的影响。

(4) 站位科学目标

该建议书建议站位见表 4.2.5 和图 4.2.5。

表4.2.5 钻探建议站位科学目标

站位名称	位置	水深 (m)	钻探目标			站位科学目标
			沉积物进尺 (m)	基岩进尺 (m)	总进尺 (m)	
FR-19A（首选）	73.4605°N, 14.3375°W	2358	1300	20	1320	获取始新世—第四纪的完整沉积序列，也可能得到海洋基底顶部的样品。该站位可解决问题 1：北冰洋—大西洋通道最初打开时间；问题 2：北冰洋—大西洋通道拓宽加深。揭示北冰洋从封闭至现代通道的完整转变过程，以及与东格陵兰隆起及冰川作用的关系。获取的基底 / 岩浆岩可用于检验现有的板块运动学模型。但在该站位无最高优先级
FR-11A（首选）	76.4472°N, 0.6448°W	3102	800	0	800	获取中 / 晚中新世—第四纪完整剖面，可验证解决问题 2：北冰洋—大西洋通道拓宽加深。获取的冰川漂移沉积物可用于海洋环流、海洋冰盖、深层水形成和大陆冰盖的高分辨率古海洋学研究

续表

站位名称	位置	水深(m)	钻探目标			站位科学目标
			沉积物进尺(m)	基岩进尺(m)	总进尺(m)	
FR-21A（首选）	77.3946°N, 0.0499°W	2843	137	163	300	获取基底岩石并测定年代，检验现有的板块运动学模型
FR-06A（备选）	75.2197°N, 10.8764°W	2423	1200	0	1200	获取晚始新世—渐新世完整沉积序列。该站位可解决问题1（北冰洋—大西洋通道最初打开时间），重建封闭北冰洋至早期通道形成的完整转变过程。与FR-04A和FR-05A站位相结合揭示形成现今通道的完整历史（包括AAG的加深和扩宽，问题2）。FR-06A作为备选站位，以防FR-19A难以钻至目标深度或遗漏晚始新世—渐新世的沉积物
FR-05A（备选）	75.2487°N, 11.0376°W	2089	1000	0	1000	获取早渐新世—早中新世完整沉积序列。本站位可解决问题1（北冰洋—大西洋通道最初打开时间），结合FR-04A和FR-06A站位揭示封闭北冰洋至现代通道的完整转变过程。FR-05A站位作为备选站位，以防FR-19A站位由于大的沉积间断而缺失早—中中新世沉积地层
FR-04A（备选）	75.2967°N, 11.3048°W	1600	1300	0	1300	获取晚渐新世—第四纪完整沉积序列。本站位可解决问题2（北冰洋—大西洋通道拓宽加深），结合FR-05A和FR-06A站位揭示封闭北冰洋至现代通道的完整转变过程，及其与东格陵兰隆升与冰川作用的关系。FR-04A站位将作为FR-19A站位最上部地层（新近系）的备选站位
FR-03A（备选）	73.3562°N, 14.3341°W	2431	1300	20	1320	获取始新世—第四纪地层和大洋基底顶部的完整序列。本站位可解决问题1（北冰洋—大西洋通道最初打开时间）和问题2（北冰洋—大西洋通道拓宽加深），揭示封闭北冰洋至现代通道的完整转变过程，及其与东格陵兰隆升与冰川作用的关系。获取的基底/岩浆岩可用于检验现有的板块运动模型。FR-03A为FR-19A的备选站位
FR-15A（备选）	73.4006°N, 14.1015°W	2468	1300	20	1320	获取始新世—第四纪地层和大洋基底顶部的完整序列。本站位可解决问题1（北冰洋—大西洋通道最初打开时间）和问题2（北冰洋—大西洋通道拓宽加深），揭示封闭北冰洋至现代通道的完整转变过程，及其与东格陵兰隆升与冰川作用的关系。获取的基底/岩浆岩可用于检验现有的板块运动模型。FR-15A为FR-19A的备选站位
FR-16A（备选）	73.2257°N, 14.2778°W	2464	1300	20	1320	获取始新世—第四纪地层和大洋基底顶部的完整序列。本站位可解决问题1（北冰洋—大西洋通道最初打开时间）和问题2（北冰洋—大西洋通道拓宽加深），揭示封闭北冰洋至现代通道的完整转变过程，及其与东格陵兰隆升与冰川作用的关系。获取的基底/岩浆岩可用于检验现有的板块运动模型。FR-16A为FR-19A的备选站位

续表

站位名称	位置	水深 (m)	钻探目标			站位科学目标
			沉积物进尺 (m)	基岩进尺 (m)	总进尺 (m)	
FR-17A（备选）	73.1662°N, 14.2056°W	2484	1300	20	1320	获取始新世—第四纪地层和大洋基底顶部的完整序列。本站位可解决问题 1（北冰洋—大西洋通道最初打开时间）和问题 2（北冰洋—大西洋通道拓宽加深），揭示封闭北冰洋至现代通道的完整转变过程，及其与东格陵兰隆升与冰川作用的关系。获取的基底 / 岩浆岩可用于检验现有的板块运动模型。FR-17A 为 FR-19A 的备选站位
FR-07A（备选）	76.5909°N, 1.3729°W	2991	800	0	800	获取中 / 晚中新世—第四纪的完整地层序列来解决问题 2（北冰洋—大西洋通道拓宽加深）。获取的等深流漂积体可用于海洋环流、海洋冰盖、深水形成和大陆冰盖的高分辨率古海洋学研究。FR-07A 为 FR-11A 的备选站位
FR-12A（备选）	76.9056°N, 2.1056°W	3058	800	0	800	获取中 / 晚中新世—第四纪的完整地层序列解决问题 2（北冰洋—大西洋通道拓宽加深）。获取的等深流漂积体可用于海洋环流、海洋冰盖、深水形成和大陆冰盖高分辨率古海洋学研究。FR-12A 为 FR-11A 备选站位
FR-14A（备选）	76.4906°N, 0.0024°W	3171	800	0	800	获取中 / 晚中新世—第四纪的完整地层序列来解决问题 2（北冰洋—大西洋通道拓宽加深）。获取的等深流漂积体可用于海洋环流、海洋冰盖、深水形成和大陆冰盖的高分辨率古海洋学研究。FR-14A 为 FR-11A 的备选站位
FR-10A（备选）	77.1173°N, 1.6345°W	3198	400	20	420	获取并测定基底岩石年龄，可用于检验现有的板块运动模型。FR-10A 为 FR-21A 的备选站位
FR-09A（备选）	77.1737°N, 1.3165°W	3026	1000	20	1020	获取中 / 晚中新世—第四纪的完整地层序列来解决问题 2（北冰洋—大西洋通道拓宽加深）。获取并测定基底岩石（玄武岩）年龄，可用于检验现有的板块运动模型（假设 1）。FR-09A 为 FR-11A 备选站位
FR-02A（备选）	77.2243°N, 1.0292°W	3026	900	0	900	获取中 / 晚中新世—第四纪的完整地层序列来解决问题 2（北冰洋—大西洋通道拓宽加深）。FR-02A 为 FR-11A 的备选站位
FR-08A（备选）	77.2158°N, 1.0756°W	3205	1000	20	1020	获取中 / 晚中新世—第四纪的完整地层序列来解决问题 2（北冰洋—大西洋通道拓宽加深）。获取并测定基底岩石（玄武岩）年龄，可用于检验现有板块运动模型。FR-08A 为 FR-11A 的备选站位
FR-23A（备选）	77.2407°N, 1.5023°W	3192	500	20	520	获取并测定基底岩石年龄，可用于检验现有板块运动的模型。FR-23A 为 FR-21A 备选站位
FR-24A（备选）	77.1387°N, 0.8986°W	3190	760	20	780	获取并测定基底岩石年龄，可用于检验现有板块运动模型。FR-24A 为 FR-21A 的备选站位

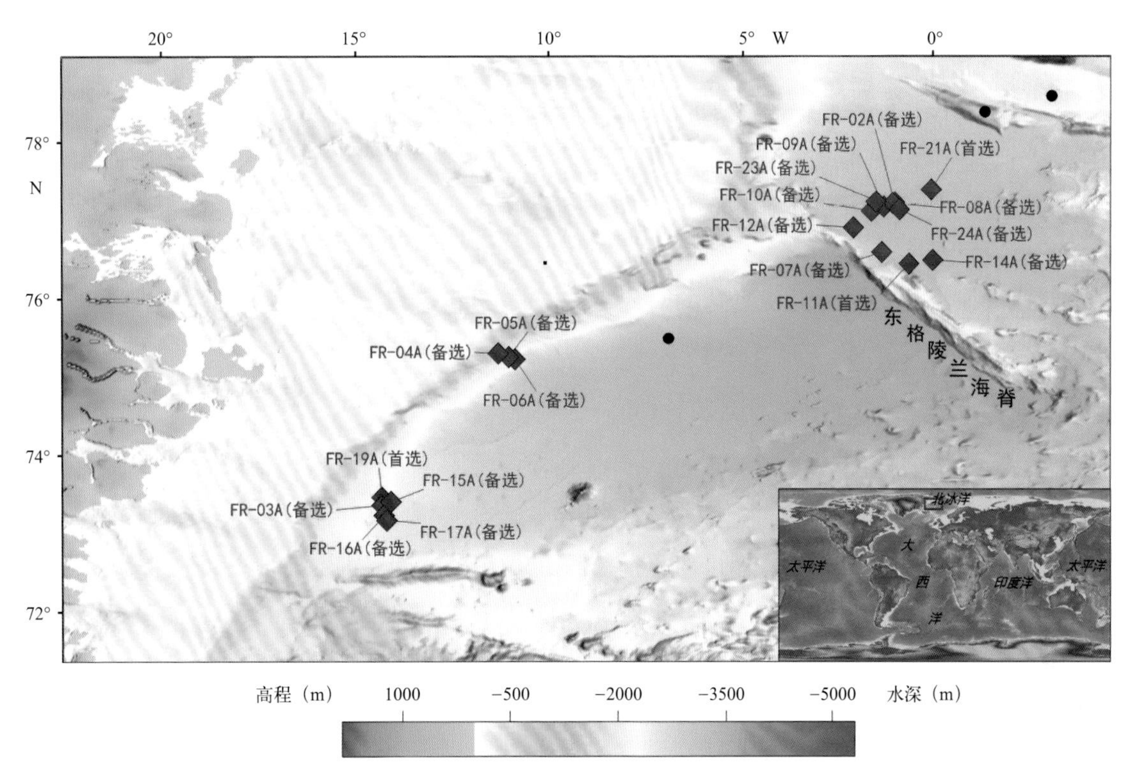

图4.2.5　钻探建议站位（黑色圆圈为已完成钻探站位，红色菱形为新建议站位）

（5）资料来源

资料来源于 IODP 979 号建议书，建议人名单如下：

Wolfram Geissler, Jochen Knies, Tove Nielsen, Carmen Gaina, Thomas Cronin, Christoph Vogt, Catalina Gebhardt, Jens Matthiessen, Katrine Husum, Caterina Morigi, Seung-Il Nam, Jan-Sverre Laberg, John Hopper, John O'Connor, Alexey Krylov, Renata Giulia Lucchi, Aradhna Tripati, Stijn De Schepper, Wolfram Kürschner, Kai Berglar.

4.2.6　南格陵兰冰盖的历史及其与大洋环流、气候和海平面的相互作用

（1）摘要

艾里克洋中脊和戴维斯海峡的等深流漂积体因其对格陵兰冰盖演变、周围的表层海洋状况和作为大西洋经向翻转流的主要组成部分的深层西边界流变化都非常敏感，保存了地球历史的详细记录。该建议主要目标是研究南格陵兰冰盖的演化及其与上新世—第四纪大洋环流和气候的相互作用，以评估南格陵兰冰盖在未来气候和环境变化时的稳定性。穿过两个等深流漂积体的 7 个站位将提供一个完整空间的视角。位于艾里克洋中脊背风侧的一个站位（Eirik-01B，ODP 646 站位的重入钻）保存了自上新世末（距今约 4.5 Ma）以来相对厚的连续沉积层序。另一个站位（EIRIK-02A）保存了上新世末期至更新世完整的高分辨率记录，在冰川作用期间，沉积相对变厚。建议两个站位（EIRIK-03A、EIRIK-04A）使用高级活塞取芯（APC）钻探策略，以获取极高沉积速率（>200 m/Ma）且浅埋的上新世沉积物（距今 4.5 ～ 2.6 Ma）。戴维斯海峡（DAVIS-04A、DAVIS-09A）的两个站位用

于揭示中新世末以来的西南格陵兰冰盖的演化、大洋环流和巴芬湾/北拉布拉多海表层海洋状况。DAVIS-03A 站位用于揭示与格陵兰西南陆架边缘冰川作用有关的碎屑流的年龄和成因。所有站位都将揭示有关海洋特征、动物群响应和演化、地磁变化和/或邻近冰盖和冰帽（如格陵兰、冰岛、劳伦蒂德、因纽伊特）的重要信息。利用古地磁相对强度和氧同位素方法建立可靠的亚轨道尺度年代地层模型，开展物源分析和古环境指标分析，揭示冰盖范围、海洋温度和环流特征，预测河流和冰下运输以及冰山的形成，以验证以下假说：①格陵兰冰盖的不稳定与气候—海洋系统密切相关；②上新世代表了一个发生重大变化的时代，不仅对格陵兰冰盖如此，对其周围的海洋也是如此。

（2）关键词

格陵兰，上新世，气候，大洋环流，CO_2

（3）总体科学目标

1）获取上新世格陵兰冰盖进退的证据。使用新开发的和传统的替代性指标获取中皮亚琴察暖室期（距今 3.264 ~ 3.025 Ma）之前、期间和之后的南格陵兰冰盖进退的证据。这是与近期大气中的 CO_2 浓度处于长期平衡状态最为相似的时间最近的史前案例。

2）评估南格陵兰冰盖在上新世—更新世的稳定性。应用新开发的和传统的替代性指标研究上新世以来南格陵兰冰盖在长时间和短时间尺度上对不同气候事件和海洋状态变化的响应。

3）揭示过去可能影响或可能被南格陵兰冰盖影响的区域气候状态。利用各种古海洋学和古气候指标揭示格陵兰周边的海洋状况，这些状况可能在南格陵兰冰盖变化中发挥了重要作用。

4）研究深层西边界流的演化以及格陵兰冰盖与北半球冰川作用之间的联系。利用纹理结构、堆积速率和营养物质替代性指标详细研究早上新世的深层西边界流。戴维斯海峡站位将有助于形成自中新世以来进入巴芬湾的大洋环流系统及其演变的新认识。

5）古地磁分析。利用高质量的古地磁记录，建立更高分辨率的、更可靠的年代表。

（4）站位科学目标

该建议书建议站位见表 4.2.6 和图 4.2.6。

表4.2.6 钻探建议站位科学目标

站位名称	位置	水深 (m)	钻探目标			站位科学目标
			沉积物进尺 (m)	基岩进尺 (m)	总进尺 (m)	
DAVIS-09A（首选）	63.7815°N, 56.7457°W	777	642	0	642	该站位位于戴维斯海峡等深流漂积体顶部的西缘，目标是钻探至被解释为漂积体基底的反射层，年龄为中中新世或早上新世（Nielsen et al., 2011）。该站位可以厘定漂积体形成的年龄，从而揭示北冰洋—大西洋何时通过戴维斯海峡的水体交换。该站位为研究大洋环流通道的古海洋和冰盖历史提供了独特的机会，并从西半球高纬度这一独特的视角开展了古地磁研究

续表

站位名称	位置	水深 (m)	钻探目标			站位科学目标
			沉积物进尺 (m)	基岩进尺 (m)	总进尺 (m)	
DAVIS-04A（首选）	63.4449°N, 56.3834°W	746	385	0	385	该站位将钻探戴维斯海峡等深流漂积体的上部沉积单元，钻至解释为漂积体的上新世地层（Nielsen et al., 2011）。该站位有助于厘定北冰洋—大西洋水体交换发生转变的年龄。该站位地震反射剖面揭示的5个冰川成因碎屑流（GDF）沉积单位均可追踪至DAVIS-03A站位。该站位为研究大洋环流通道的古海洋和冰盖历史提供了独特的机会，并从西半球高纬度这一独特的视角开展了古地磁研究
DAVIS-03A（首选）	63.5274°N, 55.5511°W	1005	381	0	381	该站位目标是戴维斯海峡等深流漂积体中碎屑流沉积的年龄和起源；碎屑流沉积被解释为冰川成因，反映了格陵兰大陆架边缘冰川作用（Nielsen and Kuijpers, 2013）。建议钻至第二深和最大的碎屑流沉积（GDF#2）的表面，以揭示其年龄和成因，同时对GDF#4和GDF#3以及地震反射剖面上未成像的所有较小碎屑流进行采样，目的是厘定碎屑流沉积上覆等深流漂积体的年龄，揭示大陆架边缘冰川作用的年龄
EIRIK-01B（首选）	57.4064°N, 48.3960°W	3460	350	0	350	该站位是对ODP第105航次646站位的重新钻探，以获得南格陵兰冰盖和区域古海洋的连续记录。利用高分辨率古地磁年代研究可建立该站位4.5 Ma以来的地层年代框架。ODP 646站位仅实施了2个钻孔，包括646A孔（103.5 mbsf，约1.3 Ma，APC 89%取芯率）和646B孔（766 mbsf，约8.6 Ma，APC 74%取芯率，XCB 48%取芯率）。该钻位拟利用APC在5个钻孔实施钻探，目标深度为350 m，确保钻取到侵蚀不整合反射层的岩芯（Müller-Michaelis et al., 2013），获取连续的高分辨率记录
EIRIK-02A（首选）	57.7801°N, 46.3047°W	2556	321	0	321	该站位是对EIRIK-01B站位的浅水补充，它的沉积速率是附近U1307站位的2倍，可提供更高分辨率的连续记录，是艾里克洋中脊上新世—更新世高分辨率钻探剖面的3个首选站位之一。该站位拟使用APC在3个钻孔进行钻探，目标深度为321 m，钻探距今0 ~ 2.5 Ma地层，以获取沉积速率约为100 m/Ma的、连续的第四纪南格陵兰冰盖和区域古海洋记录，并通过高分辨率古地磁年代学研究建立地层年代框架

续表

站位名称	位置	水深(m)	钻探目标			站位科学目标
			沉积物进尺(m)	基岩进尺(m)	总进尺(m)	
EIRIK-03A（首选）	57.7285°N, 46.4083°W	2590	346	0	346	该站位是艾里克洋中脊上新世—更新世高分辨率钻探剖面的3个首选站位之一，主要钻探距今2.5 ~ 3.8 Ma地层，其沉积速率大于200 m/Ma，将使用APC实施3个钻孔的钻探，目标深度为346 m，可与EIRIK-02A站位、U1307站位，EIRIK-04A站位互为补充。该站位将有助于研究上新世暖室期南格陵兰冰盖历史和区域古海洋学特征
EIRIK-04A（首选）	57.7032°N, 46.4592°W	2647	318	0	318	该站位是艾里克洋中脊上新世—更新世高分辨率钻探剖面的3个首选站位中最老的站位，沉积速率大于200 m/Ma。该钻探主要钻探距今3.8 ~ 4.5 Ma地层，拟使用APC实施3个钻孔的钻探，目标深度为300 m，以便与EIRIK-03A、备选站位EIRIK-06A互为补充。该站位将有助于研究南格陵兰冰盖的上新世历史和格陵兰冰盖发育之前的区域古海洋特征
DAVIS-01A（备选）	63.5447°N, 55.3704°W	945	759	0	759	该站位目标是戴维斯海峡等深流漂积体中碎屑流沉积的年龄和起源；碎屑流被解释为冰川成因，反映了格陵兰大陆架边缘冰川作用（Nielsen and Kuijpers，2013）。该站位拟钻穿所有冰川成因碎屑流沉积层直至最古老的基底（假设约4.5 Ma），以揭示它们的年龄和来源，为格陵兰西南部大陆架边缘冰川形成的时间和提供关键信息
DAVIS-02B（备选）	63.5010°N, 55.8195°W	1016	320	0	320	该站位目标是戴维斯海峡等深流漂积体中碎屑流沉积的年龄和起源；碎屑流沉积被解释为冰川成因，反映了格陵兰大陆架边缘冰川作用（Nielsen and Kuijpers，2013）。建议钻至第二深和最大的碎屑流沉积（GDF#2）的表面，以揭示其年龄和成因，同时对GDF#4和地震反射剖面上未成像的所有较小碎屑流进行采样，目的是厘定碎屑流沉积上覆等深流漂积体的年龄，揭示大陆架边缘冰川作用的年龄
DAVIS-05A（备选）	63.6442°N, 56.3453°W	795	525	0	525	该站位目标与首选站位DAVIS-04A相同，钻探戴维斯海峡等深流漂积体的上部沉积单元，钻至解释为漂积体的上新世地层（Nielsen et al., 2011）。该站位有助于厘定北冰洋—大西洋水体交换发生转变的年龄。该站位地震反射剖面揭示的5个冰川成因碎屑流（GDF）沉积单位均可追踪。该站位为研究大洋环流通道的古海洋和冰盖历史提供了独特的机会，并从西半球高纬度这一独特的视角开展了古地磁研究

续表

站位名称	位置	水深(m)	钻探目标			站位科学目标
			沉积物进尺(m)	基岩进尺(m)	总进尺(m)	
DAVIS-06A（备选）	63.7344°N, 56.3390°W	812	558	0	558	该站位目标与首选站位DAVIS-04A相同，钻探戴维斯海峡等深流漂积体的上部沉积单元，钻至解释为漂积体的上新世地层（Nielsen et al., 2011）。该站位有助于厘定北冰洋—大西洋水体交换发生转变的年龄。该站位地震反射剖面揭示的5个冰川成因碎屑流（GDF）沉积单位均可追踪。该站位为研究大洋环流通道的古海洋和冰盖历史提供了独特的机会，并从西半球高纬度这一独特的视角开展了古地磁研究
DAVIS-07A（备选）	63.6176°N, 56.5972°W	783	558	0	558	该站位位于戴维斯海峡等深流漂积体顶部的西缘，标是钻探至被解释为漂积体基底的反射层，年龄为中中新世或早上新世（Nielsen et al., 2011）。该站位是DAVIS-09A站位的备选站位，两者具有类似的目标，包括厘定漂积体形成的年龄，从而揭示北冰洋—大西洋何时通过戴维斯海峡的水体交换。该站位为研究大洋环流通道的古海洋和冰盖历史提供了独特的机会，并从西半球高纬度这一独特的视角开展了古地磁研究
DAVIS-08A（备选）	63.7331°N, 56.7207°W	782	641	0	641	该站位位于戴维斯海峡等深流漂积体顶部的西缘，标是钻探至被解释为漂积体基底的反射层，年龄为中中新世或早上新世（Nielsen et al., 2011）。该站位是DAVIS-09A站位的备选站位，两者具有类似的目标，包括厘定漂积体形成的年龄，从而揭示北冰洋—大西洋何时通过戴维斯海峡的水体交换。该站位为研究大洋环流通道的古海洋和冰盖历史提供了独特的机会，并从西半球高纬度这一独特的视角开展了古地磁研究
EIRIK-05A（备选）	57.7108°N, 46.4438°W	2627	300	0	300	该站位是艾里克洋中脊上新世—更新世高分辨率钻探剖面的备选站位。如果船上分析表明EIRIK-03A站位和EIRIK-04A站位之间存在沉积间断，则该站位目标为补EIRIK-03A站位和EIRIK-04A站位之间的沉积间断部分。该站位沉积速率可能大于200 m/Ma，拟使用APC在3个钻孔进行钻探，目标深度为300 m。综合这些站位将形成早上新世以来的高分辨率记录

续表

站位名称	位置	水深(m)	钻探目标			站位科学目标
			沉积物进尺(m)	基岩进尺(m)	总进尺(m)	
EIRIK-06A（备选）	57.6855°N, 46.4944°W	2778	300	0	300	该站位是艾里克洋中脊上新世—更新世高分辨率钻探剖面的备选站位。它的目标是钻至地震剖面上延伸至首选站位EIRIK-04A站位下方的沉积单元，获取早上新世记录。该站位沉积速率可能大于400 m/Ma，拟使用APC在3个钻孔进行钻探，目标深度为300 m。综合这些站位将形成早上新世以来的高分辨率记录
EIRIK-07A（备选）	57.6700°N, 46.5254°W	2830	300	0	300	该站位是艾里克洋中脊上新世—更新世高分辨率钻探剖面的备选站位。它的目标是钻至地震剖面上延伸至首选站位EIRIK-04A站位下方的沉积单元，获取早上新世记录。该站位沉积速率可能大于400 m/Ma，拟使用APC在3个钻孔进行钻探，目标深度为300 m。综合这些站位将形成早上新世以来的高分辨率记录
EIRIK-08A（备选）	57.6583°N, 46.5484°W	2852	487	0	487	该站位是艾里克洋中脊上新世—更新世高分辨率钻探剖面的备选站位。它的钻探目标是将EIRIK-07A站位的记录往老地层延伸，钻至地震剖面R2反射层，年龄约5.6 Ma。该站位沉积速率可能超过500 m/Ma，拟先使用APC、后使用RCB在3个钻孔进行钻探，以达到487 m的目标深度
EIRIK-10A（备选）	57.3755°N, 48.0645°W	3399	655	0	655	该站位位于EIRIK-01B站位（ODP 646站位）以西约17.5 km处，计划钻取地震剖面反射层EU（约4.5 Ma）和R2（约5.6 Ma）之间的沉积单元，也即反射层R1（约2.5 Ma）之下约200 m深度至反射层R2（约655 mbsf）之间的沉积层。利用RCB在两个钻孔进行钻探。钻探将获取早上新世至晚中新世沉积物，以更好地揭示格陵兰冰盖形成的等深流沉积作用
EIRIK-11A（备选）	57.4293°N, 48.6512°W	3485	1055	0	1055	该站位位于EIRIK-01B站位以西55.6 km处，该站位是AWI-00090004剖面上离基底最浅的站位。通过钻取目标深度为1055 m的完整的沉积层，我们能够获取从早中新世（假设）开始沉积的漂积体。最上层沉积物与首选站位EIRIK-1B和EIRIK-10A的沉积物相似。该站位的目标深度将超出ODP646站位钻探深度（767 m，约8.6 Ma）

续表

站位名称	位置	水深 (m)	钻探目标			站位科学目标
			沉积物进尺 (m)	基岩进尺 (m)	总进尺 (m)	
EIRIK-12A（备选）	57.4940°N, 47.4289°W	3129	730	0	730	该站位是一个开展高分辨率研究的备选站位，其目标与 EIRIK-01B 站位相似，获取南格陵兰冰盖和区域古海洋学的连续记录，开展古地磁年代学研究建立地层年代框架。该站位拟钻至地震反射层 R2（深度 730 m，约 5.6 Ma），获取沉积速率超过 100 m/Ma 的中新世—第四纪记录
EIRIK-13A（备选）	57.4520°N, 47.1779°W	3112	417	0	417	该站位是一个开展高分辨率研究的备选站位，其目标与 EIRIK-01B 站位和 EIRIK-12A 站位相似，获取南格陵兰冰盖和区域古海洋学的连续记录，开展古地磁年代学研究建立地层年代框架。该站位拟钻至地震反射层 R1（深度 417 m，约 2.5 Ma），获取沉积速率超过 160 m/Ma 的更新世记录
EIRIK-14A（备选）	57.0130°N, 47.3911°W	3218	235	0	235	该站位是一个开展高分辨率研究的备选站位，其目标与 EIRIK-01B 站位和 EIRIK-12A 站位相似，获取南格陵兰冰盖和区域古海洋学的连续记录，开展古地磁年代学研究建立地层年代框架。该站位拟钻至地震反射层 REU（深度 235 m，约 4.5 Ma），获取沉积速率超过 50 m/Ma 的上新世—更新世记录

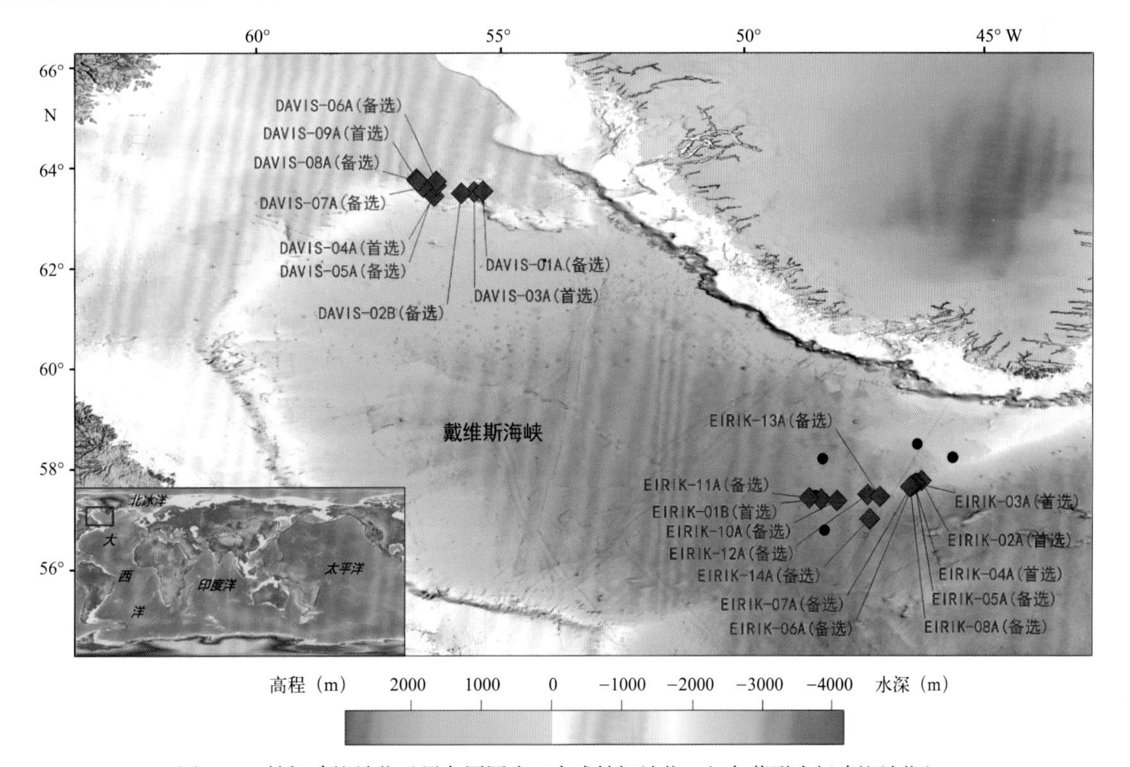

图4.2.6　钻探建议站位（黑色圆圈为已完成钻探站位，红色菱形为新建议站位）

（5）资料来源

资料来源于 IODP 962 号建议书，建议人名单如下：

Joseph Stoner, Robert Hatfield, Gabriele Uenzelmann-Neben, Sean Gulick, Tove Nielsen, Ian Bailey, Anne Jennings, Erin McClymont, Benjamin Keisling, Brendan Reilly, Anne de Vernal, Alan Mix, Maureen Walczak, Claude Hillaire-Marcel, Guillaume St-Onge, Paul Knutz, James Wright, Gregory Mountain, Anders Carlson.

4.3 大西洋气候与海洋变化

4.3.1 从厄加勒斯海台到特兰斯凯盆地的断面钻探，打开白垩纪温室世界的钥匙

（1）摘要

从白垩纪“超级温室”到渐新世冰室的转变为研究地球系统动力学变化提供了机会，气候模型显示这一时期的二氧化碳水平可能从高达 3500 μl/L 下降到 560 μl/L 以下。在超级温室阶段，经向温度梯度非常低，海洋沉积记录了多期大范围的海洋缺氧，即大洋缺氧事件，缺氧事件导致有机碳的大规模埋藏，表现为 $\delta^{13}C$ 的正漂移。预测不久的将来会出现高二氧化碳浓度和温室气候条件，因此需要采取行动来更好地了解温室气候的潜在影响和动力学机制。

气候模拟结果已发现新生代显著变冷与地理变化有关：南大洋通道的打开导致的南极绕极流的逐渐增强被认为是深海温度变冷的主要原因。类似的论点认为，深部环流在晚白垩世气候演化中起着重要作用。厄加勒斯海台位于获取高质量地球化学记录以检验不同模型的关键区域，例如，德雷克海峡的打开在多大程度上以及何时对深海变冷做出了贡献。厄加勒斯海台和特兰斯凯盆地的建议钻探站位位于高纬度地区（65°S—58°S，100 ~ 65 Ma）新打开的南大西洋洋盆、南大洋洋盆和南印度洋盆之间的通道内。该建议旨在从该地区获得更长序列、更加完整的远洋碳酸盐地层，与 Naturaliste 海台的钻探结果进行对比（760-Full）。通过该钻探，我们能获取大量的新数据，促进对白垩纪温度、海洋环流和沉积模式如何随着二氧化碳含量的升降以及冈瓦纳大陆的解体而演变的理解。

（2）关键词

深 / 中层环流，热室 / 温室，古环境，气候 / 海洋

（3）总体科学目标

1）与冈瓦纳大陆分裂有关的印度洋大火成岩省是否与同时代和更古老的太平洋大火成岩省有类似的来源，并显示相似的地球化学演化？

2）在近地表条件下，地壳在侵位 100 Ma 后是否立即开始沉积？

3）深层和中层水团运动以及气候事件是否以地震反射和不整合的形式留下了印记？

4）白垩纪超级温室的兴衰，以及古新世南半球高纬度地区的古温度历史是怎样的？

5）白垩纪和古新世南大洋地区是影响气候变化的深层水形成的主要源区？

6）是什么驱动因素导致了白垩纪海洋缺氧事件，这些事件对高纬度气候、海洋学和生物群产生了什么影响？

（4）站位科学目标

该建议书建议站位见表 4.3.1 和图 4.3.1。

表4.3.1　钻探建议站位科学目标

站位名称	位置	水深 (m)	钻探目标			站位科学目标
			沉积物进尺 (m)	基岩进尺 (m)	总进尺 (m)	
TB-02A	35.4750°S, 29.6794°E	4300	1050	0	1050	（1）白垩纪至新近纪记录；（2）揭示所观察到的不整合的年龄范围并解释其成因；（3）获取从白垩纪超级温室到古近纪的高纬度古温度记录；（4）获取海洋/气候转变的关键记录；（5）采集黑色页岩
TB-01A	35.6806°S, 29.6502°E	4500	950	0	950	（1）白垩纪至新近纪记录；（2）揭示所观察到的不整合的年龄范围并解释其成因；（3）获取从白垩纪超级温室到古近纪的高纬度古温度记录；（4）获取海洋/气候转变的关键记录；（5）采集黑色页岩
AP-08A	37.1655°S, 24.7981°E	3900	400	50	450	（1）白垩纪至新近纪记录；（2）揭示所观察到的不整合的年龄范围并解释其成因；（3）定年地壳上的最老沉积物并揭示古深度和古环境；（4）恢复从白垩纪超级温室到古近纪的高纬度古温度记录；（5）获取海洋/气候转变的关键记录；（6）揭示厄加勒斯海台基底性质
AP-09A	40.7823°S, 26.5786°E	2620	340	200	540	（1）白垩纪至新近纪记录；（2）揭示所观察到的不整合的年龄范围并解释其成因；（3）定年地壳上的最老沉积物并揭示古深度和古环境；（4）恢复从白垩纪超级温室到古近纪的高纬度古温度记录；（5）获取海洋/气候转变的关键记录；（6）揭示厄加勒斯海台基底性质
AP-07A	37.0250°S, 24.9953°E	3400	100	200	300	（1）白垩纪至新近纪记录；（2）揭示所观察到的不整合的年龄范围并解释其成因；（3）定年地壳上的最老沉积物并揭示古深度和古环境；（4）恢复从白垩纪超级温室到古近纪的高纬度古温度记录；（5）获取海洋/气候转变的关键记录；（6）揭示厄加勒斯海台基底性质
AP-10A	39.9511°S, 26.2362°E	2500	620	50	670	（1）白垩纪至新近纪记录；（2）揭示所观察到的不整合的年龄范围并解释其成因；（3）定年地壳上的最老沉积物并揭示古深度和古环境；（4）恢复从白垩纪超级温室到古近纪的高纬度古温度记录；（5）获取海洋/气候转变的关键记录；（6）揭示厄加勒斯海台基底性质

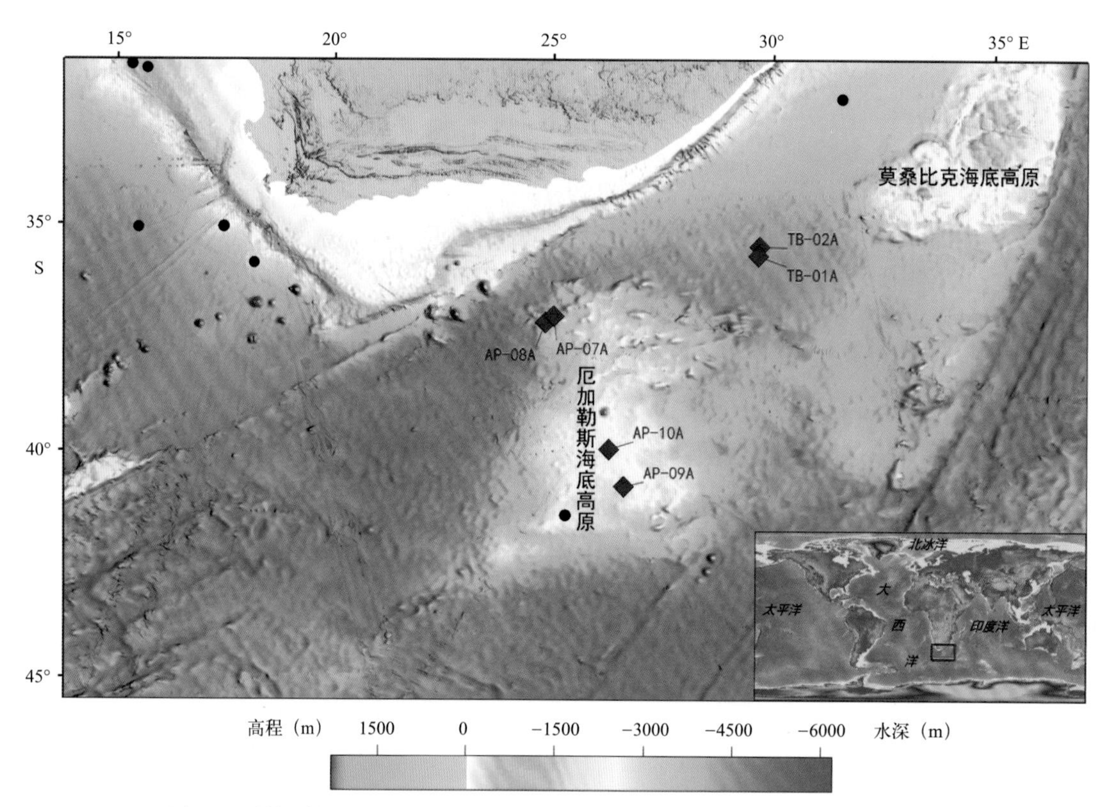

图4.3.1 钻探建议站位（黑色圆圈为已完成钻探站位，红色菱形为新建议站位）

（5）资料来源

资料来源于 IODP 834 号建议书，建议人名单如下：

G. Uenzelmann-Neben, B. Huber, S. Bohaty, J. Geldmacher, K. Hoernle, K. MacLeod, C. Poulsen, S. Voigt, T. Wagner, D. Watkins, R. Werner, T. Westerhold.

4.3.2 墨西哥湾东南部中生代到更新世的板块构造、海洋环流和气候演化

（1）摘要

墨西哥湾东南部是位于北大西洋西部 / 特提斯洋和加勒比海 / 太平洋之间的一个重要通道，有可能提供晚侏罗世以来气候演化和古海洋沉积、古生态和地球化学信号的独特且连续的地质记录。尽管在墨西哥湾进行海洋科学钻探的历史悠久，但相关记录仍有待补充。这可能是因为墨西哥湾大部分地区都有至少 10 km 厚的沉积层和 / 或广泛分布的油气藏，并不适合科学钻探。靠近佛罗里达海峡西段存在一个相对较薄的（< 2 km）中生代—现今地层剖面，该剖面被 DSDP 10 航次和 DSDP 77 航次取芯证实。尽管这些站位的岩芯回收率很低（平均 42.5%），但反映出该套地层对于现代古海洋学研究的可靠性和适宜性。为了解决与 IODP 科学计划直接相关的一些问题，我们建议钻探 3 个站位（535 站位和 540 站位附近的两个新站位，以及重新钻进的 95 站位），以建立一个基底到更新世的综合剖面。这有助于研究在过去 145 Ma 期间佛罗里达海峡作为海洋通道的重要作用，以及海湾地区与该时段气候演变的关系和影响。

该建议的主要目标是研究中生代气候演化，利用成层的远洋灰岩和泥灰岩获取深海早白垩

世气候变化沉积记录研究海平面和环流对大洋缺氧事件形成的作用。次要目标包括揭示下地壳性质、裂谷作用的时间和墨西哥湾东南通道的打开时间以及一些新生代气候事件：中更新世过渡期、中新世气候过渡期、中新世中期气候适宜期、始新世 / 渐新世界线、始新世早—中期气候适宜期、古新世—始新世极热事件、白垩纪—古近纪（K/Pg）界线等。重点关注新生代具有较大影响力的科学问题，包括将最早的古新世记录与最近从希克苏鲁伯火山口获得的记录做比较，揭示墨西哥湾在PETM（古新世—始新世极热事件）时期是否是碳汇，厘定现代环流的开始时间。

（2）关键词

古气候，通道，环流，构造，大灭绝

（3）总体科学目标

1）深海沉积物是如何响应早白垩世气候变化的？

2）白垩纪OAEs（大洋缺氧事件）在墨西哥湾有何表现，大西洋和北半球海洋环流的演变是什么特征？西部内陆航道对白垩纪气候和海洋的影响是什么？

3）在PETM（古新世—始新世极热事件）和始新世极热时期，墨西哥湾是一个重要的碳汇吗？

4）墨西哥湾环流模式的变化与新近纪通道变化和新生代冰期事件是否直接相关？包括尼加拉瓜海隆的沉降、中美洲航道的逐渐闭合（巴拿马地峡的隆起）和大西洋经向翻转流的演化？海平面变化是否改变了佛罗里达海峡的环流？

5）墨西哥湾东南通道是何时形成的？

6）佛罗里达海峡下的基底性质是什么？能否进一步揭示墨西哥湾海底扩张史？

（4）站位科学目标

该建议书建议站位见表4.3.2和图4.3.2。

表4.3.2 钻探建议站位科学目标

站位名称	位置	水深(m)	钻探目标			站位科学目标
			沉积物进尺(m)	基岩进尺(m)	总进尺(m)	
FS-01A	23.7892°N, 84.3601°W	2900	1300	0	1300	该站位主要钻取晚白垩世的中—新生代沉积物，获取跨越MMCT、MCO、E-O界线、中始新世气候适宜期MECO、中始新世气候适宜期EECO、PETM和K/Pg边界等气候事件的完整信息。拟钻取早中白垩世沉积物研究OAE2事件，早中白垩世地层以韵律层状灰岩和富含有机物的泥灰岩为特征
FS-02A	23.7638°N, 84.5485°W	3400	1600	20	1620	该站位主要针对以下重要层位：晚新生代沉积物、早白垩世沉积物、海相到同裂谷过渡期沉积物以及基底。该站位与535站位相错位，进行APC取芯，获取E-O边界甚至更早到现今的记录。在早新生代不整合下，该站位将钻穿FS-01A站位以阿普特期反射界面为目标层位的早白垩世沉积，钻取早白垩世沉积物，从而将剖面从早白垩世延伸侏罗纪甚至更早的沉积物，然后到基底

续表

站位名称	位置	水深 (m)	钻探目标			站位科学目标
			沉积物进尺 (m)	基岩进尺 (m)	总进尺 (m)	
FS-03A	24.1200°N, 86.4069°W	1633	463	0	463	该站位在 DSDP 95 站位上重新钻探。DSDP 95 站位包含了一个基本完整的新生代剖面，特别是古新世底界至渐新世的剖面，这将为墨西哥湾古近纪极热事件的研究提供一个独特的沉积记录。此外，该站位还包含该地区唯一的跨越晚坎潘期至阿尔布期的晚白垩世沉积物

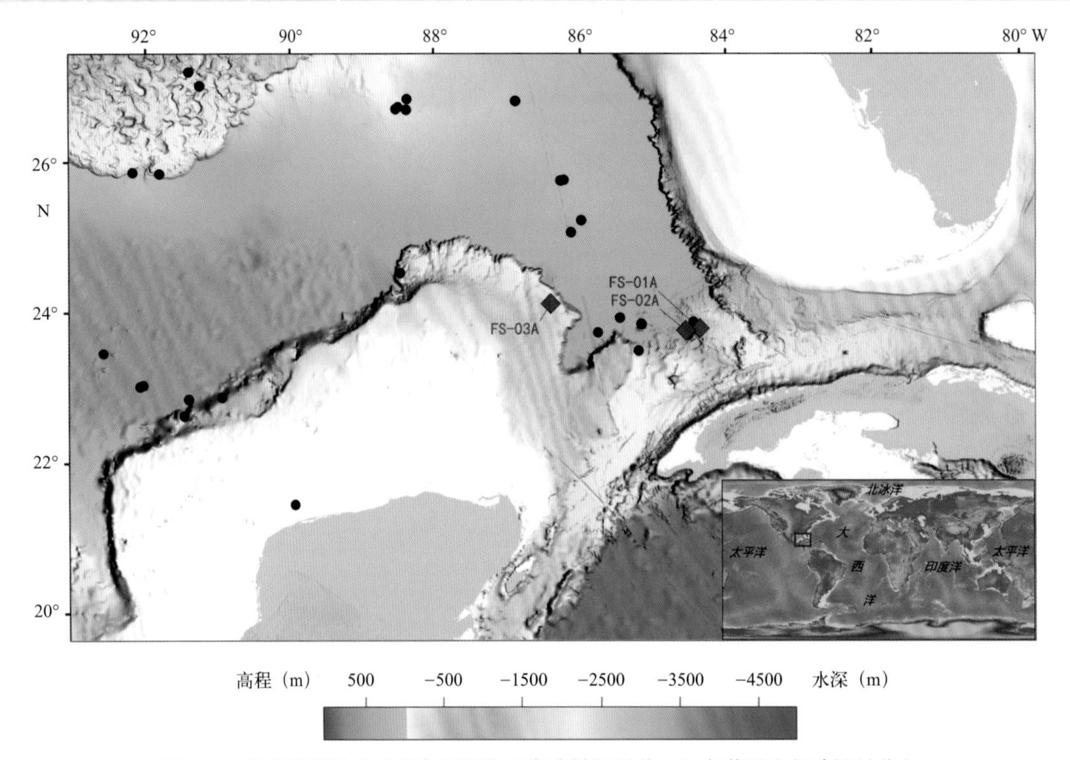

图4.3.2　钻探建议站位（黑色圆圈为已完成钻探站位，红色菱形为新建议站位）

（5）资料来源

资料来源于 IODP 917 号建议书，建议人名单如下：

Christopher Lowery, Sajjad Abdullajintakam, James Austin, Irina Filina, Esteban Gazel, James Gibson, R. Mark Leckie, Ian Norton, Charlotte O'Brien, Jeremy Owens, Donald Penman, John Snedden, Sonia Tikoo, Theodore Them, Amy Weislogel, Natalia Zakharova.

4.3.3　回到侏罗纪和早白垩世，50 年后重新审视 DSDP 1 航次和 DSDP 11 航次

（1）摘要

在 ODP 和 IODP 中，深时钻探目标并非优先目标。DSDP 早期航次在许多站位都以研究深时为目标（侏罗纪和晚白垩世），但其中许多站位都是部分采样。在过去的 50 年，钻探技术得到了极大的改进，对地球历史的科学调查也是如此。

该建议提出重新钻探 DSDP 1 航次（1968 年：站位 4 和站位 5）和 DSDP 11 航次（1970 年：站

位 99、站位 100、站位 101 和站位 105）的 6 个站位，获取完整的晚侏罗世牛津期（约 163 Ma）至白垩纪马斯特里赫特期（66 Ma）多孔岩芯记录。钻探的目标层位是较浅的（约 300 mbsf）或相对较浅的地层（600 ~ 700 mbsf）。根据以往站位经验，其钙质有孔虫和有机质的保存为中生代替代性指标记录的获取提供了机会。

中生代记录了显著的海平面、古地理和大洋环流的变化。侏罗纪和早白垩世大部分时期气候温暖宜人，这极大地促进了陆地和海洋生物的进化。隆升的陆上海相沉积剖面，特别是在欧洲和喜马拉雅地区，为中生代古气候和古海洋学研究提供了重要样品。然而，DSDP 证明了存在适合高分辨率古海洋学分析和建模的原位沉积序列。

在中生代与新北大西洋海盆相邻的下沉大陆边缘，和随后在新生代与墨西哥湾、加勒比海以及与南大西洋的连通，是深海环流形成的大地构造背景。科学目标将集中在以下方面：①海洋化学的变化［例如，Mg/Ca 下降、CCD（碳酸盐的补偿深度）的变化］；②多个大洋缺氧事件；③主要浮游植物群落演变的影响及其对海洋生产力和全球碳循环的影响；④水团来源对海平面、全球气候和海洋通道变化的响应；⑤将中侏罗世—早白垩世底栖有孔虫组合用于深海研究并根据古水深揭示水深分层的古海洋学因素。该建议在某种程度上类似于 NASA 自 50 年前采集月球样品后首次分析月球样品的计划，期望在多孔站位有更高的取芯率，获得更好的新鲜样品进行分析。

（2）关键词

侏罗纪，白垩纪，古海洋学，碳酸盐化学

（3）总体科学目标

1）揭示中生代北大西洋深部沟鞭藻和钙质超微浮游生物的爆炸性辐射与 CCD（碳酸钙补偿深度）历史之间的关系，以及海洋生产力与有机质积聚之间的关系。

2）揭示北大西洋深海 Mg/Ca 长期变化的速率及其与可能的热液活动位置的关系，特别是从晚侏罗世文石（高 Mg/Ca）向中白垩世方解石（低 Mg/Ca）的转变对微观和宏观钙质生物的演化的影响。

3）检验生态系统和生物群落对主要环境扰动的恢复能力，包括中生代的 11 个 OAEs（大洋缺氧事件），其在全球范围各不相同，但在大西洋及周边大陆的海相沉积中有更好的记录。通过这些事件来检验侏罗纪、早白垩世和晚白垩世 OAE 的总体趋势并研究这些 OAE 的触发机制。

4）揭示晚侏罗世—早白垩世深海底栖有孔虫组合的主要变化，揭示最大栖息地生物的初级生产力、季节性、生物泵和底栖—水层耦合。

5）揭示中生代深水水团的来源变化，及其与气候演变的关系。深层和中层水团可能有多个来源，包括产生暖咸水团的低纬度陆架环境以及产生较冷深水的高纬度海域环境。

（4）站位科学目标

该建议书建议站位见表 4.3.3 和图 4.3.3。

表4.3.3　钻探建议站位科学目标

站位名称	位置	水深 (m)	钻探目标			站位科学目标
			沉积物进尺 (m)	基岩进尺 (m)	总进尺 (m)	
WNAJK-01A（首选）	33.7424°N, 69.1733°W	5251	633	20	653	钻探马斯特里赫特阶顶部 Crescent Peak 段、上白垩统 Plantagenet 组、中白垩统 Hatteras 组、提塘阶—贝里阿斯阶 Blake-Bahama 组和牛津阶—提塘阶 Cat Gap 组

续表

站位名称	位置	水深(m)	钻探目标			站位科学目标
			沉积物进尺(m)	基岩进尺(m)	总进尺(m)	
WNAJK-02A（备选）	31.1922°N, 67.6667°W	5117	791	20	793	钻探马斯特里赫特阶顶部 Crescent Peak 段、上新统至更新统 Blake Ridge 组，古新统—中始新统 Bermuda Rise 组，上白垩统 Plantagenet 组，中白垩统 Hatteras 组和提塘阶—贝里阿斯阶 Blake-Bahama 组
WNAJK-03A（首选）	22.4549°N, 73.8498°W	4914	278	20	298	钻探马斯特里赫特阶顶部 Crescent Peak 组、上白垩统 Plantagenet 组、中白垩统 Hatteras 组、提塘阶—贝里阿斯阶 Blake-Bahama 组和牛津阶—提塘阶 Cat Gap 组
WNAJK-04A（首选）	23.2481°N, 73.7920°W	5320	259	20	279	钻探马斯特里赫特阶顶部 Crescent Peak 组、上白垩统 Plantagenet 组、中白垩统 Hatteras 组、提塘阶—贝里阿斯阶 Blake-Bahama 组和牛津阶—提塘阶 Cat Gap 组
WNAJK-05A（首选）	23.4578°N, 73.7997°W	5325	331	20	351	钻探马斯特里赫特阶顶部 Crescent Peak 组、上白垩统 Plantagenet 组、中白垩统 Hatteras 组、提塘阶—贝里阿斯阶 Blake-Bahama 组和牛津阶—提塘阶 Cat Gap 组
WNAJK-06A（备选）	23.4992°N, 73.6410°W	5354	278	20	298	钻探马斯特里赫特阶顶部 Crescent Peak 组、上白垩统 Plantagenet 组、中白垩统 Hatteras 组、提塘阶—贝里阿斯阶 Blake-Bahama 组和牛津阶—提塘阶 Cat Gap 组
WNAJK-07A（首选）	23.9582°N, 74.4385°W	4868	1000	20	1020	钻探马斯特里赫特阶顶部 Crescent Peak 组、上白垩统 Plantagenet 组、中白垩统 Hatteras 组、提塘阶—贝里阿斯阶 Blake-Bahama 组和牛津阶—提塘阶 Cat Gap 组

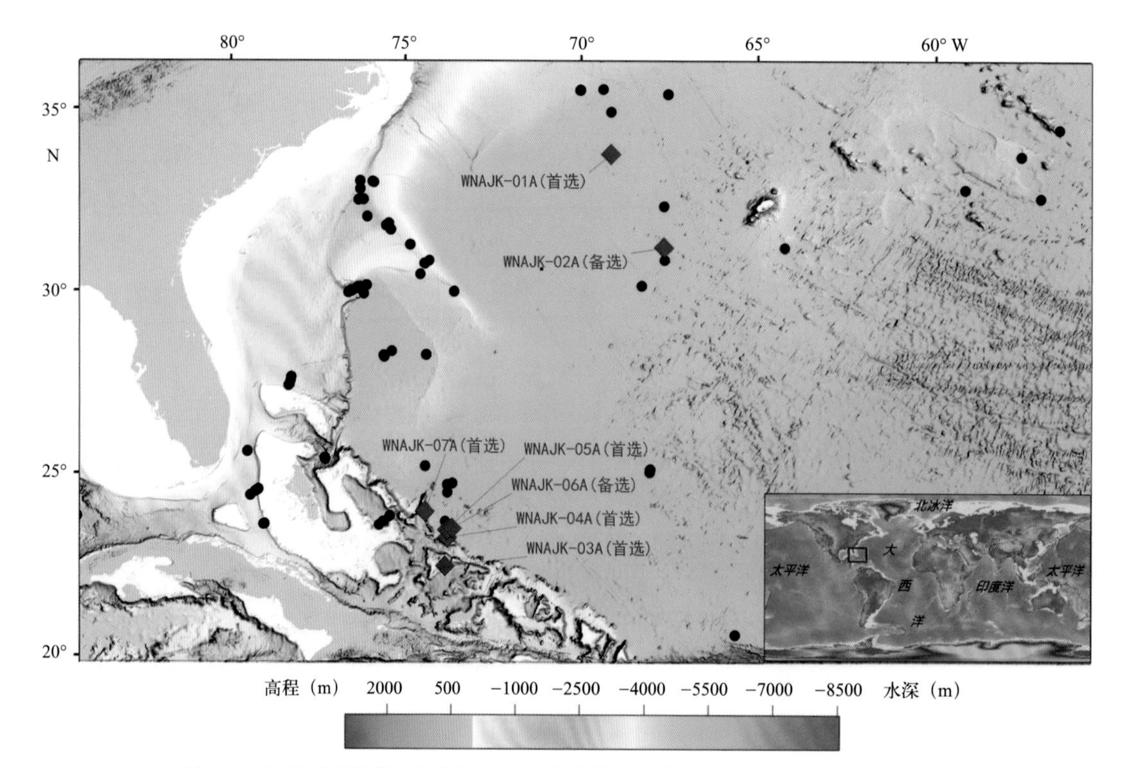

图4.3.3　钻探建议站位（黑色圆圈为已完成钻探站位，红色菱形为新建议站位）

（5）资料来源

资料来源于 IODP 965 号建议书，建议人名单如下：

R. Mark Leckie, Serena Dameron, Timothy Bralower, Kenneth G. MacLeod, Jeremy Owens, Jessica H. Whiteside.

4.3.4 阿根廷大陆边缘白垩纪构造与气候

（1）摘要

由于盘古大陆的岩石圈伸展和破裂，导致了早白垩世南大西洋的形成，并引起一些主要构造单元的重组，这对地球的海洋和气候演化产生重大影响。伴随着广泛的岩浆侵入作用和溢流玄武岩的裂谷作用，可通过地震剖面上向海倾斜反射层（SDRs）进行识别。尽管火山型大陆边缘在全球范围内分布广泛，但对导致大陆破裂的机制仍然存在争议，而目前向海倾斜反射层仅通过在东北大西洋的科学钻探获得了样品，并且该区域受到热点火山作用的影响。此外，早白垩世火山活动释放的气体对中白垩世超级温室气候的形成也有一定的作用，但对于这种推测目前也缺少一定的证据。在大洋缺氧事件期间，年轻的南大西洋成了富含有机碳沉积物沉积的中心。尽管目前已针对大洋缺氧事件进行了大量研究，但有关大洋缺氧事件的成因机制、与构造的关系以及对地球系统的影响仍存在争议。此外，南大西洋的逐渐打开导致了海洋水团的分布发生重大变化，随着南大西洋通道的打开和全球气温的降低，深水循环从缓慢变为活跃，但有关这个变化有关的时代缺乏深入研究。尽管南大西洋对全球构造和气候演化具有重要意义，但目前只有少数几个区域钻取了白垩纪和基底岩石的岩芯，尚未在阿根廷火山型大陆边缘获取白垩纪和基底岩石的岩芯。

通过最新地震资料解释，建议在阿根廷火山型大陆边缘两个非常独特的区域进行钻探取芯，在该区域可获取破碎的火山沉积物和分层良好的白垩纪沉积物。通过对其中两个站位的向海倾斜反射层进行取样，以揭示其年龄和组成，更好地了解南大西洋打开的时间及其陆缘破裂期间的岩浆作用过程，获取岩浆 / 地壳相互作用的证据，验证主动与被动裂谷作用假说，揭示由于火山活动向海洋和大气排出的气体对气候的影响。此外，还将在另外 3 个站位中钻取白垩纪和新生代沉积样品，以重建南大西洋海洋和气候演化。通过沉积物取样将解决如下关键科学问题：①富含有机碳的沉积物沉积、碳循环对气候变化的影响；②全球气温从白垩纪中期的超级温室气候到白垩纪晚期下降的原因；③随着南大西洋的打开和水深逐渐加深，水团的演化过程。总之，通过首次在阿根廷火山型大陆边缘钻探取芯，将有望改变对裂谷过程和全球气候系统演化的认识。

（2）关键词

向海倾斜反射层，白垩纪古气候，海洋环流

（3）总体科学目标

1）探讨南大西洋火山型裂谷边缘成因及对环境的影响。假设：①南大西洋火山型裂谷边缘形成与主动裂谷作用（由深部地幔柱引起的大陆裂解和岩浆作用）或被动裂谷作用（由区域伸展引起大陆裂解和与富岩浆地幔的减压熔融有关的岩浆作用）相关；②特里斯坦地幔柱顶部对裂谷相关的岩浆作用的影响从北向南减小；③南大西洋南北两侧同时发生裂谷作用；④阿根廷火山型大陆边缘的向海倾斜反射层是由陆上喷发形成的火山岩组成。

2）研究盆地结构从斜坡到陆架坡折处的变化。假设盆地结构的变化与区域上南大西洋的构造破裂有关。

3）研究随着南大西洋的打开和水深逐渐加深，阿根廷火山型大陆边缘水团的演化过程。假设：①南大西洋古地理格局的演化对白垩纪和新生代的海盆水文有很强的控制作用；②随着南大西洋的打开和水深加深，水团组分发生了较大变化。

4）研究南大西洋的气候演变过程。假设区域气候在整个白垩纪都非常温暖，温度在赛诺曼晚期－圣通期达到峰值，随后在坎潘期开始逐渐下降。

5）研究富含有机碳的沉积物沉积、碳循环对气候变化的影响。假设在白垩纪早期，位于阿根廷火山型大陆边缘的小型海盆通过成层作用形成有机碳汇，但随着盆地规模扩大，与南大洋和赤道 / 北大西洋更好地连通，海盆的通风性逐渐增强。

（4）站位科学目标

该建议书建议站位见表 4.3.4 和图 4.3.4。

表4.3.4　钻探建议站位科学目标

站位名称	位置	水深（m）	钻探目标			钻探目标
			沉积物进尺（m）	基岩进尺（m）	总进尺（m）	
ACVM-01A（首选）	42.8737°S, 57.5513°W	2163	1555	200	1755	科学目标：1）~ 5）
ACVM-18A（首选）	38.5565°S, 53.60733°W	3721	548	250	798	科学目标：1）、3）、4）
ACVM-15A（首选）	38.8013°S, 53.98533°W	2475	1000	10	1010	科学目标：2）~ 5）
ACVM-02A（备选）	42.9195°S, 57.55163°W	2285	1727	200	1927	ACVM-01A 站位的备选，科学目标：1）~ 5）
ACVM-06A（备选）	43.0018°S, 57.69623°W	2155	1620	200	1820	ACVM-01A 站位的备选，科学目标：1）~ 5）
ACVM-16A（备选）	38.8354°S, 53.91233°W	3000	890	200	1090	ACVM-18A 站位的备选，科学目标：1）~ 5）
ACVM-17A（备选）	38.5518°S, 53.61733°W	3736	386	250	636	ACVM-18A 站位的备选，科学目标：1）、3）、4）
ACVM-14A（备选）	38.7826°S, 54.02533°W	2167	1200	10	1210	ACVM-15A 站位的备选，科学目标：2）~ 5）
ACVM-13A（备选）	39.4076°S, 54.03273°W	3640	1573	200	1773	ACVM-18A 和 ACVM-15A 站位的备选，科学目标：1）~ 5）

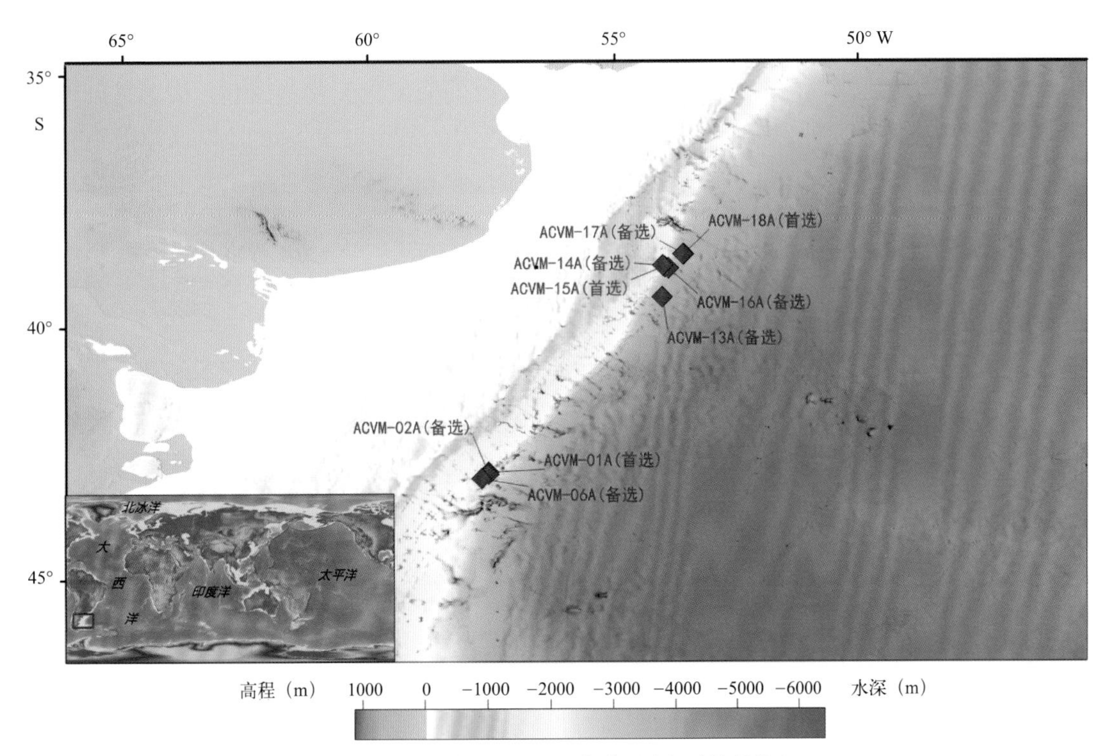

图4.3.4 钻探建议站位（红色菱形为新建议站位）

（5）资料来源

资料来源于 IODP 1000 号建议书，建议人名单如下：

Denise K. Kulhanek, Juan Pablo Lovecchio, Sverre Planke, Mohamed Mansour Abdelmalak, Pedro R. Kress, Stuart Robinson, Juan Pablo Pérez Panera, Dougal A. Jerram, Alejandro Tassone, Gonzalo Flores, Sebastián Principi, Christian Berndt, Sietske Batenburg, Sébastien Rohais, David Naafs, Graziela Bozzano, Malcolm Hole, Anthony Koppers, Néstor D. Bolatti, Augusto Rapalini.

4.3.5 亚马孙大陆边缘深钻，新生代新热带区生物多样性、气候和海洋演化

（1）摘要

建议在亚马孙扇以西的上陆坡浅水区（289 ~ 441 m），布设 3 个优选的站位。这些钻位位于巴西赤道边缘且具有长期沉积历史的亚马孙河口盆地上部，以便获取一个完整高分辨率的新生代沉积序列。这些位于陆架外缘 / 上陆坡特定位置的站位将海平面变化对其沉积记录的影响最小（尽管海平面的影响仍然很明显）。此外，这些站位靠近大陆，并位于现代亚马孙河出口的下游，确保了这些沉积物含有丰富的陆源物质，如花粉、有机质、锆石和黏土矿物等。这些陆源物质为科学家精细重建与之毗邻的热带南美大陆的生物多样性、气候和水文提供了丰富的素材。同时，大量保存完好的海洋微体化石和有机质能够准确测定赤道大西洋西部的沉积物年代，而赤道大西洋西部的海洋学特征对相邻大陆的气候也有一定的影响。

该建议对生物多样性和气候的空间分布变化历史的重建，主要是基于以下假设：为大西洋沿海输送水和沉积物的沿岸河流流域的几何形态会随着时间而发生变化。例如，横跨大陆的古亚马孙河可能并没有流入大西洋，直到距今 11 ~ 2 Ma 之间的某个时刻（该时刻有望得到精确的约束）才汇入大西洋。在此之前，前人所选站位的陆源沉积物主要来源于南美东北部热带地区的小型沿岸河流。

这些站位是国际大陆钻探科学计划（ICDP）相关建议书（2017 年 6 月资助）中建议的大陆钻探站位的海洋站位的补充。本建议的海洋站位与大陆钻探站位共同组成了“跨越亚马孙钻探项目”（TADP）。这项工作目标是解决亚马孙地区新生代气候演化、新热带雨林的起源和演化及其独特的生物多样性、赤道大西洋西部的古海洋学特征、洲际亚马孙河的起源等基础问题。这些研究有望改变科学家对亚马孙地质、气候和生物演化历史的认识。

（2）关键词

生物多样性，亚马孙，古海洋，古气候，热带地区

（3）总体科学目标

1）以前所未有的高分辨率建立南美洲新生代最长、最连续的气候记录。

2）重建热带大西洋西部的古海洋特征，这在一定程度上是相邻大陆气候发生变化的驱动力。

3）建立早新生代至晚新生代，洲际亚马孙河形成期间的热带南美洲东部森林与大草原的生物多样性和组成的连续孢粉记录。

4）获得从洲际亚马孙河流域汇入大西洋开始至今的整个亚马孙河流域和热带安第斯河流域森林和草原的综合记录。

5）揭示古亚马孙河跨越大陆进入大西洋的起始时间和古亚马孙河流量变化率。

6）为建立“跨越亚马孙钻探项目”中马拉乔盆地和亚马孙盆地东部站位之间的联系提供关键的生物地层学约束。

7）在气候、水文、构造和海洋不断变化的背景下，检验南美热带地区生物群起源和灭绝的主要假说。

（4）站位科学目标

该建议书建议站位见表 4.3.5 和图 4.3.5。

表4.3.5 钻探建议站位科学目标

站位名称	位置	水深 (m)	钻探目标			站位科学目标
			沉积物进尺 (m)	基岩进尺 (m)	总进尺 (m)	
AM-03B（首选）	4.6618°N, 50.0252°W	441	1631	0	1631	从海底下钻至 1631 m，钻取第四纪至晚始新世的连续剖面，研究亚马孙热带雨林的气候和生物演化、跨大陆亚马孙河和亚马孙扇的起源、赤道大西洋西部的古海洋历史。调查陆源成分的物源变化，获取从亚马孙东部森林向整个亚马孙和安第斯流域盆地森林的转变的相关信息

续表

站位名称	位置	水深(m)	钻探目标			站位科学目标
			沉积物进尺(m)	基岩进尺(m)	总进尺(m)	
AM-04B（备选）	4.6289°N, 50.0895°W	227	2176	0	2176	从海底下钻至2176 m，钻取第四纪至晚始新世的连续剖面，研究亚马孙热带雨林的气候和生物演化、跨大陆亚马孙河和亚马孙扇的起源、赤道大西洋西部的古海洋历史。调查陆源成分的物源变化，获取从亚马孙东部森林向整个亚马孙和安第斯流域盆地森林的转变的相关信息
AM-05A（备选）	4.5902°N, 50.0630°W	208	1591	0	1591	从海底下钻至1591 m，钻取第四纪至晚始新世的连续剖面，研究亚马孙热带雨林的气候和生物演化、跨大陆亚马孙河和亚马孙扇的起源、赤道大西洋西部的古海洋历史。调查陆源成分的物源变化，获取从亚马孙东部森林向整个亚马孙和安第斯流域盆地森林的转变的相关信息
AM-06A（备选）	4.6203°N, 50.0042°W	383	1705	0	1705	从海底下钻至1705 m，钻取第四纪至晚始新世的连续剖面，研究亚马孙热带雨林的气候和生物演化、跨大陆亚马孙河和亚马孙扇的起源、赤道大西洋西部的古海洋历史。调查陆源成分的物源变化，获取从亚马孙东部森林向整个亚马孙和安第斯流域盆地森林的转变的相关信息
AM-07A（首选）	5.0734°N, 50.4043°W	373	2203	0	2203	从海底下钻至2203 m，钻取第四纪至晚始新世的连续剖面，研究亚马孙热带雨林的气候和生物演化、跨大陆亚马孙河和亚马孙扇的起源、赤道大西洋西部的古海洋历史。调查陆源成分的物源变化，获取从亚马孙东部森林向整个亚马孙和安第斯流域盆地森林的转变的相关信息
AM-08A（备选）	4.6847°N, 50.0977°W	291	1605	0	1605	从海底下钻至1605 m，钻取第四纪至晚始新世的连续剖面，提供亚马孙热带雨林的气候和生物演化、跨大陆亚马孙河和亚马孙扇的起源、赤道大西洋西部的古海洋历史。调查陆源成分的物源变化，获取从亚马孙东部森林向整个亚马孙和安第斯流域盆地森林的转变的相关信息
AM-09A（备选）	4.6041°N, 50.0359°W	281	1668	0	1668	从海底下钻至1668 m，钻取第四纪至晚始新世的连续剖面，研究亚马孙热带雨林的气候和生物演化、跨大陆亚马孙河和亚马孙扇的起源、赤道大西洋西部的古海洋历史。调查陆源成分的物源变化，获取从亚马孙东部森林向整个亚马孙和安第斯流域盆地森林的转变的相关信息
AM-10A（备选）	4.9491°N, 50.2562°W	475	2236	0	2236	从海底下钻至2236 m，钻取第四纪至晚始新世的连续剖面，研究亚马孙热带雨林的气候和生物演化、跨大陆亚马孙河和亚马孙扇的起源、赤道大西洋西部的古海洋历史。调查陆源成分的物源变化，获取从亚马孙东部森林向整个亚马孙和安第斯流域盆地森林的转变的相关信息

续表

站位名称	位置	水深(m)	钻探目标			站位科学目标
			沉积物进尺(m)	基岩进尺(m)	总进尺(m)	
AM-11A（首选）	4.7605°N, 50.1852°W	289	1995	0	1995	从海底下钻至1995 m，钻取第四纪至晚始新世的连续剖面，研究亚马孙热带雨林的气候和生物演化、跨大陆亚马孙河和亚马孙扇的起源、赤道大西洋西部的古海洋历史。调查陆源成分的物源变化，获取从亚马孙东部森林向整个亚马孙和安第斯流域盆地森林的转变的相关信息
AM-12A（备选）	4.7144°N, 50.1307°W	291	2213	0	2213	从海底下钻至2213 m，钻取第四纪至晚始新世的连续剖面，研究亚马孙热带雨林的气候和生物演化、跨大陆亚马孙河和亚马孙扇的起源、赤道大西洋西部的古海洋历史。调查陆源成分的物源变化，获取从亚马孙东部森林向整个亚马孙和安第斯流域盆地森林的转变的相关信息
AM-13A（备选）	4.6982°N, 50.1112°W	312	1519	0	1519	从海底下钻至1519 m，钻取第四纪至晚始新世的连续剖面，研究亚马孙热带雨林的气候和生物演化、跨大陆亚马孙河和亚马孙扇的起源、赤道大西洋西部的古海洋历史。调查陆源成分的物源变化，获取从亚马孙东部森林向整个亚马孙和安第斯流域盆地森林的转变的相关信息

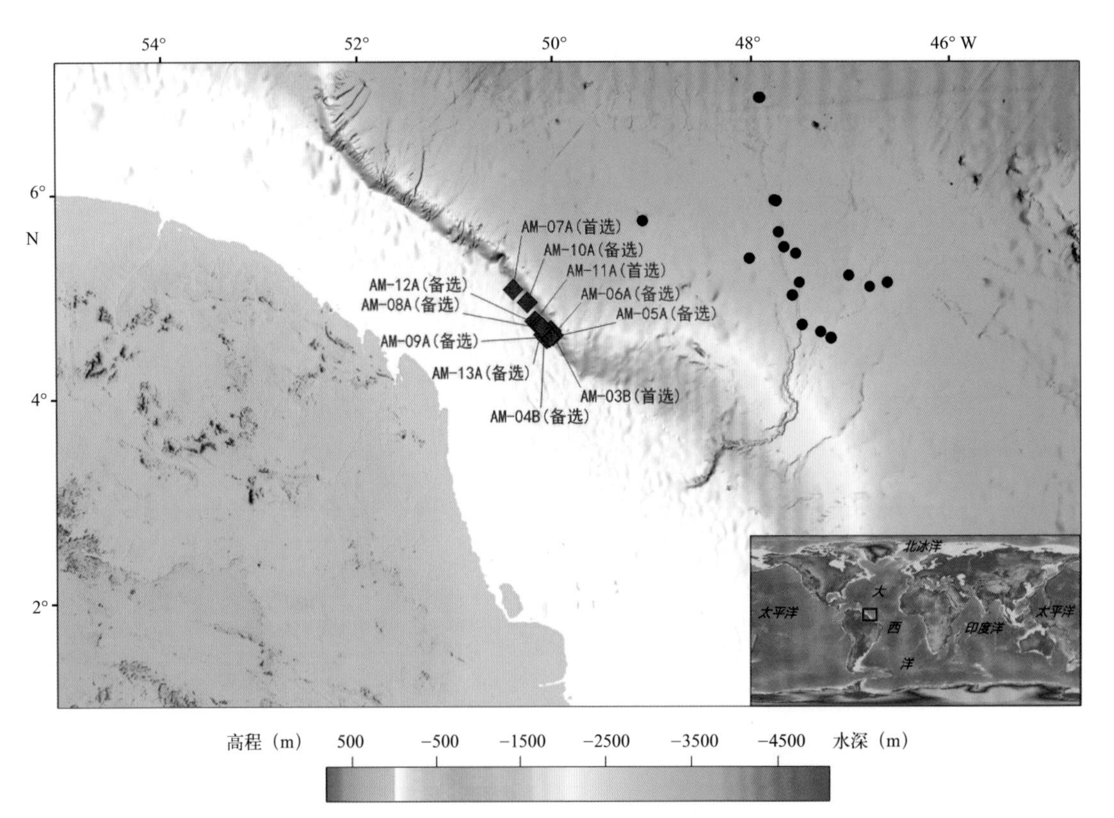

图4.3.5　钻探建议站位（黑色圆圈为已完成钻探站位，红色菱形为新建议站位）

（5）资料来源

资料来源于 IODP 859 号建议书，建议人名单如下：

Paul Baker, Cleverson Silva, Sherilyn Fritz, Tadeu Reis, Renato Carreira, Christiano Chiessi, Katherine Freeman, Christian Gorini, Rachael James, Andrea Kern, Virginia Martins, Sebastien Migeon, Rodrigo Jorge Perovano, Isabella Raffi, Catherine Rigsby, Enno Schefuss, Jean-Pierre Suc, Bridget Wade, Paul Wilson, Debra Willard.

4.3.6 巴西赤道边缘的古海洋学

（1）摘要

热带地区是中高纬度地区的主要热源。大西洋海洋—大气系统独一无二，因为它是目前唯一一个穿过赤道输送热量的系统。因此，要在大尺度气候模型中开展精确的全球气候重建，必须了解地质历史时期大西洋气候的敏感性，并将其应用到数值模型中。然而，由于缺乏足够的低纬度沉积记录，导致对新生代大部分时期大西洋气候敏感性的了解较为困难。

该建议旨在通过重建大气、海洋和生物过程，来研究由始新世温室到第四纪冰室条件的长期和短期驱动力导致的新生代古海洋变化。巴西赤道边缘是一个稳定的被动大陆边缘，它是在中白垩世大西洋打开之后形成的。该陆缘的一个特殊之处是，它在构造上仍然保持“被动”特性，自形成以来大致处于同一赤道纬度，因此，它一直保持着热带贫营养环境。本项目将利用这些独特的性质，获取高质量的新生代沉积学、古气候和古海洋数据。建议从大陆坡的最上部到福塔莱萨附近的深海平原（塞阿拉和波提瓜尔盆地）实施钻探来横穿巴西赤道边缘。预测沿这个横断面的地层具有连续性，可通过获取气候敏感性的基本参数的方式，详细研究新生代 pCO_2、气候变化和现有的海平面升降之间的关系。该地层记录将揭示低纬度气候对新生代主要气候事件的响应，如 EECO、MECO、EOT、OMT、MCO 和 iNHG。沉积物中很可能发育钙质和有机微体化石，这有助于研究热带生态系统对这些气候事件的响应，并为气候和碳循环的重建提供重要依据。基于一些站位不同深度的地震反射数据发现，虽然在取芯工作中可能会存在一些难以预计的地质风险，本次建议的站位会在科学目标上取得进展。特别是，这些站位核心目标是为了建立一个高分辨率始新世—中新世 / 上新世热带气候标尺。钻探将取得以下科学成果：①量化热带气候（温度）、大气 pCO_2 和海平面升降之间的关系；②由长期（构造）和短期（米兰科维奇）作用力驱动的大西洋经向翻转环流的演变。

（2）关键词

古海洋学，大西洋，塞阿拉，波提瓜尔，赤道

（3）总体科学目标

1）研究始新世到中新世 / 上新世的气候、大气 pCO_2 和现有的海平面升降之间的内在关系。

验证假说——巴西大陆架的局部和区域气候、冰川导致的海平面升降和全球大气 CO_2 之间的关系，局部和区域气候是否随背景气候条件的变化而变化？

验证假说——新生代期间，中大西洋的 CCD（碳酸钙补偿深度）如何受 pCO_2 和气候变化的影响？

2）大西洋经向翻转流（AMOC）和南美季风系统（SAMS）之间的关系是不是对新生代主要

的气候事件的响应？

验证假说——北巴西洋流的出现是否与中大西洋水环流的重大变化有关？例如北巴西洋流（NBC）的加强？北巴西洋流、热带辐合带（ITCZ）、北巴西洋流逆流、大西洋经向翻转流和南美季风系统之间的内在联系是什么？

验证假说——南美季风系统增强阶段是否会导致南大西洋表层水变淡？这些水是否被北巴西洋流带过赤道？跨越赤道热传输增强事件是否与北大西洋更强的大西洋经向翻转流和更强的北大西洋深层水 NADW 形成有关（如在 2 ~ 1.5 Ma 期间）？

验证假说——大西洋的环流是否随着构造和古地理的变化而变化？例如，当巴拿马海峡打开时，由于持续厄尔尼诺造成的可能出现的上升流或大西洋经向翻转流减弱导致北巴西洋流翻转进入赤道大西洋。

（4）站位科学目标

该建议书建议站位见表 4.3.6 和图 4.3.6。

表4.3.6　钻探建议站位科学目标

站位名称	位置	水深 (m)	钻探目标			站位科学目标
			沉积物进尺 (m)	基岩进尺 (m)	总进尺 (m)	
PBEM-01B（备选）	0.8408°S, 37.7896°W	4373	1164	0	1164	始新世—中新世 / 上新世中大西洋长期赤道环境下的中等分辨率深水古海洋历史。利用一系列地球化学指标揭示深水环流和碳酸盐补偿深度的变化。与较浅站位的对比将检验赤道大西洋 CCD 的变化是否与海平面或气候变化有关。检验南美季风系统的开始是否与安第斯山脉的隆起有关。安第斯山脉的隆起导致整个南美洲的空气流通受限，并且可以改变北巴西洋流、北大西洋深层水、大西洋经向翻转流和南极底层水
PBEM-02C（备选）	0.1131°N, 38.1593°W	4401	638	0	638	始新世—中新世 / 上新世中大西洋长期赤道环境下的中等分辨率深水古海洋历史。利用一系列地球化学指标揭示深水环流和碳酸盐补偿深度的变化。与较浅站位的对比将检验赤道大西洋 CCD 的变化是否与海平面或气候变化有关。检验南美季风系统的开始是否与安第斯山脉的隆起有关。安第斯山脉的隆起导致整个南美洲的空气流通受限，并且可以改变北巴西洋流、北大西洋深层水、大西洋经向翻转流和南极底层水
PBEM-03B（备选）	3.2061°S, 37.5886°W	259	955	0	955	始新世—中新世 / 上新世中大西洋长期持续性贫营养赤道环境下的高 / 中等分辨率浅水古海洋历史。使用替代性指标揭示海平面变化、海面温度、pCO_2 和生产力。检验海平面变化是否与 pCO_2 和大型动物对变暖条件的响应有关。推测半深海黏土、泥灰岩和钙质软泥为主要岩性，而生物碎屑有孔虫碳酸盐砂、石灰质砾岩和较硬基底为次要岩性。检验南美季风系统的开始及其与北巴西洋流、北大西洋深层水、大西洋经向翻转流和南极底层水变化的关系

续表

站位名称	位置	水深(m)	钻探目标			站位科学目标
			沉积物进尺(m)	基岩进尺(m)	总进尺(m)	
PBEM-04B（备选）	3.4157°S, 37.5198°W	280	902	0	902	中大西洋始新世—中新世/上新世长期持续性贫营养赤道环境下的高/中等分辨率浅水古海洋历史。使用替代性指标重建海平面变化、SST、pCO_2和生产力。检验海平面变化是否与pCO_2和大型动物对变暖条件的响应有关。推测半深海黏土、泥灰岩和钙质软泥为主要岩性，而生物碎屑有孔虫碳酸盐砂、石灰质砾岩和较硬基底为次要岩性。检验南美季风系统的开始及其与北巴西洋流、北大西洋深层水、大西洋经向翻转流和南极底层水变化的关系
PBEM-05A（首选）	2.4445°S, 36.9636°W	3520	438	0	438	始新世—中新世/上新世中大西洋长期赤道环境下的中等分辨率深水古海洋历史。利用一系列地球化学指标揭示深水环流和碳酸盐补偿深度变化。与较浅站位的对比将检验赤道大西洋CCD的变化是否与海平面或气候变化有关。检验南美季风系统的开始是否与安第斯山脉的隆起有关，安第斯山脉的隆起导致整个南美洲的空气流通受限，并且可以改变北巴西洋流、北大西洋深层水、大西洋经向翻转流和南极底层水
PBEM-06A（首选）	0.1215°N, 37.0648°W	4493	542	0	542	始新世—中新世/上新世中大西洋长期赤道环境下的中等分辨率深水古海洋历史。利用一系列地球化学指标揭示深水环流和碳酸盐补偿深度的变化。与较浅站位的对比将检验赤道大西洋CCD的变化是否与海平面或气候变化有关。检验南美季风系统的开始是否与安第斯山脉的隆起有关，安第斯山脉的隆起导致整个南美洲的空气流通受限，并且可以改变北巴西洋流、北大西洋深层水、大西洋经向翻转流和南极底层水
PBEM-07A（备选）	0.1377°N, 34.9522°W	4517	490	0	490	始新世—中新世/上新世中大西洋长期赤道环境下的中等分辨率深水古海洋历史。利用一系列地球化学指标揭示深水环流和碳酸盐补偿深度的变化。与较浅站位的对比将检验赤道大西洋CCD的变化是否与海平面或气候变化有关。检验南美季风系统的开始是否与安第斯山脉的隆起有关，安第斯山脉的隆起导致整个南美洲的空气流通受限，并且可以改变北巴西洋流、北大西洋深层水、大西洋经向翻转流和南极底层水
PBEM-08B（备选）	2.2356°S, 37.3162°W	3414	420	0	420	始新世—中新世/上新世中大西洋长期赤道环境下的中等分辨率深水古海洋历史。利用一系列地球化学指标揭示深水环流和碳酸盐补偿深度的变化。与较浅站位的对比将检验赤道大西洋CCD的变化是否与海平面或气候变化有关。检验南美季风系统的开始是否与安第斯山脉的隆起有关，安第斯山脉的隆起导致整个南美洲的空气流通受限，并且可以改变北巴西洋流、北大西洋深层水、大西洋经向翻转流和南极底层水

续表

站位名称	位置	水深 (m)	钻探目标			站位科学目标
			沉积物进尺 (m)	基岩进尺 (m)	总进尺 (m)	
PBEM-09C（首选）	2.9475°S, 38.6048°W	1581	688	0	688	始新世—中新世中大西洋长期赤道陆坡背景下的高 / 中等分辨率中层水古海洋历史。使用一系列替代性指标揭示环流、最小含氧带、pCO_2、CCD 变化和碎屑输入，并与较浅和较深站位进行对比，以获得穿过巴西赤道边缘深度横切面的完整信息。检验早始新世以来南美季风系统和北巴西洋流形成前，以及北大西洋深层水、大西洋经向翻转流和南极底层水发生变化前的情况
PBEM-10C（备选）	2.9061°S, 38.6287°W	1436	802	0	802	始新世—中新世中大西洋长期赤道陆坡环境下的高 / 中等分辨率中层水古海洋历史。使用一系列替代性指标揭示环流、最小含氧带、pCO_2、CCD 变化和碎屑输入，并与较浅和较深站位的重建进行对比，以获得穿过巴西赤道边缘深度横切面的完整视图。检验早始新世以来南美季风系统和北巴西洋流形成前，以及北大西洋深层水、大西洋经向翻转流和南极底层水发生变化前的情况
PBEM-12A（备选）	3.2294°S, 37.5612°W	253	899	0	899	始新世—中新世 / 上新世中大西洋长期持续性贫营养赤道环境下的高 / 中等分辨率浅水古海洋历史。使用替代性指标揭示海平面变化、海面温度、pCO_2 和生产力。检验海平面变化是否与 pCO_2 和大型动物对变暖条件的响应有关。推测半深海黏土、泥灰岩和钙质软泥为主要岩性，而生物碎屑有孔虫碳酸盐砂、石灰质砾岩和较硬基底为次要岩性。检验南美季风系统的开始及其与北巴西洋流、北大西洋深层水、大西洋经向翻转流和南极底层水的关系
PBEM-13A（备选）	3.3823°S, 37.5475°W	282	962	0	962	始新世—中新世 / 上新世中大西洋长期持续性贫营养赤道环境下的高 / 中等分辨率浅水古海洋历史。使用替代性指标揭示海平面变化、海面温度、pCO_2 和生产力。检验海平面变化是否与 pCO_2 和大型动物对变暖条件的响应有关。希望钻遇半深海黏土、泥灰岩和钙质软泥为主要岩性，而生物碎屑有孔虫碳酸盐砂、石灰质砾岩和较硬基底为次要岩性。检验南美季风系统的开始及其与北巴西洋流、北大西洋深层水、大西洋经向翻转流和南极底层水的关系
PBEM-14A（首选）	4.0725°S, 37.0285°W	1815	190	0	190	中 / 上新世至今中大西洋长期持续性赤道环境下的高 / 中等分辨率中层水古海洋历史。通过一套替代性指标揭示环流、CCD 变化和碎屑输入，并与参考海平面、pCO_2、稳定同位素和粉尘沉积记录进行对比。检验赤道纬度主要气候变化的中等深度响应，例如，南美季风系统和北巴西洋流的开始，以及北大西洋深层水、大西洋经向翻转流和南极底层水的变化

续表

站位名称	位置	水深(m)	钻探目标			站位科学目标
			沉积物进尺(m)	基岩进尺(m)	总进尺(m)	
PBEM-15A（备选）	4.2068°S, 36.7313°W	2346	207	0	207	中/上新世至今中大西洋长期持续性赤道环境下的高/中等分辨率中层水古海洋历史。通过一套替代性指标揭示环流、CCD变化和碎屑输入，并与参考海平面、pCO_2、稳定同位素和粉尘沉积记录进行对比。检验赤道纬度主要气候变化的中等深度响应，例如，南美季风系统和北巴西洋流的开始，以及北大西洋深层水、大西洋经向翻转流和南极底层水的变化
PBEM-16A（备选）	0.1168°N, 37.6291°W	4462	541	0	541	始新世—中新世/上新世中大西洋恒定赤道环境下的中等分辨率深水古海洋历史。利用一套地球化学指标揭示深水环流和碳酸盐补偿深度变化。与较浅站位的对比将检验赤道大西洋CCD的变化是否与海平面或气候变化有关。检验南美季风系统的开始是否与安第斯山脉的隆起有关，从而导致整个南美洲的空气流通受限，并且可以改变北巴西洋流、北大西洋深层水、大西洋经向翻转流和南极底层水
PBEM-17A（备选）	0.1297°N, 35.9892°W	4509	566	0	566	始新世—中新世/上新世中大西洋长期赤道环境下的中等分辨率深水古海洋历史。利用一系列地球化学指标揭示深水环流和碳酸盐补偿深度的变化。与较浅站位的对比将检验赤道大西洋CCD的变化是否与海平面或气候变化有关。检验南美季风系统的开始是否与安第斯山脉的隆起有关，安第斯山脉的隆起导致整个南美洲的空气流通受限，并且可以改变北巴西洋流、北大西洋深层水、大西洋经向翻转流和南极底层水
PBEM-18A（备选）	2.1015°S, 37.5280°W	3296	453	0	453	始新世—中新世/上新世中大西洋长期赤道环境下的中等分辨率深水古海洋历史。利用一系列地球化学指标揭示深水环流和碳酸盐补偿深度变化。与较浅站位的对比将检验赤道大西洋CCD的变化是否与海平面或气候变化有关。检验南美季风系统的开始是否与安第斯山脉的隆起有关，安第斯山脉的隆起导致整个南美洲的空气流通受限，并且可以改变北巴西洋流、北大西洋深层水、大西洋经向翻转流和南极底层水
PBEM-19A（备选）	2.9311°S, 38.5868°W	1547	753	0	753	始新世—中新世中大西洋长期赤道陆坡环境下的高/中等分辨率中层水古海洋历史。使用一系列替代指标揭示环流、最小含氧带、pCO_2、CCD变化和碎屑输入，并与较浅和较深站位进行对比，以获得穿过巴西赤道边缘横切面的完整信息。检验早始新世以来南美季风系统和北巴西洋流的开始，以及北大西洋深层水、大西洋经向翻转流和南极底层水的变化

续表

站位名称	位置	水深(m)	钻探目标			站位科学目标
			沉积物进尺(m)	基岩进尺(m)	总进尺(m)	
PBEM-24A（备选）	3.7865°S, 37.3503°W	1705	238	0	238	中新世 / 上新世至今中大西洋长期赤道环境下的中等分辨率中层水古海洋历史。通过一系列替代指标揭示环流、CCD 变化和碎屑输入，并与参照海平面、pCO_2、稳定同位素和粉尘沉积记录进行对比。检验赤道纬度主要气候变化的中等深度响应，例如，南美季风系统和北巴西洋流的开始，以及北大西洋深层水、大西洋经向翻转流和南极底层水的变化
PBEM-25A（首选）	3.9156°S, 37.4458°W	713	320	0	320	中 / 上新世至今中大西洋长期持续赤道环境下的中层水高 / 中等分辨率古海洋历史。通过一系列替代性指标揭示环流、CCD 变化和碎屑输入，并与参照海平面、pCO_2、稳定同位素和粉尘沉积记录进行对比。检验赤道纬度主要气候变化的中等深度响应，例如，南美季风系统和北巴西洋流的开始，以及北大西洋深层水、大西洋经向翻转流和南极底层水的变化

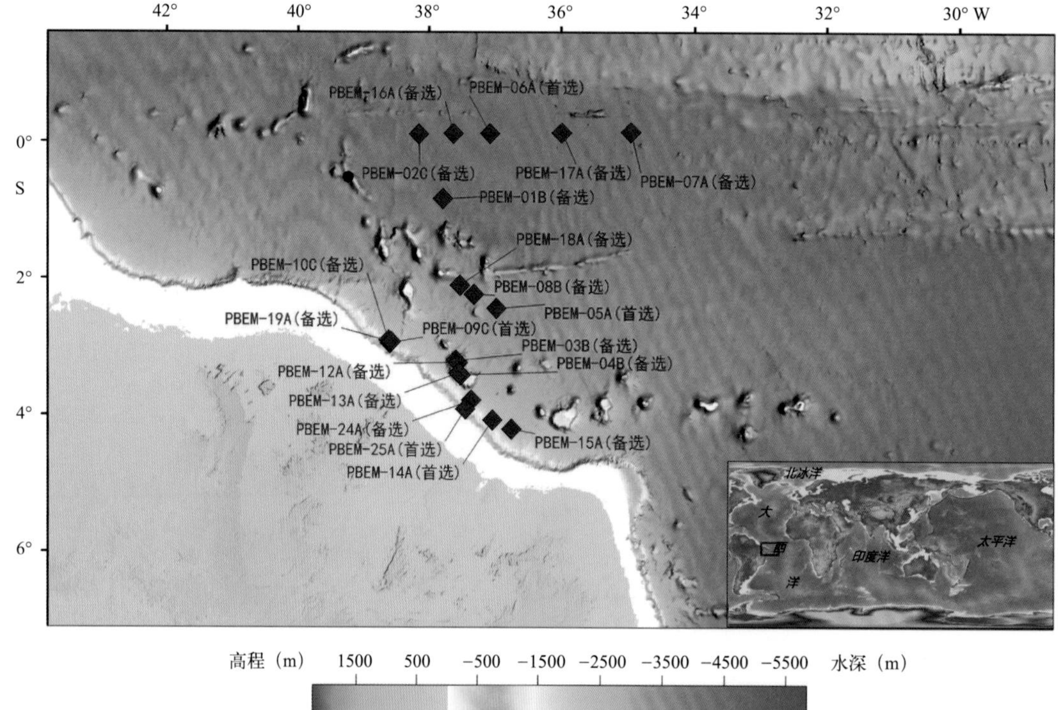

图4.3.6　钻探建议站位（黑色圆圈为已完成钻探站位，红色菱形为新建议站位）

（5）资料来源

资料来源于 IODP 945 号建议书，建议人名单如下：

Luigi Jovane, Aristoteles de Moraes Rios Netto, Gerson Fauth, Fabrizio Frontalini, Aradhna Tripati, Tom Dunkley-Jones, Babette Hoogakker, Werner Piller, Ronaldo Carrion, Gavin Foster, Katharina Billups,

Martino Giorgioni, Fabio Florindo, Cedric John, Gareth Roberts, Jorge Figueiredo, Peter Vroijk, Daniel Pavani Vicente Alves, David Iacopini, Appy Slujis.

4.3.7　新生代暖室期到冰室期的演化：北大西洋西部纬向古水深剖面

（1）摘要

建议在北大西洋西部断面（纬向 33°N—53°N，古水深 2500 ~ 4500 m，简称“WNAT”）上布设 4 个钻探站位，用来研究北大西洋在全球气候变化中的作用，重建新生代北大西洋表层水（亚热带和副极地环流）、温跃层和深层水［北向分支洋流（NCW）］环流的演化。该建议假设墨西哥湾流 - 北大西洋流（GS-NAC）和北向分支洋流在某些时段（如中中新世到早上新世）对半球间的热传导和暖化起关键作用，而对另一些时段的气候变化（如中始新世冷却）贡献很小。该建议尤其关注北大西洋驱动的环流在南极洲冰川化（始新世 / 渐新世过渡时期，距今约 34 Ma）和北半球冰川化（距今约 2.7 Ma）解耦中的作用。该建议钻探站位还能够用于研究中新世特提斯通道和中美洲通道的关闭如何影响环流，构造变化和温室气体浓度水平如何影响北向分支洋流的产生和发展，以及北大西洋深层环流的变化如何影响全球碳循环。

在米兰科维奇周期尺度上，建议对所有站位始新世至中新世地层进行采样，同时在所有站位采集上新世—更新世地层样品，在 WNAT-01A 站位采集古新世样品。估测墨西哥湾流 - 北大西洋流和副极地环流表层水和温跃层随时间的变化。利用底栖有孔虫同位素及有孔虫组合记录来研究南极起源的底层水和北向分支洋流，根据岩芯标定的地震地层记录和粒度记录研究北向分支洋流流量的变化。用稳定同位素、Mg/Ca 和有机古温度计研究表层水和温跃层温度 / 盐度的变化。根据以上样品和测试分析结果来研究气候变化与水交换 / 环流和水体来源之间的联系。

本建议中涉及的站位位于中大西洋中脊西缘，处于浊积岩沉积之上，避开了北美大陆边缘高速流状态下的侵蚀。根据以往的钻探经验，从北大西洋西部断面沉积物中可以获得完整且可靠的磁性年代，能够与生物地层学进行对比和匹配。结合纽芬兰大陆边缘的钻探，可以揭示墨西哥湾流 - 北大西洋流和北向分支洋流产生的时间和强度。此外，还能更好地校正古地磁时间标尺、生物地层学和区域性的北大西洋气候事件。钻探站位还能用于监测孔隙水地球化学和深部生物圈微生物多样性。

（2）关键词

古海洋学，新生代，海面温度（SST），深水，大西洋

（3）总体科学目标

通过剖面钻探，在天文轨道尺度上揭示新生代，尤其是晚始新世—中新世北大西洋古海洋学演化特征。重建表层、温跃层和深水变化，来检验墨西哥湾流 - 北大西洋流和北向分支洋流的变化是不是导致南北半球新生代冰川演化历史差异的主导因素，尤其检验以下假设：

1）34 Ma 以来，北大西洋通过墨西哥湾流 - 北大西洋流和北向分支洋流对全球气候产生了强烈的影响。

2）北向分支洋流以及伴随的墨西哥湾流 - 北大西洋流通量对全球气候产生的影响有大有小，但在距今 34 Ma 的南极冰盖气候向 2.7 Ma 的两极冰盖气候转变过程中发挥了主要作用。

3）在渐新世，由于北大西洋的变冷和北向分支洋流的增强，与现代相同的垂向密度、营养盐

和 O_2 结构开始形成。

4）大西洋 CCD 主要反映了与北向分支洋流补给相关的通风速率。

5）在过去的 34 Ma，北向分支洋流引起的变化通过对热传导和碳存储的影响，对轨道尺度的气候产生了一定的影响，在更新世影响更大。

综上所述，该建议书认为，随着低纬度通道的关闭和高纬度通道的打开，北大西洋对全球气候的影响逐渐增大。本建议拟解决科学计划中气候与海洋变化主题的科学问题，特别是海洋对 CO_2 浓度升高的响应以及海洋对化学扰动的恢复能力。

（4）站位科学目标

该建议书建议站位见表 4.3.7 和图 4.3.7。

表4.3.7　钻探建议站位科学目标

站位名称	位置	水深 (m)	钻探目标			站位科学目标
			沉积物进尺 (m)	基岩进尺 (m)	总进尺 (m)	
WNAT-01A（首选）	33.8394°N, 49.2402°W	4826	625	0	625	（1）马尾藻海（Sargasso Sea）晚白垩世至今的米兰科维奇连续沉积剖面;（2）新生代马尾藻海表层水性质（表层海水温度 SST、表层海水盐度 SSS、营养物）;（3）大西洋盆地西部新生代深层水来源及水团性质;（4）新生代 CCD 变化及其与大西洋连通性变化之间的联系;（5）获取磁性年代学和生物地层学信息，构建沉积物年龄框架
WNAT-02A（首选）	38.2732°N, 38.3909°W	3815	546	0	546	（1）墨西哥湾流 - 北大西洋流南缘始新世至今的米兰科维奇连续沉积剖面;（2）研究中始新世至今北部环流和墨西哥湾流 - 北大西洋流的表层水性质;（3）研究深层水性质和来源，揭示始新世 NCW 如何形成;（4）恢复始新世至全新世中层水深碳酸盐岩埋藏史
WNAT-04A（首选）	43.7213°N, 37.5705°W	3945	620	0	620	该站位位于 55 Ma 地壳上，目标是钻探始新世至全新世地层，钻穿始新统 / 渐新统界线，开展如下研究:（1）研究墨西哥湾流 - 北大西洋流对次北极环流的渗透;（2）研究区域底层水性质;（3）识别古生产力和浮游生物群落数量的变化;（4）利用磁性年代学和生物地层学建立沉积物年龄框架;（5）识别相干地震层到非相干反射层并厘定它们的时代
WNAT-06A（首选）	53.0147°N, 41.8091°W	3579	620	0	620	该站位位于 37 Ma 地壳上，目标是钻探始新世至全新世地层，钻穿始新统 / 渐新统界线，开展如下研究:（1）研究次北极大西洋环流表层水性质的变化;（2）研究区域底层水性质;（3）识别古生产力和浮游生物群落数量的变化;（4）利用磁性年代学和生物地层学建立沉积物年龄框架;（5）识别相干地震层到非相干反射层并厘定它们的时代

续表

站位名称	位置	水深(m)	钻探目标			站位科学目标
			沉积物进尺(m)	基岩进尺(m)	总进尺(m)	
WNAT-03A（备选）	41.4655°N, 36.7441°W	4193	636	0	636	该站位位于52 Ma地壳上。目标是研究始新世至今的如下内容：（1）研究北墨西哥湾流－北大西洋流和南大西洋副极地环流的表层水性质的变化；（2）研究底层水性质；（3）识别古生产力和浮游生物群落的变化；（4）研究碳酸盐岩保存/CCD的变化；（5）利用磁性年代学和生物地层学方法建立沉积物年龄框架；（6）识别相干地震层到非相干反射层并厘定它们的时代
WNAT-11A（备选）	33.8944°N, 49.2399°W	4893	611	0	611	（1）马尾藻海晚白垩世至今的米兰科维奇连续沉积剖面；（2）新生代马尾藻海表层水性质（SST、SSS、营养物）；（3）大西洋盆地西部新生代深层水来源及水团性质；（4）新生代CCD变化及其与大西洋连通性变化之间的关系；（5）获取磁性年代学和生物地层学信息，构建沉积物年龄框架
WNAT-12A（备选）	33.8389°N, 49.3066°W	4911	626	0	626	（1）马尾藻海晚白垩世至今的米兰科维奇连续沉积剖面；（2）新生代马尾藻海表层水性质（SST、SSS、营养物）；（3）大西洋盆地西部新生代深层水来源及水团性质；（4）新生代CCD变化及其与大西洋连通性变化之间的关系；（5）获取磁性年代学和生物地层学信息，构建沉积物年龄框架
WNAT-21A（备选）	38.1979°N, 38.3940°W	3705	540	0	540	该站位为WNAT-02A的备用站位，目标是：（1）墨西哥湾流－北大西洋流南缘始新世至今的米兰科维奇连续沉积剖面；（2）新生代表层水性质（SST、SSS、营养盐）；（3）西大西洋盆地新生代深层水来源及水团性质；（4）新生代CCD的变化及其与大西洋连通性变化的关系；（5）获取磁性年代学和生物地层学资料，构建沉积物年龄框架
WNAT-41A（备选）	43.7210°N, 37.3329°W	3961	620	0	620	该站位新生代沉积较厚。钻至620 m很可能无法钻到始新统/渐新统界面，因此，该站位能钻遇到渐新世至今的沉积。目标如下：（1）研究墨西哥湾流－北大西洋流到次北极环流的渗透；（2）研究区域底层水性质；（3）识别古生产力和浮游生物群落的变化；（4）利用磁性年代学和生物地层学建立沉积物年龄框架；（5）识别并厘定相干地震层位到非相干反射层的时代
WNAT-61A（备选）	53.2819°N, 41.4757°W	3379	620	0	620	该站位位于37 Ma地壳上，是WNAT-06A的备选站位，新近纪沉积较厚。620 m底部可能是早中新世地层。该站位的目标如下：（1）研究次北极大西洋环流表层水性质的变化；（2）研究区域底层水性质；（3）识别古生产力和浮游生物群落的变化；（4）利用磁性年代学和生物地层学建立沉积物年龄框架；（5）识别并厘定相干地震层位到非相干反射层的时代

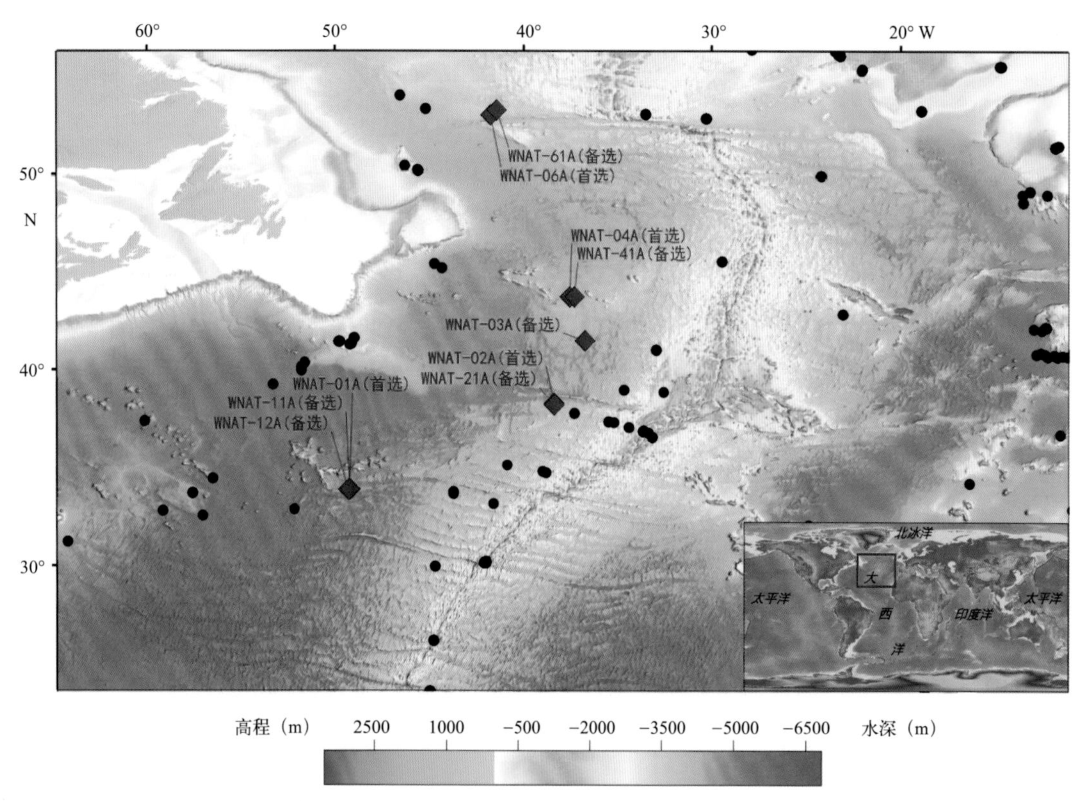

图4.3.7 钻探建议站位(黑色圆圈为已完成钻探站位,红色菱形为新建议站位)

(5)资料来源

资料来源于 IODP 851 号建议书,建议人名单如下:

Mitchell Lyle, Kenneth Miller, Yair Rosenthal, Gregory Mountain, Bridget Wade, Jun Tian, Thomas Westerhold, Heiko Pälike, Junichiro Kuroda, Matthew Schmidt, Franco Marcantonio, James Wright.

4.3.8 纽芬兰渐新世—中新世等深流漂积体:了解古近纪暖室期到现代冰室期的转变

(1)摘要

纽芬兰等深流漂积体是在北大西洋产生的深层水输送到全球海洋的深海西部边界流(DWBC)的作用下形成的。因此,它们记录了全球深水翻转与冰层演化的“端元”;同时,它们保存了始新世中期(距今约 48 Ma)以来的陆地和海洋高纬度生态系统的详细历史。因此,它们非常适合于检验关于碳酸盐补偿深度的全球和区域演化、主要“生物爆发”时间的起源,以及通道、养分循环和纬向栖息地差异对不同生物群辐射的作用。

在北半球,高分辨率的渐新世—中新世海洋记录很少,这制约了科学家对早期向冰川气候和生态系统转变阶段的认识。纽芬兰等深流漂积体包括异常厚、准连续的渐新世—中新世地层层序,含有保存完好的钙质、硅质和有机质壳体微体化石、生物标志物和磁性矿物。通过钻取这些沉积物可以用来检验深水环流、全球温度、大气二氧化碳分压、冰盖动力学和生态系统相互作用的相关假说。

该建议旨在获取深海西部边界流演化历史的高质量记录，从而可以重建北大西洋深水生产力以及类现代大西洋经向翻转环流的出现过程。通过钻探一个新的渐新统—中新统深度剖面（深度范围 1400 ~ 1600 m），将有助于研究渐新世—中新世主要气候事件中南半球分量水和北半球源区深水的动态变化。此外，这些新的记录能够将 IODP 342 航次钻探的一系列古新统至中新统深度剖面补充完整，以便重建新生代碳酸盐补偿深度演化历史，并与分辨率良好的太平洋碳酸盐补偿深度面进行比较。

与大西洋大多数地方不同的是，流经纽芬兰海脊的底层洋流导致渐新世—中新世沉积层序未被上覆厚层上新世—更新世地层掩埋；因此，渐新世—中新世沉积物很容易地用活塞取芯，不受深埋成岩作用的影响。该建议设计了一口从等深流漂积体顶部穿过约 900 m 厚的渐新世—中新世地层的测井钻孔，将反射地层与所有其他钻探站位联系起来，然后钻探一系列浅钻，并进行三重活塞取芯工具钻取芯，以便获取整个渐新世—中新世记录。最后，拟在渐新世—中新世碳酸盐补偿深度附近开展两个深孔站位钻探。该建议总共设计了 8 个首选站位来实现为这个航次的科学目标。

（2）关键词

新近纪，气候，海洋环流，生态系统

（3）总体科学目标

建议对纽芬兰海脊东南部的渐新世—中新世等深流漂积体进行钻探，以解决以下 3 个关键研究问题，这将有助于对主流的假设进行严格检验。

1）渐新世—中新世的碳酸盐补偿深度起伏和生物勃发主要响应了全球风化强度变化，或者是由大尺度海洋环流和 / 或区域构造（如海水通道的动态变化）驱动？

2）作为中中新世气候适宜期潜在的驱动力，构造、生产力和北大西洋翻转环流起什么作用？

3）独特的极地生态系统的建立是否与北大西洋翻转环流的重大转变有关？或主要是由于二氧化碳分压下降引起的？

（4）站位科学目标

该建议书建议站位见表 4.3.8 和图 4.3.8。

表4.3.8　钻探建议站位科学目标

站位名称	位置	水深 (m)	钻探目标			站位科学目标
			沉积物进尺 (m)	基岩进尺 (m)	总进尺 (m)	
NFR-01A（首选）	40.8352°N, 47.7215°W	3320	900	0	900	地层测试站位，用于识别上始新世到更新世的主要的和次要的反射界面的年龄；获取的数据用于设计浅钻站位。该站位位于 MCS 43 和 MCS 56 测线的交叉处，从而使地震地层延展到整个研究区
NFR-02A（首选）	40.8892°N, 47.6437°W	3380	300	0	300	该站位为浅钻站位，地层为中新统上部至上新统下部；该站位连同 NFR-03A、NFR-04A 和 NFR-05A 站位，可以获取约 750 m 的中新世—渐新世综合沉积序列，使用 APC 可最大限度地保证岩芯质量

续表

站位名称	位置	水深(m)	钻探目标			站位科学目标
			沉积物进尺(m)	基岩进尺(m)	总进尺(m)	
NFR-03A（首选）	40.9268°N, 47.5896°W	3500	300	0	300	该站位为浅钻站位，地层时代为中中新世；该站位连同 NFR-02A 、NFR-04A 和 NFR-05A 站位，可以获取约 750 m 的中新世—渐新世综合沉积序列，使用 APC 可最大限度地保证岩芯质量
NFR-04A（首选）	40.9677°N, 47.5306°W	3550	250	0	250	该站位为浅钻站位，地层为下中新统；该站位连同 NFR-02A 、NFR-03A 和 NFR-05A 站位，可以获取约 750 m 的中新世—渐新世综合沉积序列，使用 APC 可最大限度地保证岩芯质量
NFR-05A（首选）	41.0387°N, 47.5164°W	3550	250	0	250	该站位为浅钻站位，地层时代为下中新统至渐新统；该站位连同 NFR-02A 、NFR-03A 和 NFR-04A 站位，可以获取约 750 m 的中新世—渐新世综合沉积序列，使用 APC 可最大限度地保证岩芯质量
NFR-06A（首选）	40.0857°N, 47.7460°W	4250	300	0	300	钻穿始新世和渐新世边界，和 NFR-05A 站位以及 IODP 342 航次站位共同构建渐新世深水剖面，用于重建渐新世碳酸盐补偿深度
NFR-07A（首选）	40.3125°N, 49.6700°W	4420	700	0	700	研究中新世碳酸盐补偿深度之上的深水剖面；钻取含有碳酸盐补偿深度变浅事件导致的贫碳酸盐沉积物
NFR-08A（首选）	40.1852°N, 49.8340°W	4925	700	0	700	研究跨越中新世碳酸盐补偿深度的深水剖面；旨在通过检测碳酸盐沉积物的出现（或消失）来研究中新世碳酸盐补偿深度小尺度上的精细变化。预计该站位部分层位不含碳酸盐，但站位的时代可以通过含碳酸盐地层与浅水站位测井对比和生物地层学来厘定，或通过沟鞭藻和硅质微体化石来厘定
NFR-09A（备选）	41.0991°N, 47.4858°W	3800	250	0	250	钻穿渐新世至始新世和渐新世边界，用于研究渐新世浅水碳酸盐补偿深度的变化；与 NFR-06A 站位和 342 航次站位结合形成深度剖面以重建碳酸钙补偿深度变化曲线。该站位钻遇的地层序列在地震特征上类似于 IODP U1411，因此也说明有机会通过三重活塞取芯工具获得始新世 / 渐新世记录；由于时间和天气原因，IODP U1411 只取了两个岩芯。NFR-09A 站位是首选站位 NFR-06A 的备选站位
NFR-10A（备选）	40.8643°N, 47.8808°W	3280	250	0	250	浅水站位，为更新世—中新世剖面；旨在结合 NFR-11A 站位获取上更新世到中新世更完整的记录。NFR-10A 站位是首选站位 NFR-02A 的备选站位

续表

站位名称	位置	水深(m)	钻探目标			站位科学目标
			沉积物进尺(m)	基岩进尺(m)	总进尺(m)	
NFR-11A（备选）	40.8754°N, 47.9436°W	3370	400	0	400	获取上新世和晚中新世更完整的记录。在浅水（3360 m）钻到 400 m 可以揭示整个上新世层序。该站位结合 NFR-10A 站位可获取更完整的更新统—晚中新统剖面。NFR-11A 站位是首选站位 NFR-02A 的备选站位
NFR-12A（备选）	40.8687°N, 47.6016°W	3400	250	0	250	晚中新世至中中新世地层，可通过 APC 取芯。该站位是首选站位 NFR-02A 至 NFR-05A 代表的深度断面上可供备选的站位
NFR-13A（备选）	40.9788°N, 47.5144°W	3540	250	0	250	下中新统至上渐新统剖面，可通过 APC 取芯；该站位是 NFR-02A 至 NFR-05A 站位偏移钻孔深度断面上中新世底界钻探可供备选的站位
NFR-14A（备选）	40.3907°N, 48.7632°W	3830	500	0	500	中新世深度剖面的中部（3830 m 处）。沉积物的碳酸钙含量预计变化很大，反映了碳酸钙补偿深度的变化。预计剖面主要的地层为中—上中新统。NFR-14A 站位是首选站位 NFR-03A 的备选站位
NFR-15A（备选）	40.6530°N, 46.9754°W	3720	250	0	250	中等水深（3720 m）的上新统至上中新统剖面；钻至约 500 m 将获取中新世大部分地层。NFR-15A 为首选站位 NFR-03A 的备选站位
NFR-16A（备选）	40.7145°N, 49.5033°W	3750	250	0	250	在浅埋藏深度上获取始新世剖面至始新世—渐新世界线。NFR-16A 站位是首选站位 NFR-03A 的备选站位
NFR-17A（备选）	40.1738°N, 49.8487°W	5000	500	0	500	该站位代表了中新世深度剖面的下端。最低碳酸盐含量有望重建中新世深部碳酸钙补偿面变化的最大深度。该站位是首选站位 NFR-08A 的备选站位
NFR-18A（备选）	40.0988°N, 47.7893°W	4200	400	0	400	扩展早—中中新世和渐新世剖面到始新世—渐新世界线，NFR-18A 站位是首选站位 NFR-06A 的备选站位
NFR-19A（备选）	40.0988°N, 47.6808°W	4260	250	0	250	获取扩展的中等水深（4260 m）渐新统序列，以获取渐新统深度剖面的中间部分。NFR-19A 为首选站位 NFR-04A 的备选站位
NFR-20A（备选）	39.9686°N, 48.9597°W	4620	500	0	500	在深水（4620 m）中新世碳酸盐补偿深度以上获取中新世记录；研究碳酸盐补偿深度变浅事件，由于大部分时间是分布在碳酸钙补偿深度以上，因此记录了良好的生物地层和磁性地层年龄。该站位是首选站位 NFR-07A 的备选站位
NFR-21A（备选）	40.6085°N, 47.0322°W	3600	250	0	250	上新统—上中新统；首选站位（NFR-02A 至 NFR-05A）的备选站位，通过 APC 取芯可获取完整的中新世—渐新世沉积序列。NFR-21A 站位是首选站位 NFR-03A 备选站位

续表

站位名称	位置	水深(m)	钻探目标			站位科学目标
			沉积物进尺(m)	基岩进尺(m)	总进尺(m)	
NFR-22A（备选）	40.3012°N, 47.4238°W	3920	250	0	250	中等深度（3920 m）的中—上中新统；用于中新世碳酸钙补偿深度重建的中新世深度剖面的中段。NFR-22A 站位是首选站位 NFR-02A 的备选站位
NFR-23A（备选）	40.1958°N, 47.5578°W	4120	250	0	250	下中新统至渐新统 / 中新统分界面和上渐新统。中等深度断面（4120 m）用于重建中新世—渐新世碳酸钙补偿深度。NFR-23A 是 NFR-06A 首选站位的备选站位
NFR-24A（备选）	40.2699°N, 49.7248°W	4550	500	0	500	在中新世碳酸钙补偿深度之上扩展了中—下中新统序列；此站位是 NFR-07A 的备选站位，用于标定中新世碳酸钙补偿深度浅层偏移
NFR-25A（备选）	39.8736°N, 49.0977°W	5070	500	0	500	此站位是 NFR-08A 首选站位的备选站位，位于中新世碳酸盐补偿深度的中新世深水区（5070 m）；用于重建碳酸钙补偿深度；使用生物年代学和磁性年代学来厘定时代；如果有充足的时间，该站位也可以开展测井，从而可以使用测井进行关联。预计碳酸盐层段可以提供钙质生物年代学信息；沟鞭藻和硅质微化石也可提供年代约束

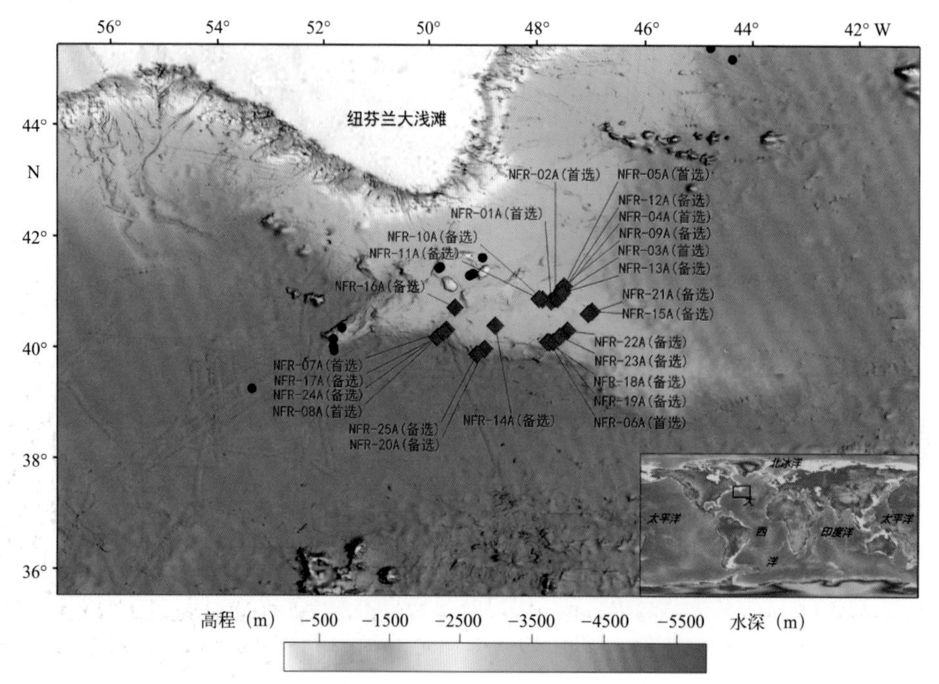

图4.3.8 钻探建议站位（黑色圆圈为已完成钻探站位，红色菱形为新建议站位）

(5) 资料来源

资料来源于 IODP 计: 874 号建议书，建议人名单如下：

Oliver Friedrich, Brian Romans, Richard Norris, Ian Bailey, Steven Bohaty, Clara Bolton, André Bornemann、Anya Crocker, Pincelli Hull, Diederik Liebrand, Peter Lippert, Lucas Lourens, Heiko Pälike, Jörg Pross, PhilipSexton, Gabriele Uenzelmann-Neben, Bridget Wade, Thomas Westerhold, Paul Wilson, Marcus Badger.

4.3.9 伊比利亚边缘断面钻探，连接全球海洋、冰心和陆地变化的记录

(1) 摘要

伊比利亚大陆边缘是众所周知的一个快速堆积沉积物的来源，它包含了晚更新世以来千年尺度的气候变化的高保真记录。Shackleton（2000, 2004）证实该地区的重力活塞岩芯可以精确地关联两个半球的极地冰心。此外，葡萄牙附近狭窄的大陆架使陆源物质可以快速进入深海，从而使海洋和冰心记录能够与欧洲陆相地层层序进行对比。这样详细记录海洋—冰—陆地之间相互关系的研究地点在世界上极少存在。连续的、高沉积速率的沉积物及其记录的原始气候信息使这一地区成为大洋钻探的理想靶区。

IODP 339 航次其中一个站位钻进了海底以下 155.9 m（APL-763）。U1385 站位（“沙克尔顿站位”）获取了完整的 1.43 Ma（海洋同位素阶段 47 期）以来的半远洋沉积记录，平均沉积速率为每千年沉积 11 cm。U1385 站位的初步研究结果表明，在伊比利亚大陆边缘地区极有可能获得千年尺度的气候变化和海陆对比的长期记录。

该建议可以将此沉积物记录延伸至上新世，并获取一个完整的深度剖面，用以研究北大西洋主要水团的变化历史，获取冰期—间冰期旋回和千年尺度变化潜在机制的关键信息。

考虑到伊比利亚大陆边缘在古气候学和海洋—冰—陆地对比方面的重要意义，建议在 U1385 站位的基础上对该地区进行进一步的钻探。

(2) 关键词

千年尺度的气候变化，海洋—冰—陆地相互关系，深水环流

(3) 总体科学目标

1）揭示第四纪早期冰期旋回的千年尺度气候变化特征，包括“100-ka 周期”、中更新世过渡期、“41-ka 周期”的表层水和深水环流的变化，以及北半球冰川作用的增强。

2）为格陵兰冰心提供海洋沉积物替代指标记录，以验证在更老的冰期阶段的千年尺度变化的幅度和规律。

3）通过比较分析地表（格陵兰岛）和深水（南极）气候系统组成部分的替代性指标的时间，以研究南北半球之间的相位关系（领先 / 滞后），从而解决千年和亚千年时间尺度上的定年问题。

4）研究轨道驱动和冰川边界条件的变化如何影响亚轨道尺度的气候变化特征，进而研究千年尺度的变化与轨道几何形态的相互作用，从而建立冰期—间冰期气候变化模式。

5）在高时间分辨率尺度上重建冰期开始和冰期结束（终止）时的气候变化。

6）利用 IODP 站位第四纪轨道和亚轨道时间尺度上的深度剖面，对比分析源自北部与源自南

部的深水变化历史。

7）揭示过去间冰期的气候特征，包括北半球冰川化加剧之前的上新世温暖气候特征。

8）通过分析由河流输送到深海环境的孢粉和陆地生物标志物，将陆地、海洋和冰心记录联系起来。

9）为全球地层学的发展做出贡献，通过高分辨率记录支撑突变气候事件及其相位关系的研究。

（4）站位科学目标

该建议书建议站位见表 4.3.9 和图 4.3.9。

表4.3.9 钻探建议站位科学目标

站位名称	位置	水深 (m)	钻探目标			站位科学目标
			沉积物进尺 (m)	基岩进尺 (m)	总进尺 (m)	
SHACK-16A	37.5340°N, 10.1510°W	2720	400	0	400	（1）获取第四纪千年尺度海洋基准剖面；（2）为极地冰心提供海洋沉积物对比；（3）表层水文和上升流；（4）重建深水环流变化（如南北分支洋流的混合比）；（5）促进海陆相关性研究；（6）上新世—更新世天文调谐年代标尺
SHACK-15A	37.8030°N, 10.1800°W	3198	500	0	500	（1）上新世—更新世海洋基准剖面；（2）重建深水环流变化（如南北分支洋流的混合比）；（3）北半球冰川加剧期的历史；（4）上新世—更新世陆生植被变化记录；（5）表层及浅层生物圈特征
SHACK-14A	37.5810°N, 10.3590°W	3467	400	0	400	（1）上新世—更新世海洋基准剖面；（2）拉布拉多海深层水（LDW）和东北大西洋深层水（NEADW）混合区附近重建深水循环变化（如南北分支洋流的混合比）；（3）北半球冰川加剧期与中更新世过渡期的历史；（4）上新世—更新世陆生植被变化记录；（5）表层及浅层生物圈特征
SHACK-13A	37.7250°N, 10.5100°W	3805	400	0	400	（1）上新世—更新世海洋基准剖面；（2）拉布拉多海深层水（LDW）和东北大西洋深层水（NEADW）混合区附近重建深水循环变化（如南北分支洋流的混合比）；（3）北半球冰川加剧期与中更新世过渡期的历史；（4）上新世—更新世陆生植被变化记录；（5）表层浅层生物圈特征
SHACK-12A	37.5910°N, 10.6770°W	4179	400	0	400	（1）晚中新世—更新世基准剖面；（2）深层倒转环流的历史；研究晚中新世－第四纪南、北源深水的影响；（3）研究上新世暖室期的间冰期条件；（4）北半球冰川作用加剧和中更新世过渡的历史；（5）晚中新世—更新世陆生植被变化记录；（6）大西洋溶跃面和碳酸盐离子变化的历史；（7）研究双程走时约为 6.6 s 处地震反射剖面的性质

续表

站位名称	位置	水深(m)	钻探目标			站位科学目标
			沉积物进尺(m)	基岩进尺(m)	总进尺(m)	
SHACK-11A	37.6190°N, 10.7070°W	4685	400	0	400	（1）晚中新世—更新世基准剖面；（2）深层倒转循环的历史；研究晚中新世—第四纪南、北来源的深水的影响；（3）研究上新世暖室期的间冰期条件；（4）北半球冰川作用加剧和中更新世过渡的历史；（5）晚中新世—更新世陆生植被变化记录；（6）大西洋溶跃面和碳酸盐离子变化的历史；（7）研究双程走时约为6.6 s处地震反射剖面的性质
SHACK-10A	37.9200°N, 9.5480°W	1335	500	0	500	（1）晚中新世—第四纪底层地中海溢流（MOW）的历史；（2）地中海溢流对热盐环流的意义；（3）北半球冰期加剧时期的地中海溢流历史；（4）墨西拿盐度危机的海洋记录；（5）与直布罗陀近端站位（Hernandez-Molina et al., 2014）相比，该远端深部站位的MOW历史有何不同
SHACK-04B	37.5660°N, 10.1280°W	2587	400	0	400	（1）第四纪千年尺度海洋基准剖面；（2）为极地冰心提供海洋沉积物对比；（3）表层水文地理和上升流；（4）重建深水环流变化（如南北分支洋流的混合比）；（5）海—陆相关性研究；（6）上新世—更新世天文调谐年代标尺
SHACK-09A	37.8520°N, 10.1500°W	3080	500	0	500	（1）上新世—更新世海洋基准剖面；（2）重建深水循环变化（即南、北组分水混合比）；（3）北半球冰川加剧期的历史；（4）上新世—更新世陆生植被变化记录；（5）表层及浅层生物圈特征
SHACK-08A	37.7100°N, 10.4940°W	3740	400	0	400	（1）上新世—更新世海洋基准剖面；（2）在LDW和NEADW混合区附近重建深水循环变化（如南北分支洋流的混合比）；（3）北半球冰川加剧期与中更新世过渡期的历史；（4）上新世—更新世陆生植被变化记录；（5）表层及浅层生物圈特征
SHACK-07A	37.6050°N, 10.6920°W	4657	400	0	400	（1）晚中新世—更新世基准剖面；（2）深层翻转环流的历史。研究晚中新世—第四纪南、北来源的深水的影响；（3）包括上新世暖室期的间冰期条件；（4）北半球冰川加剧期和中更新世过渡期的历史；（5）晚中新世—更新世陆生植被变化记录；（6）大西洋溶跃面和碳酸盐离子变化的历史；（7）研究双程走时约为6.6 s处地震反射剖面的性质

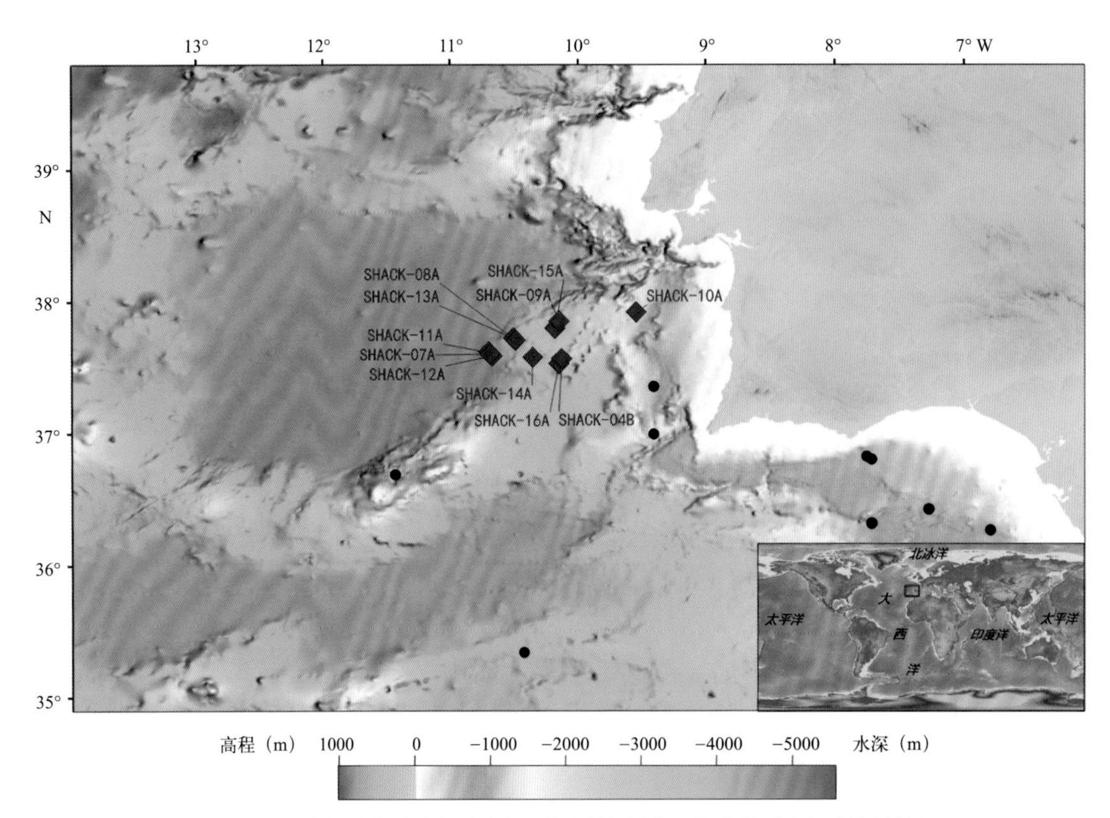

图4.3.9 钻探建议站位（黑色圆圈为已完成钻探站位，红色菱形为新建议站位）

（5）资料来源

资料来源于 IODP 771 号建议书，建议人名单如下：

D. Hodell, F. Abrantes, G. Carrara, J. Hernandez-Molina, N. White, R. Parnell-Turner, A. Ornella, J. Channell, J. Frigola, J. Grimalt, A. Incarbona, S. Lebreiro, N. McCave, F. Sierro, L. Skinner, P. Terrinha, C. Tzedakis, A. Voelker, L. Batista.

4.3.10 非洲西北部新近纪气候

（1）摘要

建议在非洲西北部大陆边缘的加纳利群岛东南博哈多尔角（约 28°N）至塞拉利昂海隆（约 5°N）的纬度剖面上设计 IODP 航次站位，进行中新世—第四纪的气候研究。

该建议主要目标为：（1）研究北非水文气候和植被对全球和北大西洋升温的响应；（2）研究新近纪干旱化的时间和起因，以及与全球气候和大洋环流的关系。这些新的资料将补充完善南非 IODP 361 航次以及国际大陆科学钻探计划（International Continental Scientific Drilling Program）在东非湖泊的取芯资料信息，有助于了解整个非洲过去的气候变化。

该建议次要目标为：研究海洋生产力和生态系统与非洲的水文气候和北大西洋升温之间的耦合关系。钻探基于高质量的多道地震数据，并结合 GeoB 沉积物岩芯和 DSDP/ODP 41 航次和 DSDP/ODP 108 航次的数据。这两个航次的钻探提供了有效的地层约束数据。该建议的纬向剖面能促进北非降雨对全球气候变化响应的理解。建议在历史站位附近新增两个站位，以获取更加完整的剖面。

沿北非大陆架另设 3 个首选站位和 9 个备选站位，以获取高质量信息，用以研究非洲降雨、气候变化和植被对海洋生产力的响应。

（2）关键词

非洲西北部大陆架边缘，新近纪水文气候，撒哈拉沙漠，东部边界上升流

（3）总体科学目标

1）在全球升温环境下的非洲西北部气候，重点关注风系、沙尘供应、降水和植被。

在新生代末期，非洲的气候和植被对全球升温有何响应？科学家能从这些自然气候变化记录中得到关于人类世的什么启示？非洲西北部的水文气候、全球升温和大西洋翻转洋流之间有什么关系？撒哈拉沙漠有多少年的历史？其起源和进化的机制是什么？

2）海洋生产力与生态系统对气候扰动的响应。

海洋生产力对比现今更暖的气候环境的响应是什么？沙尘在提高海洋生物生产力和调整海洋沉降颗粒通量方面的作用是什么？未来气候变化对非洲西北部的海洋生态系统有何影响？

（4）站位科学目标

该建议书建议站位见表 4.3.10 和图 4.3.10。

表4.3.10 钻探建议站位科学目标

站位名称	位置	水深 (m)	钻探目标			站位科学目标
			沉积物进尺 (m)	基岩进尺 (m)	总进尺 (m)	
NWAFR-01A（备选）	27.5374°N, 13.8459°W	1430	500	0	500	研究上新世 / 更新世（0 ~ 3.5 Ma）千年尺度的非洲水文气候
NWAFR-02B（首选）	24.2663°N, 17.1061°W	1590	1100	0	1100	研究中新世（0 ~ 17 或 20 Ma）早期气候，以及撒哈拉沙漠夏季沙尘输入、新近纪毛里塔尼亚北部边界上升流
NWAFR-03B（备选）	24.2694°N, 17.1585°W	1690	1060	0	1060	研究中新世（0 ~ 17 或 20 Ma）早期气候，以及撒哈拉沙漠夏季沙尘输入、新近纪毛里塔尼亚北部边界上升流
NWAFR-04A（备选）	20.8515°N, 18.4174°W	2140	500	0	500	研究上新世 / 更新世（0 ~ 3.5 Ma）千年尺度的非洲水文气候
NWAFR-05B（首选）	15.4865°N, 17.9131°W	2280	250	0	250	研究非洲更新世（0 ~ 1.5 Ma）千年尺度水文气候
NWAFR-06B（首选）	13.5269°N, 18.4441°W	3540	500	0	500	研究早中新世（0 ~ 16 Ma）非洲气候高分辨率水文气候
NWAFR-07A（备选）	18.0772°N, 21.0262°W	3069	300	0	300	研究中新世早期（0 ~ 20 Ma）撒哈拉沙漠夏季沙尘输入和非洲水文气候
NWAFR-08B（首选）	5.7587°N, 20.0084°W	2880	250	0	250	研究中新世早期（0 ~ 19 Ma）撒哈拉沙漠冬季沙尘输入和非洲水文气候
NWAFR-09B（备选）	27.5376°N, 13.7022°W	900	650	0	650	研究上新世 / 更新世（0 ~ 3.0 Ma）千年尺度的非洲水文气候

续表

站位名称	位置	水深 (m)	钻探目标			站位科学目标
			沉积物进尺 (m)	基岩进尺 (m)	总进尺 (m)	
NWAFR-10B （备选）	20.5454°N, 18.0512°W	900	550	0	550	研究上新世 / 更新世（0 ~ 4.5 Ma）千年尺度的非洲水文气候
NWAFR-11B （备选）	12.4293°N, 18.0054°W	3001	300	0	300	研究上新世 / 更新世（0 ~ 4.0 Ma）千年尺度的非洲水文气候
NWAFR-12C （备选）	18.7383°N, 21.0029°W	3180	300	0	300	研究中新世早期（0 ~ 20 Ma）撒哈拉沙漠夏季沙尘输入和非洲水文气候
NWAFR-13A （备选）	5.6742°N, 19.8437°W	2865	250	0	250	研究中新世早期（0 ~ 19 Ma）撒哈拉沙漠冬季沙尘输入和非洲水文气候
NWAFR-14A （首选）	17.9509°N, 20.8328°W	2850	300	0	300	研究中新世早期（0 ~ 20 Ma）撒哈拉沙漠夏季沙尘输入和非洲水文气候

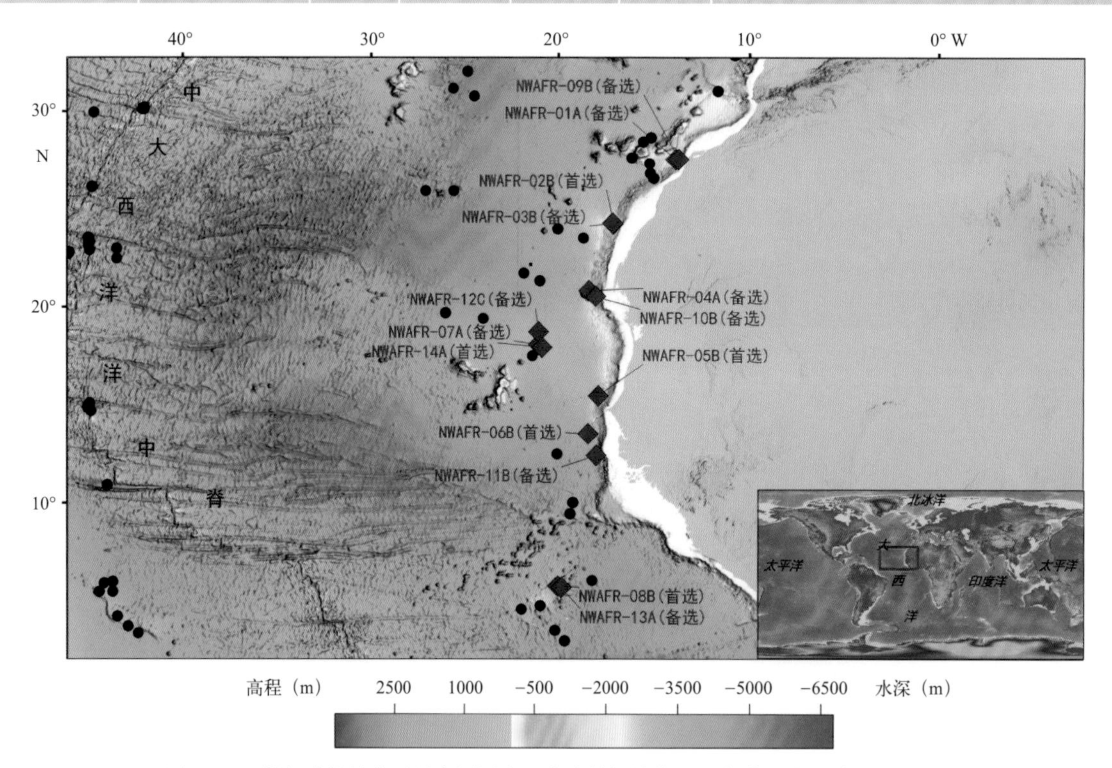

图4.3.10　钻探建议站位（黑色圆圈为已完成钻探站位，红色菱形为新建议站位）

（5）资料来源

资料来源于 IODP 973 号建议书，建议人名单如下：

Torsten Bickert, Ilham Bouimetarhan, Anya J. Crocker, Peter deMenocal, Timothy D. Herbert, Sebastian Krastel, Anna Nele Meckler, Stefan Mulitza, Oscar Romero, Enno Schefuß, Tilmann Schwenk, Thomas Westerhold, Paul A. Wilson.

4.3.11 赤道大西洋通道的起源、演化和古环境

（1）摘要

该建议旨在解决赤道大西洋通道（EAG）的构造、气候和生物演化的问题。建议在巴西东北部近海钻探晚白垩世和新生代沉积序列，该区域位于赤道大西洋通道裂解点的南边。可以在位于巴西东北部大陆架的伯南布哥海底高原获取这些沉积序列。之所以选择这个区域，是因为它满足赤道巴西其他地区无法满足的两个关键条件：第一，该区域发育早白垩世阿普特期—阿尔布期南大西洋海侵形成的沉积层序，而且埋深较浅，能够通过非立管钻探钻遇到；第二，保存在伯南布哥高原上的晚白垩世和古近纪沉积物，足够靠近大陆边缘，沉积时的古水深（< 2000 m）非常浅，有机生物标志物和钙质微体化石保存良好，为开展温室气候状态的多指标研究提供保障。这一地区的新记录将有助于科学家解决 4 个重大问题：①赤道大西洋早期裂谷史；②赤道大西洋的生物地球化学；③赤道大西洋通道的长期古海洋特征；④极端温暖环境下热带气候和生态系统特征。在赤道大西洋通道地区用新的钻探技术来解决这些重大问题，将有助于加深科学家对大地构造、海洋学、海洋生物地球化学和气候之间长期相互作用的认识，以及热带生态系统和气候在极端温暖时期所起作用的认识。

（2）关键词

白垩纪，新生代，古海洋学，构造，演化

（3）总体科学目标

1）揭示白垩纪冈瓦纳裂谷系统三联点的动力学和古环境，包括裂谷作用、被动陆缘形成、岩浆作用和沉积环境；

2）揭示大陆裂解到成熟扩张的记录：海水化学、洋壳年龄、通道形成、对裂谷穿时性认识的贡献；

3）揭示裂后期构造演化和深部地球动力学；

4）研究火山作用、海洋环流、温度、养分有效性和生态系统组成如何与海洋缺氧事件的触发和结束相互作用；

5）研究热带年轻洋盆在全球碳循环中的作用以及在全球温度扰动（如大洋缺氧事件）期间，这种影响如何扩大化；

6）检验极端低氧和高温环境对海盆内部生态和生物地球化学过程的影响；

7）揭示赤道大西洋通道打开对全球海洋环流演变的影响；

8）揭示温室气候状态下是否存在负反馈来制约热带温度的上升。

（4）站位科学目标

该建议书建议站位见表 4.3.11 和图 4.3.11。

表4.3.11 钻探建议站位科学目标

站位名称	位置	水深 (m)	钻探目标			站位科学目标
			沉积物进尺 (m)	基岩进尺 (m)	总进尺 (m)	
PER-04A（备选）	9.3160°S, 33.8728°W	4441	947	20	967	研究洋壳年龄、早期裂谷历史、白垩纪环境变化、大西洋深层水在新生代的变化

续表

站位名称	位置	水深 (m)	钻探目标			站位科学目标
			沉积物进尺 (m)	基岩进尺 (m)	总进尺 (m)	
PER-05A（备选）	7.5799°S, 33.5767°W	4413	964	20	984	研究白垩纪环境变化、大西洋深层水在新生代的变化
PER-06A（备选）	8.4580°S, 33.9700°W	1857	900	20	920	研究白垩纪到现代的古海洋特征
PER-07A（备选）	9.2317°S, 33.8136°W	4412	995	20	1015	研究洋壳年龄、早期裂谷历史、白垩纪环境变化、大西洋深层水在新生代的变化
PER-08A（备选）	8.5625°S, 33.9904°W	2003	400	0	400	研究新近纪古海洋特征
PER-09A（首选）	8.5660°S, 33.9233°W	2237	600	0	600	研究晚白垩世—古近纪早期的古气候
PER-10A（首选）	8.4664°S, 33.4818°W	4580	1000	0	1000	研究同裂谷到裂谷后的转换特点、早白垩世阿普特期至今的远海沉积特征
PER-11A（首选）	9.5413°S, 33.3834°W	4704	1400	20	1420	研究洋壳年龄、早期裂谷历史、白垩纪环境变化、大西洋深层水在新生代的变化
PER-12A（首选）	8.5634°S, 33.9750°W	2049	600	0	600	研究半深海泥岩记录的古近纪晚期古气候

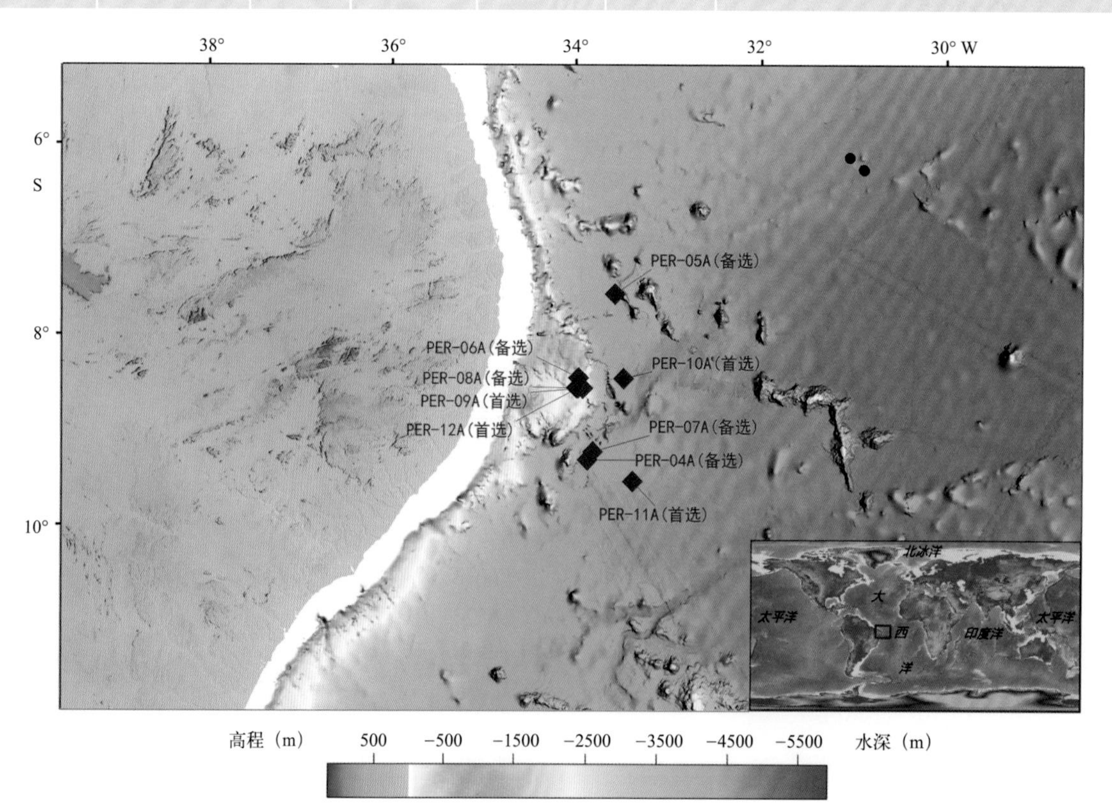

图4.3.11 钻探建议站位（黑色圆圈为已完成钻探站位，红色菱形为新建议站位）

（5）资料来源

资料来源于 IODP 864 号建议书，建议人名单如下：

Tom Dunkley Jones，Steve Jones，Tiago Alves，Antonio Barbosa，Alex Dickson，Kirsty Edgar，Gerson Fauth，Murray Hoggett，Christian Heine，Luigi Jovanne，Sev Kender，Karlos Kochhann，Haydon Mort，Uisdean Nicholson，Jörg Pross，Howie Scher，Jessica Whiteside，Thomas Wagner，James Zachos，Sascha Flögel.

4.3.12 中新世大西洋—地中海通道交换调查

（1）摘要

海洋通道在大洋和海洋的水、热、盐和营养物质的交换中起着关键作用。高密度水体的流动有助于推动全球温盐环流，由于海洋是交换二氧化碳的最大，这种流动也影响大气中的碳浓度。因此，通道几何形状的变化可能会显著地改变全球海洋环流模式、相关的热量输送和气候，并对局部产生深远影响。

如今，大西洋—地中海通过直布罗陀海峡交换的高密度水体总量在全球海洋中位居前列。在过去的 5 Ma 里，这种溢流在大西洋的中间深度位置产生了一个盐柱，在加的斯湾沉积了独特的等深流沉积，并促成了北大西洋深层水的形成。然而，这种单一的通道结构只发育在上新世早期。中新世期间，一条连接地中海和大西洋的宽广通道演变成两条狭窄的水道：一条位于摩洛哥北部；另一个在西班牙南部。这些水道的形成使地中海的盐度上升，形成了新的、显著的、致密的水团，并第一次溢出到大西洋。这些通道的进一步收紧和闭合导致了地中海地区极端的盐度波动，导致了墨西拿盐度危机中巨盐层的形成。

该建议提出了一个海陆并进的钻探方案，旨在获取从晚中新世开始到现在的大西洋—地中海交换的完整记录。该目标通过以下方法实现：IODP 钻取直布罗陀海峡两岸中新世近海沉积物，ICDP 在陆地上钻取中新世岩芯。该建议的科学目标是定量约束大西洋—地中海交换的开启对海洋环流和全球气候的影响；探索边缘海系统中高幅振荡环境变化的机制，并检验极高密度溢流动力学的物理海洋假设。

（2）关键词

古气候，通道，巨盐层，等深岩

（3）总体科学目标

1）揭示大西洋开始接受地中海溢流的时间，定量评价其在晚中新世全球气候和区域环境变化中的作用。

2）恢复墨西拿盐度危机之前、期间和之后的大西洋—地中海交换的完整记录，并从局部、区域和全球尺度分析该海洋极端事件的前因后果。

3）深化科学家对地球历史上最极端水体交换期间海洋羽流的定量认识。

为实现以上目标，建议在摩洛哥和西班牙进行陆上钻探，并在阿尔沃兰海盆以及摩洛哥和伊比利亚大西洋边缘进行近海钻探。

（4）站位科学目标

该建议书建议站位见表 4.3.12 和图 4.3.12。

表4.3.12　钻探建议站位科学目标

站位名称	位置	水深 (m)	钻探目标			站位科学目标
			沉积物进尺 (m)	基岩进尺 (m)	总进尺 (m)	
ALM-01A（首选）	37.4317°N, 9.5767°W	1567	990	0	990	揭示较厚的晚中新世浅海沉积序列，其中包含远端地中海溢流沉积。该站位可用于研究羽状流平衡深度的演化，为致密溢流行为的研究提供关键约束。此外，该站位获取的高分辨率记录（岁差尺度）是恢复晚中新世—上新世地中海—大西洋水体交换完整记录的关键组成部分
ALM-02A（备选）	36.8359°N, 9.7481°W	2265	1630	10	1640	揭示较厚的晚中新世浅海沉积序列，其中包含远端地中海溢流沉积。该站位可用于研究羽状流平衡深度的演化，为致密溢流行为的研究提供关键约束。此外，该站位获取的高分辨率记录（岁差尺度）是恢复晚中新世—上新世地中海—大西洋水体交换完整记录的关键组成部分
MOM-01A（首选）	35.2410°N, 6.7478°W	555	1460	10	1470	揭示地中海溢流路径上完整的晚中新世沉积序列，将 RIF-01A 陆上记录与远端 ALM-01A 站位连接起来。目的是获得中新世地中海溢流的高分辨率（岁差尺度）记录
MOM-02A（备选）	35.1073°N, 6.8183°W	712	997	10	1007	揭示地中海溢流路径上完整的晚中新世沉积序列，将 RIF-01A 陆上记录与远端 ALM-01A 站位连接起来。目的是获得中新世地中海溢流的高分辨率（岁差尺度）记录
GUB-01A（备选）	36.5256°N, 7.6059°W	637	911	10	921	揭示地中海溢流路径上一个完整的晚中新世沉积记录。目的是在陆上记录（RIF-01A 和 BET-01A）和远端记录（ALM-01A）之间的中间位置获取中新世地中海溢流的高分辨率（岁差尺度）记录
WAB-03A（首选）	36.3125°N, 4.5712°W	800	1700	0	1700	揭示阿尔沃兰海盆晚墨西拿期沉积序列。该站位获取的记录将为晚中新世地中海溢流的化学和物理性质提供关键约束
EAB-02A（备选）	35.7552°N, 2.4396°W	845	1277	0	1277	揭示阿尔沃兰海盆晚墨西拿期沉积序列。该站位获取的记录将为晚中新世地中海溢流的化学和物理性质提供关键约束。这对所有 3 个目标都至关重要。该站位位于摩洛哥—西班牙领土边界的西班牙一侧，非常接近另一个备选站位 EAB-03A
EAB-03A（备选）	35.7504°N, 2.4313°W	838	1277	0	1277	揭示阿尔沃兰海盆晚墨西拿期沉积序列。该站位获取的记录将为晚中新世地中海溢流的化学和物理性质提供关键约束。这对所有 3 个目标都至关重要。该站位位于摩洛哥 - 西班牙领土边界的西班牙一侧，非常接近另一个备选站位 EAB-02A

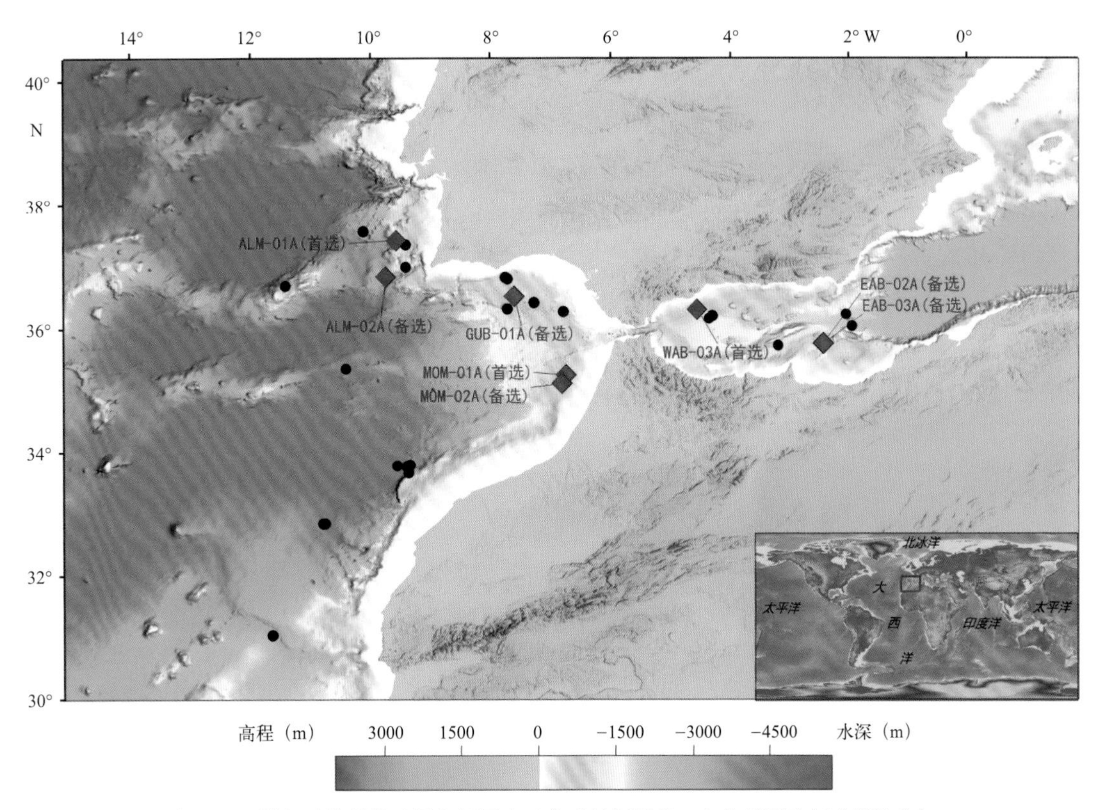

图4.3.12　钻探建议站位（黑色圆圈为已完成钻探站位，红色菱形为新建议站位）

（5）资料来源

资料来源于 IODP 895 号建议书，建议人名单如下：

Rachel Flecker, Abdella Ait Salem, Nadia Bahoun, Domenico Chiarella, Evelina Dmitrieva, Damien Do Couto, Gemma Ercilla, Marcus Gutjahr, Tim Herbert, Javier Hernandez-Molina, Frits Hilgen, Wout Krijgsman, Sonya Legg, Paul Meijer, Michael Rogerson, Cristina Roque, Francisco Sierro, Zakaria Yousfi, Cesar Rodriguez Ranero, Francisco Jose Jiménez-Espejo.

4.3.13　“黑门”计划：探究地中海—黑海通道的动态演化及其古环境效应

（1）摘要

该建议称为“黑门”计划，目的是解决有关地中海—黑海（MBS）通道的动态演化及其古环境效应的基础问题。人们已经认识到地中海连通性的重要性，目前几个已被接受的 IODP 项目（IMMAGE 和 DEMISE）旨在更好地了解中新世通道演化及其对全球气候变化的影响。中新世通道的演化导致地中海墨西拿盐度危机事件以及地球历史上最年轻、最大的巨厚盐层的产生和消亡。地中海和黑海流域面积巨大（有时包括欧洲和亚洲的大部分地区），但对地中海—黑海通道的水文通量约束较差，制约了对通道演化的全面了解。这条通道也影响了黑海的上新世—第四纪环流模式，并使其成为世界上最大的缺氧海洋。由于连续的上新世—第四纪沉积物没有出露在黑海或北爱琴海附近的陆地上，制约了地中海—黑海通道历史的研究。通道由气候（冰川—海平面变化驱动的海平面波动）和流域（连接黑海和里海）的构造活动，以及通道地区北安纳托利亚断裂带控制。地中海—黑海通道的变化引发了剧烈的古环境和生物变迁。

该建议旨在通过在爱琴海、马尔马拉海和黑海钻探墨西拿期至今的地层，揭示冰期—间冰期旋回期间大陆尺度水文变化、海水和淡水通量、生物变迁事件、缺氧的模式和过程、化学扰动和碳循环、北安纳托利亚断裂带、亚/欧洲哺乳动物迁徙陆桥，以及墨西拿期巨盐层沉积期间水体交换记录。该建议提出的3个站位，一个位于黑海的土耳其边缘（阿尔汉格尔斯基海脊400 mbsf），一个位于马尔马拉海南部边缘（北伊姆拉利海盆750 mbsf），一个位于爱琴海（北爱琴海海槽650 mbsf）。所有站位都以第四纪含氧—缺氧的泥灰岩—腐泥旋回地层为目标。该建议科学目标符合IODP整体科学计划的目标和范围，并具体涉及地球气候、深部生命和地质灾害主题。

（2）关键词

通道，古环境，缺氧，生物地球化学，构造

（3）总体科学目标

1）研究墨西拿期—第四纪时期地中海—黑海通道的地貌演化。

2）量化海洋开始连通时期，大西洋水到达爱琴海、马尔马拉海和黑海的时间情况，并评估其环境效应。

3）揭示地中海—黑海通道中的水文连通与通道区域中广泛存在的缺氧、生物变迁和有机碳埋藏之间的联系。

4）研究高度敏感的、受限的黑海在气候、区域和全球海平面、营养物输入、构造、宏观和微观生态以及整个区域水平衡的相互作用下，从年际（纹泥）到冰期—间冰期（轨道尺度），再到百万年尺度等各个时间尺度上的环境变化。

5）阐明底层水的氧气、盐度和有机碳输入的变化对深部生物圈环境中的微生物群落和生物地球化学过程的影响。

6）研究陆域走滑断层形成和增长如何影响通道演化和地质灾害。

（4）站位科学目标

该建议书建议站位见表4.3.13和图4.3.13。

表4.3.13 钻探建议站位科学目标

站位名称	位置	水深(m)	钻探目标			站位科学目标
			沉积物进尺(m)	基岩进尺(m)	总进尺(m)	
AEG-01A（首选）	39.5046°N, 23.8769°E	1120	730	0	730	揭示至墨西拿期的完整沉积序列，获取上新世和第四纪的详细记录。 这一站位位于2017年NAFAS航次的103号地震测线上。该站位位于北爱琴海海槽南部最深处的台地上。预计会钻获第四纪和上新世胶结沉积物和墨西拿期碎屑沉积物，其中可能夹有薄层蒸发岩。拟进行微生物和地球化学分析，用来研究①海平面变化；②古环境；③走滑断层活动

续表

站位名称	位置	水深(m)	钻探目标			站位科学目标
			沉积物进尺(m)	基岩进尺(m)	总进尺(m)	
AEG-02A（备选）	39.7998°N, 24.0763°E	960	650	0	650	揭示至墨西拿期的完整沉积序列，获取上新世和第四纪的详细记录。 这个站位位于2013—2015年伊波瑟/爱琴海航次期间获得的13-14号地震测线上。该站位位于爱琴海北部海槽中部、较深位置的台地上，在西索尼亚半岛的南部。预计会钻获第四纪和上新世胶结沉积物和墨西拿期碎屑沉积物，其中可能有薄蒸发岩夹层。拟进行微生物和地球化学分析，用来研究①海平面变化；②古环境；③走滑断层活动
MAR-01A（首选）	40.6535°N, 28.8465°E	346	400	0	400	获取第四纪海平面变化的完整记录，包括相应的水文/地球化学转换记录
MAR-02A（备选）	40.7386°N, 28.3505°E	399	400	0	400	获取第四纪海平面波动的完整记录，包括相应的水文/地球化学转换记录
BSB-01A（备选）	41.9603°N, 36.6858°E	375	470	0	470	获取黑海盆地第四纪和晚中新世至上新世沉积物的完整记录。站位位于西北—东南延伸的阿尔汉格尔斯基脊的东南端。选择该位置是因为其相对未变形的层序以及没有浊积岩和块状流沉积体。预计钻遇墨西拿不整合。目标是研究①第四纪古环境变化；②深部生物圈记录；③海侵；④来自中新世—上新世湖泊沉积的气候记录
BSB-02A（备选）	41.9744°N, 36.7307°E	370	370	0	370	获取黑海盆地晚中新世至上新世沉积物的完整记录。站位位于西北—东南延伸的阿尔汉格尔斯基脊的东南端。选择该位置的原因在海底墨西拿不整合面之间的地层层序相对未变形。目标是研究①古环境变化；②海侵；③来自湖泊沉积的气候记录
BUL-01A（备选）	42.5215°N, 28.8657°E	1595	650	0	650	获取黑海盆地晚中新世至上新世沉积物的完整记录。该站位位于2011年“地质无极限”项目期间获得的BS-20地震测线上。站位位于保加利亚深水坡的最南端，非常靠近土耳其海上边界。选择该位置是因为海底与墨西拿不整合面之间的地层层序相对未变形。目标是研究①古环境变化；②海侵；③来自湖泊沉积的气候记录
BUL-02A（备选）	42.2385°N, 29.0502°E	1724	670	0	670	获取黑海盆地晚中新世至上新世沉积物的完整记录。该站位位于2011年“地质无极限”项目期间获得的BS-20地震测线上。站位位于保加利亚深水坡的最南端，非常靠近土耳其海上边界。选择该位置是因为海底与墨西拿不整合面的地层层序相对未变形。目标是研究①古环境变化；②海侵；③来自湖泊沉积的气候记录

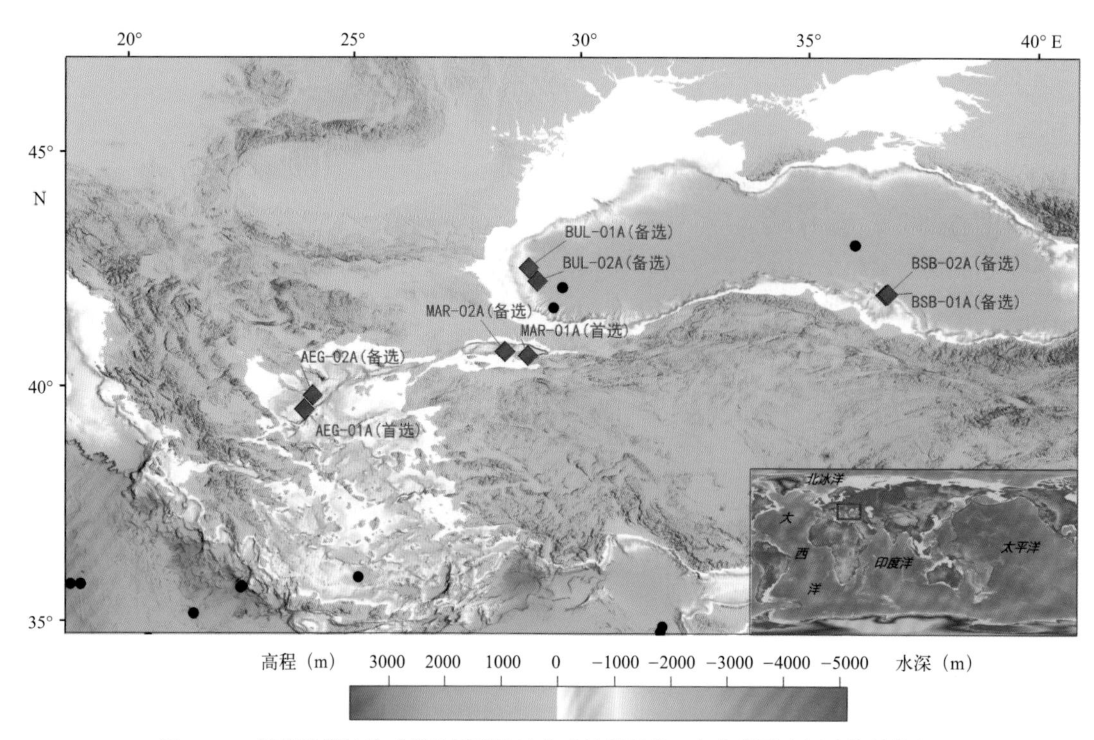

图4.3.13 钻探建议站位（黑色圆圈为已完成钻探站位，红色菱形为新建议站位）

（5）资料来源

资料来源于 IODP 1006 号建议书，建议人名单如下：

Wout Krijgsman, Iuliana Vasiliev, Anouk Beniest, Timothy Lyons, Johanna Lofi, Gabor Tari, Caroline Slomp, Namik Cagatay, Maria Triantaphillou, Rachel Flecker, Dan Palcu, Cecilia, McHugh, Helge Arz, Pierre Henry, Karen Lloyd, Gunay Cifci, Özgür Sipahioglu, Dimitris Sakellariou.

4.3.14 揭开大盐体的面纱：多阶段钻探计划的框架建议

（1）摘要

大约 6 Ma 年前，地中海变成了一个巨大的盐池，累计积累了超过 100×10^4 km^3 的盐堆积，局部厚度超过 3 km。这一地质历史时期中短暂的极端事件（即墨西拿盐度危机，简称 MSC）改变了全球海洋的化学成分，并对地中海周围大片区域的陆地和海洋生态系统产生了永久性的影响。通过对地中海巨盐层的钻探有助于了解巨盐层在接近原始沉积条件状态下的沉积历史、地层、生物圈和流体动力。

2004 年 IODP 引入隔水管钻井技术后，“揭秘地中海巨盐层”钻探建议自 2006 年开始了一系列的国际研讨会。在这一框架下构想了 4 个钻探方案：

1）期望获取地中海巨盐层的深海记录；

2）揭示地中海巨盐层的变形和流体流动；

3）探索地中海巨盐层的深部生物圈秘密；

4）探测地球深部和表层的联系。

该建议拟解决以下 4 个主要问题：

1）地中海巨盐层的形成时间和成因机制是什么？

2）是什么因素导致早期盐层变形和流体流入和流出岩盐层?

3）巨盐层是否促进了物种多样性和异常活跃的深部生物圈的发展?

4）盆地内部及其边缘壮观的垂直运动背后的机制是什么?

(2) 关键词

墨西拿期，盐，深部生物圈，地中海

(3) 总体科学目标

1）地中海巨盐层的形成时间和成因机制是什么?

——建立地中海巨盐层的年代框架;

——检验现有的地中海蒸发岩形成假说;

——为地中海巨盐层建立统一的模型;

——揭示地中海巨盐层形成期间的古气候条件，并研究对全球气候的影响。

2）是什么因素导致早期盐变形和流体流入和流出岩盐层?

——揭示同沉积盐构造和岩盐蠕变;

——揭示沉积后的盐层变形及其对沉积物坡移的影响;

——揭示流体在厚板状盐层中运移的物理和矿物学条件。

3）巨盐层是否促进了深部生物圈多样性和异常活跃的发展?

——揭示蒸发岩硫酸盐矿物是否为地中海的深部生物圈提供能量;

——揭示制约性因素和高度变化的化学环境之间的相互作用是否产生了一个新的深部生物圈群落;

——利用生物标志物和残留在卤水包裹体中的微生物，揭示古高盐沉积环境的深度、光和氧条件。

4）盆地内部及其边缘壮观的垂直运动潜在机理是什么?

——揭示基准面变化对河流走向、沉积侵蚀、供应、运输、岩溶作用等的影响。

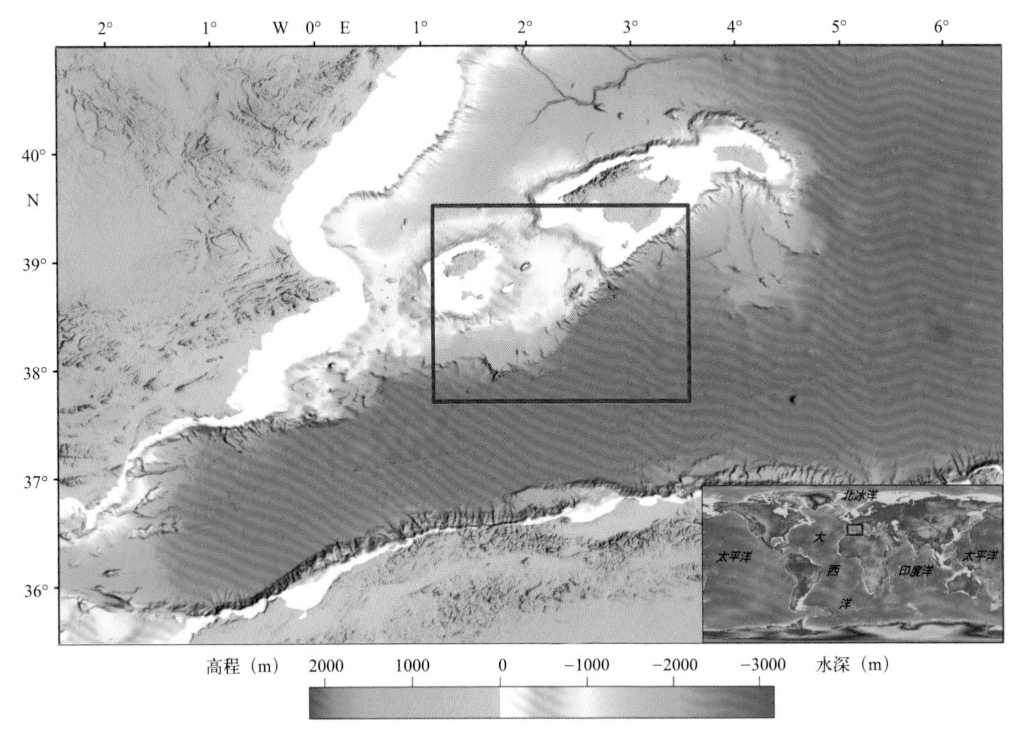

图4.3.14　建议钻探区域位置示意图（红色方框区）

(4) 资料来源

资料来源于 IODP 857 号建议书，建议人名单如下：

A. Camerlenghi, G. Aloisi, S. Cloetingh, H. Daigle, G. DeLange, R. Flecker, D. Garcia-Castellanos, Z. Gvirzman, C. Hübscher, W. Krijgsman, J. Kuroda, J. Lofi, S. Lugli, V. Manzi, T. McGenity, A. Moscariello, M. Rabineau, M. Roveri, F. Sierro, Y. Makovsky, N. Waldmann, A. Maillard-Lenoir.

4.3.15 墨西拿盐度危机的深海记录

(1) 摘要

6 Ma 前，地中海在墨西拿盐度危机期间变为一个巨大的盐碱盆地。该短期地质事件是由于大西洋和地中海之间的两处连接通道逐渐收紧，导致地中海盐度增加。于是，盆地累积了超过 1×10^6 km^3 盐（即约 6% 的海洋总溶解盐量），在较深盆地中部局部厚度超过 3 km。由此形成的地中海巨盐层是地球上最年轻、相对未变形的巨盐层之一，可以在接近其原始构造状态下进行科学钻探。自 1970 年 DSDP XIII 航次提出地中海干旱化理论以来，地中海巨盐层的形成在局部和行星尺度上的模式、原因、年代学和后果仍未被完全了解，地中海盐度危机仍然是地球科学中存在时间最长的争论之一。

地中海巨盐层的形成改变了全球海洋的化学性质，并对地中海区域的陆地和海洋生态系统产生了永久性的影响，极大地影响了地中海边缘的沉积演化，并被认为触发了地球岩石圈上千米尺度的垂向位移。此外，地中海巨盐层可能孕育了一个深部生物圈，涉及大量的矿物转化，为生命提供氧化能量，这成为异常代谢微生物生命多样性空前发展的驱动力。

该建议的目标是通过在巴利阿里海角（地中海西部）南缘进行一系列钻探，以回答与地中海巨盐层有关的尚未解决的基本问题。该区域是唯一可以沿着浅水到深水横断面进行钻探的区域。虽然大多数的地中海边缘都经历过地中海巨盐层形成期间的侵蚀，但地震剖面资料表明，该边缘保存着几乎未变形的地中海巨盐层形成期间的沉积物。这些沉积物分布在位于现今海岸线与较深的盐盆中部之间的不同水深的沉积盆地中。该地区为获取地中海巨盐层独特沉积记录提供了绝佳机会，将有助于揭示地中海巨盐层的奥秘，成为地球上更老的巨盐层研究的参考。

(2) 关键词

墨西拿期，深部生物圈，巨盐层

(3) 总体科学目标

该建议建立在 4 个优先且相互关联的科学目标之上，涉及广泛的科学学科领域：

1）优先级 1：

——揭示墨西拿盐度危机和地中海巨盐层的形成时间和成因机制；

——揭示一个以前未被探索的、有可能成为微生物热点的深部生物圈环境。

2）优先级 2：

——揭示盐盆内部及其边缘垂向运动的机制。

3）优先级 3：

——揭示导致早期盐层形变和流体流入及流出盐岩层的因素。

4）优先级 4：

——获取详细的上新世—第四纪地中海从浅水到深水的古洋流记录，研究距今 3.2 Ma 左右可能发生的流向逆转。

（4）站位科学目标

该建议书建议站位见表 4.3.14 和图 4.3.15。

表4.3.14　钻探建议站位科学目标

站位名称	位置	水深 (m)	钻探目标			站位科学目标
			沉积物进尺 (m)	基岩进尺 (m)	总进尺 (m)	
BAL-02A	38.0400°N, 2.2283°E	2636	773	0	773	该站位为浅水到深水钻探剖面中的深水站位，有助于定量揭示地中海巨厚层基准面的变化幅度，检验关于水柱分层和盐度危机穿时 / 同时开始和结束的假设（优先级 1）。该站位也用于评估与蒸发岩相关深部生物圈潜力（优先级 1）。可以用于研究地中海巨盐层形成期间岩石圈快速加载和卸载的差异响应（优先级 2），并得出关于盐盆早期重力驱动盐层构造的一般性结论（优先级 3）
BAL-03A	38.0810°N, 1.7021°E	1749	602	0	602	该站位为浅水到深水钻探剖面中的中等水深站位，有助于定量揭示地中海巨厚层基准面的变化幅度，检验关于水柱分层和盐度危机穿时 / 同时开始和结束的假设（优先级 1）。该站位还可以研究地中海巨盐层形成期间岩石圈快速加载和卸载的差异响应（优先级 2）
BAL-07A	38.9014°N, 2.2756°E	1015	869	0	869	该站位为浅水到深水钻探剖面中的中等水深站位，有助于定量揭示地中海巨厚层基准面的变化幅度，检验关于水柱分层和盐度危机穿时 / 同时开始和结束的假设（优先级 1）。该站位还可评估与蒸发岩相关的深部生物圈潜力（优先级 1），研究地中海巨盐层形成期间岩石圈快速加载和卸载的差异响应（优先级 2），并得出关于早期盐构造和跨盐盆的流体流动的一般性结论（优先级 3）
BAL-05A	39.2060°N, 2.5517°E	320	401	0	401	该站位为浅水到深水钻探剖面中的浅水站位，有助于定量揭示地中海巨厚层基准面的变化幅度，检验关于水柱分层和盐度危机穿时 / 同时开始和结束的假设（优先级 1）。该站位研究将得出早期盐构造和跨盐盆流体流动的一般结论（优先级 3）

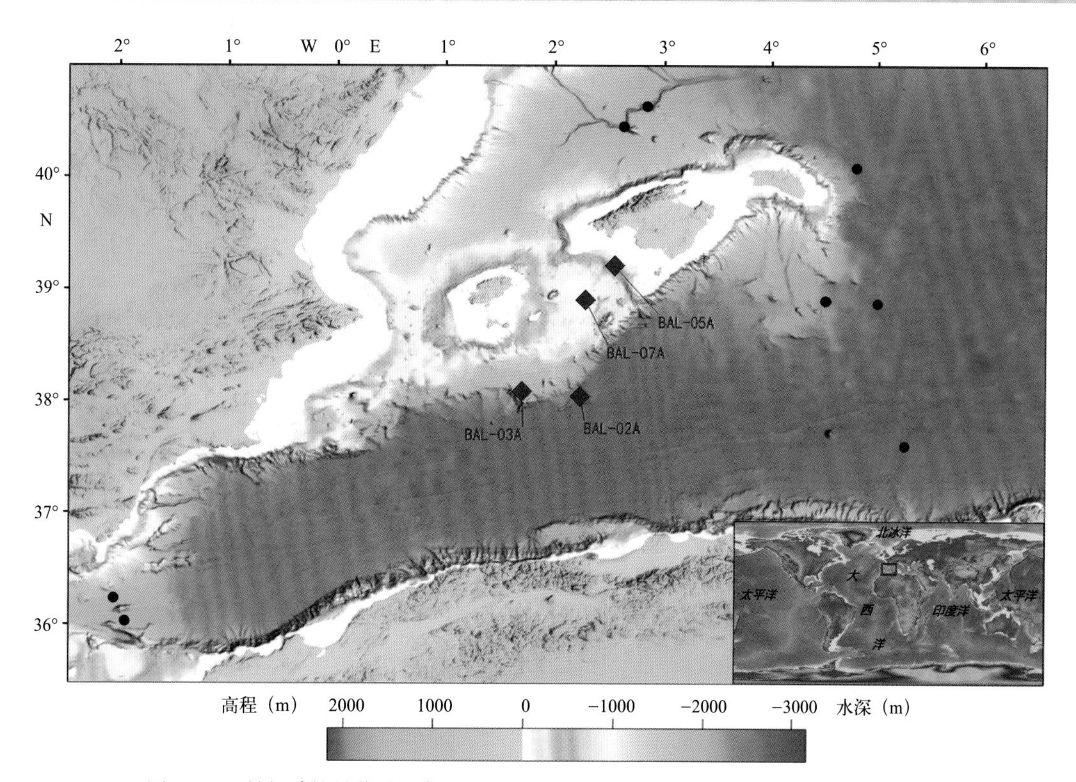

图4.3.15　钻探建议站位（黑色圆圈为已完成钻探站位，红色菱形为新建议站位）

（5）资料来源

资料来源于 IODP 857B 号建议书，建议人名单如下：

J. Lofi, A. Camerlenghi, G. Aloisi, D. Garcia-Castellanos, C. Huebscher, J. Kuroda, J. Anton, M. Bassetti, D. Birgel, R. Bourillot, A. Caruso, H. Daigle, G. DeLange, F. Dela Pierre, R. Flecker, V. Gaullier, D. Hodell, F. Jimenez-Espejo, W. Krijgsman, L. Lourens, S. Lugli, A. Maillard-Lenoir, V. Manzi, T. McGenity, J. McKenzie, P. Meijer, H. Moreno, A. Moscariello, P. Munch, N. Ohkouchi, J. Peckmann, P. Pezard, J. Poort, M. Roveri, F. Sierro, K. Takai, T. Treude.

4.4 印度洋气候与海洋变化

4.4.1 坦桑尼亚近海古气候：温室和冰室条件下的热带气候模式

（1）摘要

新生代发生了重大的气候扰动，地球从温室气候向冰室气候转变，但是新生代期间的热带气候历史是怎样的？大气中 CO_2 含量的下降在多大程度上促进了全球降温？新生代气候演变过程中的许多关键事件都没有得到很好地恢复，或者没有必需的有机质和保存完好的微体化石来重建海洋温度和二氧化碳分压（pCO_2），因此热带气候系统对主要气候转变的响应仍不清楚。迫切需要从热带地区获得厚层的、具有良好测年条件的沉积层序，以解决全球气候变化的基础性和紧迫性问题。

坦桑尼亚近海具有独特的富含黏土的厚层沉积物，因其拥有保存异常丰富的钙质微体化石和有机生物标志物，因此是利用无机和有机替代性指标详细定量重建热带海洋和陆地温度、CO_2、生产力和水文学的理想靶区。该建议旨在揭示晚古新世至今尽可能完整的序列，获取富含微体化石的厚层沉积物并提供有关生物响应关键气候变化和生物进化的重要数据。这些新的地层参考剖面将有孔虫和超微化石记录与沟鞭藻、稳定同位素、天文旋回和古地磁串联起来，形成有助于全球对比的新生代年代标尺。建议的钻探站位非常靠近非洲大陆，可将海洋记录与陆生植被、水文学和人类进化联系起来。

该建议钻探一旦实施，预计在古气候、古海洋学、浮游生物演化、古人类学和区域构造等领域产生重大的科学价值。在坦桑尼亚近海的 IODP 钻探将可能改变科学家对过去约 56 Ma 以来气候变化机制的理解，并将为热带和经向温度的变化以及与 pCO_2 有关的演化历史（受控于温室气候和冰室气候机制）带来新的科学理解。这些记录包含过渡性气候变化、极端气候发展和终止的机制以及海洋—大气系统的驱动和反馈机制的重要信息，从而为极端气候研究做出贡献。

（2）关键词

新生代，古海洋学，坦桑尼亚，印度洋

（3）总体科学目标

揭示记录新生代气候快速变化的热带古新世—更新世富黏土的沉积序列，这些沉积物中保存着微体化石和足够的有机质可用于古气候的多指标重建。建议的站位靠近现代和古坦桑尼亚海岸线，是研究海洋和陆地古气候的独特位置。约束新生代的 pCO_2 和热带温度是拟开展的钻探中最引人注目的科学目标，也是检验 CO_2 在温室和冰室期以及整个新生代主要气候阶段对地球系统敏感性的作用所迫切需要的。根据最新的地震调查、DSDP 和坦桑尼亚钻探项目实施过的钻探，选定了 3 个目标站位（TOP-1 ~ TOP-3）和一个备选站位（TOP-4）。科学目标如下：

1）利用保存异常好的有孔虫和有机替代指标（^{18}O、Mg / Ca、TEX86、UK 37）揭示新生代热带海洋温度。

2）利用无机和有机替代指标揭示新生代 pCO_2，并揭示温度与大气 CO_2 之间的关系。

3）揭示陆地和海洋生物的演化以及关键时期气候扰动的生物响应。

4）使用分子学和孢粉学方法揭示陆地的气温、水文和热带陆地植被的变化。

5）通过获取富含钙质超微化石、沟鞭藻和古地磁学的周期性沉积物，促进与地磁极性年表的关联。

（4）站位科学目标

该建议书建议站位见表 4.4.1 和图 4.4.1。

表4.4.1 钻探建议站位科学目标

站位名称	位置	水深 (m)	钻探目标			站位科学目标
			沉积物进尺 (m)	基岩进尺 (m)	总进尺 (m)	
TOP-1A	9.9263°S, 40.3113°E	1250	1150	0	1150	获取富含黏土的厚层沉积物，基于沉积物保存良好的微体化石和生物标志物，采用无机和有机替代性指标进行温度和 pCO_2 定量重建
TOP-2A	10.0770°S, 40.1992°E	400	450	0	450	
TOP-3A	8.9405°S, 41.5003°E	3450	800	0	800	
TOP-4A	9.0013°S, 41.5108°E	2900	850	0	850	

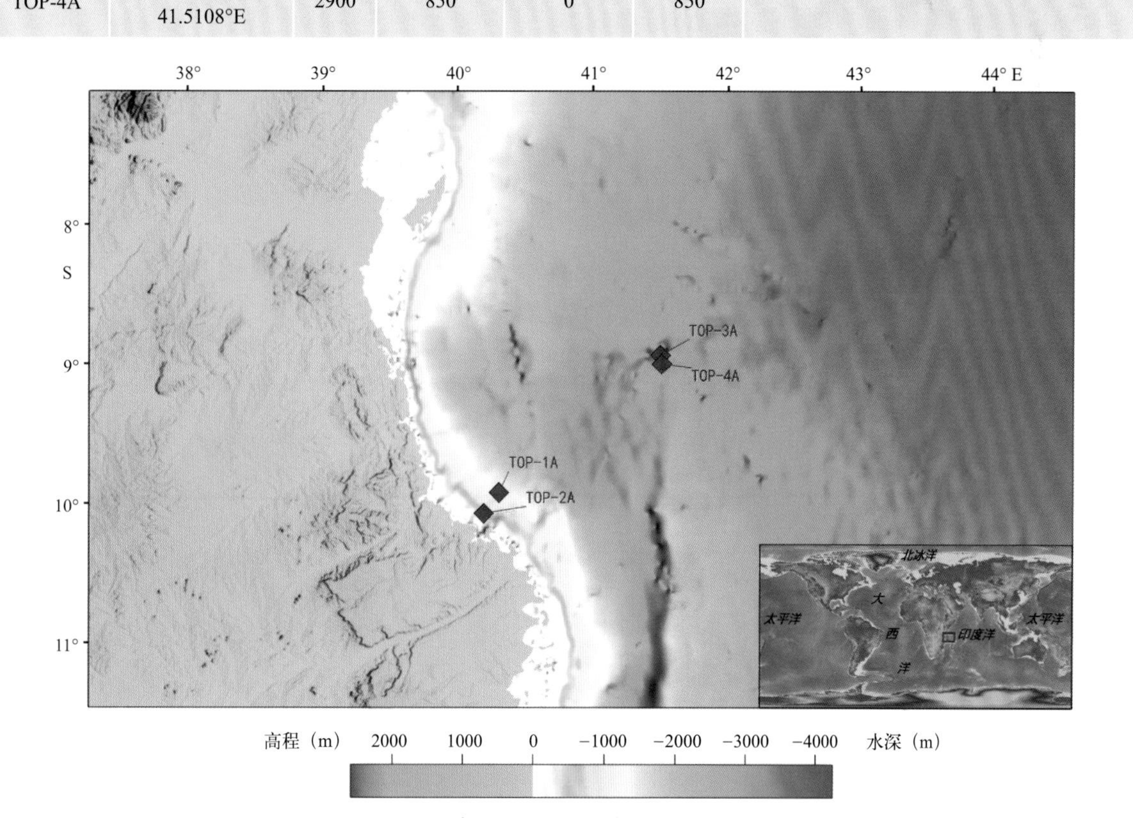

图4.4.1 钻探建议站位（红色菱形为新建议站位）

（5）资料来源

资料来源于 IODP 778 号建议书，建议人名单如下：

Bridget Wade, Chris Nicholas, Paul Pearson, Dick Kroon, Paul Bown, Dennis Kent, Appy Sluijs, Richard Pancost, John Firth, Thomas Westerhold, Peter deMenocal, Brian Huber, Joyce Singano.

4.4.2 阿拉伯海北部季风变化和最低含氧量

（1）摘要

巴基斯坦海域是一个稳定的、扩张的、开放的最小含氧区（OMZ），其强度在米兰科维奇年际尺度上，很大程度是由夏季风和冬季风强度控制的。该建议的主要目标是揭示阿拉伯海北部晚新近纪半深海沉积物的完整序列，从年际尺度到构造尺度研究印度季风和最小含氧区的历史。为达到这个目标，建议在两个深度钻探，横切整个最小含氧区：①在巴基斯坦边缘 300 ~ 525 m 深度处，利用三重活塞取芯工具钻取上新世—第四纪半远洋沉积物（POM 1-3 站位）;②在 Murray 海脊处，利用三重活塞取芯工具钻取上新世—全新世的半远洋沉积物样品（包括 MR1-4 站位、MR-6 站位和备选站位）。钻探建议目标为：①晚新近纪千年尺度的最小含氧区强度变化；②生物地球化学循环；③全球长期降温过程中印度季风的天文因素；④构造尺度的古海洋和古气候变化；⑤深部生物圈。

该建议将解决以下问题：①千年尺度的最小含氧区强度变化是否也发生在约 3 Ma 前北半球冰川作用之前，它们是否在更新世冰期中变得更为明显？②印度夏季风强度与天文因素的关系在过去的 4 Ma 里是否发生了变化，或者冬季季风的影响在重建中是否被低估了？③印尼海道的关闭是否在 3 ~ 4 Ma 前的海洋环流和东非干旱化中起到关键作用？

（2）关键词

季风，第四纪，新近纪，气候变化，OMZ

（3）总体科学目标

1）晚第三纪千年尺度的海洋最小含氧区强度变化；

2）生物地球化学循环；

3）深部生物圈；

4）全球长期降温过程中印度季风的天文因素；

5）构造尺度的古海洋和古气候变化。

（4）站位科学目标

该建议书建议站位见表 4.4.2 和图 4.4.2。

表4.4.2　钻探建议站位科学目标

站位名称	位置	水深 (m)	钻探目标			站位科学目标
			沉积物进尺 (m)	基岩进尺 (m)	总进尺 (m)	
POM-1（首选）	23.0933°N, 66.4650°E	825	400	0	400	1.5 Ma 以来的古气候；最小含氧区强度变化；深部生物圈
POM-2B（首选）	23.1317°N, 66.4917°E	525	300	0	300	2 Ma 以来的古气候；最小含氧区强度变化；深部生物圈

续表

站位名称	位置	水深(m)	钻探目标			站位科学目标
			沉积物进尺(m)	基岩进尺(m)	总进尺(m)	
POM-3（首选）	23.0317°N, 66.3900°E	1350	525	0	525	3.5 Ma 以来的古气候；最小含氧区强度变化；深部生物圈
MR-1（首选）	23.3067°N, 63.8083°E	1840	400	0	400	中新世—全新世气候；最小含氧区强度变化；深部生物圈
MR-2B（备选）	22.2625°N, 63.3367°E	1910	300	0	300	中新世—全新世气候；最小含氧区强度变化；深部生物圈
MR-3B（首选）	22.3283°N, 63.0800°E	2385	350	0	350	中新世—全新世气候；最小含氧区强度变化；深部生物圈
MR-4B（首选）	23.4883°N, 65.3567°E	1200	500	0	500	中新世—全新世气候；最小含氧区强度变化；深部生物圈
MR-4C（备选）	23.5108°N, 65.3692°E	1200	400	0	400	中新世—全新世气候；最小含氧区强度变化；深部生物圈
MR-6B（首选）	23.5405°N, 65.3183°E	890	80	0	80	中新世—全新世气候；最小含氧区强度变化；深部生物圈
MR-6C（备选）	23.4900°N, 65.2917°E	1020	80	0	80	中新世—全新世气候；最小含氧区强度变化；深部生物圈

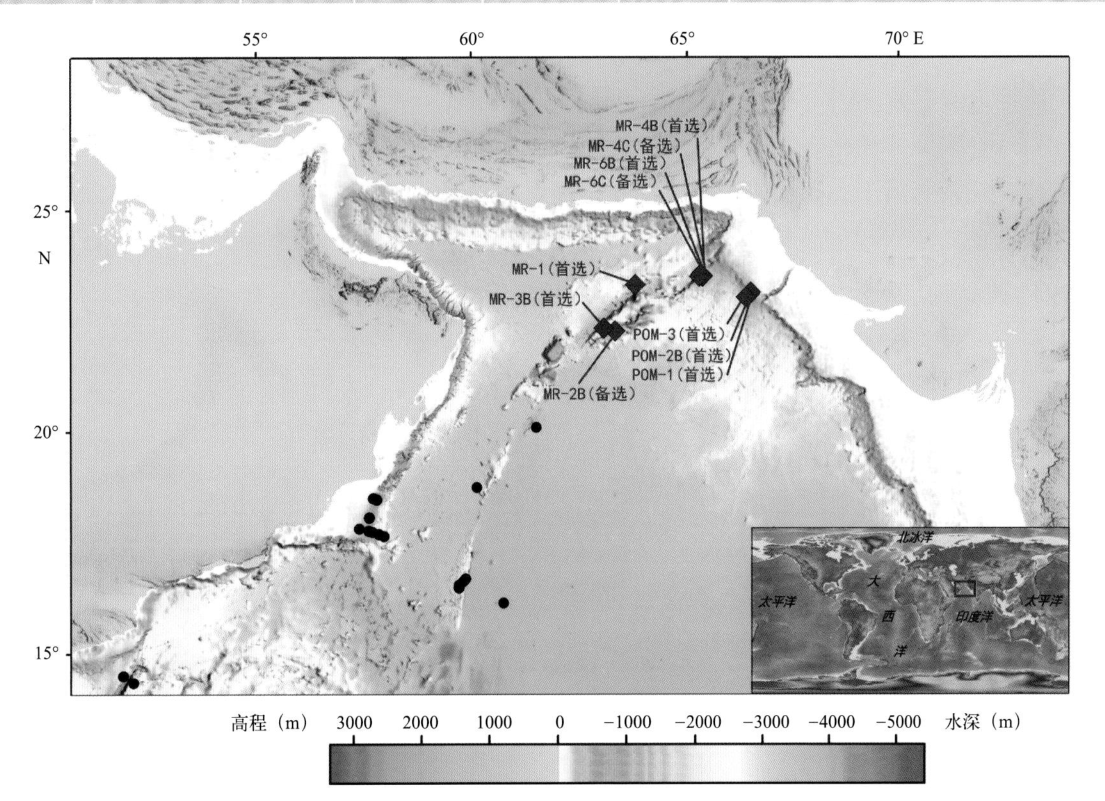

图4.4.2　钻探建议站位（黑色圆圈为已完成钻探站位，红色菱形为新建议站位）

（5）资料来源

资料来源于 IODP 549 号建议书，建议人名单如下：

Andreas Lückge, Willem Jan Zachariasse, Ulrich von Rad, Ali Rashid Tabrez, Christoph Gaedicke, Frederick Hilgen, Lucas Lourens, Gert-Jan Reichart, Carsten Rühlemann, Axel Schippers, Hartmut Schulz.

4.4.3 亚丁湾钻探：约束非洲动物群演化的古环境背景

（1）摘要

新近纪晚期非洲东北部的气候变化是否影响了非洲哺乳动物群（包括人类祖先谱系）的进化？早期人类进化的假说表明，气候驱动的非洲生态环境变化带来了动物群落适应压力，最终导致了遗传选择和进化，这在化石记录中是显而易见的。现有的古气候证据表明，非洲气候的变化与一些关键的进化节点相重合。在亚丁湾实施新的 IODP 钻探，获取完整的、有年代框架的、有多重替代指标的非洲气候和植被变化记录，有助于对这个假说进行严格的检验。此外，亚丁湾是距离东北非洲古人类居住地最近的海盆。

建议沿亚丁湾南西—北东向断面的 6 个站位进行钻探。总体研究策略是沿着断面，根据距离源区的远近位置实施钻探，获取来自东北非洲的古气候和古植被变化信息。前人初步获得的分子生物标志物、风尘和花粉数据表明，这些近源沉积物能提供可靠的非洲古气候记录。钻探站位位于已知高堆积速率（4 ~ 15 cm/ka）处，其基底年龄为 10 ~ 12 Ma。这些站位还将用于获取东北非洲火山爆发的连续火山地层记录，并开展火山灰层与东北非洲化石产出地层的地球化学对比。亚丁湾的古海洋历史研究包括印度季风上升流的发展变化、现代海洋表层水温梯度的出现，以及现今通过 400 ~ 800 m 亚丁湾输出的温暖而咸的红海溢流（RSOW）的历史变化。最远端站位（GOA-5、GOA-6）可将亚丁湾古气候和古海洋学结果与附近的阿拉伯海 ODP 117 航次站位钻探的结果进行分析。

该建议钻探将极大地提高对非洲东北部古环境的理解，这些古环境与早期人类进化中重要的新近纪晚期节点有关，其中一个节点导致了现代人类的出现。由于该区域陆相沉积通常是不完整的；因此，揭示在东北非洲化石产地附近堆积的连续海洋沉积序列是必要的。该钻探有助于在局部和全球气候作用的背景下，揭示该地区气候变化过程和成因，并为研究今后发现的化石记录提供古气候背景信息。

（2）关键词

非洲古气候，季风，人类进化，轨道驱动，火山作用

（3）总体科学目标

1）揭示东北非洲新近纪晚期（距今 10 Ma）的古环境变化

通过分析风尘通量、物源、粒度、有机分子生物标志物和反映过去植被变化的花粉示踪剂来研究过去东北非洲气候变迁。

2）揭示新近纪晚期东北非洲气候变化的原因

研究低纬度太阳辐射和热带海表温度、高纬度气候（冰量）变化，以及区域火山作用和山脉隆升对古近纪晚期非洲气候变化的影响。

3）对记录新近纪晚期非洲东北部火山作用历史的火山灰地层进行约束

获取完整的经轨道调谐的非洲东北部火山作用地层记录。火山碎屑地球化学被用来对比海洋（古气候和古海洋学记录）和陆地（含化石）序列。火山灰沉积历史可能反映了东北非洲地势受热抬升过程。

4）新近纪晚期印度西南季风强度的演化

基于 GOA-4 站位、GOA-5 站位、GOA-6 站位（处于海岸上升流处）中保留的植物群、动物群和海温记录，以及它们与阿拉伯海 ODP 117 航次所揭示的记录之间的联系，研究新近纪晚期西

南季风强度的演变。

5）新近纪晚期亚丁湾红海溢流的形成和变化

该建议提出的 3 个钻探站位（GOA-1、GOA-2、GOA-3）形成了一个包括现代红海溢流的深度断面，底栖有孔虫的同位素和 Mg/Ca 分析可用于研究新近纪晚期红海溢流的形成和变化。

6）整合钻探科学成果，揭示东北非洲新近纪晚期古环境演化及其对非洲动物区系演化的影响。

（4）站位科学目标

该建议书建议站位见表 4.4.3 和图 4.4.3。

表4.4.3　钻探建议站位科学目标

站位名称	位置	水深 (m)	钻探目标			站位科学目标
			沉积物进尺 (m)	基岩进尺 (m)	总进尺 (m)	
GOA-1	11.8383°N, 43.3533°E	650	250	50	300	非洲古气候、红海溢流、火山灰地层
GOA-2	12.1527°N, 44.3883°E	750	410	50	460	非洲古气候、红海溢流、火山灰地层
GOA-3	12.5000°N, 45.5000°E	750	700	50	750	非洲古气候、红海溢流、上涌、火山灰地层
GOA-4	12.7188°N, 46.8827°E	1790	450	50	500	非洲古气候、上升流、火山灰地层
GOA-5	13.6108°N, 49.5873°E	1990	530	50	580	非洲古气候、上升流、火山灰地层
GOA-6	13.6123°N, 52.9667°E	2520	540	50	600	非洲古气候、上升流、火山灰地层、与 ODP 117 航次站位关联

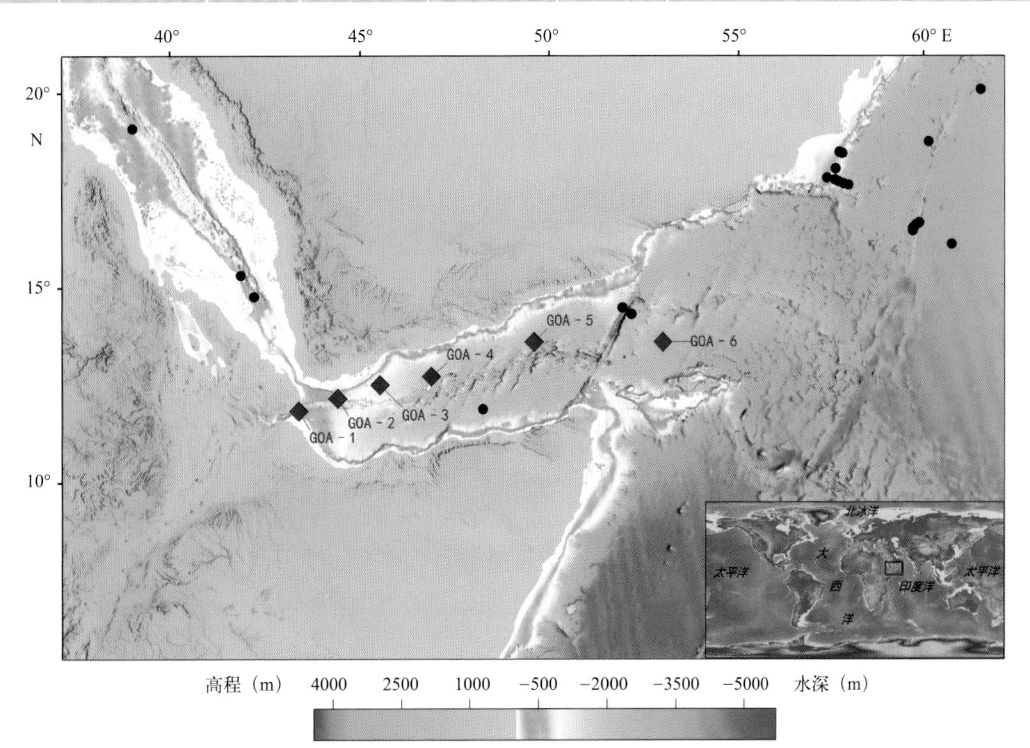

图4.4.3　钻探建议站位（黑色圆圈为已完成钻探站位，红色菱形为新建议站位）

（5）资料来源

资料来源于 IODP 724 号建议书，建议人名单如下：

Peter B. deMenocal, Kensaku Tamaki, Richard Potts, Tim Eglinton, Francis H. Brown, Sarah Feakins, Gen Suwa, Shigehiro Katoh, Masafumi Murayama, Gerald Ganssen, Phillipe Huchon, Sylvie Leroy, Kyoko Okino, Warren Prell, Tim White.

4.5 太平洋气候与海洋变化

4.5.1 南太平洋地质来源 CO_2 的聚集和释放导致了冰期 / 间冰期 pCO_2 分压的变化以及新西兰查塔姆海岭海底麻坑的形成

（1）摘要

海洋与气候研究面临的一个重大挑战是：晚更新世每个冰期旋回中，是什么机制控制着地球系统，使大气中 CO_2 浓度能稳定地地保持 280 ~ 190 mg/L。最新研究发现在大洋的不同构造环境中都有液态和水合物态 CO_2 的聚集。液态和水合物态 CO_2 稳定地聚集在温度低于 9℃、水深大于 400 m 的海洋沉积物中。这表明有相当部分的海底与海洋进行热液循环与交换。伴随冰期旋回的温度和压力变化会影响碳的稳定性，致使碳流向海水。在这种方式下，地质储层就像一个“电容”，在冰期聚集碳，在间冰期释放碳。

从查塔姆海岭（Chatham Rise）沉积物获取的放射性碳数据记录了末次冰期旋回期间地质 CO_2 向海洋排放，大幅度的 $D^{14}C$ 剧增意味着在末次冰期结束时有大量的死碳从查塔姆海岭排出。重要的是，$\delta^{14}C$ 剧增与分布在查塔姆海岭南部边缘的海底麻坑的形成存在密切关系。地震剖面记录了麻坑形成的每个早期阶段都与晚更新世的冰期结束时间吻合。根据冰期晚期 $\delta^{14}C$ 偏移与海底麻坑形成在时间上的强相关性，本建议假设两者之间的因果关系为：冰期—间冰期的转换期间地质储层释放富碳流体引起沉积扰动从而形成海底麻坑（Davy et al., 2010）。这些事件释放的碳进入上层的海洋之中造成了冰消期大气中 pCO_2 的上升。

该建议旨在对查塔姆海岭及其边缘地区进行更新世沉积物取芯，用来检验每次冰期结束后查塔姆海岭是否会释放地质碳以及这些被释放的碳是否对麻坑的形成产生影响，研究查塔姆海岭（以及整个海洋的其他地质环境）在每个冰期旋回中释放出的地质碳。这一变革性发现，将有可能解决气候科学中一个重大的科学挑战，即大气 pCO_2 变化的调节机制。

（2）关键词

地质 CO_2，海底麻坑

（3）总体科学目标

以钻探、取样（沉积物和孔隙流体）和地球化学分析的方法，检测地层是否存在地质富碳流体，验证更新世冰期结束时释放至海洋的富碳流体是否与海底麻坑的形成相关。

将要解决的主要问题有：

1）查塔姆海岭相对浅的地层是否存在富碳流体（CO_2 和 / 或 CH_4）？这需要 IODP 具备深钻能力。

2）每次冰期结束时形成的海底麻坑是否都伴随有地球化学和沉积异常（敏感指标包括 pH、[CO_3=]、d11B、B/Ca、碳同位素异常、$d^{13}C$ 、$D^{14}C$、碳酸盐溶解）？这两项需要来自海岭及其边缘地区的多个深层岩芯。

3）在过去的 1.8 Ma 年中海底麻坑的形成是否像地震剖面资料反映的那样与每次冰期的结束有关？

（4）站位科学目标

该建议书建议站位见表 4.5.1 和图 4.5.1。

表4.5.1　钻探建议站位科学目标

站位名称	位置	水深(m)	钻探目标			站位科学目标
			沉积物进尺(m)	基岩进尺(m)	总进尺(m)	
COSP-01A	44.0003°S, 174.4760°E	569	30	0	30	研究麻坑的形成是否与冰期结束有关。以与麻坑基底对应的强振幅反射为目标层位（关键问题 1 和 2）
COSP-02A	43.9977°S, 174.4738°E	563	70	0	70	研究麻坑的形成与 CO_2 之间的联系。麻坑基底为振幅反射面，麻坑之外的连续沉积记录了麻坑形成时海水的异常（关键问题 1 和 3）
COSP-03A	43.9921°S, 174.4693°E	563	70	0	70	研究麻坑形成与冰期的结束是否存在关联。以对应麻坑基底的高振幅反射为目标层位（关键问题 1 和 2）
COSP-04A	44.3250°S, 177.0472°E	1017	350	0	350	研究麻坑的形成与 CO_2 之间的联系。麻坑麻坑基底强振幅反射面，麻坑之外的连续沉积记录了麻坑形成时海水的异常。分析丘状等深流沉积的时间以及调查底流对麻坑改造的潜在作用。探讨麻坑形成与沉积物超压脱水之间的联系（关键问题 1，3，4，5 和 6）
COSP-05A	44.3031°S, 177.0401°E	983	500	0	500	研究硅质成岩脱水与麻坑形成的潜在联系。分析丘状等深流沉积的时间以及调查底流对麻坑改造的潜在作用（关键问题 1，4，5 和 6）
COSP-06A	44.0983°S, 178.5927°E	860	300	0	300	研究地震资料显示的气体喷口结构与较大麻坑形成之间的潜在联系（关键问题 1）
COSP-07A	43.9815°S, 178.7926°E	790	30	0	30	研究麻坑形成的时间是否支持麻坑被亚热带锋相关的洋流扩大和拉长这一假设（关键问题 1 和 6）
COSP-08A	43.9839°S, 178.7647°E	750	30	0	30	研究麻坑形成与冰期的结束是否相关联。以与麻坑基底对应的强振幅反射为目标层位。研究硅质成岩脱水与麻坑形成的潜在联系（关键问题 1，2，4，5 和 6）
COSP-09A	45.7576°S, 178.1489°E	2502	200	0	200	研究麻坑的形成与 CO_2 之间的联系。麻坑麻坑基底强振幅反射，麻坑之外的连续沉积记录了麻坑的形成时海水的异常（关键问题 1 和 3）

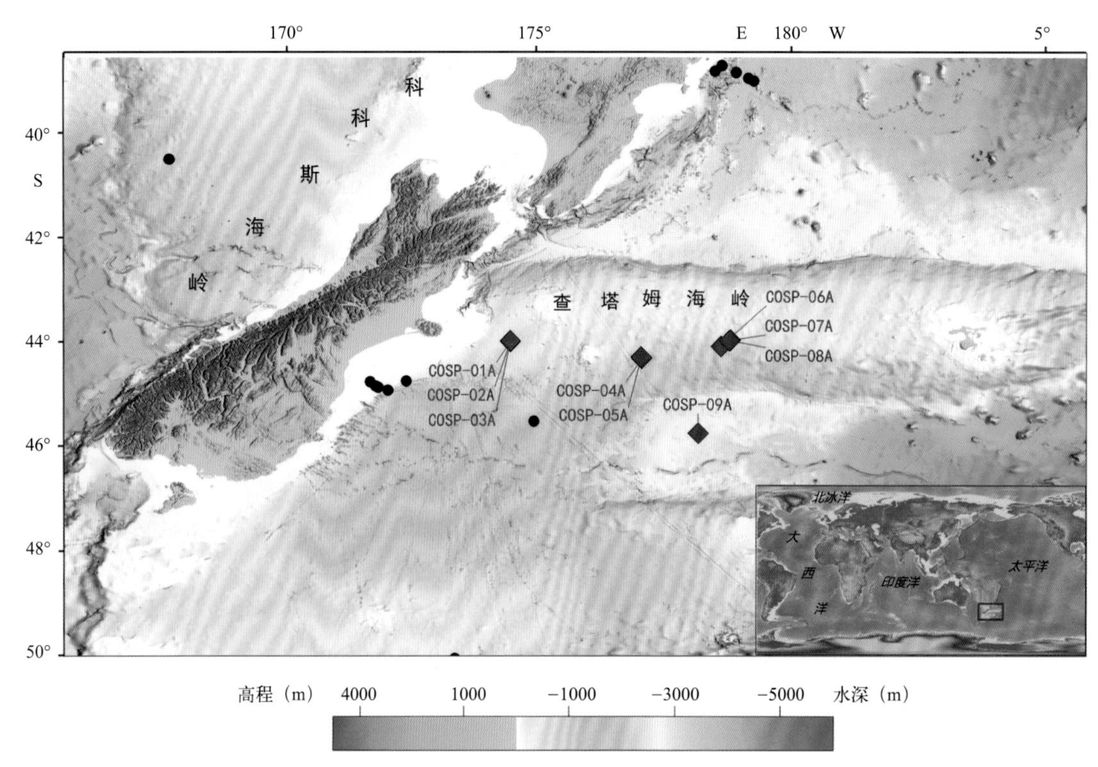

图4.5.1 钻探建议站位（黑色圆圈为已完成钻探站位，红色菱形为新建议站位）

（5）资料来源

资料来源于 IODP 924 号建议书，建议人名单如下：

Lowell Stott, Ingo Pecher, Richard Coffin, Bryan Davy, Joerg Bialas, Helen Neil, Jess Hillman.

4.5.2 科迪勒拉冰盖、密苏拉洪水和近岸环境

（1）摘要

该建议旨在研究俄勒冈州和不列颠哥伦比亚省南部之间的东北太平洋边缘的古环境历史。目前对北美太平洋西北边缘古气候历史的研究依然不足，在很大程度上是由于缺乏可供研究的合适的沉积记录。易于发生地震活动的构造环境以及陡峭的大陆坡导致海底沉积物大量缺失，严重制约了有助于实现古气候研究目标的潜在站位的选择。然而，这些古气候记录对于研究东北太平洋气候及其如何与全球气候系统相互作用至关重要。在整个更新世，太平洋西北缘为了科迪勒拉冰盖的南缘，其最大规模与现今的格陵兰冰盖面积类似。科迪勒拉冰盖在先前的冰期 / 间冰期旋回中的消亡可为残存的北半球冰盖对现代变暖气候的敏感性和响应性研究重要的线索。在科迪勒拉冰盖最终消退期间，或是在更早的时期，源自冰盖南缘冰封湖泊的特大洪水极大地改变了哥伦比亚河周围的景观和邻近大陆边缘的形态。最近的洪水在加利福尼亚至不列颠哥伦比亚省留下了海洋沉积记录。越来越多的证据表明，科迪勒拉冰盖的消亡（也许与这些洪水有关）产生了全球影响。但是，仍然存在以下问题：

——哪些区域环境条件与冰盖南缘的进退有关？

——科迪勒拉冰盖的海洋边缘在何种规模上呈现同步变化？

——末次冰期终止时冰川的退缩是否存在独特性或与之前的冰川融化机制相似？

——更新世科迪勒拉冰盖南缘的进/退与全球其他冰冻圈系统之间的相位关系是怎样的？

与这些过程相关的河流径流变化也可能以某种方式影响着区域大洋环流、水团性质，海洋植物和动物群落以及碳埋藏，即使在最近的冰川终止期，对这些的了解也有限，而在之前的暖室期则从未开展过此类研究。该地区获取的初步的地震数据显示在该边缘可能获取连续的晚更新世至早上新世地层剖面，这将为以上列出的及其他具有全球意义的区域古环境问题提供重要的见解。

（2）关键词

气候，科迪勒拉，特大洪水，地层学，环流

（3）总体科学目标

具体的钻探目标是：

1）重建科迪勒拉冰盖南缘晚更新世的变化历史，特别是多个冰期/间冰期旋回中区域环境条件的变化与冰盖范围之间的关系；

2）利用包括有孔虫稳定同位素、放射性同位素、古地磁学和生物地层学在内的可靠的多指标地质年代学方法，研究全球背景下的科迪勒拉冰盖的演化和区域气候变化；

3）揭示从科迪勒拉南部到东北太平洋的河流径流的区域效应和远程效应，从对东北太平洋环流系统的影响和到对全球气候的影响；

4）解释大陆坡地层中的构造变形面，进而重建太平洋西北边缘最近的演化历史；

5）研究区域性海洋和冰川补给变化造成的碳埋藏、缺氧和动物群落变化；

6）比较沉积微生物群落与古地层，研究河流沉积物快速堆积、碳埋藏和深部生物圈之间的相互作用；

7）研究晚中新世北半球变冷开始之前至中上新世北半球冰川作用开始期间的区域气候和地磁变化。

（4）站位科学目标

该建议书建议站位见表4.5.2和图4.5.2。

表4.5.2 钻探建议站位科学目标

站位名称	位置	水深(m)	钻探目标			站位科学目标
			沉积物进尺(m)	基岩进尺(m)	总进尺(m)	
ICEMN-01A（首选）	41.1439°N, 126.3667°W	2978	560	0	560	这个站位位于调查岩芯Y72-11-1的位置，晚更新世的沉积速率约10 cm/ka，沉积物最上部16 m处可追溯至MIS-6。该站位的地壳年龄约为5 Ma。因此，该站位提供了获取追溯至上新世中期（也许略有超出）的区域环境记录的可能性，包含北半球小冰盖开始形成的时期，并可能提供在更温暖环境中（类似于不久的将来）区域气候过程和北美冰冻圈的敏感变化信息

续表

站位名称	位置	水深 (m)	钻探目标			站位科学目标
			沉积物进尺 (m)	基岩进尺 (m)	总进尺 (m)	
ICEMN-02A（首选）	42.7493°N, 125.2417°W	1999	300	0	300	该站位接近 DSDP 175 站位，晚更新世沉积速率为 25 ~ 30 cm/ka，并在最上部 120 m 处追溯到至少 400 ka。尽管岩性和替代性指标保存潜力良好，但取芯率很低，剩余的岩芯发生脱水和扰动。因此，难以对环境变化、沉积结构和古地磁进行高分辨率分析。建议利用三重活塞取芯工具重新取芯（可能为 200 ~ 300 m）。该站位为揭示晚更新世区域古环境以及边缘的构造 / 变形历史提供了机会
ICEMN-03A（首选）	42.7839°N, 126.3467°W	2815	800	0	800	此站位位于下阿斯托里亚海底扇的一个分水岭上。DSDP 18 航次在此钻获了 879 m 的沉积物和 30 m 的基岩，但取芯率只有 48%。建议利用三重活塞取芯工具钻取剖面上部的 284 m 地层（由水平层状砂和粉砂组成，夹杂富含有孔虫的泥），然后使用 XCB/RCB 钻至 800 m。该站位可定年的沉积序列跨越了多个 100 ka 的冰期—间冰期旋回，为重建比陆地研究更长时间尺度上的科迪勒拉冰盖及特大洪水变化提供了机会
ICEMN-04A（首选）	43.3711°N, 125.2320°W	1959	300	0	300	该站位位于阿斯托里亚峡谷以南的外大陆坡上的阶梯盆地。基于地震地层分析，结合附近阶梯状盆地中获取的调查岩芯，该站位很可能保留了较好的高分辨率古环境变化记录。该站位和 ICEMN-02A 为了解晚更新世区域古环境以及陆缘的构造 / 变形历史提供了机会
ICEMN-05A（首选）	43.7849°N, 124.8546°W	826	750	0	750	该站位位于阿斯托里亚峡谷以南的大陆坡上的阶梯状盆地，采集了现场勘查岩芯和地震剖面。与 ICEMN-04A 站位相似，地震地层和岩性表明，该站位很可能保留了较好的高分辨率古环境变化记录。作为斜坡阶梯状盆地站位中最靠岸（因此也是最古老）的站位，该站位保存了最老的古环境记录，并记录了陆缘最早变形历史的信息

续表

站位名称	位置	水深 (m)	钻探目标			站位科学目标
			沉积物进尺 (m)	基岩进尺 (m)	总进尺 (m)	
ICEMN-06A（首选）	45.3361°N, 125.5833°W	1469	300	0	300	该站位位于华盛顿大陆边缘格雷斯峡谷附近的盆地斜坡上。该峡谷是科迪勒拉冰盖普吉特分支的冰川沉积物运移通道，因此保存了冰盖西南边缘的演化记录（与阿斯托里亚峡谷相邻站位的沉积物相反，本站位沉积物是主要来自喀斯喀特山脉东部冰盖的冰川沉积物）。计划利用活塞取芯工具取芯至 200 ~ 300 m 来揭示晚更新世高分辨率沉积序列
ICEMN-07A（首选）	45.4301°N, 128.9920°W	2588	400	0	400	该站位位于岩芯 TT029 017-021 所在地，记录了一段可追溯到末次冰盛期（堆积了超过 4 m 的沉积物）的环境变化历史。该站位洋壳较年轻，年龄为 1 ~ 2 Ma，但较低的堆积速率使得钻探记录中更新世向晚更新世或更早一些的冰川作用加剧的地层剖面成为可能，从而为哥伦比亚河流域的特大洪水事件提供更广泛的环境背景。拟通过采集地震资料和其他调查岩芯来完善该目标
ICEMN-08A（首选）	46.8572°N, 127.0357°W	1228	300	0	300	该站位位于胡安·德·富卡海峡入口附近，在大陆坡上的一个小丘上，避开了下坡的浊积活动，捕获了来自温哥华岛和胡安·德·富卡分支的冰川海相沉积物。这是 Marion Dufresne 巨型活塞岩芯 MD02-2496 所在地，通过该岩芯产出了一些关于晚更新世科迪勒拉冰盖海缘演化的研究成果。该站位已被证明是古海洋重建的绝佳场所；拟通过采集地震资料完善目标后再进行钻探
ICEMN-09A（首选）	47.7057°N, 130.4600°W	2390	500	0	500	此站位位于调查站位 PAR 850-01 处，捕获了可能来自 CIS 一个分支延伸穿过赫卡特海峡和夏洛特皇后湾的晚更新世冰筏碎屑沉积（Blaise et al., 1990），与 ICEMN-08A 类似，预计将获得更厚的冰期沉积物和薄层的间冰段 / 间冰期沉积物。该站位位于探险家海脊以西相对较年轻（1 ~ 2 Ma）的洋壳上。因距陆缘较远，堆积速率较低，有助于钻探早更新世的地层剖面，从而获取北半球冰川作用加剧的信息。拟通过采集地震资料和其他调查岩芯来完善此目标

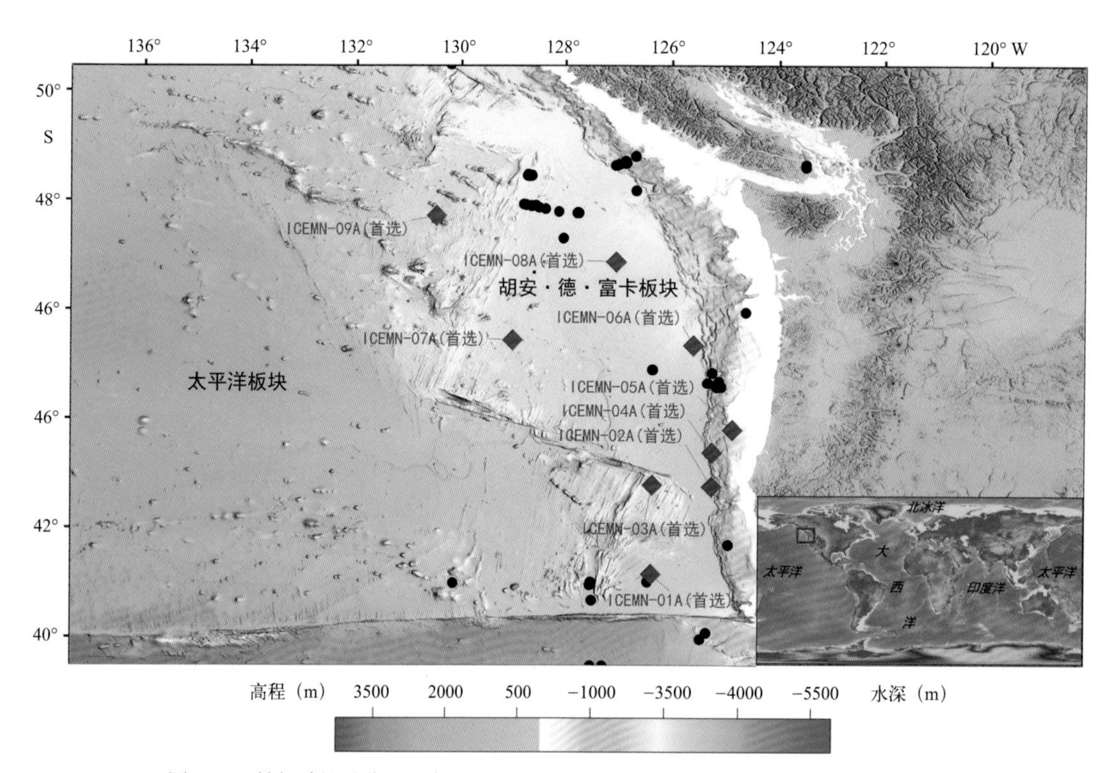

图4.5.2 钻探建议站位（黑色圆圈为已完成钻探站位，红色菱形为新建议站位）

（5）资料来源

资料来源于 IODP 963 号建议书，建议人名单如下：

Maureen Walczak, Ingrid Hendy, Brendan Reilly, Christina Belanger, Jennifer Biddle, Laurel Childress, Kassandra Costa, Joel Gombiner, Jenna Hill, Stephanie Kienast, Lester Lembke-Jene, Karen Lloyd, Cristina Lopes, Mitch Lyle, Alan Mix, Summer Praetorius, Derek Sawyer, Joseph Stoner, Sally Zellers.

4.5.3 北太平洋副热带环流中西边界流第四纪演化及其与赤道太平洋温度的联系

（1）摘要

该建议旨在在冲绳海槽实施钻探，用以研究北太平洋副热带环流中的西边界流在第四纪期间如何演变，以及如何与赤道太平洋温度梯度的变化联系在一起。在上新世—更新世，赤道太平洋纬向温度梯度的演变显示出逐步增加的趋势。在这一时期，太平洋东缘的经向温度梯度的演变也显示出逐渐增加的趋势。重建西太平洋南北向温度梯度的演化，将有助于重建北太平洋副热带环流中西边界流和海洋热传输的演化 / 变化历史。到目前为止，尚无可与赤道太平洋和东太平洋记录对比的西太平洋南北向温度梯度的长期记录。与这些记录进行对比，将有助于了解北太平洋副热带环流的演变及其与赤道太平洋温度变化的关系。该建议钻探站位是研究黑潮的理想地点。前人分析表明，冲绳海槽和琉球岛弧前海域的海表温度和盐度在冰期差异不大，表明黑潮水流入了冲绳海槽。同样，在末次冰期，冲绳海槽中部的盐度下降小于 1×10^{-12}。这表明在末次冰期，建议站位附近的大河河水输入的影响应该是最小的。

（2）关键词

黑潮

（3）总体科学目标

重建第四纪海表温度、水柱结构和温跃层深度的变化。尤其是将钻探获取的长期温度记录与赤道西部和东部以及中高纬度太平洋的记录进行比较，以重建北太平洋的纬向和经向温度梯度，揭示黑潮的演变及其在海洋热传输中的作用。还有助于研究赤道太平洋类ENSO海表温度变化与黑潮的强度和变化在轨道—构造时间尺度上的联系。这将有助于了解在这段时间内纬向和经向海表温度梯度是如何演变为驱动中纬度气候中的气旋和其他方面的气候因子。

（4）站位科学目标

该建议书建议站位见表4.5.3和图4.5.3。

表4.5.3 钻探建议站位科学目标

站位名称	位置	水深(m)	钻探目标			站位科学目标
			沉积物进尺(m)	基岩进尺(m)	总进尺(m)	
OT-1B	28.1190°N, 127.1922°E	1070	700	0	700	研究北太平洋副热带环流中西边界流的第四纪演化及其与赤道太平洋温度的联系
OT-1A	27.6938°N, 126.8048°E	1450	600	0	600	研究海表温度、水柱结构、跃层深度和大洋环流的变化；研究北太平洋南北向和东西向的温度变化

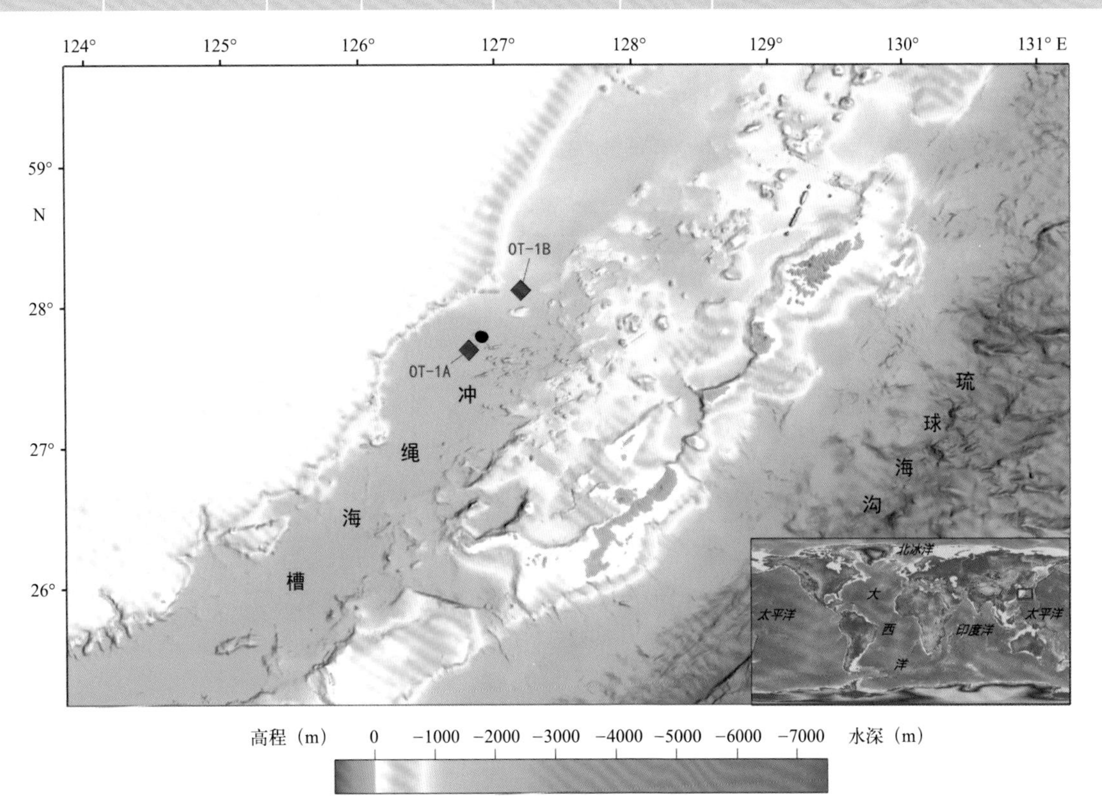

图4.5.3 钻探建议站位（黑色圆圈为已完成钻探站位，红色菱形为新建议站位）

（5）资料来源

资料来源于 IODP 777 号建议书，建议人名单如下：

K. Lee, T. Itaki, S. Chang, S. Hyun, K. Ikehara, Y. Iryu, B. Khim, K. Kimoto, Y. Kubota, H. Matsuda, S. Nam, R. Tada, Y. Ujii.

4.5.4 夏威夷附近淹没的珊瑚礁，是揭示过去 500 ka 以来海平面、气候变化和生物礁响应的独特记录

（1）摘要

由于缺乏在过去的 500 ka（特别是冰川时期）中适当的珊瑚化石记录，人们对海平面升降和全球气候变化的联系和机制研究仍然不足。大量的调查和数值模拟资料表明珊瑚礁体的内部地层和顶部对海平面和气候变化高度敏感，建议通过在夏威夷周围 134 ~ 1155 m 水深下钻探一系列独特的淹没珊瑚礁研究海平面升降和全球变化的联系和机制。

由于夏威夷快速（2.5 ~ 2.6 m/ka）但保持基本恒定速率沉降，这些礁体中保存了厚层（100 ~ 200 m）以浅水珊瑚礁相为主的地层。这些礁体经历了地球气候历史上的重要时期，而在稳定（大堡礁、塔希提岛）和隆起边缘（巴布亚新几内亚、巴巴多斯岛），由于缺乏沉积空间和/或位于不利的陆架地形，这些重要时期的沉积物可能缺失或是沉积物高度被压实。特别需要说明的是，以往数据表明礁体在过去 5 ~ 6 个冰期旋回的大部分时间都有生长（偶然可生长约 90 ~ 100 ka）。因此，对这些礁体进行科学钻探，将获得过去 500 ka 关于海平面变化和相关气候变化的新资料。

该建议有 4 个主要目标。第一，约束过去 500 ka 的海平面变化时间、速率和幅度，对米兰科维奇气候理论进行关键性的检验，并对有争议的亚轨道尺度海平面突变事件进行评估（快速冰融事件），这些事件与发生在热带以外的事件相关（比如，丹斯果—奥什格尔冰心温度事件、北大西洋沉积岩芯中海因里希冰筏碎屑事件）。第二，利用过去 500 ka 以来，不同气候驱动边界条件下（如冰盖规模、二氧化碳分压、日照）的高分辨率礁体指标数据，研究平均气候状态和高频气候变化（季节性—年际）的过程。第三，研究珊瑚礁系统对海平面突变和气候变化的响应，检验礁体演化的沉积模型以及珊瑚礁恢复力的生态学理论，并研究微生物群落在造礁过程中的作用。第四，揭示夏威夷沉降的时空变化规律，支撑研究岛上的火山演化规律。

（2）关键词

气候变化，海平面，珊瑚礁响应，地质微生物学，太平洋中部

（3）总体科学目标

1）为了揭示过去 500 ka 以来中太平洋海平面变化特征，拟根据夏威夷淹没的生物礁构建一个最新的、更完整的海平面变化曲线，该变化曲线将用于：①对米兰科维奇气候理论预测进行更详细的检验；②加强对过去 500 ka 尺度海平面变化的约束。

2）为了揭示在过去 500 ka 来中太平洋古气候变化的关键过程，拟做如下工作：①利用大量珊瑚样本揭示平均和季节性/年际气候变化；②使用这些记录来研究高纬度气候（冰盖量）、二氧化碳分压和季节性太阳辐射如何影响亚热带太平洋气候。该方法可用于检验关于气候对边界条件变

化和气候驱动力响应和敏感性的理论预测。

3）为了揭示珊瑚礁系统对突然的海平面变化和气候变化的地质和生物响应，拟做如下工作：①研究礁体为响应这些变化而发生的层序和地貌的演变；②验证有关珊瑚礁在间冰期 / 冰期至千年时间尺度的极端的、反复的环境压力下的恢复力和脆弱性的生态理论；③研究现存微生物和古微生物群落的性质以及它们在造礁中的作用。

4）为了阐明夏威夷的沉降和火山历史，拟做如下工作：①研究夏威夷的沉降在时空上的变化；②提高对岛上火山演变的认识。

（4）站位科学目标

该建议书建议站位见表 4.5.4 和图 4.5.4。

表4.5.4　钻探建议站位科学目标

站位名称	位置	水深 (m)	钻探目标			站位科学目标
			沉积物进尺 (m)	基岩进尺 (m)	总进尺 (m)	
K0N-01A	19.6003°N, 56.0110°W	145	140	10	150	MIS 1 ~ 5 期的 H1d 生物礁（背风、气候干旱）
KAW-03A	20.0186°N, 155.8665°W	154	140	10	150	MIS 1 ~ 5 期的 H1d 生物礁（背风、气候干旱）
KAW-04A	19.9958°N, 156.0329°W	419	140	10	150	MIS 6 ~ 7 期的 H2d 生物礁（背风、气候干旱）
KAW-06A	20.0364°N, 156.0657°W	737	140	10	150	MIS 8 ~ 9 期的 H4 生物礁（背风、气候干旱）
KAW-07A	20.1373°N, 156.0793°W	988	140	10	150	MIS 10 ~ 11 期的 H6 生物礁（背风、气候干旱）
MAH-01A	20.0554°N, 156.1897°W	1102	140	10	150	MIS 12 ~ 13 期的 H8a 生物礁（背风、气候干旱）
MAH-02A	20.0503°N, 156.1920°W	1154	140	10	150	MIS 12 ~ 13 期的 H8b 生物礁（背风、气候干旱）
K0H-01A	20.2903°N, 155.6512°W	410	140	10	150	MIS 6 ~ 7 期的 H2d 生物礁（迎风、气候湿润）
K0H-02A	20.2740°N, 155.4903°W	930	140	10	150	MIS 10 ~ 11 期的 H7 生物礁（迎风、气候湿润）
HIL-01A	19.7588°N, 154.9857°W	134	140	10	150	MIS 1 ~ 5 期的 H1d 生物礁（迎风、气候湿润）
HIL-05A	19.8770°N, 154.9396°W	402	140	110	150	MIS 6 ~ 7 期的 H2d 生物礁（迎风、气候湿润）
KAW-01A	20.0113°N, 155.8485°W	109	140	10	150	MIS 1 ~ 5 期的 H1b 生物礁（背风、气候干旱）
KAW-02A	20.0173°N, 155.8572°W	131	140	10	150	MIS 1 ~ 5 期的 H1c 生物礁（背风、气候干旱）

续表

站位名称	位置	水深(m)	钻探目标			站位科学目标
			沉积物进尺(m)	基岩进尺(m)	总进尺(m)	
KAW-05A	19.9787°N, 156.0292°W	466	140	10	150	MIS 6 ~ 7 期的 H2d 生物礁（背风、气候干旱）
HIL-02A	19.8830°N, 155.0299°W	271	140	10	150	MIS 4 ~ 7 期的 H2a 生物礁（迎风、气候湿润）
HIL-03A	19.8671°N, 154.9734°W	338	140	10	150	MIS 5a ~ 7 期的 H2b 生物礁（迎风、气候湿润）
HIL-04A	19.8694°N, 154.9546°W	354	140	10	150	MIS 5a ~ 7 期的 H2c 生物礁（迎风、气候湿润）
MAH-03A	20.1404°N, 156.2382°W	1213	140	10	150	MIS 14 ~ 15 期的 H9 生物礁（背风、气候干旱）
MAH-04A	20.0652°N, 156.2669°W	1234	140	10	150	MIS 14 ~ 15 期的 H10 生物礁（背风、气候干旱）
MAH-05A	19.9949°N, 156.2293°W	1289	140	10	150	MIS 14 ~ 15 期的 H11 生物礁（背风、气候干旱）

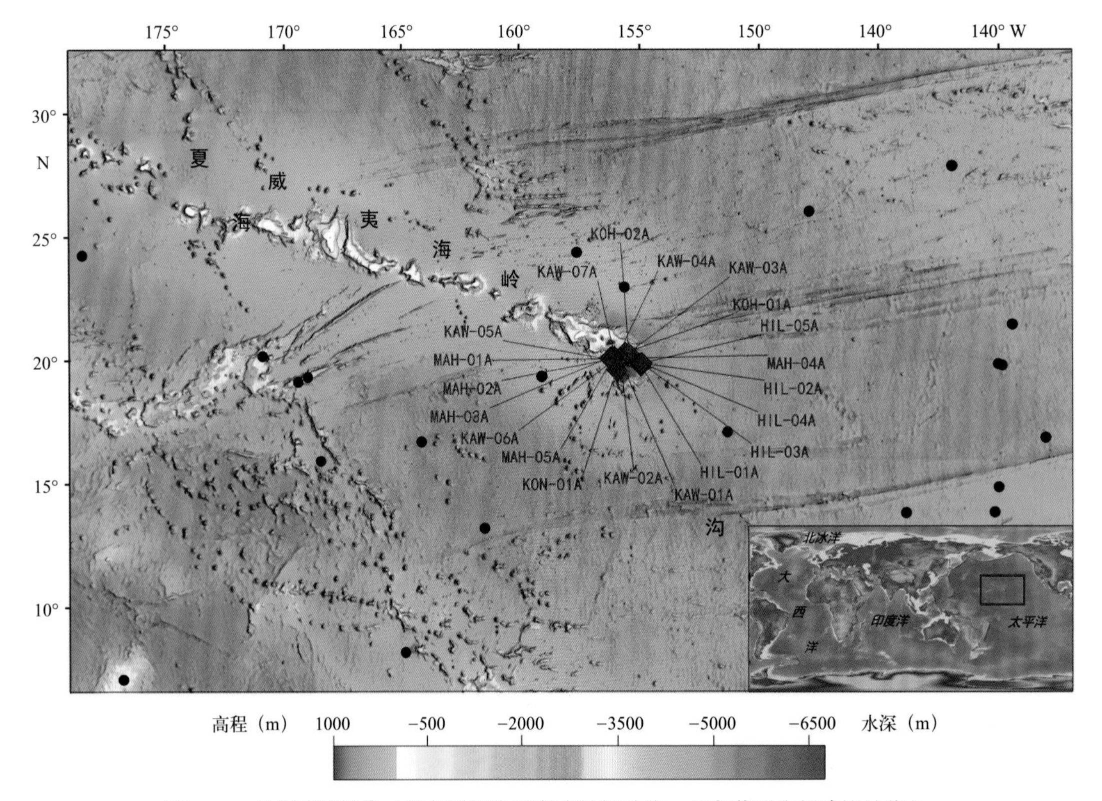

图4.5.4 钻探建议站位（黑色圆圈为已完成钻探站位，红色菱形为新建议站位）

（5）资料来源

资料来源于 IODP 716 号建议书，建议人名单如下：

J. M. Webster, A. C. Ravelo, C. Gallup, D. A. Clague, N. Allison, J. C. Braga, J. Chiang, C.Fletcher, E. Grossman, Y. Iryu, , J. Pandolfi, W. Renema, Y. Yokoyama, C. Vasconcelos, R. Warthmann, S. P. Templer.

4.5.5 在瓦努阿图的萨宾滩和布干维尔古耶特岛淹没礁体获取晚第四纪气候和海平面的珊瑚记录

（1）摘要

西太平洋暖池（WPWP）第四纪气候和海平面的珊瑚记录由于缺少样品导致没有发挥其应有研究。末次冰盛期之前的珊瑚甚至比末次冰盛期之后的珊瑚更为罕见，在约 15 ka 之前几乎没有任何记录，只有 MIS 3 的高海平面被珊瑚礁所记录，而低海平面的记录仍然匮乏。瓦努阿图的珊瑚礁化石可以揭示全新世之前西太平洋暖池气候变化，包括厄尔尼诺—南方涛动（ENSO）和数十年尺度的变化、日照强度年变化、南太平洋辐合带对气候变化的响应和古海平面变化。来自萨宾滩和布干维尔古耶特岛的定年珊瑚礁将为构造板块汇聚和下沉进入地幔的途径和速率提供重要约束。因为其地球化学特征，珊瑚是可精确定年的天然材料，通过 ^{18}O、Sr/Ca，并可通过具有亚年级分辨率的其他指标来记录年际、十年以及百年尺度的 SST 和 SSS 变化。

该建议计划在萨宾滩和布干维尔古耶特岛快速沉降的生物礁实施钻探。两个暗礁均以约 85 mm/a 的平均速度在新赫布里底群岛海沟外隆起（NHTOR）上向东移动，并正在向海沟下沉。布干维尔古 ODP 831 站位已在水深 1066 m 的地方实施钻探，但取芯率极低。然而，该站位保存完好、礁体厚度约 240 m、年龄约 350 ka 的多孔珊瑚，是前 MIS 5e 期唯一可靠的珊瑚记录。这个例子说明了区域是如何有利于珊瑚保存的。萨宾海岸的礁体位于 5 ~ 35 m 水深处，多道地震剖面显示，覆盖在断裂的基底上高达 500 m 的碳酸盐岩地层分为 4 个主要单元。萨宾海岸钻探至少会获取一个末次冰盛期后的记录，甚至可能揭示更多的记录。萨宾滩和布干维尔古耶特岛西部边缘会钻遇较年轻的地层，并向海沟方向地层逐渐变老。

（2）关键词

珊瑚礁，古气候，海平面，构造

（3）总体科学目标

1）研究厄尔尼诺对全球气候边界条件的变化、气候突变和日照强度的响应。例如，MIS 5e 和 MIS 11 可能都是更温暖地球的例子，可以为未来的气候研究提供线索。

2）研究瓦努阿图的海表盐度、海表温度与厄尔尼诺之间的关系在不同的边界条件和日照强度下的变化。

3）研究在以前的气候条件下，南太平洋辐合带是否一直是该地区季节性降雨的主要控制因素。

4）研究 MIS 11 的海平面是否真的比现在高 20 ~ 40 m？持续了多长时间？如果揭示其陆上暴露时间，则可能可以获取此类信息。

5）研究新希伯里底群岛海沟外隆起上的萨宾海岸和布干维尔古耶特岛的古垂直和古水平运动，

以及它们的曲线轨迹。这将有助于对与海洋岩石圈的流动性进行比较，从而更好地研究其对异常出现的新希伯里底弧前构造的影响。之前没有人详细研究过俯冲板块的行为，因为几乎所有俯冲板块都在海面以下很深的地方。

（4）站位科学目标

该建议书建议站位见表 4.5.5 和图 4.5.5。

表4.5.5　钻探建议站位科学目标

站位名称	位置	水深 (m)	钻探目标			站位科学目标
			沉积物进尺 (m)	基岩进尺 (m)	总进尺 (m)	
BG-5A	15.9949°S, 166.7088°E	1400	150	0	150	最大程度获取珊瑚礁沉积物开展西太平洋暖池第四纪气候和海平面变化研究
BG-4B	16.0381°S, 166.6313°E	750	150	0	150	最大程度获取珊瑚礁沉积物开展西太平洋暖池第四纪气候和海平面变化研究
BG-3B	16.0355°S, 166.6505°E	875	150	0	150	最大程度获取珊瑚礁沉积物开展西太平洋暖池第四纪气候和海平面变化研究
BG-2B	16.0264°S, 166.6642°E	950	150	0	150	最大程度获取珊瑚礁沉积物开展西太平洋暖池第四纪气候和海平面变化研究
BG-1B	16.0172°S, 166.6775°E	1050	150	0	150	最大程度获取珊瑚礁沉积物开展西太平洋暖池第四纪气候和海平面变化研究
SAB-6A	15.9467°S, 166.1475°E	110	150	0	150	最大程度获取珊瑚和生物礁沉积物物开展西太平洋暖池第四纪气候和海平面变化研究
SAB-5A	15.9458°S, 166.1458°E	95	150	0	150	最大程度获取珊瑚礁岩石和沉积物物开展西太平洋暖池第四纪气候和海平面变化研究
SAB-4B	15.9454°S, 166.1446°E	70	150	0	150	最大程度获取珊瑚和生物礁沉积物开展西太平洋暖池第四纪气候和海平面变化研究
SAB-3B	15.9465°S, 166.1430°E	26	150	0	150	根据回收沉积物的情况，最大程度钻取珊瑚礁物开展西太平洋暖池第四纪气候和海平面变化研究
SAB-2B	15.9391°S, 166.0905°E	14	150	0	150	最大程度获取珊瑚礁岩石和珊瑚物开展西太平洋暖池第四纪气候和海平面变化研究
SAB-1B	15.9362°S, 166.0935°E	46	150	0	150	需要钻探的总深度可能小于 100 m，但是需要做好更深钻进和 / 或其他附近钻孔钻探的准备，以提升浅水部分的取芯率

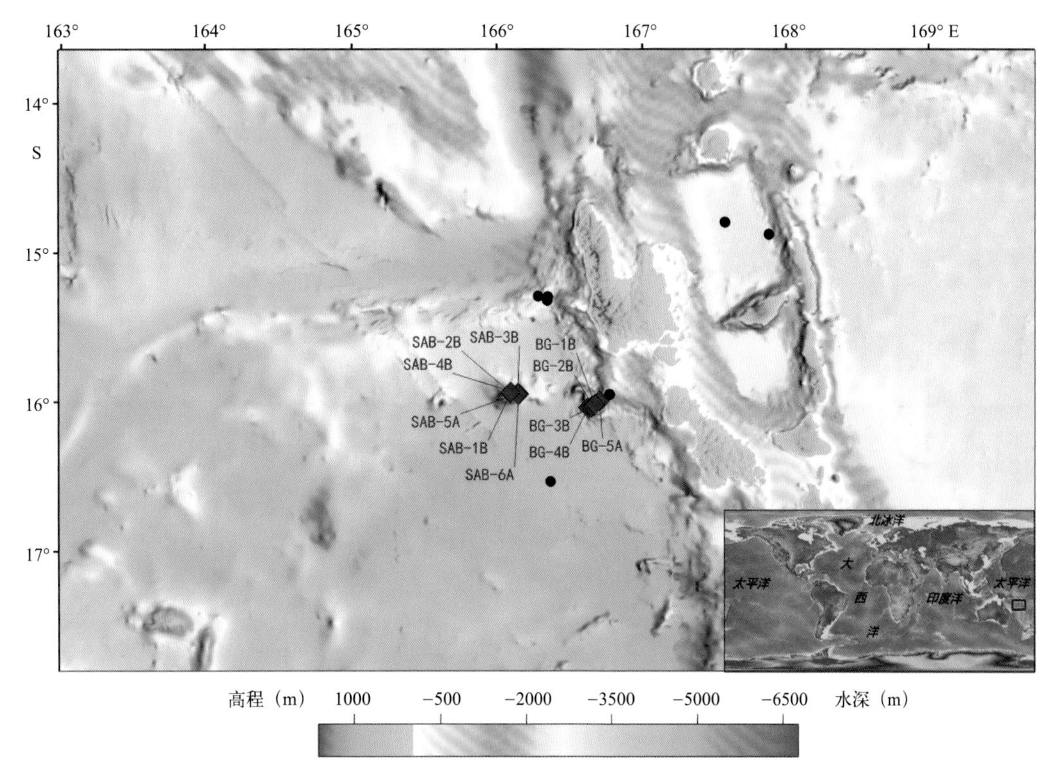

图4.5.5 钻探建议站位（黑色圆圈为已完成钻探站位，红色菱形为新建议站位）

（5）资料来源

资料来源于 IODP 730 号建议书，建议人名单如下：

F. Taylor, B. Pelletier, M. Hornbach, L. Wallace, G. Cabioch, E. Garaebiti Bule, M L. Lavier, J. Partin, T. Quinn, W. Kim.

4.5.6 低纬度陆架上新世—更新世的碳封存、气候和大陆风化：来自巽他陆架的证据

（1）摘要

低纬度热带地区受到世界上最大陆架的反复出露和淹没的影响。早期的研究认为在陆架出露时期，增强的化学风化和雨林的生长对全球大气 CO_2 浓度有明显的影响。不同于高纬度地区的陆架，热带地区陆架可能对调节上新世以来的全球气候起到了关键性的作用，但是目前对这一过程仍然缺乏了解，因为之前的钻探主要分布在大陆坡，使得衡量出露陆架的风化状态难度较大。东南亚的巽他陆架是全球范围内最大的热带陆架，适合对“海洋性大陆”主要地貌变化及其与全球气候的相互作用开展综合性、高分辨率研究。结合区域地震数据，钻探将有助于揭示大陆风化和 CO_2 收支情况。此外，巽他陆架在高海平面时期存在大量的甲烷释放湿地，这些湿地在海退过程中被侵蚀，这进一步增强了气候循环。钻取的沉积物将用于评估这一主要的热带陆架冰期出露对大量 CO_2 和甲烷汇 / 源和曾经的“地球之肺”的贡献。

（2）关键词

风化，海平面，生物多样性，碳

(3) 总体科学目标

1）揭示东南亚巽他陆架的主要海平面变化幅度和时间，更好地模拟全球变化。

2）揭示陆架出露时间，以及每一次低海平面时期陆架出露的化学风化量。

3）基于通过地震调查获取的测算体积，将沉积地球化学揭示的蚀变程度转化为化学风化通量，研究对大气 CO_2 变化的贡献。

4）利用有机化学和孢粉结合，揭示低海平面时期在出露陆架上生长的植被类型。

5）测算出露陆架沉积物中的埋藏有机碳，使用区域性的地震数据来推算碳封存和循环的总量。

6）揭示出露陆架河流系统的发育，重点揭示柔佛河和湄公河的界线。

7）研究东南亚的碳收支情况，揭示其对全球自上新世开始的变暖和变冷交替的可能影响。

(4) 站位科学目标

该建议书建议站位见表 4.5.6 和图 4.5.6。

表4.5.6　钻探建议站位科学目标

站位名称	位置	水深（m）	钻探目标			站位科学目标
			沉积物进尺（m）	基岩进尺（m）	总进尺（m）	
SUNDA-01A（首选）	7.6107°N, 104.2234°E	424	389	0	389	钻取上新世—更新世陆架沉积物，用于研究沉积时代、蚀变程度、有机碳含量、源区和古水深。该站位是断面中最靠近陆地的站位，为钻取来自古柔佛河的沉积物提供了机会
SUNDA-02A（首选）	7.4523°N, 105.5386°E	41	258	0	258	钻取上新世—更新世陆架沉积物，用于研究沉积时代、蚀变程度、有机碳含量、源区和古水深。该站位是断面中较靠近陆地的站位之一，为钻取来自古柔佛河和湄公河以西更小流域的沉积物提供了机会
SUNDA-03A（首选）	7.5613°N, 107.8890°E	77	286	0	286	钻取中陆架上新世—更新世沉积物，用于研究沉积时代、蚀变程度、有机碳含量、源区和古水深。该站位是断面中较靠近陆地的站位之一，为钻取来自湄公河以西更小流域的沉积物提供了机会。这里的层序更加密集，有更多的不整合发育，有可能钻探到风化程度较强的地层
SUNDA-04A（首选）	9.0251°N, 108.3394°E	74	349	0	349	钻取上新世—更新世外大陆架沉积物，用于研究沉积时代、蚀变程度、有机碳含量、源区和古水深。该站位是断面中最靠近海盆的站位之一，因此与更西边的站位相比，沉积相以海相为主且地层完整。该站位为钻取来自湄公河流域的沉积物提供了机会
SUNDA-05A（首选）	10.1331°N, 109.4143°E	263	469	0	469	钻取上新世—更新世上陆坡沉积物，用于研究沉积时代、蚀变程度、有机碳含量、源区和古水深。该站位是断面中最靠近海盆的站位，沉积相为海相，可基于生物地层学构建精确的地层年代框架。该站位为钻取来自湄公河或主河口以北更小流域的沉积物提供了机会

续表

站位名称	位置	水深（m）	钻探目标			站位科学目标
			沉积物进尺（m）	基岩进尺（m）	总进尺（m）	
SUNDA-06A（首选）	7.4112°N, 106.8656°E	46	297	0	297	钻取中陆架上新世—更新世沉积物，用于研究沉积时代、蚀变程度、有机碳含量、源区和古水深。该站位位于断面中部，为钻取来自湄公河以西更小流域的沉积物提供了机会。这里的层序更加密集，有更多的不整合发育，有可能钻探到风化程度较强的地层
SUNDA-07A（首选）	8.8129°N, 108.8396°E	111	884	0	884	钻取上新世—更新世上陆坡沉积物，用于研究沉积时代、蚀变程度、有机碳含量、源区和古水深。该站位是断面中最靠近海盆的站位，沉积相为海相可基于生物地层学构建精确的地层年代框架，并约束陆架无沉积的时间。该站位为钻取来自湄公河流域的沉积物提供了机会
SUNDA-08A（备选）	7.5568°N, 106.7742°E	38	261	0	261	钻取中陆架上新世—更新世沉积物，用于研究沉积时代、蚀变程度、有机碳含量、源区和古水深。该站位位于断面中部，为钻取来自湄公河以西更小流域的沉积物提供了机会。这里的层序更加密集，有更多的不整合发育，有可能钻探到风化程度较强的地层。是SUNDA-06A站位的备选站位
SUNDA-09A（备选）	8.2544°N, 107.2232°E	39	305	0	305	钻取中陆架上新世—更新世沉积物，用于研究沉积时代、蚀变程度、有机碳含量、源区和古水深。该站位位于断面中部，为钻取来自湄公河以西更小流域或湄公河的沉积物提供了机会。这里的层序更加密集，有更多的不整合发育，有可能钻探到风化程度较强的地层
SUNDA-10A（备选）	8.4204°N, 108.0578°E	67	260	0	260	钻取上新世—更新世外大陆架沉积物，用于研究沉积时代、蚀变程度、有机碳含量、源区和古水深。该站位是断面中更靠近海盆的站位之一，因此与更西部的站位相比，沉积相以海相为主且地层完整。该站位为钻取湄公河流域的沉积物提供了机会，是SUNDA-04A站位的备选站位
SUNDA-11A（备选）	10.0155°N, 108.4707°E	62	426	0	426	钻取上新世—更新世外大陆架沉积物，用于研究沉积时代、蚀变程度、有机碳含量、源区和古水深。该站位是断面中更靠近海盆的站位之一，因此与更西部的站位相比，沉积相以海相为主且地层完整。该站位为钻取湄公河流域的沉积物提供了机会，是SUNDA-04A站位的备选站位
SUNDA-12A（备选）	8.6901°N, 103.6775°E	32	265	0	265	钻取上新世—更新世陆架沉积物，用于研究沉积时代、蚀变程度、有机碳含量、源区和古水深。该站位是断面中靠近陆地的站位，为钻取来自古柔佛河的沉积物提供了机会，是SUNDA-01A站位的备选站位

续表

站位名称	位置	水深（m）	钻探目标			站位科学目标
			沉积物进尺（m）	基岩进尺（m）	总进尺（m）	
SUNDA-13A（备选）	10.4893°N, 109.0737°E	141	615	0	615	钻取上新世—更新世陆架边缘沉积物，用于研究沉积时代、蚀变程度、有机碳含量、源区和古水深。该站位是断面中最靠近海盆的站位之一，沉积相为海相，可基于生物地层学构建精确的地层年代框架。该站位为钻取来自湄公河或主河口以北更小流域的沉积物提供了机会，是 SUNDA-05A 站位的备选站位
SUNDA-14A（备选）	7.15144°N, 108.0221°E	76	342	0	342	钻取中陆架上新世—更新世沉积物，用于研究沉积时代、蚀变程度、有机碳含量、源区和古水深。该站位是断面中较靠近海盆的站位之一，为采集来自湄公河以西更小流域的沉积物提供了机会。这里的层序更加密集，有更多的不整合发育，有可能钻探到风化程度较强的地层。该站位是 SUNDA-03A 站位的备选站位

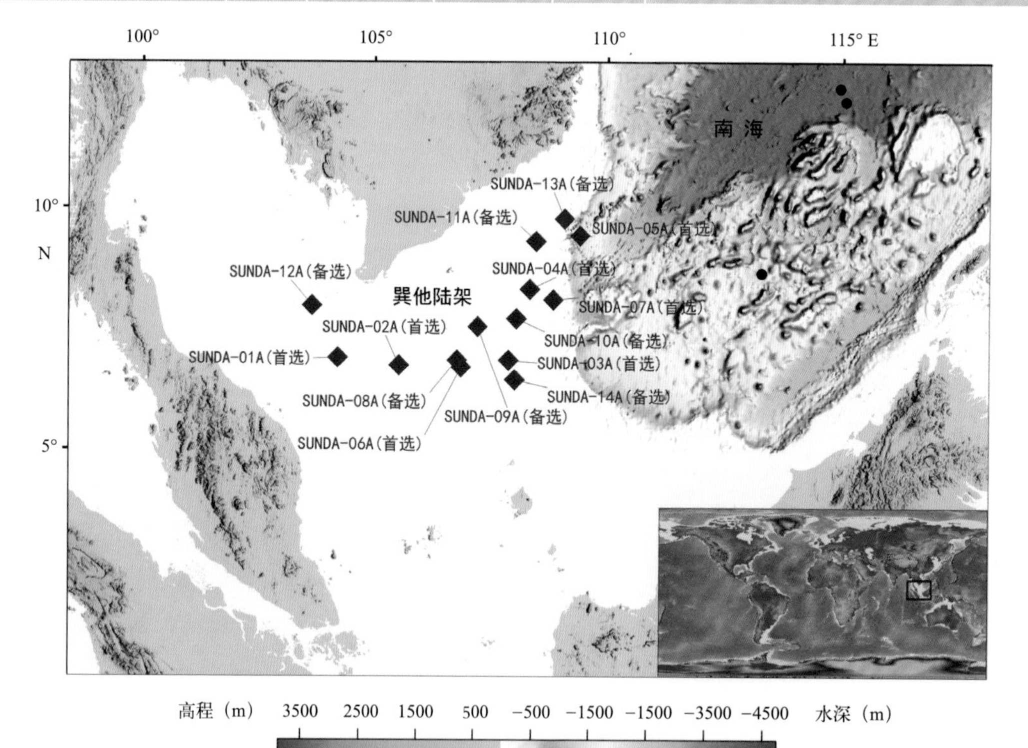

图4.5.6 钻探建议站位（红色菱形为新建议站位）

（5）资料来源

资料来源于 IODP 1005 号建议书，建议人名单如下：

Peter Clift, Boo-Keun Khim, Bui Viet Dung, Gérôme Calvès, Guangsheng Zhuang, Long Van Hoang, Hongbo Zheng, Kenneth Ferrier, Liviu Giosan, Shiming Wan, Stephan Steinke, Tara Jonell, Thomas Wagner, Witek Szczucinski, Vanshan Wright.

4.5.7　上新世—更新世热带巽他陆架（东南亚）演化：重建海平面变化，河流系统形成和碳循环

（1）摘要

自中中新世以来，地球气候逐渐变冷，在过去 5 Ma 中，地球的变冷速度加快，导致北半球冰盖的形成。从冰盖形成起，地球的变冷历程以冰期旋回为特征。科学家们已经提出了许多假设来解释这种变冷趋势，但仍未形成统一认识。上新世—更新世低纬度海洋大陆的出现被认为是全球气候变化的驱动因素之一。海洋大陆的生长加剧了玄武质硅酸盐岩的化学风化，增加了大气 CO_2 消耗，进而形成冰盖导致地球变冷。随着海平面的降低，低纬度大陆架出露，易于形成大型古河流系统，有利于风化产物的向海输送和海洋植物的繁殖，从而进一步加强了碳封存效应。为了验证这一科学假设，建议在位于海洋大陆西部的巽他陆架，选择构造稳定的沉积盆地实施钻探，以重建上新世－更新世海平面变化、河流系统形成和碳循环历史。

巽他陆架是海洋大陆主要地貌演化历史重建、海洋大陆地貌与全球气候相互作用的高分辨率综合研究的绝佳场所。作为世界上最大的热带陆架，巽他陆架在低海平面时期完全出露，有利于大型古河流系统、大面积雨林和海洋植物的形成和生长。这里，我们建议在南海南部的巽他陆架实施钻探计划，沿着 2 条最大的古河流系统的 4 个主要沉积盆地钻探 10 个站位，以获取 5 Ma 以来的沉积序列。在古河流系统采样并揭示其年龄和沉积环境，重建海平面波动和主要河流系统形成历史。这将有助于揭示东南亚汇水区构造活动下的侵蚀响应，以及陆架风化产物的输送通量。在低海平面时期，巽他陆架和其相邻陆地被雨林和海洋植物所覆盖，在环境效应和碳存储规模上可与现代亚马孙和刚果生态系统相对比。钻探获取的沉积序列将用于估算这一主要热带陆架区域在冰期的出露对 CO_2 汇集和碳封存的巨大贡献。

（2）关键词

海平面，古河流，碳循环

（3）总体科学目标

本次钻探任务的主要科学目标是验证低纬度海洋大陆的存在，以及与之相关的玄武质硅酸盐岩化学风化和海洋植物的碳封存是上新世—更新世全球气候变化的驱动机制之一。

具体科学目标包括：

1）揭示过去 5 Ma 与冰期 / 间冰期旋回和北半球冰盖范围相关的海平面波动历史，尤其是上新世—更新世转换期以及相关的快速变化。

2）重建巽他陆架区域主要河流系统的发育历史，揭示构造活动下的侵蚀响应，以及陆架的风化产物的输送通量。

3）估算该热带陆架区在冰期的出露对碳汇和温室气体排放的贡献，评价其在调节和改变全球气候中的作用。

(4) 站位科学目标

该建议书建议站位见表 4.5.7 和图 4.5.7。

表4.5.7 钻探建议站位科学目标

站位名称	位置	水深（m）	钻探目标			站位科学目标
			沉积物进尺（m）	基岩进尺（m）	总进尺（m）	
SS-01A（首选）	9.2643°N, 101.3728°E	71	425	0	425	钻取内大陆架和湄南—柔佛古河道（Chao Phraya-Johore River）上游的上新世—更新世沉积物。该站位目标是研究河流系统形成和碳循环
SS-02A（首选）	9.1729°N, 101.4452°E	71	451	0	451	钻取湄南—柔佛古河道（Chao Phraya-Johore River）上游上新世—更新世峡谷充填沉积，该站位目标是研究河流系统演化
SS-03A（首选）	9.6970°N, 101.2990°E	67	505	0	505	钻取近海和湄南—柔佛古河道（Chao Phraya-Johore River）上游的上新世—更新世沉积物。目标是研究海平面变化和河流系统形成
SS-04A（首选）	7.0571°N, 103.1446°E	52	382	0	382	钻取内大陆架和湄南—柔佛古河道（Chao Phraya-Johore River）源自马来西亚支流的上新世—更新世沉积物。该站位目标是研究河流系统形成和碳循环
SS-05A（首选）	6.4825°N, 103.6739°E	58	466	0	466	钻取内大陆架和湄南—柔佛古河道（Chao Phraya-Johore River）中游的上新世—更新世沉积物。该站位目标是研究海平面变化、河流系统形成和碳循环
SS-06A（首选）	5.2195°N, 104.8349°E	71	448	0	448	钻取中大陆架和湄南—柔佛古河道（Chao Phraya-Johore River）中游的上新世—更新世沉积物。该站位目标是研究海平面变化、河流系统形成和碳循环
SS-07A（首选）	4.3283°N, 105.8903°E	85	270	0	270	钻取中大陆架和湄南—柔佛古河道（Chao Phraya-Johore River）南部支流的上新世—更新世沉积物。该站位目标是研究河流系统形成和碳循环
SS-08A（首选）	6.0421°N, 108.5821°E	103	358	0	358	钻取外大陆架和湄南—柔佛古河道（Chao Phraya-Johore River）下游的上新世—更新世沉积物。该站位目标是研究海平面变化和碳循环
SS-09A（首选）	2.4624°N, 107.5640°E	82	166	0	166	钻取中大陆架和北巽他古河道中游的上新世—更新世沉积物。该站位目标是研究河流系统形成和碳循环
SS-10A（首选）	5.3933°N, 110.3830°E	161	491	0	491	钻取外大陆架、陆架边缘和北巽他古河道下游的上新世—更新世沉积物。该站位目标是研究海平面变化和碳循环

续表

站位名称	位置	水深（m）	钻探目标			站位科学目标
			沉积物进尺（m）	基岩进尺（m）	总进尺（m）	
SS-11A（备选）	9.3853°N, 101.2767°E	71	417	0	417	钻取内大陆架和湄南—柔佛古河道（Chao Phraya-Johore River）上游的上新世—更新世沉积物。该站位目标是研究河流系统形成和碳循环，是SS-01A的备选站位
SS-12A（备选）	9.2640°N, 101.4915°E	69	442	0	442	钻取湄南—柔佛古河道（Chao Phraya-Johore River）上游上新世—更新世峡谷充填沉积。该站位目标是研究河流系统演化，是SS-02A的备选站位
SS-13A（备选）	8.7912°N, 101.6467°E	69	464	0	464	钻取近海和和湄南—柔佛古河道（Chao Phraya-Johore River）上游的上新世—更新世沉积物。该站位目标是研究海平面变化和河流系统形成
SS-14A（备选）	6.9338°N, 102.7500°E	46	416	0	416	钻取内大陆架和湄南—柔佛古河道（Chao Phraya-Johore River）源自马来西亚支流的上新世—更新世沉积物。该站位目标是研究河流系统形成和碳循环，是SS-04A的备选站位
SS-15A（备选）	5.9204°N, 104.1909°E	67	433	0	433	钻取内大陆架和湄南—柔佛古河道（Chao Phraya-Johore River）中游的上新世—更新世沉积物。该站位目标是研究海平面变化、河流系统形成和碳循环，是SS-05A的备选站位
SS-16A（备选）	5.1524°N, 104.8965°E	66	425	0	425	钻取中大陆架和湄南—柔佛古河道（Chao Phraya-Johore River）中游的上新世—更新世沉积物。该站位目标是研究海平面变化、河流系统形成和碳循环，是SS-06A的备选站位
SS-17A（备选）	4.5033°N, 106.0400°E	85	350	0	350	钻取中大陆架和湄南—柔佛古河道（Chao Phraya-Johore River）南部支流的上新世—更新世沉积物。该站位目标是研究河流系统形成和碳循环，是SS-07A的备选站位
SS-18A（备选）	6.4837°N, 108.3876°E	105	319	0	319	钻取外大陆架和湄南—柔佛古河道（Chao Phraya-Johore River）下游的上新世—更新世沉积物。该站位目标是研究海平面变化和碳循环，是SS-08A的备选站位
SS-19A（备选）	3.5803°N, 108.5727°E	99	135	0	136	钻取中大陆架和北巽他古河道中游的上新世—更新世沉积物。该站位目标是研究河流系统形成和碳循环
SS-20A（备选）	5.0037°N, 109.9969°E	120	169	0	169	钻取外大陆架、陆架边缘和北巽他古河道下游的上新世—更新世沉积物。该站位目标是研究海平面变化和碳循环，是SS-10A的备选站位

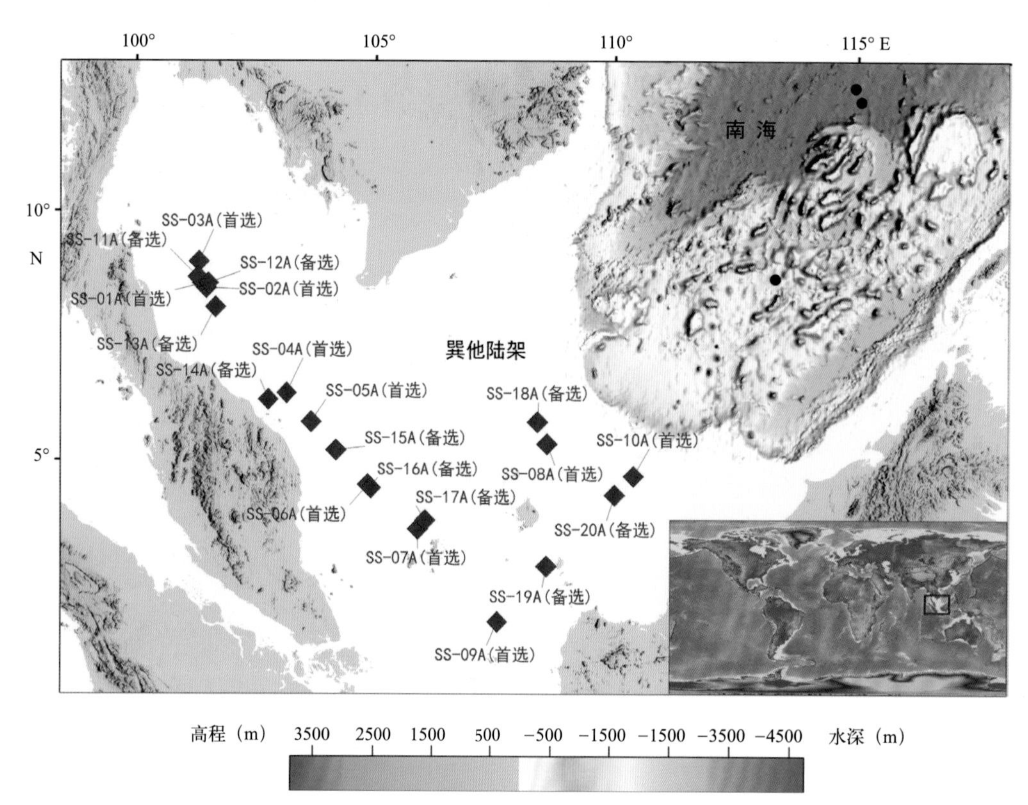

图4.5.7　钻探建议站位（黑色圆圈为已完成钻探站位，红色菱形为新建议站位）

（5）资料来源

资料来源于 IODP 1007 号建议书，建议人名单如下：

刘志飞 , Till J.J. Hanebuth, Christophe Colin, Thanawat Jarupongsakul, Nugroho D. Hananto, Edlic Sathiamurthy, 马鹏飞 , Wahyoe S. Hantoro, Yoshiki Saito, Thomas Wagner, 杨胜雄 , 耿建华 , Susilohadi Susilohadi, Van Long Hoang, 钟广法 , Stephan Steinke, Shinji Tsukawaki, Thomas M. Blattmann, Karl Stattegger, 汪品先。

第 5 章　地下水主题的钻探建议

本章共梳理了 4 份与地下水有关的大洋钻探建议书科学目标，其中近海地下水钻探建议 1 份、大陆架地下水钻探建议 2 份、大陆坡地下水钻探建议 1 份。钻探位置分别位于新西兰坎特伯雷湾、新英格兰地区大西洋大陆架、大澳大利亚湾和美国新英格兰地区马萨诸塞联邦，首选站位和备选站位共 22 个，钻探深度 300 ~ 900 m。通过采集水文地球化学、微生物、同位素和惰性气体样品，测定水文力学和流体压力参数，安装长期监测装置，解决地下水水文地质、地下水来源及其形成机制等科学问题，探索地下水微生物生态，揭示地下水排出对斜坡稳定性的影响，定量评估大陆架在全球生物地球化学和气候旋回中的作用。

5.1　近海地下水

5.1.1　新西兰坎特伯雷湾近海地下淡水系统水文地质学、生物地球化学和微生物学研究

（1）摘要

近海地下淡水是指储存在海底沉积物 / 岩石中的浓度低于海水的地下水。大部分近海地下淡水是由大气补给形成的，蕴藏于硅质碎屑岩、裂谷和非冰川边缘，距离海岸 50 km 以内，水深可达 75 m。基于采集的地球物理数据，新西兰南岛坎特伯雷湾的近海地下淡水系统就具有上述特征，且位于可钻深度和安全钻探环境中。

该建议钻探主题为水文地质，目标是在坎特伯雷湾 40 km 海岸布设 3 个首选站位。通过钻探：①揭示含水层水文地质和岩石物理性质、近海地下淡水物理和化学特征，及其在地质时间尺度上的变化；②获取地下水样本用于地球化学（例如地球化学示踪、环境同位素、气体和营养物质分析）和微生物学（例如基于基因的分析、微生物实验、细胞计数、RNA 和 DNA 的放射性碳分析）研究。同时建议以一种能够长期监测压力、化学、温度和微生物的方式完成套管和筛分作业。

该建议有助于更好地揭示近海地下淡水的特征、控制因素和动力学，以及它在全球生物地球化学循环中扮演的角色。具体通过以下方法实现：①降低从地球物理数据中估算近海地下淡水分布和规模的不确定性；②改进水文模型并开发地下水反应物运移模型；③估算近海地下淡水停留时间；④揭示地下水补给期间的主要环境条件；⑤揭示淡水盐渍化的速率和机制、当前大陆架沉积物中甲烷和营养物的浓度和生产 / 消耗速率，以及它们长期通量对更新世期间大陆架周期性冲刷的响应；⑥揭示微生物群落的丰度、活性、分布和控制因素。

该建议钻探一旦实施，将有助于：①对近海地下淡水系统进行测绘和体积估算，并揭示其停留时间分布，这将直接影响全球水资源估算；②揭示大陆架环境中的生物地球化学循环，建立生物地球化学模型；③建立总细胞生命的全球模型，揭示其对环境变化的反应。

（2）关键词

近海地下水，水文地质学，生物地球化学，微生物学

（3）总体科学目标

钻探将解决以下科学问题：

1）大陆架近海地下淡水特征（盐度、流速和流向、压力、温度）的分布情况如何？这些是如何被海底浅部地层和大陆架边缘演化控制的？

2）近海地下淡水是何时以及如何形成的？近海地下淡水系统是怎样运作的？它是主动补给、排水，还是从过去的水文条件中缓慢建立起来？

3）大陆架沉积物中甲烷和营养物的当前浓度和生产 / 消耗速率是多少？更新世期间大陆架周期性冲刷对其长期通量的影响有多大？

4）涉及哪些微生物群落？它们的丰度、活性和分布怎样？是什么因素控制其特征？

为实现以上目标，需要开展偶极子含水层测试、钻孔稀释试验，需要探针穿透工具（温度、压力）、电缆温度工具或分布式温度传感系统、微生物取样和污染示踪剂、气体分析仪、FID/TCD气相色谱仪、长期监测基础设施等。

（4）站位科学目标

该建议书建议站位见表 5.1.1 和图 5.1.1。

表5.1.1 钻探建议站位科学目标

站位名称	位置	水深(m)	钻探目标			站位科学目标
			沉积物进尺(m)	基岩进尺(m)	总进尺(m)	
CB-01A（备选）	44.3397°S, 171.6545°E	41	600	0	600	揭示地下水主体分布特征（淡水的边界和最浅的海水—淡水界面）
CB-02A（首选）	44.4594°S, 171.8155°E	63	600	0	600	揭示地下水主体分布特征
CB-03A（首选）	44.5656°S, 171.9639°E	89	600	0	600	揭示浅层和地下水主体分布特征
CB-04A（首选）	44.7039°S, 172.1383°E	130	600	0	600	揭示地下水主体分布特征（盐分最多的边界）
CB-05A（备选）	44.4436°S, 171.7954°E	59	600	0	600	揭示地下水主体分布特征
CB-06A（备选）	44.5659°S, 171.9641°E	89	600	0	600	揭示浅层和地下水主体分布特征

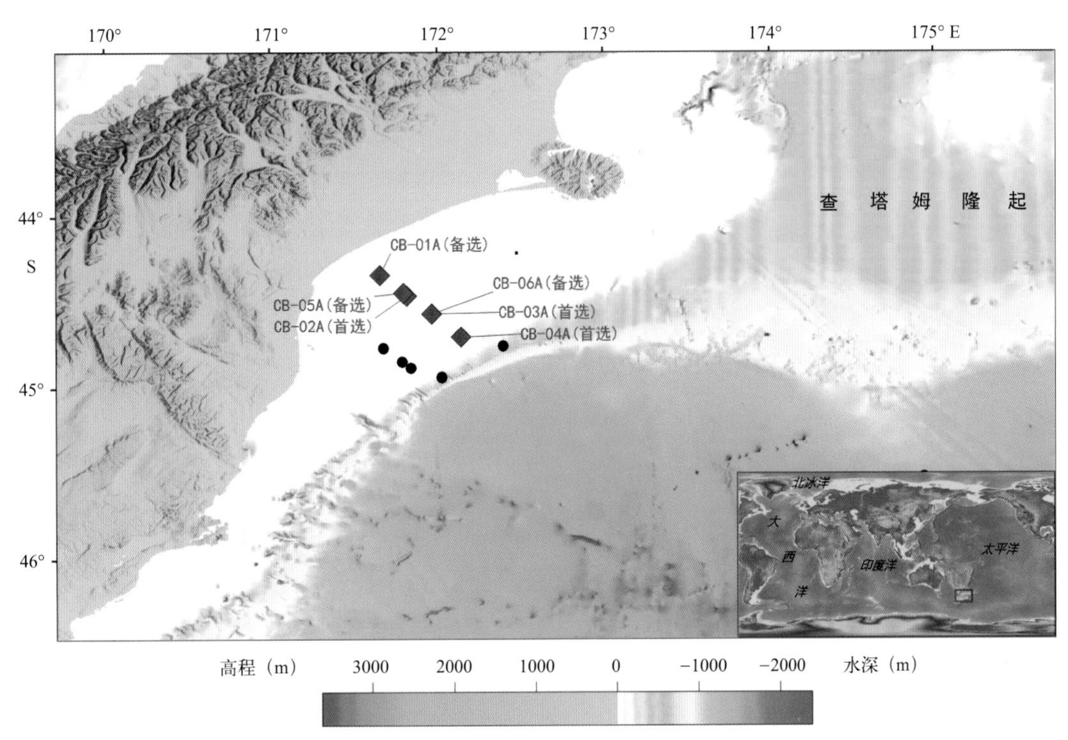

图5.1.1　钻探建议站位（黑色圆圈为已完成钻探站位，红色菱形为新建议站位）

（5）资料来源

资料来源于 IODP 995 号建议书，建议人名单如下：

Aaron Micallef, Mark Person, Brandon Dugan, Claudia Bertoni, Matthias Brennwald, Mark Everett, Amir Haroon, Christian Hensen, Rolf Kipfer, Johanna Lofi, Brian Mailloux, Vittorio Maselli, Holly Michael, Leanne Morgan, Joshu Mountjoy, Thomas Mueller, Mladen Nedimovic, Mark Schmidt, Elizabeth Trembath-Reichert, Bradley Weymer.

5.2　大陆架地下水

5.2.1　新英格兰地区大西洋大陆架更新世水文地质、地质微生物、营养通量和淡水资源

（1）摘要

在世界各地的许多沿海地区，大陆架沉积物中的淡水远远未达到与现代海平面平衡的状态。其中最典型的例子是在新英格兰附近大西洋大陆架上，超过 100 km 长的海岛近岸上新世—更新世浅层砂质沉积物中的地下水均为典型淡水（盐度约为 3000 mg/L）。在楠塔基特岛北部，一个钻穿整个白垩纪 - 古近纪和新近纪沉积层的 514 m 进尺的钻孔显示，盐度在垂向上存在显著变化：砂岩含水层的水有较低的盐度（盐度 < 1000 mg/L），厚层泥岩 / 粉砂岩中的水有较高的盐度（盐度为海水 30% ~ 70%），在封闭的薄层单元中，以中等到低盐度为主，表明盐度处于明显不平衡的状态，因为扩散作用可逐渐消除这种分布特征。楠塔基特岛下部早白垩世—更新世砂层的孔隙流体处于超压状态，约超过当地地下水位 4 m。

该建议假设淡水快速进入新英格兰大陆架可能由以下一种或多种机制引起：①在更新世海平面低位时期，降水补给淡水的垂直渗透；②末次冰盛期冰盖下的淡水补给；③古冰川湖的补给。该建议进一步假设流体的超压状态还可能包括以下原因：①更新世沉积物荷载；②与上覆咸水的厚层淡水透镜体相关的流体密度差异（与石油储层中气井超压类似）。建议通过环境同位素和惰性气体分析来判别这些不同的机制。

大陆架盐度明显的瞬时性变化特征对全球海洋中的微生物过程和碳、氮以及其他营养物质的输送具有重要指示意义。该建议旨在进一步揭示地下水流动的速率、方向和机制，提升对现代和过去大陆架环境中流体组成、压力和温度的认识。

（2）关键词

更新世，水文地质，海底地下水补给

（3）总体科学目标

采集水文地球化学、微生物、同位素和惰性气体样品，测定水文力学和流体压力参数，揭示近海地下水的来源，并定量评估大陆架在全球生物地球化学和气候旋回中的作用。

建议在大西洋大陆架马萨诸塞州玛莎葡萄岛外近岸海域实施浅层钻探（< 1000 mbsf），并绘制淡水资源分布图。建议沿着玛莎葡萄岛近岸海域剖面的 6 个站位实施钻探。这个剖面充分利用现有的楠塔基特岛 6001 钻孔和玛莎葡萄岛 ENW-50 钻孔。选择这些站位是为了在淡水—咸水混合带获取一系列水文地球化学 / 微生物学样品。根据古水文研究，淡水—咸水混合带应该在玛莎葡萄岛离岸约 40 km 的位置。

建议利用旋转声波钻探技术以及套管 / 屏蔽井和封隔器系统进行钻探取样，这将有助于解决之前 ODP 和大西洋边缘钻探项目钻探过程中遇到的水体 / 沉积物采样问题。航次结束后开展数值模拟，包括直接模拟地下水的滞留时间和惰性气体的输送，与观察到的孔隙水数据对比，有助于对钻探结果进行解释。该建议是高度学科交叉的，一旦实施钻探，将是第一个几乎完全专注于大陆架上的水文地质 / 生物地球化学 / 微生物耦合过程的工作。

为实现科学目标，需要采集惰性气体样品。

（4）站位科学目标

该建议书建议站位见表 5.2.1 和图 5.2.1。

表5.2.1　钻探建议站位科学目标

站位名称	位置	水深 (m)	钻探目标			站位科学目标
			沉积物进尺 (m)	基岩进尺 (m)	总进尺 (m)	
MV- 01	41.1936°N, 70.4350°W	18	350	0	350	揭示剖面淡水段特征
MV- 02	41.1171°N, 70.3953°W	19	550	0	550	揭示咸水—淡水转换区特征
MV- 03B	40.8746°N, 70.2697°W	48	650	0	650	揭示咸水—淡水转换区特征
MV- 04	40.6206°N, 70.1381°W	59	750	0	750	揭示咸水—淡水转换区特征
MV- 05	40.3771°N, 70.0119°W	80	775	0	775	揭示咸水—淡水转换区特征
MV- 06	40.2000°N, 70.1600°W	109	800	0	800	揭示剖面咸水段特征

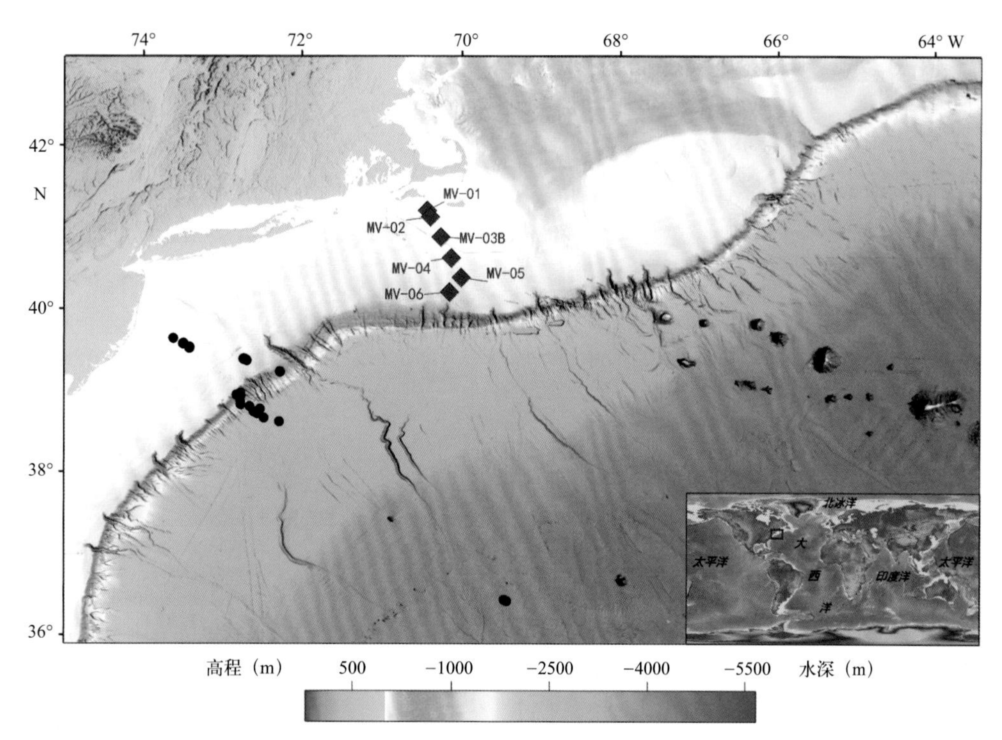

图5.2.1 钻探建议站位（黑色圆圈为已完成钻探站位，红色菱形为新建议站位）

（5）资料来源

资料来源于 IODP 637 号建议书，建议人名单如下：

M. Person, H. Kooi, B. Dugan, J. K., Groen, B., Van Breukelen, W. F. M Röling, J. Kenter, P. Sauer，K. Litch.

5.2.2 回流卤水：大陆架水文地质与海底微生物的联系

（1）摘要

在大陆边缘环境中，物质运输的作用历来被低估。最近的海洋示踪研究表明，从被动大陆边缘排放地下咸水的速度等于（或超过）河流的流量。这意味着通过大陆架沉积物可进行大规模的地下咸水运移，这与数十年来对碳酸盐成岩作用研究的地下咸水运移相似。

该建议旨在揭示大澳大利亚湾（GAB）的地下流体地球化学反应和微生物代谢过程。大澳大利亚湾是一个亚热带碳酸盐被动陆缘，以往的钻探结果表明该建议可以钻进至含卤水地层。前人认为，海平面抽吸回流卤水（在海平面最低值期间，裸露陆架上的海水蒸发形成的卤水）在亚热带被动边缘层序中应该是常见的。如果真是这样，该建议将有助于解决机制问题，以解释地球历史上观察到的大规模白云石化和矿化过程。这些陆架规模的水文系统可以比作巨大的流通式反应器，它不仅控制着成岩反应（进而控制海水化学），而且还导致了上陆架斜坡含有丰富的深部微生物生命。ODP 182 航次的钻探结果表明，在高碱性和高硫化物条件下这些卤水支持的微生物生态系统繁盛，这与大多数其他已知的深部生物圈环境截然不同。

在多年来进行的所有 DSDP/ODP/IODP 航次中，只有不到 10 次钻探在这种含卤水地层取芯。在有关地下水系统的航次中，目前还没有一个针对地下卤水研究的航次，以提高人们对回流卤水及其相关深部生物圈生态系统的认识。

因此，本建议在 ODP 182 航次基础上，重新对大澳大利亚湾外陆架和上陆坡进行钻探。另外，现今的大澳大利亚湾不仅在几何形态上，而且在其微生物生态学上被认为与中生代碳酸盐系统相类似。该建议钻探一旦实施，将获得对微生物和有机地球化学过程前所未有的观察，这些过程是世界上大部分油气资源形成的原因，并且可揭示地下咸水流在大陆边缘环境碳酸盐成岩过程中的作用。

（2）关键词

深部生物圈，海底地下水排放

（3）总体科学目标

1）揭示大澳大利亚湾陆架边缘高盐度地下水的年龄和形成机制；

2）揭示大澳大利亚湾地下卤水系统的范围和流速，并评估其对海水化学和矿化潜力的影响；

3）探索陆地水文地质系统中的水和能源供应如何影响微生物在海底以下深部生物圈的扩散、运移和适应；

4）揭示大澳大利亚湾微生物生态系统如何在高盐和高碱条件下蓬勃发展；

5）揭示大澳大利亚湾深部生物圈如何在硫酸盐还原情况下维持甲烷生成，这一过程通常被认为是唯一的；

6）揭示第四纪 / 新近纪界线底质变化如何影响微生物生态。

为实现上述目标，需要开展培养、宏转录组、稳定同位素标记与放射性同位素标记相结合的惰性气体取样、微生物细胞计数和活性。这将需要在大洋钻探船上配置相应的化学品和放射性同位素容器实验室，且在液氮中冷冻岩芯样品。

（4）站位科学目标

该建议书建议站位见表 5.2.2 和图 5.2.2。

表5.2.2 钻探建议站位科学目标

站位名称	位置	水深 (m)	钻探目标			站位科学目标
			沉积物进尺 (m)	基岩进尺 (m)	总进尺 (m)	
GABW-01A（首选）	33.4400°S, 127.6023°E	589	600	0	600	GABW-01A 位于始新世三角洲层序的底部，该层序可能是也可能不是含卤水地层。在后一种情况下，希望对含水层内的卤水进行取样，并与东部卤水出口站位 GABW-08A 的化学特征进行比较
GABW-02A（首选）	33.3700°S, 127.6022°E	345	700	0	700	提高西部断面数据的空间分辨率，拓展现有数据的深度范围。揭示沉积单元 7 的全部垂直范围和水力特性
GABW-03A（首选）	33.3000°S, 127.6024°E	195	700	0	700	该站位目标是向古海岸线方向拓展已有断面

续表

站位名称	位置	水深 (m)	钻探目标			站位科学目标
			沉积物进尺 (m)	基岩进尺 (m)	总进尺 (m)	
GABW-04A（首选）	33.2800°S, 128.4808°E	169	900	0	900	这是东部断面的最北端站位。目标是将断面向末次冰期的古海岸线扩展，以及更深地钻穿至含卤水地层，特别是在微生物活跃的下伏地层
GABW-05A（首选）	33.3100°S, 128.4808°E	233	900	0	900	提高东部断面的数据分辨率
GABW-06A（首选）	33.3400°S, 128.4808°E	405	900	0	900	提高东部断面的数据分辨率
GABW-07A（备选）	33.3700°S, 128.4808°E	615	900	0	900	该站位的备选站位，旨在圈定卤水体与海底相交的区域（即，出口区）。预计混合区较浅，低沉积速率制约了微生物活动
GABW-08A（首选）	33.4000°S, 128.4808°E	840	600	0	600	该站位旨在圈定卤水体与海底相交的区域（即，出口区）。预计混合区较浅，低沉积速率制约了微生物活动

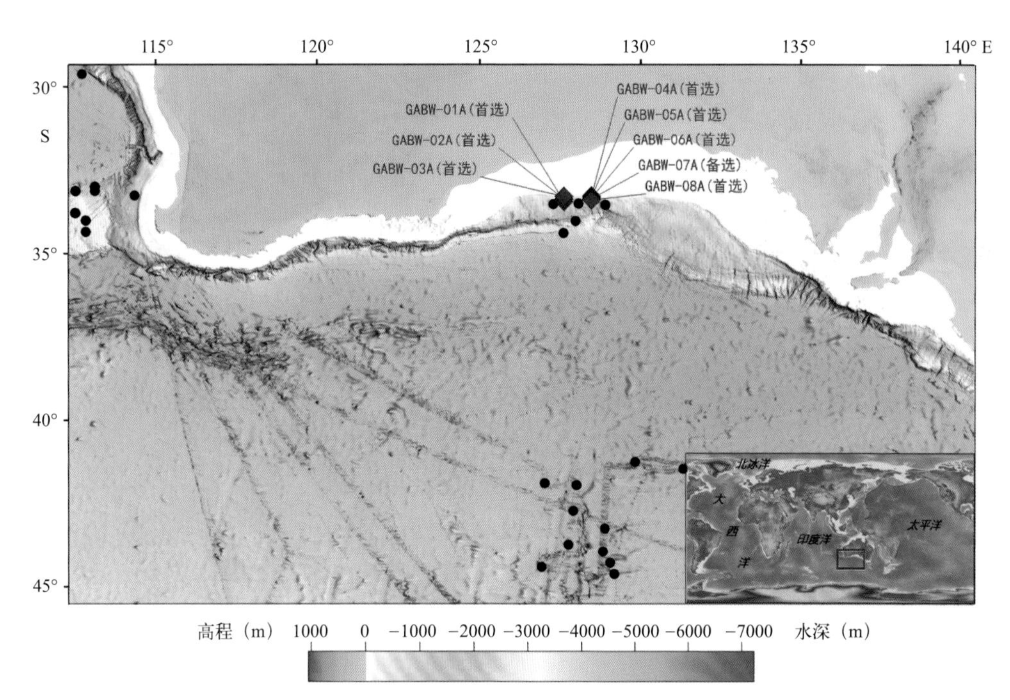

图5.2.2 钻探建议站位（黑色圆圈为已完成钻探站位，红色菱形为新建议站位）

(5) 资料来源

资料来源于 IODP 926 号建议书，建议人名单如下：

Ulrich Georg Wortmann, Alicia Wilson, Maija Raudsepp, Paul Evans, Simon George, Gordon Southam, Gene Tyson, Vincent Post, Peter K Swart, Jessica Whiteside, Brice Loose, Yuki Morono, Fumio Inagaki, Stephen Gallagher, Talitha Santini, Mads Huuse.

5.3 大陆坡地下水

5.3.1 美国新英格兰地区马萨诸塞州大陆坡地下水流量、排出以及斜坡稳定性调查

（1）摘要

多项研究表明被动大陆边缘属于动态变化的水文系统。两个主要的例子是①大陆架沉积物中的淡水发育说明远未达到与现代海平面平衡的状态；②地球物理资料表明在大陆坡很多地方存在活动型渗漏。尽管这些是全球现象，但是美国马萨诸塞州附近的大西洋陆架和陆坡同时存在这两种现象，以便能同时进行研究。

IODP 637 号建议书提出：新英格兰大陆架水文地质钻探旨在获取和分析大陆架中的流体，目的是揭示大陆架的水文地质特征、大陆架淡水的来源和机制，以及动态流通体系对微生物含量和生产力的影响。该建议将在 IODP 637 号建议书的基础上将钻探范围扩大至陆坡上两个正在渗漏但处于不同水深和不同地貌环境的区域，以便研究陆坡水文地质和地貌系统。

该建议假设冰川在搬运和沉积过程能够产生淡水，并在陆架和陆坡沉积物中产生流体超压。与盛冰期相关的亚冰盖补给可能是淡水的主要来源，也由此超压的载荷。此外，消退过程中较高的沉积速率也会造成超压。虽然这些过程发生在不同的时间和空间尺度上，但可以通过实施钻探航次和水文地质模拟来定量化揭示水文特征、流体化学特征和沉积历史。该建议和 IODP 637 建议书将共同揭示从海岸线到海洋的区域性水文地质系统特征。就本航次建议本身而言，本航次将提供一个十分有效的（航次时间大约 6 天）可采集样品和研究陆坡渗漏及其驱动机制的方法，也有助于研究陆坡的渗漏是如何与陆架的流体流动过程相联系。

该建议将有助于提高对被动陆缘流体流动对陆坡渗漏和稳定性影响的认识，也有助于加强对环境中化学流体特征的认识，并为研究微生物含量、分异性、生产力和长期的碳、氮和其他营养物质向海洋的通量提供重要约束。该建议钻探一旦实施，同时也可为基于过程的模型提供校验和测试，有助于了解世界其他陆缘背景下流体通量特征。

（2）关键词

海底地下水，斜坡稳定性

（3）总体科学目标

在美国马萨诸塞州海域大陆坡进行的钻探和取芯目标包括：水文地质、水文地球化学、微生物、沉积分析、原位压力和温度测定，将为从陆坡浅地层流体渗漏到海洋的过程研究提供直接证据。这些数据将为基于过程的模型提供必需的输入和计算数据进行校验和测试。此外，这项工作也为研究陆架淡水和陆坡活动渗漏之间的可能联系提供数据。

建议在马萨诸塞州大西洋陆坡两个站位实施钻探，以便获取陆坡水文地质、水文化学和微生物系列样品。每个站位包含两个钻孔，第一个钻孔将使用 APC/XCB 方法钻进海底 400 m 以下，并使用 IODP 标准来研究物理性质、流体和沉积物化学特征、岩性、年代和微生物群落。第二个钻孔将使用原位压力测试，并钻取岩芯样品用于微生物和地质力学研究。原位压力测量和取芯位置将根据每个站位的 A 孔数据决定。建议的钻探、取样和测试工作对于实现《大洋科学钻探探索地

球——面向 2050 年的科学框架》的战略目标 1 和 7、旗舰计划的 3 和 5 具有重要意义。

为实现上述目标，需要使用探针运输工具［PDT- 移动解耦液压输送系统（MDHDS）的升级版本］上配备的温度双压力探针（T2P）进行原位压力测量。

（4）站位科学目标

该建议书建议站位见表 5.3.1 和图 5.3.1。

表5.3.1　钻探建议站位科学目标

站位名称	位置	水深(m)	钻探目标			站位科学目标
			沉积物进尺(m)	基岩进尺(m)	总进尺(m)	
MVS-01B（首选）	38.7212°N, 69.7274°W	496	500	0	500	研究海底流体流动特征、斜坡不稳定性，以及海底渗漏区的水文地质性质、地质力学特征、沉流体化学特征和年龄、流体压力、微生物含量和分异度
MVS-02B（首选）	38.7311°N, 70.6984°W	539	500	0	500	研究海底流体流动特征、斜坡不稳定性，以及海底非渗漏区的水文地质性质、地质力学特征、沉流体化学特征和年龄、流体压力、微生物含量和分异度

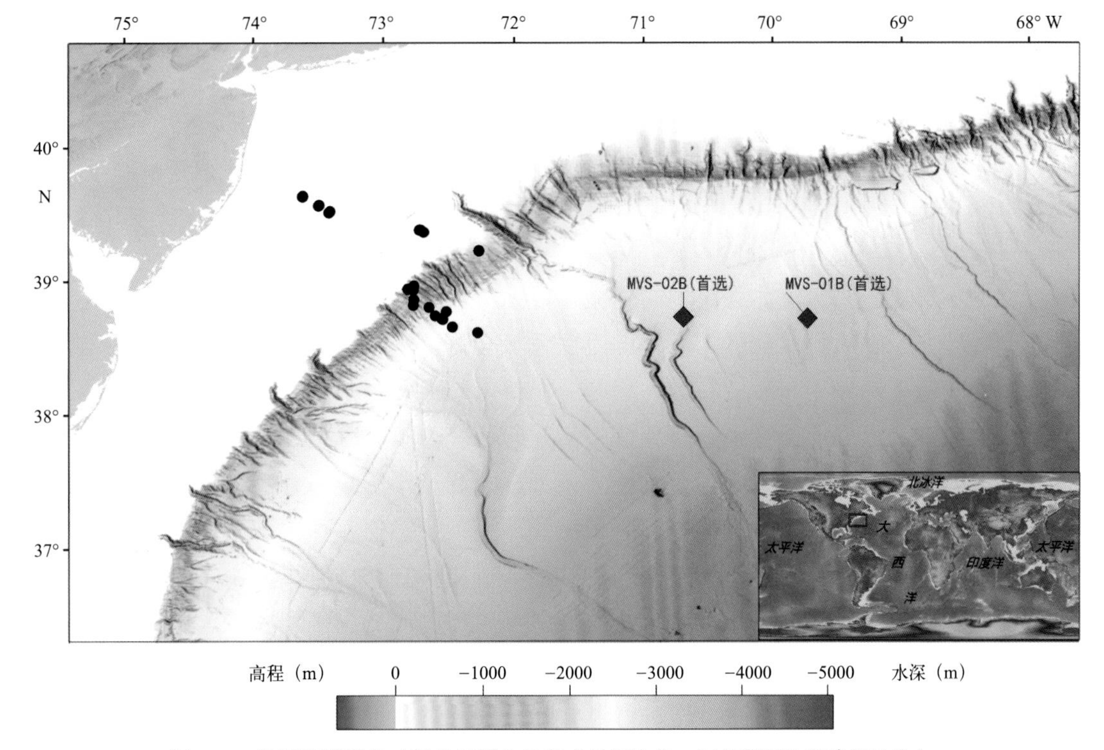

图5.3.1　钻探建议站位（黑色圆圈为已完成钻探站位，红色菱形为新建议站位）

（5）资料来源

资料来源于 IODP 972 号建议书，建议人名单如下：

Brandon Dugan, Ryan Venturelli, Brian Mailloux, Chloe Gustafson, Derek Sawyer, James Bradley, Stephanie Carr, Jason Chaytor, Wei-Li Hong, James Spear, Elizabeth Trembath-Reichert.

第 6 章　天然气水合物主题的钻探建议

本章共梳理了 5 份与天然气水合物有关的大洋钻探建议书科学目标，其中天然气水合物与微生物主题的钻探建议书 2 份、天然气水合物与气候主题的钻探建议书 2 份、天然气水合物与滑坡主题的钻探建议书 1 份。建议钻探位置分别位于卡斯卡迪亚北部陆缘、墨西哥湾北部大陆坡的泰勒博恩微型盆地、北极弗拉姆海峡、巴西里奥格兰德和位于朝鲜半岛—日本群岛之间的郁陵海盆。

6.1　天然气水合物与微生物

6.1.1　北极弗拉姆海峡天然气水合物和流体系统在更新世的演化

（1）摘要

本建议重点关注弗拉姆海峡流体、天然气水合物和甲烷渗漏系统在更新世的演化。弗拉姆海峡是位于北极和北大西洋之间的主要通道，因其对古海洋学、全球气候及超慢速洋中脊（克尼波维奇和波莫洛伊洋中脊）具有重要研究价值而广为人知。最新研究发现，位于年轻、热的洋壳之上的大型天然气水合物和流体系统从斯瓦尔巴群岛的上陆坡一直延伸到大洋中脊。揭示海底麻坑的地震剖面以及自生碳酸盐样品记录了过去和现今正在向海洋排放的甲烷。

该建议假设自 2.7 Ma 前的冰期以来，在洋中脊构造活动、热液循环和冰盖变化的影响下，大量的碳被多期次释放。北极流体系统中的碳储库很独特，因为它们不仅包含了微生物和热成因的烃类，也包含了超镁铁质岩蛇纹石化产生的非生物甲烷。然而，这些烃源的重要性仍然未知。另外，北极深部生物圈微生物和生态系统在很大程度上仍然未知，并且热液和冷渗流微生物群落共存的可能性表明这些群落之间可能存在一些独特的相互作用。位于大陆坡的维斯特尼萨洋中脊和克尼波维奇洋中脊的西侧的斯维亚托戈尔海岭在大型等深流漂积体形成过程中，捕获了一些流体，形成了天然气水合物以及与特殊化学合成群落相关的渗漏系统。这些洋中脊构成了记录深部地壳过程与浅层地球系统、天然气水合物和流体渗漏，深层生物圈和全球气候变化相互作用的独特场所。

该建议旨在研究这些相互作用过程，从而为这些过程如何动态地相互作用，并将碳从一个系统转移到另一个系统提供新的见解。

建议在弗拉姆海峡东部的 4 个站位进行测井和取芯，这 4 个站位位于斯瓦尔巴群岛西部陆坡至洋中脊断面上。这 4 个站位都是根据高分辨率三维地震数据确定的，三维地震数据可精确揭示包括拆离断层在内的海底特征。在高纬度地区钻取沉积物岩芯是大洋钻探面临的重要挑战之一，该建议将填补这一代表性不足地区的数据需求。

（2）关键词

水合物，古气候，碳循环，生物圈

（3）总体科学目标

本建议的总体目标是定量化研究大规模地质和气候变化事件之间的联系，包括气候变化事件如何驱使流体从构造活跃、被冰川覆盖的北极陆缘排出，以及对微生物和全球碳循环的影响。

主要目标有：

1）揭示北半球冰川作用加剧以来甲烷释放到水文和大气中的时间，重点关注古气候演变、冰盖动力学和构造应力如何影响碳储量、地球化学通量以及生物圈对碳通量变化的响应；

2）研究过去的气候以及极地冰盖的生长和崩塌，揭示高纬度地区气候变化的速率和幅度及其对全球气候的影响；

3）揭示持续了数百万年的北极天然气水合物聚集和从流体排出的甲烷的成因和来源，特别是定量化揭示微生物和热成因甲烷，以及作为非生物甲烷来源的超镁铁质岩蛇纹石化所形成的甲烷；

4）揭示沉积物覆盖的超慢速洋中脊的地球动力学和水文过程，并评估它们对流体流动、生物圈反应以及地壳、沉积和海洋碳库内部和之间碳循环的全球意义和潜在影响；

5）对比研究沉积物和地壳生境中微生物群落的变化对生物地球化学元素循环的影响，揭示它们对北极深部生物圈碳循环的贡献及其在全球热液喷口生物群落地理学中的作用。

为实现上述目标，需要用到测定原位温度和压力的 T2P 探针、随钻测井工具以及用于微生物采样的无菌实验室。

（4）站位科学目标

该建议书建议站位见表 6.1.1 和图 6.1.1。

表6.1.1　钻探建议站位科学目标

站位名称	位置	水深(m)	钻探目标			站位科学目标
			沉积物进尺(m)	基岩进尺(m)	总进尺(m)	
VST-01A（首选）	79.1129°N, 6.9635°E	1200	500	0	500	钻穿地层平坦、具有良好成层性、且未受扰动的上新统—更新统分界，大约钻进海底 500 m 以下。在该站位周围，BSR 显示很弱或根本不存在。该站位涉及地层学、古气候、非喷口位置的甲烷生成和地质力学有关的科学目标
VST-02A（首选）	79.1222°N, 6.9041°E	1200	250	0	250	钻穿 Lunde 麻坑状烟囱结构，该结构其中一个特征为发生气体渗漏。该站位位置与钻穿了 22 m 的 MeBo 岩芯一致，并且在该处钻遇了天然气水合物和自生碳酸盐岩（Bohrmann et al., 2017）。钻探目的在于钻穿天然气水合物稳定层的底部。研究目标包括孔隙水和水合物的地球化学、自生碳酸盐岩地球化学、流体流动路径及其物理特性（包括渗透率）、甲烷通量的变化、碳氢化合物组成和碳氢化合物来源、碳循环和热液喷口生物圈
VST-03B（备选）	79.2588°N, 4.5700°E	1536	650	0	650	该站位位于维斯特尼萨洋中脊的西端。站位目标是将地层和古气候记录时间范围上新世甚至可能是中新世。该站位也靠近洋中脊，因此处于较热的洋壳上，地壳沉积覆盖层中的流体流动和水合物系统受到水文和地热的影响。沉积物热结构与洋中脊有关

续表

站位名称	位置	水深(m)	钻探目标			站位科学目标
			沉积物进尺(m)	基岩进尺(m)	总进尺(m)	
VST-04A（备选）	78.9975°N, 7.5116°E	1129	600	0	600	钻穿地层平坦、具有良好成层性、且未受扰动的上新统—更新统分界，大约钻进海底 600 m 以下。研究目标与地层学、古气候、非热液喷口点的甲烷生成，地质力学有关
VST-05A（备选）	79.1497°N, 7.0581°E	1293	550	0	550	钻穿地层平坦、具有良好成层性、且未受扰动的上新统—更新统分界，大约钻进海底 550 m 以下。其目标与地层学、古气候、非热液喷口点的甲烷生成和地质力学有关
VST-06A（备选）	79.1256°N, 6.8813°E	1210	250	0	250	钻穿位于 VST-02 西北的麻坑状烟囱结构。该麻坑不活跃，未检测到气体渗漏。此外，测深数据显示，麻坑被少量最新的沉积物填充。钻探目的在于钻穿天然气水合物稳定带的底部。研究目标包括孔隙水和水合物的地球化学、自生碳酸盐岩地球化学、流体流动路径及其物理特性（包括渗透率）、甲烷通量的变化、碳氢化合物组成和碳氢化合物来源、碳循环和热液喷口生物圈
VST-07A（备选）	79.1312°N, 6.8386°E	1213	250	0	250	钻穿位于 VST-02 西北的麻坑状烟囱结构。该麻坑不活跃，在多年的调查中未检测到气体渗漏。钻探目的在于钻穿天然气水合物稳定层的底部。研究目标涉及孔隙水和水合物的地球化学、自生碳酸盐岩地球化学、流体流动路径及其物理特性（包括渗透率）、甲烷通量的变化、碳氢化合物组成和碳氢化合物来源、碳循环和热液喷口生物圈
SVG-01A（首选）	78.3569°N, 5.8375°E	1522	500	50	550	该站位位于克尼波维奇大洋中脊西侧的斯维亚托戈尔洋中脊的一个未活动麻坑中。预期的钻探会钻穿烟囱构造，并应该会钻遇拆离断层。研究目标涉及孔隙水和水合物的地球化学；自生碳酸盐岩地球化学；流体流动路径及其物理性质（包括渗透性）；甲烷通量变化；碳氢化合物组成和碳氢化合物来源，以及年轻又热的碳氢化合物组成和碳氢化合物来源；以及年轻又热的洋壳上水合物的动力学、蛇纹石化、碳循环；地壳与沉积物之间的水文连通、热量收支；热液和冷泉微生物群落的潜在共存及其对流体渗漏的响应
SVG-02A（备选）	78.3404°N, 5.7076°E	1589	350	0	350	钻穿 BSR 西侧以外具有成层性，且未受扰动的沉积层。研究目标涉及地层学、古气候、沉积物物理性质（包括渗透率）、微生物甲烷生成、烃类组成和来源、地壳与沉积物之间的水文相互作用、深层生物圈
SVG-03A（首选）	78.3639°N, 5.8985°E	1572	700	50	750	钻穿斯维亚托戈尔天然气水合物系统以东的上新统—更新统边界，该站位沉积具有成层性，且未受到扰动。该站位将作为孔隙水地球化学和岩石物理分析的参考站位。预期钻穿拆离断层。研究目标涉及地层学、古气候、沉积物物理性质（包括渗透性）、微生物甲烷生成、烃类组成和来源、蛇纹石化、碳循环、地壳与沉积物之间的水文连通、热量收支和深层生物圈

续表

站位名称	位置	水深(m)	钻探目标			站位科学目标
			沉积物进尺(m)	基岩进尺(m)	总进尺(m)	
SVG-04A（备选）	78.3662°N, 5.8766°E	1556	650	50	700	钻穿斯维亚托戈尔天然气水合物系统以东的上新世统—更新世统边界，该站位沉积具有成层性，且未受到扰动。该站位将作为孔隙水地球化学和岩石物理分析的参考站位。预期钻穿拆离断层。研究目标涉及地层学、古气候、沉积物物理性质（包括渗透性）、微生物产甲烷作用，碳氢化合物组成和碳氢化合物来源、蛇纹石化、碳循环、地壳与沉积物之间的水文连通、热量收支和深部生物圈
SVG-05A（备选）	78.3616°N, 5.8351°E	1523	500	50	550	该站位位于克尼波维奇洋中脊西侧斯维亚托戈尔洋中脊的一个非活动麻坑中。预期会钻穿烟囱构造，并钻遇拆离断层。研究目标涉及孔隙水和水合物的地球化学；自生碳酸盐岩地球化学；流体流动路径及其物理性质（包括渗透性）；甲烷通量变化；碳氢化合物组成和碳氢化合物来源；年轻且热的洋壳上水合物的动力学、蛇纹石化、碳循环；地壳与沉积物之间的水文连通、热量收支；热液和冷泉口微生物群落的潜在共存及其对流体泄漏的响应

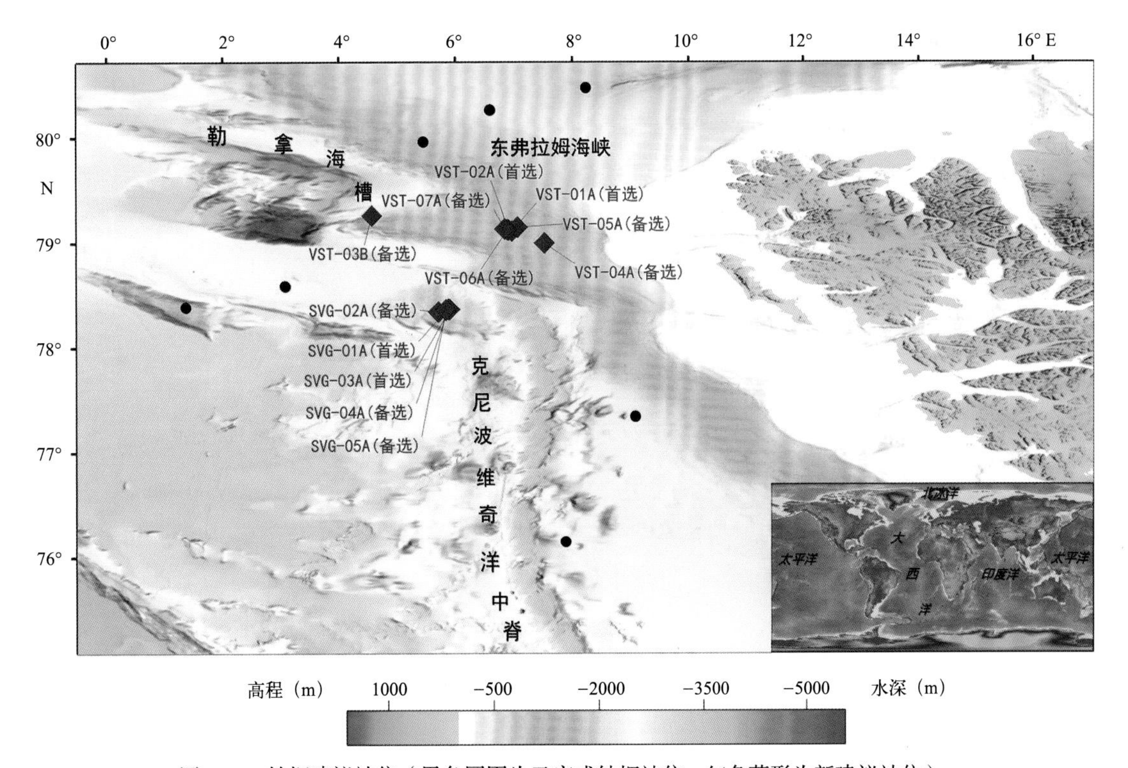

图6.1.1 钻探建议站位（黑色圆圈为已完成钻探站位，红色菱形为新建议站位）

（5）资料来源

资料来源于 935 号建议书，建议人名单如下：

Stefan Bünz, Andreia Plaza-Faverola, Sunil Vadakkepuliyambatta, Jochen Knies, Joel Johnson, Fumio Inagaki, Michael Riedel, Marta Torres, Giuliana Panieri, Timothy S Collett, Helge Niemann, Javier Escartin, Gerhard Bohrmann, Dan Condon, Aivo Lepland, Carolyn Ruppel.

6.1.2 大陆边缘的甲烷循环：微生物、地球化学和模拟综合研究

（1）摘要

大陆边缘沉积物埋藏了大部分的海洋有机碳，人们对其微生物甲烷生成过程研究仍然不足。甲烷的产生是有机物成岩作用中的关键过程，也有助于进一步了解碳循环过程。目前仍未解决的问题包括：微生物生成甲烷的途径和速率、沉积物温度对有机质特征的影响、浅层生成甲烷与深层生成甲烷的相对重要性。

该建议旨在通过以下方式解决这些问题：①在与原位测试相当的条件下进行微生物实验；②进行地球化学测试；③建立反应—运移模型。这项研究建立在 IODP 311 航次 U1325 站位获取的样品和数据基础上。

U1325 站位具有重要意义，可作为参考站位，因为大部分大陆边缘的甲烷气体和水合物处于类似的地层环境中。建议在 U1325 站位上再增加两个钻孔：一个钻孔进尺为 300 m 或钻至 APC 不能继续工作的深度，另一个钻孔钻至硫酸盐—甲烷转换带以下深度。测试计划包括针对微生物学和地球化学的高分辨率采样（0.5 ~ 5 m 的采样间隔），使用保压取芯器（PCS）和带有测温探针的活塞取样器（APC-T）测量约 10 个岩芯的压力和温度。甲烷生成率将在微生物实验中测定，在微生物实验中将沉积物样品置放在生物循环反应器中，该反应器可再现原位状态，并模拟原位压力进行单独的培养实验。此外，还将测试分析孔隙水（包括有机代谢物、pH、Ca、Mg、Cl、挥发性脂肪酸、可溶性有机碳）、顶部气体（包括 N_2 和 Ar 以估算原位甲烷浓度和 H_2）、保压取芯器释放的甲烷、有机质的地球化学特征根据 U1325 站位的经验，本钻探航次大约可以在 3 天内完成。

（2）关键词

微生物甲烷生成，天然气水合物，甲烷循环，早期成岩作用

（3）总体科学目标

该建议的总体科学目标是提高对大陆边缘沉积物中有机物降解所导致的生物地球化学过程的认识。将重点比较微生物实验的甲烷产生速率和反应—运移模型的甲烷产生速率。如果实验速率与模拟速率相匹配，则说明甲烷主要是原位生成；相反，如果实验速率低于模拟速率，则说明还存在来自深部的甲烷来源。

该建议旨在解决大陆边缘沉积物中甲烷循环尚未解决的问题。

1）将通过实验和建模，估算原位甲烷的生成速率，检验是否存在更深的甲烷来源，研究甲烷生成速率与温度、年龄和有机质之间的关系，并揭示复杂的近海生物地球化学反应中生成的甲烷

在碳循环中的作用。

2）对原位甲烷浓度测定将为建模提供关键约束，估算的甲烷生成速率将为完善大陆边缘沉积物中甲烷含量模型提供更多约束。

3）对比分析基于 N_2、Ar 估算获得的甲烷浓度和通过保压取芯器释放获得的甲烷浓度，以及利用微生物装置实验计算得到的甲烷浓度和基于萃取 H_2 含量估算的甲烷浓度。

（4）站位科学目标

该建议书建议站位见表 6.1.2 和图 6.1.2。

表6.1.2　钻探建议站位科学目标

站位名称	位置	水深(m)	钻探目标			站位科学目标
			沉积物进尺(m)	基岩进尺(m)	总进尺(m)	
U1325	48.645°N, 126.9833°W	2195	300	0	300	见上述总体科学目标

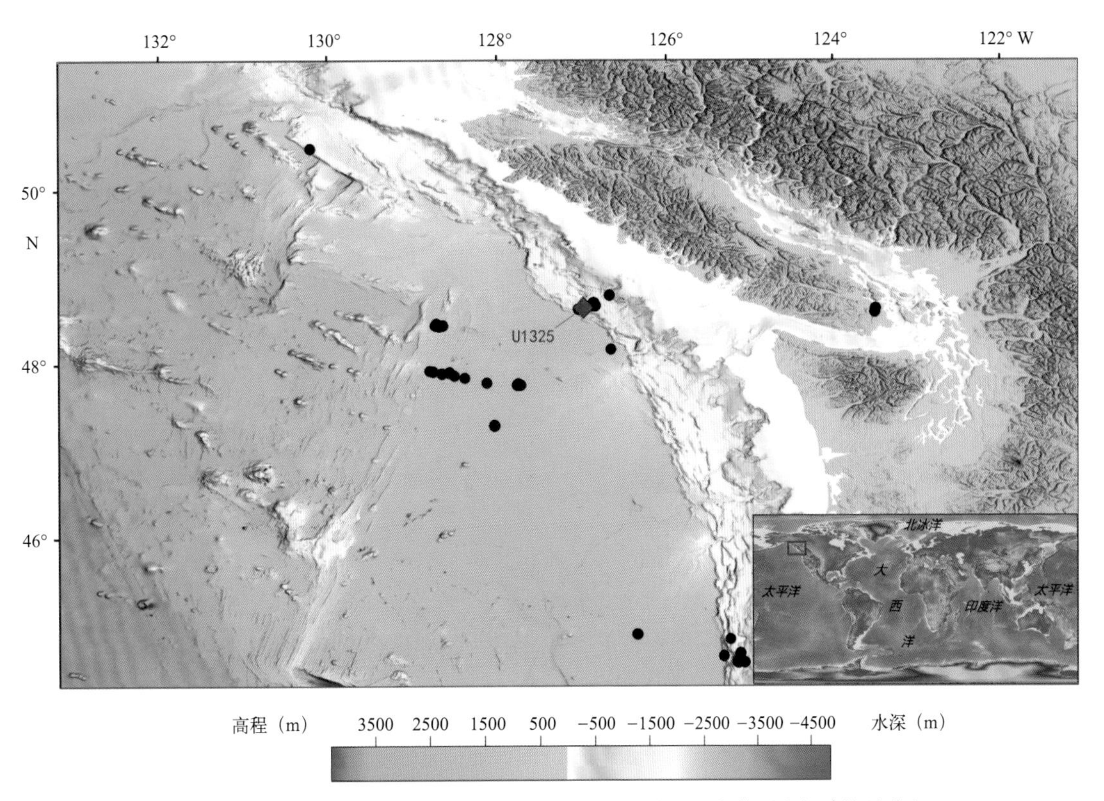

图6.1.2　钻探建议站位（黑色圆圈为已完成钻探站位，红色菱形为新建议站位）

（5）资料来源

资料来源于 IODP 791 号建议书，建议人名单如下：

Alberto Malinverno, Frederick S. Colwell, Marta E. Torres, John W. Pohlman, Verena B. Heuer.

6.2 天然气水合物与气候

6.2.1 冰川旋回中沉积物作用与天然气水合物形成的关系

（1）摘要

天然气水合物是在大陆斜坡沉积物中发现的由 CH_4 和 H_2O 组成的冰状包合物。但是，在全球范围内，目前对海底以下天然气水合物蕴藏的位置及其含量的研究依然不足。该建议假设海底泥质层中的天然气水合物与冰期海平面低位有关。如果该假设正确，这可能为识别和定量化研究海底低浓度天然气水合物提供了一种新方法。冰期海平面下降，导致陆架出露、陆坡沉积物供应量增加、海洋生物生产力提高、沉积物有机碳浓度增加。随着时间的推移，海洋泥质层中不稳定的有机碳部分被微生物消耗，并最终引起反应产生甲烷。随着更多甲烷的产生，孔隙水中溶解的甲烷浓度最终达到溶解度临界值，在海洋泥中形成天然气水合物。该建议关于冰期海平面低位时期沉积有机碳的增加的假设，可以解释全球范围内海洋泥质层中的水合物形成。

该建议旨在通过墨西哥湾北部大陆坡的泰勒博恩（Terrebonne）微型盆地门登霍尔组尔（Mendenhall）钻探检验这一假设。在泰勒博恩微型盆地，我们可以利用已有的高分辨率二维地震、两个钻孔随钻测井（LWD）数据，并可利用可控源电磁方法来进一步调查门登霍尔组地层。门登霍尔组地层为一套海洋泥质沉积，在随钻测井数据中可以识别出低浓度的天然气水合物，模型表明该组可能与威斯康星（Wisconsin）冰期海平面低水位有关。

泰勒博恩微型盆地门登霍尔组 3 个钻探站位均为含天然气水合物的海洋泥质层，且钻探深度只有 152 m。这 3 个站位中连续的沉积岩芯样品可用来测定不稳定和稳定有机碳的浓度、沉积物的年龄、沉积速率，可用来开展孔隙水的地球化学、气体的地球化学和微生物群落研究。随钻测井数据、电缆测井记录和岩芯的红外热成像仪图像可用来识别是否有天然气水合物生成。所有这些数据整合后可用来检验以下假设：冰川海平面低位期颗粒有机碳的保存与增加会影响海洋泥质层中天然气水合物的生成。

（2）关键词

冰期旋回，天然气水合物

（3）总体科学目标

目标是检验以下假设：海底泥质层中的水合物形成与冰川海平面低位期有机碳保存和浓度增加有关。在泰勒博恩微型盆地的登霍尔组是海相泥质层，在近垂直的裂缝中发育有低浓度的天然气水合物。

建议对门登霍尔组进行连续的沉积岩芯采集，以测定不稳定和稳定有机碳的浓度、沉积年龄、沉积速率，开展孔隙水地球化学、气体地球化学和微生物群落特征研究，并使用随钻测井数据，电缆测井和岩芯的红外热成像仪图像识别天然气水合物的生成。

（4）站位科学目标

该建议书建议站位见表 6.2.1 和图 6.2.1。

表6.2.1　钻探建议站位科学目标

站位名称	位置	水深 (m)	钻探目标			站位科学目标
			沉积物进尺 (m)	基岩进尺 (m)	总进尺 (m)	
TB-01A	26.6628°N, 91.6762°W	1966	152	0	152	站位 TB-01A 将作为 TB-02A 和 TB-03A 的控制站位，几乎没有观察到气体水合物。拟钻至 152 mbsf，从而钻获门登霍尔组地层样品并进行定年。此外，拟采集热流测量数据。还拟钻一口进尺约 50 m 的“B”孔用以高分辨率地球化学和微生物研究
TB-02A	26.6633°N, 91.6842°W	1999	152	0	152	在 TB-02A 站位，拟钻穿门登霍尔组到 152 mbsf，用以采样和年龄测定，并采集热流测量数据。拟钻一口进尺约 30 m 的“B”孔，用以采集高分辨率地球化学和微生物学样品“ B”孔是 3 个站位中最浅的一口钻孔，因为随钻测井在 27 mbsf 观察到水合物。还拟对这个孔进行电缆测井，以便可以与 TB-03A 站位对比
TB-03A	26.6615°N, 91.6862°W	2004	152	0	152	在 TB-03A 站位，拟钻穿门登霍尔组到 152 mbsf，用以采样和年龄测定，并采集热流测量值并研究横向变化。拟将钻一口进尺约 40 m 的“B”孔，用以采集高分辨率地球化学和微生物学数据。还拟对该站位开展电缆测井作业，以便可以与 TB-02A 站位对比

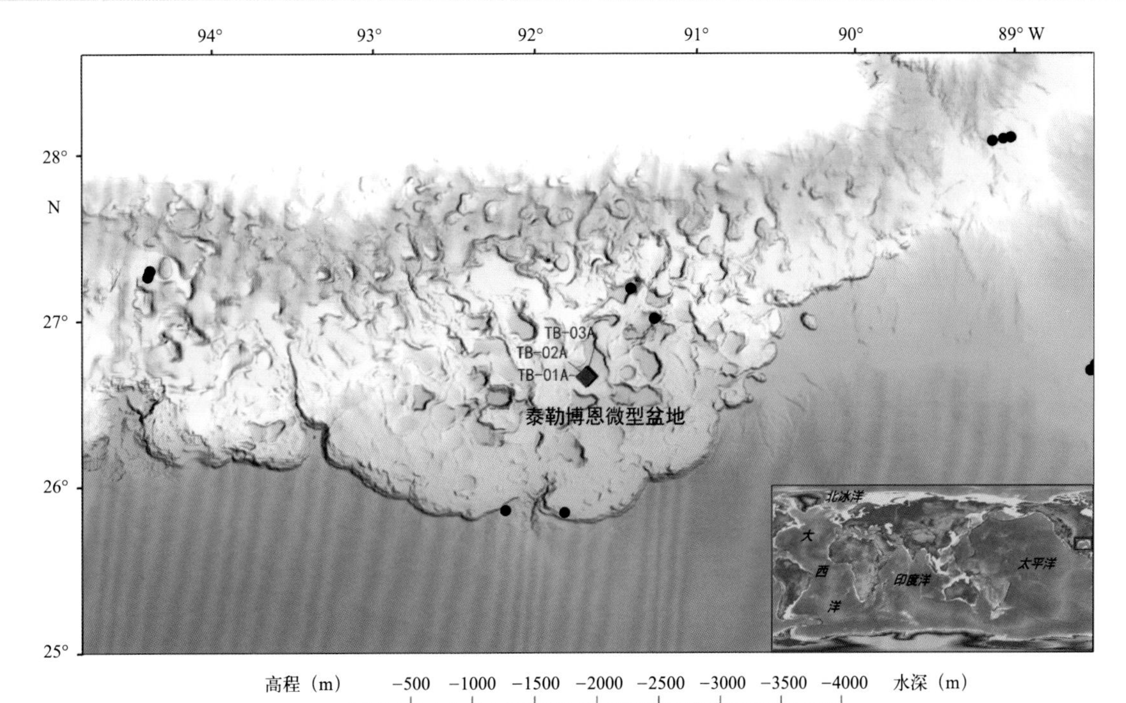

图6.2.1　钻探建议站位（黑色圆圈为已完成钻探站位，红色菱形为新建议站位）

(5) 资料来源

资料来源于 IODP 961 号建议书，建议人名单如下：

Ann Cook, Alberto Malinverno, Rick Colwell, Steve Phillips, Alex Portnov, Karen Weitemeyer, Evan Soloman, Jess Hillman, Peter Flemings.

6.2.2 含甲烷大陆边缘沉积物中的碳循环：里奥格兰德海丘（巴西）

(1) 摘要

大陆边缘沉积物中存在大量的微生物甲烷。这种甲烷以溶解气、游离气或天然气水合物等形式存在。但是，由于与甲烷的形成和运移相关的许多重大科学问题尚未解决，人们对其丰度和重要性仍然知之甚少。未解决的问题包括：微生物甲烷生成的反应过程和速率；沉积物岩性、温度和有机质组成对甲烷生成的影响；浅层生成甲烷与深层生成甲烷的相对重要性；碳循环及其作为碳酸盐在沉积物中的封存；碳从沉积物释放进入海洋等。

解决这些悬而未决的问题需要实施新的钻探，在近原位条件下进行微生物实验、大量的地球化学分析和详细的物理性质测量。

广泛分布的微生物甲烷意味着在全球都具有相似的作用过程。过去的钻探表明，不同区域甲烷分布和丰度存在高度的差异性，这反映了影响甲烷形成和运移的关键参数的差异。巴西近海里奥格兰德海丘是一个适合研究含甲烷沉积物中碳如何循环的天然实验室。地震反射剖面解释结果表明存在一个非常明显得似海底反射层（BSR），其分布面积可达 45 000 km^2。多波束测深和近海底调查结果表明在甲烷水合物稳定区上限附近发育麻坑地貌。前人利用重力活塞取样获得了天然气水合物和自生碳酸盐样品，并通过岩芯的孔隙水和天然气的分析，揭示了与甲烷厌氧氧化有关的浅层（3 ~ 10 mbsf）亚底部硫酸盐—甲烷过渡带和天然气的微生物来源。所有资料均表明海底大范围区域中存在一个动态的微生物甲烷系统。

该建议提出在里奥格兰德海丘 5 个站位实施钻探，用于采集不同水深（600 ~ 3000 m）和大陆边缘不同位置的用以研究生成和碳循环变化的样品。计划包括沉积物保压取芯、APC-T 温度测定、红外岩芯成像、井下测井、针对微生物学和地球化学分析的高分辨率采样。在微生物实验中进行甲烷生成速率测定，其中沉积物样品将置放在生物循环反应器中。该反应器可再现原位条件，并模拟原位压力进行单独的培养实验。

(2) 关键词

微生物产甲烷作用，水合物，碳循环

(3) 总体科学目标

本建议的总体科学目标是提高大陆边缘沉积物广泛存在的甲烷的生物地球化学和物理过程的认识。同时揭示甲烷在研究区的分布和含量。

拟解决大陆边缘沉积物碳循环以下问题：

1）通过对比微生物实验和反应运移模型结果，估算原位甲烷生成速率，检验甲烷是否含深部生成的甲烷，研究甲烷生成速率与沉积物类型、温度、年龄和有机物组成之间的关系，揭示古海洋变化驱动下随时间变化的有机质输入情况，揭示甲烷在与全球碳循环相关的一系列复杂的近海底生物地球化学反应中的作用，以及从沉积物释放并进入海洋的碳通量。

2）通过测算压力取芯样品的原位甲烷浓度为建模提供关键约束。

3）通过建模估算甲烷生成速率，为估算大陆边缘沉积物中甲烷的含量提供依据。

4）对比分析基于 N_2、Ar 估算获得的甲烷浓度和通过保压取芯器释放获得的甲烷浓度，利用微生物装置实验计算得到甲烷浓度和基于萃取 H_2 含量估算的甲烷浓度。

5）揭示甲烷和碳如何从天然气水合物稳定区附近逃逸出海底进入海洋的。

（4）站位科学目标

该建议书建议站位见表 6.2.2 和图 6.2.2。

表6.2.2　钻探建议站位科学目标

站位名称	位置	水深(m)	钻探目标			站位科学目标
			沉积物进尺(m)	基岩进尺(m)	总进尺(m)	
RGC-01C（首选）	32.9487°S, 49.8806°W	1159	500	0	500	在里奥格兰德海丘附近含有天然气水合物的地层进行取样。由于该站位流体作用可能不明显，因此有利于研究微生物生成甲烷作用，揭示微生物甲烷生成途径、甲烷的垂直分布状况和生成速率、硫酸盐—甲烷转换带（SMTZ）特征。该站位位于海丘的对称轴位置，沉积速率最高
RGC-09B（备选）	33.0120°S, 49.8083°W	1219	500	0	500	与 RGC-01C 站位的科学目标相同
RGC-02C（备选）	33.2160°S, 49.6641°W	1368	500	0	500	与 RGC-01C 站位的科学目标相同
RGC-03C（首选）	33.6580°S, 50.1519°W	1505	500	0	500	在里奥格兰德海丘附近含有天然气水合物的地层进行取样。由于该站位流体作用可能不明显，因此有利于研究微生物生成甲烷作用，揭示微生物甲烷生成途径、甲烷的垂直分布状况和生成速率、硫酸盐—甲烷转换带（SMTZ）特征。该站位位于里奥格兰德海丘的南部边缘，比 RGC-01C 站位的沉积厚度更薄、沉积速率更低
RGC-04C（备选）	33.5006°S, 50.3473°W	914	500	0	500	与 RGC-03C 站位的科学目标相同
RGC-11A（备选）	33.6691°S, 50.1648°W	1484	500	0	500	与 RGC-03C 站位的科学目标相同
RGC-07C（首选）	33.5839°S, 49.2268°W	2972	800	0	800	在里奥格兰德海丘东南侧深水区含有天然气水合物的地层进行取样。由于该站位流体作用可能不明显，因此有利于研究微生物生成甲烷作用，揭示微生物甲烷生成途径、甲烷的垂直分布状况和生成速率、硫酸盐—甲烷转换带（SMTZ）特征
RGC-08C（备选）	33.9274°S, 49.8153°W	2664	800	0	800	与 RGC-07C 站位的科学目标相同
RGC-12A（备选）	33.4615°S, 49.0935°W	2993	800	0	800	与 RGC-07C 站位的科学目标相同

续表

站位名称	位置	水深(m)	钻探目标			站位科学目标
			沉积物进尺(m)	基岩进尺(m)	总进尺(m)	
RGC-16A（备选）	33.1592°S, 48.9736°W	2938	800	0	800	与RGC-07C站位的科学目标相同
RGC-10B（首选）	32.7746°S, 49.8501°W	1299	500	0	500	在里奥格兰德海丘中部陆坡上的麻坑附近进行钻探。该站位可揭示流体的水平运移对“地层”环境具有重要影响，可导致甲烷生成量变化
RGC-06C（备选）	32.7957°S, 49.8730°W	1257	500	0	500	与RGC-10B站位的科学目标相同
RGC-15A（备选）	32.7498°S, 49.9247°W	1219	500	0	500	与RGC-10B站位的科学目标相同
RGC-05C（首选）	33.4347°S, 50.4574°W	607	200	0	200	在里奥格兰德海丘上陆坡附近含天然气水合物稳定带(MHSZ)的麻坑中进行钻探。该站位将用于揭示流体水平运移和水合物快速分解下甲烷生成的变化
RGC-13A（备选）	33.4221°S, 50.4432°W	608	200	0	200	与RGC-05C站位的科学目标相同
RGC-14A（备选）	33.4496°S, 50.4751°W	607	200	0	200	与RGC-05C站位的科学目标相同

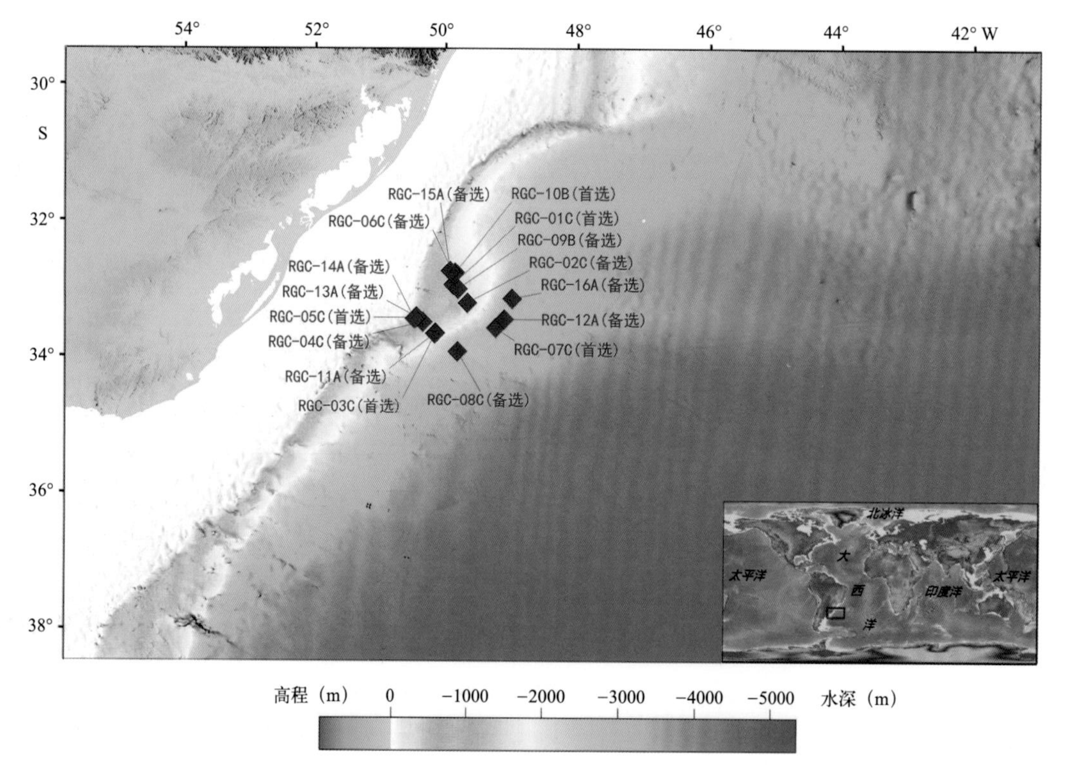

图6.2.2　钻探建议站位（红色菱形为新建议站位）

（5）资料来源

资料来源于 IODP 910 号建议书，建议人名单如下：

Alberto Malinverno, Joao Marcelo Ketzer, Gerald R. Dickens, Caroline Thaís Martinho, Adolpho Augustin, Frederick S. Colwell, Verena B. Heuer, Fumio Inagaki, Adriana Leonhardt, Renata Medina da Silva, Yuki Morono, Vivian Helena Pellizari, Maria Alejandra Pivel, John W. Pohlman, Brandi Reese, Luiz Frederico Rodrigues, Volkhard Spiess, Marta E. Torres, Adriano R. Viana.

6.3 天然气水合物与滑坡

6.3.1 郁陵海盆天然气水合物与海底滑坡：气候驱动的地质灾害？

（1）摘要

海底滑坡及其相关的重力流沉积被认为是全球盆地的主要沉积过程。大规模海底滑坡及其长距离搬运会给近海和沿海带来重大海啸灾害，因此，揭示海底滑坡的触发机制和过程非常重要。在众多机制中，目前正在争论的一个假设是，海平面变化和海底温度变化会导致天然气水合物的分解和 / 或溶解和 / 或天然气的溶解和膨胀，从而引起海底滑坡。然而，目前缺乏证据表明与气候变化相关的压力和热扰动引起的海底沉积物会在搬运过程中导致斜坡失稳。更重要的是，目前还没有对这科学假设进行验证。为了进一步认识气候、沉积模式、含天然气水合物沉积物地质力学特征、斜坡稳定性的作用，建议获得更多有关块体搬运、天然气释放、气候 / 古海洋学指标以及物理性质的第四纪沉积记录，从而为天然气水合物—斜坡失稳的研究提供更多约束条件。位于朝鲜半岛和日本群岛之间的郁陵海盆，是一个绝佳的研究区域，因为：①该区天然气水合物的丰度很高，尤其在盆地南端；②大于 1000 m 厚的上新世—第四纪地层中有 50% 以上由块体搬运沉积（MTD）形成；③该地区地层的沉积旋回对气候变化有很高的敏感性；④在该地区已经获得了大量的调查数据，可确保站位选址的合理性。在该地区的钻探不仅将有助于提高对与气候扰动有关的天然气水合物—斜坡失稳关系的理解，还将提高对块体搬运沉积的认识，并有助于解决地质灾害有关的社会问题。

（2）关键词

海底滑坡，天然气水合物，气候驱动的地质灾害，郁陵海盆

（3）总体科学目标

将检验以下相关假设，这些假设与海底斜坡失稳前、失稳中和失稳后阶段及其带来的地质灾害有关。

1）陆缘构造和气候变化导致的沉积旋回是海底滑坡发生的先决条件，并控制了海底滑坡的规模和样式。

2）气候引起应力和温度的变化导致天然气水合物系统发生扰动，从而诱发海底滑坡。

3）海底滑坡的规模、时间、频率和聚集性决定了海底滑坡和海啸引起的程度。

钻探可实现以下的科学目标：

1）揭示气候控制的沉积作用、地层和流体运移如何控制海底滑坡。

2）揭示海底薄弱层的发育情况。

3）揭示古海平面和温度变化对天然气水合物系统扰动的影响。

4）检验天然气水合物分解或溶解是否是天然气水合物引发海底滑坡的优先方式。

5）揭示海底滑坡发生的时间和频率以及与主要气候变化有关的潜在因素。

6）评估海底滑坡及其引发的海啸的危害。

为实现目标，需要开展随钻测井，利用 SET-P、T2P 探针估算孔隙压力，使用保压取芯设备测定原位压力下的天然气水合物饱和度和岩芯物性。

（4）站位科学目标

该建议书建议站位见表 6.3.1 和图 6.3.1。

表6.3.1　钻探建议站位科学目标

站位名称	位置	水深(m)	钻探目标			站位科学目标
			沉积物进尺(m)	基岩进尺(m)	总进尺(m)	
UBSL-01A（首选）	36.2777°N, 130.0355°E	1313	500	0	500	该站位位于西部斜坡上，发育生物成因的原位沉积层序。在该站位，能够获取盆地中块体搬运沉积的相关信息，还能揭示西部斜坡上与相邻滑动面相关的软弱层的沉积力学特征。该站位天然气水合物的存在有助于揭示天然气水合物分解和溶解在触发海底滑坡中所起的作用（目标 1 ~ 5）
UBSL-02A（首选）	35.7026°N, 130.3387°E	977	250	0	250	该站位位于南部斜坡上，靠近大型海底滑坡体，发育陆源的原位沉积层序。在该站位能够获取西部斜坡和盆地中块体搬运沉积的气候和海洋信息以及年龄，还能揭示南部斜坡沉积物的沉积力学特征。该站位天然气水合物的存在有助于揭示天然气水合物分解和溶解在触发海底滑坡中所起的作用（目标 1 ~ 5）
UBSL-03A（首选）	35.5996°N, 130.1821°E	425	400	0	400	该站位邻近海底滑坡壁，发育原位沉积层序。该处的似海底反射层或强反射层与海底滑坡附近的斜坡相交。该站位的沉积有助于揭示过去和现今可能与天然气水合物分解有关的相变，并可通过测量孔隙压力揭示地温梯度和现今应力状态（目标 3 和 4）
UBSL-04A（首选）	35.8020°N, 130.3268°E	1276	280	0	280	该站位发育块体搬运沉积体。沉积层序中存在似海底反射层（BSR）。该站位能够提高对过去天然气水合物相变过程的理解，揭示地温梯度和现今应力状态，并有助于揭示近端带的滑坡阶段、滑动样式和流变学特征（目标 3、4 和 6）
UBSL-05A（首选）	36.1447°N, 130.3354°E	1652	400	0	400	该站位发育块体搬运沉积体。该站位能够揭示近端带的滑坡阶段、滑动样式和流变学特征（目标 6）
UBSL-06A（首选）	36.4782°N, 130.3354°E	2067	400	0	400	该站位发育块体搬运沉积体。在该站位能够获取直接测定海底滑坡时代的样品，还能揭示滑坡阶段、滑动样式和流变学特征（目标 5 和 6）
UBSL-07A（首选）	36.7947°N, 130.2357°E	2213	640	0	640	该站位发育块体搬运沉积体。在该站位能够获取直接测定远端环境中海底滑坡时代的样品，还能揭示滑坡阶段、滑动样式和流变学特征（目标 5 和 6）

续表

站位名称	位置	水深(m)	钻探目标			站位科学目标
			沉积物进尺(m)	基岩进尺(m)	总进尺(m)	
UBSL-08A（首选）	36.2549°N, 129.9641°E	1190	600	0	600	该站位邻近海底滑坡壁，发育原位沉积层序。该处的似海底反射层或增强强反射层与海底滑坡附近的斜坡相交。该站位的沉积将揭示过去和现今可能与天然气水合物分解有关的天然气水合物相变，并可通过测量孔隙压力揭示地温梯度和现今应力状态（目标3和4）
UBSL-09A（首选）	36.1290°N, 129.8365°E	800	500	0	500	该站位邻近海底滑坡壁，发育原位沉积层序。该处的似海底反射层或增强强反射层与海底滑坡附近的斜坡相交。该站位的沉积有助于揭示过去和现今可能与天然气水合物分解有关的天然气水合物相变，并可通过测量孔隙压力揭示地温梯度和现今应力状态（目标3和4）
UBSL-10A（备选）	36.3229°N, 130.0973°E	1506	490	0	490	该站位位于西部斜坡上，发育生物成因的原位沉积层序。在该站位，能够获取盆地中块体搬运沉积的气候和海洋信息及年龄，还能获取西部斜坡上与相邻滑动面相关的软弱层的沉积力学特征。该站位天然气水合物的存在有助于揭示天然气水合物分解和溶解在触发海底滑坡中所起的作用（目标1～5）
UBSL-11A（备选）	35.7403°N, 130.3542°E	1090	255	0	255	该站位位于南部斜坡上，靠近大型海底滑坡体，发育陆源的原位沉积层序。在该站位能够获取西部斜坡和盆地中块体搬运沉积的气候和海洋信息以及年龄，还能揭示南部斜坡沉积物的动力学特征。该站位天然气水合物的存在有助于揭示天然气水合物分解和溶解在触发海底滑坡中所起的作用（目标1～5）
UBSL-12A（备选）	35.6174°N, 130.1822°E	530	400	0	400	该站位邻近海底滑坡壁，发育原位沉积层序。该处的似海底反射层或增强强反射层与海底滑坡附近的斜坡相交。该站位的沉积有助于揭示过去和现今可能与天然气水合物分解有关的天然气水合物相变，并可通过测量孔隙压力揭示地温梯度和现今应力状态（目标3和4）
UBSL-13A（备选）	35.8236°N, 130.3249°E	1305	300	0	300	该站位发育块体搬运沉积体。沉积层序中存在似海底反射层。该站位能够提高对过去天然气水合物相变过程的理解，揭示地温梯度和现今应力状态，并有助于揭示近端带的滑坡阶段、滑动样式和流变学特征（目标3、4和6）
UBSL-14A（备选）	36.1876°N, 130.3358°E	1688	400	0	400	该站位发育块体搬运沉积体。该站位能够揭示近端带的滑坡阶段、滑动样式和流变学特征（目标6）
UBSL-15A（备选）	36.4902°N, 130.3349°E	2076	400	0	400	该站位发育块体搬运沉积体。在该站位能够获取直接测定海底滑坡时代的样品，还能揭示滑坡阶段、滑动样式和流变学特征（目标5和6）
UBSL-16A（备选）	36.7767°N, 130.2359°E	2210	640	0	640	该站位发育块体搬运沉积体。在该站位能够获取直接测定远端环境中海底滑坡时代的样品，还将有助于揭示滑坡阶段、滑动样式和流变学特征（目标5和6）

续表

站位名称	位置	水深(m)	钻探目标			站位科学目标
			沉积物进尺(m)	基岩进尺(m)	总进尺(m)	
UBSL-17A（备选）	36.2774°N, 129.9638°E	1057	700	0	700	该站位邻近海底滑坡壁，发育原位沉积层序。该处的似海底反射层或增强强反射层与海底滑坡附近的斜坡相交。该站位的沉积有助于揭示过去和现今可能与天然气水合物分解有关的天然气水合物相变，并可通过测量孔隙压力揭示地温梯度和现今应力状态（目标 3 和 4）
UBSL-18A（备选）	36.1336°N, 129.8365°E	780	520	0	520	该站位邻近海底滑坡壁，发育原位沉积层序。该处的似海底反射层或增强强反射层与海底滑坡附近的斜坡相交。该站位的沉积有助于揭示过去和现今可能与天然气水合物分解有关的天然气水合物相变，并可通过测量孔隙压力揭示地温梯度和现今应力状态（目标 3 和 4）

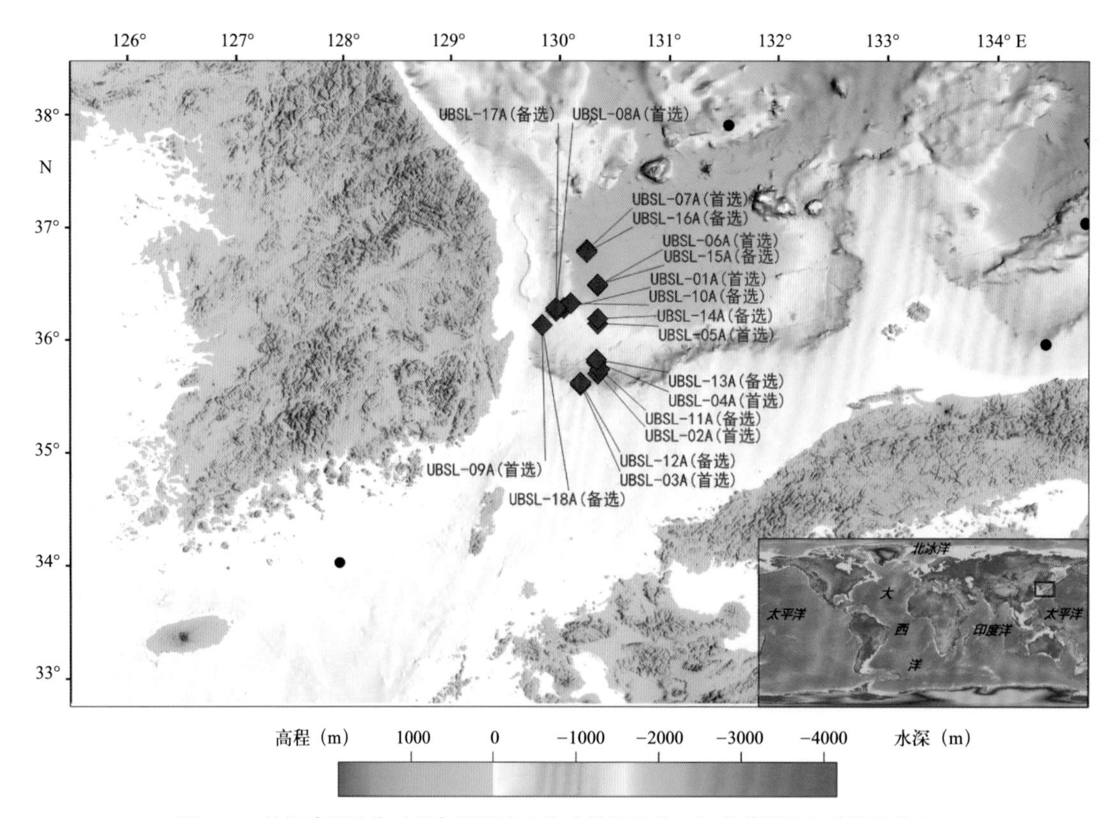

图6.3.1　钻探建议站位（黑色圆圈为已完成钻探站位，红色菱形为新建议站位）

（5）资料来源

资料来源于 IODP 885 号建议书，建议人名单如下：

Jangjun Bahk, Roger Urgeles, Sang-Hoon Lee, Sueng-Won Jeong, Greg Moore, Katie Taladay, Brandon Dugan, Michael Strasser, David Mosher, Marta Torres, Gill-Young Kim, Seong-Pil Kim, Deniz Cukur, Michael Riedel, Woohyun Son, Senay Horozal, Kyung-Eun Lee, Nyeonkeon Kang, Boyeon Yi, Kiju Park.

第 7 章　深部生物圈主题的钻探建议

深部生物圈是未来 IODP 重要科学主题之一。深部生物圈是一个复杂的生态系统，需要利用地质、地球物理、地球化学、矿物学、水文学、有机化学、生物化学与分子微生物学等交叉研究手段，才能对其丰度、分布、多样性、生态功能等进行综合研究。由于地下深部处于厌氧、高温、高压、缺水、寡营养、低孔隙度、高盐度、高或低 pH 等极端条件，只有通过钻探才能深入探测这些极端环境。

本章共梳理了 6 份与深部生物圈相关的大洋钻探建议书科学目标，其中沉积物生物圈钻探建议 2 份、基岩生物圈钻探建议 4 份。梳理结果表明随着深海钻探技术的提高和基岩钻探的能力提升，在基岩特别是深部地壳开展生物圈研究越来越受关注。

7.1　沉积物生物圈

7.1.1　斯科特高原中生界沉积物中的海底生命特征

（1）摘要

钻取斯科特高原出露的中生代沉积物，为揭示中生代海洋沉积中的现代生态系统，以及现代海洋与古老沉积物中的生命之间的生物地球化学相互作用提供了一个良好的契机。

本建议实施一个短期钻探航次，利用很小的成本在斯科特高原完成一个站位的钻探。此次钻探将解决一些重大科学，如，古老的沉积物中是否存在发育有机生命体的生态系统？这个生态系统是否随着沉积历史的变化而变化？与现代海洋之间的不整合接触是否影响中生代沉积物的宜居性和群落组成？

（2）关键词

深部生物圈，中生代沉积

（3）总体科学目标

该建议是为了验证以下假设。

1）尽管沉积物形成时代是侏罗纪—白垩纪，但是该套沉积层中仍然存在活跃的微生物群落。

2）在浅层中生代沉积物中，海水中的氧化物与沉积层中的还原物［包括溶解化学元素（如 CH_4、H_2S、NH_3^+ 等）或固相还原物（如有机质、金属硫化物）］之间的前缘，存在独特的微生物群落。

(4) 站位科学目标

该建议书建议站位见表 7.1.1 和图 7.1.1。

表7.1.1 钻探建议站位科学目标

站位名称	位置	水深(m)	钻探目标			站位科学目标
			沉积物进尺(m)	基岩进尺(m)	总进尺(m)	
SPL-01	13.2084°S, 120.0660°E	2000	250	0	250	验证两个假设

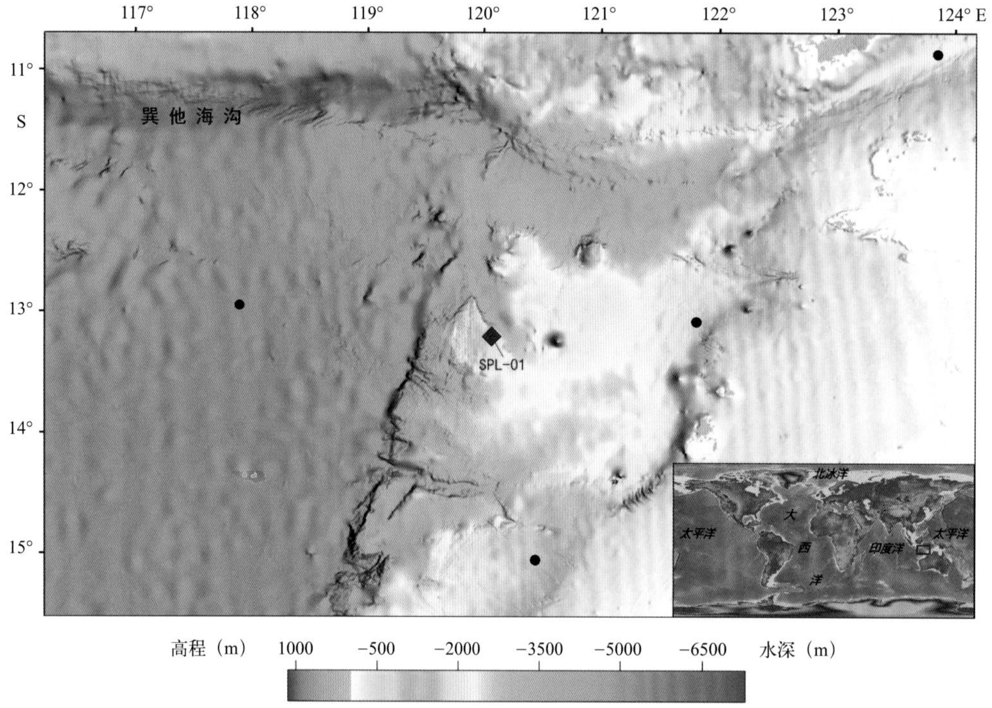

图7.1.1 钻探建议站位(黑色圆圈为已完成钻探站位，红色菱形为新建议站位)

(5) 资料来源

资料来源于 IODP 830 号建议书，建议人名单如下：

S. D'Hondt, J. Kirkpatrick, A. Abrajevitch, F. Colwell, H. Cypionka, B. Engelen, S. Gallagher, C. Hubert, F. Inagaki, J. Kallmeyer, Y. Morono, R. Murray, B. Opdyke, R. Pockalny.

7.1.2 Blake Nose 钻探：重要岩性不整合界面和古海洋事件对海底生命的影响

(1) 摘要

该建议计划在 Blake Nose 实施一个 60 天的钻探航次。在该地区，全新世 / 更新世钙质软泥与始新世钙质软泥之间的近海底不整合接触界面，有助于揭示海底微生物在沉积物中垂向迁移的程度，也有助于揭示化学物质在现代海洋沉积物和古老沉积物之间穿过不整合接触界面的扩散如何影响古代沉积物的宜居性和生物群落分布。最后，这些站位为揭示过去重大海洋事件对近海底群落的影响提供了机会。之前的钻探航次(DSDP 44 航次和 ODP 171B 航次)获取了过去 113 Ma 中最重要的海洋事件的详细沉积记录，包括古新世 / 始新世极热事件、白垩纪 / 古近纪撞击事件，以及白垩纪大洋缺氧事件 1b、1d 和 2。

（2）关键词

海底生命，不整合，PETM（古新世—始新世极热事件），OAEs（大洋缺氧事件）

（3）总体科学目标

1）揭示近海底微生物在沉积物中的垂向迁移程度。

2）揭示古老沉积物中穿过不整合面的化学扩散如何影响微生物群落。

3）揭示主要海洋历史事件对海底群落及其新陈代谢活动的影响。

为实现目标，需要使用 ^{35}S 测定硫酸盐还原速率，使用光极测定溶解 O_2 和溶解 Fe^{2+}，需要配备台式 CAS 冰箱和测试溶解无机碳氮的其他设备。

（4）站位科学目标

该建议书建议站位见表 7.1.2 和图 7.1.2。

表7.1.2　钻探建议站位科学目标

站位名称	位置	水深 (m)	钻探目标			站位科学目标
			沉积物进尺 (m)	基岩进尺 (m)	总进尺 (m)	
BN-01A（首选）	30.1424°N, 76.1122°W	2656	210	0	210	揭示海底微生物在沉积物中垂直迁移程度；揭示古老沉积物中穿过主要不整合面的化学扩散如何影响微生物群落；揭示主要海洋事件（白垩纪 / 古近纪撞击事件、大洋缺氧事件 1b）对现代近海底群落的影响
BN-02A（首选）	30.1000°N, 76.2350°W	2300	610	0	610	揭示海底微生物在沉积物中垂直迁移程度；揭示古老沉积物中穿过主要不整合面的化学扩散如何影响微生物群落；揭示主要海洋事件（大洋缺氧事件 1b、2）对现代近海底群落的影响
BN-03A（首选）	30.0529°N, 76.3576°W	1983	650	0	650	揭示海底微生物在沉积物中垂直迁移程度；揭示古老沉积物中穿过主要不整合面的化学扩散如何影响微生物群落；揭示主要海洋事件对现代近海底群落的影响
BN-04A（首选）	30.7595°N, 74.4665°W	3481	175	0	175	与 Blake Nose 比较：确定海底微生物在沉积物中垂直迁移程度；揭示古老沉积物中穿过主要不整合面的化学扩散如何影响微生物群落
BN-05A（备选）	29.9105°N, 76.1780°W	2601	350	0	350	揭示海底微生物在沉积物中垂直迁移程度；揭示古老沉积物中穿过主要不整合面的化学扩散如何影响微生物群落
BN-06A（备选）	29.9923°N, 76.5236°W	1630	200	0	200	揭示海底微生物在沉积物中垂直迁移程度；揭示古老沉积物中穿过主要不整合面的化学扩散如何影响微生物群落
BN-07A（备选）	29.8858°N, 76.7441°W	2424	330	0	330	揭示海底微生物在沉积物中垂直迁移程度；揭示古老沉积物中穿过主要不整合面的化学扩散如何影响微生物群落
BN-08A（备选）	29.9515°N, 76.6266°W	1344	700	0	700	揭示海底微生物在沉积物中垂直迁移程度；揭示古老沉积物中穿过主要不整合面的化学扩散如何影响微生物群落；揭示主要海洋事件（大洋缺氧事件 1d）对现代海底群落的影响

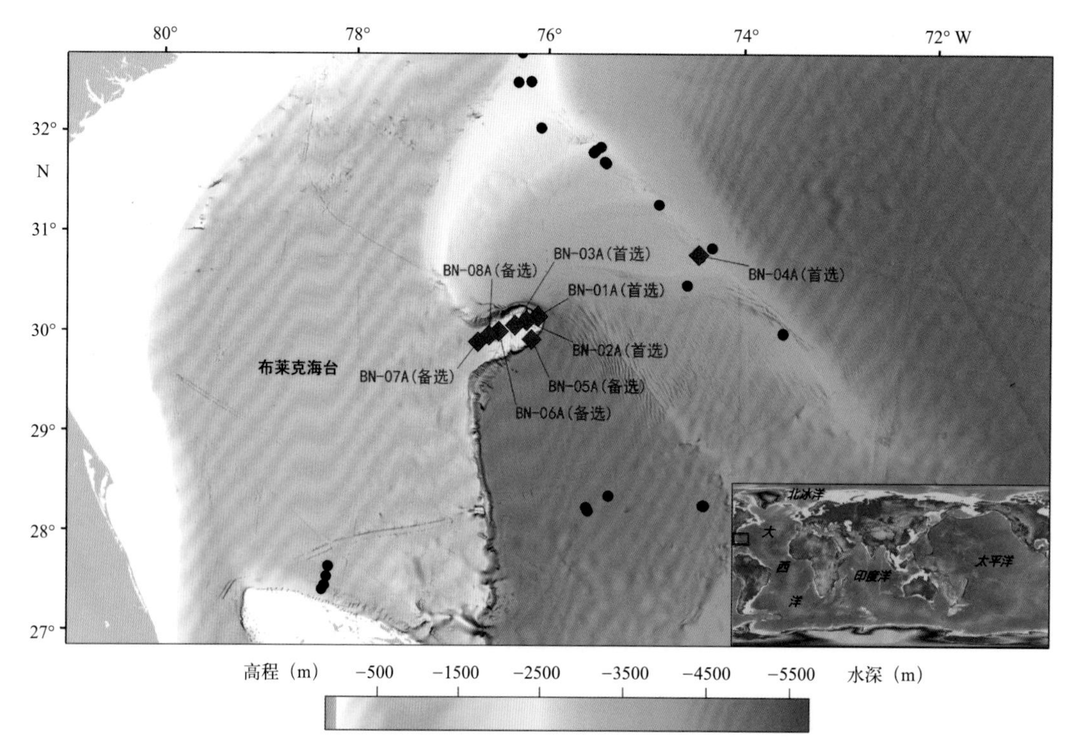

图7.1.2 钻探建议站位（黑色圆圈为已完成钻探站位，红色菱形为新建议站位）

（5）资料来源

资料来源于 IODP 929 号建议书，建议人名单如下：

Steven D'Hondt, Robert Pockalny, Valier Galy, Leila Hamdan, Andrew Henderson, Fumio Inagaki, R. Mark Leckie, Yuki Morono, Richard Murray, William Orsi, Richard Pancost, Gustavo Ramírez, Ana Christina Ravelo, Tina Treude, Laura Wehrmann.

7.2 基岩生物圈

7.2.1 ODP 896A 钻孔修复和采样，用于相关的地壳流体和生物圈研究

（1）摘要

IODP 384 航次（主题为巴拿马盆地的地壳结构）通过移除观测站修复 504B 钻孔并开展新的测井作业为本建议提供了一个很好思路借鉴。本建议计划实施一个为期 3 ~ 4 天的短期航次（APL），到 504B 钻孔附近的 896A 钻孔（距离小于 2 km）移除类似的钻孔观测站，并采集深部生物圈样品。896A 钻孔位置与胡安·德·富卡洋中脊侧翼(例如 IODP 301 航次和 IODP 327 航次)类似，有助于揭示玄武质地壳中微生物深部生物圈的多样性和作用。896A 钻孔最早于 1993 年实施钻探，总钻进深度为海底以下 469 m ，基岩玄武质钻进深度为 290 m，基岩年龄 6 ~ 7 Ma。该站位地质背景与胡安·德·富卡洋中脊侧翼非常类似，基岩上部均经历了高温（58℃）和高蚀变的流体作用，这些流体在相对年轻的玄武岩地壳中循环。2001 年，科学家重新检查了 896A 钻孔，在此期间，电缆作业显示钻孔底部出现絮状物质，初步怀疑该物质是在“吹雪机”式热液喷口观察到的絮状微

生物材料。对从钢丝绳工具上偶然刮下来的絮状物质进行初步分析，证实存在生物膜形式的微生物，但微生物群落的组成与胡安·德·富卡洋中脊侧翼观察到的明显不同，尽管两个地区的热条件和化学成分几乎一致。这些差异可能指示不同站位的某些特征影响了地下微生物群落的结构，或是某些短期事件可能影响微生物群落组成（正如胡安·德·富卡所观察到的）。建议重返 896A 钻孔以完成以下目标：①移除堵塞钻孔的电缆封隔器系统；②使用先进的温度和流体采样工具采集用于微生物和地球化学分析的样品；③时间允许的情况下，开展测井作业，以补充 504B 钻孔计划的测井。类似的操作在 IODP 384 航次 504B 钻孔实施过，所有技术装备、工具和传感器需先准备好。虽然目前无法进入 896A 钻孔，但是，建议的这些工作不仅能够使该遗留钻孔可用于研究未来前沿的微生物学、生物地球化学和水文实验，也可以提供初始样本，以促进和指导未来的研究。该建议有助于进一步推进当前的 IODP 科学计划，推动生物圈前沿研究和其他挑战。

（2）关键词

深部生物圈，观测，水文地质

（3）总体科学目标

主要验证以下主要假设：896A 钻孔位置与胡安·德·富卡洋中脊侧翼类似，玄武质基岩上部的微生物群落系统发育结构和功能潜力主要受到流体地球化学和热条件的影响（例如相同的种类随处可见，它们是自然选择的优势物种）。

主要科学目标：

1）从 896A 钻孔深处采集流体样品，用于微生物和地球化学分析。流体采样除了使用 Kuster 采样器外，还将使用水体采样温度探针（Water Sampler Temperature Probe）。两者都部署在电缆上。

2）开展作业，与约 2 km 外的 504A 钻孔进行地壳性质对比。

但是，为了完成这些目标，需要拆除目前堵塞 896A 钻孔入口处的电缆封隔器系统。修复 896A 钻孔可为未来开展一系列研究提供有利支撑，例如，未来“CORK-Lite”钻孔观测系统安装和原位实验。这些实验包括但不限于微生物、生物地球化学和水文地质的新陈代谢、扰动和示踪研究。

为实现以上目标，需要移除堵塞 896A 钻孔的电缆软木塞，需要打捞筒移除封隔器或使用碾磨机将其磨碎。开展电缆作业时需要一个采样器来采集钻孔中的流体。

（4）站位科学目标

该建议书建议站位见表 7.2.1 和图 7.2.1。

表7.2.1 钻探建议站位科学目标

站位名称	位置	水深(m)	钻探目标			站位科学目标
			沉积物进尺(m)	基岩进尺(m)	总进尺(m)	
CRR-01A	1.2168°N, 83.7232°W	3459	0	0	0	移除堵塞 896A 钻孔中的有缆型 CORK 。在电缆作业时利用采样器采集钻孔中的流体，建议使用 Kuster 取采样器和水体采样温度探针。测井作业需要用到在 504B 钻孔中使用的工具套件

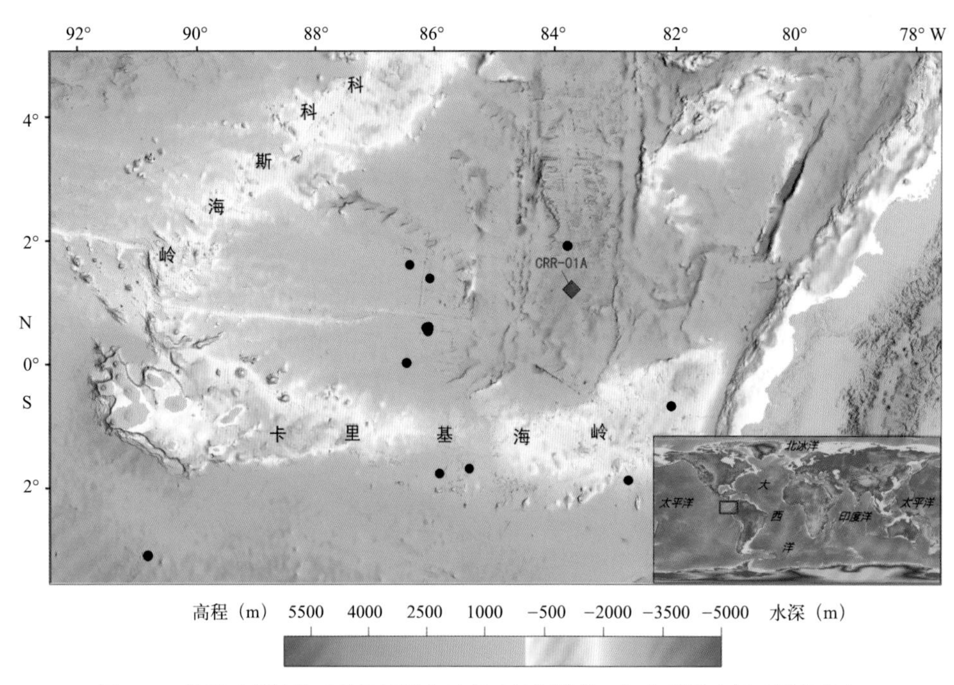

图7.2.1　钻探建议站位（黑色圆圈为已完成钻探站位，红色菱形为新建议站位）

（5）资料来源

资料来源于 IODP 921 号建议书，建议人名单如下：

Beth Orcutt, Geoff Wheat, Keir Becker, Brandi Kiel Reese.

7.2.2　探寻生命群落：重返中大西洋中脊亚特兰蒂斯杂岩的 U1309D 钻孔

（1）摘要

亚特兰蒂斯大洋核杂岩是迄今为止 IODP 研究程度最高的区域（4 个钻探航次，分别为 304、305、340T 和 357 航次）。这里分布着迷失之城热液区（Lost City Hydrothermal Field，LCHF），热液是富含氢气和甲烷的碱性流体，温度 40 ~ 90℃。IODP U1309D 钻孔位于迷失之城热液区以北 5 km 处，是迄今为止在年轻（< 2 Ma）洋壳中钻探最深（1415 m）的一个钻探，钻取了大量基岩样品，主要是辉长岩，部分为蚀变橄榄岩。U1309D 钻孔的辉长岩与 IODP 357 航次在迷失之城热液区附近大洋核杂岩南侧的海底钻取的蛇纹石化橄榄岩形成鲜明对比。这两个站位的水文环境也大不相同，迷失之城热液区下方的岩石渗透率很高，而 U1309D 钻孔 750 m 以下地温梯度呈线性，说明渗透率非常低。

该建议旨在 MMBW 温度高于 IODP 以前采样温度的环境下，对流体和岩石进行采样。期望采样的温度能够达到 200℃，因为在这样的环境下，富含橄榄石的岩石正在发生蛇纹石化作用，而且，非生物成因的生命组分（H_2、CH_4 和更复杂的有机物）可能正在形成。

除此之外，还拟在迷失之城热液区附近钻一个浅孔，以便获得一个穿过拆离断裂带的完整剖面，解决生物圈、构造和蚀变问题。这些问题在 IODP 357 航次中由于未能钻至设计的深度而尚未解决。

钻探拟钻至 U1309 钻孔 2100 mbsf，温度达到 220℃，进行测井作业，使用新研制的温度敏感采样器进行流体采样。拟在流体包裹体中获取 H_2、CH_4、其他有机分子和阳离子，并与周围流体进行对比。该建议假设在大洋核杂岩中可能存在挥发性组分的浓度梯度。

该建议还将研究大洋核杂岩的岩浆演化，包括对大洋辉长岩体的组合和地球化学至关重要的熔岩反应过程，以及深成岩和洋中脊玄武岩钻探技术之间的关系。深成岩所处的温度环境是以往IODP无法达到的，因此，需要对钻探技术进行攻关研究，以期能够突破现有的技术瓶颈，从而为今后的深钻做准备。

（2）关键词

蛇纹石化，氢气，甲烷，辉长岩，流体

（3）总体科学目标

钻探建议涉及IODP科学计划中“地球运动”“地球各圈层之间的联系”和“生物圈前沿”主题中的若干目标。

1）大洋核杂岩的生命周期：火成岩、变质、构造和流体运移过程之间的联系，以及地球物理模型和热液模型的检验。

2）进军地球生命出现之前的化学窗口：在亚特兰蒂斯大洋核杂岩高温和低温条件下，具有益生菌活性的有机分子如何形成。

3）亚特兰蒂斯大洋核杂岩的深部生物圈和生命极限：岩性基质、孔隙度和渗透率、温度、流体化学和反应梯度对微生物的控制。

为实现目标，需要使用井下测井仪器，以及目前正在研发的可调节金属合金取样系统，在设定的时间间隔对流体进行采样。样品的保存需远离大气，以免受到大气变化的影响；样品保存的温度需尽可能高于生命极限温度。

（4）站位科学目标

该建议书建议站位见表7.2.2和图7.2.2。

表7.2.2　钻探建议站位科学目标

站位名称	位置	水深(m)	钻探目标			站位科学目标
			沉积物进尺(m)	基岩进尺(m)	总进尺(m)	
AMDH-01A（首选）	30.1687°N, 42.1186°W	1656	0	660	660	（1）深入U1309D钻孔1414 m采集流体样品，并测量温度（预计温度225℃）。（2）在现有的U1309D钻孔再钻进660 m，采集含有非生物成因有机化合物和H_2的岩石学和地球化学样品。（3）开展测井作业。（4）在U1309D钻孔以北20 ~ 30 m新钻一个80 m的钻孔，用于多孔岩石和断裂带的微生物学采样，并与U1309B钻孔和U1309D钻孔进行对比研究
AMDH-02A（首选）	30.1317°N, 42.1202°W	825	3	200	203	安装重返系统。钻穿蛇纹石化橄榄岩中的拆离断裂带，获取穿过断裂带的完整剖面。采集用于研究变形、蚀变、火成岩岩石学、微生物学和有机/无机地球化学的岩石样品。开展温度和其他属性的测井作业。作为遗留钻孔，未来可用于采集流体和气体、建立温度剖面、布放观测设备
AMDH-03A（备选）	30.1389°N, 42.1455°W	1275	5	200	205	钻穿拆离断层带；钻获样品用于火成岩岩石学、蚀变、变形组构、微生物学、有机地球化学，有望钻遇拆离后的火山岩。安装重返系统，作为遗留钻孔，未来可用于采集流体和气体、建立温度剖面

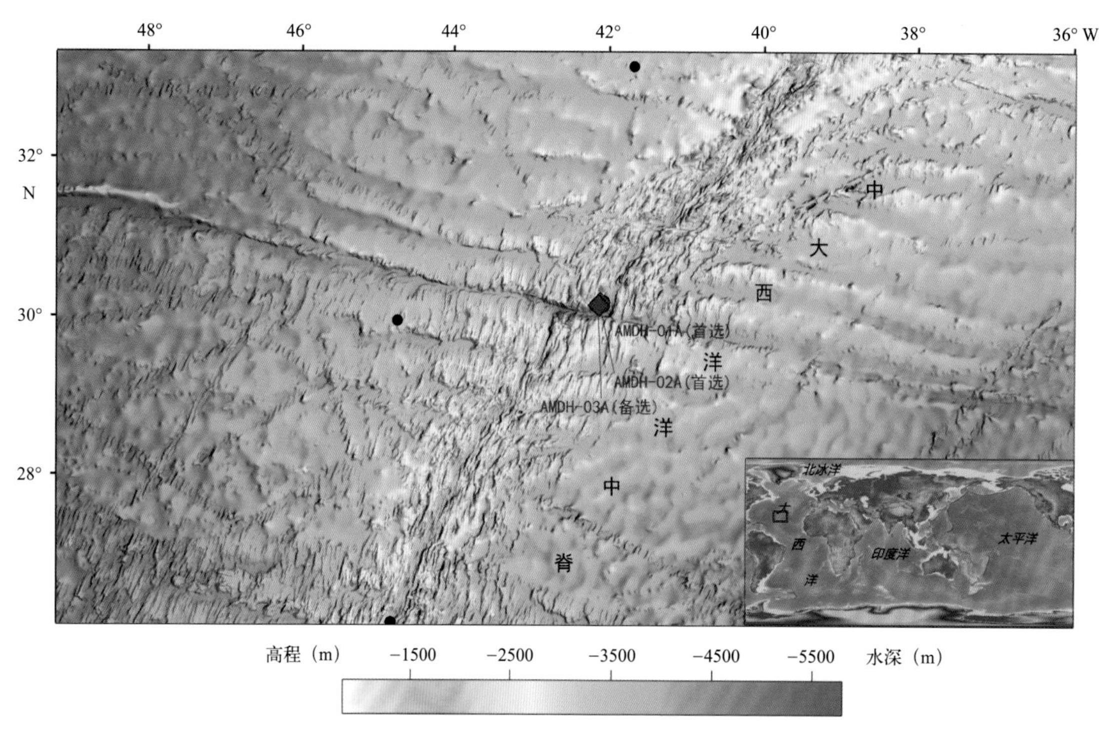

图7.2.2 钻探建议站位（黑色圆圈为已完成钻探站位，红色菱形为新建议站位）

（5）资料来源

资料来源于 IODP 937 号建议书，建议人名单如下：

Andrew McCaig, Donna Blackman, Beth Orcutt, Benedicte Menez, Marvin Lilley, Geoffery Wheat, Johan Lissenberg, Benoit Ildefonse, Frieder Klein, Susan Lang, William Seyfried, Muriel Andreani, Barbara John, Marguerite Godard, Antony Morris, Esther Schwarzenbach, Christopher MacLeod, Ivan Savov, Natsue Abe, Yasukiko Ohara.

7.2.3 胡安·德·富卡洋中脊 Axial 海山海底微生物、水文、地球化学、现代地球物理作用和洋壳热液活动的综合观测

（1）摘要

深海火山及其伴生的热液喷口受到广泛的海底岩浆作用，发育高生产力的化学合成生态系统，影响着全球海洋化学和热收支。胡安·德·富卡洋中脊北部的 Axial 海山是全球研究程度最高、活动性最强的海底火山之一。Axial 海山火山作用动态变化的研究得到了美国国家科学基金会资助的 OOI 海底观测网中的区域网（RCA）支持，可实时获取观测数据。近 30 年对 Axial 海山地质、生物、地球物理和地球化学方面的研究使得其在发现和验证假设方面有着独一无二的优势。但是，在 Axial 海山有许多关于海底性质和过程的基础问题依然只能通过海洋科学钻探来解决。

该建议计划在 Axial 海山的 4 处基底位置进行钻探取芯，留下带套管的钻孔，以便于以后开展微生物、水文、地球化学和现代洋壳地球物理过程相关的测试和实验。基于钻探，拟开展以下工作：①分析海底微生物群，揭示现代洋壳中微生物与矿物关系以及微生物的分布和活动特征。②定量化研究海底的渗透率、流体运移过程和水岩反应。③揭示年轻的洋壳中岩浆组分、挥发分喷发以

及幔源动力学之间的联系。建议从 Axial 海山热液喷口区的美国 OOI 区域网节点向外辐射状布设钻探站位，目标深度为海底之下 50 ~ 325 m。该建议是根据 2017 年美国科学支撑计划（USSSP）研讨会意见制定的，该研讨会重点讨论了 Axial 海山的钻探问题。硬岩重返系统（Hard-rock re-entry systems）和胶结套管将提供充足的钻孔稳定性以便钻至目标深度、回收岩芯并完成测井作业。

美国 OOI 区域网的仪器可以在钻探和岩芯过程中监测附近的流体喷发，对于上述拟开展的前两项工作，在这个站位实施钻探将获取较高的附加收益。此外，将来还能利用这些套管安装"CORK-Lite"观测系统，开展跨钻孔研究和井下实验，以扩展并实现所有的研究目标。

(2) 关键词

岩石圈，热液，生物地球化学，火山作用，微生物学

(3) 总体科学目标

首要科学目标是揭示海底微生物、水文、地球化学、现代地球物理作用和洋壳热液活动之间的关系。通过钻井、套管、取芯和井下测量组合手段，将在 Axial 海山实现这一目标，具体分为以下 3 个目标：

1）揭示海底微生物群的分布和组成，分析其活动性以及在碳、铁、氮、氢和硫的生物地球化学循环中的作用。

2）揭示活动热液系统的四维结构，分析洋壳上部水文、化学和物理性质与火山循环的岩浆活动和构造变形之间的联系。

3）揭示在活动的洋中脊火山环境中，洋壳上部随时间的特征（结构、组成和水文地质）变化，涉及母岩岩石学、地球化学、蚀变和物理性质。

该建议的所有首选钻探站位都位于热液喷口内或周围，以便整合数据。靠近美国 OOI 区域网钻探，有助于充分利用钻孔，在活跃的热液喷口区形成结合钻孔的海底观测网，安装井下实时长期观测仪器并将其连接到美国 OOI 区域网，有助于促进基于观测网的交互式海底科学研究以及跨钻孔创新性研究。

为实现这些目标，建议在开展作业之前，使用外极线高架钻孔温度传感器进行井下温度测量。如果井下温度不允许部署常规工具，建议组装一根高温托盘电缆管柱。建议使用钻柱封隔器测试所有钻孔的渗透性。建议使用 IODP 或第三方工具进行钻孔流体采样，用合成普里米酮示踪剂对污染物进行跟踪。该建议还需要一名固井工程师创建套管密封钻孔。

(4) 站位科学目标

该建议书建议站位见表 7.2.3 和图 7.2.3。

表7.2.3 钻探建议站位科学目标

站位名称	位置	水深 (m)	钻探目标			站位科学目标
			沉积物进尺 (m)	基岩进尺 (m)	总进尺 (m)	
AXIAL-01B（首选）	45.9258°N, 129.9788°W	1520	0	325	325	采集用于微生物、地质和地球化学研究的样品，同时建立相互临近的钻孔网络，为跨钻孔实验提供基础。开展测井作业，为钻孔之间的渗透性和连续性提供研究资料

续表

站位名称	位置	水深(m)	钻探目标			站位科学目标
			沉积物进尺(m)	基岩进尺(m)	总进尺(m)	
AXIAL-02B（首选）	45.9239°N, 129.9782°W	1523	0	325	325	采集用于微生物、地质和地球化学研究的样品，同时建立相互临近的钻孔网络，为跨钻孔实验提供基础。开展测井作业，为钻孔之间的渗透性和连续性提供研究资料
AXIAL-03B（首选）	45.9241°N, 129.9740°W	1530	0	325	325	采集用于微生物、地质和地球化学研究的样品，同时建立相互临近的钻孔网络，为跨钻孔实验提供基础。开展测井作业，为钻孔之间的渗透性和连续性提供研究资料
AXIAL-04B（首选）	45.9196°N, 129.9767°W	1533	0	50	50	形成一个下套管的、水泥灌浆的稳定钻孔来安装缆式宽频地震检波器
AXIAL-06B（备选）	45.9220°N, 129.9683°W	1543	0	325	325	采集用于微生物、地质和地球化学研究的样品，同时建立相互临近的钻孔网络，为跨钻孔实验提供基础。开展测井作业，为钻孔之间的渗透性和连续性提供研究资料
AXIAL-07B（备选）	45.9153°N, 129.9753°W	1545	0	50	50	形成一个稳定的、带套管的、水泥灌浆的钻孔来安装缆式宽频地震检波器
AXIAL-08B（备选）	45.9258°N, 129.9724°W	1533	0	325	325	采集用于微生物、地质和地球化学研究的样品，同时建立相互临近的钻孔网络，为跨钻孔实验提供基础。开展测井作业，为钻孔之间的渗透性和连续性提供研究资料

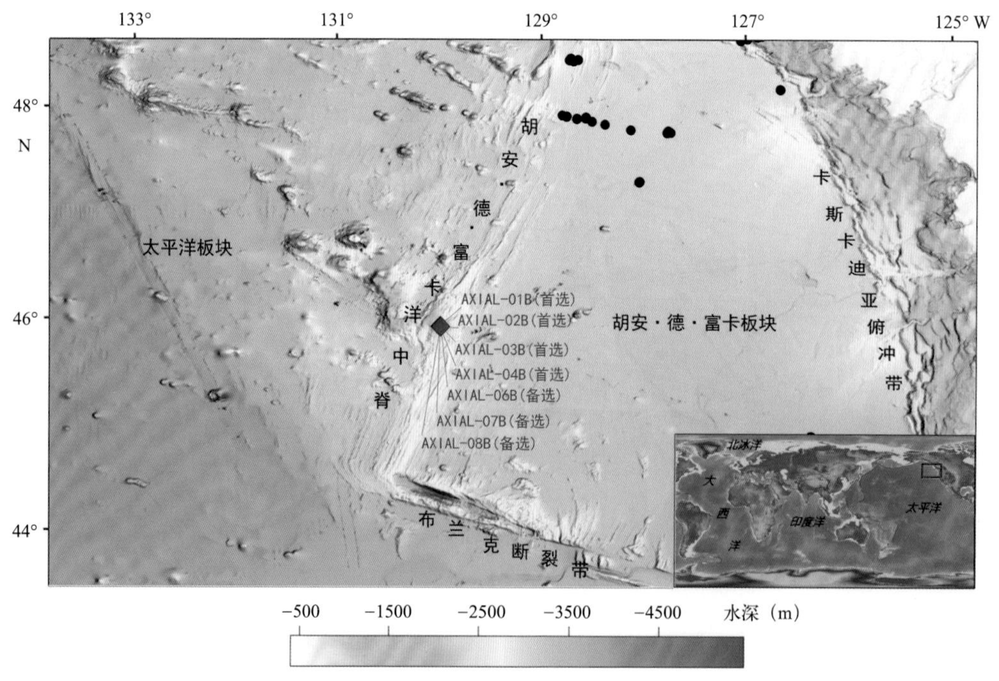

图7.2.3　钻探建议站位（黑色圆圈为已完成钻探站位，红色菱形为新建议站位）

（5）资料来源

资料来源于 IODP 955 号建议书，建议人名单如下：

Julie Huber, Tim Crone, Adrien Arnulf, Thibaut Barreyre, Suzanne Carbotte, Cornel de Ronde, Aida Farough, Andrew Fisher, Lisa Gilbert, Tobias Hoefig, Jim Holden, Susan Humphris, Deborah Kelley, Susan Lang, Beth Orcutt, Dax Soule, Jason Sylvan, Dorsey Wanless, Geoff Wheat, William Wilcock.

7.2.4 马里亚纳海沟南部深钻：世界最深海沟俯冲挠曲诱发的构造、地球化学和生物活动

（1）摘要

板块俯冲对于碳、水和其他物质从地表进入地幔至关重要，这是全球物质和能量循环中最重要的环节。越来越多的证据表明，俯冲带的重要特征与俯冲板块有直接联系，特别是与俯冲前海沟—海底斜坡上的外部隆起相关。然而，对俯冲带的研究大多集中在板块边界和上覆板块相关的构造和俯冲过程上，对俯冲板块的认识十分有限。外部隆起是俯冲岩石圈挠曲的结果，俯冲板块弯曲变形产生大量正断层，这些正断层在接近海沟时逐渐加强。这些构造诱发的正断层为海水进入洋壳和上地幔提供了通道，进而引发基性地壳的低温玄武岩蚀变和岩石的蛇纹石化。马里亚纳俯冲带位于西太平洋，是生产力最低的海域之一，因此它是研究构造活动与水岩相互作用过程和程度之间相互关系，以及它们与蚀变玄武岩地壳和上覆沉积生态系统中深部生命的关系和影响的理想场所。马里亚纳外部隆起南部广泛发育断裂带（>120 km），以及新形成的断距较大的地垒和地堑，因此，它是研究非增生洋内俯冲带动力学过程和水循环的独特场所。

该建议旨在钻穿马里亚纳海沟南部外部隆起薄层沉积物盖层（平均沉积物厚度约 100 m，局部 < 200 m），钻进基岩。该区发育有密集的弯曲断层，位移和断距较大，并伴随着显著的地壳和地幔水岩作用。该建议旨在研究物质运移和交换过程，及其随着板块挠曲和断裂作用的发生与外部隆起生命之间的关系和相互作用。

（2）关键词

外部隆起，水岩相互作用，生命

（3）总体科学目标

1）年代、构造和物质循环。厘定马里亚纳海沟南部俯冲板块确切的地质年龄，揭示由于挠曲断层引起的俯冲沉积物和洋壳的物理化学特征的变化。更好地了解海沟处俯冲板块的组成，以及外部隆起的物质运输和生物地球化学循环过程。

2）洋壳水岩作用、蚀变作用和生命宜居性。揭示玄武质洋壳因构造变形而加速水岩反应和蚀变的程度和机制，探讨其对矿物学、基底流体地球化学、微生物组成和活动的影响。

3）流体运移及其对生态系统的影响。构建组构的变形模式，研究当前断裂带从海底到玄武质基底弯曲的应力状态，及其与断裂带内流体流动的联系。揭示水岩作用的范围和机制，量化这些潜在构造 / 地球化学过程对形成和驱动相关地壳和沉积生物圈的结构和演化的影响。

4）重返系统与套管系统。在 1 ~ 2 个站位部署重返系统与套管系统，该建议实施钻探期间将不安装任何观测系统，但会为未来的安装提供预留机会。为实现目标，需要进行生物采样，建议使用标准技术，如污染检测和样本存储。

(4) 站位科学目标

该建议书建议站位见表 7.2.4 和图 7.2.4。

表7.2.4 钻探建议站位科学目标

站位名称	位置	水深(m)	钻探目标			站位科学目标
			沉积物进尺(m)	基岩进尺(m)	总进尺(m)	
SM-01A（首选）	10.6350°N, 142.5062°E	5153	100	500	600	科学目标 1)、2)和 3)
SM-02A（首选）	10.5222°N, 142.5513°E	4951	100	300	400	科学目标 1)、2)和 3)
SM-03A（首选）	10.3807°N, 142.6096°E	4794	100	100	200	科学目标 1)、2)和 3)
SM-04A（首选）	10.0207°N, 142.7558°E	4653	100	100	200	科学目标 2)和 3)
ASM-01A（备选）	10.5981°N, 142.3646°E	4967	100	500	600	科学目标 1)、2)和 3)
ASM-02A（备选）	10.4849°N, 142.4095°E	4777	100	300	400	科学目标 1)、2)和 3)
ASM-03A（备选）	10.3433°N, 142.4677°E	4671	100	100	200	科学目标 1)、2)和 3)
ASM-04A（备选）	9.9822°N, 142.6140°E	4541	100	100	200	科学目标 2)和 3)
ASM-05A（备选）	10.6722°N, 142.6462°E	5264	100	500	600	科学目标 1)、2)和 3)
ASM-06A（备选）	10.5594°N, 142.6912°E	5073	100	300	400	科学目标 1)、2)和 3)
ASM-07A（备选）	10.4177°N, 142.7486°E	4878	100	100	200	科学目标 1)、2)和 3)
ASM-08A（备选）	10.0566°N, 142.8954°E	4734	100	100	200	科学目标 2)和 3)

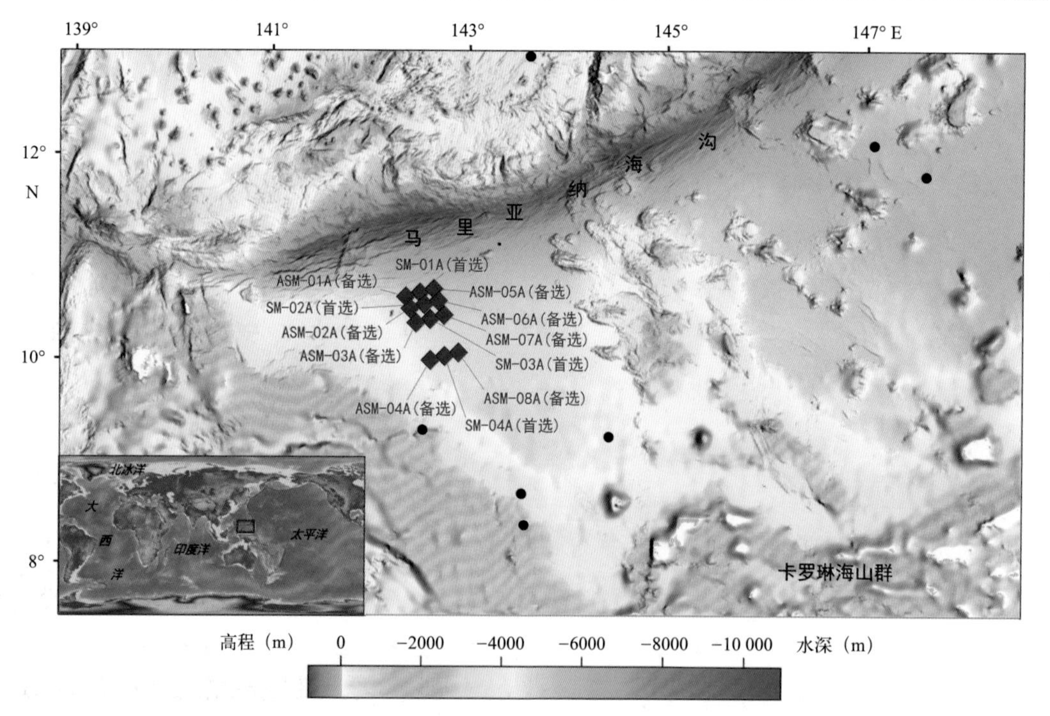

图7.2.4 钻探建议站位（黑色圆圈为已完成钻探站位，红色菱形为新建议站位）

(5) 资料来源

资料来源于 IODP 997 号建议书，建议人名单如下：

王风平，林间，徐敏，李继伟，Patricia Fryer，高翔，Ken Takai，徐义刚，李铁刚，丘学林，Achim Kopf，吴能友，李江涛，丁巍伟，张锐，李金华，易亮，周志远，董良和徐云萍。

第 8 章　井下长期观测主题的钻探建议

海底井下长期观测技术发展的主要目标是长期监测海底地下原位流体的温度、压力和成分等特征，研究固体地球和地球物理、洋壳水文地质学（包括示踪实验和区域水文学响应、流体地球化学和流体迁移）及深部生物圈微生物学和生物地球化学。该技术及相关装置的发展和应用已取得很大的进步：①获取了可靠的孔隙水压力数据。②通过测定地层对潮汐和海底地震载荷的响应，获得了洋壳地层弹性与水文特性资料。③通过大范围、长期连续观测，获取了如地震、滑塌、深海浊流等瞬时事件记录，并通过数据来分析该类事件发生前的环境变化。④发现了与幕式流体运移或地震前兆有关的温度异常。⑤根据孔口密封前后观测的温度和压力资料，估算了岩石的渗透性以及钻孔中流体运动的方向和流速，揭示了流体化学成分。⑥通过采集深部流体，对海底地层中微生物群落及其生命过程进行研究。⑦根据长期连续采集的流体的化学资料，初步揭示地下流体的运动和演化。本章共梳理了 4 份与井下长期观测相关的大洋钻探建议书科学目标，其中滑坡井下长期观测钻探建议 2 份、俯冲带井下长期观测钻探建议 4 份。梳理结果表明科学家对井下长期观测技术的主要应用关注点在于地震海啸和滑坡等地质灾害监测。

8.1　滑坡井下长期观测

8.1.1　关东南部地区缓慢滑坡事件的长期监测，揭示缓慢滑坡过程并建立地震发生模型

（1）摘要

该建议为一个长期监测项目，用于观测多个周期的缓慢滑移事件（SSE），揭示缓慢滑移现象，改进地震发生模型。缓慢滑移现象的发现为研究板块边界如何适应相对板块运动提供了更多约束条件。板块边界以前被认为是可以通过连续的地震滑动或瞬时破坏的地震来释放应力。缓慢滑移事件是全球板块边界应力调控的重要机制，也是全面了解板块边界构造运动的关键。

许多研究将通常用于典型地震的地震发生模型应用于缓慢滑移事件研究。虽然这些模拟研究有助于理解缓慢滑移事件的过程，但地震发生模型尚未完善。在需要解决的问题中，有两个问题尤为重要：①以前的模型是使用实验室数据而不是自然数据建立的；②以前的模型使用了几种不同的断层本构定律。地震发生模型的持续完善需要整个事件周期的长期观测数据，利用这些数据可以使用若干断层本构定律进行模拟。该建议旨在根据缓慢滑移事件观测和模拟的数据，改进地震发生模型，更好地揭示缓慢滑移事件的过程。

针对这些观测和模拟，房总（Boso）半岛的缓慢滑移事件是绝佳研究对象，因为它们每 4 ~ 6 年出现一次，能保证在 10 ~ 15 年的观测中获得 2 ~ 3 个完整事件周期的数据。与大多数地质过程的研究不同，该建议可通过重复预测和观测缓慢滑移事件，快速实现模型改进。因此，利用缓

慢滑移事件数据改进地震发生模型，有望在地震研究领域取得巨大而迅速的进展。

该建议计划在6个近海站位进行钻探，并构建一个覆盖房总半岛缓慢滑移事件的观测网，以记录整个缓慢滑移周期内的滑动过程。钻探期间拟把高灵敏度倾斜仪、宽频带地震仪和深度传感器安装在钻孔中进行测量。

（2）关键词

缓慢滑移事件，地震发生模型，长期监测，断层形成规律，钻孔观测

（3）总体科学目标

为了观察整个缓慢滑移事件周期，利用真实的缓慢滑移观测数据改进地震发生模型，该建议提出了以下策略：

1）获取每个周期内缓慢滑移事件的时空分布信息，包括耦合速率、成核过程、动态行为、余震和震后滑移。获取的信息嵌入地震发生模型中。为此,需要构建一个间距约20 km的钻孔观测网。

2）通过应力变化与滑移量或滑移速率关系，获取相关滑移数据，计算应力降和临界位移（Dc）等参数值。

3）利用获取的参数和断层本构关系对慢速滑移事件进行数值模拟，揭示最佳本构定律及其参数。

通过以上观测和模拟，希望能够回答有关缓慢滑移事件的主要问题。

1）哪些参数影响滑移持续时间和滑移速率?

2）缓慢滑移事件与震群和微震等地震事件有何关系?

3）什么因素控制了从蠕变到完全闭锁之间过渡区域的摩擦特性?

4）什么因素约束了缓慢滑移需要的应力?

同时，该建议希望通过真实的缓慢滑移现象监测和模拟建立地震发生模型，这将有助于地震的定量预测，并将有助于预防地震灾害。

（4）站位科学目标

该建议书建议站位见表8.1.1和图8.1.1。

表8.1.1 钻探建议站位科学目标

站位名称	位置	水深(m)	钻探目标			站位科学目标
			沉积物进尺(m)	基岩进尺(m)	总进尺(m)	
KAP-1A	34.7150°N, 140.4978°E	2000	300	100	400	该项目是一个长期监测项目，用于观测多个周期的缓慢滑移事件，揭示缓慢滑移现象，改进地震预测模型。在KAP-1A站位中，建议钻至海底以下400 m，并安装简单的长期监测系统，监测主要滑移行为
KAP-2A	34.8810°N, 140.6567°E	1645	600	100	700	该项目是一个长期监测项目，用于观测多个周期的缓慢滑移事件，揭示缓慢滑移现象改进地震预测模型。在KAP-2A站位中，建议钻至海底以下700 m，并安装简单的长期监测系统，监测主要滑移行为

续表

站位名称	位置	水深(m)	钻探目标			站位科学目标
			沉积物进尺(m)	基岩进尺(m)	总进尺(m)	
KAP-3A	35.0405°N, 140.8092°E	1225	500	100	600	该项目是一个长期监测项目，用于观测多个周期的缓慢滑移事件，揭示缓慢滑移现象，改进地震预测模型。在KAP-3A站位中，建议钻至海底以下600 m，并安装简单的长期监测系统，监测主要滑移行为
KAP-4A	35.3402°N, 141.1095°E	565	600	100	700	该项目是一个长期监测项目，用于观测多个周期的缓慢滑移事件，揭示缓慢滑移现象，改进地震预测模型。在KAP-4A站位中，建议钻至海底以下700 m，并安装简单的长期监测系统，监测主要滑移行为
KAP-5A	34.5966°N, 140.7655°E	3460	300	100	400	该项目是一个长期监测项目，用于观测多个周期的缓慢滑移事件，揭示缓慢滑移现象，改进地震预测模型。在KAP-5A站位中，建议钻至海底以下400 m，并安装简单的长期监测系统，监测主要滑移行为
KAP-6A	34.9542°N, 140.8874°E	1840	800	100	900	该项目是一个长期监测项目，用于观测多个周期的缓慢滑移事件，揭示缓慢滑移现象，改进地震预测模型。在KAP-6A站位中，建议钻至海底以下900 m，并安装简单的长期监测系统，监测主要滑移行为

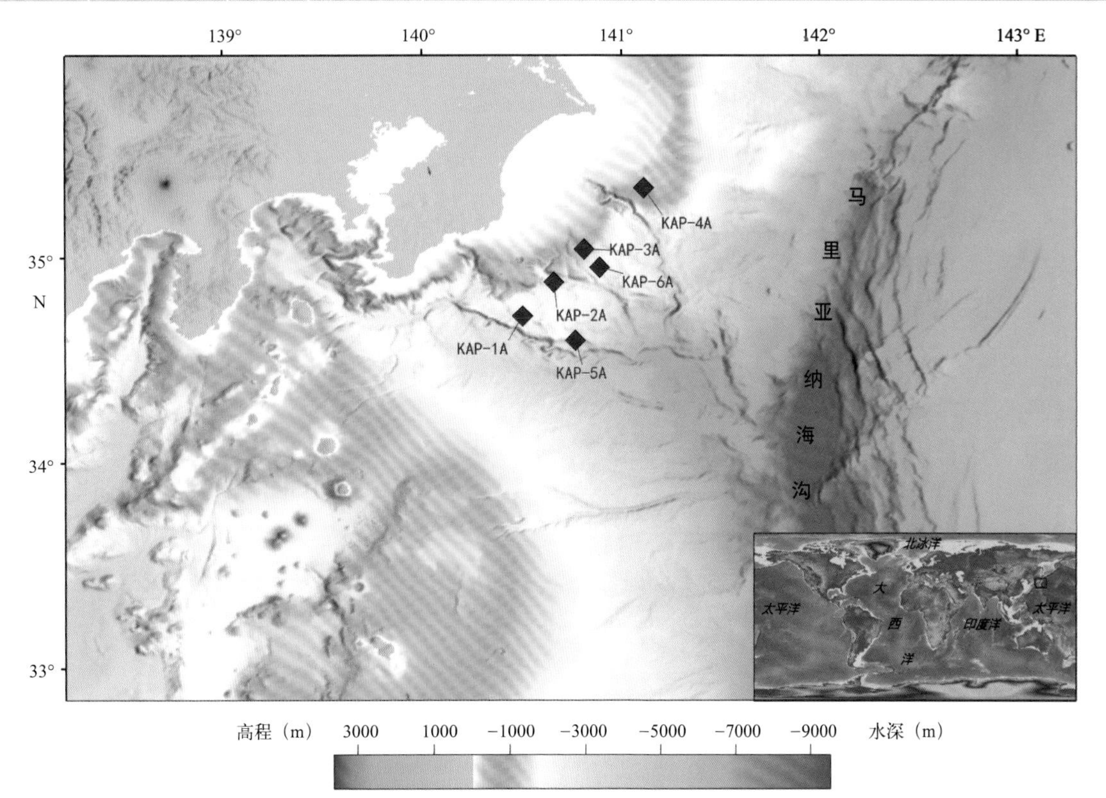

图8.1.1　钻探建议站位（红色菱形为新建议站位）

（5）资料来源

资料来源于 IODP 770 号建议书，建议人名单如下：

T. Sato, M. Shinohara, R. Kobayashi, Y. Yamamoto, B. Shibazaki, C. Moore, T. Nishimura, N. Takahashi, S. Miura, T. Sagiya, S. Nakao, D. Curewitz, M. Matsu'ura, K. Mochizuki, R. Stein, W. Thatcher, P. Malin, E. Shaev, T. Hori, J. Beaven.

8.1.2 海陆联合钻探、井下长期监测和灾害分析

（1）摘要

海底滑坡及其引发的海啸是一种主要的地质灾害类型。地中海西部的利古里亚陆缘以其陡峭的地形和众多的滑坡痕迹而闻名，然而，这些滑坡的成因尚不完全清楚。法国里维埃拉毗邻地球动力学环境复杂阿尔卑斯山脉，地震震级可达 6 级以上，瓦尔河携带大量泥沙，地层岩性变化大（粗砂、砾、与粘土互层），水文条件复杂（降水和季节性融水混合排放），人类活动对里维埃拉海岸带也产生重要影响（例如 1979 年垃圾填埋区和建筑工地坍塌后，昂蒂布湾发生了海啸）。鉴于此，建议在里维埃拉陆缘进行海陆联合钻探，综合研究海底滑坡的触发因素。

利古里亚陆缘主要由海侵的条件下形成的三角洲沉积组成，这需要开展海陆联合钻探，研究陆地含水层以及由于流体运移而导致压力升高的海底斜坡地层。在利古里亚陆缘钻探 2 个陆上和 4 个海上站位，研究上新世—第四纪瓦尔含水层、1979 年崩塌构造东西两侧的相对稳定的海底斜坡以及滑塌沉积体。每个站位将在已有调查数据（陆上地下水井、海上重力活塞）的基础上补充提供新数据，并且揭示海底地层至上新世砾岩层的特征。由于该建议提出了针对特定任务的海陆联合钻探，能够根据钻进、取芯和测井信息识别软弱层与强硬层，以及水力活跃层和地下水充注或瓦尔河三角洲沉积物的快速加载造成的超压区。该建议希望通过钻探检验相关假说，通过对影响斜坡坍塌的物理参数进行长期监测全面回答相关问题。在水深小于 50 m 的环境中安装海上钻孔观测站以及多参数仪器较为容易。

该建议旨在揭示里维埃拉滑坡的多种触发因素，尽管局限在一定范围的区域，但该地区的复杂性使之成为在东北大西洋和地中海（NEAM）受冰川影响的陆缘地区实施钻探的理想场所，在该区作业耗时少、成本低。

（2）关键词

地质灾害，滑坡，观测，含水层

（3）总体科学目标

在利古里亚陆缘进行的海陆联合钻将解答大量关于该地区斜坡失稳触发因素的问题，该地区的滑坡有多种触发因素，最突出的因素是否含水层和海底峡谷系统。

1）识别陆上上新世—第四纪地层、海上冰期和冰期后三角洲沉积物以及下伏上新世地层中的渗透层，以揭示它们在含水层系统中的作用，以及在淋滤粘土沉积物时在斜坡破坏中的作用。

2）采集不整合面样品，并检验不整合面是否可能成为破裂面和滑动面。

3）对岩芯进行变形和渗透性实验，并将其与滑坡灾害 / 社会风险联系起来。钻探结束后，建议利用第三方资金，使用孔隙压力、应变和温度测量仪（以及可能的地震仪）对钻孔进行井下长期观测。这些长期观测数据有助于：①利用原位孔隙压力揭示应变和流体运移特征；②揭示地

震活动性与孔隙压力或沉积物渗透性和地下水影响之间的关系；③将降水和季节性融水与温度、孔隙压力和流体地球化学瞬变联系起来；④测量引起蠕变、套管变形和孔隙压力瞬态的位移。

鉴于钻探站位位于浅水区，且在里维埃拉拥有良好的后勤保障和 EMSO 海底观测网基础设施，可以通过潜水作业来安装井下长期观测系统，该方法不仅可行，而且极有可能成功，在钻孔中进行水文地球物理监测、采集流体、实时监测滑坡。

为实现目标，建议在陆上站位使用标准陆上钻机，然后将相同的系统安装到浮船 / 驳船上，以便在海上站位进行钻探。

（4）站位科学目标

该建议书建议站位见表 8.1.2 和图 8.1.2。

表8.1.2　钻探建议站位科学目标

站位名称	位置	水深(m)	钻探目标			站位科学目标
			沉积物进尺(m)	基岩进尺(m)	总进尺(m)	
NA-09	43.6664°N, 7.2008°E	0	60	140	200	钻探砂质和砾质冲积层和下伏上新世砾岩层，研究地层界面接触关系和侵蚀面。次要目的是研究新世砾岩层的非均质性和泥质夹层和透镜体
NA-10	43.6736°N, 7.1919°E	0	40	200	240	钻探砂质和砾质冲积层和下伏上新世砾岩层，研究地层界面接触关系和侵蚀面。次要目的是研究新世砾岩层的非均质性和泥质夹层和透镜体
NA-02	43.6458°N, 7.2139°E	33	110	0	110	钻探滑塌沉积、水平层状陆架沉积、进积层序，研究粒度变化特征；岩性可能为粉砂 / 粘土，关注地层单元 B/C 过渡带，地层单元 C 的上部具有高反射率，研究水文地质特征
NA-03	43.6469°N, 7.2175°E	37	60	0	60	钻探滑塌沉积、水平层状陆架沉积、进积层序，研究粒度变化特征；岩性可能为粉砂 / 粘土，关注地层单元 B/C 过渡带，地层单元 C 的上部具有高反射率，研究水文地质特征
NA-07	43.6439°N, 7.2225°E	31	150	0	150	钻探水平层状陆架沉积、进积层序。研究粒度变化特征；岩性可能为粉砂 / 粘土，关注地层单元 B/C 过渡带，地层单元 C 的上部具有高反射率，研究水文地质特征
NA-08	43.6431°N, 7.2228°E	50	80	0	80	钻探滑塌沉积、水平层状陆架沉积、进积层序，研究粒度变化特征；岩性可能为粉砂 / 粘土，关注地层单元 B/C 过渡带，地层单元 C 的上部具有高反射率，研究水文地质特征
NA-01	43.6455°N, 7.2133°E	39	100	0	100	钻探滑塌沉积层、钻探滑塌沉积、水平层状陆架沉积、进积层序，研究粒度变化特征；岩性可能为粉砂 / 粘土，关注地层单元 B/C 过渡带，地层单元 C 的上部具有高反射率，研究水文地质特征
NA-04	43.6453°N, 7.2142°E	50	120	0	120	钻探水平层状陆架沉积、进积层序。研究粒度变化特征；岩性可能为粉砂 / 粘土，关注地层单元 B/C 过渡带，地层单元 C 的上部具有高反射率，研究水文地质特征
NA-05	43.6431°N, 7.2108°E	20	130	0	130	钻探水平层状陆架沉积、进积层序。研究粒度变化特征；岩性可能为粉砂 / 粘土，关注地层单元 B/C 过渡带，地层单元 C 的上部具有高反射率，研究水文地质特征
NA-06	43.6411°N, 7.2114°E	104	125	0	125	钻探水平层状陆架沉积、进积层序。研究粒度变化特征；岩性可能为粉砂 / 粘土，关注地层单元 B/C 过渡带，地层单元 C 的上部具有高反射率，研究水文地质特征

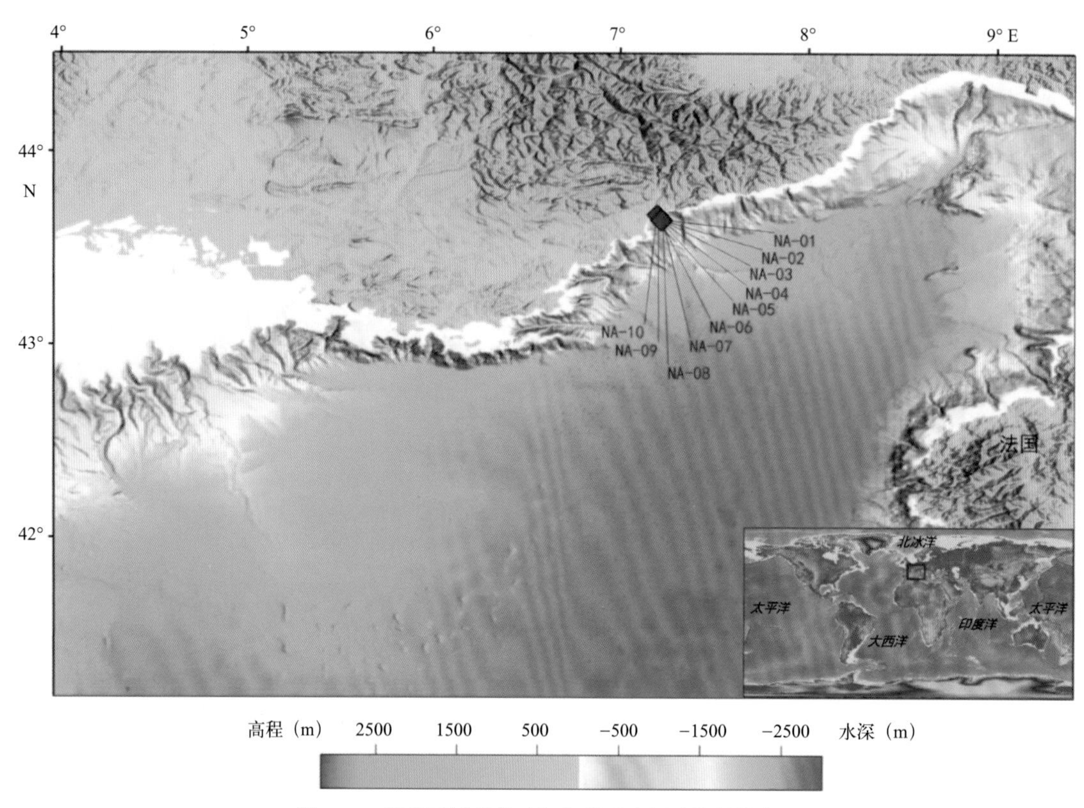

图8.1.2　钻探建议站位（红色菱形为新建议站位）

（5）资料来源

资料来源于 IODP 796 号建议书，建议人名单如下：

A. Kopf, P. Henry, S. Garziglia, P. Pezard, G. Unterseh, C. Mangan, V. Spiess, S. Davies, S. Stegmann, J. Rolin, A. Camerlenghi, Y. Yamada, A. Solheim, A. Deschamps.

8.2　俯冲带井下长期观测

8.2.1　卡斯卡迪亚俯冲带观测计划 A：大型逆冲断裂板块边界机制和模型检验

（1）摘要

卡斯卡迪亚俯冲带是目前公认的一个主要的闭锁断层系统，它能够产生 9 级大型逆冲型地震并诱发极具破坏性的海啸。尽管缺乏历史性重大事件的记录，而且从大型逆冲断层地震活动性角度看，它是地球上最安静的俯冲带，但是有大量证据表明，大型逆冲型地震反复发生。陆上大地测量表明，板块边界的近海和沿海区域处于闭锁状态，正在积累足以在未来产生大地震的弹性应变，弹性应变的积累量在一定程度上似乎沿着走向随板块汇聚速率的变化而改变，从部分变化到全部变化，无法确定近海闭锁段的轨迹或程度，也不能监测到微妙但重要的瞬态。观测数据进一步表明，华盛顿和温哥华岛附近的真正闭锁段、地震平静区，以及在俄勒冈州中部以外的一些地震活动和可能存在瞬时地震的不完全锁定区域之间存在明显的分段性。

为了解决断层闭锁机制、应变积累和释放机制以及断层和流体过程之间的相互关系等核心问题，该建议计划在俄勒冈州和温哥华岛附近的变形前缘沿两个断面实施钻探，以建立用于地球动力学研究的有缆型钻孔观测站。建议在钻孔中安装仪器，以测量流体压力、地面运动和倾斜相关参数。这些观测将检验以下假说：①从地震活动性上看，高温沉积物覆盖的卡斯卡迪亚板块边界（外部变形前缘）的俯冲带大型逆冲断层是闭锁的，至少是部分闭锁；②沿俄勒冈和温哥华岛走向的明显闭锁程度的变化，指示了俯冲带大型逆冲断层的浅层瞬态行为的变化；③板块边界断层的载荷不稳定，但海洋板块与其下伏软流圈的弱机械耦合使得相邻板块边界的应变脉冲能够有效跨越胡安·德·富卡板块进行长距离传播。至关重要的是，选择在该区域实施钻探是为了利用现有的有缆海底观测网，为钻孔传感器提供电力和远距离数据传输保障，以便在这个危险而神秘的地震和海啸区建立实时钻孔观测站。

（2）关键词

俯冲带，卡斯卡迪亚，钻孔观测站

（3）总体科学目标

拟在沉积层和增生楔体内布设两个钻探，每个剖面各布设 3 ~ 5 个站位，钻至海底以下 500 ~ 600 m。拟安装井下长期观测系统，以监测孔隙流体压力、温度和地震 / 地应变。

这些假设将通过以下方法利用钻孔观测进行检验。

1）监测浅层大型逆冲断层上的震间应变积累；

2）监测瞬时应变事件，包括缓慢滑移事件、浅层构造地震和低频地震；

3）通过比较两个钻探剖面的地震行为来评估这些地震是如何沿走向变化的；

4）监测从胡安·德·富卡洋中脊传播到俯冲带的瞬时应变事件；

5）把钻孔观测站连接到温哥华岛和俄勒冈州的两个现有的有缆海底观测网，提高实时观测能力。这些 IODP 站位的长时间观测数据将有助于检验关于应变累积和释放周期的关键假设，包括潜在俯冲带地震前兆。

具体目标包括：

1）在每个站位捕捉连续和 / 或瞬时应变信号，监测时间范围为所有时间尺度，包括快速地震事件和缓慢滑移事件；

2）根据陆地观测得出的大型逆冲断层闭锁程度可变的结论，对比沿断裂带走向的应变累积和释放；

3）揭示每个站位的岩性、热流和物理性质，以便于解释应变信号（或缺乏应变信号）。

该建议需要根据现有设计研发和安装 6 ~ 10 个 ACORK，并具有孔隙流体压力外部筛网和斑点水泥的套管孔。仪器包可在钻探时或之后从导管中部署到套管内部。

（4）资料来源

资料来源于 IODP 947 号建议书，建议人名单如下：

Harold Tobin, William Wilcock, Earl Davis, Martin Heesemann, Eiichiro Araki, Suzanne Carbotte, John Collins, Shuoshuo Han, Deborah Kelley, Masa Kinoshita, Heidrun Kopp, Kate Moran, Emily Roland, David Schmidt, Evan Solomon, Anne Tréhu, Kelin Wang, Mark Zumberge.

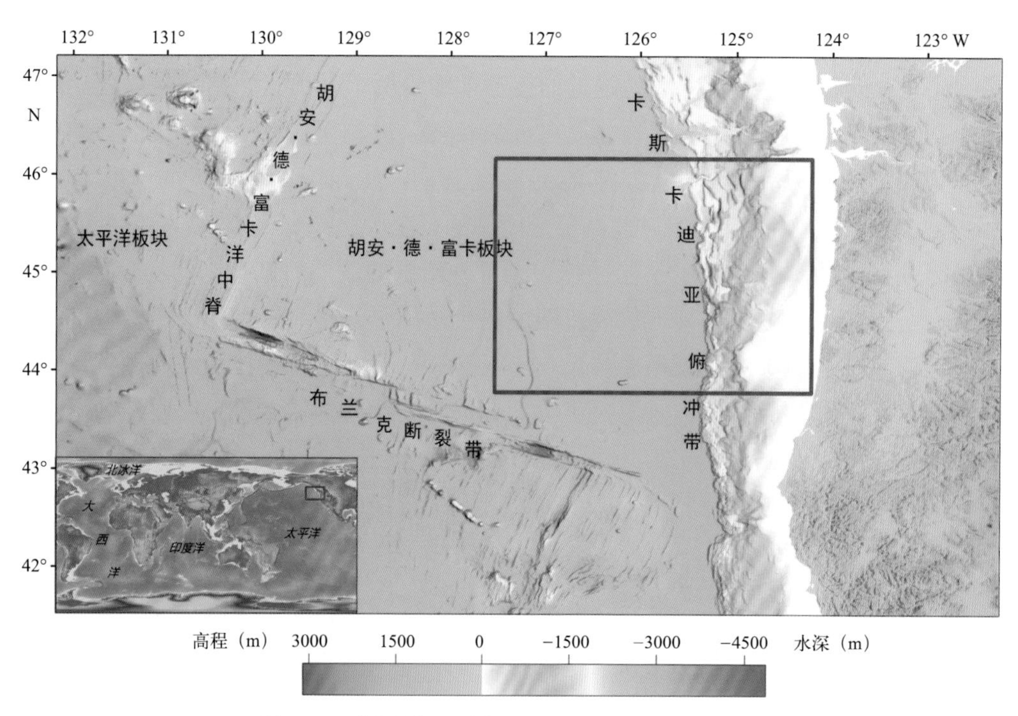

图8.2.1　建议钻探区域位置示意图（红色方框区）

8.2.2　卡斯卡迪亚俯冲带观测计划 B：用于研究卡斯卡迪亚俯冲带—俄勒冈剖面板块边界动力学机制的电缆钻孔观测站

（1）摘要

在很多情况下，科学钻探和用于水文地质和地球物理场观测的钻孔观测站，改变了科学家对板块边界动力学机制和俯冲带致灾性的科学认识。卡斯卡迪亚俯冲带是全球俯冲系统中的研究热点，它具有相对狭窄的闭锁带，发育良好的增生楔和蛇纹石化地幔楔，又有大量的沉积物输入，在板块边界只有微小的地震活动，这表明具有发生重大地震和海啸事件。基于陆地的大地测量表明，巨型逆冲断层的闭锁段主要位于海岸和近海区，但是目前还没有观测数据揭示海沟附近的应变积累和释放。大量证据表明，卡斯卡迪亚俯冲带具有分段性，但是其成因以及巨型逆冲断层近海区闭锁段沿走向上的变化尚不清楚。俄勒冈中部海域的卡斯卡迪亚俯冲带中段是可以进行详细研究的目标区，因为许多观察表明，该段闭锁段的地震行为与北部或者南部完全闭锁段不同。

该建议主要目标包括：①获取大型逆冲断层部分为闭锁段的地应变证据；②获取巨型逆冲断层上的不同地震群的地震学证据，包括复发地震、通常解释为蠕变断层的局部凹凸体；③获取与有缆海底观测网连接（保障电力和数据传输）的井下长期观测系统的长期观测数据。该建议旨在俄勒冈州中部海域建立一个钻孔，用于安装井下长期实时钻孔观测系统，以获取长期和幕式蠕变有关的微小的地应变和地震信号。每个钻孔观测站都连接到了 OOI 海底观测网，将监测两个深度的地层流体压力，并安装包括地震仪、倾斜仪和至少一个孔的光纤应变仪组成的地球物理仪器包。为了揭示俯冲带应变积累和释放的模式，在变形前缘附近的板块上设计了 3 个最高优先级的站位，在远离变形前缘的上覆板块上设计了两个站位。胡安·德·富卡板块中部的 OOI 海底观测网附近的第四个站位将有助于研究洋中脊扩张和转换断层运动产生的应变是如何跨板块传递的。

（2）关键词

俯冲带，卡斯卡迪亚，钻孔观测站

（3）总体科学目标

该建议主要科学目标是在俄勒冈州中部陆缘一系列钻孔安装用于水文地质和地球物理场观测的井下长期观测系统，用于验证3个不同的假说，每个假说均能解释基于陆地的大地测量和地震观测结果，这些观测结果指示近海大型逆冲断层存在局部闭锁段：

1）大型逆冲断层的局部闭锁段在空间上是均匀的，整个区域发生一定程度的无震蠕变，表现为连续滑移或瞬时滑移；

2）局部闭锁段在空间上是不均匀的，具有明显的凹凸体，这些凹凸体是闭锁的，周围是无震区。无震蠕变，无论是连续的还是瞬时的无震蠕变，均应该发生在地震群周围；

3）部分闭锁段被限制在沿走向分布的、狭窄且完全闭锁的区域内。这种情况下，预计无震蠕变很大程度上取决于下倾。如果闭锁区靠近海沟，这将对海啸的发生产生重大影响；

第二个目标是在胡安·德·富卡板块中部一系列钻孔安装用于水文地质和地球物理场观测的井下长期观测系统。该观测站与其他地方安装或计划安装的钻孔观测站连接在一起，可以揭示胡安·德·富卡洋中脊扩张事件以及布兰克（Blanco）、努特卡（Nootka）和索瓦克（Sovanco）转换断层的平移运动产生的应变传递，以检验第四个假说：构造应力有效跨越胡安·德·富卡板块，导致附近的洋中脊和转换断层的构造活动干扰并影响卡斯卡迪亚大型逆冲断层行为。

（4）站位科学目标

该建议书建议站位见表8.2.1和图8.2.2。

表8.2.1 钻探建议站位科学目标

站位名称	位置	水深(m)	钻探目标			站位科学目标
			沉积物进尺(m)	基岩进尺(m)	总进尺(m)	
CASOR-01B（首选）	44.4901°N, 125.4430°W	2910	500	0	500	主要目标是取芯并揭示输入板块沉积剖面上部的岩性和物理性质。通过井下长期观测获取孔隙流体压力、温度和地震/地应变长时间序列的数据
CASOR-03B（备选）	44.4759°N, 125.2640°W	1912	500	0	500	主要目标是在大型逆冲断层前缘背斜山脊中进行钻探取芯和随钻测井，并安装井下长期观测系统，以获取孔隙流体压力、温度和地震/地应变长时间序列的数据。该站点还将长期监测瞬时变形、流体压力和温度，验证有关最外层上板块增生楔的闭锁与瞬时活动（或缺乏）的假说
CASOR-04A（首选）	44.4644°N, 125.1178°W	1315	500	0	500	主要目标是在大型逆冲断层前缘背斜山脊中进行钻探取芯和随钻测井，并安装井下长期观测系统，以获取孔隙流体压力、温度和地震/地应变长时间序列的数据。该站点还将长期监测瞬时变形、流体压力和温度，验证有关最外层上板块增生楔的闭锁与瞬时活动（或缺乏）的假说
CASOR-05A（首选）	44.3740°N, 124.9440°W	562	500	0	500	主要目标是在大型逆冲断层前缘背斜山脊中进行钻探取芯和随钻测井，并安装井下长期观测系统，以获取孔隙流体压力、温度和地震/地应变长时间序列的数据。该站点还将长期监测瞬时变形、流体压力和温度，验证有关最外层上板块增生楔的闭锁与瞬时活动（或缺乏）的假说

续表

站位名称	位置	水深(m)	钻探目标			站位科学目标
			沉积物进尺(m)	基岩进尺(m)	总进尺(m)	
CASOR-06A（备选）	44.6810°N, 124.4570°W	105	100	0	100	主要目标是在距离大型逆冲断层地震群震中较近的地方钻探形成一个套管孔，以便支持安装井下长期观测系统获取地震和地应变长时间序列的数据
CASOR-07A（首选）	45.7460°N, 127.3128°W	2825	400	0	400	钻取卡斯卡迪亚盆地中部（胡安·德·富卡板块）输入板块沉积层上部岩芯并开展测井作业。钻后安装井下长期观测系统，获取包括孔隙流体压力、温度和地震 / 地应变长时间序列的数据，以揭示胡安·德·富卡洋中脊扩张以及 Blanco、Nootka 和 Sovanco 转换断层活动产生的应力的跨板块远距离传递特征，以及俯冲带大型逆冲断层的活动

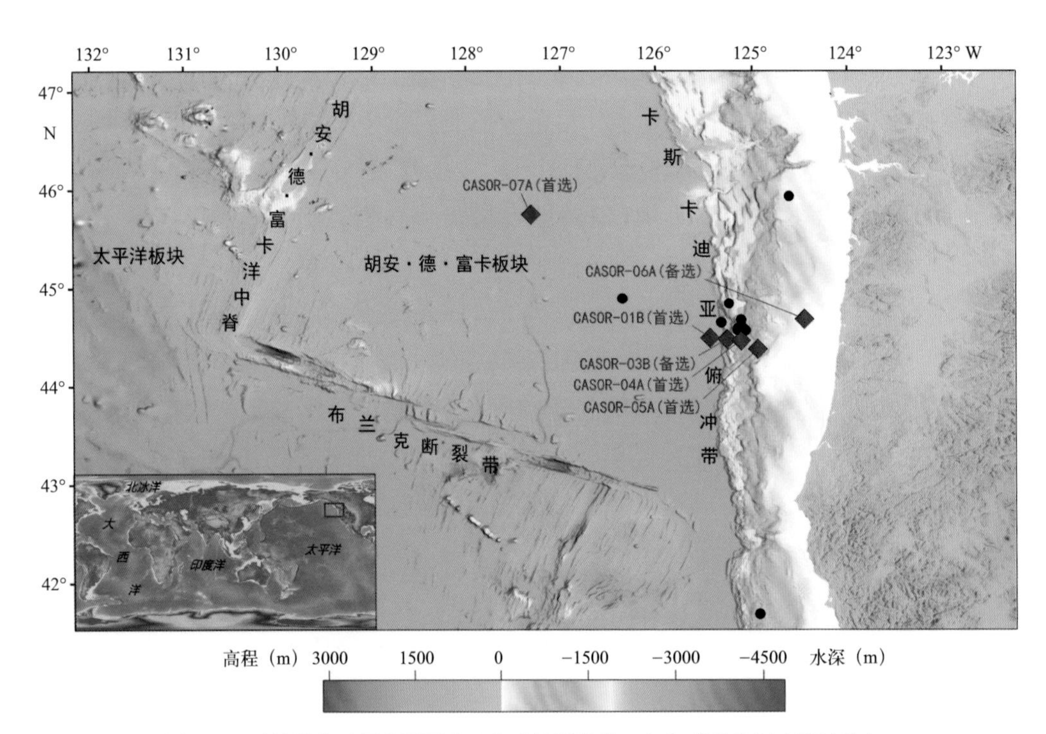

图8.2.2　建议站位（黑色圆圈为已完成钻探站位，红色菱形为新建议站位）

（5）资料来源

资料来源于 IODP 947B 号建议书，建议人名单如下：

William Wilcock, Harold Tobin, David Schmidt, Collins John, Earl Davis, Anne Tréhu, Mark Zumberge, Eiichiro Araki, Keir Becker, Suzanne Carbotte, Shuoshuo Han, Martin Heesemann, Deborah Kelley, Emily Roland, Evan Solomon, Janet Watt.

参考文献

艾万铸 , 1981. 深海钻探计划的成就及展望 [J]. 海洋科技资料 , (5): 77–86.

陈云如 , 董良 , 陈一凡 , 等 , 2018. 深部生物圈—暗能量深部生态系统 [M]. 见 : 中国大洋发现计划办公室和海洋地质国家重点实验室（同济大学）编 , 大洋钻探五十年 . 上海 : 同济大学出版社 , 236–255.

董海良 , 2018. 深地生物圈的最新研究进展以及发展趋势 [J]. 科学通报 , 63: 3885–3901.

范庆凯 , 李江海 , 刘持恒 , 等 , 2018. 洋中脊拆离断层与洋底核杂岩的发育对扩张中心迁移的影响研究 [J]. 地质学报 , 92(10): 2040–2050.

方家松 , 张利 , 2011. 深部生物圈 [J]. 中国科学 : 地球科学 , 41(6): 750–759.

方家松 , 李江燕 , 张利 , 2017. 海底 CORK 观测 30 年 : 发展、应用与展望 [J]. 地球科学进展 , 32(12): 1297–1306.

龚建明 , 张敏 , 陈建文 , 等 , 2008. 天然气水合物发现区和潜在区气源成因 [J]. 现代地质 , 22(3): 415–419.

胡高伟 , 卜庆涛 , 吕万军 , 等 , 2020. 主动 , 被动大陆边缘天然气水合物成藏模式对比 [J]. 天然气工业 , 40(8): 45–58.

黄永建 , 王成善 , 顾健 , 2008. 白垩纪大洋缺氧事件: 研究进展与未来展望 [J]. 地质学报 , 82: 21–30.

翦知湣 , 党皓文 , 2017. 解读过去、预告未来: IODP 气候与海洋变化钻探研究进展与展望 [J]. 地球科学进展 , 32: 1267–1276.

李春峰 , 宋晓晓 , 2014. 国际大洋发现计划 IODP349 航次 [J]. 上海国土资源 , 35(2): 43–48.

李洪林 , 李江海 , 王洪浩 , 等 , 2014. 海洋核杂岩形成机制及其热液硫化物成矿意义 [J]. 海洋地质与第四纪地质 , 34(2): 53–59.

李三忠 , 吕海青 , 侯方辉 , 等 , 2006. 海洋核杂岩 [J]. 海洋地质与第四纪地质 , 26(1): 47–52.

林间 , 徐敏 , 周志远 , 等 , 2017. 全球俯冲带大洋钻探进展与启示 [J]. 地球科学进展 , 32(12): 1253–1266.

林间 , 徐敏 , 周志远 , 等 , 2018. 俯冲带活动碰撞边界大洋钻探 [M]. 见 : 中国大洋发现计划办公室和海洋地质国家重点实验室（同济大学）编 , 大洋钻探五十年 . 上海 : 同济大学出版社 , 160–174.

林间 , 孙珍 , 李家彪 , 等 , 2020. 南海成因 : 岩石圈破裂与俯冲带相互作用新认识 [J]. 科技导报 , 38(18): 35–39.

刘志飞 , 马鹏飞 , 吴家望 , 2018. 大洋钻探的发展历史 [M]. 见 : 中国大洋发现计划办公室和海洋地质国家重点实验室（同济大学）编 , 大洋钻探五十年 . 上海 : 同济大学出版社 , 2–49.

孙珍 , 刘思青 , 庞雄 , 等 , 2016. 被动大陆边缘伸展 – 破裂过程研究进展 [J]. 热带海洋学报 , 35(01):1–16.

孙珍 , 李付成 , 林间 , 等 , 2021. 被动大陆边缘张 – 破裂过程与岩浆活动: 南海的归属 [J]. 地球科学 , 46(3): 770–789.

拓守廷 , 2018. 大洋钻探计划的组织和运作方式 [M]. 见 : 中国大洋发现计划办公室和海洋地质国家重点实验室（同济大学）编 , 大洋钻探五十年 . 上海 : 同济大学出版社 , 52–67.

拓守廷, 温廷宇, 张钊, 等, 2021. 大洋钻探计划运行的国际经验及对我国的启示[J]. 地球科学进展,36(6):632-642.

汪品先 , 2018. 大洋钻探五十年 : 回顾与前瞻 [J]. 科学通报 , 63(36): 3868–3876.

王成善 , 胡修棉 , 2005. 白垩纪世界与大洋红层 [J]. 地学前缘 , 12(2): 11–21

王风平 , 陈云如 , 2017. 深部生物圈研究进展与展望 [J]. 地球科学进展 , 32(12): 1277–1286.

吴能友 , 周祖翼 , 宋海斌 , 等 , 2003. 科学大洋钻探在天然气水合物研究中的作用与地位 [C]. 中国地球物理学会年刊, 323–324.
于志腾, 李家彪, 等, 2014. 大洋核杂岩与拆离断层研究进展 [J]. 海洋科学进展, 32(3): 415–426.
赵克斌, 2019. 日本南海海槽东部天然气水合物产出与富集特征 [J]. 石油实验地质, 41(6): 831–837.
周怀阳, 2017. 洋壳的基本问题与人类的莫霍钻梦想 [J]. 地球科学进展, 32(12): 1245–1252.
周怀阳, 程石, 2018. 洋壳结构与大洋钻探 [M]. 见：中国大洋发现计划办公室和海洋地质国家重点实验室（同济大学）编, 大洋钻探五十年. 上海：同济大学出版社, 160–174.
BARKER P F, BURRELL J, 1977. The opening of Drake passage[J]. Marine geology, 25(1–3): 15–34.
BARRON E J, WASHINGTON W M, 1985. Warm Cretaceous climates: High atmospheric CO_2 as a plausible mechanism [M]. In: Sundquist, E.T., Broecker, W.S. (Eds). The carbon cycle and atmospheric CO_2: Natural variations, Archean to present. American Geophysical Union Geophysical Monograph, 32: 546–553.
BARTOLI G, SARNTHEIN M, WEINELT M, et al., 2005. Final closure of Panama and the onset of northern hemisphere glaciation[J]. Earth and Planetary Science Letters, 237(1–2): 33–44.
BECKER K, MORI R H, DAVIS E E, 1994. Permeabilities in the middle valley hydrothermal system measured with packer and flowmeter experiments[R].Proceedings of the Ocean Drilling Program, Scientific Results. 139: 613–626.
BECKER K, DAVIS E E, 2005. A review of CORK designs and operations during the Ocean Drilling Program[C]. Proceedings of the integrated Ocean Drilling Program, 301: 1-28.
BECKER K, DAVIS E E, HEESEMANN M, et al., 2020. A Long-Term Geothermal Observatory Across Subseafloor Gas Hydrates, IODP Hole U1364A, Cascadia Accretionary Prism[J]. Frontiers in Earth Science, 8: 1–10.
BETZLER C, EBERLI G P, KROON D, et al., 2016. The abrupt onset of the modern South Asian Monsoon winds[J]. Scientific reports, 6(1): 1–10.
BEULIG F, RØY H, GLOMBITZA C, et al., 2018. Control on rate and pathway of anaerobic organic carbon degradation in the seabed[J]. Proceedings of the National Academy of Sciences, 115(2): 367–372.
BERNER U, 1993. LIGHT HYDROCARBONS IN SEDIMENTS OF THE NANKAI ACCRETIONARY PRISM (LEG 131, SITE 808)[C].PROCEEDINGS OF THE OCEAN DRILING PROGRAM, SCIENTIFIC RESULTS, 131:185-195.
BICE K L, NORRIS R D, 2002. Possible atmospheric CO_2 extremes of the Middle Cretaceous (late Albian–Turonian) [J]. Paleoceanography, 17(4): 1070.
BIJL P K, SCHOUTEN S, SLUIJS A, et al., 2009. Early Palaeogene temperature evolution of the southwest Pacific Ocean[J]. Nature, 461(7265): 776–779.
BOETIUS A, RAVENSCHLAG K, SCHUBERT C J, 2000. A marine microbial consortium apparently mediating anaerobic oxidation of methane[J]. Nature, 407(6804): 623–626.
BOHRMANN G, AHRLICH F, BERGENTHAL M, et al., 2017. R/V MARIA S. MERIAN Cruise report MSM57, gas hydrate dynamics at the continental margin of Svalbard, Reykjavik–Longyearbyen–Reykjavik, 29 July–07 September 2016[R]. Berichte, MARUM–Zentrum für Marine Umweltwissenschaften. Fachbereich Geowissenschaften, Universität Bremen, 314: 1–204.
BOWLES M W, MOGOLLÓN J M, KASTEN S, et al., 2014. Global rates of marine sulfate reduction and implications for sub-sea-floor metabolic activities[J]. Science, 344(6186): 889–891.

CANFIELD D E, THAMDRUP B, 2009. Towards a consistent classification scheme for geochemical environments, or, why we wish the term 'suboxic'would go away[J]. Geobiology, 7(4): 385–392.

CANNAT M, 1993. Emplacement of mantle rocks in the seafloor at mid-ocean ridges. Journal of Geophysical Research: Solid Earth, 98(B3): 4163–4172.

CLAYPOOL G E, KAPLAN I, 1974. The origin and distribution of methane in marine sediments [M]. In: Kaplan, I.R. (eds) Natural gases in marine sediments, Springer, Boston, MA, 99–139.

CLEMENS S C, MURRAY D W, PRELL W L, 1996. Nonstationary Phase of the Plio–Pleistocene Asian Monsoon[J]. Science, 274(5289): 943–948.

CLEMENS S C, PRELL W L, 2003. A 350,000 year summer–monsoon multi–proxy stack from the Owen Ridge, Northern Arabian Sea[J]. Marine Geology, 201(1-3): 35–51.

CLEMENS S C, HOLBOURN A, KUBOTA Y, et al., 2018. Precession–band variance missing from east Asian monsoon runoff[J]. Nature Communications, 9(1): 1–12.

CLERC C, RINGENBACH J C, JOLIVET L, et al., 2018. Rifted Margins: Ductile Deformation, Boudinage, Continentward - Dipping Normal Faults and the Role of the Weak Lower Crust[J]. Gondwana Research, 53: 20–40.

CLIFT P D, WAN S M, BLUSZTAJN J, 2014. Reconstructing chemical weathering, physical erosion and monsoon intensity since 25 Ma in the northern South China Sea: A review of competing proxies[J]. Earth Science Reviews, 130: 86–102.

COLMAN D R, POUDEL S, STAMPS B W, et al., 2017. The deep, hot biosphere: Twenty-five years of retrospection[J]. Proceedings of the National Academy of Sciences, 114(27): 6895–6903.

COWEN J P, GIOVANNONI S J, KENIG F, et al., 2003. Fluids from aging ocean crust that support microbial life[J]. Science, 299(5603): 120–123.

DAVY B, PECHER I, WOOD R, et al., 2010. Gas escape features off New Zealand: Evidence of massive release of methane from hydrates [J]. Geophysical Research Letters, 37(21), L21309.

D'HONDT S, JΦRGENSEN B B, MILLER D J, et al., 2004. Distributions of microbial activities in deep subseafloor sediments[J]. Science, 306(5705): 2216–2221.

D'HONDT S, INAGAKI F, ZARIKIAN C A, et al., 2015. Presence of oxygen and aerobic communities from sea floor to basement in deep-sea sediments[J]. Nature Geoscience, 8(4): 299-304.

DAVIS E E, HOREL G C, MACDONALD R D, et al., 1991. Pore pressures and permeabilities measured in marine sediments with a tethered probe[J]. Journal of Geophysical Research, 96(B4): 5975–5984.

DAVIS E E, BECKER K, PETTIGREW T, et al., 1992. CORK: A hydrologic seal and downhole observatory for deep-ocean boreholes[R]. Initial Reports of the Ocean Drilling Program, 139: 43–53.

DAVIS E E, HEESEMANN M, the IODP Expedition 328 Scientists and Engineers, 2012. IODP Expedition 328: Early results of Cascadia subduction zone ACORK observatory[J]. Scientific Drilling, 13: 12–18.

DICK H J B, NATLAND J H, ILDEFONSE B, 2006. Past and future impact of deep drilling in the oceanic crust and mantle[J]. Oceanography, 19(4): 72–80.

DICK H J B, MACLEOD C, BLUM P, et al., 2016. Southwest Indian Ridge lower crust and Moho [R]. Preliminary Report of of the International Ocean Discovery Program, 360: 1-50.

DICK H J B, KVASSNES A J S, ROBINSON P T, et al., 2019. The Atlantis Bank Gabbro Massif, Southwest Indian Ridge[J]. Progress in Earth and Planetary Science, 6(1): 1–70.

DICK H J B, NATLAND J H, ALT J C, et al., 2000. A long in situ section of the lower ocean crust: results of ODP Leg 176 drilling at the Southwest Indian Ridge[J]. Earth and Planetary Science Letters, 179(1): 31–51.

DICKENS G R, 2011. Down the rabbit hole: Toward appropriate discussion of methane release from gas hydrate systems during the Paleocene-Eocene thermal maximum and other past hyperthermal events[J]. Climate of the Past, 7(3): 831–846.

DIETZ R S, 1961. Continent and ocean basin evolution by spreading of the seafloor[J]. Nature, 190(4779): 845–857.

DURBIN A M, TESKE A, 2012. Archaea in organic-lean and organic-rich marine subsurface sediments: An environmental gradient reflected in distinct phylogenetic lineages[J]. Frontiers in microbiology, 3: 168.

EDWARDS K J, BACH W, ROGERS D R, 2003. Geomicrobiology of the ocean crust: a role for chemoautotrophic Febacteria[J]. The Biological Bulletin, 204(2): 180–185.

EGGER M, RIEDINGER N, MOGOLLÓN J M, et al., 2018. Global diffusive fluxes of methane in marine sediments[J]. Nature Geosciences, 11(6): 421–425.

EINEN J, THORSETH I H, ØVREÅS L, 2008. Enumeration of Archaea and Bacteria in seafloor basalt using real-time quantitative PCR and fluorescence microscopy[J]. FEMS microbiology letters, 282(2): 182–187.

ELDERFIELD H, WHEAT C G, MOTTL M J, et al., 1999. Fluid and geochemical transport through oceanic crust: a transect across the eastern flank of the Juan de Fuca Ridge[J]. Earth and Planetary Science Letters, 172(1–2): 151–165.

ESCARTÍN J, SMITH D K, CANN J, et al., 2008. Central role of detachment faults in accretion of slow-spreading oceanic lithosphere[J]. Nature, 455(7214): 790–794.

ESCARTÍN J, CANALES J P, 2011. Detachments in Oceanic Lithosphere: Deformation, Magmatism, Fluid Flow, and Ecosystems[J]. Eos, Transactions American Geophysical Union, 92(4): 31–31.

EWING J I, HOLLISTER C D, 1972. Regional aspects of deep sea drilling in the western North Atlantic[R]. Initial reports of the Deep Sea Drilling Project, 11: 951–973.

EXON N F, KENNETT J P, MALONE M J, 2004. Leg 189 Synthesis: Cretaceous–Holocene history of the Tasmanian Gateway[C]. Proceedings of the Ocean Drilling Program, Scientific Results, 189: 1–37.

FARNSWORTH A, LUNT D J, ROBINSON S A, et al., 2019. Past East Asian monsoon evolution controlled by paleogeography, not CO_2[J]. Science Advances, 5(10): eaax1697.

FISHER A T, DAVIS E E, HUTNAK M, et al., 2003. Hydrothermal recharge and discharge across 50 km guided by seamounts on a young ridge flank[J]. Nature, 421(6923): 618–621.

FRANKE D, 2013. Rifting, Lithosphere breakup and volcanism: Comparison of magma-poor and volcanic rifted margins[J]. Marine and Petroleum Geology, 43: 63–87.

FRIEDRICH O, NORRIS R D, ERBACHER J, 2012. Evolution of middle to Late Cretaceous oceans—A 55 m.y. record of Earth’s temperature and carbon cycle[J]. Geology, 40(2): 107–110.

FRYER P, WHEAT G C, MOTTL M J, 1999. Mariana blueschist mud volcanism: Implications for conditions within the subduction zone[J]. Geology, 27(2), 103–106.

GAI C, LIU Q, ROBERTS A P, et al., 2020. East Asian monsoon evolution since the late Miocene from the South

China Sea[J]. Earth and Planetary Science Letters, 530: 115960.

GINGERICH P, 2006. Environment and evolution through the Paleocene–Eocene thermal maximum[J]. Trends in Ecology and Evolution, 21(5): 246–253.

GOLD T, 1992. The deep, hot biosphere[J]. Proceedings of the National Academy of Sciences, 89(13): 6045–6049.

HARRISON W E, CURIALE J A, 1982. Gas hydrates in sediments of holes 497 and 498A, Deep Sea Drilling Project Leg 67[R]. Initial reports of the Deep Sea Drilling Project, 67: 591-594.

HAUG G H, TIEDEMANN R, 1998. Effect of the formation of the Isthmus of Panama on Atlantic Ocean thermohaline circulation[J]. Nature, 393(6686): 673–676.

HAUG G H, HUGHEN K A, SIGMAN D N, et al., 2001. Southward migration of the Intertropical Convergence Zone through the Holocene[J]. Science, 293(5533): 1304–1308.

HAUG G H, GŰNTHER D, PETERSON L C, et al., 2003. Climate and the collapse of Maya civilization[J]. Science, 299(5613): 1731–1735.

HEEZEN B C, FISCHER A G, 1971. Regional problems[R]. Initial Reports of the Deep Sea Drilling Project, 6: 1301–1309.

HERNANDEZ-MOLINA F J, LLAVE E, PREU B, et al., 2014. Contourite processes associated with the Mediterranean Outflow Water after its exit from the Strait of Gibraltar: Global and conceptual implications[J]. Geology, 42(3): 227–230.

HESS H H, 1962. History of Ocean Basins[M]. In: Engel A E J, James H L, Leonard B F, et al., Petrologic Studies: A Volume to Honor A. F. Buddington, Geological Society of America, Boulder: 599–620.

HINRICHS K U, HAYES J M, BACH W, et al., 2006. Biological formation of ethane and propane in the deep marine subsurface[J]. Proceedings of the National Academy of Sciences, 103(40): 14684–14689.

HINRICHS K U, INAGAKI F, 2012. Downsizing the deep biosphere[J]. Science, 338(6104): 204–205.

HOEHLER T M, JØRGENSEN B B, 2013. Microbial life under extreme energy limitation[J]. Nature Reviews Microbiology, 11(2): 83–94.

HOLBOURN A, KUHNT W, SCHULZ M, et al., 2005. Impacts of orbital forcing and atmospheric carbon dioxide on Miocene ice-sheet expansion. Nature, 438(7067): 483–487.

HOLLER T, WEGENER G, NIEMANN H, et al., 2011. Carbon and sulfur back flux during anaerobic microbial oxidation of methane and coupled sulfate reduction[J]. Proceedings of the National Academy of Sciences, 108(52): E1484–E1490.

HOVLAND M, LYSNE D, WHITICAR M, 1995. Gas hydrate and sediment gas composition, Hole 892A[C]. Proceedings of Ocean Drilling Program, Scientific Results, 146:151-162.

HOVLAND M, GARDNER J V, JUDD A, 2002. The significance of pockmarks to understanding fluid flow processes and geohazards[J]. Geofluids, 2: 127–136.

HUISMANS R S, BEAUMONT C, 2011. Depth-dependent extension, two-stage breakup and cratonic underplating at rifted margins[J]. Nature 473(7345), 74–78.

HUISMANS R S, BEAUMONT C, 2014. Rifted Continental Margins: The Case for Depth Dependent Extension[J]. Earth and Planetary Science Letters, 407: 148–162.

ILDEFONSE B, BLACKMAN D, JOHN E, et al., 2006. IODP Expedition 304 & 305 Characterize the Lithology, Structure, and Alteration of an Oceanic Core Complex[J]. Scientific Drilling, 3: 4-11.

ILDEFONSE B, CHRISTIE D M, 2007. Mission Moho Workshop: Drilling Through the Oceanic Crust to the Mantle[J]. Scientific Drilling, 4: 8-11.

ILDEFONSE B, ABE N, BLACKMAN D K, et al., 2010. The MoHole: a crustal journey and mantle quest, workshop in Kanazawa, Japan, 3–5 June 2010[J]. Scientific Drilling, 10: 56–63.

INAGAKI F, HINRICHS K-U, KUBO Y, et al., 2015. Exploring deep microbial life in coal-bearing sediment down to-2.5 km below the ocean floor[J]. Science, 349(6246): 420–424.

JAHREN A H, ARENS N C, SARMIENTO G, et al., 2001. Terrestrial record of methane hydrate dissociation in the Early Cretaceous[J]. Geology, 29(2): 159–162.

JENKYNS H C, 2010. Geochemistry of oceanic anoxic events[J]. Geochemistry Geophysics Geosystems, 11: 1–30.

JIAN Z M, LARSEN H C, ALVAREZ ZARIKIAN C A, et al., 2018. South China Sea Rifted Margin[R]. Preliminary Report of International Ocean Discovery Program, 368: 1-54.

JOHNSON C C, BARRON E J, KAUFFMAN E G, et al., 1996. Middle Cretaceous reef collapse linked to ocean heat transport[J]. Geology, 24(4): 376–380.

JØRGENSEN B B, 2012. Shrinking majority of the deep biosphere[J]. Proceedings of the National Academy of Sciences, 109(40): 15976–15977.

JUNGBLUTH S P, GROTE J, LIN H T, et al., 2013. Microbial diversity within basement fluids of the sediment-buried Juan de Fuca Ridge flank[J]. The ISME journal, 7: 161–172.

KALLMEYER J, POCKALNY R, ADHIKARI R R, et al., 2012. Global distribution of microbial abundance and biomass in subseafloor sediment[J]. Proceedings of the National Academy of Sciences, 109(40): 16213–16216.

KARSON J A, 1999. Geological investigation of a lineated massif at the Kane Transform Fault: Implications for oceanic core complexes. Philosophical Transactions of the Royal Society of London[J]. Series A: Mathematical, Physical and Engineering Sciences, 357(1753): 713–740.

KARSON J A, KELLEY D S, FORNARI D J, et al., 2015. Discovering the deep: A photographic atlas of the seafloor and ocean crust[M]. Cambridge University Press.

KASTNER M, BECKER K, DAVIS E E, et al., 2006. The hydrology of the oceanic crust[J]. Oceanography, 19(4): 46–57.

KELEMEN P B, KIKAWA E, MILLER D J, 2007. Leg 209 Summary: Processes in a 20-km-Thick Conductive Boundary Layer beneath the Mid-Atlantic Ridge, 14°-16°N [C]. Proceedings of the Ocean Drilling Program, Scientific results, 209:1-33.

KENNETT J P, 1977. Cenozoic evolution of Antarctica glaciation, the circum–Antarctic Ocean, and their impact on global paleoceanography[J]. Journal of Geophysical Research, 82(27): 3843–3860.

KENNETT J P, STOTT L D, 1991. Abrupt deep–sea warming, palaeoceanographic changes and benthic extinctions at the end of the Palaeocene[J]. Nature, 353(6341): 225–229.

KROON D, STEENS T, TROELSTRA S R, 1991. Onset of monsoonal related upwelling in the western Arabian Sea as revealed by planktonic foraminifers[C]. Proceedings of the ocean drilling program, scientific results.117: 257–263.

KVENVOLDEN K A, BARNARD L A, 1983. Gas hydrate of the Blake Outer Ridge, site 533, Deep Sea Drilling Project leg 76[R]. Initial reports of the Deep Sea Drilling Project, 76: 353–365.

KVENVOLDEN K A, 1998. A primer on the geological occurrence of gas hydrate[J]. Geological Society, London, Special Publications, 137(1): 9–30.

KVENVOLDEN K A, MCDONALD T J, 1985. Gas Hydrates Of The Middle America Trench Deep Sea Drilling Project Leg 84[R]. Initial reports of the Deep Sea Drilling Project, 84: 667-682.

KVENVOLDEN K A, KASTNER M, 1990. Gas Hydrates Of The Peruvian Outer Continental Margin[C]. Proceedings of the Ocean Drilling Program, Scientific Results, 112: 517–526.

LADO-INSUA T, MORAN K, KULIN I, et al., 2013. SCIMPI: A new borehole observatory[J]. Scientific Drilling, 16: 57–61.

LARSEN H C, SAUNDERS A D, CLIFT P D, 1994. Introduction: Breakup of the Southeast Greenland Margin and the formation of the Irminger Basin : Background and Scientific Objectives[R]. Initial Reports of the Ocean Drilling Program, 152: 5-16.

LASO-PÉREZ R, WEGENER G, KNITTEL K, et al., 2016. Thermophilic archaea activate butane via alkyl-coenzyme M formation[J]. Nature, 539(7629): 396–401.

LEE M W, 2002. Biot-Gassmann theory of velocities of gas hydrate-bearing sediments[J]. Geophysics, 67(6): 1711–1719.

LI Q, WANG J, CHEN J, et al., 2010. Stable carbon isotopes of benthic foraminifers from IODP Expedition 311 as possible indicators of episodic methane seep events in a gas hydrate geosystem[J]. Palaios, 25(10): 671–681.

LOMSTEIN B A, LANGERHUUS A T, D'HONDT S, et al., 2012. Endospore abundance, microbial growth and necromass turnover in deep sub-seafloor sediment[J]. Nature, 484(7392): 101-104.

MAFFIONE M, MORRIS A, ANDERSON M W, 2013. Recognizing detachment-mode seafloor spreading in the deep geological past[J]. Scientific Report, 3(1): 2336.

MARKL R G, BRYAN G M, EWING J I, 1970. Structure of the Blake-Bahama Outer Ridge[J]. Journal of Geophysical Research Atmospheres, 75(24): 4539–4555.

MASON O U, NAKAGAWA T, ROSNER M, et al., 2010. First investigation of the microbiology of the deepest layer of ocean crust[J]. PLOS one, 5(11): e15399.

MATSUMOTO H, KURODA J, COCCIONI R, et al., 2020. Marine Os isotopic evidence for multiple volcanic episodes during Cretaceous Oceanic Anoxic Event 1b[J]. Scientific reports, 10(1): 1–10.

MAXWELL A E, VON HERZEN R P, HSÜ K J, et al., 1970. Deep sea drilling in the South Atlantic[J]. Science, 168(3935): 1047–1059.

MEYERS M E J, SYLVAN J B, EDWARDS K J, 2014. Extracellular enzyme activity and microbial diversity measured on seafloor exposed basalts from Loihi seamount indicate the importance of basalts to global biogeochemical cycling[J]. Applied and Environmental Microbiology, 80(16): 4854–4864.

MEYERS S R, SAGEMAN B B, HINNOV L A, 2001. Integrated quantitative stratigraphy of the Cenomanian–Turonian Bridge Creek Limestone member using evolutive harmonic analysis and stratigraphic modelling[J]. Journal of Sedimentary Research, 71(4): 628–644.

MICHIBAYASHI K, TOMINAGA M, ILDEFONSE B, et al., 2019. What Lies Beneath: The Formation and Evolution of Oceanic Lithosphere[J]. Oceanography, 32(1): 138–149.

MILLER K G, KOMINZ M A, BROWNING J V, et al., 2005. The Phanerozoic record of global sea-level change[J]. Science, 310(5752): 1293–1298.

MOLNAR P, BOOS W R, BATTISTI D S, 2010. Orographic controls on climate and paleoclimate of Asia: Thermal and mechanical roles for the Tibetan Plateau[J]. Annual Review of Earth and Planetary Sciences, 38(1): 77–102.

MÜLLER-MICHAELIS A, UENZELMANN-NEBEN G, STEIN R, 2013. A revised Early Miocene age for the instigation of the Eirik Drift, offshore southern Greenland: Evidence from high-resolution seismic reflection data. Marine Geology,. 340: 1–15.

NAEHR T H, RODRIGUEZ N M, BOHRMANN G, ET AL., 2000. METHANE DERIVED AUTHIGENIC CARBONATES ASSOCIATED WITH GAS HYDRATE DECOMPOSITION AND FLUID VENTING ABOVE THE BLAKE RIDGE DIAPIR[C]. PROCEEDINGS OF THE OCEAN DRILLING PROGRAM, SCIENTIFIC RESULTS, 164: 285-300.

NGUYEN D, MORISHITA T, SODA Y, et al., 2018. Occurrence of Felsic Rocks in Oceanic Gabbros from IODP Hole U1473A: Implications for Evolved Melt Migration in the Lower Oceanic Crust[J]. Minerals, 8(12): 583–613.

NIELSEN T, ANDERSEN C, KNUTZ P C, et al., 2011.The middle miocene to recent davis strait drift complex: implications for arctic–atlantic water exchange[J]. Geo-Marine Letters, 31(5-6): 419–426.

NIELSEN T, KUIJPERS A, 2013. Only 5 southern Greenland shelf edge glaciations since the early Pliocene[J]. Scientific Reports, 3: 1875.

NORRIS R D, WILSON P A, 1998. Low latitude sea-surface temperatures for the mid-Cretaceous and the evolution of planktonic foraminifera[J]. Geology, 26(9): 823–826.

NORRIS R D, BICE K L, MAGNO E A, et al., 2002. Jiggling the tropical thermostat in the Cretaceous hothouse[J]. Geology, 30(4): 299–302.

ORCUTT B N, SYLVAN J B, KNAB N J, et al., 2011. Microbial ecology of the dark ocean above, at, and below the seafloor[J]. Microbiology and Molecular Biology Reviews, 75(2): 361–422.

PAGANI M, ZACHOS J C, FREEMAN K H, et al., 2005. Marked decline in atmospheric carbon dioxide concentrations during the Paleogene[J]. Science, 309(5734): 600–603.

PARKES R J, CRAGG B A, BALE S, et al., 1994. Deep bacterial biosphere in Pacific Ocean sediments[J]. Nature, 371(6496): 410–413.

PARKES R J, CRAGG B A, WELLSBURY P, 2000. Recent studies on bacterial populations and processes in subseafloor sediments: A review[J]. Hydrogeology Journal, 8: 11–28.

PARKES R J, WEBSTER G, CRAGG B A, et al.,2005. Deep sub-seafloor prokaryotes stimulated at interfaces over geological time[J]. Nature, 436(7049): 390–394.

PAULL C K, MATSUMOTO R, WALLACE P J, 1996. Initial Reports of the Ocean Drilling Program, 164.

PEARSON P N, PALMER M R, 2000. Atmospheric carbon dioxide concentrations over the past 60 million years[J]. Nature, 406(6797): 695–699.

PFLAUM R C, BROOKS J M, COX H B, et al., 1986. Molecular And Isotopic Analysis Of Core Gases And Gas

Hydrates, Deep Sea Drilling Project Leg 96[R]. Initial reports of the Deep Sea Drilling Project, 96: 1–4.

POHLMAN J W, KANEKO M, HEUER V B, et al., 2009. Methane sources and production in the northern Cascadia margin gas hydrate system[J]. Earth and Planetary Science Letters, 287(3-4): 504–512.

POULSEN C J, BARRON E J, ARTHUR M A, et al., 2001. Response of the mid-Cretaceous global oceanic circulation to tectonic and CO_2 forcings[J]. Paleoceanography, 16(6): 1–17.

PRUEHER L M, REA D K, 2001. Volcanic triggering of late Pliocene glaciation: Evidence from the flux of volcanic glass and ice–rafted debris to the North Pacific Ocean[J]. Palaeogeography Palaeoclimatology Palaeoecology, 173(3-4): 215–230.

REAGAN M K, PEARCE J A, PETRNOTIS K, et al., 2017. Subduction initiation and ophiolite crust: New insights from IODP drilling[J]. International Geology Review, 59(11): 1439–1450.

REVSBECH N P, BARKER JORGENSEN B, BLACKBURN T H, 1980. Oxygen in the sea bottom measured with a microelectrode[J]. Science, 207(4437): 1355–1356.

RIEDEL M, COLLETT T S, MALONE M J, et al., 2006. Cascadia Margin gas hydrates[C]. Proceedings of the Integrated Ocean Drilling Program, 311.

RIEDEL M, COLLETT T S, SCHERWATH M, et al., 2022. Northern Cascadia Margin Gas Hydrates Regional Geophysical Surveying, IODP Drilling Leg 311 and Cabled Observatory Monitoring[M]. In: Mienert, J., Berndt, C., Tréhu, A.M., Camerlenghi, A., Liu, CS. (eds) World Atlas of Submarine Gas Hydrates in Continental Margins. Springer, Cham., 109-120.

ROGERS G, DRAGERT H, 2003. Episodic tremor and slip on the Cascadia subduction zone: The chatter of silent slip[J]. Science, 300(5627): 1942–1943.

RUDDIMAN W F, SARNTHEIN M, BACKMAN J, et al., 1989. Late Miocene to Pleistocene evolution of climate in Africa and the low–latitude Atlantic: Overview of leg 108 results[C]. Proceedings of the Ocean Drilling Program, Scientific Results, 108: 463–484.

SANTELLI C M, ORCUTT B N, BANNING E, et al., 2008. Abundance and diversity of microbial life in ocean crust[J]. Nature, 453(7195): 653–657.

SANTELLI C M, EDGCOMB V P, BACH W, et al., 2009. The diversity and abundance of bacteria inhabiting seafloor lavas positively correlate with rock alteration[J]. Environmental microbiology, 11(1): 86–98.

SCHER H D, MARTIN E E, 2006. Timing and climatic consequences of the opening of Drake Passage[J]. Science, 312(5772): 428–430.

SCHIPPERS A, NERETIN L N, KALLMEYER J, et al., 2005. Prokaryotic cells of the deep sub-seafloor biosphere identified as living bacteria[J]. Nature, 433(7028): 861–864.

SCHLANGER S O, JACKSON E D, BOYCE R D, et al., 1976. Site 314[R]. Initial Reports of the Deep Sea Drilling Project 33: 25-35.

SCHLANGER S O, JENKYNS H C, 1976. Cretaceous oceanic anoxic events: Causes and consequences[J]. Geologie en Mijnbouw, 55: 179–184.

SHACKLETON N J, FAIRBANKS R, CHIU T, et al., 2004. Absolute calibration of the Greenland time scale: implications for Antarctic time scales and for Δ14C[J]. Quaternary Science Reviews, 23(14-15): 1513 -1522.

SHACKLETON N J, HALL M A, VINCENT E, 2000. Phase relationships between millennial-scale events 64,000–24,000 years ago[J]. Paleoceanography, 15(6): 565–569.

SHIPBOARD SCIENTIFIC PARTY, 1999. Leg 180 Summary: Active continental extension in the western Woodlark Basin, Papua New Guinea[C]. Initial reports of the Ocean Drilling Program 180: 1–77.

SHIPLEY T H, DIDYK B M, 1982. Occurrence of methane hydrates offshore southern Mexico[R]. Initial Reports of the Deep Sea Drilling Project, 66: 547-555.

SLOAN E D, SUBRAMANIAN S, MATTHEWS P N, et al., 1998. Quantifying Hydrate Formation and Kinetic Inhibition[J]. Industrial and Engineering Chemistry Research, 37(8): 3124–3132.

SMITH D K, CANN J R, ESCARTIN J, 2006. Widespread active detachment faulting and core complex formation near 13°N on the Mid Atlantic Ridge[J]. Nature, 442(7101): 440–443.

SMITH D K, ESCARTÍN J, SCHOUTEN H, et al., 2012. Active long-lived faults emerging along slow-spreading mid-ocean ridges[J]. Oceanography, 25(1): 94–99.

SUESS E, VON HUENE R, EMEIS K C, et al., 1988. Site 688[C]. Proceedings of the Ocean Drilling Program, Scientific Results, 112: 873–1004.

SUESS E, 2002. The evolution of an idea: From avoiding gas hydrates to actively drilling for them[J]. Achievements and Opportunities of Scientific Ocean Drilling, 28(1): 45–50.

SUN Z, JIAN Z M, STOCK J M, et al., 2018. South China Sea Rifted Margin[C]. Proceedings of the International Ocean Discovery Program, 367/368.

TAYLOR B, HAYES D E, 1983. Origin and history of the South China Sea basin[J]. Washington DC American geophysical union geophysical monograph series, 27: 23-56.

TEAGLE D A H, WILSON D S, 2007. Leg 206 synthesis: initiation of drilling an intact section of upper oceanic crust formed at a superfast spreading rate at Site 1256 in the eastern equatorial Pacific[C]. Proceedings of the Ocean Drilling Program, Scientific Results, 206: 1-15.

TEAGLE D A H, ILDEFONSE B, BLUM P, 2012. IODP expedition 335: deep sampling in ODP hole 1256D[J]. Scientific Drilling, 13: 28–34.

TEMPLETON A S, STAUDIGEL H, TEBO B M, 2005. Diverse Mn (II) oxidizing bacteria isolated from submarine basalts at Loihi Seamount[J]. Geomicrobiology Journal, 22: 127–139.

TESKE A, CALLAGHAN A V, LAROWE D E, 2014. Biosphere frontiers of subsurface life in the sedimented hydrothermal system of Guaymas Basin[J]. Frontiers in microbiology, 5: 362.

TORRES M E, DIDYK B M, WASEDA A, et al., 1995. Geochemical evidence for gas hydrate in sediment near the Chile Triple Juction[C]. Proceedings of the Ocean Drilling Program, Scientific Results, 141: 279-286.

TREHU A M, TORRES M E, BOHRMANN G, ET AL., 2006. LEG 204 SYNTHESIS: GAS HYDRATE DISTRIBUTION AND DYNAMICS IN THE CENTRAL CASCADIA ACCRETIONARY COMPLEX[C]. PROCEEDINGS OF THE OCEAN DRILLING PROGRAM, SCIENTIFIC RESULTS, 204:1-40.

TREHU A M, TORRES M E, BOHRMANN G, et al., 2006. Leg 204 Synthesis: gas hydrate distribution and dynamics in the Central Cascadia accretionary complex[C]. Proceedings of the Ocean Drilling Program, Scientific Results, 204: 1-40.

WANG P X, HUANG C Y, LIN J, et al., 2019. The South China Sea is not a Mini-Atlantic: Plate-Edge Rifting VsIntra Plate Rifting[J]. National Science Review, 6(5): 902–913.

WEBER T S, WISEMAN N A, KOCK A, 2019. Global ocean methane emissions dominated by shallow coastal waters[J]. Nature Communications, 10(1): 1–10.

WHATTAM S A, STERN R J, 2011. The 'subduction initiation rule': A key for linking ophiolites, intra oceanic forearcs and subduction initiation[J]. Contribution to Mineral and Petrology, 162: 1031–1045.

WHEAT C G, MCDUFF R E, 1995. Mapping the fluid flow of the Mariana Mounds ridge flank hydrothermal system: Pore water chemical tracers. Journal of Geophysical Research: Solid Earth, 100(B5): 8115–8131.

WHEAT C G, JANNASCH H W, KASTNER M, 2003. Seawater transport and reaction in upper oceanic basaltic basement: Chemical data from continuous monitoring of sealed boreholes in a midocean ridge flank environment[J]. Earth and Planetary Science Letters, 216: 549–564.

WHEAT C G, FISHER A T, 2007. Seawater recharge along an eastern bounding fault in Middle Valley, northern Juan de Fuca Ridge[J]. Geophysical Research Letters, 34(20): L20602.

WHEAT C G, JANNASCH H W, FISHER A T, et al., 2010. Subseafloor seawater-basalt-microbe reactions: Continuous sampling of borehole fluids in a ridge flank environment[J]. Geochemistry, Geophysics, Geosystems, 11(7): Q07011.

WHITMAN W B, COLEMAN D C, WIEBE W J, 1998. Prokaryotes: The unseen majority[J]. Proceedings of the National Academy of Sciences, 95(12): 6578–6583.

WILSON D S, TEAGLE D A, ALT J C, et al., 2006. Drilling to gabbro in intact ocean crust[J]. Science, 312(5776): 1016–1020.

WILSON G S, PEKAR S F, NAISH T R, et al., 2008. The Oligocene–Miocene Boundary–Antarctic climate response to orbital forcing[J]. Developments in Earth and Environmental Sciences, 8: 369–400.

WOODARD S C, ROSENTHAL Y, MILLER K G, et al., 2014. Antarctic role in Northern Hemisphere glaciation[J]. Science, 346(6211): 847–851.

ZACHOS J C, PAGANI M, SLOAN L, et al., 2001. Trends, rhythms, and aberrations in global climate 65Ma to present[J]. Science, 292(5517): 686–693.

ZACHOS J C, RÖHL U, SCHELLENBERG S, et al., 2005. Rapid acidification of the ocean during the Palecene-Eocene Thermal Maximum[J]. Science, 308(5728): 1611–1615.

ZACHOS J C, DICKENS G R, ZEEBE R E, 2008. An early Cenozoic perspective on greenhouse warming and carbon-cycle dynamics[J]. Nature, 451(7176): 279–283.

ZHANG W Q, LIU C Z, DICK H J B, 2020. Evidence for Multi-stage Melt Transport in the Lower Ocean Crust: the Atlantis Bank Gabbroic Massif (IODP Hole U1473A, SW Indian Ridge)[J]. Journal of Petrology, 61(9): egaa082.

ZHANG X, FANG J, BACH W, et al., 2016a. Nitrogen stimulates the growth of subsurface basalt-associated microorganisms at the western flank of the Mid Atlantic Ridge[J]. Frontiers in Microbiology, 7: 633.

ZHANG X, FENG X, WANG F, 2016b. Diversity and metabolic potentials of subsurface crustal microorganisms from the western flank of the Mid-Atlantic Ridge[J]. Frontiers in Microbiology, 7: 363.

ZHANG Y, LIANG P, XIE X, et al., 2017. Succession of bacterial community structure and potential significance along a sediment core from site U1433 of IODP expedition 349, South China Sea[J]. Marine Geology, 394: 125–132.

ZHONG G F, ZHANG D, ZHAO L, 2021. Current states of well-logging evaluation of deep-sea gas hydrate-bearing sediments by the international scientific ocean drilling (DSDP/ODP/IODP) programs[J]. Natural Gas Industry B, 8(2): 128–145.

ZHANG Z G, WANG Y, GAO L F, et al., 2012. Marine Gas Hydrates: Future Energy or Environmental Killer?[J]. Energy Procedia, 16: 933-938.